U0930251

国家出版基金项目
“十二五”国家重点出版物出版规划项目

中国战略性新兴产业——新材料

高性能分离膜材料

中国材料研究学会组织编写
丛 书 主 编　黄伯云
丛书副主编　韩雅芳
编　　　著　徐志康　万灵书　等

中国铁道出版社
CHINA RAILWAY PUBLISHING HOUSE

内 容 简 介

“中国战略性新兴产业——新材料”丛书是中国材料研究学会组织编写的，被新闻出版广电总局批准为“十二五”国家重点出版物出版规划项目，并获2016年度国家出版基金资助。丛书共16分册，涵盖了新型功能材料、高性能结构材料、高性能纤维复合材料等16种重点发展的材料。本分册为《高性能分离膜材料》。

本书在重新梳理分离膜材料制备与结构调控的基础上，重点论述正渗透与反渗透膜、仿生修饰膜、均孔膜、渗透汽化膜、油水分离膜、纳滤膜、锂离子电池隔膜以及燃料电池膜等一系列仍在不断发展中的高性能分离膜材料，论述它们的基本原理、制备方法、结构与性能的关系以及应用现状等，并展望其未来发展前景。

本书可供新材料科研院所、高等院校、新材料产业界、政府相关部门、新材料中介咨询机构等领域的人员参考，尤其适合从事膜科学与技术的研究人员与工程技术人员、分离膜材料与工程应用领域人员参考，也可作为普通高等院校材料类专业教材。

图书在版编目(CIP)数据

中国战略性新兴产业.新材料.高性能分离膜材料/徐志康等编著.—北京:中国铁道出版社,2017.12
ISBN 978-7-113-23963-3

Ⅰ.①中… Ⅱ.①徐… Ⅲ.①新兴产业-产业发展-研究-中国②高性能化-分离膜-产业发展-研究-中国
Ⅳ.①F121.3②F426.7

中国版本图书馆CIP数据核字(2017)第269649号

书　　名： 中国战略性新兴产业——新材料
高性能分离膜材料
作　　者： 徐志康　万灵书　等 编著

策　　划： 李小军　　**读者热线：**（010）63550836
责任编辑： 李小军
编辑助理： 初　祎
封面设计： MXK DESIGN STUDIO
责任校对： 张玉华
责任印制： 郭向伟

出版发行： 中国铁道出版社（100054，北京市西城区右安门西街8号）
网　　址： http://www.tdpress.com/51eds/
印　　刷： 中煤（北京）印务有限公司
版　　次： 2017年12月第1版　2017年12月第1次印刷
开　　本： 787 mm×1 092 mm　1/16　**印张：** 25　**字数：** 542千
书　　号： ISBN 978-7-113-23963-3
定　　价： 118.00元

序

新材料是高技术和现代产业的基础和先导，对培育和发展战略性新兴产业、国家重大工程项目的建设以及可持续发展都具有重要的支撑和保证作用。在我国政府大力支持下，我国新材料在产业规模、技术进步、创新能力、应用水平等方面均取得了重大进展，自主的产业体系初步形成，具备了良好的发展基础。同时，从全球高新技术和新兴产业的发展前景看，新材料的基础地位和先导作用也越来越重要。

“中国战略性新兴产业——新材料”丛书是为贯彻落实国务院2010年颁布的《关于加快培育和发展战略性新兴产业的决定》(国发〔2010〕32号)而组织编著出版的。在国发〔2010〕32号文中，新材料被列为我国七种重点发展的产业之一，其总体目标定位是:“大力发展稀土功能材料、高性能膜材料、特种玻璃、功能陶瓷、半导体照明材料等新型功能材料。积极发展高品质特殊钢、新型合金材料、工程塑料等先进结构材料。提升碳纤维、芳纶、超高分子量聚乙烯纤维等高性能纤维及其复合材料发展水平。开展纳米、超导、智能等共性基础材料研究。”本丛书由中国材料研究学会负责组织编著、中国铁道出版社出版，并成功入选“‘十二五’国家重点出版物出版规划项目”，获得2016年度国家出版基金资助。这是论述我国新材料发展战略的第一部系统性科技系列著作，代表了当代新材料发展的主流，对推动我国战略性新兴产业和可持续发展都具有重要的现实意义和深远的指导意义。

本丛书从发展国家战略性新兴产业的高度出发，重点选择了国发〔2013〕32号文件鼓励的高性能结构材料、特种功能材料和高性能纤维及其复合材料，全面系统阐述了发展这些重点新材料的产业背景及战略意义，系统地论述了这些新材料的理论基础和应用技术、我国取得的最新研究成果、应用方向及发展前景，针对性地提出了我国发展这些新材料的主要方向和任务，分析了存在的主要问题，提出了相应的对策和建议，是我国近年来在新材料领域内具有领先水平的科技著作丛书。丛书最大的特点是体现了一个“新”字：介绍和论述了我国材料领域取得的最新研究成果、开发的最先进材料品种和最新制造技术，所著内容代表当代全球新材料发展方向和主流。丛书既具有较高的学术性和技术先进性，同时对我国新材料产业发展也具有重要的参考价值。

中国材料研究学会是全国一级学术团体，具有资源、信息和人才的综合优势，多年来在促进材料科学进步、开展国内外学术交流、承接政府职能转移、提供新材料产业发展决策咨询、开展社会化服务等方面做了大量的、卓有成效的工作，为推动我国新材料发展发挥了重要作用。参加本丛书编著的作者都是我国从事相关材料研究和开发的一流的科研单位和院校、一流的专家学者，拥有数十年的科研、教学和产业开发经验，并取得了国内领先的科研成果，创作态度严谨，从而保障了本套丛书的内容质量。

本丛书的编著和出版是近年来我国材料研究领域具有足够影响的一件大事。我们希望，本丛书的出版能对我国新材料技术和产业发展产生较大的助推作用，也热切希望广大材料科技人员、产业精英、决策机构积极投身到发展我国新材料研发的行列中来，为推动我国新材料产业又好又快的发展做出更大贡献！

中国材料研究学会名誉理事长
中国工程院院士

2016 年 6 月

前　　言

“中国战略性新兴产业——新材料”丛书是中国材料研究学会组织编写的，被新闻出版广电总局批准为“十二五”国家重点出版物出版规划项目并获2016年度国家出版基金资助。

根据国务院《关于加快培育和发展战略性新兴产业的决定》，新材料被列为我国战略性新兴产业之一。本丛书定位为：从战略性新兴产业的高度，着重论述该类新材料在国民经济和国防建设重大工程和项目中的地位和作用、技术基础、最新研究成果、应用领域及发展前景。其特点在于体现一个“新”字，即在遵守国家有关保密规定的前提下论述当代新材料的最先进的工艺和最重要的性能。它代表当代全球新材料发展主流，对实现可持续发展具有重要的现实意义和深远的指导意义。丛书共16分册，涵盖了新型功能材料、高性能结构材料、高性能纤维复合材料等16种重点发展的材料。本分册为《高性能分离膜材料》。

膜分离技术是一类高效的分离技术，与传统的分离技术相比，膜分离具有效率高、能耗低、所需空间小、过程简单、易放大与自控、操作方便、不污染环境、便于与其他技术集成等突出优点。膜分离技术的核心是高性能分离膜材料。自20世纪60年代以来，分离膜材料与膜分离技术的研究得到了世界各国的高度重视，成为实现经济可持续发展战略的重要组成部分。尤其是在当今世界能源长期短缺、水资源日益匮乏、环境污染越发严重、人类健康叠遇挑战的情况下，高性能分离膜材料在新能源电池、清洁生产、气体分离、海水淡化、污水处理、饮用水净化、医疗健康等一系列领域得到了广泛的应用与长足发展。与此相对应，有关分离膜材料与膜分离技术的著作与书籍日益增多。笔者有幸十年前曾参与《高分子膜材料》(化学工业出版社)一书的编著，对微滤、超滤、气体分离等已得到广泛应用的高分子分离膜材料进行了较为全面的介绍，还着重阐述了高分子分离膜材料的一些共性问题及其研究进展，包括高分子分离膜材料制备的常用方法和技术、高分子分离膜材料制备过程中的多层次结构控制及其热力学与动力学研究、高分子分离膜材料的表面修饰与改性、膜分离传质过程与机理等。十年来，社会经济可持续发展的强大需求和科学技术自身的不断发展，使得分离膜材料和膜分离技术也日新月异。面向21世纪，一些传统的分离膜材料实现了功能化与高性能化，一系列新的分离膜材料也逐步成为本领域关注的热点。本书旨在重新梳理高性能分离膜材料制备与结构调控的基础上，重点论述正渗透与反渗透膜、纳滤膜、渗透汽化膜、仿生修饰膜、均孔膜、油水分离膜、锂离子电池隔膜及燃料电池膜等一系列仍在不断发展中的分离膜材料，论述它们的基本原理、制备方法、结构与性能的关系及应用现状等，并展望其未来发展前景。本书适合作为从事膜科学与技术的研究人员和工程技术人员参考。

本书第1章由朱利平、徐志康编著，第2章由吴青芸、徐志康编著，第3章由胡梦欣、杨浩程、徐志康编著，第4章由欧洋、万灵书、徐志康编著，第5章由安全福编著，第6章由杨浩程、徐志康编著，第7章由计艳丽、安全福、徐志康编著，第8章由张宏、朱宝库编著，第9章由张宏伟、朱宝库编著。全书由徐志康、万灵书、朱利平统稿定稿。

在本书编著过程中，得到了国家自然科学基金委（50933006）和浙江省自然科学基金委（LZ15E030001）的大力支持，“浙江省吸附分离材料与应用技术重点实验室”和“膜与水处理技术教育部工程研究中心”的研究生对本书的完成做了大量的工作，在此一并表示感谢！

编著者

2017年5月

目　　录

第1章 高性能膜材料制备与结构调控

膜技术被广泛应用于水处理、食品饮料纯化、制药工程、医疗过滤、空气净化、工业分离、锂电池/燃料电池隔膜等领域。膜材料是膜技术的核心，近代高分子科学的发展为膜技术提供了众多性能优良的制膜原料，目前绝大多数膜技术都基于有机高分子膜。膜材料的选择与制备不仅要考虑膜的渗透性、选择性、机械强度、抗污染性能等特征，还要考虑材料的可加工性、化学/热稳定性、制膜成本、环境友好程度等因素。近年来，以提高传统分离膜材料渗透性、选择性、抗污染、机械强度等性能为特征的高性能化，成为膜技术领域新的发展趋势。如何通过制膜原材料的设计和制膜方法的优化，对膜材料的多层次微结构进行调控，低成本地实现膜材料的高性能化，是膜技术进一步推广应用中亟待解决的关键问题之一。

1.1 膜的概念及分类

1.1.1 膜的概念

从宏观意义上来看，膜可以被定义为两相之间的一个不连续界面或区间，该区间三维量度中的一度的尺寸显著小于其余两度的尺寸。膜有两个明显的特征：其一，膜充当两相的界面，分别与两侧的流体相接触；其二，膜具有选择透过性，这是膜与膜过程的固有特性。当膜将两相分隔时，借助某种推动力[主要为浓度差（Δc）、压力差（Δp）、温度差（ΔT）或电位差（ΔE）等]，其中一相的某种组分能够选择性地透过膜而进入另一相，从而实现膜对双组分或多组分体系的分离、纯化和富集等功能[1]。膜分离过程示意图如图1-1所示。

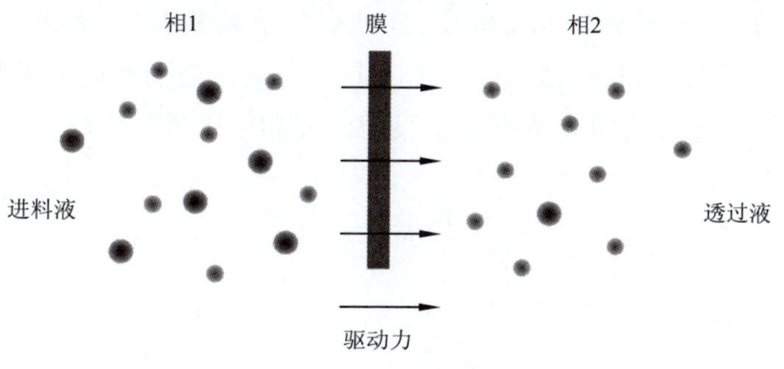

图1-1 膜分离过程示意图

1.1.2 膜的分类

膜的种类繁多，形态结构与功能多样。膜的状态可为固相、液相甚至气相；膜可以是天然存在的(天然膜)或合成的(合成膜);膜的结构可为均质或非均质结构;膜传递过程可为主动或被动传递;膜可以呈现电中性,也可呈荷电状态等。膜的分类方式有很多,主要有以下五种:

(1)按照被分离物质的状态分,膜可分为气体分离膜、液体分离膜、固体分离膜、固液分离膜、气液分离膜、气固分离膜等。

(2)按照材料的外形分,膜可分为平板膜、管式膜和中空纤维膜等。

(3)按照膜的形态结构分,膜可分为对称膜和非对称膜,其中对称膜包括柱状孔膜、多孔膜和致密膜,非对称膜主要为带有致密选择层的多孔膜或复合膜,对称膜和非对称膜的截面结构如图 1-2所示。

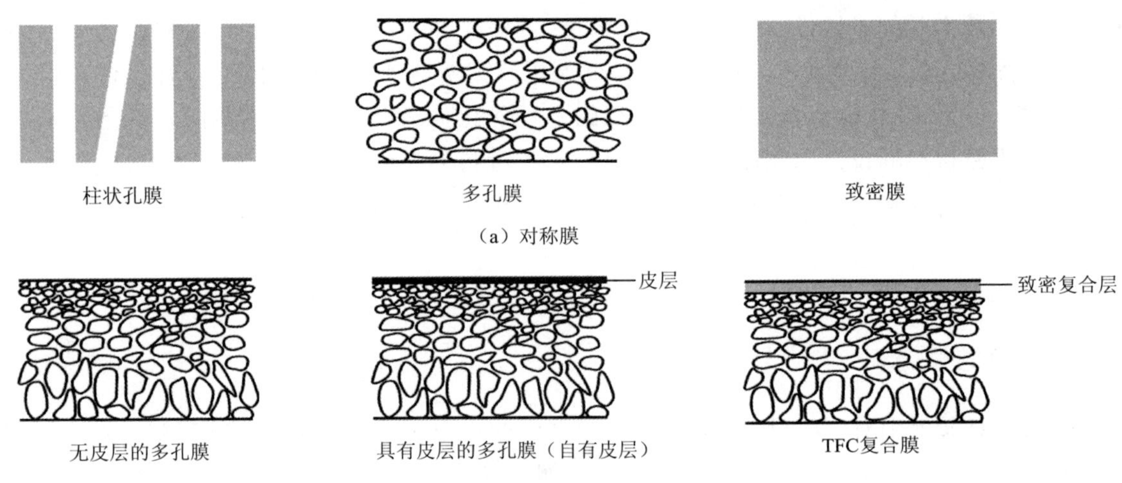

图 1-2 对称膜和非对称膜的截面结构示意图

(4)依照膜的分离原理和应用范畴分,膜可分为微滤膜、超滤膜、纳滤膜、反渗透膜、渗透汽化膜、电渗析膜、透析膜、电池隔膜等,这是目前最为普遍的分类方法。

(5)按照膜材料分,膜主要被分为无机膜、有机高分子膜和有机-无机杂化复合膜。无机膜主要包括陶瓷膜、分子筛膜和金属膜;而有机高分子膜则分为天然高分子膜、改性天然高分子膜和合成高分子膜,其中以有机合成高分子膜的研究和应用最为广泛。

1.2 膜用聚合物

1.2.1 膜用聚合物种类

在高分子膜材料中,制膜聚合物的性质直接影响膜的物化稳定性和渗透分离性能,不同膜分离过程对膜材料有不同的要求。例如,反渗透膜材料应该是亲水的;气体分离膜的通量与聚合物膜材料的自由体积和内聚能的比值有直接关系;膜蒸馏要求膜材料是疏水性好的;超滤过程中膜的污染取决于膜材料与被分离介质之间的相互作用;血液透析膜应该具有良好的血液相容性;燃料电池隔膜应能稳定传导质子或氢氧根离子。因此,按照膜分离过程和被分离介质的具体要求,选择合适的制膜聚合物是制备分离膜首先必须解决的问题。值得说明的是,实际应用中的大多数膜材料并不是单一材质的,在制备过程中常常采用共混、接枝、填充、涂覆等方式将不同聚合物(也包括无机材料)引入到同一张膜上,以整合不同材质的优势,优化膜的性能。近年来,膜材料科学得到迅速发展,许多新型膜材料层出不穷,表 1-1 仅列举常见的聚合物膜材料的材质[2]。

表 1-1　常见的聚合物膜材料的材质

聚合物种类	典型实例
聚烯烃	聚乙烯、聚丙烯、聚(4-甲基-1-戊烯)等
含氟聚合物	聚偏氟乙烯、聚四氟乙烯、偏氟乙烯-六氟丙烯共聚物等
聚砜类	聚芳砜、聚芳醚砜、聚醚砜酮等
烯类聚合物	聚丙烯腈、聚乙烯醇、聚氯乙烯、乙烯-乙烯醇共聚物等
聚酰胺类	芳香族聚酰胺、脂肪族聚酰胺等
聚酰亚胺	聚酰亚胺、聚醚酰亚胺等
聚酯类	聚对苯二甲酸乙二醇酯、聚碳酸酯等
含硅聚合物	聚二甲基硅氧烷、聚三甲基硅丙炔等
天然高分子	纤维素及其衍生物、壳聚糖、甲壳素、聚乳酸、胶原等

1.2.2　膜用聚合物的选择

由于膜技术的应用场合和使用条件千差万别,对膜材料的要求也各不相同,目前还没有一种聚合物膜材料能够满足所有的膜技术应用要求。在实际应用中,特定的膜材料常常有它自身的优点和缺点,对应不同的应用领域和使用条件。例如,纤维素类膜材料具有优异的生物相容性和抗蛋白质吸附性能,但化学稳定性和热稳定性不足,难以经受苛刻的化学清洗和高温消毒过程;聚醚砜具有良好的热稳定性和化学稳定性,但抗污染能力不佳,且耐氯和抗溶剂性能较弱;聚四氟乙烯(PTFE)具有优异的抗化学清洗和抗溶剂能力,但会在医用伽马射线消毒过程中发生降解[3]。膜技术应用场合的多样性决定了膜材料种类的多样性,因此,对膜用聚合物的选择要根据实际需求,综合考虑膜材料的渗透分离性能、机械强度、化学/热稳定性、制膜成本、可加工性等多方面的因素,从而制备性价比高的膜材料。

1.3　聚合物膜材料的制备方法

将聚合物通过某种制膜方法加工成可用于膜分离过程的膜材料,是实现膜技术应用的首要步骤,这也是膜材料与设备制造厂家的核心技术环节。不同的聚合物有不同的制膜方法,对同一种聚合物而言,不同的加工方法所制备的膜材料在膜结构和性能上也存在显著差异。聚合物膜的制备方法主要包括相转化法(分为非溶剂致相分离法、热致相分离法、溶剂蒸发法、气相沉淀、蒸气致相分离等)、拉伸法、烧结法、径迹蚀刻法、界面聚合法、表面自组装法等。在本书中,我们着重论述应用最为广泛的非溶剂致相分离法、热致相分离法以及近年发展起来的自组装-相转化复合制膜法,其他方法仅作简要介绍,读者欲详细了解,可以参考其他相关文献。

1.3.1 非溶剂致相分离法(NIPS 法)

非溶剂致相分离法又称为浸没沉淀相转化法,目前工业上的大部分超滤/微滤膜材料采用这一方法制备。1963 年,Loeb 和 Sourirajan 发明了浸没沉淀相转化制膜方法[4],从而使聚合物分离膜有了工业化应用的价值,成为膜技术发展史上的一个里程碑。自此以后,相转化制膜被广泛研究和使用,逐渐成为聚合物分离膜的主流制备方法。

在 NIPS 法制膜过程中,成膜体系至少包含三个组分,即聚合物、溶剂和非溶剂,其中溶剂和非溶剂必须完全互溶。NIPS 法制备平板多孔膜过程如图 1-3 所示,首先将聚合物溶解在溶剂中,配制成均一稳定的铸膜液,然后将铸膜液均匀刮涂在适当的支撑体上(玻璃板、无纺布、钢板等),然后连同支撑体浸入由非溶剂组成的凝固浴中,溶剂和非溶剂通过薄膜/凝固浴界面相互扩散,当溶剂/非溶剂之间的交换达到一定程度,聚合物溶液变得热力学不稳定,从而发生分相。铸膜液体系分相后,随着溶剂/非溶剂的进一步交换,体系发生膜孔的凝聚、相间流动以及富聚合物相的固化等过程,最终形成具有不对称结构的固体聚合物多孔膜。

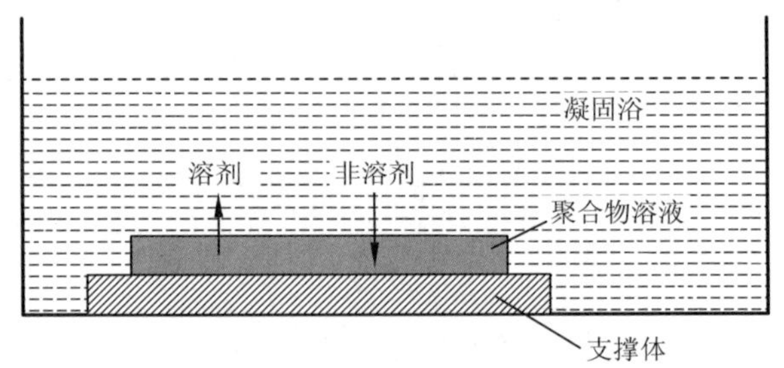

图 1-3 NIPS 法制备平板多孔膜过程

聚合物溶液的液-液分相是 NIPS 法制膜的基础。在浸没沉淀过程中,铸膜液体系由于非溶剂的侵入,原有的热力学平衡将被打破,自发地分成两相以降低吉布斯自由能,液-液相分离发生,形成贫聚合物相(贫相)和富聚合物相(富相)。三组分成膜体系的相图与相分离机理如图 1-4 所示,成膜过程中体系的组成变化路径决定聚合物膜的最终结构。

(1)如果成膜体系的凝胶化发生在因溶剂/非溶剂相互交换导致的相分离之前,即如图 1-4 中路径(a)所示,最终将形成致密的无孔膜。

(2)如果由于溶剂/非溶剂的交换,体系组成从临界点上方进入双节线和旋节线之间的亚稳分相区,如图 1-4(b)所示,体系发生分相形成贫聚合物的微核相和富聚合物的连续相。随着溶剂/非溶剂的不断交换,微核在浓度梯度的推动下不断长大,直到周围的连续相因凝胶化或玻璃化而固化为止,即所谓的成核-生长机理。在富聚合物相固化前,微核相发生一定程度的聚结,形成通孔多孔结构。

(3)如果体系组成从临界点的下方进入亚稳区,也将发生成核-生长机理的相分离,如图 1-4(d)所示。此时的分散相是富聚合物的微核,连续相是贫聚合物相,最终形成一种机械强度很低的乳胶类结构,不能成膜。

（4）如果体系组成从均相区通过临界点附近直接旋节线右侧的不稳分相区，将发生旋节相分离，由于不需克服能垒，体系迅速形成相互贯穿的富聚合物相和贫聚合物相，最终形成相互贯穿的双连续结构（bicontinuous structure），如图 1-4（c）所示[5-7]。

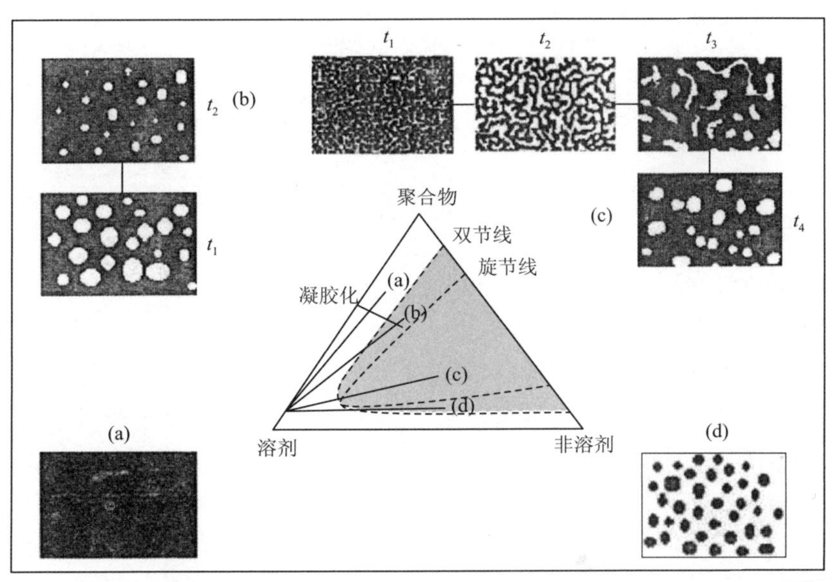

图 1-4　三组分成膜体系的相图与相分离机理

NIPS 法要求制膜聚合物能够在常温下溶解在溶剂中，可采用 NIPS 法制膜的聚合物主要有聚偏氟乙烯（PVDF）、聚砜（PSF）、聚醚砜（PES）、聚氯乙烯（PVC）、聚丙烯腈（PAN）、醋酸纤维素（CA）、聚乳酸（PLA）等。在这些膜材料制备中，常常采用水或水/有机溶剂混合物作为凝胶剂，因此制膜液中所采用的溶剂应该能与水完全互溶，常用的溶剂为非质子极性溶剂，包括 N，N-二甲基甲酰胺（DMF）、N，N-二甲基乙酰胺（DMAc）、N-甲基吡咯烷酮（NMP）、二甲基亚砜（DMSO）等。NIPS 法制膜过程至少涉及聚合物、溶剂、非溶剂三种组分，为适应不同的应用要求，常常需要在制膜体系中加入改性剂、孔径调节剂等来调整铸膜液配方，并调节制膜工艺条件，以制备具有可控结构和可预期性能的膜材料。

相转化成膜过程属于非平衡过程，成膜体系的热力学性质和成膜动力学过程对膜的结构和性能均有影响，热力学因素主要影响成膜体系的热力学稳定性，而实际的成膜过程是动力学过程，溶剂与非溶剂的相互扩散速度很大程度上影响膜的结构和性能。因此，可以从热力学和动力学两方面对膜孔结构进行调控。在热力学方面，主要可以从制膜溶剂的选择、聚合物溶液浓度、溶剂/非溶剂体系、添加剂种类和浓度、铸膜液温度等方面进行调控；在动力学方面，主要从铸膜液黏度、凝固浴组成、凝固浴温度、膜层厚度等方面进行调节。热力学因素和动力学因素相互影响，改变成膜体系的热力学性质常常会影响成膜动力学过程。因此，在实际的膜材料制备过程中，常常将膜结构的调控因素分为三个：制膜配方、制膜工艺参数、后处理工艺，这一分类方法在制膜工业上具有更好的实际操作性。综上所述，NIPS 法制膜调控过程复杂，制膜稳定性控制难度大。事实上，NIPS 法制膜中，膜结构控制一直是膜技术研究者和膜材料制造厂家最为关注的问题，相关的研究还在不断进行中。

NIPS 法既可以制备平板膜，也可以制备中空纤维膜。事实上，工业用超滤/微滤膜绝大部分为 NIPS 法制备的中空纤维膜。NIPS 法制备中空纤维膜又称为干-湿纺丝法（俗称为湿法纺丝）制备中空纤维膜，其过程如图 1-5 所示。在这一过程中，聚合物与溶剂、致孔剂、制膜助剂按设定比例在料液釜中混合溶解，形成铸膜液；经脱泡、过滤处理后，铸膜液经喷丝板挤出，进入凝固浴和冲洗浴完成相转化成膜过程；所形成的中空纤维经卷绕机收卷后进行后处理，即得到中空纤维膜丝。近年来，膜技术研究者们不断对传统的干-湿纺丝工艺进行改进，制备了不同形态的中空纤维膜。例如，新加坡国立大学 Tai-Shung Chung 等采用双层喷丝板，制备了具有双层非对称结构的 PES 中空纤维气体分离膜，中空纤维的内层具有较大的膜孔，起到机械支撑的作用，而外层薄而致密，作为选择分离层，具有较高的气体选择性[8]；荷兰 IMT 公司和德国滢格公司研发了七孔 PES 中空纤维超滤膜，这种独特的七通道结构使膜丝的横截面较大，单丝直径达到 4 mm，膜丝的强度大大提高，有效防止了膜材料应用过程中出现断丝现象[9]。

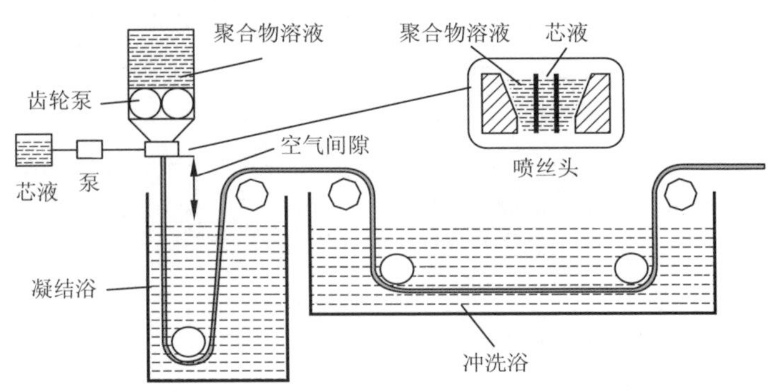

图 1-5　干-湿纺丝法制备中空纤维膜过程

在干-湿纺丝法制备中空纤维膜的过程中，制膜设备参数、制膜配方、纺丝工艺、制膜环境条件（温度、湿度等）、后处理过程与条件等因素对膜结构和性能均有影响，而且膜结构对各种条件的变化非常敏感，这对制膜设备的加工精度、制膜参数的控制提出了较高的要求。近年来，浙江大学膜与水处理技术教育部工程研究中心在干-湿纺丝法的膜结构控制研究上取得了一系列突破，通过制膜配方的调节和制膜工艺的优化，实现了 PVDF、PSF、PES、PVC 等超滤/微滤膜材料在非对称大孔结构、双指状孔结构、对称海绵状结构、梯度网络结构等孔形态方面的可控制备，其结构如图 1-6 所示[10-13]。徐志康教授课题组在具有梯度孔结构中空纤维膜材料制备方面取得了突破性进展，开发了净水器用的无压力 PSF 膜及其规模化制备技术，该技术达到国际先进水平。

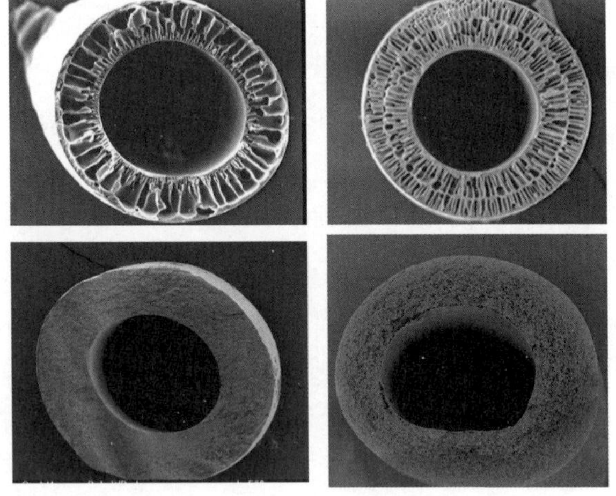

图 1-6　具有非对称大孔结构、双指状孔结构、对称海绵结构和梯度网络结构的中空纤维膜

1.3.2　热致相分离法(TIPS 法)

在众多的制膜方法中，TIPS 法以其材料适用范围广、制膜过程容易调控、膜材料强度高等优点受到越来越多的重视，尤其是在聚烯烃等结晶性材料的制膜领域。TIPS 法是 20 世纪 80 年代初由 Castro[14]在专利中提出的一种多孔膜制备方法。该方法是将聚合物与高沸点、低分子量的稀释剂在高温时(一般高于结晶聚合物的熔点 T_m)形成均相溶液，在挤出或压制成型后，降低体系温度，发生固-液或液-液相分离，脱除稀释剂后形成聚合物多孔膜。这种由温度改变驱动相分离的方法称为 TIPS 法。对于许多结晶性的、带有强氢键作用的聚合物，室温下在溶剂中的溶解度差，不能用传统的 NIPS 法制膜，TIPS 法为这类聚合物膜的制备提供了可能。

TIPS 法制备多孔膜的主要包括以下步骤[15]：

(1)聚合物在高温下溶于高沸点的稀释剂，形成均相铸膜液；

(2)铸膜液再经过模具挤出，形成薄膜状、管状、中空纤维状等形状；

(3)铸膜液浸入冷却浴中，在冷却过程中发生相分离，聚合物固化成膜；

(4)使用低沸点萃取剂将初生膜中的稀释剂萃取去除；

(5)蒸发脱除萃取剂，得到聚合物多孔膜。

TIPS 在制备聚合物多孔膜的过程中，体系在高温下是均相的溶液，随着体系温度的降低，可能发生液-液分相，即聚合物富相与贫相之间的分离，这取决于整个体系中聚合物与稀释剂之间的相互作用强弱以及聚合物的含量高低两个因素。当体系中的温度进一步降低，聚合物溶液将会发生固化(包括结晶或者玻璃化转变)，即固-液分相。实际上，20 世纪 50 年代初 P. J. Flory[16]就奠定了聚合物-溶剂(稀释剂)二元体系相平衡的热力学基础，对平衡态热力学进行处理得到的相图对于理解非平衡态 TIPS 过程相分离机理有重要的指导意义。聚合物-稀释剂二元体系的相图往往是受冷却速率影响的非平衡相图，但它是以平衡相图为基础的。在体系的组分及温度一定时，从相图可以了解发生相分离的机理，所有影响相分离过程的因素最终都会影响所得制备膜的结构与性能，因此平衡相图是研究相分离机理、实现膜结构控制的有力工具。

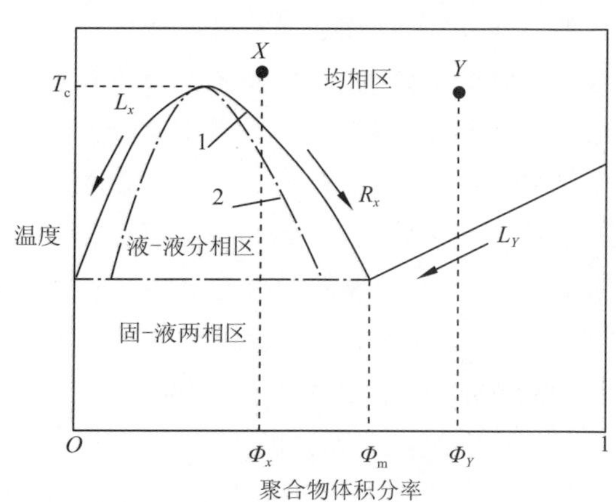

图 1-7　TIPS 液-液分相和液-固分相相图
(1 为双节线，2 为旋节线)

由于 TIPS 法中的聚合物-稀释剂体系通常为弱相互作用(χ 值较大)体系，冷却时一般在发生液-液分相的同时伴随聚合物的结晶[17]，TIPS 液-液分相和液-固分相相图如图 1-7 所示，其中 Φ_m为偏晶点 (monotectic point)。当聚合物-稀释剂组成在高浓度区(Φ_m右侧)，温度降低至曲线以下，以及在聚合物低浓度区(Φ_m左侧)温度于水平虚线以下的区域时，聚合物-稀释剂体系形成聚合物固相与稀释剂液相两相；在 Φ_m左侧，双节线曲线以下，水平虚线以上，聚合物-稀释剂体系形成液-液两相。

当外界条件（如温度、压力等）的变化使体系中某一相处于亚稳态，它便出现了转变为一个或几个较为稳定新相的倾向，以使体系自由能降低。只要相变的驱动力足够大，这种相变就将借助于小范围内程度足够大的浓度涨落而开始。在适当的条件下，会形成核并进一步长大，这就是成核-生长机理[18]。当聚合物-稀释剂体系被加热到以 X 点所代表的温度时，形成组成为 Φ_X 的均相溶液。在慢速冷却时，开始溶液的组成不变，温度逐渐降低，直至与双节线相交，随后进入亚稳区。在亚稳区域内，当某处浓度波动足够大时，体系发生相分离生成贫聚合物相，总的自由能下降。随着冷却的进行，温度继续降低，由于稀释剂的扩散，贫聚合物相不断长大成液滴，其组成沿 L_X 而变化。同时，周围的富聚合物相沿 R_X 而变化。以这种方式，体系逐渐分成液-液两相，在连续的富聚合物相中分散着大量的贫聚合物相液滴[19,20]。当体系温度降至液-液分相区以下时，体系中有结晶生成，发生固-液分相。

当聚合物-稀释剂体系被加热到 Y 点所代表的温度时，形成组成为 Φ_Y 的均相溶液。随着温度的降低，热能被移走，体系发生固-液相分离，形成 L_Y 所代表的液相和纯聚合物相。随着温度的进一步降低，新形成的液相沿结晶线发生固-液相分离直至偏晶点 Φ_m，纯聚合物相的组成不变，但是量不断增加。在此过程中，由于初始的多相成核过程，先形成富聚合物相的晶核，随着纯聚合物的结晶，进一步形成纯聚合物晶核，并不断长大，形成片晶，片晶与片晶聚集形成球晶[21,22]。在低于偏晶点的温度下，剩余的溶液相发生如前面所描述的液-液分相。在此结晶过程中，稀释剂被截留在片晶和球晶间，萃取出稀释剂后形成球晶内部孔和球晶间隙孔。

在旋节线内，体系要发生旋节线分相，在此区域内，体系处于不稳定态，程度小、范围广的浓度起伏将导致均相相变[23,24]。当聚合物-稀释剂体系被加热到 X 点所代表的温度时，形成组成为 Φ_X 的均相溶液。通过迅速冷却，溶液穿过双节线和旋节线直接进入不稳定区。在此区域内，体系自发的分解为微小的、相互连接的贫聚合物相和富聚合物相。此过程不需要微核的形成，并且新相的尺寸基本相同。当淬冷温度低于聚合物的结晶温度时，液-液分相中伴随着聚合物的结晶，此结晶主要发生在富聚合物相，聚合物结晶形成球晶，由于旋节线分相生成的两相细小且相互连接，贫聚合物相主要被截留于球晶内。

TIPS 法在结晶性高聚物（PE、PP、PVDF 等）的制膜方面具有突出的优越性，能够制备具有对称双连续网络结构的多孔膜材料，膜结构可以被稀释剂选择、聚合物浓度、冷却速度等参数方便地调控，膜材料机械强度高，成膜过程中需要控制的参数较少，因而结构更加容易控制，膜生产的重复性好。然而，由于 TIPS 法制膜对设备要求高，且在制膜过程中使用大量稀释剂和萃取剂，导致生产成本偏高。在国外企业中，日本旭化成公司攻克了 TIPS 法制备 PVDF 中空纤维多孔膜的生产关键技术难题，实现了其规模化生产和商业应用。TIPS 法制得的 PVDF 中空纤维膜结构的 SEM 图如图 1-8 所示[25]。

近年来，清华大学王晓琳教授等经过多年的努力和连续攻关，攻克了 TIPS 法制备 PVDF 中空纤维膜的关键技术难题，并实现了产业化，这是我国在高性能 PVDF 中空纤维膜制备技术上的重大突破[26,27]。祝振鑫等[28]采用水溶性良溶剂和水溶性添加剂组成的混合液作为稀释剂，该稀释剂与 PVDF 等聚合物在高温下（110～150℃）形成均相溶液，降温后发生兼有

TIPS 和 NIPS 机理的液-液分相，从而在较低的溶解温度下制备了具有优异性能的中空纤维多孔膜，该制膜过程被称为“复合热致相分离法”(c-TIPS 法)，该技术已实现产业化应用。浙江大学徐志康教授等分别采用 DMSO/甘油和 DMSO/聚乙二醇作为混合稀释剂，通过 TIPS 方法制备了 PAN 多孔膜材料，对聚合物-稀释剂体系的热力学相图进行了深入分析，实现了 TIPS 法 PAN 多孔膜的可控制备[29,30]。

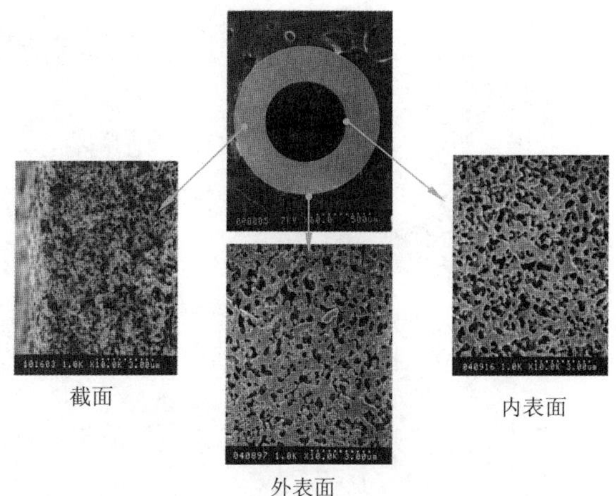

图 1-8　TIPS 法制得的 PVDF 中空纤维膜结构的 SEM 图

最近，华东理工大学许振良教授课题组报道了一种通过反向热致相分离法(RTIPS 法)制备具有贯穿网状孔结构 PES 和 PSF 多孔膜的方法。与通常的 TIPS 制膜体系具有高临界共溶温度(UCST)不同，该类制膜体系采用常用的 NIPS 法制膜溶剂，通过加入大量的添加剂聚乙二醇(PEG)，使制膜液具有低临界共溶温度(LCST)。具有 UCST(a)和 LCST(b)的制膜体系相图示意图如图 1-9 所示。制膜液在较低温度下呈现均相，升高温度后制膜液稳定性下降而发生分相。由于这一制膜方法采用水溶性的混合溶剂作为稀释剂，该稀释剂在体系升温分相的过程中，也与水相凝固浴发生溶剂/非溶剂的交换，因而这一成膜过程实际上是 RTIPS 和 NIPS 两种成膜机理同时作用的结果[31]。

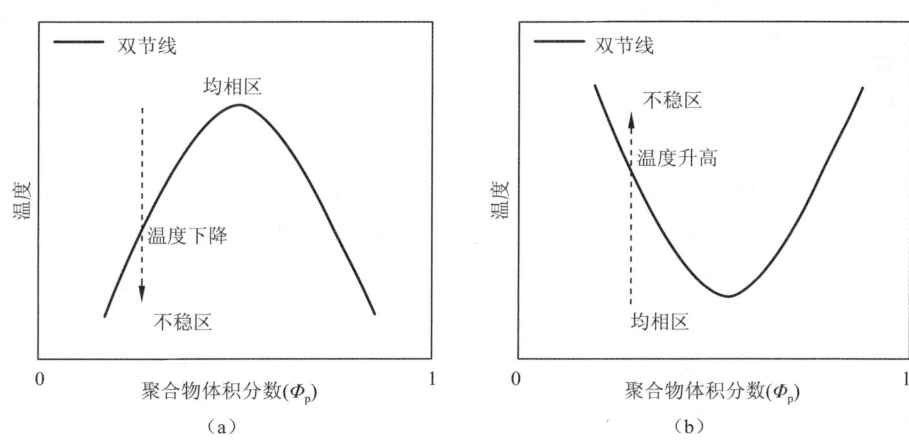

图 1-9　具有 UCST(a)和 LCST(b)的制膜体系相图示意图

RTIPS 制膜方法通常适用于具有较强极性的无定型聚合物，聚砜类聚合物由于其结构的特殊性，能在非质子极性溶剂和弱极性非溶剂组成的混合溶剂中形成具有 LCST 的制膜体系，通过 RTIPS-NIPS 法所制备的聚砜类多孔膜具有相互贯通的网状孔结构，表面开孔率高，孔径较为均一，机械强度高，是制备聚砜类微滤膜的理想方法[31]。凝固浴温度对 RTIPS 法 PES 膜结构的影响如图 1-10 所示。

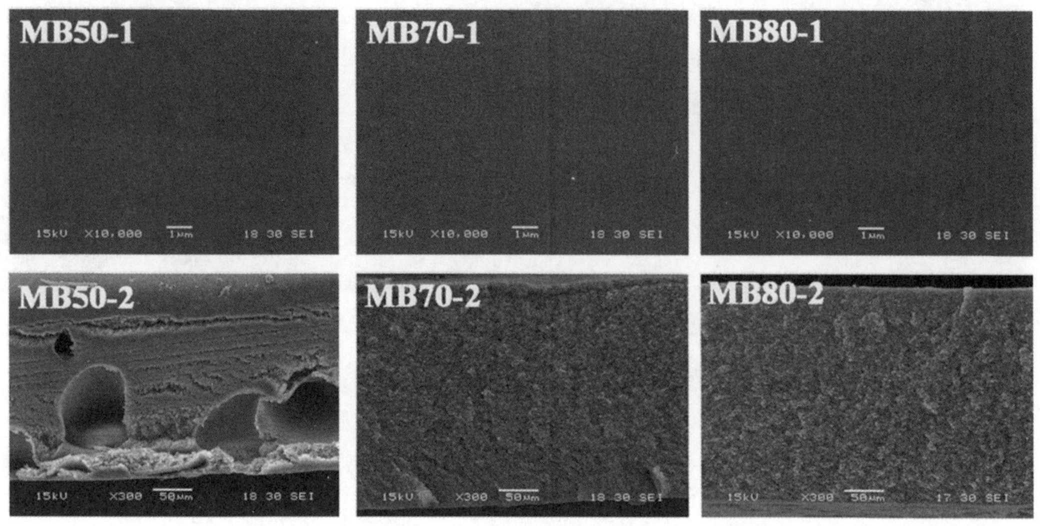

图 1-10 凝固浴温度对 RTIPS 法 PES 膜结构的影响(从左至右分别为 50℃、70℃和 80℃)

RTIPS 法是在 TIPS 和 NIPS 制膜方法上发展起来的一种制膜新方法。目前,国内外关于 RTIPS 法制膜的报道还较少,相关基础研究还不够深入,所研究的体系单一(目前只有聚砜类制膜体系的报道)。然而,鉴于 RTIPS 法的诸多优点,未来应有重要的发展空间。

1.3.3 自组装-相转化复合法(SNIPS 法)

2007 年,来自德国的 K. V. Peinemann 和 V. Abetz 报道了一种新的相转化制膜方法——自组装-相转化复合法(self-assembly and non-solvent induced phase inversion method,SNIPS 法)[32]。SNIPS 法和普通 NIPS 法的最大不同之处在于 SNIPS 在成膜过程中利用嵌段聚合物的自组装能力并借助相转化的部分特征将预先形成的有序结构予以冻结,从而实现对膜孔结构的可控制备。根据文献报道,采用 SNIPS 所制备的聚合物膜的显著特征包括:①膜孔在分离层上以正六边形或正四边形排列;②表面孔结构呈现单分散性,且孔密度极高($>10^{14}$孔·m^{-2});③纯水通量是目前商品化的聚合物膜的 10～100 倍,具备很高的水渗透性[33-35]。目前看来,无论是从所制备的聚合物膜的优异性能还是从应用前景来分析,SNIPS 都是传统 NIPS 方法的巨大进步。SNIPS 制膜过程一般包括以下步骤:

(1)将嵌段共聚物溶解到合适的溶剂中形成铸膜液;

(2)将铸膜液刮涂到洁净的玻璃板或无纺布等支撑材料上;

(3)在空气中停留 5～20 s;

(4)浸入非溶剂中(如去离子水)实现相转化。

SNIPS 制膜的一般步骤及所制备的聚合物膜的典型结构如图 1-11 所示[36]。

从上述对 SNIPS 过程的描述可以看出,除了使用的成膜材料为嵌段共聚物以及让铸膜液在空气中作适当停留之外,SNIPS 的实现过程无限接近于传统的 NIPS 法。从材料的选择上,由于嵌段共聚物的自组装特性,所形成的均孔膜在理论上必须具备相应的孔结构,从而明确决定了SNIPS过程具备良好的可重复性。对于SNIPS过程中均孔结构形成的机理，目前文献中存在两种不同的看法。

第一种看法认为：溶剂挥发阶段导致了嵌段共聚物的有序组装，从而形成均孔结构。这种解释认为，嵌段共聚物在高分子溶液中以单分子状态存在。当铸膜液刮涂成膜以后，溶剂从铸膜液体系的挥发导致在表面100～200 nm厚度上形成浓度梯度，浓度的改变驱动了嵌段共聚物从单分子到聚集体的组装，并进一步形成正六边形排列，形成有序结构。而在200 nm～100 μm的底层，只是常规的溶液相转化过程。这种机理能够解释均孔膜非对称结构形成的部分原因，同时也强调自组装是形成皮层有序结构的根本原因。但考虑到溶剂从铸膜液中挥发的时间一般只有10 s左右，即使是在高分子稀溶液中，如此短暂的时间也难以提供给嵌段共聚物足够的时间进行有序组装，因此上述解释存在明显的不合理性。从动力学发生的过程来看，上述对有序结构形成的解释并不严密。

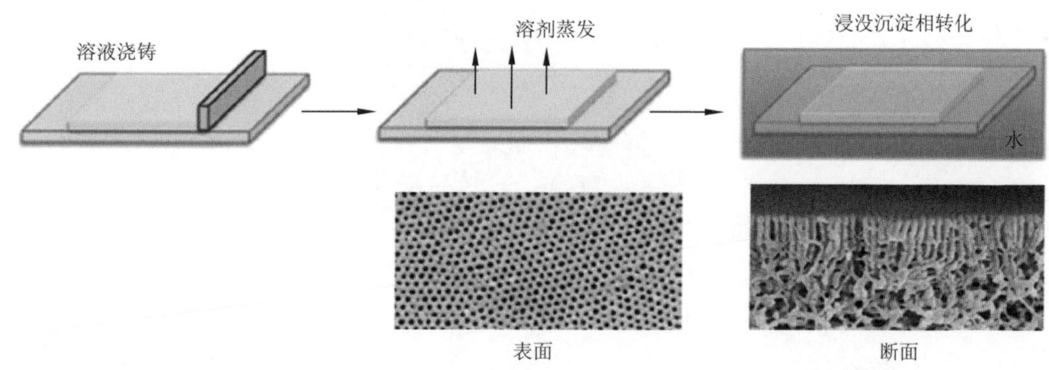

图1-11　SNIPS制膜的一般步骤及所制备的聚合物膜的典型结构

另一种对均孔膜形成过程的看法认为，嵌段共聚物形成的聚集体在铸膜液体系中就已经存在。只不过在聚合物溶液刮涂成平板薄膜之后，随着溶剂的挥发，球形聚集体会进一步自发组装形成有序排列，以减少溶剂挥发造成聚集体彼此之间的拥挤，是能量降低而熵增大的过程。相对而言，这种解释的合理性在于：

(1)从动力学上解释了有序结构在成膜过程中快速形成的直接原因；

(2)能够解释嵌段共聚物只有在合适的聚合物浓度下才能够形成均孔膜，而且刚好在此浓度范围的铸膜液体系能够检测到聚集体存在的相关信号，高于或低于此浓度区间均不能形成有序结构；

(3)溶液中聚集体和最终形成均孔膜的有序结构相符，溶液中聚集体是何种排列，形成的均孔膜最终仍是何种有序排列。

对比上述两种对SNIPS过程中均孔结构形成的解释，显然第二种解释更深入接近嵌段聚合物自组装形成均孔膜的内部过程，而且嵌段聚合物在铸膜液中形成胶束的结论也能得到小角光散射(SAXS)、低温冷冻透射电镜(cryo-TEM)、动态光散射(DLS)以及耗散粒子动力学模拟(DPD)等实验观察直接证明。SNIPS过程中，在铸膜液中存在聚集体的相关证据如图1-12所示。因而，这一解释也表明嵌段聚合物在铸膜液中的球形聚集体是均孔膜形成的起点，目前这一观点得到了更多研究工作的认同。

按以上解释，在铸膜液中能形成组装体的两亲性共聚物理论上均有形成有序膜的可能。然而，基于聚苯乙烯的嵌段共聚物是目前为数不多的可成功用于 SNIPS 法制膜的高分子材料，因聚苯乙烯(PS)和聚(4-乙烯基吡啶)(P4VP)之间强烈的相排斥作用(flory-huggins 相互作用参数为 0.35，高出一般嵌段共聚物约一个数量级)，PS-*b*-P4VP 是迄今为止用于均孔膜制备最为成功的嵌段共聚物，也是用来研究 SNIPS 过程最多的嵌段共聚物。在此基础上，基于 PS-*b*-P4VP 的衍生嵌段共聚物，如聚苯乙烯-嵌段-聚(2-乙烯基吡啶)(PS-*b*-P2VP)，聚(4-三甲基硅烷苯乙烯)-嵌段-聚(4-乙烯基吡啶)(PTMSS-*b*-P4VP)，聚氧乙烯-嵌段-聚苯乙烯-嵌段-聚(2-乙烯基吡啶)(PEO-*b*-PS-*b*-P2VP)，以及聚(异戊二烯)-嵌段-聚苯乙烯-嵌段-聚(4-乙烯基吡啶)(PI-*b*-PS-*b*-P4VP)也被用于均孔膜的制备并取得了一些研究成果。

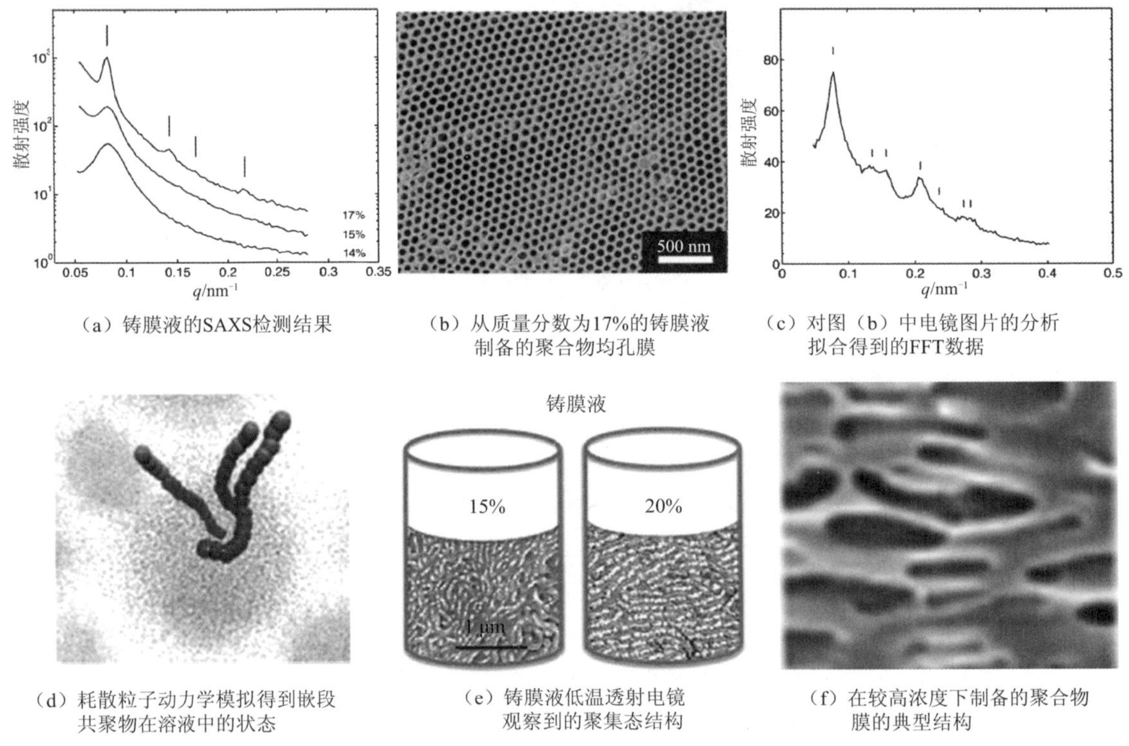

(a) 铸膜液的SAXS检测结果

(b) 从质量分数为17%的铸膜液制备的聚合物均孔膜

(c) 对图(b)中电镜图片的分析拟合得到的FFT数据

(d) 耗散粒子动力学模拟得到嵌段共聚物在溶液中的状态

(e) 铸膜液低温透射电镜观察到的聚集态结构

(f) 在较高浓度下制备的聚合物膜的典型结构

图 1-12 SNIPS 过程中在铸膜液中存在聚集体的相关证据[36,37]

特别需要提出的是，上述提及的基于 PS-*b*-P4VP 的衍生嵌段共聚物的使用主要是为了解决 PS-*b*-P4VP 均孔膜在使用过程中可能存在的问题而做的化学设计。比如，针对 PS 和 P4VP 较低的玻璃化温度($T_g \approx 100$ ℃)以及不耐热处理的问题，HAHN 等[38]通过在苯乙烯单体上引入三甲基硅烷无机取代基，合成了一种新的含无机基团的嵌段聚合物 PTMSS-*b*-P4VP，以此为材料制备的聚合物均孔膜比 PS-*b*-P4VP 显示出更好的耐热处理和耐化学处理能力。此外，针对 PS-*b*-P4VP 作为膜材料使用韧性较差的问题，W. A. Phillip 将柔性的聚异戊二烯引入 PS-*b*-P4VP 的嵌段共聚物中，得到了一种新的三嵌段共聚物 PI-*b*-PS-*b*-

P4VP，以此为成膜材料制备了一种孔结构呈正方形长程有序排列的均孔膜。由于 PI 和 PS 形成的双组分内核，以 PI-*b*-PS-*b*-P4VP 为膜材料制备的共聚物均孔膜，在保持孔密度不变的基础上（10^{14}～10^{15}孔·m^{-2}），将均孔膜的韧性提高了 3 倍以上，从而为均孔膜的耐弯折能力提供了保障[39]。除此之外，也有研究者将生物相容性和耐污染的组分如聚乙二醇等和现有的嵌段共聚物相结合，以此来提高均孔膜的亲水性和耐污染性[40,41]。目前基于非 PS-*b*-P4VP 嵌段共聚物并成功用于均孔膜制备的嵌段共聚物似乎只有一种，即 PS-*b*-PEG。从以上现状可以看出，目前能够通过 SNIPS 法形成均孔膜的嵌段共聚物只限于 PS 的两亲性嵌段共聚物。因此，寻找新的可用于 SNIPS 法制膜的聚合物原料是目前需要解决的关键问题之一。无论如何，这一制膜方法正迎来快速的发展机遇。

1.3.4　其他相转化制膜方法

1.3.4.1　溶剂蒸发法

溶剂蒸发法是制备聚合物膜的最简便方法，在这种方法中，将聚合物溶于某种溶剂，然后将聚合物溶液通过旋涂、刮涂、浸涂或喷涂的方法均匀分布在支撑体上（如玻璃板或其他支撑物，可以是多孔的，也可以是无孔的），在干燥惰性气体氛围中使溶剂蒸发，得到均匀而致密的聚合物膜。燃料电池隔膜、渗透汽化用聚合物膜常用此法制备。

1.3.4.2　控制蒸发沉淀法

控制蒸发沉淀法早在 20 世纪初就曾被采用，这种方法是将聚合物溶解在一个溶剂和非溶剂的混合物中（这种混合物是聚合物的溶剂），由于溶剂比非溶剂更容易挥发，所以蒸发过程中非溶剂和聚合物的含量会越来越高，最终导致聚合物沉淀并形成带有皮层的薄膜。

1.3.4.3　蒸汽诱导相分离法（VIPS 法）

在这种方法中，将聚合物溶液刮涂在支撑体上，置于被溶剂饱和的非溶剂蒸汽氛围中，由于蒸汽相中溶剂浓度很高，防止溶剂从膜中挥发出来。随着非溶剂扩散到溶液薄膜中，溶剂和非溶剂发生交换，膜便逐渐形成。相对于 NIPS 法，VIPS 法成膜过程中溶剂和非溶剂的相互交换要慢得多，相当于进行延时分相过程，利用这种方法可以得到无皮层的多孔膜。在 NIPS 法制备平板膜和中空纤维膜的过程中，有时会加入在空气中暴露的步骤，由于空气中水蒸气和溶剂具有很强的亲和性，这一暴露过程常常伴随着水蒸气扩散进入溶液薄膜，而溶剂也会有一定程度的挥发，因此这一过程常常是 NIPS、VIPS 和溶剂蒸发三种机理相伴的成膜过程。

1.3.5　其他制膜方法

1.3.5.1　拉伸法

这种方法是将部分结晶性聚合物（PP、PE、PTFE 等）的挤压膜或薄片沿垂直于挤压方向拉伸，使结晶区域平行于挤压方向，在机械应力作用下，会发生小的断纹，从而得到多孔结构。拉伸法所制膜的孔径和孔径分布受拉伸前的结晶性与膜中分子取向度的影响。使用这种方法所能制得的膜孔径最小约为 0.1 μm,最大约为 3 μm。美国赛拉尼斯公司 1972 年成功通过熔融挤出然后冷拉伸的技术制备微孔 PP 平板膜[42]。浙江大学徐又一教授等改进了 PP 中空纤维膜的生产工艺,省去了热处理过程并简化了拉伸工艺,制备了一种孔径更小的中空纤维膜,这种膜可用作超微过滤膜、无菌过滤膜等,具有广泛的用途,熔纺-拉伸法制备的 PP 中空纤维膜如图 1-13 所示[43]。采用双向拉伸法制备的 PTFE 多孔膜覆合在无纺布上,可制备成折叠式滤芯,广泛应用于空调、吸尘器、汽车等的空气过滤系统。

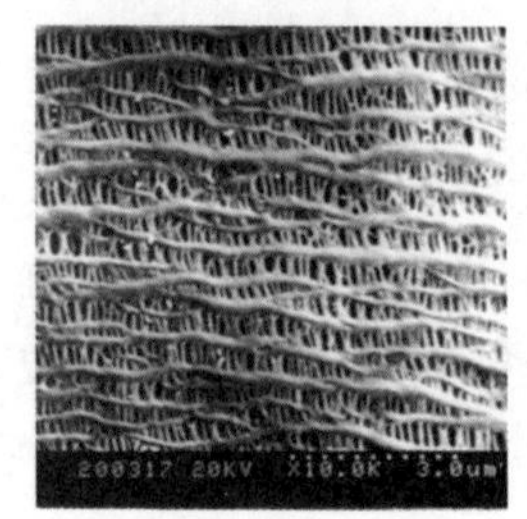

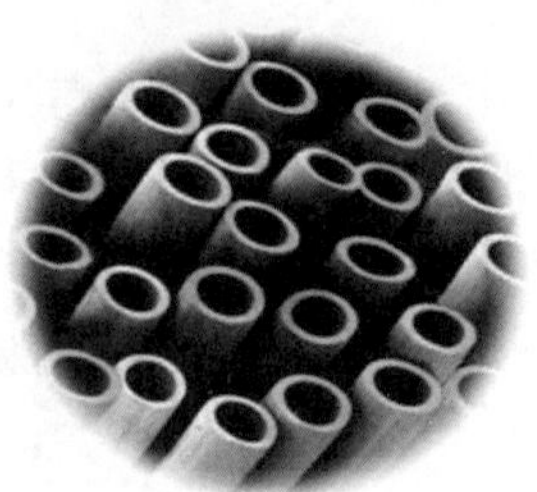

图 1-13　熔纺-拉伸法制备的 PP 中空纤维膜

拉伸法在制膜过程中不需要任何添加剂,产品纯度高,拉伸孔隙率可高达 70%,整个制膜过程对环境无污染。但是,只有(半)结晶化材料才能用这种方法制膜,其工艺过程不易掌控,且存在膜的孔径较难控制、孔径分布范围宽、膜的强度低等缺点。

1.3.5.2　烧结法

烧结是一种简单的制备多孔膜的方法,可以制有机膜(PE、PP、PTFE 等),也可以制无机膜(陶瓷膜等)。具体方法是将一定大小颗粒的粉末进行压缩,然后在高温下烧结。烧结温度取决于所选用的材料,在烧结过程中,颗粒间的界面消失,烧结法制膜过程示意图如图 1-14 所示。所得膜的孔径大小取决于粉末的颗粒大小及颗粒大小的分布。对于 PTFE 这类具有优异化学和热稳定性的聚合物,无法找到合适的溶剂将其溶解,因而无法通过相转化法制膜,而烧结法为 PTFE 提供了有效的制膜方案。然而,烧结法常常只能用于制备孔径较大的多孔膜,且孔隙率一般较低,为 10%~20%。

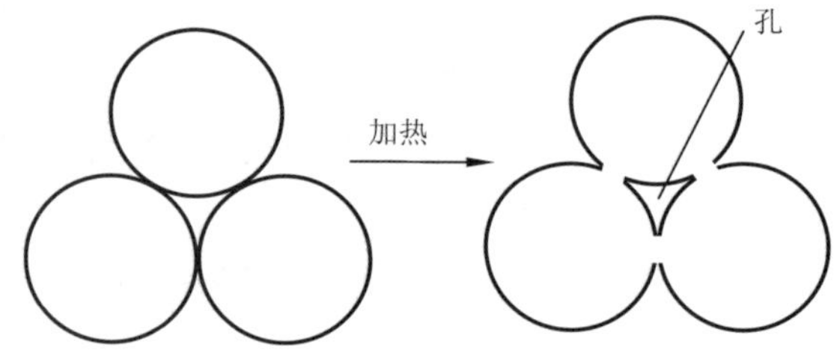

图 1-14　烧结法制膜过程示意图

1.3.5.3　径迹蚀刻法

径迹蚀刻法所制备的聚合物膜又叫核孔膜。在这一制膜方法中,聚合物膜或薄片(通常是聚酯,包括 PET 和 PC)接受垂直于薄膜的高能粒子辐射,在辐射粒子的作用下,聚合物(本体)受到损害而形成径迹。然后将此薄膜浸入酸(或碱)溶液中刻蚀,径迹处的聚合物材料被溶蚀,得到具有均一孔径的圆柱形孔。膜受辐射时间的长短决定了膜孔数目,刻蚀时间的长短决定了孔径大小。这种膜是对称膜,其特点是孔径分布窄,孔径范围为 0.02~10 μm,孔为圆柱形毛细管,但表面孔隙率很低(最大约 10%)。径迹蚀刻法制备的 PET 膜 SEM 图如图 1-15所示。

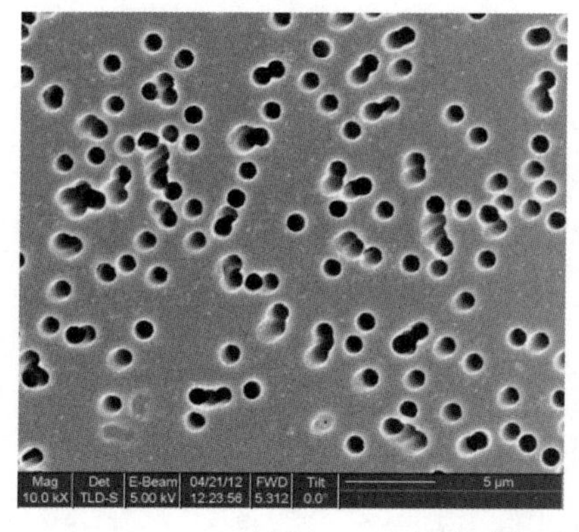

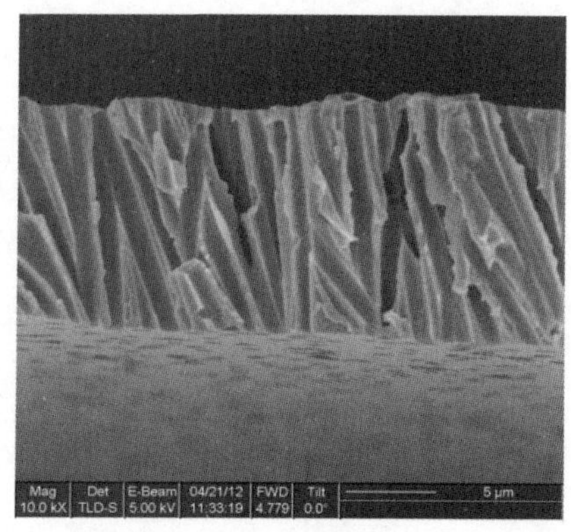

图 1-15　径迹蚀刻法制备的 PET 膜 SEM 图

1.3.5.4　界面聚合法

界面聚合法是目前工业上制备 TFC 纳滤膜和反渗透膜的主要方法，它是以 Morgande 相界面聚合原理为基础发展起来的。界面聚合是利用两种反应活性很高的单体或预聚物在两个互不相容的溶剂界面处发生聚合，从而在支撑膜的表面形成一层薄的致密的选择层。具体的制膜方法如下：将支撑层，通常是超滤膜，浸入预先含有活泼单体或预聚物水溶液中，浸泡一段时间后清除膜表面多余的溶液，晾置一段时间，再浸入含有另一种活泼单体的油性溶液，两种单体在界面发生反应形成致密的聚合物薄层。在浸入步骤完成后，通常要对膜进行热处理，促进界面反应完全。目前应用于界面聚合的常用水溶性单体有：间苯二胺、哌嗪、双酚 A 等，油溶性单体有均苯三甲酰氯、间苯二甲酰氯和联二苯四甲酰氯等[44-46]。随着界面聚合制备纳滤膜和反渗透膜的大规模工业化，相关研究工作正逐步减少，目前的研究工作主要集中在设计含有不同基团的单体，从而在界面聚合层中引入特定的基团，以提高聚酰胺类 TFC 膜的抗余氯性能和抗污染能力。

1.3.5.5　表面自组装

自组装最早由 Bigelow 及其合作者于 1946 年首先提出，Zisman 在 1964 年阐明了自组装的基本原理。分子自组装的原理是利用分子与分子，或分子中的某一片段与另一片段之间的分子识别，通过非共价键相互作用形成具有特定排列顺序的分子聚合体。分子之间无数的非共价弱相互作用是发生自组装的关键。这里的“弱相互作用”可以是氢键、静电力、分子间力、疏水相互作用等。1980 年，Sagiv 第一次利用自组装的方法制备了单分子膜[47]，从此自组装方法被作为一项专门的制膜技术进行研究，广泛应用于生物材料、发光材料等功能材料的表面修饰。目前应用于高分子分离膜制备的主要是聚电解质层层自组装技术（layer-b-layer assembly），它由德国 Mainz 大学的 Decher 在 1991 年首先提出，层层自组装制备纳滤复合膜过程如图 1-16 所示[48]，首先将表面带有正电荷的固体与聚阴离子电解质接触，两者发生静电吸附，使固体表面带上负电荷，再浸入聚阳离子电解质溶液，使固体表面带上正电荷，如此反复即可形成聚电解质自组装膜。

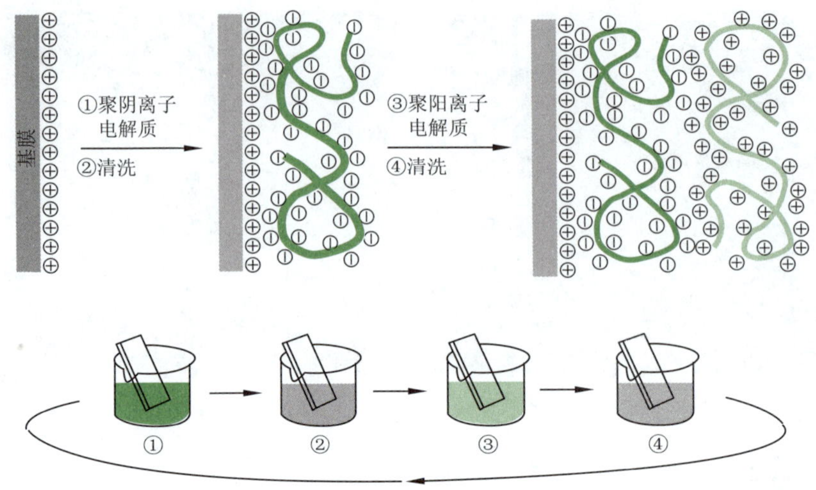

图 1-16　层层自组装制备纳滤复合膜过程

目前，层层自组装在膜材料制备中的应用主要是制备纳滤膜和渗透汽化膜。根据所带的电荷不同，聚电解质可分为聚阳离子和聚阴离子电解质。现在应用于膜材料制备的聚阳离子电解质主要有聚丙烯胺盐酸盐(PAH)、聚乙烯亚胺(PEI)、聚乙烯胺(PVA)、壳聚糖(CS)、聚二烯丙基二甲基氯化铵(PDADMAC)等，聚阴离子电解质主要有聚苯乙烯磺酸钠(PSS)、聚丙烯酸(PAA)、聚乙烯硫酸盐(PVS)等。

1.4　高分子膜材料的改性

在实际应用中，单一材质的膜材料常常难以满足分离膜的多方面性能需求。为了得到综合性能优异的膜材料，常常需要结合不同材质的优势，制备非均质的膜材料，这就需要对膜材料进行改性。事实上，高分子膜材料的改性是近年来膜技术领域的研究热点之一，已有大量的文献报道了各种各样的膜材料改性方法。高分子膜材料的改性方法通常可以分为三大类：本体改性(原材料改性、共混等)、表面化学反应(表面接枝、表面辐照、表面交联、界面聚合等)和表面自组装(表面涂覆、表面吸附、层层自组装、表面沉积等)。这里主要介绍两亲聚合物共混、两亲聚合物共混与表面反应相结合，以及中空纤维膜增强三种膜材料改性方法。

1.4.1　两亲聚合物共混改性方法

共混改性法是高分子膜材料最实用的改性方法之一。传统的共混改性方法常常采用水溶性聚合物(PVP、PEG 等)、疏水聚合物(PMMA 等)或无机材料(SiO_2、TiO_2、Al_2O_3纳米粒子等)作为共混改性剂，这些改性剂要么引起膜机械性能下降，要么容易流失，难以兼顾改性效果和多相组分相容性的统一。近年来，两亲性聚合物被研究者应用于疏水性膜材料的共混改性。两亲性聚合物分子中同时含有疏水链和亲水链，疏水链保证了这种添加剂与膜本体材料具有良好的相容性，而亲水链使膜具有更高的亲水性。研究者发现，由于这些两亲性聚合物中亲水链与膜本体材料热力学不相容，在成膜过程中向膜-凝固浴界面迁移富集，因而显著提高了膜的表面亲水性[49,50]。

事实上，表面迁移是聚合物共混体系中非常普遍的现象。通常，当体系在空气中平衡时，为降低聚合物-空气界面的界面能，低表面能（疏水的）组分将自发地富集到材料表面；相反，当体系在水中平衡时，为达到聚合物-水之间的界面能的最低化，高表面能（亲水的）组分将在界面处聚集[51,52]。这一现象为我们提供了一种简单便利且高效的相转化膜表面亲水化改性方法，亲水性聚合物添加剂被加入铸膜液中，铸膜液在水浴中成膜时，亲水性添加剂将自发地富集到膜-凝固浴界面，两亲聚合物中亲水/疏水链在聚合物共混体系中的表面富集现象如图 1-17所示[53]。这种方法的优势是膜改性和膜制备同时进行，不需进行烦琐的后处理，可使亲水性添加剂在膜表面的含量高于其本体含量数倍，且对膜表面和膜孔壁均有良好的改性效果。

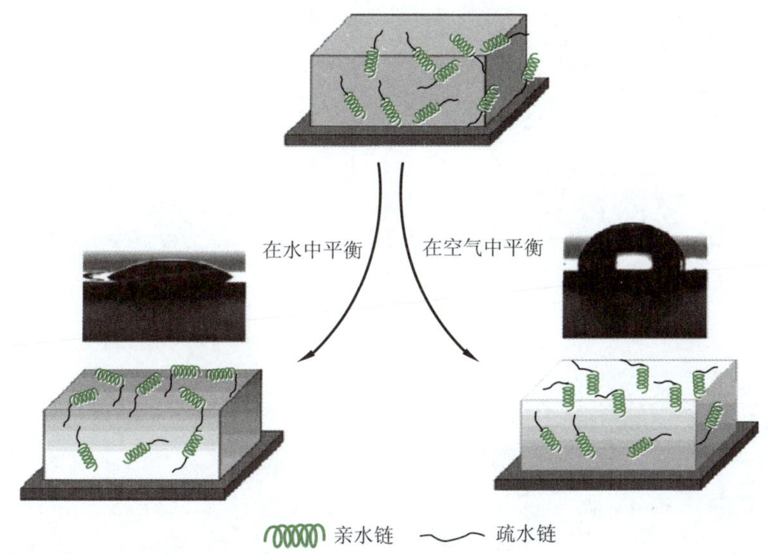

图 1-17　两亲聚合物中亲水/疏水链在聚合物共混体系中的表面富集现象

天津大学姜忠义教授的研究组对 PES 超滤膜的共混改性进行了大量研究工作，他们采用大豆卵磷脂（SPC）、聚氧乙烯-聚氧丙烯嵌段共聚物（pluronic）、磺酸甜菜碱等作为聚合物添加剂，通过浸没沉淀相转化成膜，发现这些添加剂在膜表面大量富集，所制备的 PES 共混膜的亲水性、生物相容性和抗污染性能均有显著的提高[54,55]。渥太华大学 Matsuura 教授的研究组合成了一系列末端带氟基或 PEG 链的表面改性大分子（SMM），并将其用作 PES 膜的改性添加剂，利用 SMM 在相转化过程中的表面迁移过程改性 PES 膜，显著地增强了 PES 膜的性能[56,57]；麻省理工学院 Mayes 教授的研究组在采用两亲性接枝或嵌段共聚物作为膜表面改性添加剂方面做了大量的研究工作，所涉及的膜材料包括 PSF、PVDF、PMMA、Polystyrene 等[58,59]。

从 2005 年开始，浙江大学膜材料与技术研究室在国内外相关研究工作的启发下，以目前主流的高分子超/微滤膜材料 PVDF、PSF、PES、PVC 等为研究对象，从分子结构设计出发，采用自由基聚合、醚化、酯化、ATRP、RAFT 等方法合成了一系列具有不同分子结构（包括接枝、嵌段、交替、超支化等)和链形态(包括直链、梳状、哑铃状、链球状等)的两亲共聚物,将合成的两亲共聚物与聚合物制膜材料进行溶液共混,通过相转化法制备成膜,在运用成膜热力学和动力学分析理论的基础上,对共混膜的结构和性能进行调控。研究发现,两亲共聚物中的亲水链在成膜过程中自发地向膜表面富集、自组装(见图 1-18),显著提高了膜的亲水性与透水性、抗蛋白质吸附和抗污染能力,所制备的超/微滤膜具有高通量、高截留率、抗污染等优异性能[60-64]。

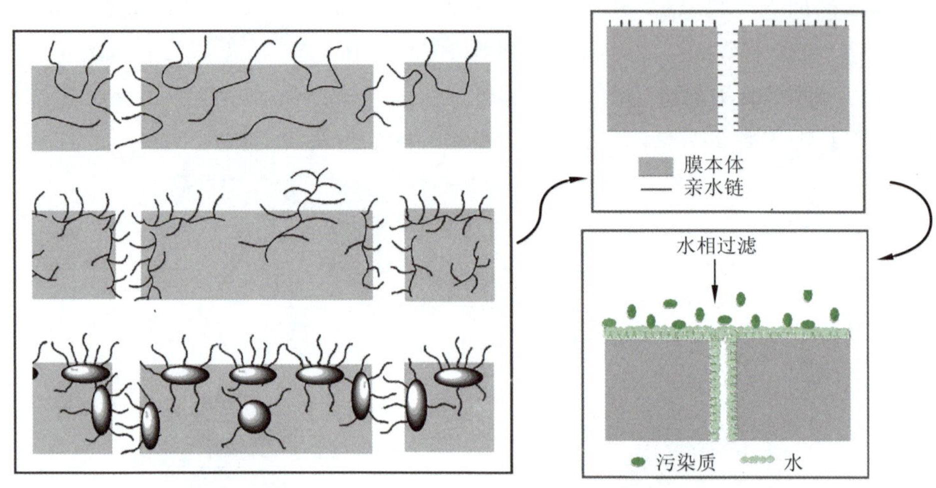

图 1-18 两亲共聚物在共混制膜体系中的表面富集示意图

在制膜专用两亲共聚物的分子设计与合成中,既要考虑两亲共聚物中疏水链与主体成膜材料的相容性,也要考虑亲水链段对膜材料的亲水改性效果。在用于 PVDF、PSF 等超/微滤膜共混改性的两亲共聚物中,疏水链与制膜主体聚合物应具有良好的相容性,起到固定亲水链的作用,而亲水链常常被设计成具有优异抗污染性能的材料,通常具有以下特征:具强亲水性,为氢键受体/非氢键供体,呈电中性。迄今为止,能够起到良好抗污染性能并得到广泛应用的材料主要有聚乙二醇(PEG)及其衍生物和两性离子聚合物等。PEG 及其衍生物是一种水溶性高分子,具有亲水性、无毒、无免疫性及良好的生物相容性等优良特性。目前已经有很多研究者把 PEG 应用在膜材料改性中,有效提高聚合物膜的亲水性、抗污染性和生物相容性。

在 PVDF 膜改性用两亲共聚物的设计与合成中,徐又一等采用了与 PVDF 具有良好的相容性且易通过自由基聚合方法合成的聚甲基丙烯酸甲酯(PMMA),以及具有与 PEG 相同的分子链结构、易溶于水、具有优异的亲水性和抗污染性能的聚甲基丙烯酸聚乙二醇单甲醚酯(POEM)。将 PVDF 膜共混改性用两亲共聚物的疏水链段设计为 PMMA,亲水链段设计为 POEM,通过自由基共聚技术,合成了以 PMMA 为疏水链段、POEM 为亲水链段的两亲共聚物 P(MMA-*r*-POEM)。通过改变两种单体的投料比,可以方便地合成亲疏水组分比例不同、分子量不同以及亲水性变化的两亲性聚合物[65]。

将所合成的两亲梳状共聚物 P(MMA-*r*-POEM)用于 PVDF 膜的共混改性。P(MMA-

r–POEM)分子链中的疏水段为 PMMA 结构，与 PVDF 有很好的相容性；亲水链段为 POEM，具有良好的亲水性。亲水性的分子链遇到铸膜液中的水或者在相转化过程中，在界面自由能最低化的推动力下会与水分子发生水合作用，向膜表面迁移或取向，在膜表面形成薄(几至几十纳米)的较为致密的水凝胶表层，赋予膜高的截留率和水通量，或者迁移到膜孔内壁形成水分子通道，与膜内部的指状孔结构提供膜高水通量。除了膜中的微孔，其亲水链所形成的区域也充当了水的输送通道，增加了 PVDF 多孔膜的亲水性和水透过性。P(MMA–*r*–POEM)的水合作用示意图如图 1–19 所示。该两亲性聚合物中的疏水链与 PVDF 具有良好的相容性，与 PVDF 本体材料分子链相互缠结并具有一定的分子间力，使改性剂在膜中能够稳定存在，所制备的 PVDF 膜表现出高通量、高截留率的优异性能[65]。

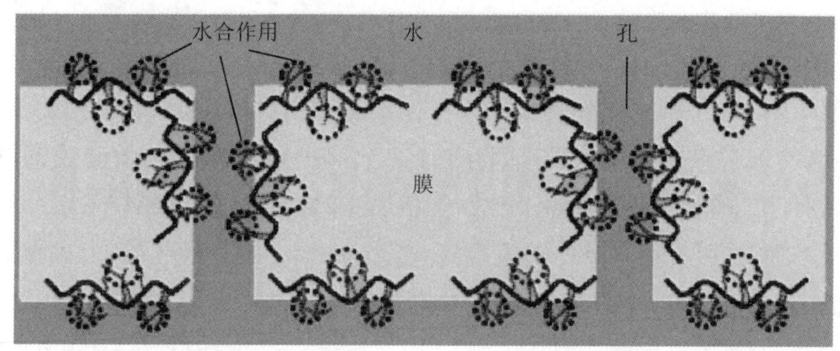

图 1–19　两亲共聚物 P(MMA–*r*–POEM)的水合作用示意图

以两亲共聚物共混进行聚合物超/微滤膜改性的方法结合了表面改性和本体改性的优点，改性与制膜同步完成，无须复杂烦琐的后处理步骤，不会破坏膜结构；由于亲水链的表面富集效应，仅添加少量的改性剂即可形成高亲水性的膜表层；改性能同时覆盖膜表面和膜孔壁，尤其是中空纤维膜内壁；无须额外设备，易实现连续生产，且成本低；两亲共聚物的疏水链嵌入膜本体，起到固定亲水链的作用，以使改性效果持久稳定。

1.4.2　两亲聚合物共混与表面反应相结合改性方法

在用于 PVDF、PSF 等超滤/微滤膜共混改性的两亲共聚物中，亲水链常常采用被设计成具有优异抗污染性能的材料。除了 PEG 以外，两性离子聚合物具备作为抗污染材料的三大特征——具强亲水性、为氢键受体/非氢键供体、呈电中性，因而受到研究者的广泛关注。两性离子是指在同一分子结构中同时包含阳离子和阴离子，目前研究较多的两性离子包括磷酰胆碱(PC)、磺酸型甜菜碱(SB)、羧酸型甜菜碱(CB)及两性离子混合电荷材料。两性离子聚合物可通过静电作用结合较多水分子，在材料表面形成水合层，可有效阻止蛋白质、血小板、细胞等有机大分子的黏附，提高材料表面的抗污染性能和生物相容性。为了实现共混改性膜的表面两性离子化，浙江大学朱利平等设计了具有反应活性的两亲共聚物，通过两亲共聚物共混和表面离子化反应的协同作用，改性制备了具有强抗污染特性的两性离子化膜材料，具体过程示意图如图 1–20 所示[66–69]。

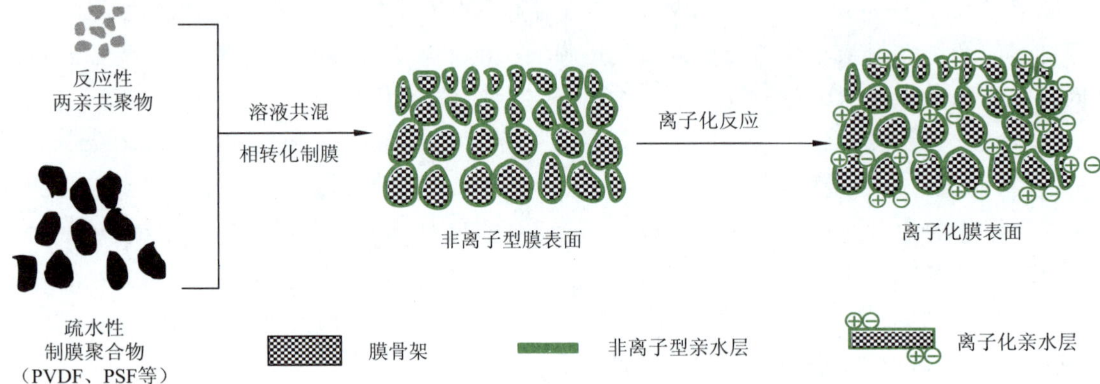

图 1-20　两亲共聚物共混与表面离子化反应协同改性超/微滤膜过程示意图

设计并合成了以聚甲基丙烯酸 N,N-二甲基氨基乙酯（PDMAEMA）为亲水链的两亲嵌段共聚物，将合成的嵌段共聚物作为 NIPS 法制备 PVDF 或 PSF 超/微滤膜的共混添加剂，通过成膜配方和制膜条件的调节与优化，制备了表面富集有大量 PDMAEMA 链段的 PSF 或 PVDF 膜。进一步通过 PDMAEMA 链段与 3-溴丙酸（3-BPA）或 1,3-丙磺酸内酯（1,3-PS）之间的季胺化反应，得到表面带有聚两性电解质结构的 PVDF 或 PSF 超滤/微滤膜。PVDF 共混超滤膜的表面两性离子化及其性能如图 1-21 所示。由于两性离子能够通过离子溶剂化作用结合大量水分子，在膜表面形成可抵御蛋白质污染和其他有机质污染的水合层，从而大大改善了 PVDF 或 PSF 膜的亲水性和抗污染性能[66]。

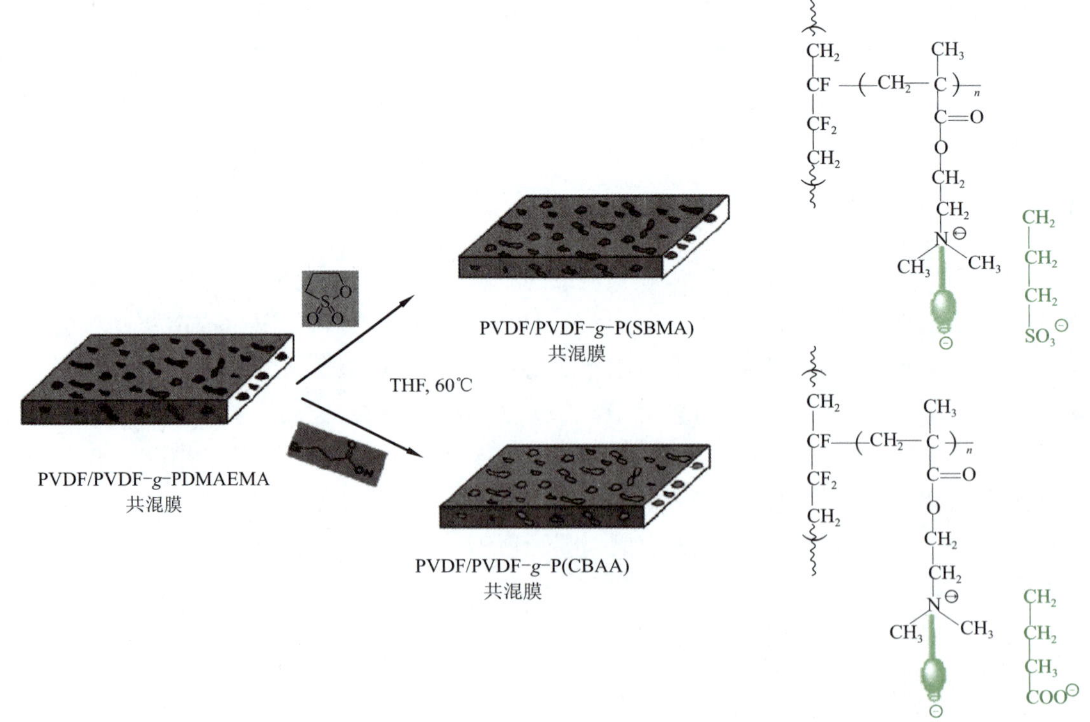

图 1-21　PVDF 共混超滤膜的表面两性离子化及其性能
A—3-溴代丙酸；B—1,3-丙磺酸内酯

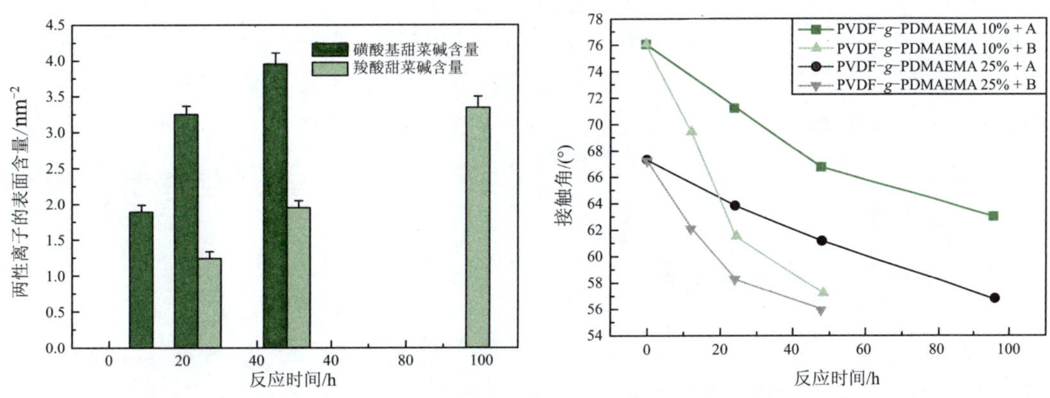

图 1-21　PVDF 共混超滤膜的表面两性离子化及其性能(续)

A—3-溴代丙酸;B—1,3-丙磺酸内酯

朱利平等还以无机 SiO_2 纳米粒子作为两性离子聚合物在高分子膜内的固定材料,通过分子设计,采用可逆加成断裂链转移(RAFT)自由基聚合方法,在纳米粒子表面接枝具有反应活性的聚甲基丙烯酸二甲氨乙酯(PDMAEMA),制备了核壳结构的 SiO_2-*g*-PDMAEMA 有机-无机杂化纳米粒子,并将其作为添加剂,通过 NIPS 法制备 PES/SiO_2-*g*-PDMAEMA 有机-无机复合膜。研究结果表明,SiO_2-*g*-PDMAEMA 杂化纳米粒子不仅在铸膜液中分散性良好,而且在成膜过程中向膜表面富集,增强了 SiO_2-*g*-PDMAEMA 杂化纳米粒子对改性膜亲水性和透水性的贡献,提高了 SiO_2-*g*-PDMAEMA 杂化纳米粒子的利用效率。且由于 PDMAEMA 与 PES 聚合物链段之间的缠结作用,SiO_2-*g*-PDMAEMA 杂化纳米粒子在 PES 膜表面和本体中表现出良好的稳定性。更为有意义的是,膜表面富集的反应性 PDMAEMA 链为膜表面的进一步修饰提供了反应性平台。分别采用 1,3-丙磺酸内酯(1,3-PS)和碘甲烷(CH_3I)与 PDMAEMA 进行季铵化反应,得到了两性离子化和阳离子化的膜表面。两性离子化的膜表面表现出优异的亲水性能和抗污染能力,阳离子化的膜表面对大肠杆菌和金黄色葡萄球菌表现出优良的抗菌能力。PES/SiO_2-*g*-PDMAEMA 复合膜制备及其表面离子化过程示意图如图 1-22 所示[67]。

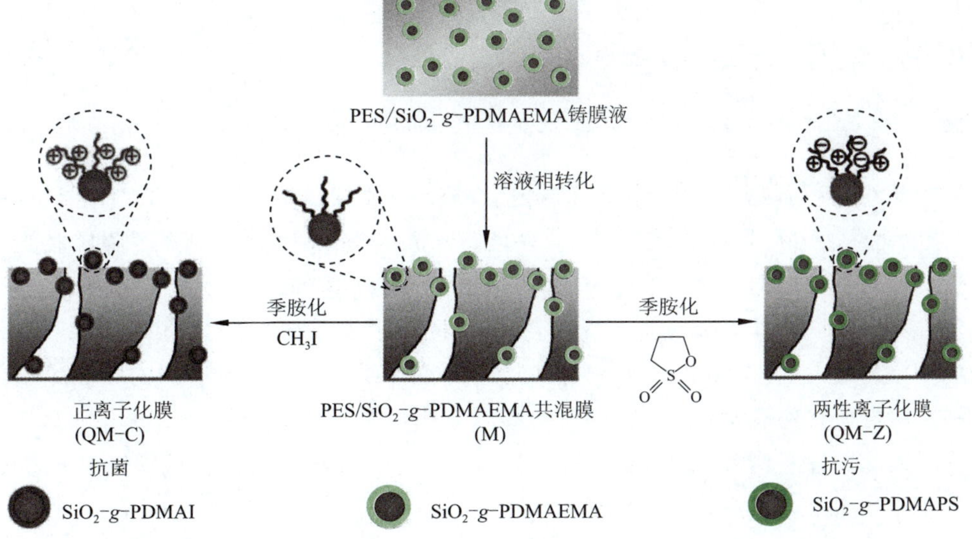

图 1-22　PES/SiO_2-*g*-PDMAEMA 复合膜制备及其表面离子化过程示意图

通过分子设计所合成的带有反应性亲水链的两亲共聚物作为 PVDF、PSF 的制膜共混改性剂，一方面可保证两亲性共聚物和制膜本体材料具有良好的相容性和相互作用力，从而将亲水链稳定固定在共混膜表面；另一方面，表面富集的亲水链段具有可反应性，可通过表面反应实现对超滤/微滤膜的二次功能化修饰，达到单一共混法不能达到的改性效果，拓展改性聚合物膜的应用领域。

1.4.3 中空纤维膜增强改性方法

采用普通的 NIPS 法制备的中空纤维均质膜通常机械强度不佳，膜丝使用过程中容易断裂，导致分离过程失效。为了解决这一问题，浙江大学徐又一、朱利平等开发了一种采用纤维编织管增强的中空纤维复合膜的制备技术，以微孔纤维编织管作为支撑体，通过干-湿纺丝法制备高强度中空纤维复合膜(所涉及的膜材质包括 PVDF、PES 和 PVC)，制膜设备示意图如图 1-23 所示。在这一技术中，经预处理的纤维编织管(PET 等材质)经过制膜喷头定型，在外壁均匀涂布铸膜液后进入凝固浴，铸膜液层相转化成膜后，通过卷绕机收卷并进行后处理，封装后制得纤维编织管增强型中空纤维复合膜，并采用包埋技术和偶联剂涂敷技术提高纤维编织管与分离层的界面结合力。通过研究 PVDF/两亲共聚物共混制膜体系的热力学性质和成膜动力学行为，以及铸膜液配方、铸膜液温度、外界温度/湿度、凝固浴组成和温度、收卷速度等条件对膜结构和性能的影响，确定纤维编织管增强的中空纤维复合膜的制备工艺流程，以及控制膜结构和性能的主要影响因素。通过控制两亲共聚物的表面迁移和自组装过程，从热力学和动力学两方面对膜结构进行调控。

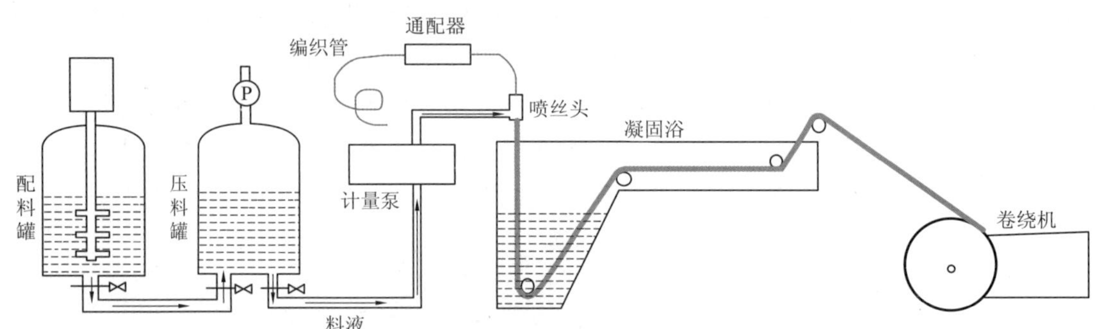

图 1-23 纤维编织管增强型中空纤维膜制备设备示意图

从纤维编织管增强型 PVDF 中空纤维复合膜结构及扫描电镜照片(见图 1-24)，可以看出，膜层紧密地附着在纤维编制支撑管上，并且已经嵌入支撑管内部，提高了膜层和支撑管之间的结合力。采用这一技术制备的 PVDF 中空纤维复合膜拉伸强度大于 20 MPa，可有效地避免膜丝在 MBR 曝气过程中的断丝现象，是 MBR 污水处理的理想膜材料。对于纤维编织管增强的中空纤维复合膜而言，聚合物分离层与纤维编织管之间的结合力对于膜组器的性能稳定性和使用寿命有着很大的影响。为避免聚合物膜层与纤维编织管之间结合不紧密而导致的膜层从纤维编织管上剥离、过滤性能失效等问题，通过一系列 PET 纤维编织管前处理技术，大大提高了聚合物膜层与纤维编织管之间的结合力，将复合膜的抗剥离强度提高到 0.6 MPa，大大高于膜生物反应器(MBR)污水处理的通常操作压力，提高了复合膜的使用寿命。

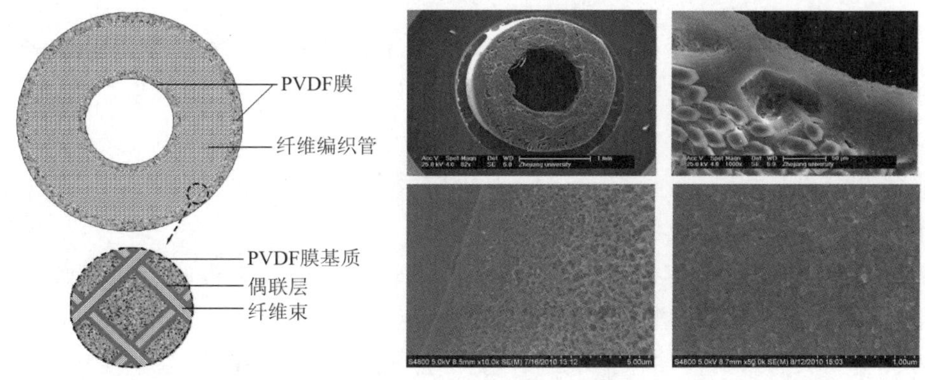

图 1-24 纤维编织管增强型 PVDF 中空纤维复合膜及 SEM 图

纤维编织管增强型 PVDF 中空纤维膜过滤前后的墨水粒径分布及实物图片如图 1-25所示。从图中可以看出，深黑色的墨水经膜过滤后变得非常澄清，直观地表明 PVDF 中空纤维膜能够截留墨水中的碳颗粒。采用动态光散射仪测定了过滤前后墨水中碳颗粒的粒径分布，经 PVDF 中空纤维膜过滤后的水中检测不到碳颗粒的存在，表明增强型 PVDF 中空纤维膜能完全截留平均粒径为 150 nm 的颗粒。

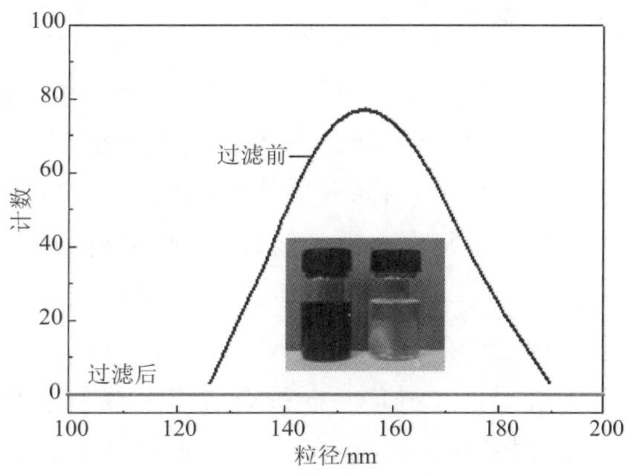

图 1-25 纤维编织管增强型 PVDF 中空纤维膜过滤前和过滤后墨水粒径分布及实物图

在编织管增强中空纤维膜研发的基础上，徐又一等进一步开发了一种长纤维增强的中空纤维复合膜制备技术[70]。在这种膜材料中，长纤维可采用涤纶、锦纶、尼龙、棉、麻等极性不同的材质，可选用复合不同根数的长纤维。制膜技术可采用 NIPS、TIPS 或两者相结合的方法。为了增加纤维和铸膜液的复合程度，以及将纤维增强材料有序并定向地分布到中空纤维膜的结构中，可以在喷丝头结构中设计长纤维通道管的出口比芯液管短，这样可以形成长纤维和铸膜液的充分复合区。在喷丝头出口，和芯液接触的就是长纤维和铸膜液的复合体，因而防止了长纤维和芯液优先接触。同时，为了防止铸膜液从纤维通道中溢出，纤维通道管与芯液管之间的缝隙略大于长纤维的直径。此外，为了使长纤维分布到中空纤维膜结构之中，在长纤维经过纤维定位板后，可对纤维施加适当的牵引力，使得长纤维在伸直状态下与铸膜液复合。浙江大学开发的增强型中空纤维膜材料制备技术已实现了规模化生产，并成功应用于给水处理和废水处理工程，产生了显著的经济效益和社会效益。

1.5 膜材料制备与结构调控发展现状及趋势

尽管膜技术在高分子膜材料中发挥着关键作用，然而它们还存在以下问题需要解决：

(1)膜材料的渗透性与选择性之间存在所谓的 Trade-off 现象，两者相互制约，难以同时提高；

(2)在水相分离过程中，合成高分子膜表面与污染质有较强的相互作用，容易遭受膜污染，降低分离效率，缩短膜的使用寿命；

(3)合成高分子膜在用于生物医用领域时，膜表面的生物污染可能引起溶血/凝血、血栓形成、排异、炎症等不良反应，增加病人术后感染甚至病亡的风险；

(4)液体分离膜通常需要加保护液进行保湿，不利于膜的贮存、运输和使用，且易滋生细菌，引起二次污染；

(5)传统的相转化法制备的膜材料机械强度低，在使用过程中容易破裂。

膜技术应用领域的多样性决定了膜材料的多样性。事实上，目前还没有一种膜材料在某个应用场合是十全十美的，也没有一种膜材料是万能的。因此，以提高传统高分子膜材料的透过性与选择性，增强其抗污染能力和机械强度，并赋予膜特殊功能特性(生物相容性、刺激响应性等)为特征的高性能化和功能化，正成为膜材料与技术领域新的发展趋势。

在膜技术将来的研究工作中，膜材料的制备和结构调控仍然将占据膜技术研究者们相当大的精力。将来的相关研究工作将呈现如下趋势：

(1)在制膜方法上，相转化法仍然占据主体地位，各种改进的相转化方法将受到追捧，SNIPS 法制备孔径均一的聚合物多孔膜将是今后的研究热点之一；

(2)在膜结构控制上，为打破渗透性和选择性的相互制约，制备成孔隙率高、孔径单分散的贯穿孔膜结构可能是一种解决方法；

(3)在膜性能上，大通量、高强度、抗污染、低成本的膜材料将是研究者们尽力追求的目标；

(4)在膜应用上，面向国家重大需求(水污染防治、大气污染防治等)的膜材料将迎来新的发展机遇；

(5)在膜改性上，传统膜材料的表面改性与功能化，特别是表面沉积改性方法将是下一步的研究热点。

膜科学是一门交叉和应用型学科，膜材料的制备研究需要化学、材料、化工、环境等领域的科技工作者相互协作，结合膜材料的实际应用过程，从膜材料制备、结构与性能评价、膜分离技术、工程应用等方面全盘考虑，开发出综合性能优异的高性能膜材料及其制备技术。

参考文献

[1] MULDER M. Basic principles of membrane technology[M]. Springer Netherlands, 1996.

[2] 徐又一，徐志康. 高分子膜材料[M]. 北京：化学工业出版社，2005.

[3] ZEMAN L J, ZYDNEY A L. Microfiltration and ultrafiltration principles and applications[M]. New York: Marcel Dekker Inc, 1996.

[4] LOEB G S, SOURIRAJIAN S. Sea water demineralization by means of an osmotic membrane[J]. Advances in Chemistry Series, 1963, 38: 117-132.

[5] SUZANA N, TAKASHI I. Evidence for spinodal decomposition and nucleation and growth mechanism during membrane formation[J]. Journal of Membrane Science. ,1996, 111: 93-103.

[6] LI Z S, JIANG C Z, ZHANG Y Q. The investigation of solution thermodynamics for the polysulfone-DMAc-water system[J]. Desalination, 1987, 62: 79-88.

[7] LEE H K, KIM J Y, KIM Y D, et al. Liquid-liquid phase separation in a ternary system of segmented polyetherurethane/dimethylformamide/water: effect of hard segment content[J]. Polymer, 2001, 42: 3893-3900.

[8] LI D F, CHUNG T S, WANG R. Morphological aspects and structure control of dual-layer asymmetric hollow fiber membranes formed by a simultaneous co-extrusion approach[J]. Journal of Membrane Science, 2004, 243: 155-175.

[9] LOREDANA D B, SABRINA M, MARIA R, et al. Human hepatocyte morphology and functions in a multibore fiber bioreactor. Macromol[J]. Bioscience, 2007, 7: 671-680.

[10] ZHU L P, ZHU B K, XU Y Y. Preparation and performances of PPESK hollow fiber membranes with excellent thermotolerance[J]. Journal of Applied Polymer Science, 2006, 101: 878- 884.

[11] ZHU L P, YU J Z, XU Y Y, et al. The effects of spinning temperature on morphologies and properties of polyethersulfone hollow fiber membranes [J]. Journal of Applied Polymer Science, 2009, 113: 1701-1709.

[12] 徐又一,王建华,朱宝库,等.一种超亲水聚偏氟乙烯膜的制备方法:CN, CN 102240510 B[P]. 2013.

[13] 徐又一,王建宇,刘富,等. 一种亲水性聚氯乙烯合金超滤膜的制备方法[P]. 浙江:CN101293183, 2008-10-29..

[14] CASTRO, ANTHONY J. Microporous products and methods for making same[P]. :CA1110811, 1981-10-20.

[15] HIATT W C, VITZTHUM G H, WAGENER K B, et al. Microporous membranes via upper critical temperature phase separation[M]. 1985.

[16] FLORY P J. Principles of polymer chemistry[M]. New York: Cornell University Press, 1953.

[17] BURGHARDT W R. Phase diagrams for binary polymer systems exhibiting both crystallization and limited liquid-liquid miscibility[J]. Macromolecules, 1989, 22: 2482-2486.

[18] KAMIDE K, IIJMA H, MATSUDA S. Thermodynamics of formation of porous polymeric membrane by phase separation method I. Nucleation and growth of nuclei[J]. Polymer, 1993, 25: 1113-1131.

[19] SIGGIA E D. Late stages of spinodal decomposition in binary mixtures[J]. Physical Review A, 1979, 20: 595-603.

[20] MCGUIRE K S, LAXMINARAYAN A, LLOYD D R. Kinetics of droplet-growth in liquid-liquid phase separation of polymer-diluent systems: experimental results[J]. Polymer, 1995, 36: 4951-4960.

[21] MANDELKERN L. Crystallization and melting[M]//comprehensive polymer science and supplements. 1989.

[22] DOMSZY R C, ALAMO R, EDWARDS C O, et al. Thermoreversible gelation and crystallization of homopolymer and copolymer[J]. Macromolecules, 1986, 19: 310-325.

[23] BINDER K. Spinodal decomposition[M]// Phase Transformations in Materials. Wiley-VCH Verlag GmbH & Co. KGaA, 1980:8761-8764.

[24] RONNER J A, GROOT W S, SMOLDERS C A. Inversigation of liquid-liquid demixing and aggregate formation in a membrane forming system by means of pulse-induced critical scattering (PICS)[J]. Journal of Membrane Science, 1989, 42: 27-36.

[25] 吉田均，高村正一. 聚偏氟乙烯树脂多孔膜及其制备方法[P]. 日本：CN1265048，2000-08-30.

[26] 王晓琳，周波，林亚凯，等. 一种制备聚偏氟乙烯超滤膜的方法[P]. 北京：CN102764597A，2012-11-07. 201210272030. 9. 2012-08-01

[27] 王晓琳，林亚凯，唐元晖，等. 一种制备聚偏氟乙烯多孔膜的方法[P]. 北京：CN101362057，2009-02-11. 200810147491. 7. 2008-08-21.

[28] 祝振鑫，黄立州，孟广祯. 复合热致相分离制膜方法[P]. 北京：CN101396641，2009-04-01. 200810172232. X. 2008-10-31.

[29] WU Q Y, WAN L S, XU Z K. Structure and performance of polyacrylonitrile membranes prepared via thermally induced phase separation[J]. Journal of Membrane Science, 2012, 409: 355-364.

[30] WU Q Y, LIU B T, LI M, et al. Polyacrylonitrile membranes via thermally induced phase separation: Effects of polyethylene glycol with different molecular weights[J]. Journal of Membrane Science, 2013, 437: 227-236.

[31] LIU M, WEI Y M, XU Z L, et al. Preparation and characterization of polyethersulfone microporous membrane via thermally induced phase separation with low critical solution temperature system[J]. Journal of Membrane Science, 2013, 437: 169-178.

[32] PEINEMANN, K V, ABETZ V, SIMON P F. Asymmetric superstructure formed in a block copolymer via phase separation[J]. Nature Materials, 2007, 6 (12): 992-996.

[33] QIU X, YU H, KARUNAKARAN M, et al. Selective separation of similarly sized proteins with tunable nanoporous block copolymer membranes[J]. ACS Nano, 2012, 7: 768-776.

[34] DORIN R M, PHILLIP W A, SAI H, et al. Designing block copolymer architectures for targeted membrane performance[J]. Polymer, 2014, 55: 347-353.

[35] JACKSON E A, HILLMYER M A. Nanoporous membranes derived from block copolymers: From drug delivery to water filtration[J]. ACS Nano, 2010, 4: 3548-3553.

[36] MARQUES D S, VAINIO U, CHAPARRO N M, et al. Self-assembly in casting solutions of block copolymer membranes[J]. Soft Matter, 2013, 9: 5557-5564.

[37] DORIN R M, MARQUES D B S, SAI H, et al. Solution small-angle X-ray scattering as a screening and predictive tool in the fabrication of asymmetric block copolymer membranes[J]. ACS Macro Letters, 2012, 1: 614-617.

[38] HAHN J, FILIZ V, RANGOU S, et al. PtBS-*b*-P4VP and PTMSS-*b*-P4VP isoporous integral asymmetric membranes with high thermal and chemical stability[J]. Macromolecular Materials and Engineering, 2013, 298:1315-1321.

[39] PHILLIP W A, MIKA DORIN R, WERNER J R, et al. Tuning structure and properties of graded

triblock terpolymer-based mesoporous and hybrid films[J]. Nano Letters, 2011,11: 2892-2900.

[40] JUNG A,FILIZ V,RANGOU S,et al. Formation of integral asymmetric membranes of AB diblock and ABC triblock copolymers by phase inversion[J]. Macromolecular Rapid Communications, 2013, 34: 610-615.

[41] KARUNAKARAN M, NUNES S P, QIU X, et al. Isoporous PS-*b*-PEO ultrafiltration membranes via self-assembly and water-induced phase separation[J]. Journal of Membrane Science, 2014, 453: 471-477.

[42] DRUIN M L, LOFT J T,PLOVAN S G. Novel opened-celled microporous film[P]. US patent NO. 3801404, 1972.

[43] 徐又一,王树源,孟东峰.聚丙烯中空纤维多孔膜的制备新方法[P].中国:90100317, 1993.

[44] 梁雪梅,陆晓峰,梁国明,等.界面缩聚法制备聚芳酯复合纳滤膜 III. NF-1 复合纳滤膜的结构和性能[J].华东理工大学学报:社会科学版, 1999, 25(5):485-488.

[45] KIM I C, LEE K H. Preparation of interfacially synthesized and silicone-coated composite polyamide nanofiltration membranes with high performance[J]. Industrial & Engineering Chemistry Research, 2002, 41:5523-5528.

[46] ABU SEMANA M N, KHAYETB M, HILAL N. Nanofiltration thin-film composite polyester polyethersulfone-based membranes prepared by interfacial polymerization[J]. Journal of Membrane Science, 2010, 348: 109-116.

[47] 江明, A.艾森伯格,刘国军,等.大分子自组装[M].北京:科学出版社, 2006.

[48] DECHER G,HONG J D,SCHMITT J. Buildup of ultrathin multilayer films by a self-assembly process 3. Consecutively alternating adsorption of anionic and cationic polyelectrolytes on charged surfaces[J]. Thin Solid Films, 1992, 210: 831-835.

[49] HESTER J F,BANERJEE P,MAYES A M. Preparation of protein-resistant surfaces on poly(vinylidene fluoride) membranes via surface segregation[J]. Macromolecules, 1999, 32: 1643-1650.

[50] KIM Y W,AHN W S,KIM J J,et al. In situ fabrication of self- transformable and hydrophilic poly(ethylene glycol) derivative-modified polysulfone membranes[J]. Biomaterials, 2005, 26: 2867-2875.

[51] HOPKINSON I, KIFF F T, RICHARDS R W, et al. Investigation of surface enrichment in isotopic mixtures of poly(methyl methacrylate) [J]. Macromolecules, 1995, 28: 627-635.

[52] KAJIYAMA T,TANAKA K J,TAKAHARA A. Surface segregation of the higher surface free energy component in symmetric polymer blend films[J]. Macromolecules, 1998, 31: 3746-3749.

[53] SUK D E,CHOWDHURY G,MATSUURA T,et al. Study on the kinetics of surface migration of surface modifying macromolecules in membrane preparation[J]. Macromolecules, 2002, 35: 3017-3021.

[54] WANG Y Q,WANG T,SU Y L,et al. Remarkable reduction of irreversible fouling and improvement of the permeation properties of poly(ether sulfone) ultrafiltration membranes by blending with Pluronic F127[J]. Langmuir, 2005, 21: 11856-11862.

[55] WANG T,WANG Y Q,SU Y L,et al. Antifouling ultrafiltration membrane composed of polyethersulfone and sulfobetaine copolymer[J]. Journal of Membrane Science, 2006, 280: 343-350.

[56] HAMZA A,PHAM V A,MATSUURA T,et al. Development of membranes with low surface energy to reduce the fouling in ultrafiltration applications[J]. Journal of Membrane Science, 1997, 131: 217-227.

[57] RANA D, MATSUURA T, NARBAITZ R M, et al. Development and characterization of novel hydrophilic surface modifying macromolecule for polymeric membranes[J]. Journal of Membrane Science, 2005, 249:103-112.

[58] HESTER J F, BANERJEE P, WON Y Y, et al. ATRP of amphiphilic graft copolymers based on PVDF and their use as membrane additives[J]. Macromolecules, 2002, 35: 7652-7661.

[59] PARK J Y, ACAR M H, AKTHAKUL A, et al. Polysulfone- graft-poly(ethylene glycol) graft copolymers for surface modification of polysulfone membranes[J]. Biomaterials, 2006, 27: 856-865.

[60] ZHU L P, ZHU B K, XU L, et al. Improved protein-adsorption resistance of polyethersulfone membranes via surface segregation of ultrahigh molecular weight poly(styrene-alt-maleic anhydride) [J]. Colloids and Surfaces B: Biointerfaces, 2007, 57: 189-197.

[61] ZHAO Y H, ZHU B K, KONG L, et al. Improving hydrophilicity and protein resistance of poly(vinylidene fluoride) membranes by blending with amphiphilic hyperbranched-star polymer[J]. Langmuir, 2007, 23: 5779-5786.

[62] WANG J Y, XU Y Y, ZHU L P, et al. Amphiphilic ABA copolymers used for surface modification of polysulfone membranes: 1. molecular design, synthesis, and characterization[J]. Polymer, 2008, 49: 3256-3264.

[63] 朱利平，王建宇，朱宝库，等. 两亲性共聚物的分子设计与合成及其共混膜性能[J]. 高分子学报，2008，(4):309-317.

[64] YI Z, ZHU L P, XU Y Y, et al. Polysulfone-based amphiphilic polymer for hydrophilicity and fouling-resistant modification of polyethersulfone membranes[J]. Journal of Membrane Science, 2010, 365: 25-33.

[65] LIU F, XU Y Y, ZHU B K, et al. Preparation of hydrophilic and fouling resistant poly(vinylidene fluoride) hollow fiber membranes[J]. Journal of Membrane Science, 2009, 345: 331-339.

[66] YI Z, ZHU L P, XU Y Y, et al. Surface zwitterionicalization of poly(vinylidene fluoride) porous membranes by post-reaction of the amphiphilic precursor[J]. Journal of Membrane Science, 2011, 385: 57-66.

[67] ZHAO Y F, ZHU L P, YI Z, et al. Improving the hydrophilicity and fouling-resistance of polysulfone ultrafiltration membranes via surface zwitterionicalization mediated by polysulfone-based triblock copolymer additive[J]. Journal of Membrane Science, 2013, 440: 40-47.

[68] ZHAO Y F, ZHU L P, JIANG J H, Et al. Enhancing the antifouling and antimicrobial properties of poly(ether sulfone) membranes by surface quaternization from a reactive poly(ether sulfone) based copolymer additive[J]. Industrial & Engineering Chemistry Research, 2014, 53: 13952-13962.

[69] ZHU L J, ZHU L P, ZHAO Y F, et al. Anti-fouling and anti-bacterial polyethersulfone membranes quaternized from the additive of poly(2-dimethyl amino ethyl methacrylate) grafted SiO_2 nanoparticles [J]. Journal of Materials Chemistry A, 2014, 2: 15566-15574.

[70] 徐又一，易砖，朱利平，等. 一种长纤维增强中空纤维膜的制备方法[P]. 中国:201110243287.7. 2011-08-23.

第2章 正/反渗透膜

世界卫生组织(WHO)报道,2025年世界人口将达到80亿,经济增长提高人们的生活水平的同时,水资源不足和水环境污染等问题却日益严重,以海水、地下水或各种排水作为水源来解决人类用水问题已受到广泛重视。国际水务情报局发布,2014年全球海水淡化装置的产水量为$2.4\times10^{9}\,m^{3}\cdot d^{-1}$,超过2001年世界产水量100倍。尽管蒸馏法仍作为当前主导的海水淡化技术,但随着世界各国对节能高效的要求日趋严格,反渗透海水淡化法已逐渐突显出其优势。反渗透膜作为反渗透技术的核心,自1960年Loeb和Sourirajan研制出用于海水脱盐的醋酸纤维素非对称膜,其相关研究一直活跃于膜科学与技术领域。近年来,正渗透膜法成为一种新兴的以渗透压为驱动力的海水淡化技术而备受关注,关于其膜结构的设计、膜性能的优化等研究工作正不断兴起。本章将围绕正/反渗透的基本原理、正/反渗透膜的材料与形态、膜性能制约因素及其优化方法等方面进行论述。

2.1 正/反渗透的基本原理

2.1.1 渗透现象

渗透是指在温度和静压相等的条件下,两种不同浓度的溶液由只能透过溶剂分子而阻止溶质分子透过的半透膜隔开,溶剂分子自发地从稀溶液一侧通过半透膜向浓溶液一侧扩散的现象。事实上,渗透现象普遍存在于自然界中,并发挥着重要的作用。例如,生命体从外界吸收水分以及水分在机体内细胞间的运输,都是通过细胞膜(一种天然的半透膜)的渗透过程来完成。早在1748年,诺莱特(Abble Nollet)将装有酒精的猪膀胱放入水中,发现水会自然地扩散进入猪膀胱内,这也是最早关于膜分离的渗透现象。

尽管渗透现象的发现已有260多年的历史,但直至1886年荷兰化学家范特霍夫(Van't Hoff,首届诺贝尔化学奖得主)在热力学理论基础上建立了稀溶液理论和渗透压概念,才开启了渗透现象的理论探索与发展。如图2-1(a)所示,半透膜两侧分别放置稀溶液(或纯溶剂)和浓溶液,溶剂分子由稀溶液一侧透过半透膜渗透进入浓溶液一侧,使得浓溶液不断被稀释,并且体积增大,随之液柱上升。当浓溶液一侧形成柱高h并保持不变时,两侧的静压差将足以阻止溶剂继续净流入,渗透处于动态平衡状态,即溶剂从任意一侧通过半透膜向另一侧流入的数量相等,如图2-1(b)所示。此时,由高度为h的液柱所产生的压力大小等于溶液的渗透压差$\Delta\pi$。

渗透本身是一个自发过程,因而从宏观热力学的角度分析,溶剂分子(例如,水分子)是自发地从化学势高的一侧向化学势低的一侧转移。假设稀溶液和浓溶液包含溶剂A和溶质B。

在等温条件下，稀溶液（或纯溶剂）和浓溶液的化学势可分别由公式(2-1)和(2-2)计算得到。

$$\mu_{A,1}=\mu_A^*(T,p_0)+RT\ln\alpha_{A,1}+V_Ap_1 \tag{2-1}$$

$$\mu_{A,2}=\mu_A^*(T,p_0)+RT\ln\alpha_{A,2}+V_Ap_2 \tag{2-2}$$

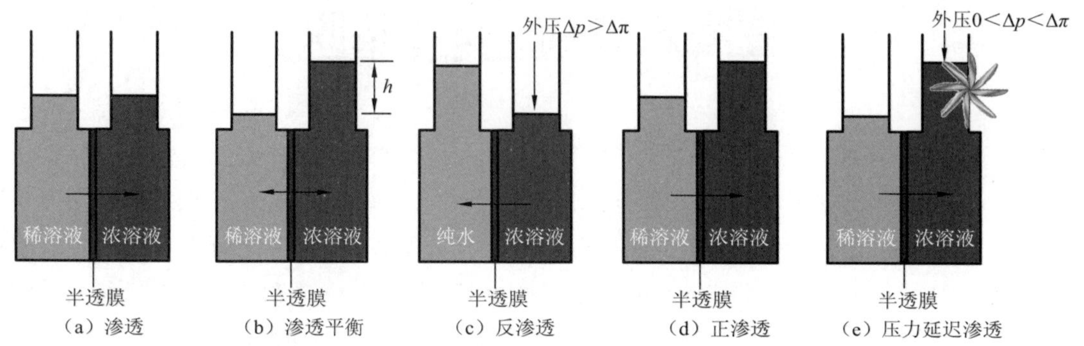

图 2-1 渗透、正渗透、反渗透、压力延迟渗透过程示意图

式中，$\mu_{A,1}$、$\mu_{A,2}$分别为稀溶液（或纯溶剂）和浓溶液中溶剂 A 的化学势；μ_A^* 为标准态时溶剂 A 的化学势；$\alpha_{A,1}$、$\alpha_{A,2}$分别为稀溶液（或纯溶剂）和浓溶液中溶剂 A 的活度；V_A 是溶剂 A 的偏摩尔体积；p_1、p_2 分别为稀溶液（或纯溶剂）和浓溶液侧的压力。

由上述化学势计算可知，当处于静压力相等($p_1=p_2$)的初始状态时，$\alpha_{A,1}>\alpha_{A,2}$，则 $\mu_{A,1}>\mu_{A,2}$，即稀溶液（或纯溶剂）的化学势高于浓溶液的化学势，说明溶剂分子会自发地由半透膜稀溶液（或纯溶剂）侧向浓溶液侧渗透。当达到动态平衡($\mu_{A,1}=\mu_{A,2}$)时，半透膜两侧形成静压差 p_2-p_1。假设溶剂分子的偏摩尔体积保持不变，则存在以下等式关系：

$$\mu_A^*(T,p_0)+RT\ln\alpha_{A,1}+V_Ap_1=\mu_A^*(T,p_0)+RT\ln\alpha_{A,2}+V_Ap_2 \tag{2-3}$$

$$RT(\ln\alpha_{A,1}-\ln\alpha_{A,2})=V_A(p_2-p_1)=V_A\Delta\pi \tag{2-4}$$

式中，$\Delta\pi=p_2-p_1$ 为两液相之间的渗透压差。由此可见，渗透过程的驱动力来自于半透膜两侧液相的化学位差或渗透压差。

对于稀溶液，其渗透压可根据 Van't Hoff 渗透压公式计算，如公式(2-5)所示。这也是使用最广泛的渗透压计算公式。

$$\pi=RT\sum c_{Si} \tag{2-5}$$

式中，R 为理想气体常数，取值 8.314 $J\cdot mol^{-1}\cdot K^{-1}$；$T$ 为热力学温度，单位为 K；$\sum c_{Si}$ 为各溶质离子浓度总和，单位为 $mol\cdot L^{-1}$。

对于非理想化稀溶液，一般需要对 Van't Hoff 渗透压公式进行校正，采用渗透系数法[公式(2-6)]或凝固点下降法[公式(2-7)]计算。

$$\pi=\phi RT\sum c_{Si} \tag{2-6}$$

$$\pi=\frac{\Delta T_f\Delta h_f}{T_fT_f^*V_s}T \tag{2-7}$$

式中，ϕ 为实际溶液的非理想性的校正系数；$\Delta T_f=T_f^*-T_f$ 为凝固点下降，T_f^* 为纯溶剂的凝固点，T_f 为溶液的凝固点；Δh_f 为熔融潜热；V_s 为溶质的摩尔体积。

对于高浓度非理想溶液，渗透压将采用公式(2-8)计算：

$$\pi = \frac{RT}{V_i}\ln(x_i\gamma_i) \tag{2-8}$$

式中，V_i 为组分 i 的摩尔体积，单位为 $cm^3 \cdot mol^{-1}$；x_i 为组分 i 在溶液中的摩尔分数；γ_i 为组分 i 在溶液中的活度系数，其值可从有关手册查得。

渗透压是溶液的本征特性之一，取决于溶液浓度，而与半透膜无关。无论采用哪种计算方法，渗透压均随着溶液浓度的增大而增大。另外，对于海水或苦咸水等含有多种无机盐的复杂电解质水溶液，前人已做了大量渗透压确定的相关工作，提出了不同的计算方法或近似公式，王湛主编的《膜分离技术基础》对此作了详细介绍。表 2-1 罗列了部分溶液的渗透压值。

表 2-1　部分溶液的渗透压值(25℃)

溶质	浓度/($mg \cdot L^{-1}$)	摩尔浓度/($mol \cdot L^{-1}$)	渗透压/kPa
NaCl	35 000	0.6	2 742.20
	1 000	0.017 1	78.55
$NaHCO_3$	1 000	0.011 9	88.20
Na_2SO_4	1 000	0.007 05	41.34
$MgSO_4$	1 000	0.008 31	24.80
$MgCl_2$	1 000	0.010 5	66.83
$CaCl_2$	1 000	0.009	57.19
蔗糖	1 000	0.002 92	7.23
葡萄糖	1 000	0.005 55	13.78
海水	32 000	—	2 400
苦咸水	2～5 000	—	105～280

2.1.2　反渗透过程

如果说 18 世纪中叶 Abble Nollet 开启了人类对膜分离的感知，19 世纪末 Van't Hoff、J. W. Gibbs、Einstein 等科学家所建立的稀溶液、渗透压等理论为反渗透膜分离过程奠定了坚实的理论基础，那么 20 世纪则是将反渗透作为一项新型的膜分离技术真正推向实践的时代。20 世纪 50 年代，美国佛罗里达大学的 Charles Reid 教授、加利福尼亚州立大学洛杉矶分校的 Gerald Hassler 教授和 Samuel Yuster 教授领导的研究小组几乎在同一时期开展了关于反渗透膜脱盐研究。直至 1960 年，Sidney Loeb 和 Srinivasa Sourirajan 首次制成了具有划时代意义的使海水脱盐的醋酸纤维素基反渗透膜，开创了膜科学与技术研究发展的新纪元。

反渗透(reverse osmosis，RO)是一种压力驱动的膜过程，以膜两侧静压差为推动力，克服两侧液相的渗透压差，利用反渗透膜选择性地透过溶剂(例如水分子)而截留小分子溶质来实现对液体混合物的分离。如图 2-1(c)所示，当在浓溶液一侧施加外压力 Δp，且该压力大于

渗透压差 $\Delta\pi$ 时，半透膜两侧的液流方向将发生逆转，即溶剂分子由浓溶液一侧通过半透膜向稀溶液(或纯溶剂)一侧迁移。由此，浓溶液被浓缩，稀溶液一侧体积增加且液面随之升高。该过程与渗透过程相反，故被称为反渗透。

反渗透是非自发过程，但同样可视作因膜两侧液相中溶剂的化学势差而引起的溶剂迁移过程。从热力学的角度看，若要实现反渗透过程，即 $\mu_{A,1}<\mu_{A,2}$，则需要满足式(2-9)。

$$\mu_{A,1}-\mu_{A,2}=RT(\ln\alpha_{A,1}-\ln\alpha_{A,2})+V_A(p_1-p_2)=V_A(\Delta\pi-\Delta p)<0 \tag{2-9}$$

理论上，反渗透过程的实现只需要满足 $\Delta p>\Delta\pi$。当采用反渗透法达到分离、提纯和浓缩等目的时，可根据不同体系物料的渗透压来选择合适的操作压力。反渗透的操作压力一般为 1.5～10.5 MPa，截留组分的大小为 0.1～1 nm。反渗透的工作原理建立在溶剂通量与溶质通量差别巨大的基础上。对于理想的半透膜而言，不存在溶质通量。然而，实际可获得的半透膜对任何组分都有透过性，而且溶质通量仍广泛存在于反渗透过程中。这就要求在实际过程中，反渗透膜的溶剂通量远远大于溶质通量。由于溶剂通量取决于有效压差，溶质通量取决于溶质浓度差，但几乎不受压差影响。故而，可在浓溶液侧施加远大于渗透压差的压力，来达到一定的溶剂通量和溶质截留率。

2.1.3 正渗透过程

渗透过程本身是一种利用两液相间的渗透压差驱动溶剂分子透过半透膜由稀溶液一侧向浓溶液一侧定向迁移的自发过程。如果能利用渗透的正向过程来实现物料的分离、浓缩、纯化，那么该过程可称为正渗透，它将不需要施加额外压力，更能反映出膜分离过程的绿色、节能、环保等优势。事实上，正渗透概念的提出已有 50 多年的历史[1]，但由于当时社会的能源短缺问题尚未突显，更重要的是一直未能设计和制成合适的正渗透膜和具有高渗透压且易于再生的浓溶液，因而其发展速度较反渗透技术要慢得多。然而，随着人口增长、水资源短缺、能源需求激增等全球问题日益突出，关于正渗透膜和汲取液等问题的深入探究，以及对渗透过程中溶质、溶剂等传质行为的深入认识，正渗透技术在过去的 10 年获得了长足发展，其相关研究已然成为膜科学与技术领域的热点。图 2-2 为 2005—2014 年间每年出版的关于正渗透的文献数量。

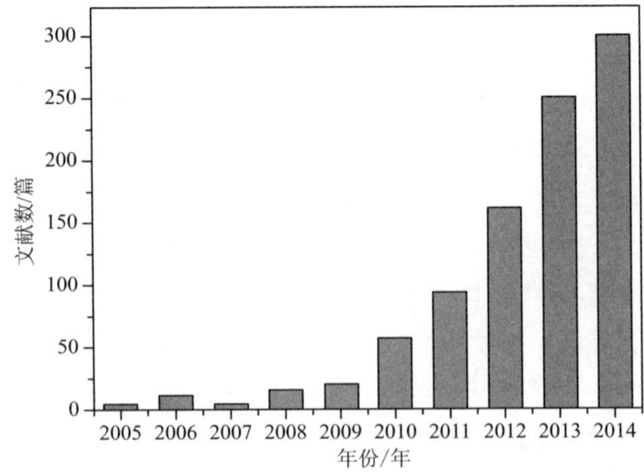

图 2-2 正渗透相关文献的年出版数量

正渗透(forward osmosis，FO)是一种渗透压驱动的膜过程[见图 2-1(d)]。它是指在半透膜两侧液相的渗透压差 $\Delta\pi$ 驱动下，溶剂分子选择性透过半透膜从稀溶液相(高化学势)向浓溶液相(低化学势)传递的膜分离过程。正渗透膜分离技术不仅可被应用于海水淡化、污水处理、物料浓缩等方面，还可用于发电。如果在浓溶液一侧施加静压差 Δp，且该静压差小于渗透压差($\Delta p < \Delta\pi$),那么一部分渗透压仍被用于驱动溶剂分子透过半透膜向浓溶液侧迁移,同时另一部分渗透压差将被转化为水压。当使用涡轮等转换装置时,可释放该水压用于做功发电,如图 2-1(e)所示。该过程也是渗透压驱动的膜过程,被称为压力延迟渗透(pressure retarded osmosis, PRO)。

反渗透、正渗透、压力延迟渗透之间存在一些相似和不同之处,见表 2-2。例如,它们所用膜材料相似,本章 2.2 节将做详细论述。正渗透过程完全摆脱了外界压力,因而与传统技术相比,其最显著的优势在于能耗低。2013 年,美国马塞勒斯地区的页岩气开发曾采用正渗透技术处理当地的高盐碱水,其能耗为传统的蒸发式脱盐法能耗的 50%以下[2]。

表 2-2　反渗透、正渗透和压力延迟渗透对比

项　目	反渗透	正渗透	压力延迟渗透
驱动方式	压力驱动	渗透驱动	渗透驱动
驱动力	静压差	渗透压差	渗透压差
应用范围	海水脱盐、淡水纯化	海水脱盐、淡水纯化	产能
海水脱盐能耗[3]	5 kW·h·m^{-3}	1 kW·h·m^{-3}	—
操作方式	直接过滤	渗透汲取或浓缩汲取液	渗透汲取或能量转换
操作条件	外压:1～7 MPa pH:6～7	常压汲取液渗透压大于供给液 pH:6～11	外压:1～1.5 MPa 汲取液渗透压大于供给液 pH:6～7
膜结构要求	致密皮层、多孔亚层	致密皮层、多孔亚层厚度较小	致密皮层、多孔亚层厚度较小
膜材料要求	良好的热稳定性、机械稳定性、耐氯性	良好的亲水性、耐氯性	良好的亲水性、机械稳定性、耐氯性
膜性能要求	水通量高、截盐率大、耐高压、抗污染性好	水通量高、截盐率大	水通量高、截盐率大、耐压密性好
面临的问题	能耗高、操作成本高	内浓差极化、汲取液的选择和回收	内浓差极化、膜清洗、供给液的预处理

正渗透技术的成功实施不仅需要具有良好溶剂选择性的正渗透膜,而且需要创造高渗透压的驱动环境。本章 2.2 节将详细论述正渗透膜相关材料,这里主要介绍营造高渗透压的液相。由于正渗透过程中溶剂分子的迁移方向是自稀溶液向浓溶液,因而在大多数实际应用中,待处理液体(如海水、污水等)一般作为稀溶液相,通称为供给液(feed solution)。而浓溶液作为提供渗透过程驱动力的液相而显得尤为重要,可选择天然水体(如海水、死海水、盐湖水等),或根据渗透压要求人为配制的溶液或悬浮液,它们曾被称为渗透剂、渗透介质、渗透引擎、驱动液、样品液等,目前多习惯统称为汲取液(draw solution)。值得注意的是,汲取液将不断被透过正渗透膜的溶剂分子所稀释,为了最终获得成品水,还需要对汲取液加以浓缩,因而其浓缩回收方式的设计与选择,以及由此带来的能耗都将成为不容忽视的考虑范畴。综上,汲取液的选择需要满足以下几方面要求:

(1)提供足够高的渗透压,以驱动正渗透的传质过程;

(2)尽量减小汲取液溶质的逆扩散,即溶质分子透过正渗透膜向供给液传质扩散;

(3)适用于简单、经济地浓缩方法,以回收溶剂组分(多数为水),实现分离目的;

(4)无毒、环境友好、成本低,例如,正渗透式生物反应器将严格要求汲取液的毒性,避免其破坏污泥活性和细菌生长环境;

(5)对膜本身的破坏小,例如,海水是一种天然的汲取液,但由于其包含多种无机盐和微生物,由此造成正渗透系统发生(生物)污染的风险增加,易引起操作效率降低。

现有的汲取液溶质主要可分为四大类:无机物类、热分解/易挥发类、有机物类、聚合物类。表 2-3 列举了常见的汲取液溶质种类、回收方式及其优缺点。其中,无机盐是应用最早和最广泛的溶质种类,具有水溶性强、渗透压高、来源广泛、成本低廉等优点,其中以 NaCl(40%)、$MgCl_2$(12%)、硫酸盐(10%)最具代表性。但是,水溶性无机盐基汲取液的浓缩回收是最大的难点,在封闭的正渗透系统中,往往需要配备反渗透、纳滤、蒸馏等装置用于汲取液的再生和成品水的回收。NH_3-CO_2 混合物是目前研究最多、最具潜力的热分解型溶质。一方面,它可通过调节添加量和比例获得较高的渗透压,例如,6 mol · L^{-1} 汲取液可达到 30 MPa的渗透压。另一方面,NH_3-CO_2 混合物在 58 ℃下分解成气体 NH_3 和 CO_2,可利用低级热能或废热源参与热分解,由此可快速消除溶质而获得成品水。然而,NH_3-CO_2 混合物会改变汲取液的酸碱性,同时热解处理后的水体仍有部分 NH_3 残余,这就对正渗透膜的化学稳定性提出更高要求,并且该溶质在饮用水等对水质有着严格要求的应用领域受到一定的限制。有机物类溶质的应用范围远不及无机盐溶质,但前者的分子量高于后者,因而前者的溶质反向扩散程度较后者的要低得多。聚合物类溶质是一类新兴的汲取液溶质类型,具有分子量大、分子结构和凝聚态结构的可设计性强、渗透压调节范围宽等优点,通常可用超滤等方法过滤回收。

表 2-3 常见的汲取液溶质种类、回收方式及其优缺点

溶质类型	实例	回收方法	优点	缺点
无机物类	NaCl、$MgCl_2$、Na_2SO_4	RO、纳滤、蒸馏	溶解度大、渗透压高、廉价易得	难分离、逆扩散大
	$Al_2(SO_4)_3$	化学沉淀	产物纯度高	使用化学试剂
	磁性纳米颗粒	磁场分离、超滤	渗透压高、无逆扩散	易团聚、磁性弱化
	pH 响应溶质,如金属碳酸盐、草酸盐、酒石酸盐	调节 pH 诱导沉淀,再过滤	成本低	基建投资大
	海水、RO 卤水	RO、纳滤、蒸馏	来源广泛	成分复杂、膜污染
热分解/易挥发类	NH_3-CO_2 混合物	热分解(60 ℃)	水溶解性强、渗透压高、易用低级热浓缩回收	热解产物毒性、扩散损失大
	SO_2	加热气化	回收成本低	毒性

续表

溶质类型	实例	回收方法	优点	缺点
有机物类	乙醇	蒸馏	水溶解性强	难分离
	乙二胺四乙酸(EDTA)	纳滤	水通量高、逆扩散小	成本高、pH 敏感
	2-甲基咪唑基化合物	FO-膜蒸馏	可调控增大渗透压	内浓差极化大
	醋酸镁等有机盐	FO-生物反应器	可回收为碳源	应用有限
	甘氨酸	纳滤	水通量大、逆扩散小	生物降解、难储存
	白蛋白	热变性固化	水溶解性强	渗透压低
	葡萄糖等糖类	无须回收	无须分离	应用有限
	化肥	无须回收	无须分离	应用有限
聚合物类	聚乙二醇(PEG)	超滤、纳滤	易回收	渗透压低
	PEG 衍生脂肪酸类	浊点沉淀、过滤	渗透压高	需要温度控件
	聚丙烯酸	超滤	渗透压高	溶液黏度大
	带电树状聚合物	超滤	渗透压高	合成难
	水凝胶	加热/加压去溶胀	光照去溶胀	水通量低

2.2　正/反渗透膜材料与膜形态

2.2.1　膜材料

自 1960 年 Loeb-Sourirajan 成功研制了醋酸纤维素非对称膜以来，膜科学工作者对膜材料做了大量工作。到目前为止，国际上通用的反渗透膜材料主要以醋酸纤维素(CA)和聚酰胺(PA)为主，除此之外，还包括一些提高膜性能或制备特种膜(如耐氯膜、耐热膜)的材料，如聚苯并咪唑(PBI)、聚苯醚(PPO)、聚乙烯醇缩丁醛(PVB)等。对于正渗透而言，20 世纪 70 年代的早期研究就是在反渗透膜的基础上展开和发展的[4,5]。Leob 等[6]尝试将芳香族聚酰胺非对称膜用于正渗透和压力延迟渗透过程，但正渗透与反渗透的分离原理和应用领域有明显不同，反渗透膜材料要求良好的耐氯性、机械和热稳定性，而正渗透膜材料则要求良好的耐氯性和亲水性。下面逐一介绍典型的反渗透膜和正渗透膜材料的结构、特点及其改性研究。

1. 醋酸纤维素(CA)和三醋酸纤维素(CTA)

醋酸纤维素是目前研究最多的反渗透膜材料，也是常见的正渗透膜材料。它由纤维素与乙酸酐-乙酸混合物(或乙酰氯)反应制备而成，以 H_2SO_4 为催化剂(或 $HClO_4$、BF_3 等)。反应完全时 C_2、C_3、C_6 位的三个醇羟基完全被酯化，而后在熟化过程中发生部分水解，C_6 位的酯基优先水解成羟基。以下为理想的醋酸纤维素结构式：

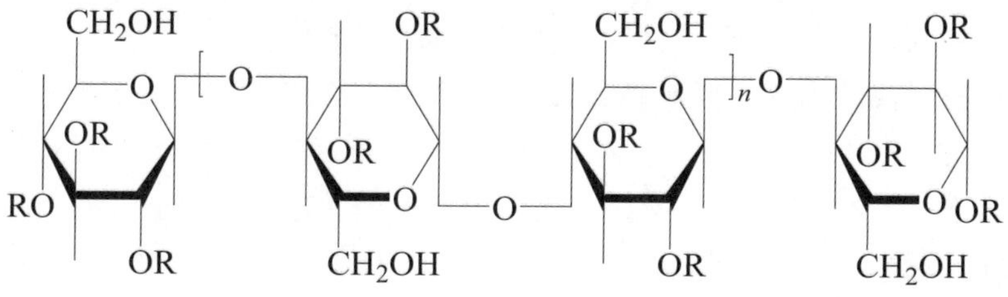

CH_2OH　OR　CH_2OH　OR　O　O　O　$]_n$ O　OR　OR　OR　RO　O　O　O　O OR　OR　CH_2OH　OR　CH_2OH

二醋酸纤维素($R=COCH_3$)

从分子结构看，醋酸纤维素的葡萄糖基中有两个醇羟基被醋酸酯化，因而又被称为二醋酸纤维素。当葡萄糖基中只有一个或三个醇羟基被醋酸酯化时，可得到一醋酸纤维素或三醋酸纤维素。事实上，实际取代度是酯化反应与水解反应的综合结果，因而其与理论值存在差异。例如，市售的三醋酸纤维素是四个葡萄糖基中残存一个醇羟基，而取代度为 2.5 的二醋酸纤维素是四个葡萄糖基中约残存两个醇羟基。实际用于膜材料的二醋酸纤维素，其乙酰基含量约为 37.5%～40.1%，如国外最常用的 Eastman 公司的二醋酸纤维素中乙酰基含量为 39.8%，取代度为 2.46。用于膜材料的三醋酸纤维素中乙酰基含量为 43.2%，取代度为 2.82。

醋酸纤维素外观为疏松的白色小粒或纤维碎粉状物，无臭、无味、无毒，密度为 1.28～1.31 $g \cdot cm^{-3}$，抗张强度为 48～113 MPa，具有良好的光稳定性、耐氯性、强吸湿性，广泛应用于海水淡化领域。但是，醋酸纤维素的压密性差，即在长时间的高压作用下，易发生蠕变而使膜孔变小，导致膜通量不可逆地下降，这是其作为反渗透膜材料的最大缺点。

不同取代度的醋酸纤维素所表现的性质有所差异。

(1)溶解性：二醋酸纤维素可溶于丙酮、冰醋酸、三氯甲烷、甲乙酮、二氯甲烷/乙醇(9：1)、硝基乙烷/乙醇(8：2)、二氯乙烷/乙醇(9：1)等溶剂；三醋酸纤维素的溶解性能较差，可溶于二氯甲烷、三氯甲烷等氯化烃类或二甲基甲酰胺。

(2)热塑性：二醋酸纤维素在 260 ℃以上熔融，热塑性良好；三醋酸纤维素在 300 ℃左右熔融，热塑性较差。

(3)抗氧化能力：当醋酸纤维素残存羟基，尤其在取代度较低时，有可能被氧化。即醋酸纤维素的取代度愈高，或取代醇羟基的化学基团愈稳定，其抗氧化能力愈高。由此可知，三醋酸纤维素的抗氧化能力比二醋酸纤维素强。

(4)水解稳定性：醋酸纤维素是纤维素酯中最稳定的物质，但在较高温度和酸碱条件下易发生水解。碱式或酸式水解使乙酰基消失，进一步还可能发生大分子中的 1，4 碳位β-糖酐键的断裂。当进料 pH 值在 4～5 之间、温度小于 35 ℃时，能较好地控制醋酸纤维素膜的水解。

(5)抗微生物降解能力：醋酸纤维素易被许多霉菌和细菌所降解，尤其是膜中无定型部分更易被侵蚀，使膜老化，强度下降。Cantor 等[7]从地表土和湖底泥中提取的 23 种微生物在醋酸纤维素膜表面培养，结果膜性能遭到破坏，其中三醋酸纤维素表现出较好的抗微生物降解能力。

(6)亲水性：醋酸纤维素的醇羟基愈多，亲水性愈强，二醋酸纤维素的亲水性比三醋酸纤维素高，更适于制备正渗透膜，以提高其水通量、减小内浓差极化。另外，可向纤维素分子引入一个或几个酯基或氰乙基，以调节其亲水性和疏水性的比例。

醋酸纤维素膜的改性方法主要包括共混法、共聚法、表面改性法。最简便的方法是将 CA 和 CTA 共混，如此既可保证两者的共混相容性，又可得到综合性能优良的 CA/CTA 膜。早期，人们采用 CA 和 CTA 共混的方法来制备性能更优良的脱盐反渗透膜，通过调节两组分的比例来调控膜结构和性能。该方法现在也被用于正渗透膜的改性研究。例如，Nguyen 等[8]研究表明，CA：CTA 的最佳成膜配比是 2：1，所得共混正渗透膜的水通量为10.39 $L \cdot m^{-2} \cdot h^{-1}$，截盐率为 99.533%。与商品化膜相比，该 CA/CTA 正渗透膜表现出更优异的亲水性、更光滑的表面和良好的抗污染性能。共聚改性法是通过共聚合法向醋酸纤维素分子内引入共聚单体，如丙烯腈、乙烯单甲醚等，所得共聚物呈现出不同于纯 CA 的性质。例如，醋酸纤维素-丙烯腈接枝共聚物反渗透膜可扩大纯 CA 膜的 pH 使用范围和耐细菌侵蚀性。此外，利用等离子体处理法可向反渗透膜表面引入 C—O—C、—COOH 或—NH_2 等基团；或者采用表面引发接枝聚合法对 CA 反渗透膜进行表面改性，引入所需要的功能聚合物。Worthley等[9]首先将 CA 反渗透膜浸没在引发剂 2-溴异丁酰溴溶液中，利用酰溴键与羟基反应将引发剂固定在膜表面，然后引发甲基丙烯酸 2-羟基乙酯在膜表面的可控自由基聚合，最终在 CA 反渗透膜表面接枝得到聚(甲基丙烯酸-2-羟乙酯)而实现表面改性。

2. 芳香族聚酰胺(PA)

芳香族聚酰胺是常见于海水淡化和苦咸水脱盐领域的膜材料，通常由间苯二胺和间苯二酰氯在低温下缩聚而成。常采用低温缩聚反应，所用溶剂包括六甲基磷酰胺、二甲基乙酰胺、N-甲基吡咯烷酮、六甲基磷酰胺/N-甲基吡咯烷酮混合溶液等。其一般结构式如下：

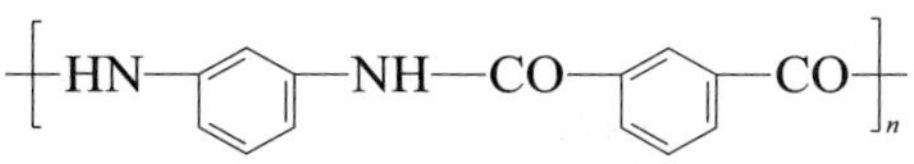

$$\left[HN-C_6H_4-NH-CO-C_6H_4-CO \right]_n$$

芳香族聚酰胺的结构决定了其性质。主链上的芳基能显著降低分子链的柔韧性，提高其热稳定性，因而芳香族聚酰胺的玻璃化转变温度可达 280 ℃或更高。若分子链含间位取代的苯环，则其化学和热稳定性更好。主链上含有的酰胺基团使得分子间可形成氢键，易结晶，且其熔点高于分解温度。另外，芳香族聚酰胺的亲疏水性取决于分子链中酰胺基团—NH—CO—的比例，因为酰胺基团具有极性，能与水分子形成氢键，为亲水基团。除此之外，芳香族聚酰胺具有良好的物化稳定性、耐高温、耐强碱、耐油脂、耐有机溶剂等优点，其机械强度高，抗张强度可达 120 MPa，吸湿性低。

但是，芳香族聚酰胺存在耐酸性差和溶解性能不佳的缺点，它一般只溶于硫酸，因而不能通过湿法纺丝，而采用熔融纺丝法制膜。此外，芳香族聚酰胺的耐氯性较差，这将影响 PA 反渗透膜或正渗透膜在海水淡化等领域的应用效能。Glater 和 Zchariah 曾详细地研究了芳香族聚酰胺与卤化物之间的化学作用，并提出了聚合物的卤素取代模式。他们认为聚合物分子间的氢键会由于卤化而变弱，继而导致聚合物链的变形。为了改善芳香族聚酰胺的耐氯性能，以下是三种耐氯侵蚀的芳香族聚酰胺的分子结构式：

(1)用—CH_3取代—NHCO—中的 H

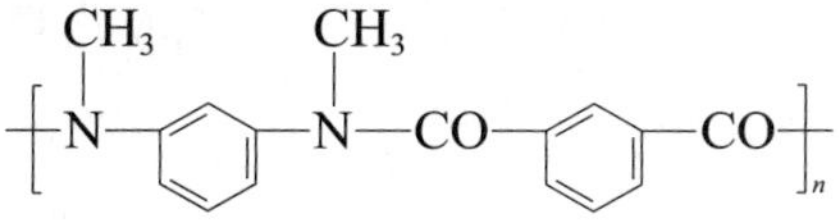

$$\left[N(CH_3)-C_6H_4-N(CH_3)-CO-C_6H_4-CO \right]_n$$

(2)用—CH_3取代芳香二胺苯环中邻位的 H

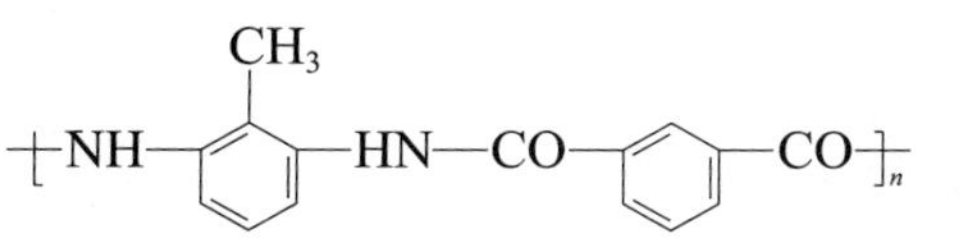

$$\left[NH-C_6H_3(CH_3)-HN-CO-C_6H_4-CO \right]_n$$

(3)引入一个具有消电子作用的官能团以阻止邻位取代

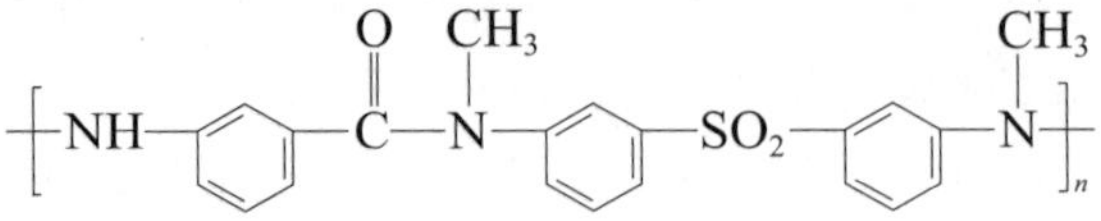

3. 聚苯并咪唑(PBI)

早在1984年,Sawyer等[10]将聚苯并咪唑用于反渗透膜的制备,而后至2007年,Wang等[11]首次将PBI基中空纤维纳滤膜用于正渗透过程。聚苯并咪唑属于杂环聚合物,其合成方法分为熔融缩聚法和溶液缩聚法。其中,熔融缩聚法是由联苯四胺和间苯二甲酸二苯酯在氮气保护下,在270 ℃下加热2.5 h,然后在真空中400 ℃条件下加热脱水环化制得。其化学结构式如下:

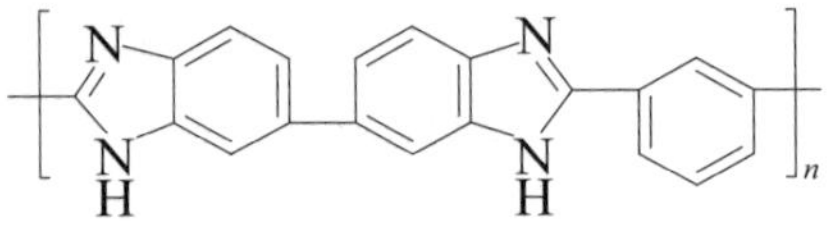

聚苯并咪唑的分子主链中含苯并咪唑刚性重复单元,分子链的柔顺性较差,其玻璃化转变温度特别高(480 ℃),它通常可耐受250 ℃的温度而保持物理性能几乎不变。从外观上看,聚苯并咪唑是一种黄色或棕褐色粉末,而且不溶于普通有机溶剂,微溶于浓硫酸、冰醋酸和甲磺酸,溶于含LiCl的二甲亚砜、N,N-二甲基乙酰胺和N,N-二甲基甲酰胺。总体上,聚苯并咪唑呈现出耐高温、耐水解、耐酸碱、耐烧蚀等优良性质,其吸湿性类似于棉花。

尽管如此,聚苯并咪唑的应用仍受到以下三方面的限制:

(1)PBI的合成单体价格昂贵,使得PBI成本相对较高;

(2)PBI的溶解性较差,通常只能用热压法进行加工,因而其成品多以片材形式呈现;

(3)PBI的抗冲性能较差。

为了改善以上问题,研究者们将苯并咪唑分子中的N—H取代为其他功能基团,如长链烷烃[12]、有机硅烷[13]、羧基[14]等。Chang等[15]利用苯并咪唑的N—H与卤素进行耦合反应,获得了一系列含有砜基(—SO_2—)或羰基(—CO—)的聚苯并咪唑,改善了聚苯并咪唑的韧性和溶解性,可溶解于N,N-二甲基乙酰胺、N,N-二甲基甲酰胺、N-甲基-2-吡咯烷酮等常见的有机溶剂。

4. 聚苯醚(PPO)

聚苯醚是一种耐高温的反渗透膜或正渗透膜材料,它是由甲醇和苯酚高温反应制备的2,6-二甲酚单体缩聚而成。其化学结构式如下:

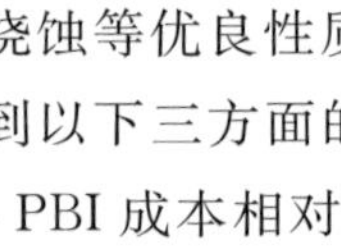

聚苯醚是一种耐高温的热塑性工程塑料,玻璃化转变温度高达210 ℃,应确保制膜操作

在其橡胶态下进行，可有利于减少膜缺陷；高温下耐蠕变性极好，成型收缩率低，热膨胀系数小，拉伸强度为75～82 MPa，弯曲模量为2.6 GPa；耐酸碱性、耐盐水性能优良、吸水率低；可溶解于脂肪烃（如三氯甲烷）和芳香烃（如甲苯）等溶剂。

虽然PPO的力学性能很好，但是，其熔体流动性较差，成型温度高，加工工艺要求高，制品易产生应力开裂。实际应用中，全球90%以上的PPO为改性产品，纯PPO产品用量很少。例如，将PPO、聚苯乙烯和弹性体改性剂共混，制得耐冲击的改性聚苯醚。或者通过接枝共聚法，首先由2，6-二甲酚经氧化耦合生成聚苯醚，再与苯乙烯反应（以铜氨络合物为催化剂），得到苯乙烯接枝的聚苯醚，其熔体流动性得到明显改善。当温度从290 ℃升至310 ℃时，其流动性能提高20%。Zhou等[16]首先用氯磺酸对PPO进行磺化处理，然后将磺化PPO与聚砜共混制备多孔支撑膜，结合界面聚合法最终得到正渗透膜。由于磺化PPO带负电，正渗透膜表面可吸附一定量的反离子（如Na^+），在朝向料液（AL-FS）模式下可提高有效渗透驱动力和水通量。

5. 聚乙烯醇缩丁醛(PVB)

工业上，聚乙烯醇缩丁醛一般以聚乙烯醇为原料，以水为介质，以盐酸为催化剂，逐步升温到55℃进行缩聚反应而制得。其化学结构式如下：

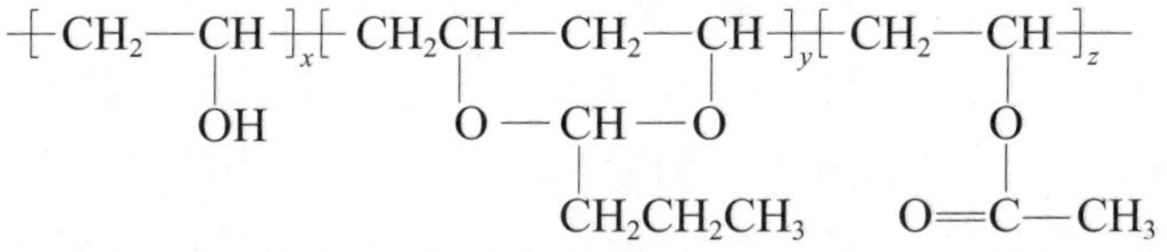

$$\left[CH_2-\underset{\displaystyle OH}{\underset{|}{CH}} \right]_x \left[CH_2\underset{\displaystyle O-\underset{\underset{\displaystyle CH_2CH_2CH_3}{|}}{CH}-O}{\underset{|}{CH}}-CH_2-\underset{}{\underset{|}{CH}} \right]_y \left[CH_2-\underset{\underset{\displaystyle O=C-CH_3}{|}}{\underset{\displaystyle O}{\underset{|}{CH}}} \right]_z$$

由于聚乙烯醇的羟基与丁醛的醛基缩聚，因而聚乙烯醇缩丁醛的亲水性和水溶性大大降低。此外，PVB属于热熔型高分子化合物，带有较长的侧链，柔软性能好，玻璃化转变温度为57 ℃，易于制膜。聚乙烯醇缩丁醛外观上为白色或淡黄色粉粒状，具有高透明度、挠曲性、低温冲击强度、耐日光暴晒、耐氧和臭氧、抗磨抗压、耐无机酸和脂肪烃等性能，能与硝酸纤维、脲醛、环氧树脂等相混，能溶于醇类、乙酸乙酯、甲乙酮、环己酮、二氯甲烷和三氯甲烷等溶剂。

6. 聚砜类

聚砜类是常用的薄膜复合膜（反渗透膜、正渗透膜等）的支撑膜材料，主要包括聚砜(PSF)、聚芳酚、聚醚酚等。

(1)聚砜的分子主链中含有砜基、醚键、苯环、碳链等。聚砜具有良好的耐热性、耐辐射性、抗压密性、抗氧化性，但它不耐有机溶剂、加工性能不佳，更重要的是其疏水性使得膜的透水性较差，以下为聚砜分子结构式：

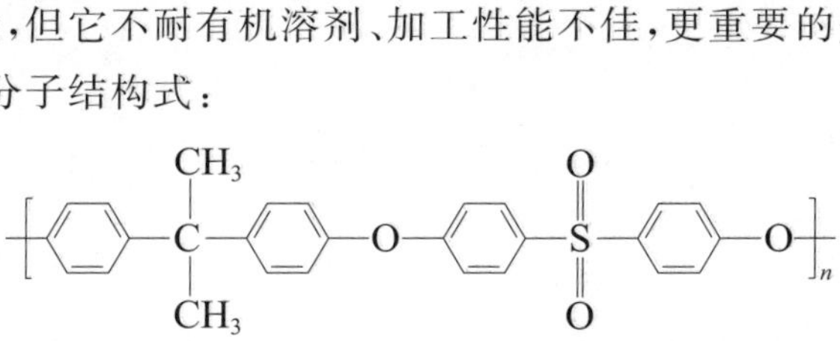

$$\left[C_6H_4-\underset{CH_3}{\overset{CH_3}{\underset{|}{\overset{|}{C}}}}-C_6H_4-O-C_6H_4-\underset{O}{\overset{O}{\underset{\|}{\overset{\|}{S}}}}-C_6H_4-O \right]_n$$

(2)与聚砜相比，聚芳砜的分子主链只由砜基、醚键、苯环、联苯构成。因而，聚芳砜比聚砜具有更好的耐高温性能和抗热氧化性能，其使用温度高达260 ℃。此外，其力学性能非常好，抗冲击强度高，耐酸碱性能优良。它的常用溶剂为 N，N–二甲基甲酰胺、N–甲基吡咯烷酮、丁内酯等，聚芳砜分子结构如下：

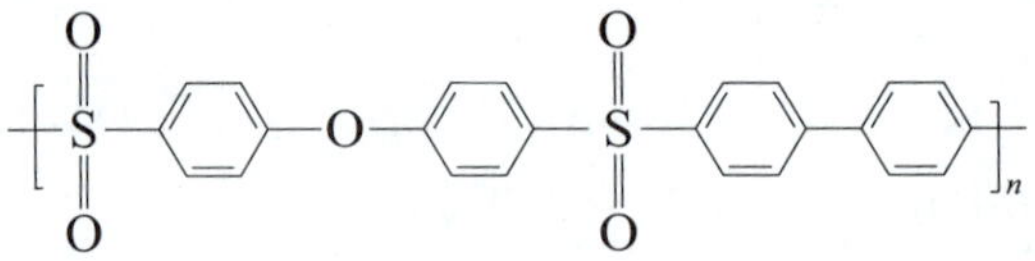

(3)聚芳醚砜的分子主链中只包含砜基、醚键、苯环，没有柔性的碳碳链和刚性的联苯结构。因而，它具有优良的耐热性、加工性能、抗高温蠕变性能，可在 180～200 ℃下长期使用；其耐老化性能优异，在 180 ℃下使用寿命可达 20 年。聚芳醚砜分子结构如下：

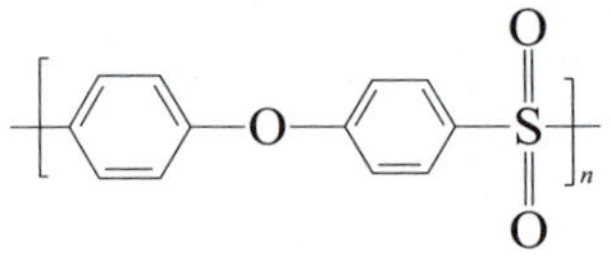

2.2.2 膜形态

尽管正/反渗透膜在膜材料的选择上非常接近，但是早期研究表明单纯地将反渗透膜套用在正渗透过程上并不能获得预期效果。例如，Mehta 和 Loeb 等[17, 18]选用杜邦 B–9(平板膜)和 B–10(中空纤维膜)芳香族聚酰胺反渗透膜用于正渗透过程。其中，B–10 的水通量约为 8 $L \cdot m^{-2} \cdot h^{-1}$(8 MPa)。造成这种差异的原因之一是正/反渗透过程的原理不同，因此两者对膜形态结构的要求不尽相同。表 2–4 罗列了一系列正渗透膜的材料、膜厚度、膜结构和性能参数。首先，正渗透膜的膜厚度比反渗透膜小。反渗透膜需要承受较大的外压，较大的膜厚度可以提供良好的膜强度。正渗透膜依赖于渗透压驱动，更多需考虑传质阻力，膜厚度越小则有利于溶剂分子扩散。其次，正渗透膜要求膜孔弯曲度小、连通性强，而反渗透膜则希望拥有耐压密性好的膜孔结构。在膜厚度相同的情况下，指状大孔的传质阻力比海绵状孔小[19]，但是前者的耐压性却不及后者[20]。但是，无论膜厚度和膜孔结构如何，正/反渗透膜从膜形态角度可分为对称膜、非对称膜和复合膜。

表 2–4　正渗透膜材料、厚度、结构和性能

膜名称		膜材料(膜厚度/μm)	A/($\times 10^{-9}$ $m \cdot s^{-1} \cdot kPa^{-1}$)	B/($\times 10^{-6}$ $m \cdot s^{-1}$)	S/mm	R/%	通量/($\times 10^{-6}$ $m \cdot s^{-1}$)
非对称 NF/RO 膜用作 FO 膜	SW30–HR–nw fabric[19]	PA/PSF(96)	3.55	0.08	9.583	98.9	0.62
	SW30–HR–no fabric[19]	PA/PSF(35)	4.06	0.11	2.155	98.3	2.02
商用非对称 FO 膜	HTI–w fabric[25]	CTA(45)	0.90	0.040	1.00	81.1	1.82
	HTI–nw fabric[25]	CTA(144)	1.30	0.027	1.38	92.4	1.39

续表

	膜名称	膜材料（膜厚度/μm）	A/（$\times10^{-9}$·m·s^{-1}·kPa^{-1}）	B/（$\times10^{-6}$·m·s^{-1}）	S/mm	R/%	通量/（$\times10^{-6}$·m·s^{-1}）
实验室试制FO膜	双皮层CA[23]	CA(35)	0.47	0.019	0.054	92.0	1.39
	单皮层CA[23]	CA(34)	0.36	0.025	0.051	87.4	1.17
	PAI 1#[26]	PAI(71)	12.72	0.108	—	92.1	4.53
	PAI 2#[26]	PAI(55)含无纺布	21.00	0.301	—	87.4	5.33
	SUB-90[27]	CA(118)中空纤维	2.694	0.053	—	74.1	1.25
	SUB-50[27]	CA(94)中空纤维	2.50	—	—	86.4	2.25
	TFC-FO[19]	PA/PSF(100)	3.18	0.13	0.492	97.4	5.04
	9PSF-100NMP[29]	PA/PSF(95)	4.53	0.23	0.389	95.8	5.69
	9PSF-100DMF[29]	PA/PSF(75)	5.28	0.09	0.312	98.6	6.94
	TFC-1[25]	PA/PSF(76)	3.2	0.047	0.71	94.5	2.65
	TFC[30]	PA/PSF(70)	4.0	0.039	0.782	95.6	3.89
	TNC0.1[30]	PA-Zeolite/PSF(70)	7.15	0.437	—	77.1	5.90
	PES/SPSF TFC[31]	PA/PES-SPSF(115)	2.14	0.031	0.238	93.5	7.22
	磺化聚合物[32]	PA/PESU-co-sPPSU(40～55)	2.03	0.069	0.324	91	5.83
	NC-FO-50[33]	PA/PES静电纺丝(50)	4.72	0.35	0.080	97.0	10.50
	NC-FO-70[33]	PA/PES静电纺丝(70)	4.58	0.34	0.106	97.0	9.42
	PI-FO[33]	PA/PES(100)	3.47	0.30	0.450	96.5	3.72
	CAP-II-TFC[34]	PA/CAP(300)	3.94	0.037	0.695	90.5	4.63
	3#LbL-PAN[35]	PAH-PSS/PAN(60)	28.4	0.96	0.5	64	7.97
	6#LbL-PAN[35]		20.2	0.30	—	80	6.11
	#A-FO[28]	PA/PES(215)	2.6	0.081	1.37	78	1.39
	#B-FO[28]	PA/PES(180)	6.2	0.056	0.595	91	3.89

1. 对称膜

对称膜在整个膜的厚度上具有相同的特性，如孔结构、孔数量、膜材质等，因而也称为各向同性膜。这类膜的传质阻力取决于膜的厚度，因而降低膜的厚度可提高膜的渗透通量。根据膜孔数量和孔径，对称膜可分为致密膜和多孔膜。通常情况下，对称正/反渗透膜以致密膜为主，又称为均质膜，一般采用溶剂浇铸法和熔压法制备而成[21]。李海军等[22]以聚乙烯醇、氧化石墨烯、间苯二胺和均苯三甲酰氯为膜材料，采用溶液浇铸法制备对称正渗透膜。该正渗透膜为自支撑结构，厚度仅为 34 μm，避免了内浓差极化对通量造成的影响。

2. 非对称膜

与对称膜相比，非对称膜的使用更为广泛。从结构上看，它一般由一层极薄的致密皮层或具有一定孔径的细孔表面分离层和一层较厚的具有指状大孔或海绵状孔的多孔支撑层组成，也称为各向异性膜，通常由相转化法制成。其中，皮层或分离层起着分离作用，主要受到材料性质和孔径的影响。多孔支撑层则发挥着支撑皮层或分离层的作用，使膜具有必要的机械强度，机械强度通常可附加纤维网来进一步增强。由于非对称膜的传质速率主要取决于分离层的厚度，因而其分离通量较大且易于清洁，克服了对称膜难以实际应用的困难。20 世纪 60 年代，Loeb 和 Sourirajan 等人最早制成的反渗透膜即非对称醋酸纤维素膜，曾被直接尝试用于正渗透过程，但并未取得良好的效果。直至 20 世纪 90 年代，美国 Osmotek 公司，即现在的 HTI 公司（Hydration Technologies Inc.），研制出一种新型的商用化正渗透膜，改写了反渗透膜用于正渗透过程的历史。商用 HTI 正渗透膜由厚度约为 50 μm 的三醋酸纤维素或醋酸纤维素膜嵌入聚酯无纺布支撑层而制得，其断面电镜图如图 2-3 所示。该商用 HTI 正渗透膜的性能优于传统的反渗透膜，主要归因于前者的膜厚度（约 50 μm）远远小于后者（150～250 μm）。此外，该膜还具有良好的亲水性和润湿性，有利于提高水通量，同时降低膜污染和内浓差极化。

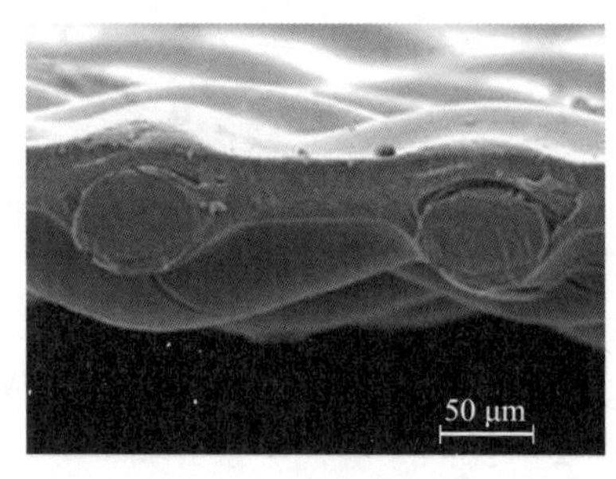

图 2-3　商用 HTI 正渗透膜的断面电镜图[19]

传统的非对称膜通常只包含一个致密皮层，由此产生的膜阻力较小，非常适用于反渗透等压力驱动过程。近年来兴起一种带有三明治结构的非对称膜，即中间为多孔支撑层、上下表面均为致密皮层，也称为双皮层非对称膜[23, 24]。这类膜更适于渗透驱动过程，主要是基于减弱正渗透或压力延迟渗透等过程中产生的内浓差极化考虑。Zhang 等[23]细致研究了双皮层非对称醋酸纤维素膜的制备和性能，其结构如图 2-4 所示。其研究结果表明，当下皮层作为选择分离层时，正渗透膜的截盐率和渗透通量较高，说明下皮层比上皮层有更好的致密性和选择性。在相转化过程中，成膜基底的亲水性将影响下皮层的形成。以醋酸纤维素为例，亲水性的玻璃基底有利于形成致密下皮层，而疏水性的四氟乙烯基底则促进多孔结构的形成。尽管双皮层结

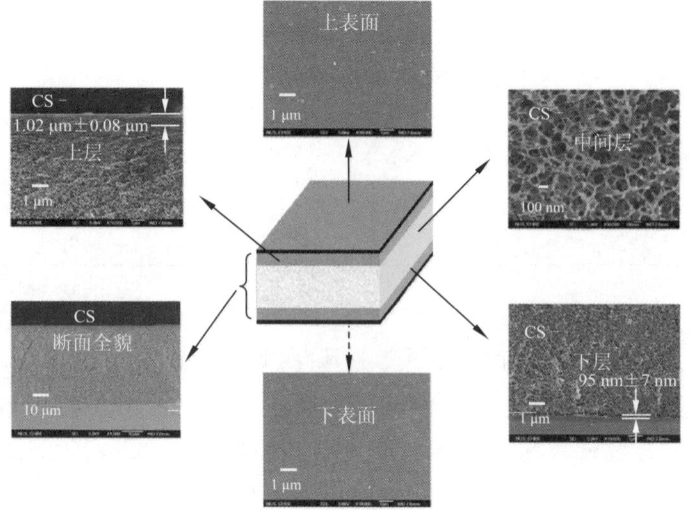

图 2-4　双皮层非对称醋酸纤维素膜结构示意图[23]

构势必会增加传质阻力，导致水通量下降，但是，由于其具有天然的孔径阻抗污染物透过的优势，其在正渗透膜生物反应器方面有很好的应用前景。

3. 复合膜

与非对称膜不同的是，复合膜的分离层和支撑层是分开准备而成的。其中，分离层的制备方法包括界面聚合法、等离子体聚合法、原位聚合法、复合浇铸法等。支撑层则多采用相转化法制成的高孔隙率基膜。分离层和支撑层的材质选择不同，膜结构和性能的调控余地更大，有利于使膜整体性能如通量、选择性、力学性能和稳定性等达到最佳。为了进一步提高膜强度，正/反渗透膜的最底层选用无纺布材料作为基底，再在基底上复合支撑层，然后在支撑层表面覆盖一层极薄的致密分离层。

复合膜的支撑层通常选用聚砜、聚丙烯腈、聚偏氟乙烯等膜材料，以及近年来出现的无机多孔膜。多孔支撑层的膜孔结构、孔隙率、孔径及其分布将直接影响分离层的形成和结构，以及复合膜的传质特性。例如，支撑层的孔径大、孔隙率高有利于提高膜通量；小孔径支撑层具有较好的耐压性；海绵状孔的力学性能优于指状大孔；支撑层中指状大孔方向与分离层越趋近于垂直正交，复合膜的力学性能越好；支撑层表面应尽量避免大孔等缺陷，以保证分离层的结构完整性。与反渗透膜相比，正渗透膜对支撑层的要求不仅限于耐压性等力学性能，还需要考虑尽可能减小内浓差极化程度。内浓差极化的具体内容将在 2.3.1 中详述。前面提到最佳的正渗透膜支撑层应当具备厚度小、孔隙率高、孔弯曲度小等结构特点。由此，研究者们设计了一系列具有不同结构的正渗透膜支撑层，复合膜的支撑层和皮层结构示意图如图 2-5 所示，孔结构包括海绵状孔、指状孔、支架结构等，皮层可以光滑致密、有部分孔洞或者密布纳米孔洞。到目前为止，对于最理想的支撑层孔结构尚无定论。一般认为，指状大孔有利于提高通量，但是海绵状孔则有助于形成均匀的高选择性的分离层。耶鲁大学 Yip 等[19]设计了一种顶层为海绵状孔，而底层为指状孔的支撑层。所得到的正渗透复合膜确实显示出较优良的性能，其膜结构参数低于 500 μm，水通量超过 5 $\mu m \cdot s^{-1}$，截盐率大于 97%。基于膜结构参数的考虑，静电纺丝纳米纤维膜用于正渗透膜支撑层的研究备受关注[33]。纳米纤维膜的孔隙率高、孔弯曲度小，所得的膜结构参数仅为 80～100 μm。但是，这类膜却存在力学强度低和稳定性弱的问题，这将从根本上限制其在实际应用中的推广。除此之外，复合膜支撑层的亲疏水性是另一个重要的影响因素。通常，亲水性支撑层有利于改善复合膜的水通量和抗污染性能，但另一方面该亲水性将使得分离层在形成过程中渗入支撑层膜孔，反而阻碍了水分子的透过[36]。

复合膜的分离层以聚酰胺为主要材质，分离层多采用界面聚合法在支撑层表面直接聚合形成。表 2-5 罗列了常见的胺、酰氯或异氰酸酯的分子结构式及其反应产物的结构通式。常见的芳香二胺包括哌嗪、间苯二胺、对苯二胺，常用的酰氯有均苯三甲酰氯、间苯二酰氯等。其中，间苯二胺和均苯三甲酰氯的使用频率最高。利用前者的氨基与后者的酰氯发生缩聚反应，可以在很短的时间内形成聚酰胺薄膜。当然，两种单体的浓度在很大程度上影响着聚酰胺的形成以及薄膜的结构和性能。一般情况下，较高的间苯二胺浓度有助于形成结构较为致密的聚酰胺薄膜，使得复合膜的截盐率较高、水通量较大。当均苯三甲酰氯的浓度较高时，多余的酰氯基团可用于后续的交联反应或表面修饰反应。反应单体的选择还取决于支撑层和单体之间的相容性和化学阻抗。例如，与聚醚砜相比，聚酰胺薄膜更倾向于与聚砜支撑层复合，这不是两者亲水性差异等单一因素影响的结果[38]。为了提高聚酰胺薄膜与支撑层的黏附强度，可进一步采用交联等方法，使聚酰胺的剩余活性基团（例如，酰氯键）与支撑层表面的活性基团发生化学反应。Alsvik 等[39]利用三醋酸纤维素膜水解后形成的羟基与均苯三甲酰氯的酰氯基团进行共价结合，提高了复合膜中分离层的稳定性。此外，通过加入添加剂可以促进界面聚合过程中选择性分离层的形成。添加剂的作用包括增强单体向界面的扩散、改善支撑层表面的润湿性、有助于捕获副产物和控制反应 pH 值。

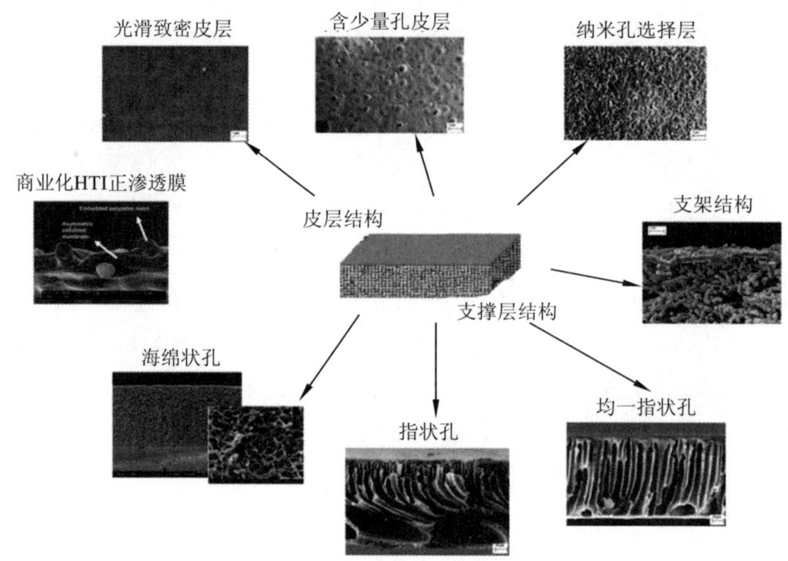

图 2-5　复合膜的支撑层和皮层结构示意图[37]

表 2-5　常见的胺、酰氯或异氰酸酯的分子结构式及其反应产物的结构通式

胺	酰氯或异氰酸酯	反应产物结构通式
H_2N　NH_2	ClOC　COCl COCl	—HN　NHCO　CO— CO —
H_2N　NH_2	ClOC　COCl ClOC　COCl	—HN　NHCO　CO— —OC　CO—
	ClOC　COCl	—NH　NHCO　CO—

续表

胺	酰氯或异氰酸酯	反应产物结构通式
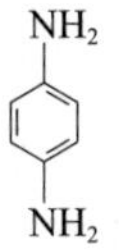 NH_2 / NH_2		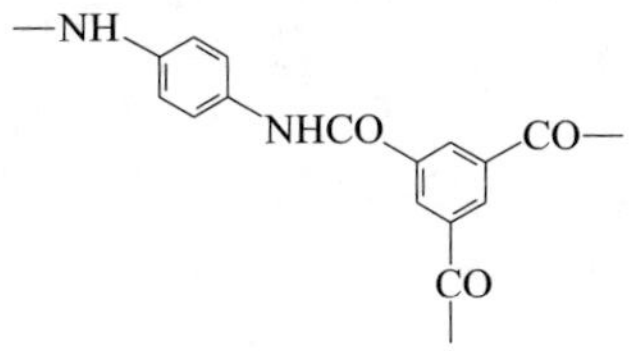 —NH / NHCO / CO— / CO
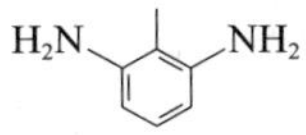 H_2N NH_2	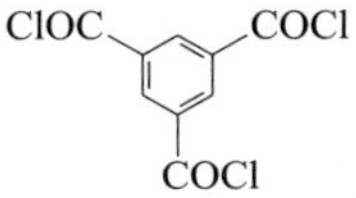 ClOC COCl / COCl	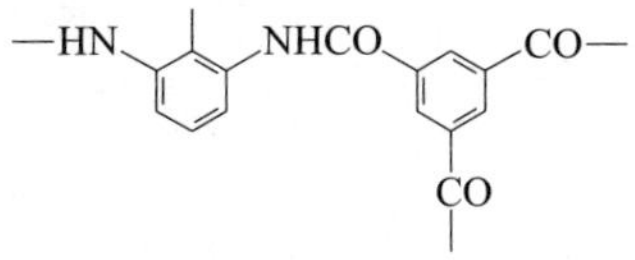 —HN / NHCO / CO— / CO
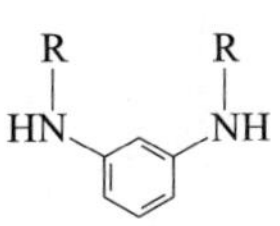 R R / HN NH / R = CH_3 或 H		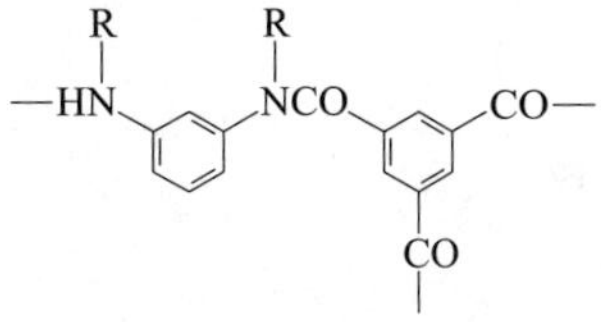 R R / —HN NCO / CO— / CO
$-(CH_2CH_2N)-$ / $H_2NCH_2CH_2$	ClOC COCl	$-(CH_2CH_2N)-$ / —OC OCHNCH$_2$CH$_2$
	OCN NCO / CH_3	$-(CH_2CH_2N)-$ / —OHCN NHCONHCH$_2$CH$_2$ / CH_3
$-(CHCH_2O)-$ / H_2C / $NHCH_2CH_2NH_2$	ClOC COCl	$-(CHCH_2O)-$ / H_2C / $NHCH_2CH_2NHOC$ CO—
	OCN NCO / CH_3	$-(CHCH_2O)-$ / H_2C / $NHCH_2CH_2NHCONH$ NHCO / CH_3

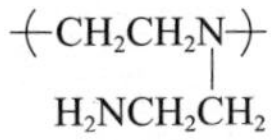

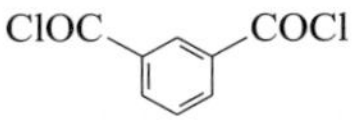

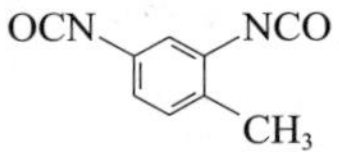

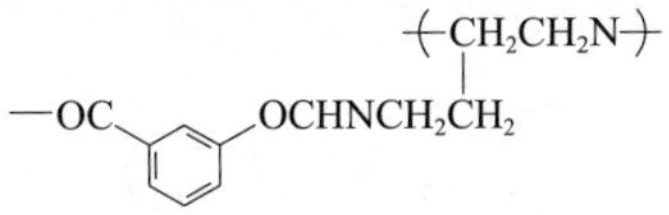

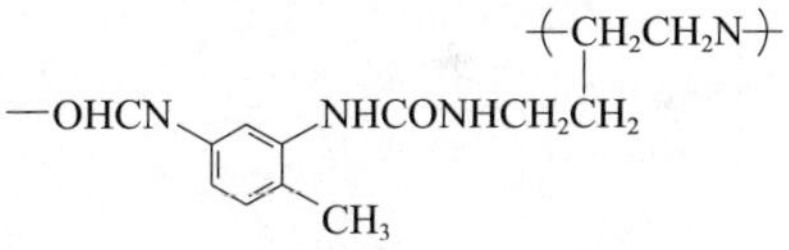

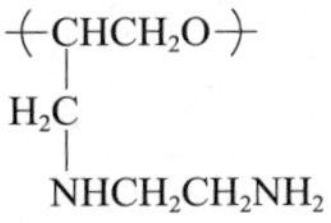

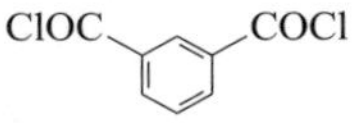

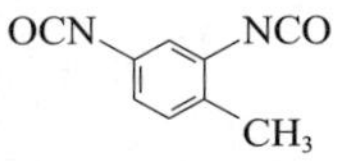

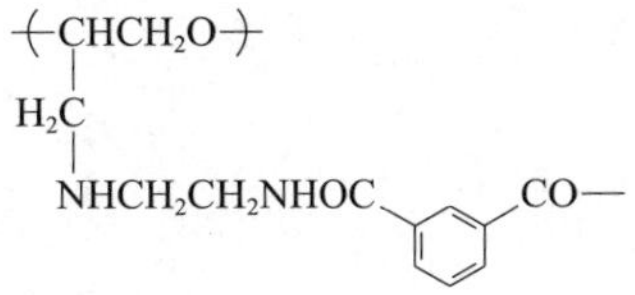

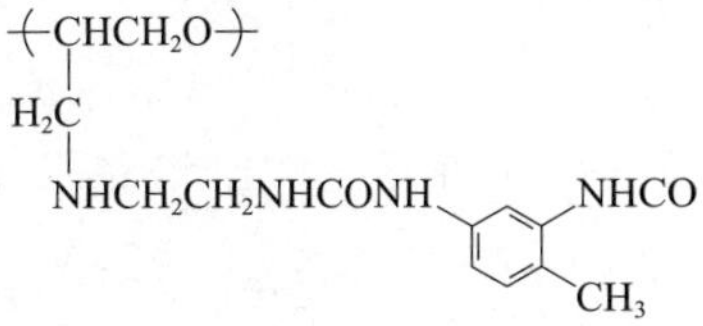

2.3 正/反渗透膜的性能优化

膜分离技术是被普遍公认的绿色环保的分离手段，从而被广泛地应用于污水处理、纯水净化、食品浓缩等与人们生产生活息息相关的诸多领域。在膜过程设计中，其首要任务是在确保渗透通量和截盐率最大的前提下，尽可能地降低成本，即膜的使用寿命越长越好。然而，影响膜使用寿命和渗透通量的主要因素为浓差极化和膜污染。因此，本节着重从浓差极化和膜污染现象的本质出发，总结控制以上两种不利因素的膜设计思路和研究工作。

2.3.1 浓差极化现象

在实际的正/反渗透过程中，膜不可能截留 100%的盐溶质，而且实际的水通量远远小于预期值，这是正/反渗透过程中形成浓差极化的结果。浓差极化是许多膜分离过程中一个不容忽视的影响因素，尤其在反渗透、正渗透和纳滤技术中表现突出。当膜过程中形成浓差极化时，膜的分离性能和传质速率都将显著降低，极大地影响膜分离装置的工作效能，并缩短其使用寿命。对工业生产而言，它将直接增加膜分离成本，以至带来更为严重的后果。因此，如何减弱或消除浓差极化以延长膜的使用寿命和降低操作成本无疑是非常重要的研究课题。

浓差极化是膜过程中普遍存在的现象。在膜分离过程中，随着膜不断选择性透过溶剂分子，膜料液界面处的溶液浓度将逐渐高于料液本体浓度，此时将出现浓差极化现象。根据这种浓度差异所出现的位置不同，浓差极化可分为外浓差极化(external concentration polarization，ECP)和内浓差极化(internal concentration polarization，ICP)。其中，外浓差极化现象形成于分离膜与料液接触的界面，而内浓差极化现象出现于非对称膜的支撑层内部。下面将分别讨论这两种浓差极化现象和模型。

1. 外浓差极化

外浓差极化是指在分离过程中，由于膜的选择透过性，被截留组分(溶质)随着透过膜的溶剂到达膜表面，受到膜的截留而累积，使得膜表面溶质浓度逐步高于料液本体浓度的现象。在浓度梯度作用下，被截留组分与小分子物质以相反方向向本体溶液扩散，使流体阻力与局部渗透压增加，从而导致透过通量下降。当溶剂向膜面流动而引起的溶质向膜面流动速度与浓度梯度使溶质向本体溶液扩散速度达到平衡时，在膜表面附近存在稳定的浓度梯度区，该区域称为浓差极化边界层，如图 2-6(a)所示，其中实线为溶质在不同位置的浓度，虚线为浓差极化边界层。

外浓差极化现象也出现在正渗透膜中，但与反渗透过程不同的是，正渗透膜两侧都存在外浓差极化现象，这是由于供给液和汲取液均为含溶质溶液。图 2-6(a)所示为对称致密正渗透膜的外浓差极化现象。当供给液流过膜的表面(类似于反渗透膜)，溶质在膜表面聚集而使溶质浓度增加，同时提高供给液侧膜表面的溶液渗透压，该现象被称为浓缩型外浓差极化。另一方面，与汲取液侧膜表面的溶液被渗透过来的溶剂不断稀释，使得该处溶质浓度和渗透压均低于汲取液本体，被称为稀释型外浓差极化。这两种外浓差极化最终降低膜两侧的有效渗透驱动力，导致过膜效率下降。这类外浓差极化同样存在于非对称型或复合型正渗透膜材料中，如图 2-7 所示，这里将不再赘述。

为了更好地理解外浓差极化，以下将分别介绍反渗透和正渗透条件下的外浓差极化模型和理论，总结其主要控制参数。

1)反渗透的外浓差极化模型

如图 2-6(a)所示，假设在举例膜表面 δ 处，原料液仍完全混合，即该处的溶质浓度为原料

液本体浓度 c_b。在膜表面附近形成的边界层中，溶质浓度逐渐增大，在膜表面处达到最大值 c_m。J_c 为溶质通过对流被传递到膜表面的速率；J_{c_p} 为膜渗透引起的溶质传质速率；$D\dfrac{dc}{dx}$ 为浓度梯度使溶质从边界层返回本体溶液的传质速率。当达到稳态时，三者必须满足以下关系：

$$J_{c_p}+D\frac{dc}{dx}=J_c \tag{2-10}$$

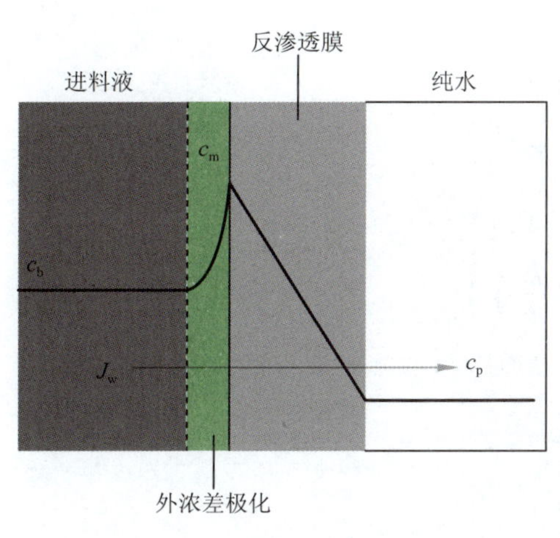

（a）反渗透过程中膜表面附近的外浓差极化示意图

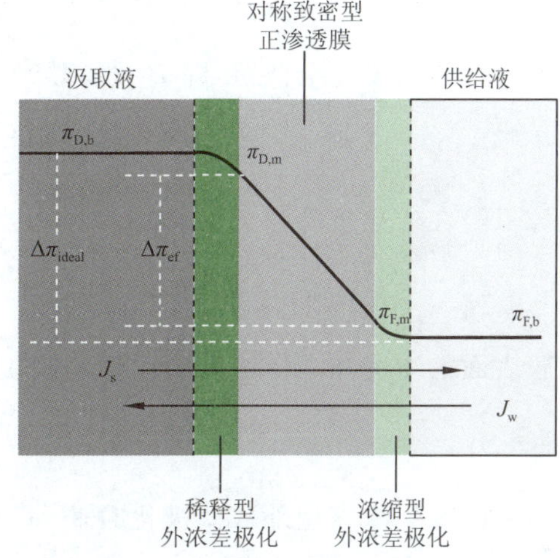

（b）正渗透过程中，对称致密膜的外浓差极化示意图

图 2-6　外浓度差极示意图

将式(2-10)在边界条件当 $x=0$ 时，$c=c_b$；当 $x=\delta$ 时，$c=c_m$ 下积分，得

$$J=\frac{D}{\delta}\ln\left(\frac{c_m-c_p}{c_b-c_p}\right)=k\ln\left(\frac{c_m-c_p}{c_b-c_p}\right) \tag{2-11}$$

或

$$\frac{c_m-c_p}{c_b-c_p}=\exp\left(\frac{J}{k}\right) \tag{2-12}$$

式中，$k=D/\delta$ 为传质系数，与系统中流体传递紧密相关，单位与透过通量 J 相同；D 为溶质扩散系数；δ 为边界层厚度，一般取决于膜表面的流动条件，且与透过速率本身有关。在膜分离过程中，通常认为透过速率对边界层的影响与流动的影响相比可以忽略。

反渗透过程中，在外浓差极化下的水通量方程如下：

$$J_w=A[\Delta p-(\pi_m-\pi_p)]=A\left[\Delta p-(\pi_b-\pi_p)\exp\frac{J_w}{bu^{\alpha}}\right] \tag{2-13}$$

式中，α 为流速指数；b 为常数；u 为流速。当流速趋近于无穷大时，几乎不存在浓差极化。此时膜高压侧的浓度几乎一致。但在实际的膜分离过程中，为了控制流道阻力和能耗，流速不能太高，于是存在一定的浓差极化。

真实截留率 R 和表观截留率 R_{obs} 方程如下：

$$R=1-\frac{c_p}{c_m}=\frac{A}{A+B/[\Delta p-(\pi_m-\pi_p)]} \tag{2-14}$$

$$R_{obs}=1-\frac{c_p}{c_b}=\frac{A}{A+B/[\Delta p-(\pi_b-\pi_p)]} \tag{2-15}$$

2)正渗透的外浓差极化模型

相比于反渗透,正渗透的外浓差极化模型还是个全新的内容。McCutcheon 等[40-42]在边界层理论的基础上建立了正渗透的外浓差极化模型。如图 2-6(b)所示,被膜截留的溶质在膜表面积累,导致溶质向溶液本体反向扩散,经过一定时间达到平衡,此时在膜表面扩散回本体的通量可由公式(2-16)表示,其中,$B(c_{F,m}-c_{F,b})$为溶质的过膜通量。

$$D\left(\frac{dc}{dx}\right)=B(c_{F,m}-c_{F,b})+J_w c \tag{2-16}$$

假设溶质被膜完全截留,即 $B=0$,得到

$$D\left(\frac{dc}{dx}\right)-J_w c=0 \tag{2-17}$$

将式(2-17)在边界条件当 $x=0$ 时 $c=c_{F,b}$,当 $x=\delta$ 时 $c=c_{F,m}$,积分得到

$$\frac{c_{F,m}}{c_{F,b}}=\exp\left(\frac{J_w}{k}\right) \tag{2-18}$$

假设膜表面的浓度和本体浓度的比值与膜表面的渗透压和本体渗透压的比值相当,即

$$\frac{c_{F,m}}{c_{F,b}}=\frac{\pi_{F,m}}{\pi_{F,b}} \tag{2-19}$$

当供给液侧发生浓缩型外浓差极化时,

$$\frac{\pi_{F,m}}{\pi_{F,b}}=\exp\left(\frac{J_w}{k}\right) \tag{2-20}$$

式中,$\pi_{F,m}$是供给液侧膜表面的渗透压;$\pi_{F,b}$是供给液的本体渗透压。

当汲取液侧发生稀释型外浓差极化时,渗透过的溶剂将驱动溶液脱离膜的渗透侧表面,降低了汲取液的有效驱动力,其模型可表示为:

$$\frac{\pi_{D,m}}{\pi_{D,b}}=\exp\left(-\frac{J_w}{k}\right) \tag{2-21}$$

式中,$\pi_{D,m}$表示汲取液侧膜表面的渗透压;$\pi_{D,m}$表示汲取液的本体渗透压。

由公式(2-20)和(2-21)可以看出,正渗透的外浓差极化模型强烈依赖于传质系数和系统的热力学条件。

在边界层理论中

$$k=\frac{ShD}{d_h} \tag{2-22}$$

$$Sh=1.85\left(Re\cdot Sc\frac{d_h}{L}\right)^{0.33}(\text{层流}) \tag{2-23}$$

$$Sh=0.04\,Re^{0.75}Sc^{0.33}(\text{湍流}) \tag{2-24}$$

式中,Sh 为舍伍德数;Re 为雷诺数;Sc 为施密特数;d_h为水力半径;L 为管道长度。

因此,在只有浓缩型和稀释型外浓差极化的情况下,正渗透过程中膜的水通量可由公式(2-25)、(2-26)表示

$$J_w=A(\pi_{D,m}-\pi_{F,m}) \tag{2-25}$$

$$J_w = A\left[\pi_{D,b}\exp\left(-\frac{J_w}{k}\right) - \pi_{F,b}\exp\left(\frac{J_w}{k}\right)\right] \tag{2-26}$$

Tan 等[43]认为式(2-23)和(2-24)为来自于超滤实验的 Sherwood 经验关系式，直接套用于正渗透过程并不一定完全适用，可能存在较大误差。因而，Welty 等[44]采用原始的舍伍德关系式(2-27)和(2-28)来描述正渗透的外浓差极化，有助于提高模型的精准性。

$$Sh = 0.332\, Re_y^{\frac{1}{2}} Sc^{\frac{1}{3}}（层流，Re \leqslant 20000） \tag{2-27}$$

$$Sh = 0.0292\, Re_y^{\frac{4}{5}} Sc^{\frac{1}{3}}（湍流，Re > 20000） \tag{2-28}$$

将式(2-22)、(2-27)和(2-28)代入式(2-29)，得到有效质量传递系数 k_c

$$k_c = \frac{\int_0^L k\mathrm{d}y}{\int_0^L \mathrm{d}y} \tag{2-29}$$

$$k_c = \frac{0.664D\,(Re_t)^{\frac{1}{2}}\,(Sc)^{\frac{1}{3}}}{L} + \frac{0.036\,5D\,(Sc)^{\frac{1}{3}}\left[(Re_L)^{\frac{4}{5}} - (Re_t)^{\frac{4}{5}}\right]}{L} \tag{2-30}$$

由此，在只存在浓缩型和稀释型外浓差极化的情况下，正渗透过程中膜的水通量可由公式(2-31)表示

$$J_w = A\left[\pi_{D,b}\exp\left(-\frac{J_w}{k_c}\right) - \pi_{F,b}\exp\left(\frac{J_w}{k_c}\right)\right] \tag{2-31}$$

实验证实，通过有效质量传递系数所得到的水通量方程式(2-31)比式(2-26)的精确度高。

2. 内浓差极化

内浓差极化现象多出现于渗透驱动型膜过程，如正渗透、压力延迟渗透等。内浓差极化将导致有效渗透驱动力和水通量降低，弱化分离膜的使用效能。四川大学 GAI 等[45]以功能化多孔单层石墨烯为模型正渗透膜，利用分子动力学模拟了该正渗透膜的渗透性能。研究表明，当内浓差极化完全消除时，该单层石墨烯正渗透膜的水通量将达到 91.5 $L \cdot cm^{-2} \cdot h^{-1}$，是典型的三醋酸纤维素正渗透膜的 1 700 倍。由此可见，内浓差极化对膜性能具有非常重要的影响。另外，内浓差极化主要适用于非对称型或复合型渗透膜材料。2.2.2 小节详细阐述了不同类型膜材料的膜形态特征，其中非对称型或复合型正渗透膜主要包含一层薄致密皮层和多孔支撑层。而内浓差极化则形成于多孔支撑层结构中。类似地，内浓差极化也可分为浓缩型内浓差极化和稀释型内浓差极化。如图 2-7(a)所示，此时正渗透膜的致密皮层朝向供给液，而多孔支撑层朝向汲取液，即 FO 模式。当溶质和溶剂在多孔支撑层中扩散时，沿着致密皮层的内表面会形成极化层，由于溶剂渗透过皮层，随之稀释多孔支撑层中的驱动溶液，使得极化层内的溶质浓度和渗透压($c_{D,i}$、$\pi_{D,i}$)均低于汲取液侧膜表面的溶质浓度和渗透压($c_{D,m}$、$\pi_{D,m}$)，这被称为稀释型内浓差极化。如图 2-7(a)所示，当正渗透膜的致密皮层朝向汲取液，而多孔支撑层朝向供给液时，即压力延迟渗透(PRO)模式，此时正渗透膜内形成的内浓差极化不同。在该模式下，溶剂由多孔支撑层向致密皮层方向流动，而溶质则向相反方向传递。此时在多孔支撑层内形成的极化层的溶质浓度和渗透压($c_{F,i}$、$\pi_{F,i}$)均高于供给液侧膜表面的溶质浓度和渗透压($c_{F,m}$、$\pi_{F,m}$)，这被称为浓缩型内浓差极化。

以上分析可看出，稀释型内浓差极化使得正渗透过程的有效渗透压差为 $\Delta\pi_{ef} = \pi_{D,i} -$

$\pi_{F,m}$，浓缩型内浓差极化使得实际渗透压差为 $\Delta\pi_{ef}=\pi_{D,m}-\pi_{F,i}$，两者均远远小于理论渗透压差 $\Delta\pi_{ideal}=\pi_{D,b}-\pi_{F,b}$，即正渗透的驱动力和膜效能将随之大大降低。

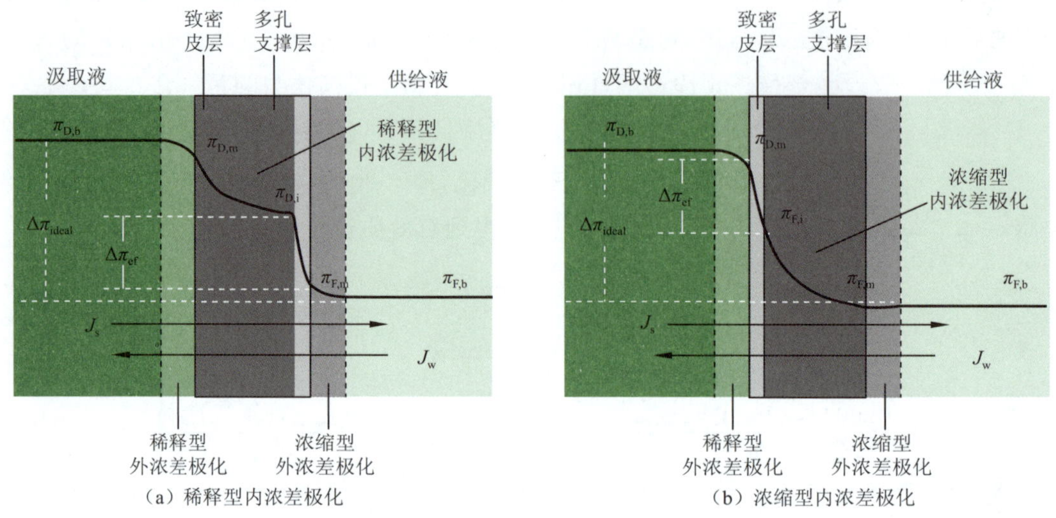

图 2-7　非对称型渗透膜的内浓差极化示意图

为了更好地理解内浓差极化，Lee 等[46]首先建立了浓缩型内浓差极化模型，如图 2-7(b)所示，描述了正渗透中水通量与内浓差极化的关系。从盐的传递过程考虑，其模型为

$$B(c_{D,m}-c_{F,i})=D_s\varepsilon\frac{dc(x)}{dx}-J_w c(x) \tag{2-32}$$

将式(2-32)在以下边界条件下(当 $x=0$ 时，$c=c_{F,m}$；当 $x=\tau t$ 时，$c=c_{F,i}$)积分得到

$$\frac{c_{F,i}}{c_{D,m}}=\frac{B[\exp(J_w K)-1]+J_w\dfrac{c_{F,m}}{c_{D,m}}\exp(J_w K)}{B[\exp(J_w K)-1]+J_w} \tag{2-33}$$

$$\frac{c_{D,m}-c_{F,i}}{c_{D,m}-c_{F,m}}=\left(\frac{1}{1-\dfrac{c_{F,m}}{c_{D,m}}}\right)\frac{1-J_w\dfrac{c_{F,m}}{c_{D,m}}\exp(J_w K)}{\dfrac{B}{J_w}[\exp(J_w K)-1]+1} \tag{2-34}$$

由此可得到水通量方程式

$$J_w=A\left(c_{D,m}\frac{1-J_w\dfrac{c_{F,m}}{c_{D,m}}\exp(J_w K)}{\dfrac{B}{J_w}[\exp(J_w K)-1]+1}\right) \tag{2-35}$$

忽略浓缩型外浓差极化的影响，即 $c_{F,m}=c_{F,b}$，同时假设浓度的比值和渗透压的比值相当，可得到

$$\frac{c_{F,m}}{c_{F,b}}=\frac{\pi_{F,m}}{\pi_{F,b}} \tag{2-36}$$

由式(2-35)可得到

$$K=\left(\frac{1}{J_w}\right)\ln\left(\frac{B+A\pi_{D,m}-J_w}{B+A\pi_{F,b}}\right) \tag{2-37}$$

式中，$K=\frac{t\tau}{\varepsilon D_s}$是正渗透膜多孔支撑层中的溶质扩散阻力系数，其中 t，τ 和ε分别为膜的厚度、孔的弯曲系数和孔隙率；D_s是溶质的扩散系数；A 为水渗透系数；B 为溶质在皮层中的渗透系数；$\pi_{D,m}$ 和 $\pi_{F,b}$分别为汲取液侧膜表面的渗透压和供给液本体的渗透压。

K 值反映溶质在多孔支撑层中扩散的难易程度，可用于评价内浓差极化的严重程度，即 K 值越大说明内浓差极化越严重。假设膜的截留率非常高，B 值趋近于 0，则式(2-37)简化可得到

$$J_w=A[\pi_{D,m}-\pi_{F,b}\exp(J_wK)] \tag{2-38}$$

最终，存在浓缩型内浓差极化和稀释型外浓差极化的情况下，水通量方程式为

$$J_w=A\left[\pi_{D,b}\exp\left(-\frac{J_w}{k}\right)-\pi_{F,b}\exp(J_wK)\right] \tag{2-39}$$

同理，如图 2-7(a)所示，当发生稀释型内浓差极化，忽略稀释型外浓差极化影响($c_{D,m}=c_{D,b}$)时，假设浓度的比值和渗透压比值相当，可简化得到稀释型内浓差极化和浓缩型外浓差极化模型：

$$K=\left(\frac{1}{J_w}\right)\ln\left(\frac{B+A\pi_{D,m}}{B+J_w+A\pi_{F,m}}\right) \tag{2-40}$$

当忽略溶质渗透系数 B 时，式(2-40)可进一步简化为

$$J_w=A[\pi_{D,b}\exp(-J_wK)-\pi_{F,m}] \tag{2-41}$$

式中，$\pi_{F,m}$和 $\pi_{D,b}$分别为供给液侧膜表面的渗透压和汲取液本体的渗透压。

2.3.2　浓差极化的控制与膜设计

一般情况下，外浓差极化可通过改变分离膜操作过程的水力参数加以改善，如增加膜表面的溶液流速，形成湍流，减小边界层厚度；或者通过降低水通量的方法来削减膜表面的溶质浓度变化，以减轻外浓差极化的副作用。

相比之下，内浓差极化发生在多孔支撑层内，因而改变外部水力学状态对改善内浓差极化收效甚微。从前面的分析可知，溶质在支撑层的扩散阻力是导致内浓差极化的主要因素，因而需要想方设法地减小溶质在支撑层中的扩散阻力。一方面，降低水通量可以降低内浓差极化的影响，但是这种方法以牺牲膜性能为代价；另一方面，升高温度可加速溶质扩散，提高溶质的扩散系数 D_s，但是当内浓差极化过于严重时，该方法可能被其他不利因素抵消。由公式(2-38)看出，膜多孔支撑层中的溶质扩散阻力系数 K 取决于溶质的扩散系数 D_s和溶质的扩散阻力 $K^*=\frac{t\tau}{\varepsilon}$。当采用扩散系数高的溶质配制汲取液时，汲取液的循环回收方式也将随之改变。因此，降低溶质的扩散阻力势必成为最有效地降低内浓差极化程度的方法。

基于此，正渗透膜的支撑层设计将尤为重要，直接影响内浓差极化的程度。支撑层的设计主要包括膜结构调控和膜材料选择两个方面。其中，膜结构可用溶质的扩散阻力 K^* 值来反映，它表示膜多孔支撑层的物理形态，不受操作条件影响。类似地，Gerstandt 等[47]在运用正渗透发电的研究中，提出了膜结构参数 $S=\frac{t\tau}{\varphi}$的概念，方程中 t、τ 和 φ 分别代表膜的厚度、孔的弯曲系数和孔隙率。无论溶质的扩散阻力 K^* 或膜结构参数 S，当支撑层的厚度和孔的弯曲系

数越小,支撑层的孔隙率越大时,K^* 或 S 值越小,越有利于降低内浓差极化。本章 2.2.2 节介绍复合膜时曾讨论了不同类型的支撑层结构对正渗透的影响。并于表 2-4 对比了一系列正渗透膜的结构参数。与反渗透膜的需求不同,指状孔结构在正渗透膜中的优势较海绵状孔更加明显,这主要是由于指状孔的内浓差极化程度较低。另外,双皮层非对称膜由于上下表面均存在皮层结构,有效阻碍了汲取液或供给液的盐溶质进入支撑层,由此可以减轻支撑层的内浓差极化程度[45]。更值得一提的是,静电纺丝纳米纤维膜作为正渗透膜的支撑层更得到研究者们前所未有的青睐。静电纺丝纳米纤维膜由纳米级的纤维无规堆砌而成,其在孔道的连通性、直通性、孔隙率方面都呈现出比传统相转化法制成的多孔膜更多优势,同时其内浓差极化程度较小,海绵状孔膜、指状孔膜、纳米纤维膜的内浓差极化示意图如图 2-8 所示。因而,静电纺丝纳米纤维膜因耐压强度低而在传统耐压膜中应用受阻的情况下,却在正渗透领域备受瞩目[33, 48, 49]。Puguan 等[49]将聚乙烯醇纳米纤维经戊二醛交联后用作支撑层,再结合界面聚合过程制成正渗透膜。该正渗透膜的水渗透率 A 值、截盐率、盐渗透率 B 值分别为 16.9 L·m^{-2}·h^{-1}·MPa^{-1}、97±3.9%、0.24 L·m^{-2}·h^{-1},均优于商品化的 HTI 公司无纺布正渗透膜(HTI-NW)的性能(7.1 L·m^{-2}·h^{-1}·MPa^{-1}、92±3.3%、0.44 L·m^{-2}·h^{-1})。这些优良的性能主要归功于其纳米纤维支撑层的结构,其厚度为 51 μm±7.8 μm,孔隙率为 93±0.77%,结构参数 S 值为 66 μm±7.9 μm,弯曲度为 1.2。相比之下,商品化 HTI-NW 膜的结构参数为 2 092 μm±75 μm。除此之外,哈尔滨工业大学 You 等[50]直接选用厚度为 40 μm,网孔尺寸为 1.0 μm 的 316L 不锈钢网作为支撑层,再经过溶胶-凝胶法在不锈钢网上沉积二氧化硅层作为活性分离层,所得新型正渗透膜在水渗透性能方面得到提高,为降低内浓差极化的支撑层结构设计制备提供了新的思路。

另一方面,亲水性膜材料有利于改善内浓差极化。亲水性支撑层有利于水分子渗透通过,减少盐溶质在支撑层内瘀滞,降低内浓差极化。除了直接使用亲水性聚合物制备亲水性多孔膜外,共混无机纳米粒子是另一种制备亲水性多孔膜的有效方法[51]。无机纳米粒子通常表面有羟基,具有良好的亲水性。将其与聚合物共混制成有机-无机复合膜既简便又有效。Emadzadeh 等[52]将不同含量的二氧化钛纳米颗粒填充于聚砜膜基底中,结合界面聚合制成正渗透复合膜。当添加质量分数为 0.6%二氧化钛纳米颗粒时,该正渗透膜的水通量达到 18.81 Lm^{-2}h^{-1},其高出未添加二氧化钛膜水通量的 97%。其根本原因在于该复合膜的结构参数降低至 390 μm。

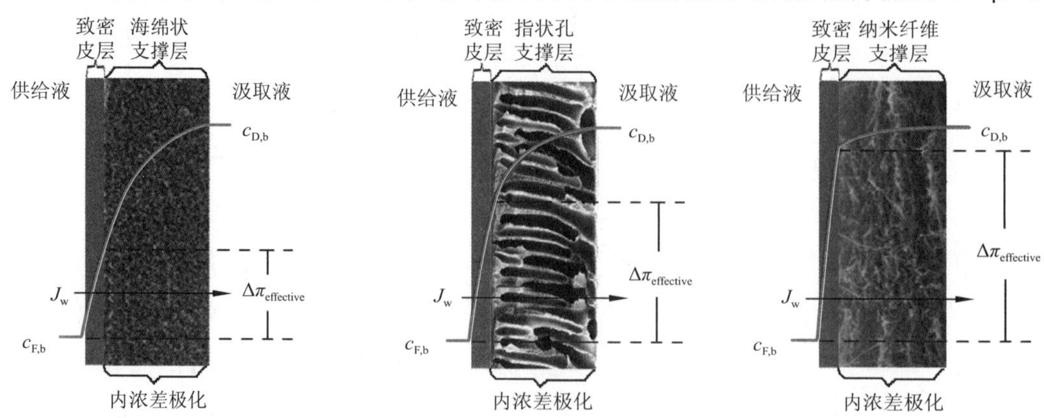

图 2-8 海绵状孔膜、指状孔膜、纳米纤维膜(从左至右)的内浓差极化示意图[49]

2.3.3 膜污染现象

膜污染是指基于物理、化学作用或因浓差极化引起料液中微粒、胶体粒子或大分子溶质在膜表面或膜孔内吸附、沉积造成膜孔变小或堵塞，膜通量与分离特性下降的现象。膜污染不仅导致膜性能下降，膜的使用寿命缩短，而且引起产水水质降低、成本增加，因而它一直是制约膜分离技术进一步广泛应用的难点之一。

根据污染物质不同，膜污染可分为无机物污染、胶体污染、有机物污染和生物污染。一方面，污染物依据自身性质可以在膜表面形成滤饼、凝胶或结垢等附着层，导致膜的透过阻力增大，使溶剂渗透通量下降，而膜的截留率则可能出现两种变化趋势。一般而言，凝胶层具有较强的溶质截留作用而使得截留率增大，而滤饼层或结垢层的溶质截留作用较弱，将导致膜表面附近的浓差极化现象严重使得表观截留率降低。另一方面，污染物也可以堵塞膜孔，使得膜的渗透通量下降、截留率增大。就正/反渗透膜而言，由于两者的膜孔很小，实际应用主要面临附着层的影响，而膜孔堵塞的影响较小。

反渗透膜和正渗透膜在使用过程中都会面临膜污染的问题，但是，由于两者的操作机理不同，因而膜污染的程度也不同。反渗透膜在高压条件下操作，而正渗透膜为渗透压驱动类型，普遍接受的观点是前者的污染倾向高于后者，污染倾向低也被作为正渗透膜的优点之一。但这并不意味着正渗透膜不存在膜污染，进料液的种类、多价离子间的络合、反向盐通量等因素控制污染的程度和附着层的形成。

尽管膜污染的机理尚不完全清楚，但是普遍认为它与膜表面的亲疏水性、粗糙度、荷电性等性质有关。一般情况下认为，膜的亲水性越大，其抗污染能力越强。这主要是由于亲水性膜表面易形成水合层，可以阻挡疏水性污染物质（自然界中许多污染物均为疏水性，例如蛋白质）在膜表面的吸附与沉积。当然，当污染物为亲水性质时，亲水性膜的抗污染性能将不复存在。其次，膜表面的粗糙度越小，越有利于实现抗污染。普遍认为表面粗糙度越大，膜表面积越大，与污染物的结合面积越大，而且缺陷增加也易导致污染物瘀滞沉积[53]。但是，表面粗糙度下降也可能带来水通量下降的不利影响。最后，静电吸引力是污染物与膜表面的结合力之一，因而膜表面的荷电性势必影响膜污染过程。对于抗污染而言，应当使膜表面的荷电性与污染物的荷电性相同。

膜污染的防治方法包括以下几方面：

（1）预处理法，即通过调整进料液的 pH 值或添加氧化剂、抗菌剂等试剂预先去除可能导致膜污染的物质。但这种方法一方面会增加成本，另一方面可能会破坏膜材料，导致膜劣化等不良结果。

（2）研发抗污染正/反渗透膜，从根本上解决膜污染问题。依据膜污染的机理，研发出耐老化或难以引起污垢附着的膜组件。

（3）调整膜外部的水力参数，如加大进料液的流速，使流体处于湍流状态，可防止固结层和凝胶层的形成，减轻膜污染。

（4）物理或化学洗涤，根据污染物的构成和性质，选择泡沫球擦洗、水浸洗、气液清洗、超声波处理、电子振动法等物理方法，或者通过添加表面活性剂、酶洗涤剂、酸碱洗涤剂等化学试剂来清洗已被污染的正/反渗透膜。

2.3.4 抗污染正/反渗透膜

研发抗污染正/反渗透膜是解决膜污染问题的最根本办法。本节将详细介绍几类抗污染正/反渗透膜的设计思路。

膜表面改性是指通过物理或化学的方式，将具有特殊性质的材料固定在膜表面，以改善膜表面性质。复合膜是正/反渗透膜的常见形式，其活性分离层多数采用界面聚合法制成，调整界面聚合组成是最直接的膜表面改性方式。此外，在成型膜表面加以修饰来达到改性目的方法可分为物理方法和化学方法两大类。常见的物理方法包括表面吸附、表面涂覆等；化学方法包括化学耦合、表面接枝聚合等。表 2-6 列举了一些常用于反渗透膜表面改性的小分子或高分子改性剂。

表 2-6　常见反渗透膜表面改性用小分子或高分子改性剂[54]

材料类型	材料名称	分子结构
界面聚合单体	3,4′,5-三酰氯联苯[55]	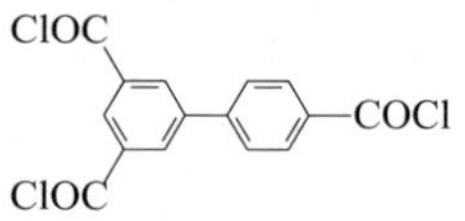 ClOC COCl ClOC
界面聚合单体	3,3′,5,5′-四酰氯联苯[55]	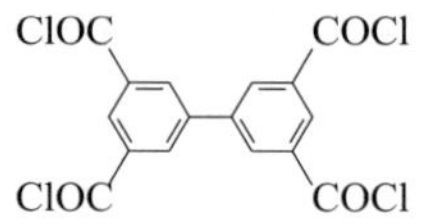 ClOC　COCl ClOC　COCl
	5-异氰酸-间苯二甲酰氯[56]	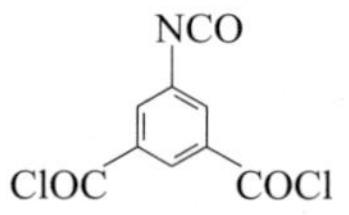 NCO ClOC　COCl
界面聚合添加剂	4,4-亚甲基双(异氰酸苯酯)[57]	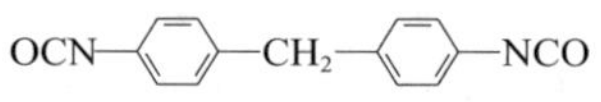 OCN—　—CH_2—　—NCO
	聚乙二醇[57]	$HO\left(CH_2CH_2O\right)_nH$
表面改性剂	甲氧基聚乙二醇胺[58]	$H_3CO\left(CH_2CH_2O\right)_nCH_2CH_2NH_2$
	T-X 系列聚环氧乙烷[59]	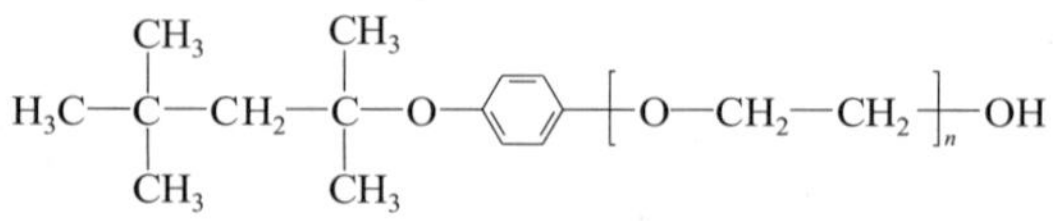 $H_3C-C(CH_3)_2-CH_2-C(CH_3)_2-O-$　$-\left[O-CH_2-CH_2\right]_n-OH$
	P 系列聚环氧乙烷[59]	$H\left[O-CH_2-CH_2-CH_2\right]_mO\left[CH_2-CH_2-O\right]_nH$

续表

材料类型	材料名称	分子结构
	聚乙烯亚胺[60]	$-[CH_2CH_2N(CH_2CH_2NH_2)CH_2CH_2NHCH_2CH_2N(CH_2CH_2NHCH_2CH_2NH_2)CH_2CH_2N(CH_2CH_2N(CH_2CH_2NH_2)_2)CH_2CH_2NHCH_2CH_2]_n-$
	聚乙烯醇[61]	$-[CH_2-CH(OH)]_n-$
	PEBAX® 1657[62]	$HO-[(C(=O)-(CH_2)_5-C(=O)-NH)_x-C(=O)-O-(CH_2-CH_2-O)_y]-H$
	聚(N-异丙基丙烯酰胺-*co*-丙烯酸)[63]	$-(CH_2-CH(C(=O)-NH-CH(CH_3)_2))_a-(CH_2-CH(C(=O)-OH))_b-$
表面改性剂	3-羟甲基-5,5-二甲基乙内酰脲[64, 65]	1-(HOH_2C)-5,5-(CH_3)$_2$-咪唑烷-2,4-二酮（N3-H）
	聚乙二醇二丙烯酸酯[66]	$H_2C=CH-C(=O)-(OCH_2CH_2)_{13}-O-C(=O)-CH=CH_2$
	聚乙二醇丙烯酸酯[66]	$H_2C=CH-C(=O)-(OCH_2CH_2)_7-OH$
	2-羟基乙基丙烯酸酯[66]	$H_2C=CH-C(=O)-OCH_2CH_2-OH$
	丙烯酸[66]	$H_2C=CH-C(=O)-OH$
	甲基丙烯酸[67]	$H_2C=C(CH_3)-C(=O)-OH$
	聚乙二醇二甲基丙烯酸酯[67]	$H_2C=C(CH_3)-C(=O)-(OCH_2CH_2)_n-OH$

续表

材料类型	材料名称	分子结构
表面改性剂	甲基丙烯酸-3-磺酸丙酯钾盐[67]	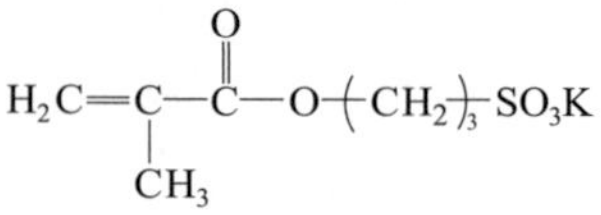 $H_2C{=}C(CH_3){-}C({=}O){-}O{-}(CH_2)_3{-}SO_3K$
	乙烯基磺酸[67]	 $H_2C{=}CH{-}SO_3Na$
	2-丙烯酰胺基-2-甲基丙磺酸[67]	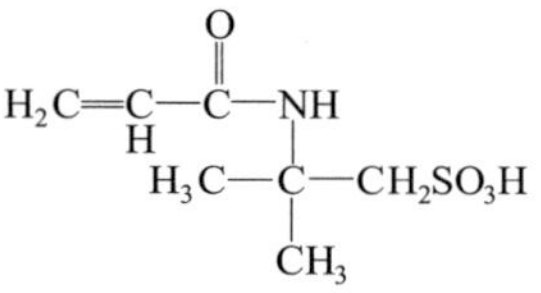 $H_2C{=}CH{-}C({=}O){-}NH{-}C(CH_3)_2{-}CH_2SO_3H$
	3-丙烯基-5,5-二甲基乙内酰脲[64,65]	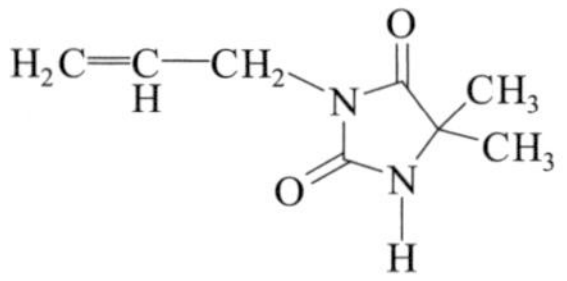 $H_2C{=}CH{-}CH_2{-}$N(乙内酰脲环，5,5-二 CH_3，NH)
	聚乙二醇二环氧甘油醚[68]	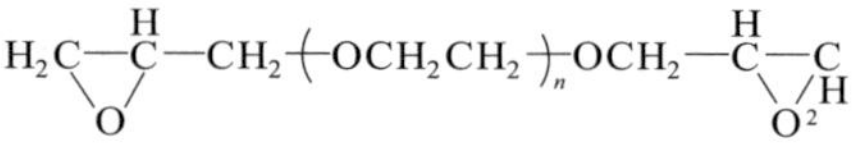 $H_2C(O)CH{-}CH_2{+}OCH_2CH_2{+}_nOCH_2{-}CH(O)CH_2$
	聚乙二醇衍生物[69]	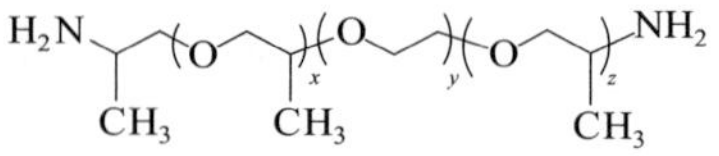 $H_2N{-}CH(CH_3)CH_2{-}(OCH_2CH(CH_3))_x{-}(OCH_2CH_2)_y{-}(OCH_2CH(CH_3))_z{-}NH_2$
	三甘醇二甲醚[70]	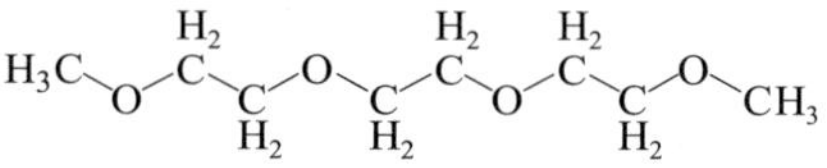 $H_3C{-}O{-}CH_2{-}CH_2{-}O{-}CH_2{-}CH_2{-}O{-}CH_2{-}CH_2{-}O{-}CH_3$
	两性离子改性剂[71]	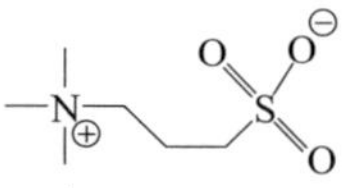 $-N^{\oplus}(CH_3)_2{-}CH_2CH_2CH_2{-}SO_3^{\ominus}$

1. 调节界面聚合组成

反渗透膜的膜污染主要发生在膜表面，即活性分离层材料将直接接触污染物质，因而抗污染反渗透膜的设计可从活性分离层材料的选择出发。表 2-6 列举了一些界面聚合单体。这些单体包含多种功能或极性基团，由此制得的反渗透膜展现出更平滑的表面或更优异的亲水性。例如，Liu 等[56]选用 5-异氰酸-间苯二甲酰氯替代传统的均苯三甲酰氯，与间苯二胺发生界面聚合，制备新型的反渗透膜。该反渗透膜的静态水接触角和表面平均粗糙度分别为 28.5°和 43.89 nm，均小于传统的均苯三甲酰氯-间苯二胺界面聚合反渗透膜(静态水接触角和表面平均粗糙度分别为 44.3°和 54.36 nm)。抗污染实验也证实新型反渗透膜阻抗无机污染(如碳酸钙)、有机污染(如透明质酸、硅胶)和生物污染(如细菌)等污染的能力都有明显的提高[72]。除此之外，通过在界面聚合过程加入添加剂以改善皮层的抗污染性能是另一种思路。添加剂包括小分子和聚合物。具有功能基团的添加剂可参与界面聚合反应，或者利用添加剂的亲水性以共混的方式改善皮层的亲水性能和粗糙度[57]。Kong 等[73]将丙酮作为有机相(己烷)的共溶剂，提出了共溶剂辅助界面聚合的概念。与传统的界面聚合相比，丙酮降低了界面张力和溶解度差，使得聚酰胺层更薄、更疏松、更平整，最终反渗透膜的水通量提高了3倍。传统界面聚合和共溶剂辅助界面聚合的示意图、表面和断面的扫描电镜图片如图2-9所示。

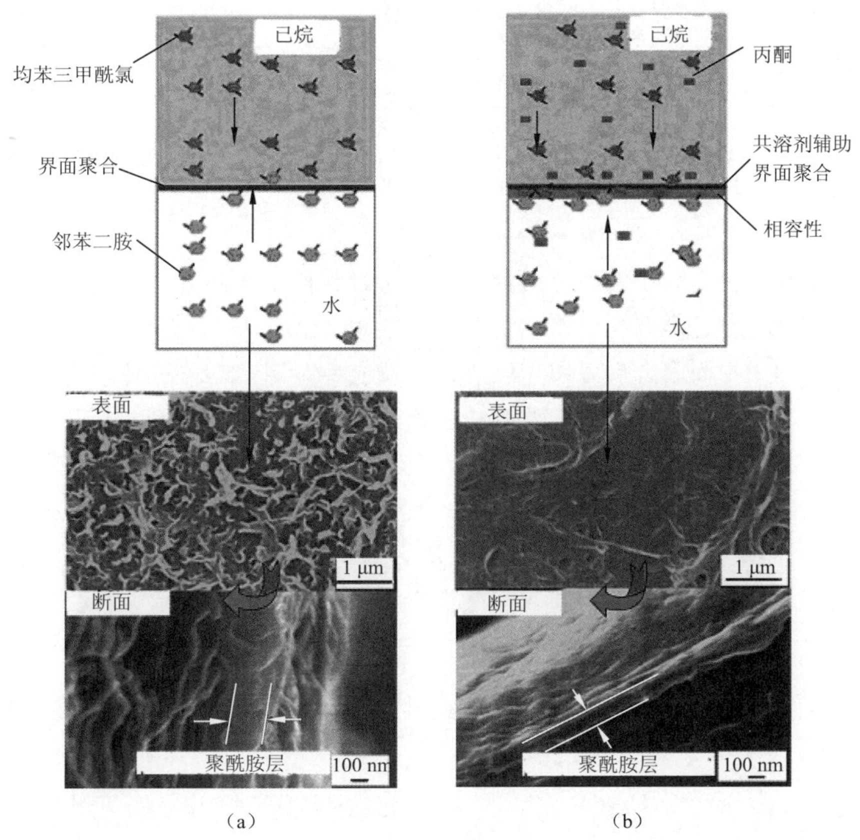

图2-9 传统界面聚合(a)和共溶剂 辅助界面聚合(b)的示意图、表面和断面的扫描电镜图片[73]

2. 物理方法

表面吸附是一种用于改善膜表面性质和形貌的最简单的物理方法。例如，Wilbert 等[59]分别将 T-X 系列和 P 系列聚环氧乙烷表面活性剂用于改性商用化醋酸纤维素反渗透膜和聚酰胺反渗透膜，有效地降低了反渗透膜的表面粗糙度，改善了抗污染性能。除了表面活性剂外，聚电解质也是良好的表面改性剂。Zhou 等[60]利用聚乙烯亚胺在反渗透膜表面的自组装来实现膜表面修饰。由于聚乙烯亚胺带正电荷，可通过静电排斥原理来阻抗阳离子型污染物质。此外，聚乙烯亚胺本身为亲水性聚合物，其在反渗透膜表面吸附可以有效提高膜表面亲水性。表面吸附法虽然操作简单，但由于改性剂以较弱的物理结合力吸附于膜表面，因而其长期稳定性有待提高。多巴胺是近年来颇受关注的表面改性剂,它可在大多数材料表面自聚形成聚多巴胺涂层,已被用于微滤膜、超滤膜和反渗透膜等多种类型膜的表面改性。聚多巴胺涂层不仅具有良好的亲水性,而且它通过与材料表面形成共价和非共价作用来达到稳定的附着效果。Kasemset[74]、Azari[75]和 Karkhanechi[76]等分别利用多巴胺修饰反渗透膜来提高其抗有机污染性能、抗生物污染和抗菌性能。

表面涂覆是另一种操作简便、成本较低的物理改性方法。常用的涂覆材料包括亲水电中性聚合物(如聚乙烯醇、聚乙二醇)、荷电聚合物(如聚乙烯亚胺[60])、响应性聚合物[如聚(*N*-异丙基丙烯酰胺-*co*-丙烯酸)[63]]、天然高分子(如丝胶[77])。一方面利用这些聚合物在反渗透膜表面形成一层亲水性抗污染层,另一方面涂层可修复膜表面缺陷以降低粗糙度。与表面吸附法类似,涂覆层与膜表面以分子间力、氢键或静电吸引等弱相互作用结合,因而表面涂覆法也存在涂层稳定性不足的问题。此外,这些涂覆材料可能渗入反渗透膜表面的“峰-谷”结构中,增加渗透阻力,导致水通量下降。

3. 化学方法

化学法将具有抗污染性质的小分子或高分子通过共价结合的方式固定在膜表面,具体可采用化学偶联、表面接枝聚合、化学气相沉积等方法来实现。

化学偶联是利用界面聚合后残留于膜表面的反应性基团(如氨基、羧基等)与改性剂偶联以实现膜表面改性的方法。聚乙二醇及其衍生物是常见的亲水改性剂,它不仅可通过表面吸附或涂覆等物理方法来改性膜表面性质,而且可利用聚乙二醇衍生物(如聚乙二醇二环氧甘油醚)端基与膜表面反应性基团直接偶联[68]。对于高分子改性剂,化学偶联法中化学反应主要发生在端基,因而改性剂分子量对改性效果的影响比其浓度更为显著。类似的方法可运用于环氧改性剂与氨基偶联的反渗透膜表面改性方法上,如图 2-10 所示,由此改性得到的反渗

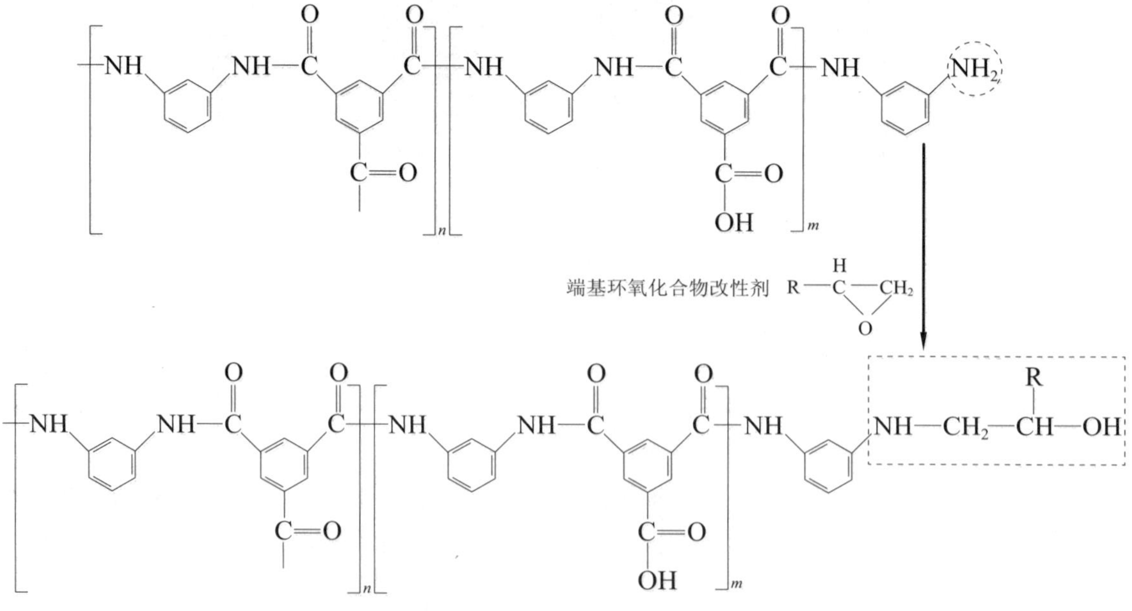

端基环氧化合物改性剂 R—C(H)—CH₂ (—O—)

图 2-10 基于环氧改性剂与膜表面氨基偶联的反渗透膜表面改性示意图[54]

透膜将显示出更优越的抗污染性质。类似方法也被运用于正渗透膜的表面抗污染改性。Castrillon 等[78]首先选用乙二胺与正渗透膜表面剩余的酰氯键共价结合，再利用氨基与聚乙二醇二缩水甘油醚的端基偶联，最终将聚乙二醇链连接于正渗透膜表面。该改性后的正渗透膜表现出优良的抗污染性能，同时原子力显微镜黏附力测试证实聚乙二醇改性表面与羧基化凝胶探针之间的作用力明显减弱。除氨基以外，反渗透膜表面的羧基也可参与化学偶联，但一般需要预先活化以提高偶联效率，而碳二亚胺是常用的水溶性活化剂[69]。

表面接枝聚合法要求首先在反渗透膜表面产生自由基，然后引发单体聚合。Belfer 等[67]提出由氧化还原体系（如过硫酸钾、偏亚硫酸氢钾）引发，使得聚酰胺反渗透膜表面形成自由基，再接枝乙烯基单体聚合。该方法适用于多种亲水性单体，如丙烯酸、甲基丙烯酸、甲基丙烯酸 3-磺酸丙酯、乙烯基磺酸等。一般认为氧化还原体系或引发剂主要进攻聚酰胺主链中氨基基团中的氢原子，由此产生自由基，引发单体接枝聚合，如图 2-11 所示。等离子体处理是

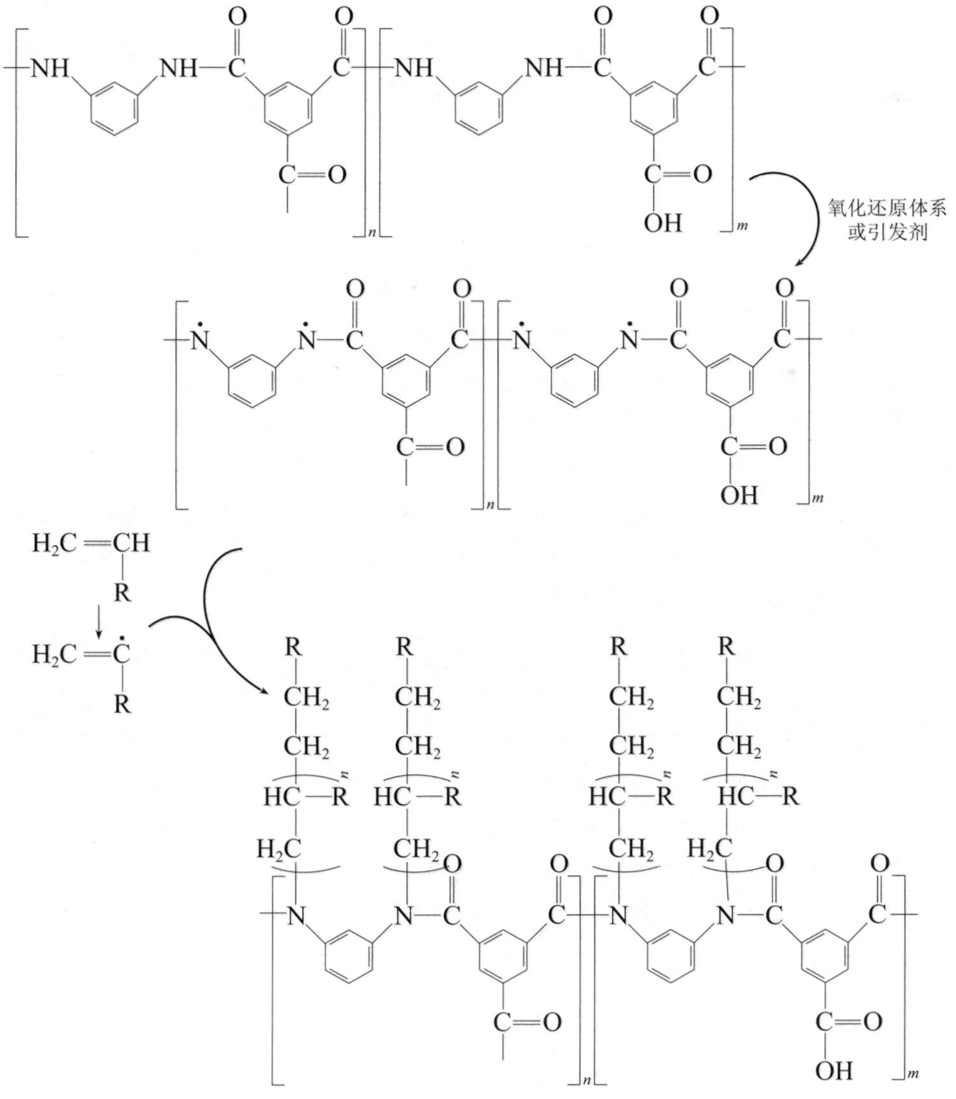

图 2-11　聚酰胺反渗透膜表面自由基接枝聚合改性示意图[54]

另一种有效实现表面接枝聚合的改性方法，分为等离子体聚合和等离子体诱导聚合两种。其中，等离子体聚合是通过等离子体将聚合物沉积于膜表面的一步改性法，而等离子体诱导聚合则是利用等离子体活化膜表面产生氧基团或过氧基团，再用于聚合过程的两步改性法。Zou 等[70]利用等离子体聚合法在反渗透膜表面接枝了类聚乙二醇亲水性聚合物。改性后，反渗透膜的亲水性大大提高，表面接触角由 32°降至 7°，同时有效改善了抗污染性能，通量恢复率高达 99.5%。此外，引发式化学气相沉积法(iCVD)是一种新兴的表面改性技术。它将引发剂和单体以气态形式送入 iCVD 反应腔内，而后引发剂分解形成自由基引发单体聚合。Yang 等[71]利用 iCVD 法将含有磺基甜菜碱型两性离子的共聚物接枝于反渗透膜表面，结果表明改性后的反渗透膜呈现出优良的阻抗大肠杆菌细胞粘附性。尽管 iCVD 法操作简单、反应周期短，但是其对设备要求较为严格。

与物理法相比，化学法所获得的抗污染性能更具长效性。尽管如此，化学改性法对设备、试剂、操作条件等要求更高，其工业应用的推广难度较大。

2.4 正/反渗透膜的应用

2.4.1 海水淡化

地球上水体总量约为 13.6 亿 km^3，淡水占 2.8%，而其中仅有 0.23%可被人类生命活动所利用。随着世界各国经济发展和人口增长，淡水需求日益增加，如何高效合理利用占地球总水量 97%的海水已成为全球关注的热点。海水淡化是指去除海水中所含无机盐，将海水转变为低盐度淡水的过程。常用的淡化技术包括多效闪蒸、多级闪蒸、电渗析、反渗透、蒸汽压缩法等，前四种方法已分别于 20 世纪 30 年代、50 年代、60 年代和 70 年代应用于海水淡化生产。从投资和运行费用的角度看，反渗透和电渗析技术(投资费用约为 528～793 美元·$m^{-3}\cdot d^{-1}$，运行费用约为 0.26～0.52 美元·$m^{-3}\cdot d^{-1}$)基于膜技术，是较为经济绿色的淡化方法。此外，反渗透膜技术还具有能耗低、淡化成本低、建设周期短等优点，适用于各种浓度的海水淡化和建造不同规模的海水淡化工程。

反渗透膜技术自 1969 年进入淡化市场后发展极为迅速，能耗和成本大幅下降，逐渐成为主流的海水淡化技术。在世界上新建的海水淡化厂中，除中东地区仍有较大比例的热法技术应用外，其他地区反渗透膜技术已占明显优势。目前，世界上最大的多级闪蒸海水淡化厂为沙特阿拉伯的 Shuaib 海水淡化厂，淡水日产量为 88 万 $m^3\cdot d^{-1}$；世界上最大的低温多效海水淡化厂建于阿拉伯联合酋长国，淡水日产量为 37.4 万 $m^3\cdot d^{-1}$；世界上最大的反渗透海水淡化厂为以色列的 Hadera 海水淡化厂，淡水日产量为 34.9 万 $m^3\cdot d^{-1}$。我国是继美国、法国、日本、以色列等国之后研究和开发海水淡化先进技术的国家之一，已逐渐由早期完全进口转变为国内自主设计建设，先后在舟山和大连长海分别建成日产 500 $m^3\cdot d^{-1}$和 1 000 $m^3\cdot d^{-1}$反渗透海水淡化厂。

2.4.2 污水处理

正渗透和反渗透膜技术在环境工程中均可用于工业废水和城市污水处理与回用。这里我们着重论述正/反渗透膜技术在页岩气开采废水处理中的应用。页岩气是一种以吸附、溶解、游离状态赋存于泥页岩中的清洁、低碳、非常规天然气资源，在能源短缺的今天备受各国关注。然而，页岩气在运用水力压裂技术开采过程中将带来甲烷等温室气体释放、废水排放、地下水污染等环境问题。更重要的是，页岩气开采将产生来源于压裂液和页岩气地层的包含复杂成分的废液。压裂液在水平井压裂结束后，预计在其生命周期中会有 8%～70%将返回至地表成为返排水。返排水经过页岩压裂后不仅保留了原有压裂液的化学物质（如盐酸、降阻剂、表面活性剂、阻垢剂等），而且由于长时间接触地层岩石而混入悬浮有机物、油脂、天然放射性物质、重金属、酚类、酮类等多种污染物。例如，美国巴尼特和马塞勒斯地区的页岩气返排水中包含溶解性总固体浓度可高达每升数十万毫克，约为海水的 5 倍[79]。

除了机械蒸汽压缩、膜蒸馏技术等热处理技术，正/反渗透膜技术是处理页岩气开发废水的有效手段[80]。由于反渗透和正渗透的工作原理不同，它们在水处理应用中各具特色。反渗透的水处理过程较为简单，但是需要提供外压，因而其可处理的废水盐度将受限于反渗透膜的压力耐受程度，同时在外界压力的推动下，污染物更倾向于在膜表面紧密堆积而造成不可逆的膜污染问题。相比之下，正渗透可通过简单和廉价的低压装置来实现高盐度给水的脱盐，给水的 TDS 值可高达 70 000 $mg \cdot L^{-1}$[81]。同时，这种低压操作可以减少分离膜的不可逆污染、延长渗透膜的长期服役性能。Hickenbottom 等[82]采用商品化 HTI 正渗透膜技术处理美国路易斯安那州北部的页岩气开采废水，所得有机和无机污染物的截留率很高，纯水回收率超过 80%，而且可通过渗透反冲洗来有效清洗正渗透膜。正渗透膜技术用于处理页岩气开采废水的优势还在于其能耗低。McGinnis 等[2]提出的处理系统所需要消耗的热能为(275±12)$kW \cdot h \cdot m^{-3}$，低于同等条件下单级机械蒸汽压缩法能耗的 42%。

2.4.3 盐差发电

海洋占地球表面积的 71%，其总面积约为 3.7 亿 km^2，平均深度为 3.8 km，蕴蓄着丰富的水、矿产、油气、渔业以及海洋能等宝贵资源。以海洋能为例，全球年总量高达 1 428 000 亿 $kW \cdot h$，是一种非常重要且可被人类利用的清洁、可再生的新型能源。它通过海水运动以及温度、盐度的差异分布而形成潮汐、海流、波浪、温度差、盐度差等自然现象而产生能量，主要包括潮汐能、潮流能、波浪能、热差能、盐差能等。其中，盐差能是海洋能中能量密度最大的可再生能源，它是指海水和淡水之间或两种不同盐浓度的水体之间的化学电位差能，并广泛地存在于自然界的河海交汇处。据测算，当河水与含盐度为 3.5%的海水混合时，所释放的盐差能相当于 270 m 瀑布所产生的势能[83]。以全球年均河水入海水量为 37 300 km^3 计算，每年可用于生产约 20 亿 $kW \cdot h$ 的电能，相当于全球电能年消耗量的 13%[84]。我国拥有 18 000 km 长的大陆海岸线，年均河水入海水量超过 1 800 km^3，蕴藏着 1.25 亿 $kW \cdot h$ 的盐差能。

压力延迟渗透法是目前最具潜力的盐差发电方式之一，该概念早在 20 世纪 70 年代由

Loeb 等人提出[85]，但直至近年其相关研究才逐渐成为热点。压力延迟渗透法获取盐差能的工作原理如图 2-12 所示，它利用压力延迟渗透膜两侧液体的渗透压差驱动水分子由供给液(如河水)向盐度较高汲取液(如海水)扩散，同时在汲取液一侧施加一个低于渗透压差的外压，从而延迟水分子的过膜扩散，由此产生的汲取液体积扩张可推动涡轮旋转而做功发电。2009 年，挪威 Statkraft 公司率先建成了世界上首家基于压力延迟渗透法的盐差发电厂，有望全面推进盐差能的商业化进程。其关键在于提高盐差能的转化效率，即增高能量密度。对于河水/海水体系，压力延迟渗透法理论上可提取的最大能量密度约为 7.7 W・m^{-2}[86]，而现有商品化技术实际已获得的能量密度仍低于 3.5 W・m^{-2}[87]。研究表明，压力延迟渗透法可获取的能量密度正比于过膜外压和水通量，直接决定于压力延迟渗透膜的结构和性能。

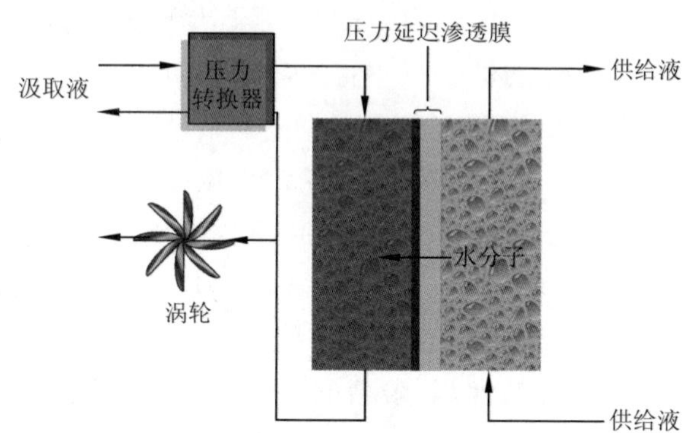

图 2-12　压力延迟渗透法获取盐差能的工作原理

压力延迟渗透膜的结构与正渗透膜类似，但是理想的压力延迟渗透膜不仅需要满足膜内浓差极化率低、水通量大、反向盐通量小、保证膜两侧渗透压差稳定、抗污染性能优异等优点，还要求其膜结构稳定、耐压性强，可承受 1.3 MPa(河水/海水体系)或 2 MPa(河水/反渗透卤水体系)以上的过膜压力，用以提高能量密度。压力延迟渗透过程的能量密度可由以下公式计算：

$$W = J_w \times \Delta p \tag{2-42}$$

$$J_w = A_w(\Delta\pi - \Delta p) \tag{2-43}$$

式中，W 是能量密度，单位为 W・m^{-2}；J_w 为膜水通量，单位为 L・m^{-2}・h^{-1}；Δp 是外加压力，单位为 Pa；A_w 是膜渗透系数，单位为 L・m^{-2}・h^{-1}・Pa^{-1}；$\Delta\pi$ 是膜两侧渗透压差，单位为 Pa。

将公式(2-43)代入公式(2-42)可得

$$W = A_w(\Delta\pi - \Delta p)\Delta p \tag{2-44}$$

由公式(2-44)可得，当 $\Delta p = \Delta\pi/2$ 时，W 最大，$W_{max} = A_w \dfrac{\Delta\pi^2}{4}$。

2.5　正/反渗透膜发展趋势

正/反渗透技术作为两种不同的海水淡化方法，其研究价值不言而喻。由于正/反渗透技术分别处于不同的发展阶段，两者的技术成熟度不同，正渗透技术正不断朝着推广应用的方向努力，而反渗透技术则更侧重于技术的优化。尽管如此，研究者们仍孜孜不倦地追求着高性能的正/反渗透膜材料。基于两者的基本原理差异，正/反渗透膜材料在未来的发展趋势也呈现出不同的侧重点。

反渗透技术借助于压力驱动，反渗透膜在使用过程中必须耐受高压，同时其膜污染的风险增加。因而，反渗透膜的未来发展趋势包括以下几点：

(1)设计低压反渗透膜。降低操作压力不仅可以延长反渗透膜的使用寿命，而且减少电能消耗。当膜材料相同时，反渗透膜的操作压力取决于制膜技术的改进。芳香族聚酰胺仍是制约目前商品化反渗透膜分离特性的关键材料，在此基础上通过改进制膜技术有望获得相同通量下更低的操作压力。

(2)开发耐污染反渗透膜材料和改性方法。反渗透的基本原理决定了操作过程不可避免地出现污染，只有不断改进膜材料的表面性质，增强其阻抗污染物在膜表面的不可逆污染。一方面，通过高分子化学合成方法从根本上设计新型的耐污染反渗透膜材料；另一方面，在现有的反渗透膜基础上，引入新的改性方案。

正渗透法作为渗透压驱动的膜技术，正渗透膜高效利用的制约因素在于内浓差极化现象。因而，高性能正渗透膜材料的设计应当从膜结构和膜材料两方面入手：

(1)设计低结构参数正渗透膜支撑层。依据内浓差极化产生原理，支撑层的膜孔结构应当具有连通性好、孔隙率高、通道弯曲度小等特点。不仅需要在现有支撑层的基础上进一步降低结构参数，同时还需要平衡应用的可操作性。例如，膜孔的机械稳定性是确保正渗透膜长期服役性的关键。

(2)引入亲水性正渗透膜。亲水性膜材料不仅可以提高正渗透膜的通量，而且有助于降低内浓差极化和膜污染。

参考文献

[1] BATCHELDER G W. Process for the demineralization of water: US, US3171799[P]. 1965.

[2] MCGINNIS R L, HANCOCK N T, NOWOSIELSKI-SLEPOWRON M S, et al. Pilot demonstration of the NH_3/CO_2 forward osmosis desalination process on high salinity brines[J]. Desalination, 2013, 312: 67-74.

[3] KHAYDAROV R A, KHAYDAROV R R. Solar powered direct osmosis desalination[J]. Desalination, 2007, 217: 225-232.

[4] KRAVATH R E, DAVIS J A. Desalination of sea water by direct osmosis[J]. Desalination, 1975, 16: 151-155.

[5] GOOSENS I, VAN HAUTE A. The use of direct osmosis tests as complementary experiments to determine the water and salt permeabilities of reinforced cellulose acetate membranes[J]. Desalination, 1978, 26: 299-308.

[6] LOEB S, TITELMAN L, KORNGOLD E, et al. Effect of porous support fabric on osmosis through a Loeb-Sourirajan type asymmetric membrane[J]. Journal of Membrane Science, 1997, 129: 243-249.

[7] CANTOR P A, MECHALAS B J. Biological degradation of cellulose acetate reverse-osmosis membranes[J]. Journal of Polymer Science Part C: Polymer Symposia, 1969, 28: 225-241.

[8] NGUYEN T P N, YUN E-T, KIM I-C, et al. Preparation of cellulose triacetate/cellulose acetate (CTA/CA)-based membranes for forward osmosis[J]. Journal of Membrane Science, 2013, 433: 49-59.

[9] WORTHLEY C H, CONSTANTOPOULOS K T, GINIC-MARKOVIC M, et al. Surface modification of commercial cellulose acetate membranes using surface-initiated polymerization of 2-hydroxyethyl methacrylate to improve membrane surface biofouling resistance[J]. Journal of Membrane Science, 2011, 385-386: 30-39.

[10] SAWYER L C, JONES R S. Observations on the structure of first generation polybenzimidazole reverse osmosis membranes[J]. Journal of Membrane Science, 1984, 20: 147-166.

[11] WANG K Y, CHUNG T S, QIN J J. Polybenzimidazole (PBI) nanofiltration hollow fiber membranes applied in forward osmosis process[J]. Journal of Membrane Science, 2007, 300: 6-12.

[12] YAMAGUCHI I, OSAKADA K, YAMAMOTO T. Introduction of a long alkyl side chain to Poly (benzimidazole)s. N-alkylation of the imidazole ring and synthesis of novel side chain polyrotaxanes[J]. Macromolecules, 1997, 30: 4288-4294.

[13] KLAEHN J R, LUTHER T A, ORME C J, et al. Soluble N-substituted organosilane polybenzimidazoles[J]. Macromolecules, 2007, 40: 7487-7492.

[14] HUA M-Y, CHEN H-C, TSAI R-Y, et al. Synthesis and characterization of carboxylated polybenzimidazole and its use as a highly sensitive and selective enzyme-free H_2O_2 sensor[J]. Journal of Materials Chemistry, 2011, 21: 7254-7262.

[15] CHANG G, YANG J, HUANG Y, et al. Poly(arylene benzimidazole)s as novel high-performance polymers[J]. Polymer Journal, 2013, 45: 1188-1194.

[16] ZHOU Z, LEE J Y, CHUNG T-S. Thin film composite forward-osmosis membranes with enhanced internal osmotic pressure for internal concentration polarization reduction[J]. Chemical Engineering Journal, 2014, 249: 236-245.

[17] MEHTA G D, LOEB S. Internal polarization in the porous substructure of a semipermeable membrane under pressure-retarded osmosis[J]. Journal of Membrane Science, 1978, 4: 261-265.

[18] MEHTA G D, LOEB S. Performance of permasep B-9 and B-10 membranes in various osmotic regions and at high osmotic pressures[J]. Journal of Membrane Science, 1978, 4: 335-349.

[19] YIP N Y, TIRAFERRI A, PHILLIP W A, et al. High performance thin-film composite forward osmosis membrane[J]. Environmental Science & Technology, 2010, 44: 3812-3818.

[20] VAN DE WITTE P, DIJKSTRA P J, VAN DEN BERG J W A, et al. Phase separation processes in polymer solutions in relation to membrane formation[J]. Journal of Membrane Science, 1996, 117: 1-31.

[21] MORI K, OHYA H, SEMENOVA S I, et al. Diffusional characteristics of sodium chloride in symmetrical cellulose acetate membranes measured by an unsteady-state dialysis method[J]. Desalination, 2000, 127: 225-249.

[22] 李海军，张捍民，杨凤林. 对称正渗透膜制备及膜性能表征[J]. 环境科学与技术，2013，36：10-14.

[23] ZHANG S, WANG K Y, CHUNG T-S, et al. Well-constructed cellulose acetate membranes for forward osmosis: Minimized internal concentration polarization with an ultra-thin selective layer[J]. Jour-

nal of Membrane Science, 2010, 360: 522-535.

[24] ONG R C, CHUNG T-S. Fabrication and positron annihilation spectroscopy (PAS) characterization of cellulose triacetate membranes for forward osmosis[J]. Journal of Membrane Science, 2012, 394-395: 230-240.

[25] WEI J, QIU C, TANG C Y, et al. Synthesis and characterization of flat-sheet thin film composite forward osmosis membranes[J]. Journal of Membrane Science, 2011, 372: 292-302.

[26] QIU C, SETIAWAN L, WANG R, et al. High performance flat sheet forward osmosis membrane with an NF-like selective layer on a woven fabric embedded substrate [J]. Desalination, 2012, 287: 266-270.

[27] SU J, CHUNG T-S. Sublayer structure and reflection coefficient and their effects on concentration polarization and membrane performance in FO processes[J]. Journal of Membrane Science, 2011, 376: 214-224.

[28] WANG R, SHI L, TANG C Y, et al. Characterization of novel forward osmosis hollow fiber membranes[J]. Journal of Membrane Science, 2010, 355: 158-167.

[29] TIRAFERRI A, YIP N Y, PHILLIP W A, et al. Relating performance of thin-film composite forward osmosis membranes to support layer formation and structure[J]. Journal of Membrane Science, 2011, 367: 340-352.

[30] MA N, WEI J, LIAO R, et al. Zeolite-polyamide thin film nanocomposite membranes: Towards enhanced performance for forward osmosis[J]. Journal of Membrane Science, 2012, 405-406: 149-157.

[31] WANG K Y, CHUNG T-S, AMY G. Developing thin-film-composite forward osmosis membranes on the PES/SPSf substrate through interfacial polymerization[J]. Aiche Journal, 2012, 58: 770-781.

[32] WIDJOJO N, CHUNG T-S, WEBER M, et al. The role of sulphonated polymer and macrovoid-free structure in the support layer for thin-film composite (TFC) forward osmosis (FO) membranes[J]. Journal of Membrane Science, 2011, 383: 214-223.

[33] SONG X, LIU Z, SUN D D. Nano gives the answer: Breaking the bottleneck of internal concentration polarization with a nanofiber composite forward osmosis membrane for a high water production rate[J]. Advanced Materials, 2011, 23: 3256-3260.

[34] LI X, WANG K Y, HELMER B, et al. Thin-film composite membranes and formation mechanism of thin-film layers on hydrophilic cellulose acetate propionate substrates for forward osmosis processes[J]. Industrial & Engineering Chemistry Research., 2012, 51: 10039-10050.

[35] SAREN Q, QIU C Q, TANG C Y. Synthesis and characterization of novel forward osmosis membranes based on layer-by-layer assembly[J]. Environmental Science & Technology, 2011, 45: 5201-5208.

[36] GHOSH A K, HOEK E M V. Impacts of support membrane structure and chemistry on polyamide-polysulfone interfacial composite membranes[J]. Journal of Membrane Science, 2009, 336: 140-148.

[37] KLAYSOM C, CATH T Y, DEPUYDT T, et al. Forward and pressure retarded osmosis: potential solutions for global challenges in energy and water supply[J]. Chemical Society Reviews, 2013, 42: 6959-6989.

[38] BUI N-N, LIND M L, HOEK E M V, et al. Electrospun nanofiber supported thin film composite membranes for engineered osmosis[J]. Journal of Membrane Science, 2011, 385-386: 10-19.

[39] ALSVIK I L, HäGG M-B. Preparation of thin film composite membranes with polyamide film on hydrophilic supports[J]. Journal of Membrane Science, 2013, 428: 225-231.

[40] MCCUTCHEON J R, MCGINNIS R L, ELIMELECH M. Desalination by ammonia-carbon dioxide forward osmosis: Influence of draw and feed solution concentrations on process performance[J]. Journal of Membrane Science, 2006, 278: 114-123.

[41] MCCUTCHEON J R, ELIMELECH M. Influence of membrane support layer hydrophobicity on water flux in osmotically driven membrane processes[J]. Journal of Membrane Science, 2008, 318: 458-466.

[42] MCCUTCHEON J R, ELIMELECH M. Influence of concentrative and dilutive internal concentration polarization on flux behavior in forward osmosis[J]. Journal of Membrane Science, 2006, 284: 237-247.

[43] TAN C H, NG H Y. Modified models to predict flux behavior in forward osmosis in consideration of external and internal concentration polarizations[J]. Journal of Membrane Science, 2008, 324: 209-219.

[44] WELTY J, RORRER G L, FOSTER D G. Fundamentals of momentum, heat and mass transfer, 6th edition international student version[M]//fundamentals of momentum, heat and mass transfer/. join Wiley, 2009:139-162.

[45] GAI J G, GONG X L WANG W W, et al. An ultrafast water transport forward osmosis membrane: Porous graphene[J]. Journal of Materials chemistry A, 2014, 2:4023-4028.

[46] LEE K L, BAKER R W, LONSDALE H K. Membranes for power generation by pressure-retarded osmosis[J]. Journal of Membrane Science, 1981, 8: 141-171.

[47] GERSTANDT K, PEINEMANN K V, SKILHAGEN S E, et al. Membrane processes in energy supply for an osmotic power plant[J]. Desalination, 2008, 224: 64-70.

[48] NHU-NGOC B, MCCUTCHEON J R. Hydrophilic nanofibers as new supports for thin film composite membranes for engineered osmosis[J]. Environmental Science & Technology, 2013, 47: 1761-1769.

[49] PUGUAN J M C, KIM H-S, LEE K-J, et al. Low internal concentration polarization in forward osmosis membranes with hydrophilic crosslinked PVA nanofibers as porous support layer[J]. Desalination, 2014, 336: 24-31.

[50] YOU S J, TANG C Y, YU C, et al. Forward osmosis with a novel thin-film inorganic membrane[J]. Environmental Science & Technology, 2013, 47: 8733-8742.

[51] MA N, WEI J, QI S R, et al. Nanocomposite substrates for controlling internal concentration polarization in forward osmosis membranes[J]. Journal of Membrane Science, 2013, 441: 54-62.

[52] EMADZADEH D, LAU W J, MATSUURA T, et al. Synthesis and characterization of thin film nanocomposite forward osmosis membrane with hydrophilic nanocomposite support to reduce internal concentration polarization[J]. Journal of Membrane Science, 2014, 449: 74-85.

[53] ELIMELECH M, XIAOHUA Z, CHILDRESS A E, et al. Role of membrane surface morphology in colloidal fouling of cellulose acetate and composite aromatic polyamide reverse osmosis membranes[J]. Journal of Membrane Science, 1997, 127: 101-109.

[54] KANG G-D, CAO Y-M. Development of antifouling reverse osmosis membranes for water treatment: A review[J]. Water Research, 2012, 46: 584-600.

[55] LI L, ZHANG S, ZHANG X, et al. Polyamide thin film composite membranes prepared from 3,4′,5-biphenyl triacyl chloride, 3,3′,5,5′-biphenyl tetraacyl chloride and m-phenylenediamine[J]. Journal of Membrane Science, 2007, 289: 258-267.

[56] LIU L-F, YU S-C, ZHOU Y, et al. Study on a novel polyamide-urea reverse osmosis composite membrane (ICIC-MPD): I. Preparation and characterization of ICIC-MPD membrane[J]. Journal of Membrane Science, 2006, 281: 88-94.

[57] TARBOUSH B J A, RANA D, MATSUURA T, et al. Preparation of thin-film-composite polyamide membranes for desalination using novel hydrophilic surface modifying macromolecules[J]. Journal of Membrane Science, 2008, 325: 166-175.

[58] KANG G, LIU M, LIN B, et al. A novel method of surface modification on thin-film composite reverse osmosis membrane by grafting poly(ethylene glycol) [J]. Polymer, 2007, 48: 1165-1170.

[59] CHAPMAN WILBERT M, PELLEGRINO J, ZYDNEY A. Bench-scale testing of surfactant-modified reverse osmosis/nanofiltration membranes[J]. Desalination, 1998, 115: 15-32.

[60] ZHOU Y, YU S, GAO C, et al. Surface modification of thin film composite polyamide membranes by electrostatic self deposition of polycations for improved fouling resistance[J]. Separation and Purification Technology, 2009, 66: 287-294.

[61] AN Q, LI F, JI Y, et al. Influence of polyvinyl alcohol on the surface morphology, separation and anti-fouling performance of the composite polyamide nanofiltration membranes[J]. Journal of Membrane Science, 2011, 367: 158-165.

[62] LOUIE J S, PINNAU I, REINHARD M. Effects of surface coating process conditions on the water permeation and salt rejection properties of composite polyamide reverse osmosis membranes[J]. Journal of Membrane Science, 2011, 367: 249-255.

[63] YU S, LÜ Z, CHEN Z, et al. Surface modification of thin-film composite polyamide reverse osmosis membranes by coating N-isopropylacrylamide-*co*-acrylic acid copolymers for improved membrane properties[J]. Journal of Membrane Science, 2011, 371: 293-306.

[64] WEI X, WANG Z, CHEN J, et al. A novel method of surface modification on thin-film-composite reverse osmosis membrane by grafting hydantoin derivative[J]. Journal of Membrane Science, 2010, 346: 152-162.

[65] WEI X, WANG Z, ZHANG Z, et al. Surface modification of commercial aromatic polyamide reverse osmosis membranes by graft polymerization of 3-allyl-5,5-dimethylhydantoin[J]. Journal of Membrane Science, 2010, 351: 222-233.

[66] SAGLE A C, VAN WAGNER E M, JU H, et al. PEG-coated reverse osmosis membranes: Desalination properties and fouling resistance[J]. Journal of Membrane Science, 2009, 340: 92-108.

[67] BELFER S, PURINSON Y, FAINSHTEIN R, et al. Surface modification of commercial composite polyamide reverse osmosis membranes[J]. Journal of Membrane Science, 1998, 139: 175-181.

[68] VAN WAGNER E M, SAGLE A C, SHARMA M M, et al. Surface modification of commercial polyamide desalination membranes using poly(ethylene glycol) diglycidyl ether to enhance membrane fouling resistance[J]. Journal of Membrane Science, 2011, 367: 273-287.

[69] KANG G, YU H, LIU Z, et al. Surface modification of a commercial thin film composite polyamide re-

verse osmosis membrane by carbodiimide-induced grafting with poly(ethylene glycol) derivatives[J]. Desalination, 2011, 275: 252-259.

[70] ZOU L, VIDALIS I, STEELE D, et al. Surface hydrophilic modification of RO membranes by plasma polymerization for low organic fouling[J]. Journal of Membrane Science, 2011, 369: 420-428.

[71] YANG R, XU J, OZAYDIN-INCE G, et al. Surface-tethered zwitterionic ultrathin antifouling coatings on reverse osmosis membranes by initiated chemical vapor deposition[J]. Chemistry of Materials, 2011, 23: 1263-1272.

[72] LIU L-F, YU S-C, WU L-G, et al. Study on a novel polyamide-urea reverse osmosis composite membrane (ICIC-MPD): II. Analysis of membrane antifouling performance[J]. Journal of Membrane Science, 2006, 283: 133-146.

[73] KONG C, KANEZASHI M, YAMOMOTO T, et al. Controlled synthesis of high performance polyamide membrane with thin dense layer for water desalination[J]. Journal of Membrane Science, 2010, 362: 76-80.

[74] KASEMSET S, LEE A, MILLER D J, et al. Effect of polydopamine deposition conditions on fouling resistance, physical properties, and permeation properties of reverse osmosis membranes in oil/water separation[J]. Journal of Membrane Science, 2013, 425-426: 208-216.

[75] AZARI S, ZOU L. Using zwitterionic amino acid L-DOPA to modify the surface of thin film composite polyamide reverse osmosis membranes to increase their fouling resistance[J]. Journal of Membrane Science, 2012, 401-402: 68-75.

[76] KARKHANECHI H, TAKAGI R, MATSUYAMA H. Biofouling resistance of reverse osmosis membrane modified with polydopamine[J]. Desalination, 2014, 336: 87-96.

[77] YU S, YAO G, DONG B, et al. Improving fouling resistance of thin-film composite polyamide reverse osmosis membrane by coating natural hydrophilic polymer sericin[J]. Separation and Purification Technology, 2013, 118: 285-293.

[78] ROMERO-VARGAS CASTRILLóN S, LU X, SHAFFER D L, et al. Amine enrichment and poly(ethylene glycol) (PEG) surface modification of thin-film composite forward osmosis membranes for organic fouling control[J]. Journal of Membrane Science, 2014, 450: 331-339.

[79] GREGORY K B, VIDIC R D, DZOMBAK D A. Water management challenges associated with the production of shale gas by hydraulic fracturing[J]. Elements, 2011, 7: 181-186.

[80] 吴青芸，郑猛，胡云霞. 页岩气开采的水污染问题及其综合治理技术[J]. 科技导报，2014，32(13)：74-83.

[81] MARTINETTI C R, CHILDRESS A E, CATH T Y. High recovery of concentrated RO brines using forward osmosis and membrane distillation[J]. Journal of Membrane Science, 2009, 331: 31-39.

[82] HICKENBOTTOM K L, HANCOCK N T, HUTCHINGS N R, et al. Forward osmosis treatment of drilling mud and fracturing wastewater from oil and gas operations[J]. Desalination, 2013, 312: 60-66.

[83] RAMON G Z, FEINBERG B J, HOEK E M V. Membrane-based production of salinity-gradient power [J]. Energy & Environmental Science, 2011, 4: 4423-4434.

[84] LA MANTIA F, PASTA M, DESHAZER H D, et al. Batteries for efficient energy extraction from a water salinity difference[J]. Nano Letters, 2011, 11: 1810-1813.

[85] GREGOR H P. Osmotic power-plant[J]. Science，1974，185：101-102.

[86] LOGAN B E，ELIMELECH M. Membrane-based processes for sustainable power generation using water[J]. Nature，2012，488：313-319.

[87] ACHILLI A，CHILDRESS A E. Pressure retarded osmosis：From the vision of Sidney Loeb to the first prototype installation — Review[J]. Desalination，2010，261：205-211.

第3章 仿生修饰膜

3.1 糖基化膜材料

大自然的造化十分神奇。作为大自然充满灵性的杰作之一，形形色色的生物在美丽的地球上生活、繁衍、进化，并各司其职，各展神通。在生物面前，众多人工制造的物质或机械相形见绌。科技发展至今，要获得新的突破和长足的发展，向自然学习，亦即"仿生"，是一门必修的课程。通过研究生物具有的奇异功能人们可获得启发，更为重要的是，应通过现代科技来模拟并应用这些特殊的生物功能。20世纪中期，仿生学这门新的科学应运而生。从生物获得启示，实现微观与宏观的统一，模仿生物特异功能的某一个侧面，实现材料的智能化设计，并有可能在某些方面最终超越自然[1]，将是向自然学习的新理念[2]。迄今为止，仿生学涵盖了多个研究领域，包括生物、材料、化学、机械、建筑等，取得了可观的研究成果，开辟了向生物界索取蓝图的技术发展道路，显示了极强的生命力。

人类对分离膜的研究同样受大自然的启发，最早是从对生物膜的认识开始了分离膜的发展历程。天然生物膜是由磷脂、蛋白质及糖类等组成的超分子体系，细胞膜的结构示意图如图3-1所示。糖类覆盖了生物膜的最外层，像一层致密的糖衣，在糖生物学上称为"糖被"(glycocalyx)，主要以糖脂、糖蛋白及聚糖等糖缀合物的形式存在。"糖被"一方面可作为细胞膜的保护层，防止外界蛋白质等生物分子在细胞膜上的非特异性吸附，另一方面可作为细胞或其他生物分子的识别位点[3]，参与众多生物分子识别过程，诸如受精、发育、分化、病毒侵袭、癌细胞迁移、细菌感染、酶或凝集素识别等。受细胞生物膜表面"糖被"的启发，研究者设计出具有类似"糖被"表面的仿生膜材料，也被称为糖基化膜。研究结果表明，糖基化膜不负众望，糖被引入膜材料之后，膜材料的分离性能得到强化。一方面，糖基化膜材料具有高度的亲水性，膜材料的抗污染能力提高，膜材料服役时间延长；另一方面，糖基化膜材料显示出优异的生物相容性和高效的选

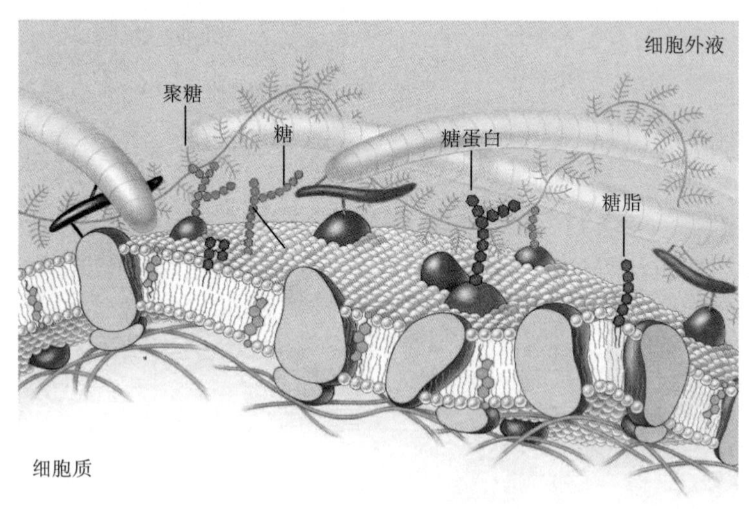

图3-1 细胞膜的结构示意图

择识别能力，具有选择吸附、分离及纯化的功能，在生物、医学等领域具有重要的应用价值。

3.1.1　糖基化方法

目前已经报道的糖基化膜材料的制备方法主要有三类：物理法、化学法和生物法。

3.1.1.1　物理法

1. 物理吸附法

物理吸附法是表面改性膜材料的最简单的方法，其改性效果取决于膜材料表面和被吸附物质之间的物理相互作用。两者之间的相互作用包括氢键作用、疏水作用、分子间力及静电作用。采用物理吸附法获得稳定的糖基化改性膜材料主要基于静电作用和疏水作用。

熟知的壳聚糖、肝素、硫酸葡聚糖等天然多糖均为聚电解质，荷正电或负电。荷不同电荷的天然多糖在膜材料表面自组装是制备糖基化膜材料的经典方法。采用这种方法，以天然多糖为组装原料，得到了糖基化的聚乳酸膜[4]、四亚甲基己二酸酯-对苯二甲酸乙二醇酯共聚物膜[5]和聚砜膜[6, 7]。改性后，糖基化膜的亲水性、血液相容性、细胞相容性等性质得到有效改善，膜材料的抗污染能力增强。天然多糖改性的膜材料在血液透析和蛋白分离等方面表现出优越的血液相容性和抗污染能力。此外，采用静电层层组装的方法将壳聚糖/海藻酸钠组装到荷电的 PS-*b*-PDMAEMA 有序多孔膜和 PS/PDMAEMA 共混体系有序多孔膜表面，结果发现荷电多糖在膜表面的组装过程中存在浸润状态的转变，有序多孔膜的浸润性和亲水组分的富集效果是决定荷电多糖组装区域的关键因素[8]。从图 3-2 中可知，在共混体系模板表面的组装层厚度呈线形增长，增长速度为每层 14 nm。与 PS-*b*-PDMAEMA 有序多孔膜相比，聚电

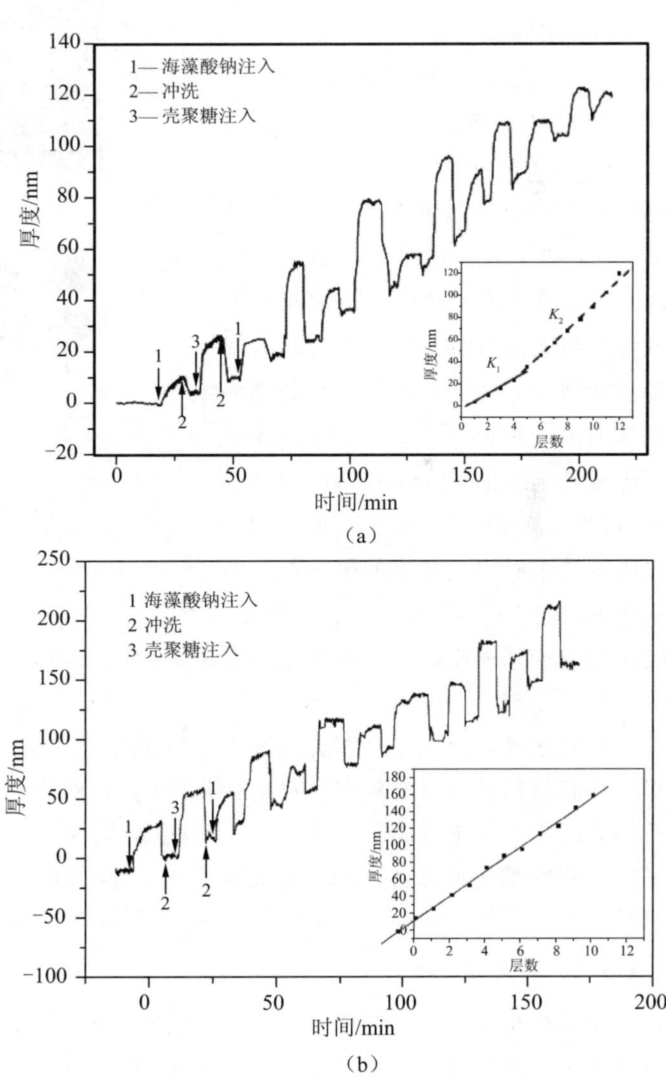

图 3-2　PS-*b*-PDMAEMA 有序多孔膜(a)和 PS/PDMAEMA 共混体系有序多孔膜(b)表面的海藻酸钠/壳聚糖层层自组装

解质在 PS/PDMAEMA 共混体系有序多孔膜表面的组装速度较快,这是因为 PS/PDMAEMA 体系中的 PDMAEMA 组分含量较高,季胺化后电荷密度较大,能够吸附更多的聚电解质。

对于某些超亲水但是电中性的多糖来说,吸附到膜表面是一个难题。要克服这一困难,往往需要对它们进行疏水改性。2002 年,Feizi 等[9]采用喷雾法率先研究成功了疏水的酯连接寡糖在硝化纤维素膜和聚偏氟乙烯膜表面的吸附固定。随后,拟糖脂也以相同的方法被排列固定在膜表面,构建了相应的糖阵列。类似的工作在 Moller 的研究小组[10]开展,50 种细胞壁聚糖吸附固定在硝化纤维素膜表面的微阵列如图 3-3 所示。这种方法因其快捷便利的优势,迅速地扩展至其他材料表面,比如玻璃、金片以及聚苯乙烯微孔板,用于获得具有高通量筛选能力的糖阵列。Lu 等[11]将半乳糖固定到疏水的 Pluronic F68 分子链上,该半乳糖衍生物通过疏水的聚环氧丙烷链结吸附到疏水的聚偏氟乙烯膜表面,得到了半乳糖糖基化的表面,膜表面的糖基密度随半乳糖衍生物溶液浓度的增加而增加。

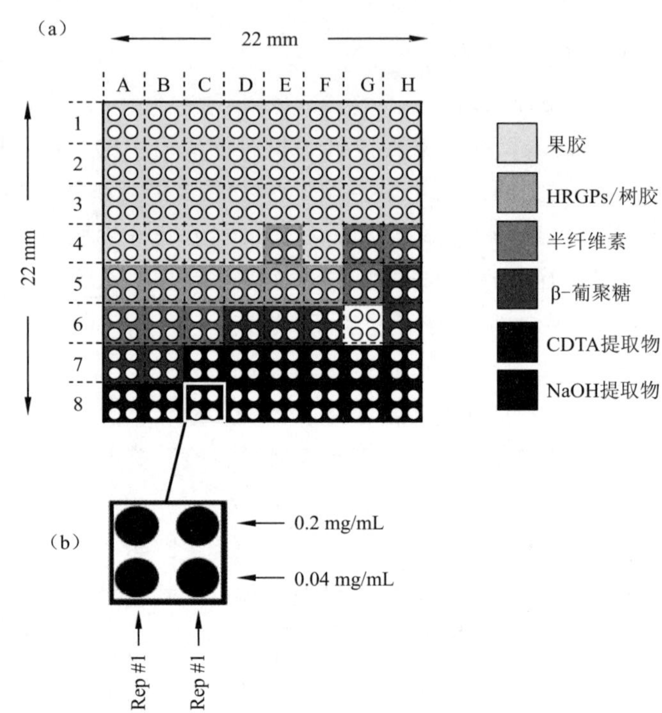

图 3-3　植物细胞壁聚糖吸附固定在膜表面的微阵列

(a)50 种植物细胞壁聚糖喷涂在 22 mm × 22 mm 尺寸的硝化纤维素膜表面而形成的微阵列;(b)每个样以两种浓度喷涂,一式两份[10]。

2. 浸涂法

浸涂法被广泛用于多糖类在膜表面的糖基化改性。其中,壳聚糖因其良好的成膜性,使得它在膜材料表面具有较高的稳定性。因此,壳聚糖被大量采用。通过浸涂法,陶瓷膜[12]、沸石填充的再生纤维素膜[13]和聚丙烯腈中空纤维膜[14]等膜材料的表面为壳聚糖所修饰,得到了稳定的糖基化膜材料。而交联或者等离子体处理等方法的辅助,可进一步提高壳聚糖在膜材料表面的长期稳定性[15]。图 3-4 所示为沸石填充的再生纤维素膜的表面形貌。

3.1.1.2 化学法

化学法是最为稳定的糖基化方法,糖分子通过化学键固定到膜表面。传统的膜材料表面改性方法经适当改进多可用于膜材料表面的糖基化,已经发展成为最重要的糖基化膜材料方法。概括起来,膜材料表面的糖基化方法可分为四类:化学合成的含糖高分子直接成膜;膜表面化学固定糖类大分子;膜表面高分子刷侧基化学偶联糖类小分子;膜表面引发含糖单体的接枝聚合。

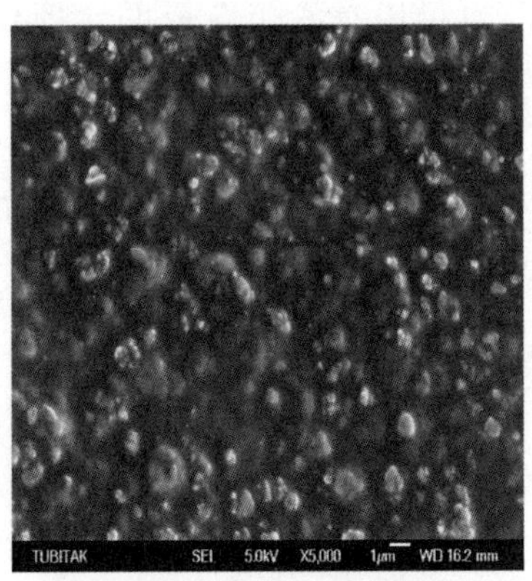

(a) 未浸涂壳聚糖的膜表面

(b) 浸涂壳聚糖的膜表面

图 3-4 沸石填充的再生纤维素膜的表面形貌[13]

1. 化学合成含糖高分子直接成膜

这种方法是基于含糖高分子的化学合成以及膜材料的制备。控制含糖高分子中的糖基含量,可实现对膜材料表面糖基密度的调控。尽管如此,绝大部分的含糖高分子中的糖基被包埋在膜材料的本体而难以暴露到膜表面。因此,在这种方法中,如何将亲水的糖基富集到膜材料表面是一个重要的问题。

Xu 的研究小组通过水相沉淀聚合法合成了丙烯腈和 α-烯丙基葡萄糖(AG)的共聚物(PANCGA),并以浸没沉淀相转化法制备了丙烯腈/烯丙基葡萄糖共聚物分离膜材料[16]。相比于溶液聚合,水相沉淀聚合的共聚物中烯丙基葡萄糖的含量更高。研究发现烯丙基葡萄糖含量对膜结构影响明显,主要是受共聚物亲水性的影响。而以水为凝固浴制备膜材料,将诱使亲水的糖基更多地富集到膜表面。随后,该研究小组还合成了含有直链葡萄糖基的甲基丙烯酸-2-葡萄糖酰胺乙酯(GAMA)和丙烯腈的共聚物(PANCGAMA),不同含糖高分子的化学结构如图 3-5 所示。PANCGA 和 PANCGAMA 这两种分别含有环状和直链葡萄糖基的含糖高分子通过静电纺丝技术制备出纳米纤维膜[17]。相比于平板膜,纳米尺度的结构使得纳米纤维膜具有非常高的糖基容积比。同时,静电纺丝参数的调节也使得纤维尺寸和糖基密度的调控变得更为容易。Zhao 等[18]以壳聚糖为骨架,在分子链上引入了糖基化的 NO 化合物,得到了梳状结构的含糖高分子并成膜。

最近,徐志康研究小组还以苯乙烯和甲基丙烯酸-2-(2',3',4',6'-四-O-乙酰基-β-D-吡喃葡萄糖氧)乙酯(AcGEMA)为共聚单体,采用原子转移自由基聚合(ATRP)法合成了线形无规、线形嵌段和梳状等不同拓扑结构的糖基化共聚物 PS-*co*-PAcGEMA 和 PS-*b*-(PHEMA-*g*-PAcGEMA),其结构如图 3-5 所示[8,19]。不同结构的糖基化共聚物应用于水滴模板法,制备了糖基化有序多孔膜。水滴模板法是基于水滴在低温表面冷凝,成膜材料以水滴为模板聚集固化,经挥发干燥后获得有序多孔薄膜材料。因此,在成膜过程中,高分子中的亲水部分,亦即糖基,会富集到孔表面。

2. 膜表面化学固定糖类大分子

糖类大分子在膜表面的化学固定化,是制备糖基化膜材料的常见方法。所用的糖类大分子可来源于天然多糖，例如壳聚糖、肝素、葡聚糖等，也可以是人工合成的含糖聚合物。糖基化首先需要膜材料具有可反应的基团。如果膜材料本身没有可反应基团，膜材料需要在糖基化之前进行改性。改性途径很多，所以这个方法是很容易实现的。但是，大多数情况下，糖类大分子是直接固定到膜表面，较高的空间位阻效应使得最终的糖基密度相对较低。在糖类大分子和膜材料表面之间引入较长的间隔臂在一定程度上能解决这个问题。

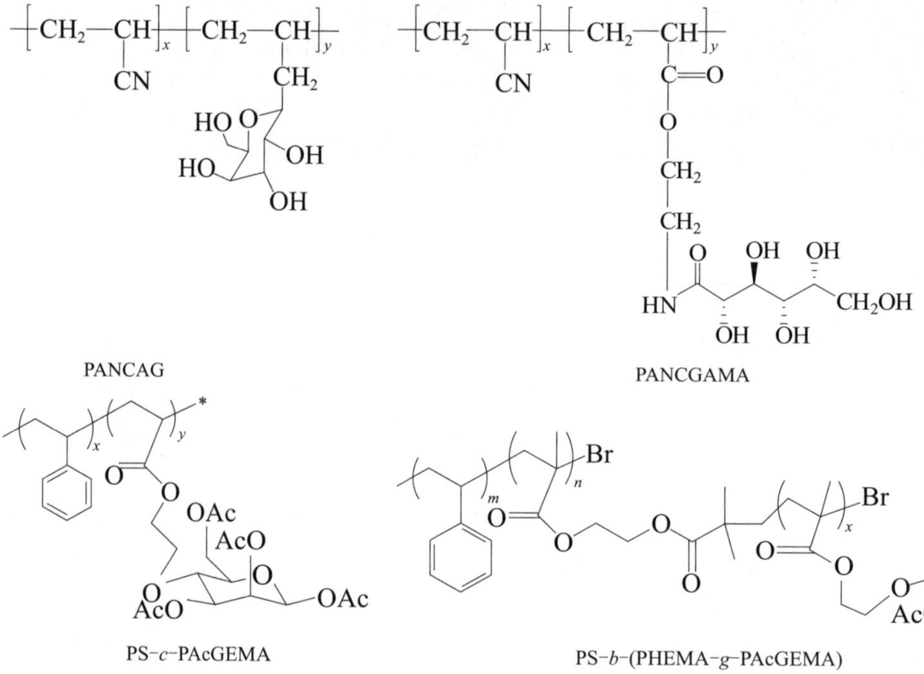

PANCAG
PANCGAMA
PS-c-PAcGEMA
PS-b-(PHEMA-g-PAcGEMA)

图 3-5　不同含糖高分子的化学结构

当膜材料本身具有可反应基团时，糖类大分子可以直接固定到膜表面。例如，聚丙烯腈-马来酸酐共聚物非对称膜表面带有大量的羧基，因此，壳聚糖可以通过氨基与膜表面的羧基反应，实现壳聚糖在膜表面的固定[20]。如图 3-6 所示，聚丙烯腈共聚丙烯酸纳米纤维膜也通过膜表面的羧基与壳聚糖的氨基反应，得到了壳聚糖修饰的纳米纤维膜[21]。类似的膜材料如聚丙烯腈共聚甲基丙烯酸羟乙酯纳米纤维膜通过膜表面的羟基与五乙酰基葡萄糖的乙酰基反应，脱除乙酰基后得到葡萄糖糖基化的纳米纤维膜，其糖基质量分数高达 11.12 mg/g 纳米纤维膜[22]。

COOH
COOH
COOH
壳聚糖
CONH
COOH
CONH
OH
OH
OH
OH
纳米纤维
(1)
(2) CH3ONa/CH3OH
纳米纤维

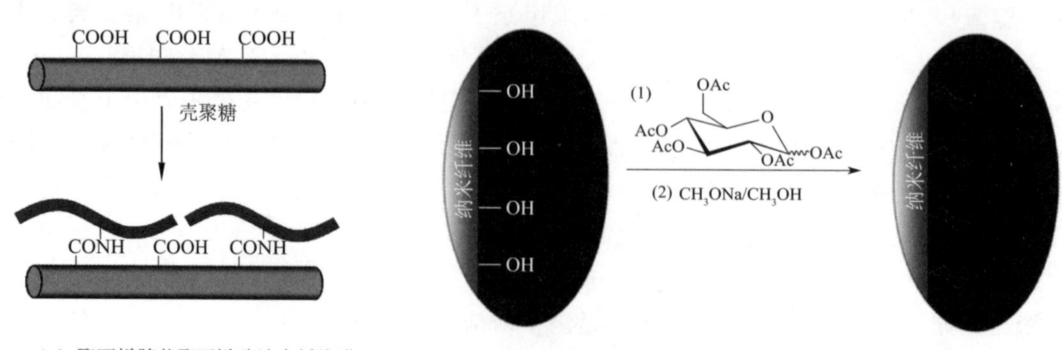

（a）聚丙烯腈共聚丙烯酸纳米纤维膜　　（b）聚丙烯腈共聚甲基丙烯酸羟乙酯纳米纤维膜

图 3-6　壳聚糖表面修饰纳米纤维膜[21, 22]

但是，大多数的膜材料表面缺少可反应基团。所以，膜材料的预处理必不可少。以聚砜膜为例，聚砜膜表面化学固定肝素如图 3-7 所示，以氯甲基乙醚和乙二胺依次对膜进行活化处理，随后肝素在 EDC/NHS 的存在下化学固定到聚砜膜表面[23, 24]。该方法得到的肝素化聚砜膜表面糖基密度可达 0.86 $\mu g \cdot cm^{-2}$。此外，氨等离子体法也被用于聚砜膜的预处理[25]。在 EDC/NHS 的存在下，预处理后，膜表面的氨基可与肝素的羧基反应，同样得到了肝素化的聚砜膜。

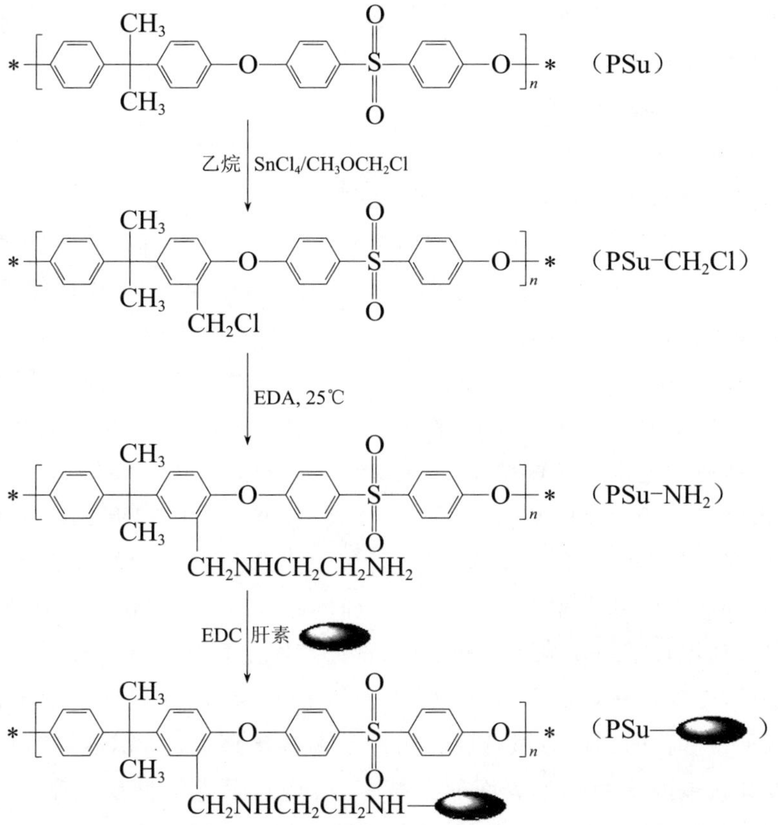

图 3-7　聚砜膜表面化学固定肝素[24]

Gao 等[26]采用己二胺对聚己酸内酯膜进行氨解处理，在膜表面引入自由氨基，通过戊二醛偶联壳聚糖。Miyagawa 等[27, 28]通过含糖高分子的氨基与纤维素膜表面的羧甲基之间的缩合反应，把含有乳糖、甘露糖和寡糖 globotriose 的高分子固定到纤维素膜表面，得到了一系列糖基化的纤维素分离膜材料。Keusgen 等[29, 30]则采用钠对聚四氟乙烯膜进行预处理，随后膜以臭氧或过氧化氢氧化处理，以 1,4-丁二醇二缩水甘油醚为偶联剂，将甘露糖固定到膜表面，实现了物理化学性质极其稳定的聚四氟乙烯膜的糖基化。Tabary 等[31]将聚偏氟乙烯膜浸泡在环糊精或麦芽糖糊精与柠檬酸的溶液中，置于高温反应釜中，实现了聚偏氟乙烯的糖基化。在形形色色的预处理方法中，化学反应和高能辐照有可能会破坏膜的本体结构，导致膜材料的机械性能下降。因此，虽然有很多途径可以实现糖类大分子在膜表面的固定，但是，控制反应条件，尽可能降低改性过程对膜本体结构的影响，是化学固定法需要注意的方面。

3. 膜表面高分子刷侧基化学偶联糖类小分子

这种糖基化方法分两步进行。首先，带有反应基团的单体接枝聚合到膜材料表面；然后，糖分子与反应基团的反应，得到含糖高分子刷修饰的膜材料。与膜表面直接固定糖分子相比，高分子刷上大量反应基团的存在，使得膜表面反应基团浓度大增，因此，糖基密度可进一步放大。通过控制反应效率，糖基密度可以在一个较宽的范围内调节。影响反应效率的参数包括溶剂类型和反应方法等，譬如传统的化学键合反应与新型的点击化学反应相比，反应效率差异显著。同其他糖基化方法相比较，其优点包括：

（1）高分子链骨架结构明确、稳定、可调；

（2）所用糖基化学结构由侧基反应类型决定，不局限于可聚合单体；

（3）避免了复杂含糖单体的合成和提纯等步骤[32]。

Yang 的研究小组，设计了四条膜材料表面糖基化的传统化学键合反应路径，用于聚丙烯微孔膜的糖基化，如图 3-8 所示。第一条糖基化路径[33]，以甲基丙烯酸-2-氨乙酯盐酸盐（AEMA）作为官能单体，通过紫外辐照引发其在聚丙烯微孔膜表面的接枝聚合，构建含有活性反应基团（氨基）的接枝层，然后利用氨基与葡萄糖-δ-内酯的反应，将糖基固定到膜表面。第二条糖基化路径[34]，以丙烯酰胺（AAm）作为官能单体，通过紫外光引发其在聚丙烯微孔膜表面的接枝聚合，然后通过霍夫曼重排反应，在次氯酸钠和氢氧化钠的作用下，将酰胺基团转化为初级氨基，得到含有活性反应基团（氨基）的接枝层，然后利用初级氨基与葡萄糖-δ-内酯的反应，将糖基固定到膜表面。第三条糖基化路径[35, 36]，以甲基丙烯酸羟乙酯（HEMA）为官能单体，通过紫外辐照引发其在聚丙烯微孔膜表面的接枝聚合，构建含有活性反应基团（羟基）的接枝层，然后利用羟基与乙酰化的糖反应，将糖基固定到膜表面。固定到膜表面的乙酰化糖脱除乙酰基后，得到糖基化的聚丙烯微孔膜。按照这种方法，得到了葡萄糖、麦芽糖、半乳糖和乳糖这四种糖基化的聚丙烯微孔膜。第四条糖基化路径[37]，以丙烯酸作为官能单体，通过紫外光引发其在聚丙烯微孔膜表面的接枝聚合，构建含有活性反应基团（羧基）的接枝层，然后利用羧基与 2-氨基葡萄糖反应，得到葡萄糖糖基化的聚丙烯微孔膜。

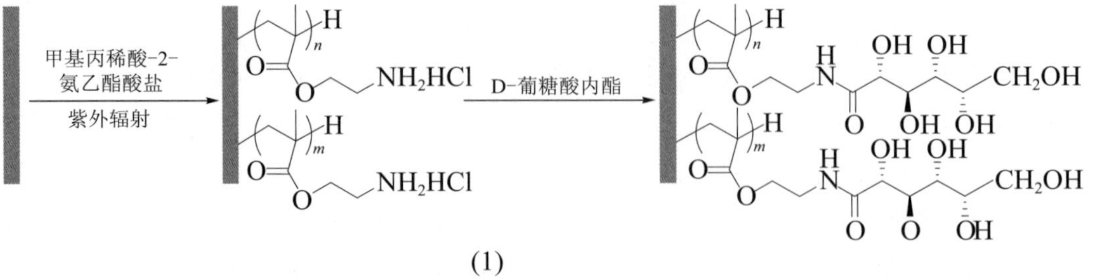

(1)

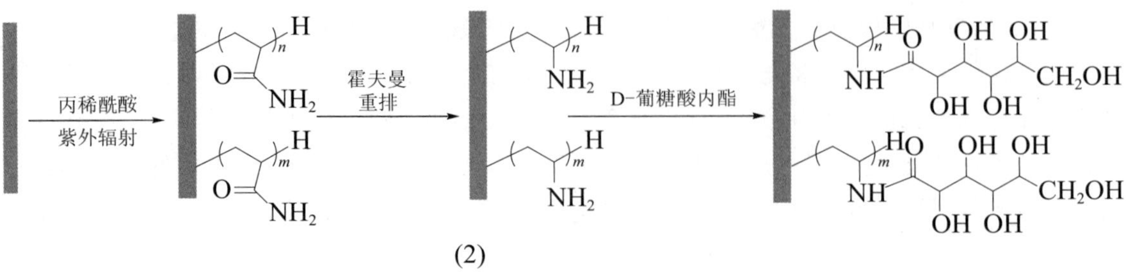

(2)

图 3-8　聚丙烯微孔膜表面糖基化的传统化学键合反应路径

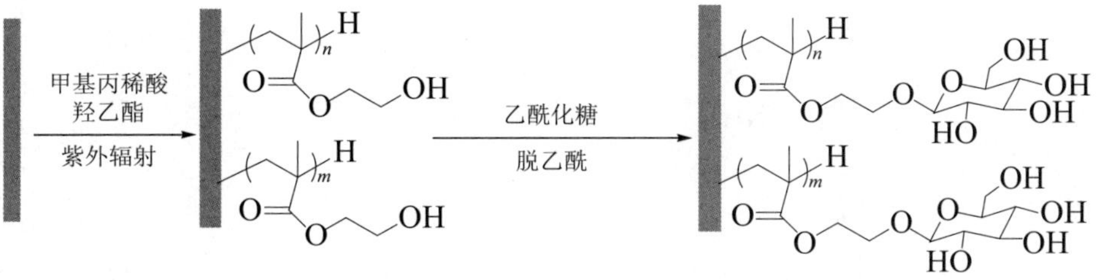

(3)

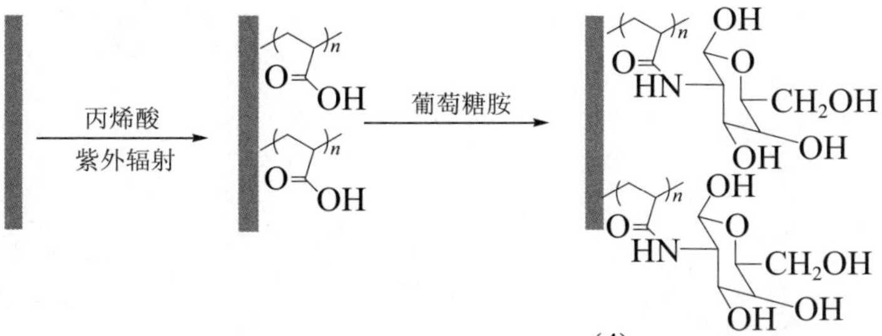

(4)

图 3-8　聚丙烯微孔膜表面糖基化的传统化学键合反应路径(续)

为进一步提高膜表面的糖基化过程中糖基引入的效率，Wang 等[38]还采用了高效的点击化学反应法来制备糖基化聚丙烯微孔膜，其反应路径如图 3-9 所示。第一条糖基化路径，聚丙烯酸接枝修饰的聚丙烯微孔膜与丙炔胺反应，得到进一步功能化的炔基修饰聚丙烯微孔膜，利用高效的点击化学反应，将叠氮糖固定到膜表面。得益于点击化学的高效反应效率，糖基化密度可达 10 μmol·cm^{-2}。第二条糖基化路径，采用了另一种点击化学方法，巯/炔点击化学法，在聚丙烯酸接枝改性的基础上，将巯基糖固定到膜表面。在此基础上，还发展了第三种糖基化路径，烯炔单体甲基丙烯酸(三甲基硅基)丙炔醇酯在紫外光引发下接枝聚合到聚丙烯微孔膜表面，脱去末端保护基后，采用巯/炔点击化学反应将糖基固定到膜表面。

对上述糖基化方法进行比较，可以发现，采用传统的化学键合法将糖基固定到膜表面的高分子刷上时，如需得到较高的糖基密度，往往需要在膜表面引入大量的高分子刷。然而，过高的高分子刷接枝密度会影响膜材料的本体性能，一般体现在膜的机械性能下降以及膜材料的变形。与之相对比，采用高效的点击化学反应，得益于糖基反应效率的大幅度提高，故较低的高分子刷接枝密度即可实现高的糖基密度。

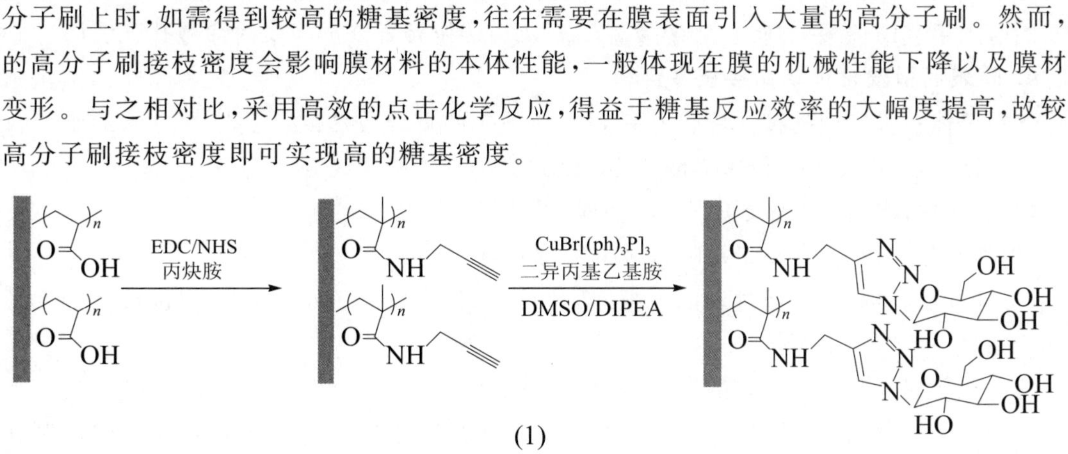

(1)

图 3-9　聚丙烯微孔膜表面糖基化的高效点击化学反应路径

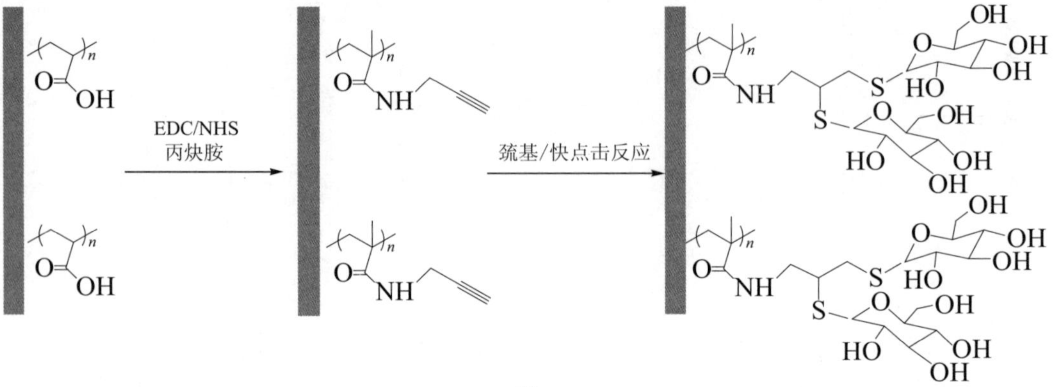

(2)

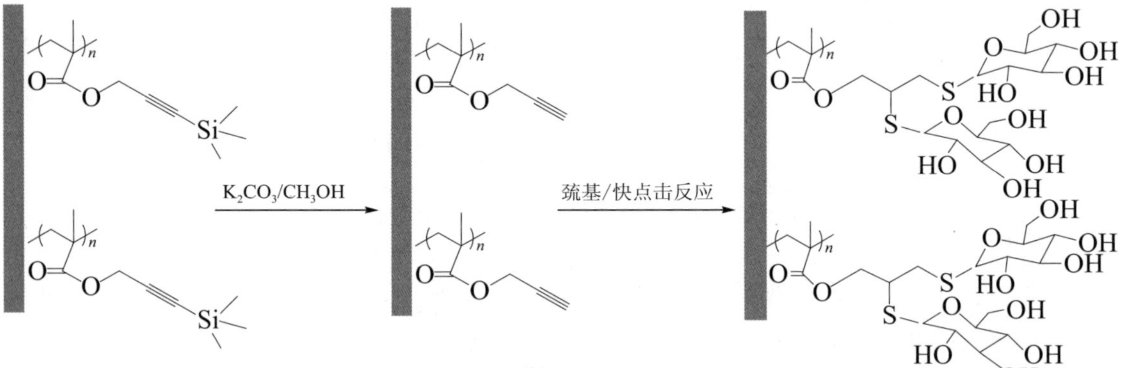

(3)

图 3-9 聚丙烯微孔膜表面糖基化的高效点击化学反应路径(续)

其他研究小组也运用了类似的方法来获得糖基化的膜材料。Ying 等[39]采用氩等离子体法对聚酯(PET)薄膜进行预处理,并通过紫外辐照引发丙烯酸在膜表面接枝聚合,随后半乳糖衍生物通过氨基与聚丙烯酸高分子刷的羧基反应,得到半乳糖糖基化的膜材料。Chu 等[40]也报道了与这个工作相似的糖基化策略。

除了糖类小分子,也可通过这种方法将糖类大分子化学固定到膜材料表面。比如葡聚糖化学固定到甲基丙烯酸-2-胺乙酯盐酸盐(AEMA)接枝聚合修饰的聚丙烯微孔膜表面[41]。

4. 膜表面引发含糖单体接枝聚合

含糖单体在膜表面的接枝聚合是膜表面糖基化的重要方法之一。这种方法的难点在于可聚合含糖单体(glycomonomer)的合成。该方法具有独特的优势[32]:

(1)直接原位聚合,省去了膜材料表面的预处理等环节;

(2)糖基分布均匀,存在于每一接枝链结,同时糖基密度较高且可控;

(3)糖基层结构明确,通过表面可控/活性接枝聚合等方法,可定量控制接枝链长度及其序列分布。

这些优势对糖基化膜材料的深入研究具有重要意义。

Kou 等[42]首次采用了 N_2 等离子体法引发含有环状葡萄糖基的含糖单体 α-烯丙基葡糖

(AG)接枝聚合到聚丙烯微孔膜表面。研究结果表明,糖基密度主要受含糖单体浓度和等离子体处理时间的影响,糖基密度随单体浓度和等离子体处理时间的增加而上升。此外,糖基化的聚丙烯中空纤维膜也采用相同的方法制备而得[43]。值得注意的是,等离子体辐照法易刻蚀膜材料。因此,为解决这个问题,采用温和的紫外光辐照法替代等离子体辐照法,用于引发含糖单体在膜材料表面的接枝聚合[44]。以 AG 和 GAMA 为例如图 3-10所示,研究结果表明,含糖单体 AG 的接枝密度随单体浓度和紫外辐照时间的增加而增加。当含糖单体 AG 的浓度为 40 g · L^{-1}、紫外辐照时间为 20～25 min 时,聚丙烯微孔膜表面的糖基密度达 187.76 μg · cm^{-2}。之后,研究小组还合成了含有直链葡萄糖基的含糖单体——甲基丙烯酸-2-葡萄糖酰胺乙酯(GAMA),同样通过紫外光辐照引发 GAMA 在聚丙烯微孔膜表面的接枝聚合,实现了聚丙烯微孔膜的糖基化[45]。此外,Roger 等[46]也合成了一种具有紫外光活性的含糖单体——叠氮苯基乳糖胺,并通过紫外辐照法接枝聚合到 PET 纤维膜表面,糖基密度约为3～67 nmol · cm^{-2}。

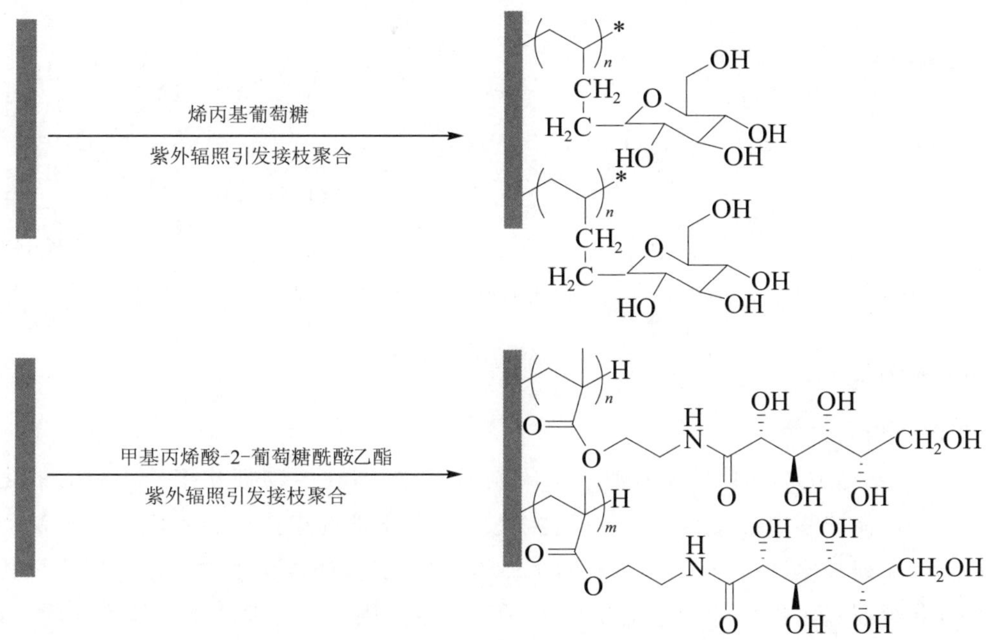

图 3-10　紫外光辐照引发含糖单体 AG 和 GAMA 在聚丙烯微孔膜表面的接枝聚合

出于糖生物学的需求,糖基化层最好具有可控的序列结构和适宜的糖基密度。然而,传统的化学法很难满足糖链结构的精确控制。可控/活性接枝聚合技术则可以使这一设想成为可能。Yang 等[47]采用紫外光引发接枝和 ATRP 两种方法,成功地将梳状含糖聚合物接枝聚合到聚丙烯微孔膜表面。ATRP 法表面糖基化聚丙烯微孔膜如图 3-11 所示,首先,利用紫外辐照引发甲基丙烯酸羟乙酯(HEMA)在聚丙烯微孔膜表面的接枝聚合,再利用羟基与 2-溴丙酰溴的反应将 ATRP 引发基团固定到聚甲基丙烯酸羟乙酯接枝链上;然后,引发含糖单体 GAMA 的 ATRP 接枝聚合,得到链长可控的梳状含糖聚合物接枝层。含糖聚合物接枝链的聚合度随聚合时间的增加逐步提高。提高聚合体系中水的含量可以显著加快聚合速率,但同时聚合的可控性减弱。与之相反,溴化铜的加入则减慢聚合速率但能够显著提高聚合的可控性。杨谦等[3]还直接采用 ATRP 的方法制备了线形含糖聚合物修饰的聚丙烯微孔膜。聚丙烯膜在溴的四氯化碳溶液中接受紫外光辐照,将溴原子引入膜表面;利用膜表面固定的溴原子,直接引发含糖单体 GAMA 的 ATRP 接枝聚合,得到链长可控的线形含糖聚合物接枝层。与梳状含糖接枝层比较,由于空间位阻的影响,膜表面直接引发 ATRP 聚合速率较慢,但同时聚合过程较为可控,少量溴化铜的加入即可良好的控制聚合反应的进行。在这之后,Ke 等[48]采用 ATRP 的方法制备了糖基化的有序多孔膜,构建了糖基阵列。这项工作中采用 ATRP 法合成了苯乙烯/甲基丙烯酸羟乙酯嵌段共聚物(PS-*b*-PHEMA),通过水滴模板法制备了含羟基功能基团的有序多孔膜,嵌段共聚物中的羟基富集在多孔膜的膜孔表面;然后通过化学反应将羟基转化成溴基团,引入 ATRP 引发位点;进而采用表面引发 ATRP 法将糖基单体接枝到有序多孔膜表面。

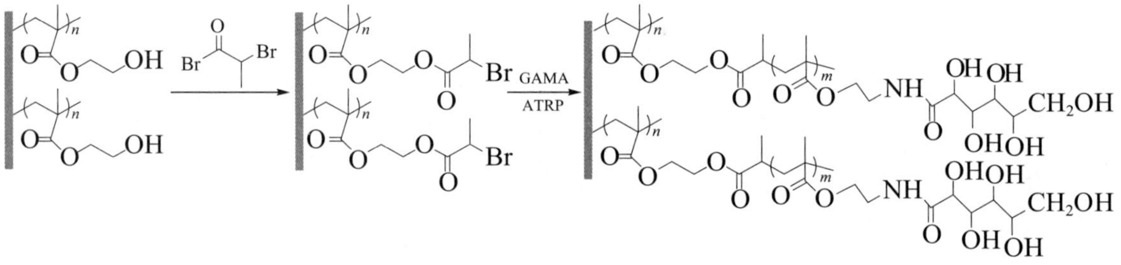

图 3-11 ATRP 法表面糖基化聚丙烯微孔膜[47]

3.1.1.3 生物法

1. 酶催化糖基化法

酶催化糖基化法是一种新颖的糖基化膜制备方法,即在生物催化剂——酶的催化作用下,将单糖从供体转移到膜表面固定的受体,使糖基以化学键连接于膜表面。该方法受体内蛋白质、脂质等糖基化过程的启发,本着向生命学习的宗旨,通过仿生的方法在膜表面构建仿生"糖被",获得糖基化膜材料。迄今为止,这种方法主要用于制备糖基化的纤维素膜。Hummel 等[49]成功地应用 α-1,3-半乳糖基转移酶、α-1,3-岩藻糖转移酶、α-2,6-(N-)-唾液酸转移酶和 α-2,3-(N-)-唾液酸转移酶将不同的单糖催化转移至 N-乙酰氨基乳糖修饰的纤维素膜表面。此外,Kitaoka 等[50, 51]应用纤维素酶将乳糖催化转移到纤维素膜表面。最近,Fang 等[52]详细研究了 β-半乳糖苷酶催化聚乙二醇(PEG)刷表面的糖基化。首先,采用石英晶体微天平(QCM)清晰地检测了 β-半乳糖苷酶催化表面糖基化的动力学过程。然后,基于所述的研究基础,采用这种酶催化糖基化法制备得到了"糖被"仿生修饰的糖基化聚丙烯微孔膜。酶催化法表面糖基化聚丙烯微孔膜如图 3-12 所示,聚甲基丙烯酸聚乙二醇酯(POEGMA)刷在紫外光辐照下接枝聚合到聚丙烯微孔膜表面;在 β-半乳糖苷酶催化下,半乳糖基从乳糖转移至 POEGMA 刷链端的羟基受体,得到糖基化的聚丙烯微孔膜。这种酶催化糖基化法简单、绿色,是一种极具前景的制备糖基化仿生膜的方法。综上所述,与大多数的酶催化反应一样,酶催化糖基化法具有高度的选择性、温和的反应条件和环境友好等优势。

甲基丙烯酸聚乙二醇酯
紫外辐射
乳糖
酶法糖基化反应

图 3-12　酶催化法表面糖基化聚丙烯微孔膜

2. 生物识别糖基化法

生物识别是有机体中生物分子间存在的基本的相互作用。其中，亲和素-生物素（avidin-biotin）相互作用是最为广泛的一种，被广泛用于各种结合反应。基于链霉亲和素-生物素相互作用，Bundy 和 Catherine[53] 制备了一种糖基化膜。首先，链霉亲和素固定到膜表面，随后生物素修饰的含糖高分子与之迅速地结合。高分子分子量约为 30 000，其骨架为聚丙烯酰胺，并修饰有摩尔分数为 5% 的生物素和摩尔分数为 20% 的糖。采用这种糖基化方法，β-葡萄糖、α-甘露糖及血型抗原 Lewis a、Lewis b、Lewis x 被引入到分离膜表面。Sun 的研究小组[54] 也采用了这种策略来获得糖基化膜材料。与 Bundy 的工作不同，他们在低分散性的含糖高分子链端引入了生物素，然后基于亲和素-生物素相互作用，含糖高分子通过链端生物素固定到亲和素表面图案化的 PET 膜表面，基于生物识别机制构建图案化的糖基化 PET 膜如图 3-13 所示。这种方法很容易控制表面的糖基类型和糖基密度，在糖基阵列的制备领域具有突出的优势。简而言之，基于亲和素-生物素相互作用的生物识别法是一种简单而有效的糖基化方法。

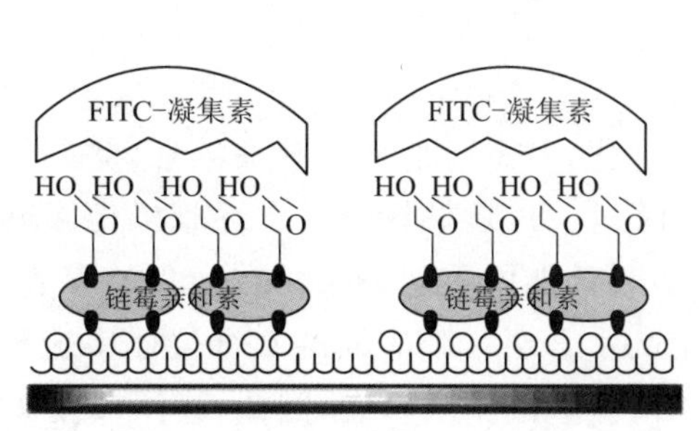

（a）含糖高分子修饰PET表面结合凝集素的示意图

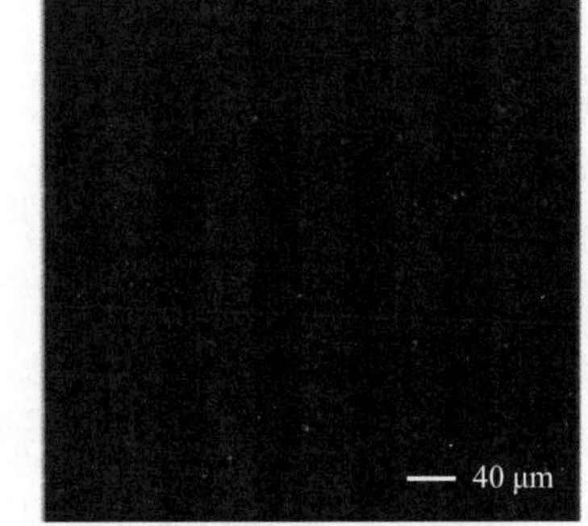

（b）图案化PET膜结合FITC荧光标记凝集素的荧光照片

图 3-13　基于生物识别机制构建图案化的糖基化 PET 膜

3.1.2　糖基化膜材料的应用

糖基化膜材料的应用，主要源于膜表面引入的“糖被”赋予膜材料的功能。“糖被”在细胞膜表面具有两个显著的特点：一是具有高度的亲水性和抗非特异性蛋白质吸附能力；二是具有生物识别和细胞信息表达等方面的生物功能[32]。因此，糖基化的膜材料具有细胞膜表面“糖被”类似的功能，膜材料的分离性能得到提升，还被赋予了相应的生物功能，拓展了膜材料的应用领域。

3.1.2.1 分离应用

糖是一类多羟基化合物，具有极强的亲水性。因此，糖经常被用来改善材料的亲水性及抑制蛋白质等物质在材料表面的非特异性吸附，以提升膜的分离性能[55]。

1. 膜渗透

膜材料的物理结构和化学属性对膜的渗透性能影响深远。如果膜材料的亲水性强，通常情况下，膜的水通量也高。得益于膜表面糖基化层的亲水性质，糖基化之后，膜材料的水渗透通量明显地提高[42]。与未改性聚丙烯微孔膜相比，通过等离子体引发含糖单体 AG 接枝聚合而得的糖基化聚丙烯微孔膜的亲水性显著改善，25 ℃、0.08 MPa 时，聚丙烯微孔膜的 AG 接枝率对水通量的影响如图 3-14 所示。当其糖基密度提高至质量分数为 2.50%时，水通量从 0.36 $t \cdot m^{-2} \cdot h^{-1}$ 提升至 3.83 $t \cdot m^{-2} \cdot h^{-1}$，与乙醇浸润过的聚丙烯微孔膜相比水通量提高了近 10 倍。但是当糖基密度进一步提高时，膜的水通量有所下降，这主要由于随着糖基密度的继续增加，膜微孔被部分堵塞的缘故。此外，研究结果显示，糖基化膜材料的亲水性十分稳定。因此，糖基化膜材料在提升膜渗透能力方面具有明显的优势。

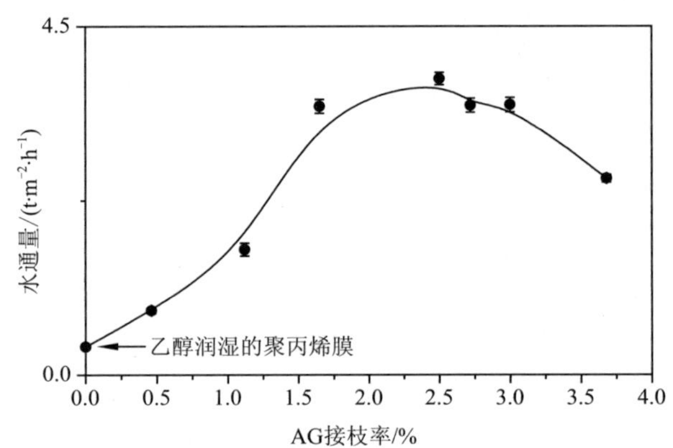

图 3-14 聚丙烯微孔膜的 AG 接枝率对水通量的影响(25 ℃，0.08 MPa)

2. 抗污染

膜污染不仅使膜的渗透率下降，而且使膜发生劣化，导致膜的使用寿命缩短，是制约膜工业化应用的主要原因之一[56]。时至今日，大量的研究表明，膜材料的亲水性积极地影响着膜的抗污染能力。亲水化改性是提高聚合物分离膜服役性能的重要方法。在亲水的膜表面，水分子通过氢键与膜表面的亲水组分结合，形成稳定的水合层。膜表面的水合层使得疏水性溶质在膜表面的沉积需要首先破坏水合层，从而出于能量上的不利状态，因此，膜污染被抑制。

研究发现，糖基化改性膜对牛血清白蛋白(BSA)吸附的量要远远低于未改性膜；当对蛋白质溶液进行过滤时，未改性膜最大通量损失可达 80%，改性膜只下降 40%左右，并且改性膜比未改性膜更容易清洗，说明接枝 AG 对膜的抗污染性能有较大的改善[42]。AG 接枝改性聚丙烯微孔膜吸附 BSA 的量如图 3-15 所示，当糖基质量分数约为 3.46%时，BSA 几乎无吸附。这是由于当糖基密度足够高时，疏水的聚丙烯微孔膜表面覆盖了一层烯丙基葡糖“糖被”，这层强亲水性“糖被”起到了一个保护层的作用，减少了对蛋白质的非特异性吸附。BSA

溶液的过滤结果也表明，糖基化膜具有较低的通量衰减率和较高的通量恢复率。上述结果说明膜表面糖基化层的构建有助于提高膜的抗污染性能。Dai 等[57]还将含有直链葡萄糖基的单体 GAMA 接枝聚合到聚丙烯腈超滤膜表面。异硫氰酸荧光素(FITC)标记的 BSA 在糖基化膜表面的静态吸附被完全抑制，而膜的通量恢复率提高。这两种环状和直链葡萄糖单体(AG 和 GAMA)接枝聚合的聚丙烯中空纤维膜还被放入浸没式膜生物反应器中连续运行，表现出良好的动态抗污染能力[58,59]。

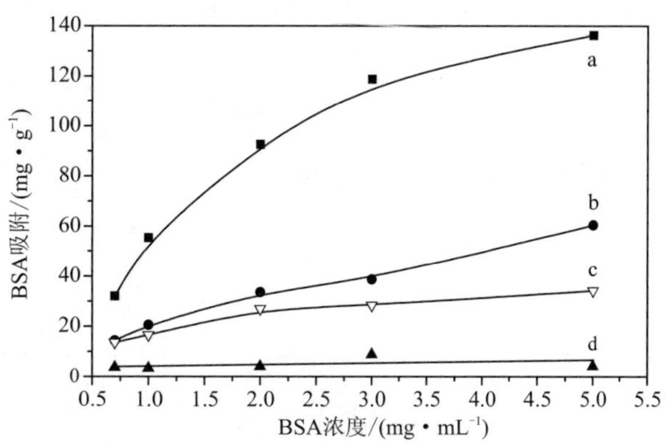

图 3-15 AG 接枝改性聚丙烯微孔膜吸附 BSA(a～d 的 AG 接枝率分别为 0%，0.82%，1.86%，3.46%)

3. 渗透汽化

亲水的膜材料广泛应用于渗透汽化脱水。常见的亲水性聚合物中，聚乙烯醇、Nafion、磺化聚苯乙烯和各种亲水化的丙烯腈类共聚物等均可用于渗透汽化脱水膜的制备。其中，壳聚糖、纤维素和藻酸钠等天然多糖以其良好的亲水选择性和高分离通量获得了广泛关注和深入研究。天然的多糖与水分子之间存在强烈的水合作用，使得含糖材料对水分子具有良好的亲和性[60]。同时，由于糖链之间的氢键作用，含糖材料呈现刚性的分子链网络结构，延缓了体积较大的有机物分子的扩散，从而促进了含糖材料对水分子的扩散选择性[61]。但是，天然多糖为基材的膜材料易过度溶胀，膜的机械强度较差。综合考虑，构建含糖的复合膜材料是解决这一问题的途径之一。

目前，壳聚糖已被引入到聚丙烯腈[14, 62]、纤维素[63]和陶瓷膜[12]等膜材料，构建含糖复合膜材料。研究发现，壳聚糖在提高膜的渗透通量和选择系数方面扮演了重要的角色。Zhu 等[12]发现壳聚糖修饰的陶瓷膜在对乙醇/水体系进行脱水时，渗透通量提高而选择系数没有损失；当用于酯/水体系脱水时，糖基化膜展现了极佳的渗透汽化性能，特别是对含水率为 3.5%的乙酸乙酯/水体系脱水时，渗透通量为 1 250 $g\cdot m^{-2}\cdot h^{-1}$，而选择系数高达 10 000。膜表面的壳聚糖层进一步交联后，壳聚糖复合膜在长时间的连续运行下也显示出良好的稳定性[14]。在 70%的异丙醇水溶液体系中，其渗透汽化效率可以稳定维持 330 天。

与天然多糖相比，合成的含糖高分子具有更明确的糖基结构和聚合物分子链结构，并且其不同层次上的结构均可通过对单体合成和聚合方式的改变进行设计。因此，可针对不同的脱水纯化目标分子对渗透汽化脱水膜中的糖基种类及分子链结构进行优选，从而提高分离效率，有助于对渗透汽化脱水分离机理的认识，亦可进一步丰富渗透汽化分离膜的种类[32]。Dai 的研究小组选用填孔复合法在聚丙烯微孔膜的膜孔内将丙烯酸和 GAMA 原位共聚合，得到聚(甲基丙烯酸-2-葡萄糖酰胺乙酯)填充的糖基化聚丙烯复合膜[64]。其在异丙醇/水体系中的溶胀实验表明，糖基化膜对水分子有吸附选择性。在渗透汽化分离性能中，吸附选择性的贡献远高于扩散选择性，接枝单体中 GAMA 含量对渗透汽化过程中分离选择性的影响见表

3-1。与天然多糖复合膜比较,膜的渗透通量更具优势。

表 3-1 接枝单体中 GAMA 含量对渗透汽化过程中分离选择性的影响

GAMA 含量/%	扩散选择性	吸附选择性	分离因子
0	2.89	5.31	15.30
20	1.14	18.52	21.04
40	0.95	63.25	52.51
60	0.88	125.21	78.12

3.1.2.2 生物及医学应用

众所周知,糖蛋白、糖脂和聚糖等糖缀合物共同组成了细胞膜表面的"糖被"。这层细胞膜表面的"糖被"是分子识别的重要靶点,譬如可通过特定的寡糖序列与细菌、病毒或其他细胞表面特定的蛋白表位相互作用,完成识别过程[65]。因此,在膜材料表面构建糖基化层,将赋予膜材料以"糖被"的部分生物功能。

1. 糖阵列

近年来,糖阵列逐渐成为一种标准化的筛选工具,主要用于高通量糖-生物分子相互作用研究,以及糖在生物体系中的作用研究。相比于酶联凝集素测定法、表面等离子体共振、QCM 或等温滴定量热法等常规方法,糖阵列技术的优势在于可将数千个分析对象同时集中在一片芯片上完成筛选,并且所需的分析物和配体极其微量,在时间和成本上完胜。除此之外,糖阵列还是一个很好的模拟细胞膜表面"糖被"的理想平台,可用于评估糖-生物分子多价作用[66, 67]。

目前,大量以 96 孔板[68, 69]、玻璃[70, 71]、金片[72]为基底的糖阵列设计完成。膜材料也是一种很有前途的糖阵列基底材料。膜材料具有高的比表面积、多种多样的材质(天然的和合成的)和灵活多变的表面改性方法,可提高糖阵列的灵敏度和适用性。Fukui 等[9]描述了拟糖脂在硝化纤维素膜表面的微阵列行为。糖阵列检测单克隆抗体示意图如图 3-16 所示。具有糖识别功能的蛋白质不仅能从均质寡糖阵列中识别出相应的配体,同时也能从异质寡糖阵列中识别出对应的配体。Jobron 等[49]报道了 N-乙酰氨基乳糖修饰的纤维素膜成功地应用于糖基转移酶的高通量筛选。Moller 等[10]在硝化纤维素膜表面构建了糖阵列,用于从植物细胞壁多糖中高通量筛选单克隆抗体。

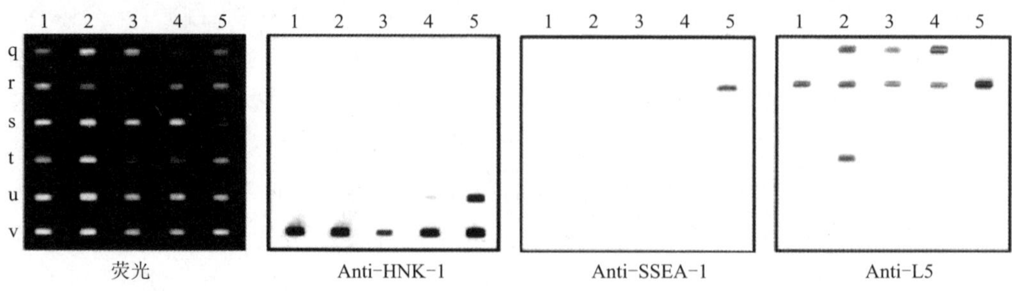

图 3-16 糖阵列检测单克隆抗体[9]

2. 生物相容性

生物相容性是指材料与人体之间相互作用产生的各种复杂的生物、物理、化学反应的一种概念，包括组织相容性和血液相容性[73]。糖是生物分子中的一种，广泛存在于生物体内，细胞膜的表面几乎都被糖缀合物覆盖，因此，把糖引入材料的表面，将有效改善材料表面的生物相容性。肝素是一种黏多糖聚硫酸酯，具有很强的抗凝血活性。与之相类似，硫酸葡聚糖也具有良好的抗凝血活性。Yu 等[5]发现壳聚糖/硫酸葡聚糖组装到高分子分离膜表面，可有效抑制血小板和人血浆纤维蛋白原的黏附，延长了血液凝固时间，该改性方法可用于血液透析装置。同时，体外细胞毒性测试也证明这种糖基化表面没有细胞毒性。而 CHE 的研究小组也发现在肝素改性的膜表面，血小板和巨噬细胞的黏附量明显减少，表现出良好的抗凝血效果[74]。肝素对血小板和巨噬细胞在聚丙烯腈共聚马来酸酐膜表面黏附的影响如图 3-17 所示[74]。

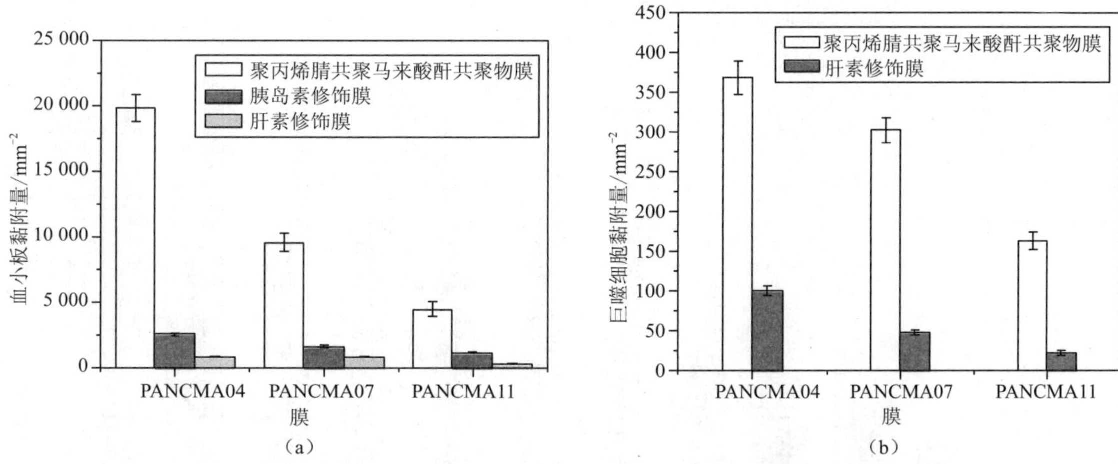

图 3-17　肝素对血小板(a)和巨噬细胞(b)在聚丙烯腈共聚马来酸酐膜表面黏附的影响[74]

目前，糖基化改性也经常被用于材料的细胞相容性改性。Gao 等[26, 75]发现，壳聚糖修饰的聚酯和聚乳酸表面具有良好的细胞相容性，与未糖基化改性的高分子材料相比，人内皮细胞在壳聚糖糖基化高分子材料表面的黏附、活性和增殖等性能得到了显著的改善。从壳聚糖和硫酸葡聚糖组装层数对人内皮细胞在聚乳酸膜表面黏附、增殖和活性的影响（见图 3-18）可知，Yu 等[4]也有类似的发现。

值得注意的是，合成的含糖高分子修饰的膜表面，如聚（甲基丙烯酸-2-葡萄糖酰胺乙酯）接枝改性的聚丙烯微孔膜也具有良好的生物相容性[45]。

3. 蛋白质识别

识别蛋白质是糖最为重要的生物功能之一。因此，膜材料表面引入合适结构的糖基，可以使糖基化膜具有识别并吸附特定蛋白质的能力。例如，半刀豆球蛋白（Con A）分别与 α-甘露糖和 α-葡萄糖糖基之间存在特异性的亲和作用，故含 α-葡糖基的 poly（AG）接枝修饰的聚丙烯微孔膜具有识别并结合 Con A 的能力[44]。当膜表面的糖基密度超过临界值，膜表面吸附的 Con A 数量显著增加，表现出明显的“集簇效应”(glycoside cluster effect)[36]糖基化聚丙烯微孔膜表面糖基密度对荧光标记蛋白质吸附后膜表面荧光强度的影响规律如图 3-19 所示。所谓集簇效应，就是大量糖基通过一定的方式，在空间上聚集在一起，而这个聚集体与蛋白质的特异性相互作用要远远高于等数目糖基单独作用的加和。集簇效应最早由 Lee 等[76]发现并报道。因此，当糖基密度达到某临界值，糖基化膜表现出集簇效应，特异性识别和结合蛋白质的能力快速提升。HU 的研究小组的另一项工作[35]证实了环状葡糖基修饰的糖基化膜不仅极大程度地抑制了 BSA 和花生凝集素(PNA)在膜表面的非特异性吸附，而且能选择性的识别并结合 Con A，葡萄糖糖基化聚丙烯微孔膜对蛋白质的识别示意图如图 3-20 所示。

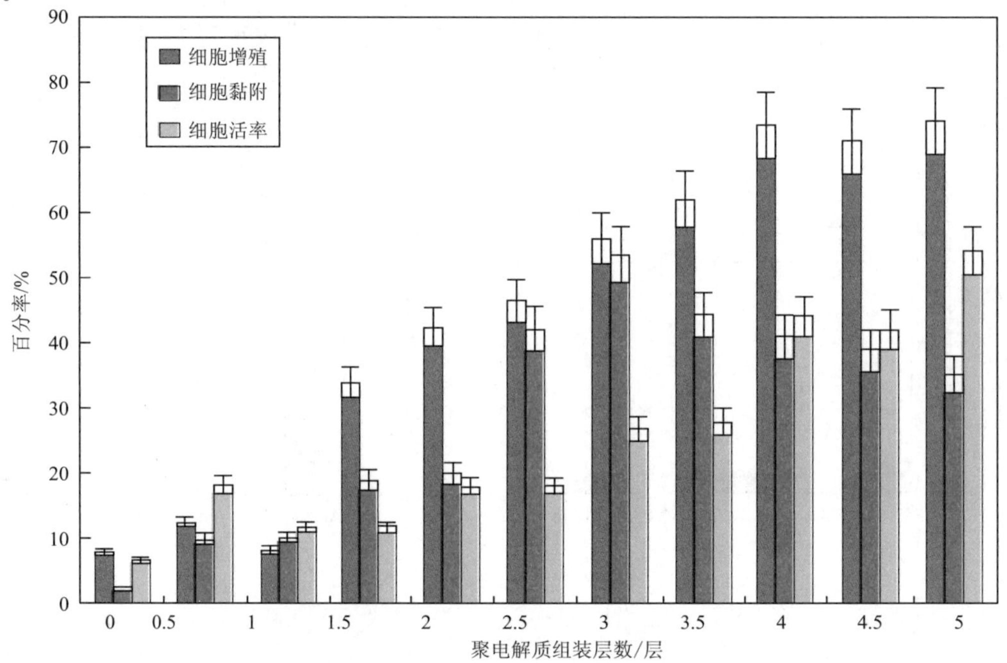

图 3-18　壳聚糖和硫酸葡聚糖组装层数对人内皮细胞在聚乳酸膜表面黏附、增殖和活性的影响[4]

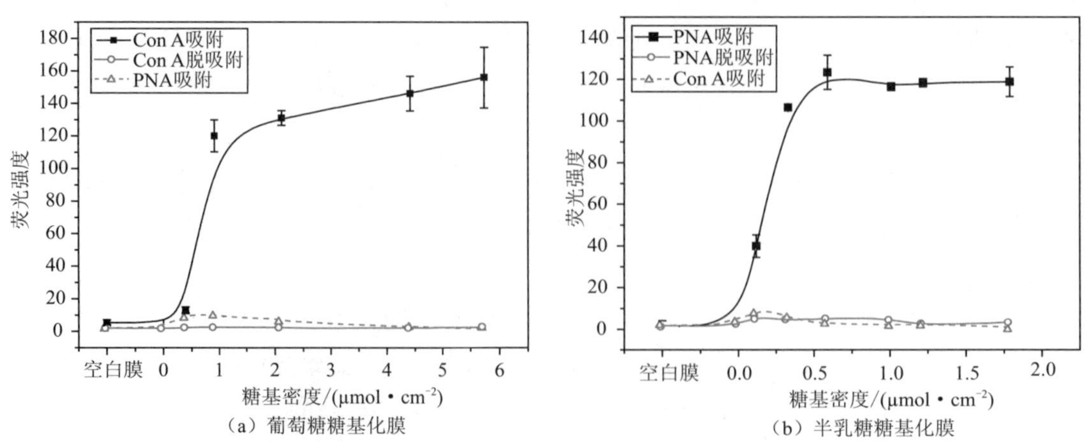

图 3-19　糖基化聚丙烯微孔膜表面糖基密度对荧光标记蛋白质吸附后膜表面荧光强度的影响规律[36]

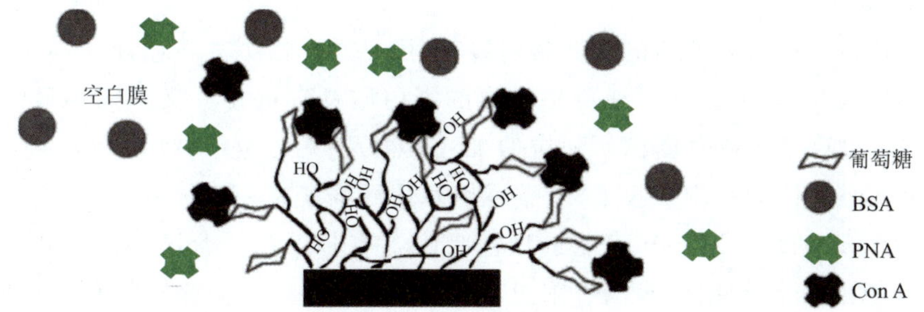

图 3-20　葡萄糖糖基化聚丙烯微孔膜对蛋白质的识别示意图

基于上述结果，研究小组制备了一系列的糖基化膜，分别将半乳糖、乳糖、葡萄糖和麦芽糖等单糖和二糖固定到聚丙烯微孔膜表面，详细比较了这四种糖基化膜对 Con A 和 PNA 的特异性识别和吸附的能力。葡萄糖和麦芽糖修饰的糖基化膜选择吸附 Con A，而半乳糖和乳糖修饰的糖基化膜选择吸附 PNA[36]。从糖基化聚丙烯微孔膜表面糖基密度对荧光标记蛋白质吸附后膜表面荧光强度的影响规律（见图 3-21）中可知，与半乳糖糖基化膜相比，糖基密度相同时，乳糖修饰的糖基化膜亲和吸附 PNA 的能力明显增强。然而，出现集簇效应之后，麦芽糖修饰的糖基化膜并没有比葡萄糖糖基化膜显示出更强的吸附 Con A 的能力。这个区别在于乳糖的非还原端的糖基与凝集素之间也形成了强烈的氢键，二糖和凝集素之间的亲和力得到进一步增强[77, 78]。但并不是所有的寡糖都比单糖识别凝集素的能力强[79]。麦芽糖的非还原端的糖基没有参与与凝集素的结合[80]。因此，麦芽糖糖基化膜对 Con A 的结合能力没有增强作用。

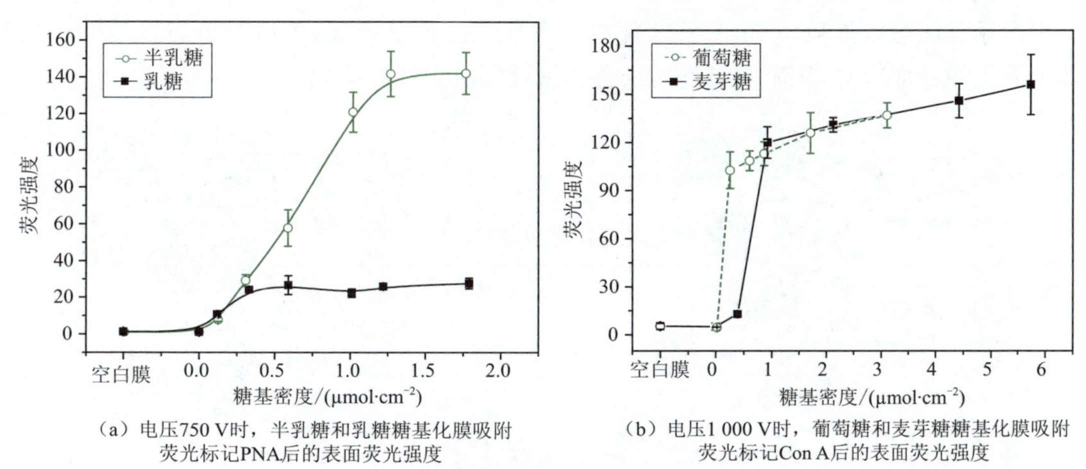

(a) 电压750 V时，半乳糖和乳糖糖基化膜吸附荧光标记PNA后的表面荧光强度

(b) 电压1 000 V时，葡萄糖和麦芽糖糖基化膜吸附荧光标记Con A后的表面荧光强度

图 3-21　糖基化聚丙烯微孔膜表面糖基密度对荧光标记蛋白质吸附后膜表面荧光强度的影响规律[36]

此外，新颖的纳米纤维膜在以壳聚糖[21]和葡萄糖[22]等糖基的糖基化之后，也表现出了选择吸附 Con A 的特性，而对 PNA 则无吸附。纳米纤维膜与传统的膜材料相比，高比表面积可提高蛋白质的结合容量。

4. 生物分离

当糖基化材料用作亲和色谱的填充材料时，可用于选择性分离蛋白质。由于该提纯过程温和、选择性强，因此，对工业化提纯价格昂贵的蛋白质具有重要意义。Sarti 研究组[81, 82]将直链淀粉、瓜尔豆胶(聚半乳甘露糖)、阿拉伯半乳聚糖及 N-乙酰-D-半乳糖胺固定到 1,4-丁二醇二缩水甘油醚改性的纤维素膜上，考察了糖基化纤维素亲和膜提纯蛋白质的性能。研究发现，直链淀粉修饰的纤维素亲和膜能选择性吸附含有甘露糖结合区的融合蛋白(MBP-fusion proteins)，吸附平衡数据说明该吸附过程遵循 Langmuir 等温吸附模型。同时发现溶液中盐的浓度对亲和吸附过程有明显的影响，当 NaCl 浓度增加，最大吸附容量 q_m 下降，解离常数 K_m 增加，说明蛋白质与配体糖基间的亲和力下降。而从对蛋白质吸附与洗脱过程的动力学行为的描述中，发现吸附蛋白质分子量的提高将使动力学常数(结合常数和洗脱常数)下降。另外，瓜尔豆胶、阿拉伯半乳聚糖和 N-乙酰-D-半乳糖胺糖基化纤维素亲和膜的比较结果表明 N-乙酰-D-半乳糖胺亲和膜具有最佳的选择性能，阿拉伯半乳聚糖亲和膜则具有最高的结合容量。该研究组的研究结果均表明亲和膜色谱克服了传统柱色谱的传质限制问题，提高了分离效率。另外，Miyagawa 等[27]比较了乳糖和甘露糖糖缀合物高分子修饰的纤维素膜分离蛋白质的性能，发现甘露糖糖基化膜选择吸附 Con A，而乳糖糖基化膜选择吸附蓖麻凝集素 RCA(120)。

为进一步提高糖基化膜亲和分离蛋白质的结合容量，含糖高分子刷被引入到膜表面[83]。含糖高分子刷不仅提高了糖基在膜表面的密度，而且利于蛋白质的多层吸附，从而提高糖基化膜的蛋白质结合容量。Con A 在柔性糖基高分子刷上的传递机理及多层结合如图 3-22 所示，吸附在柔软高分子刷外层的 Con A 分子可通过与葡萄糖糖基的可逆结合逐渐向内层传递。根据示意图可以推测，Con A 的这种传递明显会受糖基密度、蛋白质负载溶液的流速和亲和膜的饱和程度影响，从而对最终的结合容量起着决定性的影响。

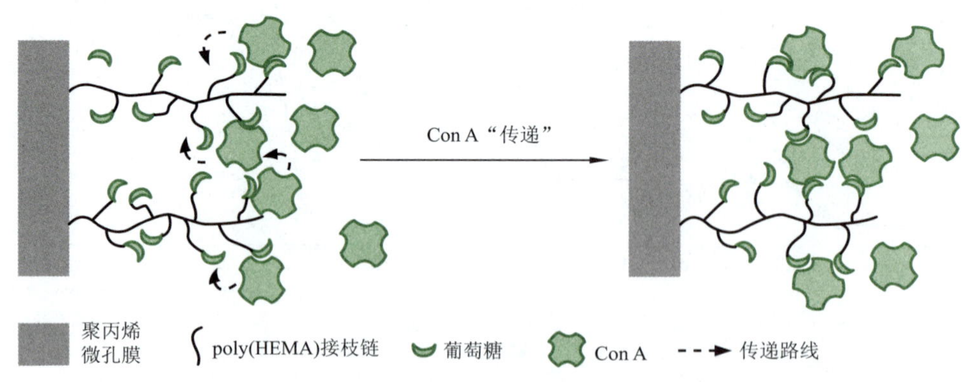

图 3-22 Con A 在柔性糖基高分子刷上的传递机理及多层结合[83]

糖基化膜除了用于蛋白质的分离，还被用于临床中血液的净化，以除去血液中的有毒有害成分。研究发现，肝素是低密度脂蛋白(LDL)的重要亲和配体之一。因而，肝素化的聚砜膜可用作血透膜，以选择性地清除慢性肾病患者血液中的 LDL[23-25, 84]。除此之外，含有葡萄糖糖基的高分子刷修饰的膜也显示了特异性的、可逆的吸附 LDL 的功能[85]。Miyagawa

等[86]合成了含有寡糖 globotriose 的高分子糖缀合物，用作 Shiga 毒素的亲和吸附剂。即使处理对象是诸如胎牛血清这类蛋白浓度很高的样品，该寡糖改性的膜仍然能彻底地将 Shiga 毒素清除而不受影响。这种糖基化膜还被用于 vero 毒素（VTs）的清除[28]。研究发现，该寡糖修饰的糖基化膜可将 VT1 和 VT2 这两种毒素的浓度分别降至初始浓度（1 μg・mL^{-1}）的万分之一和千分之一。

5. 酶固定

酶固定化是提高酶热稳定性、操作稳定性以及回收效率的重要策略。但是，在大多数情况下，固定后的酶活不同程度地下降。因此，如何提高固定化酶的酶活是一个关键的问题。其中，改善固定化酶的微环境是一个重要的举措。糖类和蛋白质等多种天然物质被固定到膜表面，利用这些物质良好的生物相容性来改善酶的微环境。从这个角度出发，糖基化膜的表面是一个生物友好的界面，适于酶的固定化。

Deng 等[87]曾将脂肪酶物理吸附到聚（α–烯丙基葡萄糖）接枝改性的聚丙烯微孔膜表面。研究发现，与未改性的聚丙烯微孔膜相比，脂肪酶在糖基化膜上的吸附容量和活性保留较低，但是热稳定性有一定的改善。这一现象主要归因于聚（α–烯丙基葡萄糖）糖基化膜强烈的亲水性。膜的亲水性一方面弱化了脂肪酶与膜之间的疏水作用，导致脂肪酶的吸附容量下降；另一方面减弱了载体表面对脂肪酶的界面活化作用，使得酶的活性保留减小[88]。因此，疏水改性的壳聚糖和 Nafion 膜被用于固定这类酶[89, 90]。其中，与比未改性的壳聚糖膜相比，酶在己基改性的壳聚糖膜上的催化活性提高了 2.69 倍。

化学固定法通常被用来增强酶的稳定性。壳聚糖仿生修饰膜材料化学固定脂肪酶如图 3-23所示，Ye 等[91, 92]曾把壳聚糖固定在丙烯腈/马来酸共聚膜表面，脂肪酶随后在戊二醛的辅助下键合到该糖基化的仿生膜表面。研究表明，壳聚糖修饰后，固定化脂肪酶的活性和载酶量提高。反应动力学参数中，米氏常数 K_m 差别不大，而最大速度 v_{max} 有所提升。此外，脂肪酶被固定之后，pH 稳定性和热稳定性均得到改善。这个工作之后，一系列关于壳聚糖改性膜表面固定酶的工作相继开展。研究发现，化学固定在壳聚糖/聚丙烯腈复合膜上的脲酶的活性保留高达 94%[93]。而与物理吸附到壳聚糖膜上的乙酰胆碱酯酶相比，化学固定的乙酰胆碱酯酶的相对活性和 v_{max} 更高，热稳定性和储藏稳定性也更佳[94]。这些研究均说明壳聚糖修饰的膜适于酶的固定化。其内在原因应该是源自于膜表面壳聚糖所构建的生物相容和亲水的微环境。

与物理法和化学法相比，糖基化膜更多的是通过糖–蛋白亲和作用将酶固定。这种酶固定化方式十分温和，有助于保留酶活。基于麦芽三糖和麦芽糖结合蛋白（MBP）间的亲和作用，Nagahori 等[95]将半乳糖基转移酶（MBP–GalT）温和地固定到麦芽三糖糖基化的 Langmuir–Blodgett 膜上。同样地，蒜氨酸酶通过糖–凝集素亲和作用固定到糖基化的 PTFE 膜[29]。首先，甘露聚糖固定在膜表面用于锚定 Con A；然后，蒜氨酸酶再通过凝集素–酶间的亲和作用间接地固定到膜表面。采用这种酶固定化方法，蒜氨酸酶的载酶量最高为 0.2 μg・cm^{-2}。同时，与其他化学固定法相比，这种方法得到的固定化酶的长期稳定性最好。

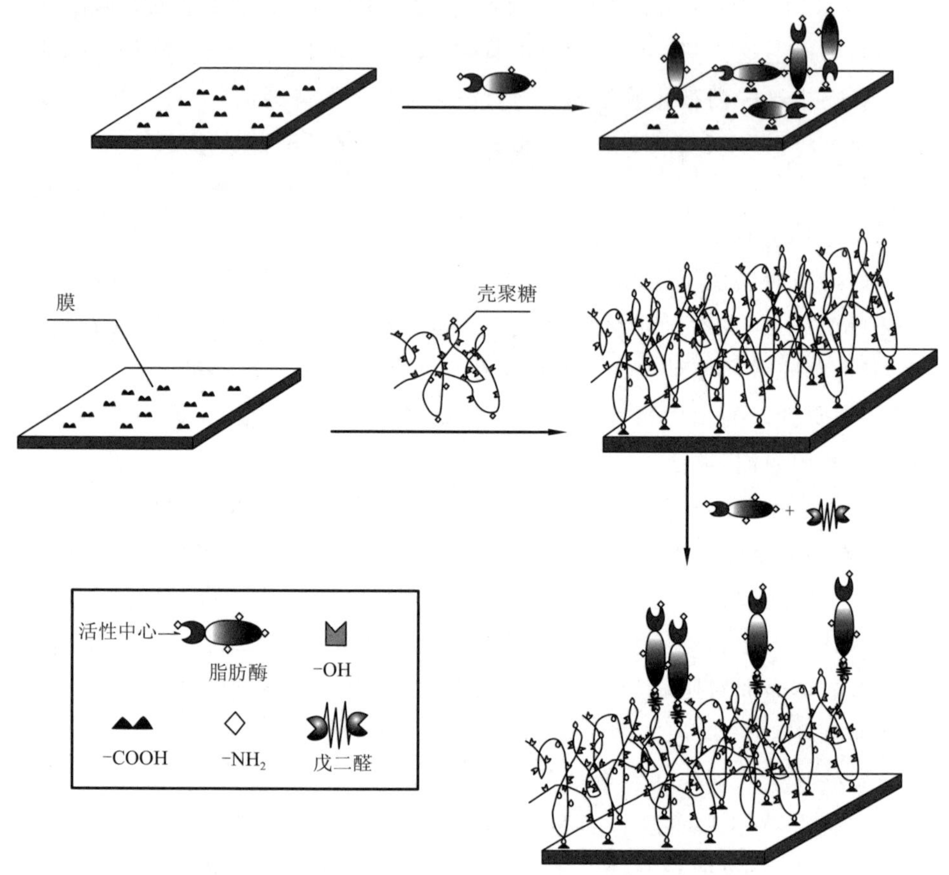

图 3-23　壳聚糖仿生修饰膜材料化学固定脂肪酶[91]

6. 细胞培养

细胞膜表面的糖在识别及调节细胞间相互作用上扮演着重要的角色，使得它成为设计和发展第三代生物材料的重要分子[96, 97]。这种糖基化材料能在一定程度上模拟细胞膜，用于识别细胞、探究糖基与细胞之间的作用机理；同时，也能设计成具有细胞响应性的材料，直接参与细胞生长、分化、黏附及细胞外基质生成等活动，为构建人工器官或组织提供理论依据。

目前，用于细胞识别及体外培养的糖基化材料最多的是以半乳糖修饰的材料，针对的细胞是肝细胞。肝细胞是一种贴壁依赖性细胞，不能悬浮生长，需要吸附在载体材料的表面以保持其细胞活性和功能[98, 99]。肝细胞的表面分布着大量的去唾液酸糖蛋白受体（ASGPR），能选择性识别并结合半乳糖和 N-乙酰半乳糖胺[100]，因此，半乳糖糖基化材料可以提高肝细胞在材料表面的黏附能力[101-105]。研究发现，肝细胞在胶原修饰的表面为单层铺展的扁平状形态，而在半乳糖糖基化材料表面多呈圆球形，而且能逐渐形成多细胞聚集体，加强了肝细胞间的通讯和联系，其结构类似于天然肝脏内肝小叶的形貌和超微结构，肝细胞间的紧密连接，有效维持了肝细胞在体内的生物活性和功能，如白蛋白分泌和尿素合成功能等。材料表面的半乳糖糖基密度越高，肝细胞越容易迁移，形成圆球形并聚集成球[106]。肝细胞在糖基化材料上的行为不仅与糖基密度有关，还受糖基空间取向和空间微分布的影响[107,108]。与其他材料相比，膜材料不仅是肝细胞体外培养的载体材料，同时还承担了肝细胞与外界流体间的双向物质交换与作用的职责。因此，以半乳糖糖基化膜材料为核心构建生物人工肝具有重要的意义。Morelli 等[109]发现，在连续灌流的情况下，半乳糖糖基化聚醚砜膜表面的人肝细胞在培养 21 天后，仍然维持了较高的肝功能，其蛋白分泌功能与培养第一天的肝细胞相差无几。经过多天的培养，在膜表面的肝细胞形成了聚集体，细胞间连接紧密，肝细胞的特异性功能在该半乳糖糖基化膜生物反应器中得到了基因水平的维持。Lu 等[11]发现肝细胞在 1 天的培养后，即可在 F68-Gal 修饰的 PVDF 膜上自组装成多细胞聚集体，培养结果如图 3-24 所示。与未改性膜及胶原蛋白改性膜相比较，肝细胞在半乳糖糖基化膜表面形成的球形聚集体显示了更高的细胞功能，比如白蛋白合成功能和 P450 1A1 解毒功能。

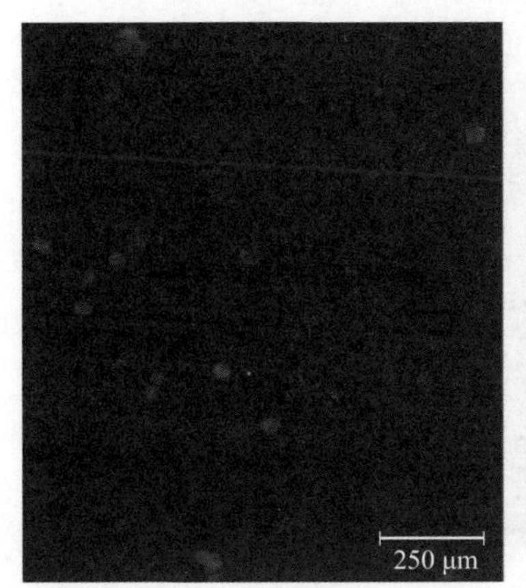

(a) PVDF膜

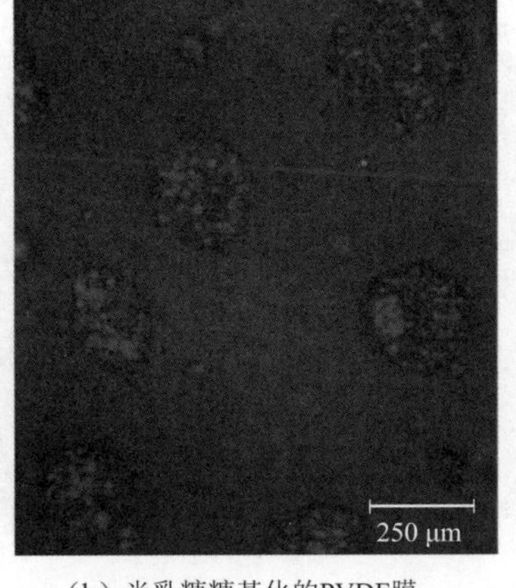

(b) 半乳糖糖基化的PVDF膜

(c) 胶原蛋白修饰的PVDF膜

图 3-24　肝细胞在 PVDF 膜表面的培养[11]

尽管如此，由于半乳糖与肝细胞表面的受体 ASGPR 间的相互作用较弱，三维立体的肝细胞球形聚集体容易从半乳糖糖基化的表面脱落[11]。为解决这个问题，Zhang 等[110]采用三明治夹层培养的方式，实现了肝细胞在半乳糖糖基化 Si_3N_4 膜上的稳定黏附。与胶原凝胶夹层培养相比较，该膜体系在培养过程中表现出更佳的传质效果，并且可以通过调节 Si_3N_4 膜的孔隙率来调控传质过程。因此，膜上的肝细胞显示出更早的顶端复极化和胆汁分泌，以及更好的分化功能和药物敏感性。除此之外，Xia 等[111]将 RGD 和半乳糖这两种生物活性配体按一定比例固定到膜表面，通过两种配体的协同作用，增强肝细胞球形聚集体在膜表面的稳定性。研究发现，肝细胞聚集体的底部牢牢地附着在这种复合型的膜表面，并很好地维持了球形结构。

7. 微生物识别与捕获

目前，控制微生物在膜表面的黏附行为的研究十分热门。Bundy 等[53]采用生物素-亲和素结合的办法，分别将五种亲和素化的含糖高分子固定到生物素修饰的 Gelman 膜表面，包括β-葡萄糖、α-甘露糖及血型抗原 Lewis a、Lewis b 和 Lewis X。该糖基化亲和膜具有某些生物捕获特性，且比凝集素捕获表面更有优势。血液、尿、牛奶等样品中可能含有大量的含糖化合物，它们与微生物一样能被凝集素修饰表面捕获，从而造成该捕获表面的失活。而糖基化捕获表面则不易被污染物结合，从而能保持其对微生物的亲和性。这种糖基化膜可用作 MALDI 质谱分析样品的前处理工具，分离、浓缩和清除复杂样品中的微生物。最近，有研究报道，合成的糖缀合物具有识别细菌表面某些分子的能力[112, 113]。Yang 等[114]将含有乳糖糖基的单体接枝聚合到聚丙烯微孔膜表面，发现膜表面的糖基化层对细菌具有选择黏附的行为。其机理在于糖基化膜表面的半乳糖基团与粪肠球菌细胞表面的半乳糖结合蛋白作用，促进了粪肠球菌在表面的黏附，而花生凝集素 PNA 能显著抑制它在膜表面的黏附。相反，嗜麦芽窄食单胞菌在膜表面的黏附则受膜表面糖基化层的影响不大，粪肠球菌和嗜麦芽窄食单胞菌在聚丙烯微孔膜表面的黏附如图 3-25 所示。研究数据显示，糖基化膜表面黏附的粪肠球菌数量是在未改性膜表面的 39.1 倍，而嗜麦芽窄食单胞菌则仅为 1.2 倍。

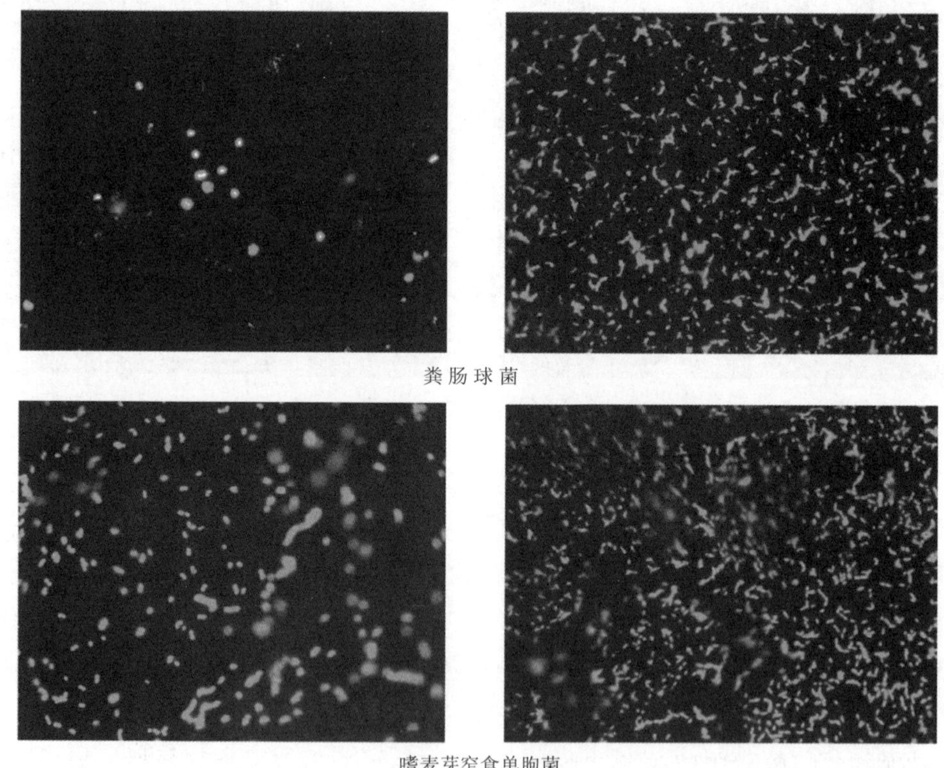

图 3-25　粪肠球菌和嗜麦芽窄食单胞菌在聚丙烯微孔膜表面的黏附：
（左侧为未改性聚丙烯微孔膜，右侧为糖基化聚丙烯微孔膜）[114]

3.1.3　糖基化膜材料的发展前景

近二十年，糖基化表面研究取得了重要的进展。但是，大多数的糖基化表面是构建在金片、玻璃、微球和薄膜等基材表面，集中于生物、医学、检测等领域。与这些材料相比，糖基化膜材料基膜的分离性能与糖的生物功能于一体，有望进一步完善或拓展其应用的领域。经过多年的发展，制备糖基化膜材料的技术日趋成熟，物理法、化学法以及生物法等方法层出不穷。尽管如此，挑战仍然存在。其中，最重要的挑战之一来自于如何将蕴含丰富生物信息的糖分子精准而高效地引入到膜表面。众所周知，糖的生物信息来自于糖的结构。与蛋白质、核酸等其他生物分子相比，糖的结构复杂多样，细胞和细胞以及细胞和基质之间相互识别、相互作用和相互制约所需的极其庞大的“生物信息”量只能由所含信息量比核酸和蛋白质所含信息量大几个数量级的糖分子来承担。目前，伴随可控/活性接枝聚合和点击化学等技术的兴起，科研人员在可控合成特定糖结构的道路上往前迈进了一步。尽管如此，发展温和、高效、绿色的糖基化方法的需求依然迫切。从这个角度出发，生物法，尤其是酶催化法，因具备高度的选择性、高效的反应性、温和的反应条件以及环境友好等特点，在这个方向上具有不可限量的发展前景。

糖基化膜材料高度的亲水性赋予了分离膜高通量和抗污染的能力，这一点在过去的研究中已达成共识。当前，研究者逐渐把更多的关注点投射到糖基化膜的生物功能方面。基于膜材料表面的糖基与蛋白质、细胞和微生物之间的相互作用，糖基化膜不仅是用于研究相关生命过程的重要工具，也是识别和分离相关生物物质的重要媒介。目前，膜材料在生物和医学领域的应用还局限于简单糖基所修饰的膜材料。蕴含丰富生物信息的复杂糖基的引入将进一步功能化膜材料，获得更接近于细胞膜的仿生膜材料，并拓展糖基化膜材料的应用领域，提升应用价值。

3.2 多巴胺仿生修饰膜

近年来，受贻贝黏附蛋白(MAPs)超强附着特性启发的多巴胺化学引起众多学者的关注，成为仿生学、化学、生物医学、材料学等学科的交叉研究热点。仿生学研究发现，多巴胺(Dopamine，3，4-二羟基苯丙胺)等儿茶酚化合物在水溶液条件下，能自发氧化-聚合，形成强力附着于金属、聚合物、陶瓷、玻璃、木材等几乎所有固体材料表面的聚合物薄层，这一现象为固体材料的表面修饰提供了一条新的途径[115]。

3.2.1 多巴胺氧化-组装行为及其黏附机理

贻贝是一种常见的海洋双壳软体动物，其足腺细胞能分泌出一种足丝腺，该腺液能在湿态条件下迅速(通常在数秒之内)固化成足丝，将贻贝牢固地附着在船体、岩石等固体表面，这种足丝腺的黏合与防水能力极强，是现有合成黏合剂无法比拟的。足丝腺的主要成分是MAPs，其组成中富含大量的贻贝足丝蛋白-5(mfp-5)，被认为是实现MAPs极强黏合作用的关键组分。通过对贻贝黏附蛋白中的mfp-5组分分析发现，它的氨基酸序列中包含大量的L-多巴(L-DOPA)和赖氨酸(lysine)残基，这两种基团被认为在表面黏附过程中起着至关重要的作用[116]。多巴胺(dopamine)同时含有L-多巴的邻苯二酚基团和赖氨酸的氨基，其化学反应如图3-26所示，因而能够很好地还原MAPs的强黏附作用，被研究者们广泛用作贻贝仿生修饰的模型化合物。

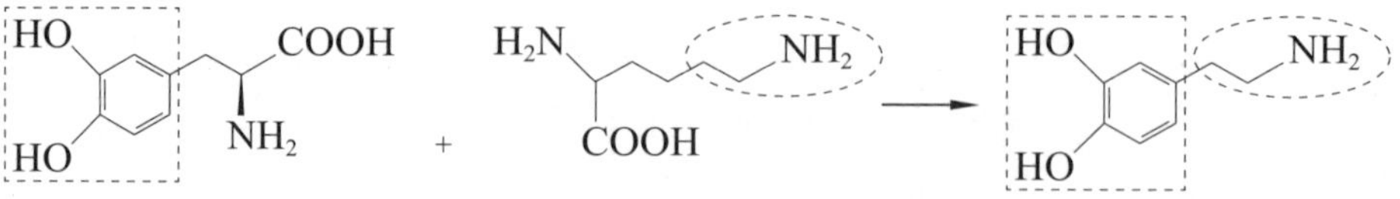

L-多巴 + 赖氨酸 → 多巴胺

图 3-26　L-多巴、赖氨酸生成多巴胺的化学反应

2007 年，美国西北大学 P. B. Messersmith[117]研究小组在贻贝足丝牢固附着在船体、岩石等固体材料表面的启发下，通过儿茶酚化合物多巴胺在弱碱性水溶液条件下的自聚和强黏附特性，实现了金属、金属氧化物、陶瓷、聚合物等材料的表面修饰，发展了一种适用于几乎所有固体材料的表面改性方法；相较于传统改性方法，利用多巴胺仿生技术的修饰，不仅具有操作简单、改性条件温和、对材料本体性能无明显影响等特点，而且可以实现几乎对所有固体材料表面的改性，对材料基质的形状和尺寸均无要求。此外，多巴胺在材料表面涂覆后会保留大量的反应性基团（如邻苯二酚基团、氨基、亚氨基等），因而可以通过这些活性基团对材料表面进行进一步的表面修饰实现二次功能化，这也为材料表面修饰与功能化开辟了一条新的路径[116]，这一开创性的工作引起众多学者的关注，自此学术界掀起了儿茶酚化学研究的热潮（见图 3-27）。

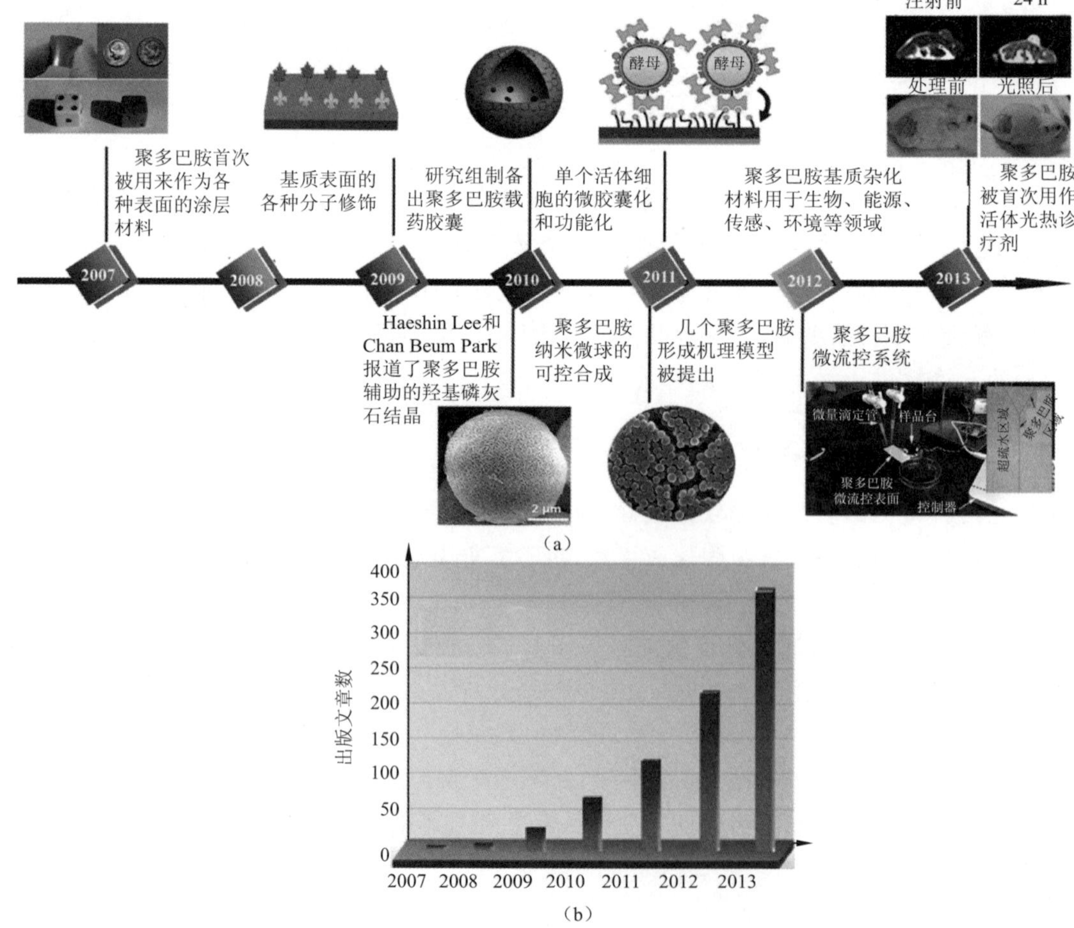

图 3-27　利用多巴胺修饰改性技术的发展[116]

水溶液条件下，多巴胺可以利用溶解氧自发进行氧化反应，然而溶液中发生的反应路线是十分复杂的，加之多巴胺反应产物不溶解使得其结构分析受到影响，因此关于多巴胺的自聚过程和机理引起了极大的争议。目前的研究普遍认为多巴胺首先发生氧化反应生成多巴胺醌，然后通过分子内环化反应，经过氧化重排生成 5，6-二羟基吲哚（DHI），DHI 被认为是多巴胺溶液组装的基本单元。有学者认为 DHI 单元经过共价作用组装成具有交联结构的聚合产物[118-120]；随着研究的深入，更多反应机理被提出：Freeman[121] 认为 DHI 单元是通过非共价作用（电荷转移、氢键、π-π 堆叠）实现组装；Lee 等[122] 认为多巴胺一部分通过共价作用与多巴胺或 DHI 连接，而另一部分会形成$(\text{Dopamine})_2$/DHI 的三聚体，最终两部分产物形成聚多巴胺；d'Ischia 等[123] 提出更复杂的组装机理，认为共价作用在反应的初期尤为重要。

多巴胺在溶液里随着体系中诱导条件不同会形成不同的结构形态：如在固体材料表面上，随着反应地进行逐渐形成一层紧密附着的涂层[124]；一定溶液条件下形成类黑色素状的纳米粒子[125]；在模板粒子上组装多巴胺，随后通过刻蚀模板的方式，得到可生物降解的聚多巴胺空心微球[126]。尽管目前对多巴胺组装及演化过程并没有明确定论，但大量的研究表明，通过控制实验条件可以显著地影响到多巴胺的氧化-组装行为；影响条件包括多巴胺浓度、温度、溶液酸碱度、溶剂种类、缓冲溶液、氧化剂类型与浓度及其他外加物质等[123，127-134]。浙江大学朱利平等考察了多巴胺在不同溶液条件下的自聚-沉积行为，并对不同基质表面 PDA 沉积层的基本性质进行了详细探讨，研究认为多巴胺通过一系列的氧化成环，在溶液中形成多层次的纳米聚集体，并进一步沉积在膜表面，形成紧密黏附的涂层[128]，多巴胺在弱碱性溶液中的演变及表面沉积层形成的过程与机理如图 3-28 所示。

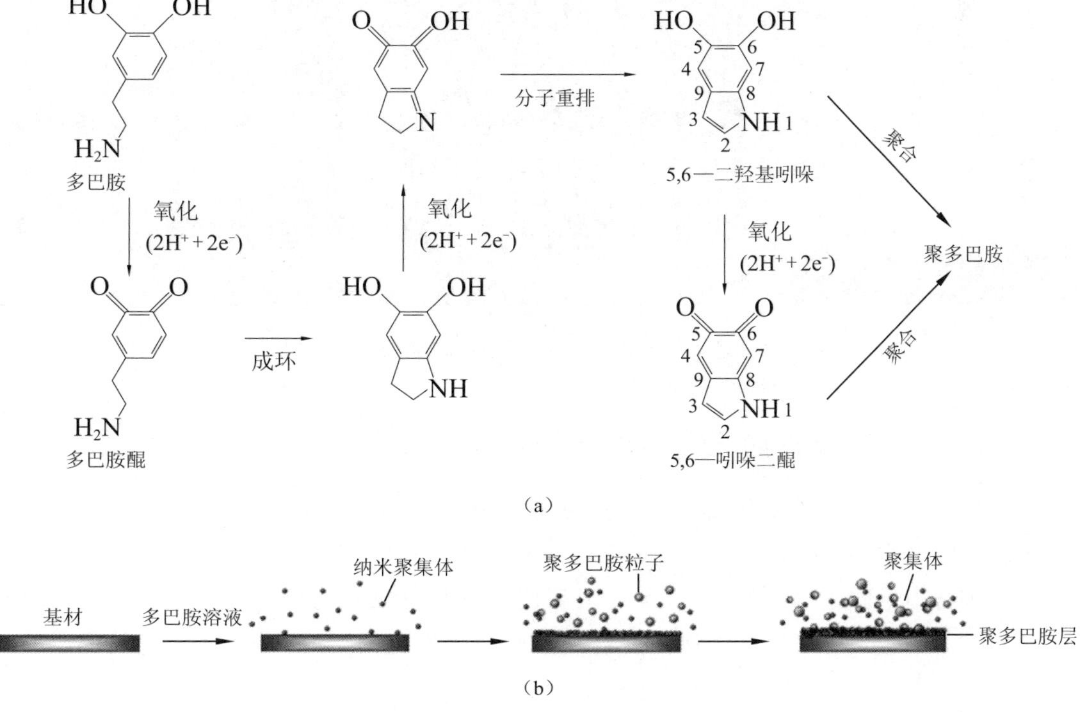

图 3-28　多巴胺在弱碱性溶液中的演变及表面沉积层形成的过程与机理[128]

已有的报道认为多巴胺在材料表面涂层与基质间黏附主要通过共价作用和非共价作用(如 π-π 堆叠、氢键、配位作用、分子间力、螯合作用等)实现,这些作用主要取决于基质的不同。Lee 等[135]利用原子力显微镜(AFM)的单分子力谱,考察了多巴与不同基质的相互作用,研究表明当材料表面含有氨基或巯基时,多巴可与固体表面形成较强的共价键,强相互作用甚至可以将单分子从探针上拽下。当与金属及金属氧化物接触时,酚羟基则会与金属原子或离子间形成较强的可逆配位键,将多巴黏附在固体材料表面上。Li 等[136]最近通过单分子力谱与化学模拟研究认为,多巴胺与无机材料表面(如二氧化钛、二氧化硅、云母等)的相互作用要强于部分有机材料(聚四氟乙烯、高密度聚乙烯),但诸如聚苯乙烯这样能与多巴形成 π-π 堆叠作用的材料,那么相互作用也会显著增强。Israelachvili 等[137]发现,与云母相比,TiO_2与多巴之间的粘合力要强得多,这是由于多巴能够与 TiO_2形成二齿桥式配位作用,而与云母则只能形成相对较弱的氢键,多巴和贻贝足丝蛋白与无机、有机表面的可能吸附机理如图 3-29 所示。此外,Israelachvili [138]还研究了 Mfps 与有机表面的相互作用。Israelachvili 指出,mfps 具有自适应性,其可以通过调节自身构象来实现对不同表面的亲和性。对于疏水表面而言,mfps 能与之形成较强的疏水相互作用;而对于亲水表面,mfps 则与之形成氢键等相互作用,且分子几何构型对成键方式及黏合强度的影响非常显著。

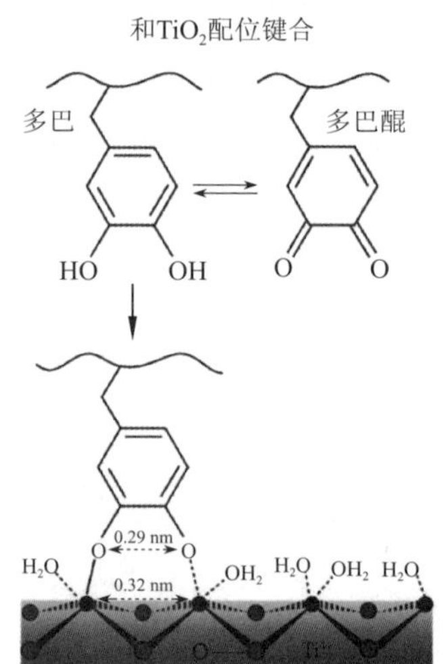

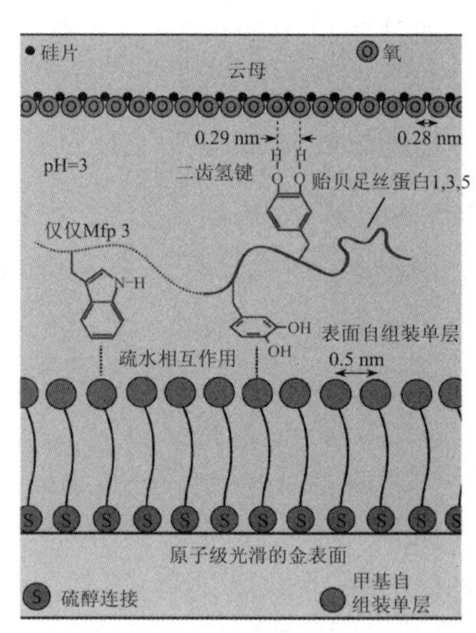

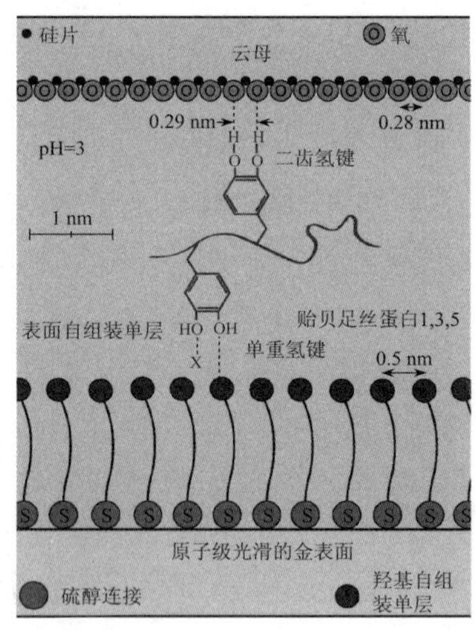

图 3-29 多巴和贻贝足丝蛋白与无机、有机表面的可能吸附机理[137,138]

3.2.2 聚合物膜材料的多巴胺表面沉积改性

大多数聚合物膜材料具有较强的疏水性,往往在使用前需要进行亲水化改性。浙江大学朱利平所在的研究小组通过对聚乙烯(PE)、聚偏氟乙烯(PVDF)、聚四氟乙烯(PTFE)等疏水聚合物膜进行多巴胺溶液浸涂反应,实现了利用多巴胺对聚合物膜的亲水化改性,研究表明延长浸泡时间以及增加多巴胺溶液浓度有利于膜亲水性提高,然而随着改性时间的延长,膜表面会逐渐致密化[124]。该研究小组进一步以反应性聚多巴胺(PDA)沉积层为过渡层,对膜进行进一步的表面修饰，建立了一种简单高效、适应范围广的膜表面功能化新途径。经多巴胺表面修饰的聚合物膜材料可用于抗污染超/微滤、油水分离、纳滤、医用分离、锂电池隔膜等领域（见图 3-30）。天津大学 Jiang 等[139]通过多巴胺的自聚-附着特性，在超滤支撑膜上沉积一层 PDA 薄层，所制备的复合膜用于渗透汽化脱硫或异丙醇脱水。Ma 和 Wei 等[140,141]将多巴胺采用多巴胺对聚醚砜（PES）膜进行表面改性与修饰，制备具有优异血液相容性的血液透析膜材料；随后该研究组将多巴胺接枝到肝素（DA-*g*-Hep）和类肝素（HepLP）的聚合物分子上，通过表面浸涂方式得到具有良好血液和生物相容性的分离膜，拓展了膜材料在生物医用方面的应用。Chung 等[142]利用多巴胺对 PSF 膜的改性，提升了其表面亲水性，在此基础上通过界面聚合制备得到的正渗透膜具有更好地选择透过性。Freeman 等[143, 144]通过多巴胺在溶液中的自聚-组装过程，在反渗透（RO）、超滤（UF）、微滤（MF）、油/水分离等水处理膜表面覆合聚多巴胺（PDA）涂层，显著改善了膜材料的抗污染性能。此外，根据不同的应用场合，膜更多的性能也得到相应地改善；如 McCutcheon[145]将聚丙烯腈（PAN）和 PSF 电纺纤维膜浸泡在多巴胺溶液后，赋予该纤维膜良好的机械性能及亲水性；Park 等[146]通过浸涂反应实现了 PE 电池隔膜的表面修饰，修饰后的锂电池隔膜的电解液浸润性、吸液率和离子电导率等性能得到显著提升；Zhu 等[147]通过更换新鲜多巴胺溶液的方法，实现了膜材料表面孔径不断缩小，在 PSF 膜上经过多次沉积后制备得到了具有一定分离性能的复合纳滤膜。

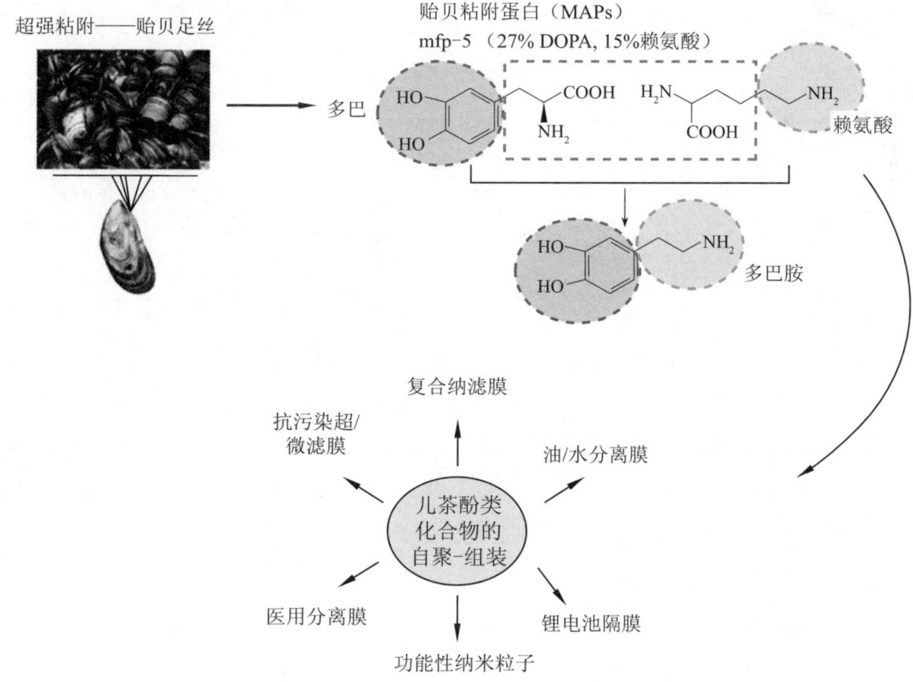

图 3-30　多巴胺对膜材料表面功能化改性

此外有研究发现，聚多巴胺粒子与高分子基质之间相容性较好，也可以利用多巴胺纳米粒子或涂有多巴胺层的纳米粒子实现对膜材料表面的改性。Li 等[148]通过在嵌段聚醚酰胺弹性体溶液中原位聚合了多巴胺/Fe^{3+}聚集体，得到具有纳米杂化的CO_2收集分离性能可调整的膜。随后研究还通过添加聚多巴胺与金属粒子聚集体的方法制备得到自由体积增加的聚二甲基硅氧烷（PDMS）膜，其在气体分离过程中通量和分离因子得到大幅提升[149]。Zhu等[150]在PVDF铸膜液中添加多巴胺使其原位组装的方法，制备得到了亲水性和抗污染性提升的超滤膜，研究考察了不同条件下多巴胺纳米粒子的制备及添加至铸膜液共混过程（见图3-31），实验结果表明，无论是在铸膜液内原位形成的多巴胺粒子或是共混已制备好的多巴胺粒子与膜均呈现较好的相容性，多巴胺纳米粒子的添加不仅充当着亲水改性剂的作用，同时也起到了致孔剂的作用，在成膜过程中会在膜表面富集，从而实现膜的亲水性和抗污染性的提高；此外，添加一定量的聚多巴胺粒子还可以增强PVDF膜的韧性，对其热性能无明显影响，而且由于粒子与PVDF间的强相互作用，共混膜在长期使用条件下表现出良好的稳定性。

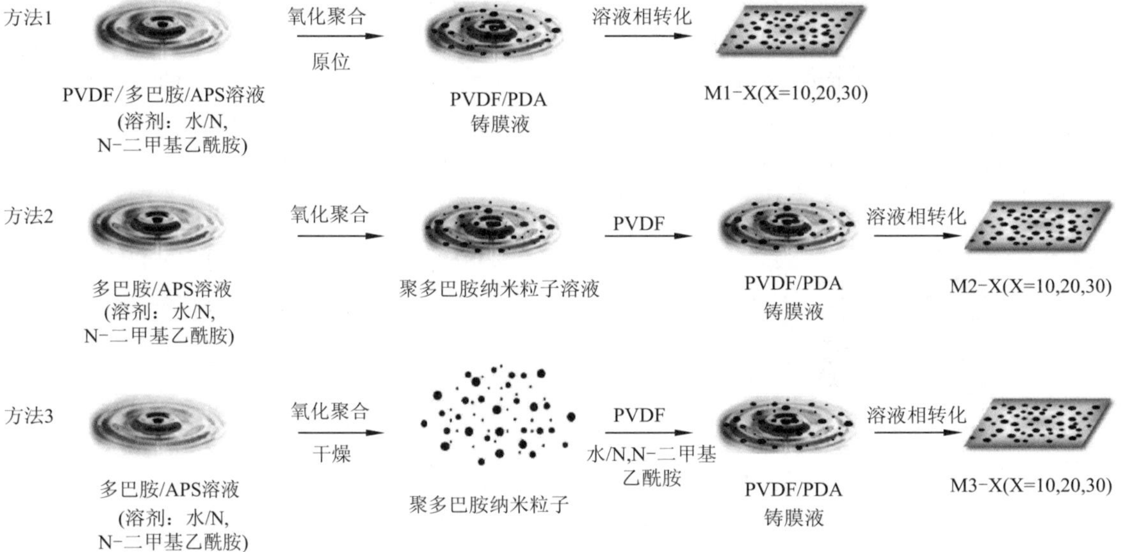

图3-31 共混多巴胺纳米粒子法制备PVDF分离膜[150]

随着对聚合物膜应用的拓展，需要对膜材料赋予更多的功能，Lee等[151]研究发现，在多巴胺溶液氧化-组装过程中，通过外加功能组分和多巴胺共沉积的方法可以实现功能组分在材料表面的牢固沉积，研究认为共沉积过程通过共价、非共价作用使功能分子与多巴胺共同组装在材料表面，非常简便、快捷地实现功能化改性。浙江大学徐志康教授课题组利用聚乙烯亚胺与多巴胺共组装的方法，缩短了多巴胺沉积时间，提高了膜的亲水性与渗透性，由于共价作用的存在一方面破坏了溶液中的聚多巴胺颗粒的形成，减少堵孔的发生，同时膜的耐碱性也得到提高，最终该膜成功的用于常压下油水乳液的分离，聚乙烯亚胺与多巴胺共沉积法制备油水分离膜如图3-32所示。研究随后再进一步进行表面功能化或交联处理，实现了利用聚乙烯亚胺和多巴胺共沉积功能化超微滤膜到纳滤膜的构建[152-154]。该课题组还制备了聚多巴胺/聚磺酸甜菜碱的修饰的聚丙烯微孔膜。该法过程简单，涂层稳定，具有优异的抗蛋白污染性质[155]。其他分子如聚乙烯亚胺-g-聚乙二醇(PEI-g-PEG)、聚乙烯醇(PVA)、葡聚糖(Dextran)、多胺分子等[156-159]被报道可用于和多巴胺共沉积以实现对膜材料的功能化改性。

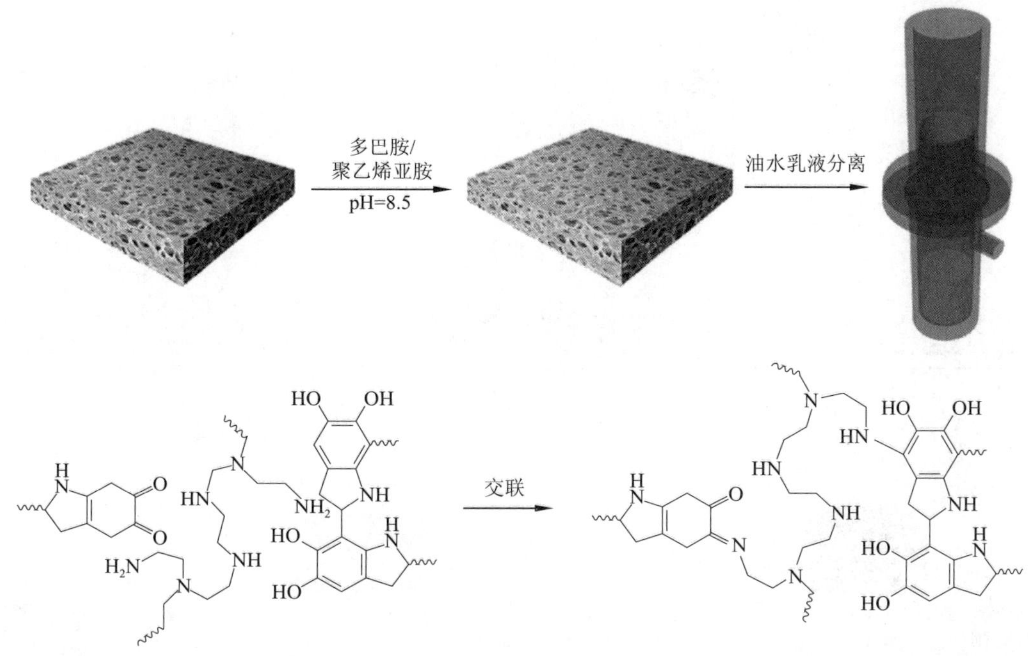

图 3-32 聚乙烯亚胺与多巴胺共沉积法制备油水分离膜[152](续)

3.2.3 基于多巴胺涂层的二次功能化修饰

膜材料表面经过多巴胺水溶液涂覆改性或多巴胺纳米粒子杂化改性后,其表面性质主要依赖位于表/界面处的多巴胺组装层,由于这一层富含邻苯二酚和氨基等反应性基团,在大部分溶剂中稳定性很高,因而可通过二次反应键合新的功能分子,从而可以实现膜材料表面的进一步功能化修饰。

3.2.3.1 表面固定功能性分子

PDA 层内富含大量的邻苯二酚结构,在弱碱性条件下,这些基团容易被氧化形成邻苯二醌结构,它可与含有氨基(—NH_2)、亚氨基(—NH—)或是巯基(—SH)的分子发生迈克尔加成反应(michael-type addition)或席夫碱反应(schiff base reaction),多巴胺涂覆材料表面及固定功能分子过程如图 3-33 所示。Freeman 等[160]利用此反应接枝了带氨基的亲水 PEG 链,进一步提高了膜表面的抗污染性能。Zhu 等[161-163]将含有氨基的肝素和牛血清白蛋白成功接枝在 PE 膜表面,制备了具有良好生物相容性和血液相容性的聚烯烃膜。Zhu 等[164]采用“grafting-to”的方法,利用异氰酸酯的偶联反应,在含有聚多巴胺层的 PP 膜表面上成功的接枝了氨基 PEG 分子,有效地改善了 PP 电池隔膜对电解液的浸润性。

实现功能分子的固定为不仅仅可以通过共价作用,Zhu 等[165]在 PP、PE、PSF 膜上沉积多巴胺后进一步沉积聚乙烯吡咯烷酮(PVP),研究发现 PVP 与表面涂层间可通过强非共价作用实现稳定地结合，在长时间高温的强极性溶剂以及酸性溶液清洗下，几种复合膜均呈现出良好的稳定性，表明 PDA 与 PVP 间这种多重氢键及其他非共价协同作用十分牢固。在此基础上，进一步再络合碘，得到了具有抗菌性的改性膜，基于 PDA 与 PVP 之间非共价相互作用的 PP 膜表面抗污/抗菌修饰如图 3-34 所示。

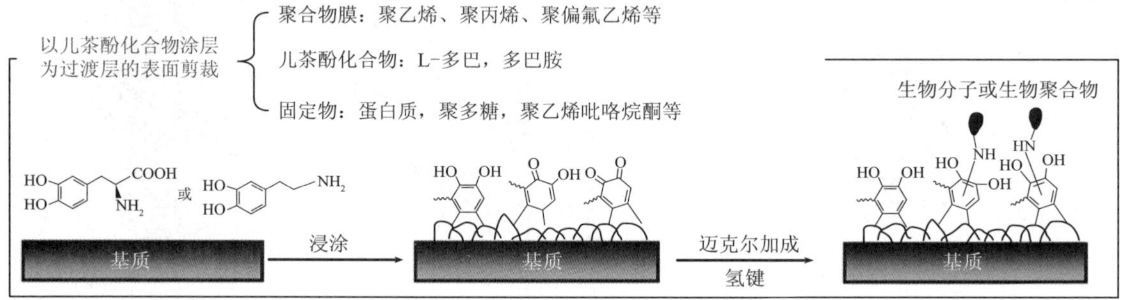

图 3-33 多巴胺涂覆材料表面及固定功能分子过程

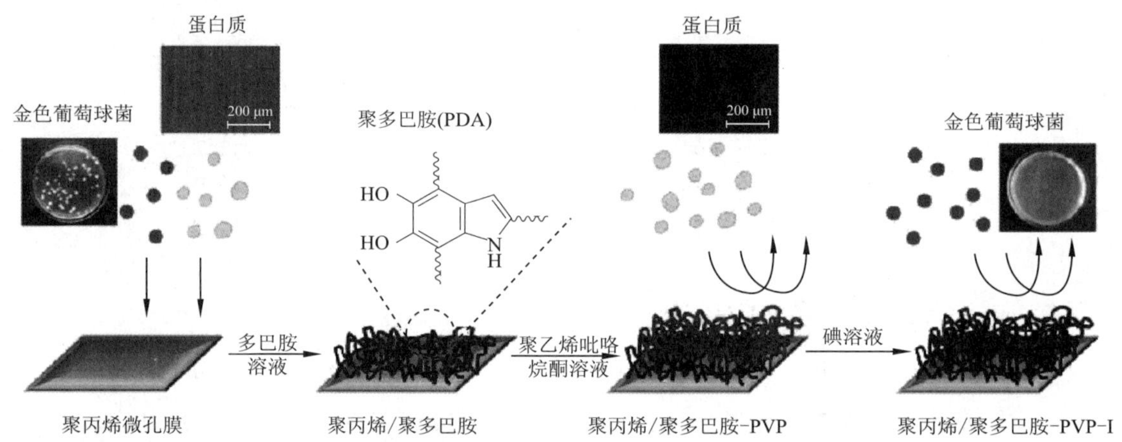

图 3-34 基于 PDA 与 PVP 之间非共价相互作用的 PP 膜表面抗污/抗菌修饰[165]

3.2.3.2 表面引发接枝聚合反应

膜表面经多巴胺修饰后，界面处保留的酚羟基或氨基还能进一步与相应的引发剂分子反应，从而实现在膜表面进一步引发聚合反应，通过聚合反应条件能有效控制接枝层的接枝密度及厚度。根据以上原理，Shi[166]将 PE 电池隔膜在多巴胺溶液中涂覆，随后再共价键合 2-溴代异丁酰溴（BIBB），然后通过表面引发原子转移自由基聚合反应（Si-ATRP），在 PE 膜表面接枝了聚甲基丙烯酸甲酯（PMMA）（见图 3-35），功能层的引入显著增加了隔膜界面的稳定性，同时降低了界面阻抗，制备了具有良好耐热性以及电化学性能的 PE 电池隔膜。基于类似的方法，PSBMA、聚丙烯酸（PAA）、聚（2-甲基丙烯酰氧乙基三甲基氯化铵）（PMTAC）[167-169]等功能性分子也成功实现了在膜材料表面的接枝改性，表明了这一方法对膜材料表面改性具有较好的普适性与有效性，极大地拓展了聚合物膜在不同领域的应用范围。

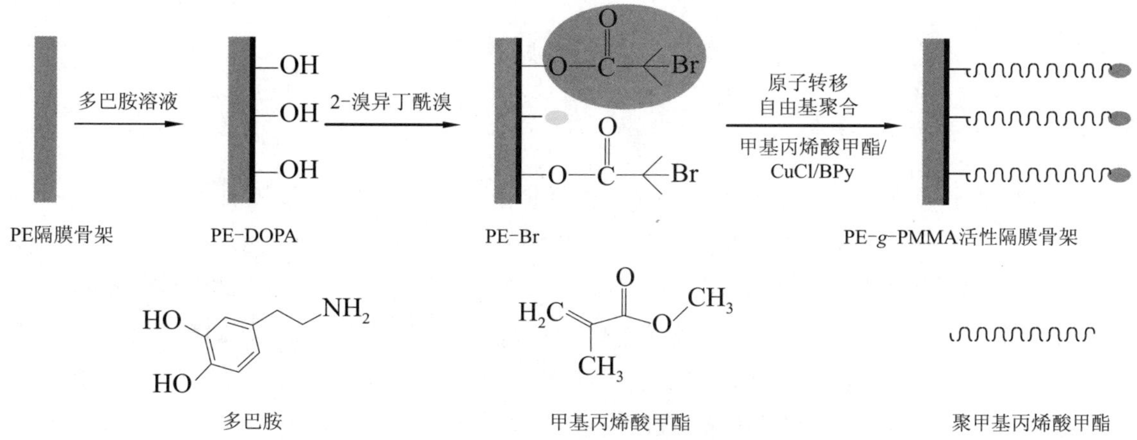

PE隔膜骨架　多巴胺溶液→　PE-DOPA　2-溴异丁酰溴→　PE-Br　原子转移自由基聚合 甲基丙烯酸甲酯/CuCl/BPy→　PE-g-PMMA活性隔膜骨架

多巴胺　甲基丙烯酸甲酯　聚甲基丙烯酸甲酯

图 3-35　PE 膜表面接枝 PMMA 过程示意图[166]

3.2.3.3　表面二次沉积

多巴胺修饰的表面保留的邻苯二酚结构对很多金属离子存在着很强的配位作用，且邻苯二酚在氧化的过程中可以将金属离子还原成金属原子，因此在将有多巴胺改性的膜放入至金属盐溶液时，金属原子可以原位的被沉积在表面，从而实现无电镀过程的表面金属化。Wang 等[170]将 PDA 修饰的 PI 膜放入至硝酸银溶液后，制备得到了具有高导电性和高反射性的 PI 膜，且该膜具有优异的抗菌性能。Shao 等[171]对 PVDF 膜进行了多巴胺的改性后，将其浸入至六氟钛酸铵[$(NH_4)_2TiF_6$]和硼酸(H_3BO_3)的混合溶液，随后在膜表面原位形成了 TiO_2 涂层，大幅增加了 PVDF 膜的亲水性。Zhu 等[172]将多巴胺改性的 PP 隔膜浸泡在正硅酸乙酯(TEOS)溶液中，使其在界面处发生溶胶凝胶反应，成功在膜表面原位沉积了一层 SiO_2 涂层，增加了其作为锂电池隔膜材料对电解液的浸润性。

3.2.4　未来展望

自 2007 年 Messersmith 教授将多巴胺用于材料表面改性工作以来，利用多巴胺及儿茶酚衍生物进行改性的报道逐年增多，相较于传统改性工作而言，这种方法提供了一种简单、高效、环保且适用性强的新途径，经过改性的膜材料往往被赋予依赖于儿茶酚化学的仿生特性，如亲水性、黏合性、生物相容性和可二次反应性等，拓展了膜在更多领域的应用。然而，目前基于这一方法对材料表面改性仍存在着许多问题亟待解决，如多巴胺反应速率慢、表面沉积颜色深、组装体耐碱性差、改性利用率低等，这些问题很大程度上限制了其在工业上的大规模推广，究其根源还在于整个反应与组装过程的复杂性大，因此在已有的研究工作与报道的基础之上，继续深入了解反应历程、理解组装体结构与功能之间的相互关系，仍是今后研究的重点。

3.3　仿生矿化膜

3.3.1　仿生矿化的概念与原理

在自然界中，无机矿物（如碳酸钙、磷酸钙、氧化硅及含铁矿物等）以各种各样的形式广泛存在于生物体内，并发挥着重要的作用。例如，碳酸钙主要存在于软体动物（如贝壳、海螺等）的支撑结构中；磷酸钙则是动物牙齿与骨骼的主要成分；二氧化硅是一些原生动物、藻类和植物细胞壁的组成成分之一，起到保护或支撑作用；含铁矿物类型较多，包括四氧化三铁、三氧化二铁、氢氧化氧铁等，它们广泛存在于趋磁细菌和动植物铁蛋白中。无机矿物在生物体内的形成过程十分复杂，研究者们把这一过程称为生物矿化。具体而言，生物矿化是指生物体从周围环境中选择性吸收元素，并在严格的生物控制下将其组装成功能化结构的过程。与一般的矿化过程不同，生物矿化通过有机大分子与无机离子在界面处的相互作用，实现无机矿物在分子水平上的调控，使之具有多级结构及不同的组装方式。也就是说，生物体所分泌的有机基质，如多糖、多肽、蛋白质等为无机矿物的生长提供了模板，同时调控其形貌与组装行为，特殊的结构最终决定材料的性能。例如，贝壳结构中的珍珠质层由直径 5～8 μm、厚度约 0.4 μm 的文石片与有机质层交替堆叠，这种层状结构赋予了贝壳优异的力学性能。

生物矿化的基本原理是在有机分子的辅助下诱导无机矿物生长并调控其结构。以碳酸钙为例，研究者们发现，生物体内调控碳酸钙生长的蛋白质、多糖等带有荷负电的基团，其通过与 Ca^{2+} 的静电相互作用实现离子在界面处的富集，从而诱导晶体成核、生长并调控其形貌。这一原则被称为基质辅助原则，即以不溶性基板（如珍珠质层中的几丁质）作为晶体生长的模板，利用水溶性负电荷大分子与钙离子的静电吸引，使钙离子局部浓度升高，达到在模板表面异相成核的目的。同时溶液中的、吸附在模板表面的水溶性大分子利用负电荷基团在大分子链上的排列间距、方式不同，实现与碳酸钙晶体某一晶面的并列匹配，达到调控晶型、控制晶体生长的目的。这一原则被普遍认为是实现仿生矿化过程的设计基础。

仿生矿化过程温和可控，是构建复合材料的有效手段。受此启发，研究者们尝试通过这一过程来构建仿生的有机-无机复合膜。

3.3.2　仿生矿化膜的类型

仿生矿化膜在本质上是一种有机-无机复合膜。广义的矿化膜是在膜制备或改性过程中，无机前驱体通过与膜表面的相互作用，被诱导至膜表面，然后生成无机矿物的。而仿生矿化膜中的无机矿物是通过类似于生物体内的矿化过程来实现的，特别是矿化基质与矿物的相互作用与生物体内相仿。

膜表面的矿化过程一般是通过“聚合物膜-媒介层-矿物层”三层复合模型来实现的。具体而言，首先，聚合物膜表面需要构建一层“媒介层”（或成膜聚合物本身带有媒介基团），媒介层的主要作用有以下两个方面：

(1)通过静电作用、配位作用等诱导矿物前驱体在表面的富集，也可能具备引发矿物成核生长的能力；

(2)与聚合物膜和矿物层都有很好的相容性，能够稳定连接二者。

这要求媒介层具有均匀性、稳定性及有机/无机界面相容性。然后，在媒介层的诱导下，无机前驱体在膜表面富集，随后引发矿物的生长(可通过加入外加组分或前驱体自身水解缩聚等过程实现)，从而实现矿化过程。

由于不同的膜孔径范围不同，而矿物粒子的尺寸也有所差别，因此在矿化膜中矿物的分布有所差别。当矿物尺寸小于膜孔孔径时，矿物可沿孔壁分布，若矿物形成连续保形涂层，则看上去就像给膜穿了一件“矿物外衣”，膜的孔结构基本会保持，孔径可能会缩小。当矿物尺寸与膜孔尺寸相当时，矿物则无法形成包覆涂层，而是以颗粒形式分布在膜内，对膜的亲水性提高有所帮助。如果此时矿物形成连续涂层，则会导致膜孔堵塞。当矿物尺寸大于膜孔尺寸时，膜表面附着有大块的晶体，矿化不再有意义。

从矿化原理上看，矿化过程可以分为快速沉淀法和溶胶-凝胶法两种。快速沉淀法适用于溶度积常数较小的矿物的矿化过程，如碳酸钙、硫酸钡等，其过程一般是通过组成矿物的两种阴阳离子在过饱和状态下沉淀，从而形成矿物粒子。以碳酸钙为例，其矿化过程有交替浸渍法(ASP)、CO_2扩散法以及过饱和溶液法。其中，交替浸渍法速度最快，通过将荷负电的基底依次浸入含有 CO_3^{2-} 与 Ca^{2+} 的溶液中，当其中一种离子浓度较大时，电离平衡向沉淀方向移动，从而形成矿物。气体扩散法与过饱和溶液法相比相对较慢，但原理上均是通过促使溶解-沉淀平衡向矿物形成方向移动来实现的。

溶胶-凝胶法则是以无机物或金属醇盐通过水解与缩合反应形成溶胶，再经过陈化过程形成凝胶层，如二氧化硅、二氧化钛、二氧化锆等。以二氧化硅为例，其前驱体，如 $Si(OR)_4$ 型硅酸酯可在酸性或碱性条件下发生水解形成 $Si(OH)_4$，$Si(OH)_4$ 再通过脱水缩合过程发生溶胶-凝胶转变，从而形成纳米二氧化硅颗粒。

从膜制备的角度上看快速沉淀法的特点是过程简便，矿物沉积速度快，同时矿物尺寸较难控制，容易形成微米级的晶体；而溶胶-凝胶法过程较慢，影响因素较多，可控性强，能够较易实现纳米尺度矿物的制备。对于前者而言，其应用于仿生矿化膜制备的主要技术难点在于如何控制矿物粒子的尺寸并保持稳定，而对于后者，选择合适的前驱体与水解条件则显得更为重要。在实际操作中显然溶胶-凝胶法更为便捷。从亲水化角度上考虑，适用于快速沉淀法的矿物主要是离子型矿物，其与水分子之间通过离子水合效应相互作用，而适用于溶胶-凝胶法的矿物多为共价型矿物，一般是表面羟基与水分子通过氢键相互作用，前者产物较后者产物具有更强的亲水性与亲水基团稳定性。

3.3.3　常见的仿生矿化膜

3.3.3.1　碳酸钙矿化膜

浙江大学徐志康课题组率先提出了基于碳酸钙的仿生矿化膜，并对此展开了一系列研究工作[173-175]。他们首先通过紫外光引发接枝聚合，在聚丙烯微滤膜表面接枝了聚丙烯酸

(PAA)媒介层，由于 PAA 是一种常见的聚阴离子，其—COO^- 与 Ca^{2+} 存在较强的静电作用，因此常被作为聚合物模板用于碳酸钙仿生矿化研究。然后，他们通过交替浸渍法，将接枝膜交替浸入 $CaCl_2$ 及 Na_2CO_3 溶液中，从而在膜表面得到了几纳米至几十纳米厚的碳酸钙涂层，两种典型的仿生矿化膜构建途径如图 3-36 所示。在这一过程中，聚丙烯酸诱导并稳定了无定型碳酸钙的形成过程，制备得到的矿化膜表面矿物覆盖率高，矿化过程贯穿于整张膜中，就像给聚合物膜穿了一件矿物“外衣”。值得注意的是，聚丙烯酸对碳酸钙的稳定作用非常重要，因为结晶的碳酸钙(如方解石、霰石等)尺寸往往较大，一般在几微米至几十微米之间，已经赶超微滤膜孔径，此时的矿物层不再是表面的修饰层，而是分散在表面的颗粒，并且可能堵塞膜孔，而经过聚丙烯酸稳定后的无定型碳酸钙尺寸可保持在纳米级；另一方面，聚丙烯酸链上的羧基具有较强的水合能力，自身就是一种优良的亲水改性材料，也被用于膜表面的接枝改性，但电离状态下的聚丙烯酸链易溶胀，导致膜孔变小，这种溶胀效应甚至会抵消其亲水化带来的通量提高。矿化形成碳酸钙纳米涂层可使聚丙烯酸链塌缩并固定，从而有效地解决了聚合物刷的溶胀问题。矿化后的聚合物膜表面亲水性大幅提高，水滴可瞬间渗入膜内，其纯水通量也较未改性的聚丙烯微孔膜提高几十倍，甚至可以用其进行常压过滤。同时，矿物涂层使得膜表面形成纳米级的粗糙结构，其在水下表现出优异的超疏油性与抗油黏附能力，可被用于油水分离，相关内容我们将在第四章中详细讨论。

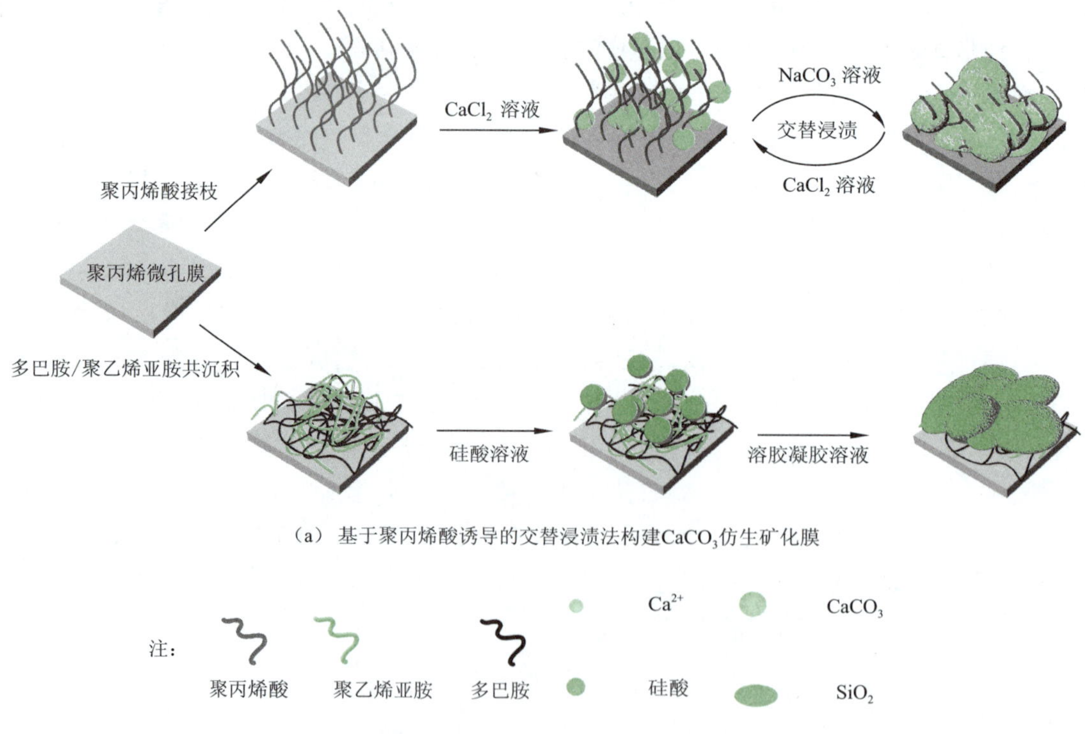

图 3-36 两种典型的仿生矿化膜构建途径

在此基础上，他们又制备了基于碳酸钙矿物的仿生矿化超滤膜。首先将PVDF或PAN与PAA共混，利用非溶剂致相分离法成膜，再利用交替浸渍法进行矿化[176,177]。由于PAA链更为亲水，因此在分相过程中其主要分布在膜的界面处，并可通过静电作用吸附Ca^{2+}，以实现随后的矿化过程。事实上，由于共混法得到的超滤膜PAA含量有限，因此无法实现微滤膜表面的高矿物覆盖率。超滤膜分离层的膜孔孔径往往在几十纳米左右，这与矿物尺寸较为接近，因此高的表面矿物覆盖率可能会造成膜孔堵塞。而在膜的大孔支撑层里，矿物涂层则与微滤膜类似。基于碳酸钙优异的吸附性能及超滤膜的截留性能，矿化后的超滤膜可用于含染料废水的脱色与净化。

基于碳酸钙的矿化膜也存在一定的缺陷。例如，碳酸钙的稳定性较差，在长期的水流冲刷下会逐步流失，在酸性条件下也会发生溶解，而在工业生产过程中，膜清洗过程中常用酸性溶液来清洗膜表面的钙盐及其他金属氧化物或氢氧化物；另一方面，碳酸钙在膜表面通常是以污染物的状态存在，它能够吸附水体中其他污染物如蛋白质等，造成膜表面的进一步污染。

3.3.3.2　二氧化硅矿化膜

除了碳酸钙之外，二氧化硅也是生物体中较为常见的一类矿物。二氧化硅具有以下优点：前驱体种类较多，可通过溶胶-凝胶法简便制备；其表面含有丰富的硅羟基，具有优异的亲水性；能与各种硅烷偶联剂反应，后功能化能力强。因此，二氧化硅也常被用作膜的亲水改性添加剂。而在生物体内，硅矿物是通过硅蛋白催化前驱体缩合反应得到的。氨基在这一过程中可通过静电作用诱导硅酸的富集并催化其缩聚反应。例如，Lee等[178]通过共沉积法在聚乙烯(PE)微孔膜表面修饰了聚多巴胺与2-二甲氨基乙硫醇，其中邻苯二酚可与巯基共价连接。然后，他们将修饰好的膜浸润原硅酸溶液中诱导二氧化硅凝胶的形成，最终得到了仿生硅化的聚乙烯膜。该膜表面浸润性大幅提高，作为电池隔膜可有效提高电解质液的保有率，性能得到提高。同时，无机涂层能够显著提高膜的热稳定性，特别是在高温环境下的热收缩性。与之类似，徐志康课题组也通过聚多巴胺/聚乙烯亚胺涂层在聚丙烯为孔膜表面构建了二氧化硅“外衣”。经过二氧化硅改性后的聚丙烯膜具有优异的亲水性，与碳酸钙矿化膜类似，表面矿物形成的微纳结构能够有效提高膜的水下抗油能力，表现出优异的油水分离性能[179]。

除了二氧化硅和碳酸钙之外，也有许多其他类型的矿物通过矿化过程与聚合物膜复合，如二氧化钛、二氧化锆等。

3.3.4　仿生矿化膜的优势与存在的问题

仿生矿化法作为一种新的有机-无机复合膜的构建方法，相较于传统的有机-无机复合膜而言具有许多优势。有机-无机复合膜设计的初衷是通过引入无机组分提升膜的性能或拓展膜的功能。无论是利用无机矿物的天然亲水性来改善膜的亲水性，还是引入具有催化、吸附性能的功能型矿物以拓展膜的应用范围，无机矿物与分离介质的有效接触都至关重要。因此，表面矿物覆盖率是决定复合膜性能的关键因素。目前所报道的仿生矿化膜大都通过界面矿化过程实现，表面无机覆盖率较高，有利于其性能的发挥。此外，无机矿物所具备的刚性特征能够提高聚合物骨架的稳定性，使其在干燥、加热等过程中不易收缩。

另一方面，仿生矿化膜也存在一定的局限性。矿物生长过程相对缓慢，不适合大规模及连续化制备。同时，能够矿化的矿物种类较为有限，且除了亲水改性外目前尚无其他功能应用。因此，仿生矿化膜在未来的研究中需要在以下方面做出努力：

(1)开发更多矿化途径及矿物功能；

(2)利用仿生矿化过程制备初生矿化膜，再经过物理或化学过程，诱导其转变为生物体内不存在的晶型或功能结构；

(3)在现有的矿化膜基础上，通过化学或物理过程进一步修饰，或构建复杂结构。

总之，仿生矿化膜作为一种新兴的仿生膜材料，为制备高表面无机覆盖率的有机-无机复合膜提供了新的思路。

3.4 仿生修饰膜发展现状及趋势

人类对于自然的理解与认识是一个永无止境的过程，我们感叹大自然对生物鬼斧神工般的雕琢，也师法自然从中获取知识与灵感。仿生材料作为材料学发展的重要分支，其构筑方法、构效关系、功能应用已逐渐成为研究热点。

1. 糖基化分离膜

糖基化分离膜是一种较早的仿生膜构建方法，其模仿的是生物体细胞膜上的糖链结构，属于典型的功能仿生材料。从本质上讲，糖链在膜表面的功能主要取决于其所具有的“吸附特异性”，一方面，糖链上含有大量的亲水基团，这使得其对与非特异性的物质具有较好的抗吸附性，这一特性被用于膜表面亲水改性以提高膜的抗污染性能；另一方面，糖链的特殊结构使得其对有特异性作用位点的物质具有较高的选择吸附性，因此可用于亲和膜的制备。由此可见，糖链与膜都是具有选择性的，糖链的选择性来源于分子的相互作用，是一种主动的选择性，膜的选择性来源于孔径筛分效应，是一种被动的选择性，二者相结合构建具有更高选择性的分离材料。

2. 基于贻贝仿生膜

基于贻贝仿生化学的膜表面修饰策略已经成为膜领域的研究热点之一。以多巴胺为代表的儿茶酚胺类化合物具有万能粘附性，在聚合物膜特别是由常见的低表面能聚合物(聚丙烯、聚偏氟乙烯、聚四氟乙烯等)组成的膜的表面改性上具备独特的优势。另一方面，聚多巴胺分子的后功能化能力强，为膜表面改性提供了更多的可能。在聚多巴胺的黏附过程中，其主要模仿了贻贝腹足蛋白中的邻苯二酚结构，属于典型的结构仿生材料。随着该领域的进一步发展，聚多巴胺更多地成为了“工具”，为膜表面带来更多的惊喜。

3. 仿生矿化膜

仿生矿化膜则是一种新兴的有机-无机复合膜。相比于其他有机-无机复合膜来说，仿生矿化膜最大的特点在于其具有极高的表面矿物覆盖率，从而能够使得无机矿物的性能发挥到最大化。相较于前面两种仿生膜，仿生矿化膜主要是模拟了生物体内矿物的生成过程，属于

(制备)过程仿生材料。仿生矿化膜尚处在起步阶段,其未来的研究方向主要集中在以下几个方面:

(1)矿化方法学与矿物类型的拓展。现有的矿化膜主要负载碳酸钙、二氧化硅、氧化钛等常见的矿物,在矿化方法上目前主要以交替沉积法和溶胶凝胶法为主,过程相对烦琐或耗时,需要找到更为快速的过程以适应实际生产的需要。

(2)矿化膜结构的拓展。目前的矿化膜都是单一矿物的矿化膜,需要设计更为复杂的复合结构,如单层多矿复合或多层矿物结构,此外,矿物表面的后修饰也是研究的方向之一。

(3)功能拓展。现有矿化膜的主要功能依旧在于亲水化改性,应用仅限于油水分离,需要进一步拓展其应用范围。

参考文献

[1] TATON T A. Bio-nanotechnology: Two-way traffic[J]. Nature materials, 2003, 2: 73-74.

[2] 江雷,冯琳. 仿生智能纳米界面材料[M]. 北京:化学工业出版社,2007.

[3] 杨谦. 聚丙烯微孔膜表面的糖基化研究[D]. 杭州:浙江大学, 2007.

[4] YU D G, LIN W C, YANG M C. Surface modification of poly(L-lactic acid) membrane via layer-by-layer assembly of silver nanoparticle-embedded polyelectrolyte multilayer[J]. Bioconjugate Chemistry, 2007, 18: 1521-1529.

[5] YU D G, JOU C H, LIN W C, et al. Surface modification of poly(tetramethylene adipate-co-terephthalate) membrane via layer-by-layer assembly of chitosan and dextran sulfate polyelectrolyte multiplayer[J]. Colloids and Surfaces B: Biointerfaces, 2007, 54: 222-229.

[6] HAMZAH S, ALI N, MOHAMMAD A W, et al. Design of chitosan/PSF self-assembly membrane to mitigate fouling and enhance performance in trypsin separation[J]. Journal of Chemical Technology and Biotechnology, 2012, 87: 1157-1166.

[7] MAHLICLI F Y, ALTINKAYA S A. Surface modification of polysulfone based hemodialysis membranes with layer by layer self assembly of polyethyleneimine/alginate-heparin: a simple polyelectrolyte blend approach for heparin immobilization[J]. Journal of Materials Science, 2013, 24: 533-546.

[8] 柯蓓蓓. 聚苯乙烯有序多孔膜的多层次结构调控与功能化[D]. 杭州:浙江大学, 2011.

[9] FUKUI S, FEIZI T, GALUSTIAN C, et al. Oligosaccharide microarrays for high-throughput detection and specificity assignments of carbohydrate-protein interactions[J]. Nature Biotechnology, 2002, 20: 1011-1017.

[10] MOLLER I, MARCUS S E, HAEGER A, et al. High-throughput screening of monoclonal antibodies against plant cell wall glycans by hierarchical clustering of their carbohydrate microarray binding profiles [J]. Glycoconjugate Journal, 2008, 25: 37-48.

[11] LU H F, LIM WS, WANG J, et al. Galactosylated PVDF membrane promotes hepatocyte attachment and functional maintenance[J]. Biomaterials, 2003, 24: 4893-4903.

[12] ZHU Y X, XIA S S, LIU G P, et al. Preparation of ceramic-supported poly(vinyl alcohol)-chitosan composite membranes and their applications in pervaporation dehydration of organic/water mixtures[J]. Journal of Membrane Science, 2010, 349: 341-348.

[13] DOGAN H, HILMIOGLU N D. Chitosan coated zeolite filled regenerated cellulose membrane for dehydration of ethylene glycol/water mixtures by pervaporation[J]. Desalination, 2010, 258: 120-127.

[14] TSAI H A, CHEN W H, KUO C Y, et al. Study on the pervaporation performance and long-term stability of aqueous iso-propanol solution through chitosan/polyacrylonitrile hollow fiber membrane[J]. Journal of Membrane Science, 2008, 309: 146-155.

[15] BEHARY N, PERWUELZ A, CAMPAGNE C, et al. Adsorption of surfactin produced from Bacillus subtilis using nonwoven PET (polyethylene terephthalate) fibrous membranes functionalized with chitosan[J]. Colloids and Surfaces B: Biointerfaces, 2012, 90: 137-143.

[16] XU Z K, KOU R Q, LIU Z M, et al. Incorporating α-allyl glucoside into polyacrylonitrile by water-phase precipitation copolymerization to reduce protein adsorption and cell adhesion[J]. Macromolecules, 2003, 36: 2441-2447.

[17] YANG Q, WU J, LI J J, et al. Nanofibrous sugar sticks electrospun from glycopolymers for protein separation via molecular recognition[J]. Macromolecular Rapid Communications, 2006, 27: 1942-1948.

[18] ZHAO Q, ZHANG J M, SONG L J, et al. Polysaccharide-based biomaterials with on-demand nitric oxide releasing property regulated by enzyme catalysis[J]. Biomaterials, 2013, 34: 8450-8458.

[19] KE B B, WAN L S, ZHANG W X, et al. Controlled synthesis of linear and comb-like glycopolymers for preparation of honeycomb-patterned films[J]. Polymer, 2010, 51: 2168-2176.

[20] DAI Z W, NIE F Q, XU Z K. Acrylonitrile-based copolymer membranes containing reactive groups: Fabrication dual-layer biomimetic membranes by the immobilization of biomacromolecules[J]. Journal of Membrane Science, 2005, 264: 20-26.

[21] CHE A F, LIU Z M, HUANG X J, et al. Chitosan-modified poly(acrylonitrile-co-acrylic acid) nanofibrous membranes for the immobilization of Concanavalin A [J]. Biomacromolecules, 2008, 9: 3397-3403.

[22] CHE A F, HUANG X J, XU Z K. Polyacrylonitrile-based nanofibrous membrane with glycosylated surface for lectin affinity adsorption[J]. Journal of Membrane Science, 2011, 366: 272-277.

[23] HUANG X J, GUDURU D, GROTH T, et al. Immobilization of heparin on polysulfone membranes for preferential adsorption of low-density lipoprotein (LDL) [J]. International Journal of Artificial Organs, 2009, 32: 419-419.

[24] HUANG X J, GUDURU D, XU Z K, et al. Immobilization of heparin on polysulfone surface for selective adsorption of low-density lipoprotein (LDL) [J]. Acta Biomaterialia, 2010, 6: 1099-1106.

[25] LI J, HUANG X J, JI J, et al. Covalent heparin modification of a polysulfone flat sheet membrane for selective removal of low-density lipoproteins: a simple and versatile method[J]. Macromolecular Bioscience, 2011,11: 1218-1226.

[26] ZHU Y B, GAO C Y, LIU X Y, et al. Surface modification of polycaprolactone membrane via aminolysis and biomacromolecule immobilization for promoting cytocompatibility of human endothelial cells[J]. Biomacromolecules, 2002, 3: 1312-1319.

[27] MIYAGAWA A, KASUYA M C Z, HATANAKA K. Immobilization of glycoconjugate polymers on cellulose membrane for affinity separation[J]. Bulletin of the Chemical Society of Japan, 2006, 79: 348--356.

[28] MIYAGAWA A, KASUYA M C Z, HATANAKA K. Elimination filter for verotoxins - Highly adsorbing by glycoconjugate polymer[J]. Chemistry Letters, 2008, 37: 438-439.

[29] KEUSGEN M, GLODEK J, MILKA P, et al. Immobilization of enzymes on PTFE surfaces[J]. Biotechnology and Bioengineering, 2001, 72: 530-540.

[30] GLODEK J, MILKA P, KREST I, et al. Derivatization of fluorinated polymers and their potential use for the construction of biosensors[J]. Sensors and Actuators B-Chemical, 2002, 83: 82-89.

[31] TABARY N, LEPRETRE S, BOSCHIN F, et al. Functionalization of PVDF membranes with carbohydrate derivates for the controlled delivery of chlorhexidin[J]. Biomolecular Engineering, 2007, 24: 472-476.

[32] 代正伟，万灵书，徐志康. 高分子分离膜表面的糖基化[J]. 中国科学 B 辑：化学，2008，38：676-684.

[33] YANG Q, XU Z K, HU M X, et al. Novel sequence for generating glycopolymer tethered on a membrane surface[J]. Langmuir, 2005, 21: 10717-10723.

[34] YANG Q, TIAN J, DAI Z W, et al. Novel photoinduced grafting-chemical reaction sequence for the construction of a glycosylation surface[J]. Langmuir, 2006, 22: 10097-10102.

[35] HU M X, WAN L S, LIU Z M, et al. Fabrication of glycosylated surfaces on microporous polypropylene membranes for protein recognition and adsorption[J]. Journal of Materials Chemistry, 2008, 18: 4663-4669.

[36] HU M X, XU Z K. Carbohydrate decoration of microporous polypropylene membranes for lectin affinity adsorption: comparison of mono- and disaccharides[J]. Colloids and Surfaces B: Biointerfaces, 2011, 85: 19-25.

[37] 王苍. 高密度糖基化聚丙烯微孔亲和膜的点击化学制备及其蛋白质分离研究[D]. 杭州：浙江大学，2011.

[38] WANG C, WU J, XU Z K. High-density glycosylation of polymer membrane surfaces by click chemistry for carbohydrate-protein recognition [J]. Macromolecular Rapid Communications, 2010, 31: 1078-1082.

[39] YING L, YIN C, ZHUO R X, et al. Immobilization of galactose ligands on acrylic acid graft-copolymerized poly(ethylene terephthalate) film and its application to hepatocyte culture[J]. Biomacromolecules, 2003, 4: 157-165.

[40] CHU L Q, TAN W J, MAO H Q, et al. Characterization of UV-induced graft polymerization of poly(acrylic acid) using optical waveguide spectroscopy[J]. Macromolecules, 2006, 39: 8742-8746.

[41] YANG Q, XU Z K, ULBRICHT M. Surface modification of polypropylene microporous membrane by the immobilization of dextran [J]. Chemical Journal of Chinese Universities-Chinese, 2005, 26: 189-191.

[42] KOU R Q, XU Z K, DENG H T, et al. Surface modification of microporous polypropylene membranes by plasma-induced graft polymerization of alpha-allyl glucoside[J]. Langmuir, 2003, 19: 6869-6875.

[43] YU H Y, HU M X, XU Z K. Improvement of surface properties of poly(propylene) hollow fiber microporous membranes by plasma-induced tethering of sugar moieties[J]. Plasma Processes and Polymers, 2005, 2: 627-632.

[44] YANG Q, HU M X, DAI Z W, et al. Fabrication of glycosylated surface on polymer membrane by UV-induced graft polymerization for lectin recognition[J]. Langmuir, 2006, 22: 9345-9349.

[45] YANG Q, XU Z K, DAI Z W, et al. Surface modification of polypropylene microporous membranes with a novel glycopolymer[J]. Chemistry of Materials, 2005, 17: 3050-3058.

[46] RENAUDIE L, LE NARVOR C, LEPLEUX E, et al. Functionalization of poly(ethylene terephthalate) fibers by photografting of a carbohydrate derivatized with a phenyl azide group[J]. Biomacromolecules, 2007, 8: 679-685.

[47] YANG Q, TIAN J, HU M X, et al. Construction of a comb-like glycosylated membrane surface by a combination of UV-induced graft polymerization and surface-initiated ATRP[J]. Langmuir, 2007, 23: 6684-6690.

[48] KE B B, WAN L S, XU Z K. Controllable construction of carbohydrate microarrays by site-directed grafting on self-organized porous films[J]. Langmuir, 2010, 26: 8946-8952.

[49] JOBRON L, SUJINO K, HUMMEL G, et al. Glycosyltransferase assays utilizing N-acetyllactosamine acceptor immobilized on a cellulose membrane[J]. Analytical Biochemistry, 2003, 323: 1-6.

[50] EGUSA S, YOKOTA S, TANAKA K, et al. Surface modification of a solid-state cellulose matrix with lactose by a surfactant-enveloped enzyme in a nonaqueous medium[J]. Journal of Materials Chemistry, 2009, 19: 1836-1842.

[51] ESAKI K, YOKOTA S, EGUSA S, et al. Preparation of lactose-modified cellulose films by a nonaqueous enzymatic reaction and their biofunctional characteristics as a scaffold for cell culture[J]. Biomacromolecules, 2009, 10: 1265-1269.

[52] FANG Y, XU W, WU J, et al. Enzymatic transglycosylation of PEG brushes by beta-galactosidase [J]. Chemical Communications, 2012, 48: 11208-11210.

[53] BUNDY J L, FENSELAU C. Lectin and carbohydrate affinity capture surfaces for mass spectrometric analysis of microorganisms[J]. Analytical Chemistry, 2001, 73: 751-757.

[54] SUN X L, FAUCHER K M, HOUSTON M, et al. Design and synthesis of biotin chain-terminated glycopolymers for surface glycoengineering[J]. Journal of the American Chemical Society, 2002, 124: 7258-7259.

[55] DAI Z W, WAN L S, XU Z K. Surface glycosylation of polymeric membranes[J]. Science in China Series B-Chemistry, 2008, 51: 901-910.

[56] 王学松. 现代膜技术及其应用指南[M]. 北京:化学工业出版社,2005.

[57] DAI Z W, WAN L S, XU Z K. Surface glycosylation of polyacrylonitrile ultrafiltration membrane to improve its anti-fouling performance[J]. Journal of Membrane Science, 2008, 325: 479-485.

[58] TANG Z Q, LI W, ZHOU J, et al. Antifouling characteristics of sugar immobilized polypropylene microporous membrane by activated sludge and bovine serum albumin[J]. Separation and Purification Technology, 2009, 64: 332-336.

[59] GU J S, YU H Y, HUANG L, et al. Chain-length dependence of the antifouling characteristics of the glycopolymer-modified polypropylene membrane in an SMBR[J]. Journal of Membrane Science, 2009, 326: 145-152.

[60] SEMENOVA S I, OHYA H, SOONTARAPA K. Hydrophilic membranes for pervaporation: an ana-

lytical review[J]. Desalination, 1997, 110: 251-286.

[61] CHAPMAN P D, OLIVEIRA T, LIVINGSTON A G, et al. Membranes for the dehydration of solvents by pervaporation[J]. Journal of Membrane Science, 2008, 318: 5-37.

[62] ZHAO C H, WU H, LI X S, et al. High performance composite membranes with a polycarbophil calcium transition layer for pervaporation dehydration of ethanol[J]. Journal of Membrane Science, 2013, 429: 409-417.

[63] DOGAN H, HILMIOGLU N D. Zeolite-filled regenerated cellulose membranes for pervaporative dehydration of glycerol[J]. Vacuum, 2010, 84: 1123-1132.

[64] DAI Z W, WAN L S, XU Z K. Glycopolymer-filled microporous polypropylene membranes for pervaporation dehydration[J]. Journal of Membrane Science, 2010, 348: 245-251.

[65] FAUCHER K M, SUN X L, CHAIKOF E L. Fabrication and characterization of glycocalyx-mimetic surfaces[J]. Langmuir, 2003, 19: 1664-1670.

[66] LAURENT N, VOGLMEIR J, FLITSCH S L. Glycoarrays - tools for determining protein-carbohydrate interactions and glycoenzyme specificity[J]. Chemical Communications, 2008, 37: 4400-4412.

[67] HORLACHER T, SEEBERGER P H. Carbohydrate arrays as tools for research and diagnostics[J]. Chemical Society Reviews, 2008, 37: 1414-1422.

[68] FAZIO F, BRYAN M C, BLIXT O, et al. Synthesis of sugar arrays in microtiter plate[J]. Journal of the American Chemical Society, 2002, 124: 14397-14402.

[69] HUANG G L, ZHANG H C, WANG P G. Fabrication and application of neoglycolipid arrays in a microtiter plate[J]. Bioorganic & Medicinal Chemistry Letters, 2006, 16: 2031-2033.

[70] LIANG P H, WANG S K, WONG C H. Quantitative analysis of carbohydrate-protein interactions using glycan microarrays: determination of surface and solution dissociation constants[J]. Journal of the American Chemical Society, 2007, 129: 11177-11184.

[71] SUN X L, STABLER C L, CAZALIS C S, et al. Carbohydrate and protein immobilization onto solid surfaces by sequential Diels-Alder and azide-alkyne cycloadditions[J]. Bioconjugate chemistry, 2006, 17: 52-57.

[72] FRITZ M C, HÄHNER G, SPENCER N D. Self-assembled hexasaccharides: Surface characterization of thiol-terminated sugars adsorbed on a gold surface[J]. Langmuir, 1996, 12: 6074-6082.

[73] LI Y, LEE M L. Biocompatible polymeric monoliths for protein and peptide separations[J]. Journal of Separation Science, 2009, 32: 3369-3378.

[74] CHE A F, NIE F Q, HUANG X D, et al. Acrylonitrile-based copolymer membranes containing reactive groups: Surface modification by the immobilization of biomacromolecules[J]. Polymer, 2005, 46: 11060-11065.

[75] ZHU Y B, GAO C Y, HE T, et al. Layer-by-layer assembly to modify poly(L-lactic acid) surface toward improving its cytocompatibility to human endothelial cells[J]. Biomacromolecules, 2003, 4: 446-452.

[76] LEE Y C, LEE R T. Carbohydrate-protein interactions: Basis of glycobiology[J]. Accounts of Chemical Research, 1995, 28: 321-327.

[77] BANERJEE R, DAS K, RAVISHANKAR R, et al. Conformation, protein-carbohydrate interactions

and a novel subunit association in the refined structure of peanut lectin-lactose complex[J]. Journal of Molecular Biology, 1996, 259: 281-296.

[78] RAVISHANKAR R, SUROLIA A, VIJAYAN M, et al. Preferred conformation of C-lactose at the free and peanut lectin bound states[J]. Journal of the American Chemical Society, 1998, 120: 11297-11303.

[79] 胡梦欣. 聚丙烯微孔膜的高密度糖基化及其应用基础研究[D]. 杭州:浙江大学, 2009.

[80] GOLDSTEIN I J, REICHERT C M, MISAKI A, et al. Extension of carbohydrate binding specificity of Concanavalin A[J]. Biochimica et Biophysica Acta, 1973, 317: 500-504.

[81] BOI C, CATTOLI F, FACCHINI R, et al. Adsorption of lectins on affinity membranes[J]. Journal of Membrane Science, 2006, 273: 12-19.

[82] CATTOLI F, BOI C, SORCI C, et al. Adsorption of pure recombinant MBP-fusion proteins on amylose affinity membranes[J]. Journal of Membrane Science, 2006, 273: 2-11.

[83] HU M X, WAN L S, XU Z K. Multilayer adsorption of lectins on glycosylated microporous polypropylene membranes[J]. Journal of Membrane Science, 2009, 335: 111-117

[84] HUANG X J, GUDURU D, XU Z K, et al. Blood compatibility and permeability of heparin-modified polysulfone as potential membrane for simultaneous hemodialysis and LDL removal[J]. Macromolecular Bioscience, 2011, 11: 131-140.

[85] WANG W, LAN P. Surface glycosylation of poly(3-hydroxybutyrate-co-4-hydroxybutyrate) membrane for selective adsorption of low-density lipoprotein[J]. Journal of Biomaterials Science-Polymer Edition, 2014, 25: 2094-2112.

[86] MIYAGAWA A, WATANABE M, IGAI K, et al. Development of dialyzer with immobilized glycoconjugate polymers for removal of Shiga-toxin[J]. Biomaterials, 2006, 27: 3304-3311.

[87] DENG H T, XU Z K, WU J, et al. A comparative study on lipase immobilized polypropylene microfiltration membranes modified by sugar-containing polymer and polypeptide[J]. Journal of Molecular Catalysis B: Enzymatic, 2004, 28: 95-100.

[88] 邓红涛. 脂肪酶在聚丙烯微孔膜上的固定化研究[D]. 杭州:浙江大学, 2005.

[89] KLOTZBACH T L, WATT M, ANSARI Y, et al. Improving the microenvironment for enzyme immobilization at electrodes by hydrophobically modifying chitosan and Nafion (R) polymers[J]. Journal of Membrane Science, 2008, 311: 81-88.

[90] LAU C, MARTIN G, SHELLEY X ;D. MINTEER, et al. Development of a chitosan scaffold electrode for fuel cell applications[J]. Electroanalysis, 2010, 22(7-8):793-798..

[91] YE P, XU Z K, CHE A F, et al. Chitosan-tethered poly(acrylonitrile-co-maleic acid) hollow fiber membrane for lipase immobilization[J]. Biomaterials, 2005, 26: 6394-6403.

[92] YE P, XU Z K, WU J, et al. Nanofibrous poly(acrylonitrile-co-maleic acid) membranes functionalized with gelatin and chitosan for lipase immobilization[J]. Biomaterials, 2006, 27: 4169-4176.

[93] GABROVSKA K, GEORGIEVA A, GODJEVARGOVA T, et al. Poly(acrylonitrile)chitosan composite membranes for urease immobilization[J]. Journal of Biotechnology, 2007, 129: 674-680.

[94] GABROVSKA K, NEDELCHEVA T, GODJEVARGOVA T, et al. Immobilization of acetylcholinesterase on new modified acrylonitrile copolymer membranes[J]. Journal of Molecular Catalysis B-Enzy-

matic, 2008, 55: 169-176.

[95] NAGAHORI N, NIIKURA K, SADAMOTO R, et al. Glycosyltransferase microarray displayed on the glycolipid LB membrane[J]. Advanced Synthesis & Catalysis, 2003, 345: 729-734.

[96] HUBBELL J A. Bioactive biomaterials[J]. Current Opinion in Biotechnology, 1999, 10: 123-129.

[97] HENCH L L, POLAK J M. Third-generation biomedical materials[J]. Science, 2002, 295: 1014-1017.

[98] CHAN C, BERTHIAUME F, NATH B D, et al. Hepatic tissue engineering for adjunct and temporary liver support: Critical technologies[J]. Liver Transplantation, 2004, 10: 1331-1342.

[99] LECLUYSE E L, BULLOCK P L, PARKINSON A. Strategies for restoration and maintenance of normal hepatic structure and function in long-term cultures of rat hepatocytes[J]. Advanced Drug Delivery Reviews, 1996, 22: 133-186.

[100] ASHWELL G, MORELL A G. Role of surface carbohydrates in hepatic recognition and transport of circulating glycoproteins[J]. Advances in Enzymology and Related Areas of Molecular Biology, 1974, 41: 99-128.

[101] CHO C S, HOSHIBA T, HARADA I, et al. Regulation of hepatocyte behaviors by galactose-carrying polymers through receptor-mediated mechanism[J]. Reactive & Functional Polymers, 2007, 67: 1301-1310.

[102] HOSHIBA T, WAKEJIMA M, CHO C S, et al. Different regulation of hepatocyte behaviors between natural extracellular matrices and synthetic extracellular matrices by hepatocyte growth factor[J]. Journal of Biomedical Materials Research Part A, 2008, 85A: 228-235.

[103] KIM S H, HOSHIBA T, AKAIKE T. Hepatocyte behavior on synthetic glycopolymer matrix: inhibitory effect of receptor-ligand binding on hepatocyte spreading[J]. Biomaterials, 2004, 25: 1813-1823.

[104] SEO S J, KIM I Y, CHOI Y J, et al. Enhanced liver functions of hepatocytes cocultured with NIH 3T3 in the alginate/galactosylated chitosan scaffold[J]. Biomaterials, 2006, 27: 1487-1495.

[105] YANG J, GOTO M, ISE H, et al. Galactosylated alginate as a scaffold for hepatocytes entrapment [J]. Biomaterials, 2002, 23: 471-479.

[106] YIN C, YING L, ZHANG P C, et al. High density of immobilized galactose ligand enhances hepatocyte attachment and function[J]. Journal of Biomedical Materials Research Part A, 2003, 67A: 1093-1104.

[107] CHO C S, GOTO M, KOBAYASHI A, et al. Effect of ligand orientation on hepatocyte attachment onto the poly(N-p-vinylbenzyl-o-beta-D-galactopyranosyl-D-gluconamide) as a model ligand of asialoglycoprotein[J]. Journal of Biomaterials Science, 1996, 7: 1097-1104.

[108] GRIFFITH L G, LOPINA S. Microdistribution of substratum-bound ligands affects cell function: hepatocyte spreading on PEO-tethered galactose[J]. Biomaterials, 1998, 19: 979-986.

[109] MORELLI S, SALERNO S, RENDE M, et al. Human hepatocyte functions in a galactosylated membrane bioreactor[J]. Journal of Membrane Science, 2007, 302: 27-35.

[110] ZHANG S F, XIA L, KANG C H, et al. Microfabricated silicon nitride membranes for hepatocyte sandwich culture[J]. Biomaterials, 2008, 29: 3993-4002.

[111] XIA L, SAKBAN R B, QU Y H, et al. Tethered spheroids as an in vitro hepatocyte model for drug safety screening[J]. Biomaterials, 2012, 33: 2165-2176.

[112] DISNEY M D, ZHENG J, SWAGER T M, et al. Detection of bacteria with carbohydrate-functionalized fluorescent polymers[J]. Journal of the American Chemical Society, 2004, 126: 13343-13346.

[113] PASPARAKIS G, COCKAYNE A, ALEXANDER C. Control of bacterial aggregation by thermoresponsive glycopolymers[J]. Journal of the American Chemical Society, 2007, 129: 11014-11015.

[114] YANG Q, STRATHMANN M, RUMPF A, et al. Grafted glycopolymer-based receptor mimics on polymer support for selective adhesion of bacteria[J]. ACS Applied Materials & Interfaces, 2010, 2: 3555-3562.

[115] WAITE J H, TANZER M L. Polyphenolic substance of mytilus edulis: novel adhesive containing L-dopa and hydroxyproline[J]. Science, 1981, 212(4498):1038.

[116] WAITE J H. Surface chemistryMussel power[J]. Nature Materials, 2008, 7(1):8-9.

[117] LEE H, DELLATORE S M, MILLER W M, et al. Mussel-inspired surface chemistry for multifunctional coatings[J]. Science, 2007, 318(5849):426.

[118] LI Y, LIU M, XIANG C, et al. Electrochemical quartz crystal microbalance study on growth and property of the polymer deposit at gold electrodes during oxidation of dopamine in aqueous solutions [J]. Thin Solid Films, 2006, 497(1-2):270-278.

[119] BERNSMANN F, BALL V, ADDIEGO F, et al. Dopamine-melanin film deposition depends on the used oxidant and buffer solution[J]. Langmuir the ACS Journal of Surfaces & Colloids, 2011, 27(6): 2819-25.

[120] BURZIO L A, WAITE J H. Cross-Linking in adhesive quinoproteins: studies with model decapeptides [J]. Biochemistry, 2000, 39(36):11147-53.

[121] DREYER D R, MILLER D J, FREEMAN B D, et al. Elucidating the structure of poly(dopamine) [J]. Langmuir the ACS Journal of Surfaces & Colloids, 2012, 28(15):6428.

[122] HONG S, NA Y S, CHOI S, et al. Non-covalent self-assembly and covalent polymerization co-contribute to polydopamine formation[J]. Advanced Functional Materials, 2012, 22(22):4711-4717.

[123] VECCHIA N F D, AVOLIO R, ALFè M, et al. Building-block diversity in polydopamine underpins a multifunctional eumelanin-type platform tunable through a quinone control point[J]. Advanced Functional Materials, 2013, 23(10):1331-1340.

[124] XI Z Y, XU Y Y, ZHU L P, et al. A facile method of surface modification for hydrophobic polymer membranes based on the adhesive behavior of poly(DOPA) and poly(dopamine)[J]. Journal of Membrane Science, 2009, 327(1-2):244-253.

[125] JU K Y, LEE Y, LEE S, et al. Bioinspired polymerization of dopamine to generate melanin-like nanoparticles having an excellent free-radical-scavenging property[J]. Biomacromolecules, 2011, 12(3): 625-32.

[126] POSTMA A, YAN Y, WANG Y, et al. Self-polymerization of dopamine as a versatile and robust technique to prepare polymer capsules[J]. Chemistry of Materials, 2009, 21(21).

[127] HO C C, DING S J. The pH-controlled nanoparticles size of polydopamine for anti-cancer drug delivery[J]. Journal of Materials Science Materials in Medicine, 2013, 24(10):2381.

[128] JIANG J, ZHU L, ZHU L, et al. Surface characteristics of a self-polymerized dopamine coating deposited on hydrophobic polymer films[J]. Langmuir the Acs Journal of Surfaces & Colloids, 2011, 27(23):14180-7.

[129] DELLA VECCHIA N F, LUCHINI A, NAPOLITANO A, et al. Tris buffer modulates polydopamine growth, aggregation, and paramagnetic properties[J]. Langmuir the ACS Journal of Surfaces & Colloids, 2014, 30(32):9811.

[130] KIM H W, MCCLOSKEY B D, CHOI T H, et al. Oxygen concentration control of dopamine-induced high uniformity surface coating chemistry[J]. ACS Applied Materials & Interfaces, 2013, 5(2):233.

[131] H. C. YANG, Q. Y. WU, L. S. WAN, et al. Polydopamine gradients by oxygen diffusion controlled autoxidation[J]. Chemical Communications, 2013, 49: 10522-10524.

[132] YU X, FAN H, WANG L, et al. Formation of polydopamine nanofibers with the aid of folic Acid[J]. Angewandte Chemie, 2014, 53(46):12600-4.

[133] ZHANG Y, THINGHOLM B, GOLDIE K N, et al. Assembly of poly(dopamine) films mixed with a nonionic polymer[J]. Langmuir the ACS Journal of Surfaces & Colloids, 2012, 28(51):17585-92.

[134] ZHU Q, PAN Q. Mussel-inspired direct immobilization of nanoparticles and application for oil-water separation[J]. ACS Nano, 2014, 8(2):1402.

[135] LEE H, SCHERER N F, MESSERSMITH P B. Single-molecule mechanics of mussel adhesion[J]. Proceedings of the National Academy of Sciences of the United States of America, 2006, 103(35):12999.

[136] LI Y, QIN M, LI Y, et al. Single molecule evidence for the adaptive binding of DOPA to different wet surfaces[J]. Langmuir, 2014, 30(15):4358-4366.

[137] ANDERSON T H, YU J, ESTRADA A, et al. The contribution of DOPA to substrate-peptide adhesion and internal cohesion of mussel-Inspired synthetic peptide films[J]. Advanced Functional Materials, 2010, 20(23):4196.

[138] YU J, KAN Y, RAPP M, et al. Adaptive hydrophobic and hydrophilic interactions of mussel foot proteins with organic thin films[J]. Proceedings of the National Academy of Sciences of the United States of America, 2013, 110(39):15680.

[139] LI B, LIU W, JIANG Z, et al. Ultrathin and stable active layer of dense composite membrane enabled by poly(dopamine)[J]. Langmuir the Acs Journal of Surfaces & Colloids, 2009, 25(13):7368-74.

[140] MA L, QIN H, CHENG C, et al. Mussel-inspired self-coating at macro-interface with improved biocompatibility and bioactivity via dopamine grafted heparin-like polymers and heparin[J]. Journal of Materials Chemistry B, 2013, 2(4):363-375.

[141] WEI Q, LI B, YI N, et al. Improving the blood compatibility of material surfaces via biomolecule-immobilized mussel-inspired coatings[J]. Journal of Biomedical Materials Research Part A, 2011, 96a(1):38.

[142] HAN G, ZHANG S, LI X, et al. Thin film composite forward osmosis membranes based on polydopamine modified polysulfone substrates with enhancements in both water flux and salt rejection[J]. Chemical Engineering Science, 2012, 80(10):219-231.

[143] MCCLOSKEY B D, PARK H B, HAO J, et al. A bioinspired fouling-resistant surface modification

for water purification membranes[J]. Journal of Membrane Science, 2012, s 413-414(9):82-90.

[144] KASEMSET S, LEE A, MILLER D J, et al. Effect of polydopamine deposition conditions on fouling resistance, physical properties, and permeation properties of reverse osmosis membranes in oil/water separation[J]. Journal of Membrane Science, 2013, s 425-426(1):208-216.

[145] HUANG L, ARENA J T, MANICKAM S S, et al. Improved mechanical properties and hydrophilicity of electrospun nanofiber membranes for filtration applications by dopamine modification[J]. Journal of Membrane Science, 2014, 460(9):241-249.

[146] RYOU M H, LEE Y M, PARK J K, et al. Mussel-inspired polydopamine-treated polyethylene separators for high-power li-ion batteries. [J]. Advanced Materials, 2011, 23(27):3066.

[147] LI X L, ZHU L P, JIANG J H, et al. Hydrophilic nanofiltration membranes with self-polymerized and strongly-adhered polydopamine as separating layer[J]. 高分子科学(英文版), 2012, 30(2): 152-163.

[148] LI Y, WANG S, WU H, et al. Bioadhesion-inspired polymer-inorganic nanohybrid membranes with enhanced CO2 capture properties[J]. Journal of Materials Chemistry, 2012, 22(37):19617-19620..

[149] LIU G, ZHOU T, LIU W, et al. Enhanced desulfurization performance of PDMS membranes by incorporating silver decorated dopamine nanoparticles[J]. Journal of Materials Chemistry A, 2014, 2(32):12907-12917.

[150] JIANG J H, ZHU L P, ZHANG H T, et al. Improved hydrodynamic permeability and antifouling properties of poly(vinylidene fluoride) membranes using polydopamine nanoparticles as additives[J]. Journal of Membrane Science, 2014, 457(1):73-81.

[151] KANG S M, HWANG N S, YEOM J, et al. One-Step Multipurpose Surface Functionalization by Adhesive Catecholamine[J]. Advanced Functional Materials, 2012, 22(14):2949-2955.

[152] YANG H C, LIAO K J, HUANG H, et al. Mussel-inspired modification of a polymer membrane for ultra-high water permeability and oil-in-water emulsion separation[J]. Journal of Materials Chemistry A, 2014, 2(26):10225-10230.

[153] YANG H C, PI J K, LIAO K J, et al. Silica-decorated polypropylene microfiltration membranes with a mussel-inspired intermediate layer for oil-in-water emulsion separation. [J]. ACS Applied Materials & Interfaces, 2014, 6(15):12566.

[154] LV Y, YANG H C, LIANG H Q, et al. Nanofiltration membranes via co-deposition of polydopamine/polyethylenimine followed by cross-linking[J]. Journal of Membrane Science, 2015, 476:50-58.

[155] ZHOU R, REN P F, YANG H C, et al. Fabrication of antifouling membrane surface by poly(sulfobetaine methacrylate)/polydopamine co-deposition[J]. Journal of Membrane Science, 2014, 466(18): 18-25.

[156] TSAI W B, CHIEN C Y, THISSEN H, et al. Dopamine-assisted immobilization of poly(ethylene imine) based polymers for control of cell-surface interactions[J]. Acta Biomaterialia, 2011, 7(6):2518-2525.

[157] LIU Y, CHANG C P, SUN T. Dopamine-assisted deposition of dextran for nonfouling applications [J]. Langmuir the ACS Journal of Surfaces & Colloids, 2014, 30(11):3118-3126.

[158] WANG Z X, LAU C H, ZHANG N Q, et al. Mussel-inspired tailoring of membrane wettability for

harsh water treatment[J]. Journal of Materials Chemistry A, 2015, 3(6):2650-2657.

[159] WANG H, WU J, CAI C, et al. Mussel inspired modification of polypropylene separators by catechol/polyamine for Li-ion batteries[J]. ACS Applied Materials & Interfaces, 2014, 6(8):5602.

[160] MCCLOSKEY B D, PARK H B, JU H, et al. Influence of polydopamine deposition conditions on pure water flux and foulant adhesion resistance of reverse osmosis, ultrafiltration, and microfiltration membranes[J]. Polymer, 2010, 51(15):3472-3485.

[161] ZHU L P, JIANG J H, ZHU B K, et al. Immobilization of bovine serum albumin onto porous polyethylene membranes using strongly attached polydopamine as a spacer[J]. Colloids & Surfaces B Biointerfaces, 2011, 86(1):111-118.

[162] JIANG J H, ZHU L P, LI X L, et al. Surface modification of PE porous membranes based on the strong adhesion of polydopamine and covalent immobilization of heparin[J]. Journal of Membrane Science, 2010, 364: 194-202.

[163] ZHU L, YOUYI X U, ZHENYU X I, et al. Self-polymerization of dopa on polyethylene porous membranes and immobilization of heparin[J]. Acta Polymerica Sinica, 2009, 009(4):394-397.

[164] FANG L F, SHI J L, ZHU B K, et al. Facile introduction of polyether chains onto polypropylene separators and its application in lithium ion batteries[J]. Journal of Membrane Science, 2013, 448(50): 143-150.

[165] JIANG J, ZHU L, ZHU L, et al. Antifouling and antimicrobial polymer membranes based on bioinspired polydopamine and strong hydrogen-bonded poly(N-vinyl pyrrolidone)[J]. Applied Materials & Interfaces, 2013, 5(24):12895-12904.

[166] SHI J L, FANG L F, LI H, et al. Improved thermal and electrochemical performances of PMMA modified PE separator skeleton prepared via dopamine-initiated ATRP for lithium ion batteries[J]. Journal of Membrane Science, 2013, 437(12):160-168.

[167] ZHU L J, LIU F, YU X M, et al. Surface zwitterionization of hemocompatible poly(lactic acid) membranes for hemodiafiltration[J]. Journal of Membrane Science, 2015, 475:469-479.

[168] LI C Y, WANG W C, XU F J, et al. Preparation of pH-sensitive membranes via dopamine-initiated atom transfer radical polymerization[J]. Journal of Membrane Science, 2011, 367(1-2):7-13.

[169] BLOK A J, CHHASATIA R, DILAG J, et al. Surface initiated polydopamine grafted poly([2-(methacryoyloxy)ethyl]trimethylammonium chloride) coatings to produce reverse osmosis desalination membranes with anti-biofouling properties[J]. Journal of Membrane Science, 2014, 468(20): 216-223.

[170] LIAO Y, CAO B, WANG W C, et al. A facile method for preparing highly conductive and reflective surface-silvered polyimide films[J]. Applied Surface Science, 2009, 255(19):8207-8212.

[171] SHAO L, WANG Z X, ZHANG Y L, et al. A facile strategy to enhance PVDF ultrafiltration membrane performance via self-polymerized polydopamine followed by hydrolysis of ammonium fluotitanate [J]. Journal of Membrane Science, 2014, 461(7):10-21.

[172] FANG L F, SHI J L, JIANG J H, et al. Improving the wettability and thermal resistance of polypropylene separators with a thin inorganic-organic hybrid layer stabilized by polydopamine for lithium ion batteries[J]. RSC Advances, 2014, 4(43):22501-22508.

[173] CHEN P C, WAN L S, XU Z K. Bio-inspired $CaCO_3$ coating for superhydrophilic hybrid membranes with high water permeability[J]. Journal of Materials Chemistry, 2012, 22(42):22727-22733.

[174] CHEN P C, XU Z K. Mineral-coated polymer membranes with superhydrophilicity and underwater superoleophobicity for effective oil/water separation[J]. Scientific Reports, 2013, 3(6153):2776.

[175] LIAO K, YE X Y, CHEN P C, et al. Biomineralized polypropylene/$CaCO_3$ composite nonwoven meshes for oil/water separation[J]. Journal of Applied Polymer Science, 2013, 131(4).

[176] ZHI S H, WAN L S, XU Z K. Poly(vinylidene fluoride)/poly(acrylic acid)/calcium carbonate composite membranes via mineralization[J]. Journal of Membrane Science, 2014, 454:144-154.

[177] CHEN X N, WAN L S, WU Q Y, et al. Mineralized polyacrylonitrile-based ultrafiltration membranes with improved water flux and rejection towards dye[J]. Journal of Membrane Science, 2013, 441(16): 112-119.

[178] KANG S M, RYOU M H, CHOI J W, et al. Mussel- and diatom-inspired silica coating on separators yields improved power and safety in li-Ion batteries[J]. Chemistry of Materials, 2012, 24(17): 3481-3485.

[179] YANG H C, PI J K, LIAO K J, et al. Silica-decorated polypropylene microfiltration membranes with a mussel-inspired intermediate layer for oil-in-water emulsion separation.[J]. ACS Applied Materials & Interfaces, 2014, 6(15):12566.

第 4 章 均 孔 膜

因当今世界存在严重的环境、能源及食品安全等问题，同时具有高通量和高选择性的新一代压力驱动分离膜在污水净化、食品生产、生物制药等领域拥有广阔的应用潜力[1-5]。具有均一孔径的分离膜，即均孔膜，是实现这一目标的不二选择。本章中，我们将论述常见碳基均孔膜的制备方法。根据均孔膜的形成机理，主要包括以下几种制备方法：径迹蚀刻法、光刻法、呼吸图法、牺牲模板法、自组装法。另外，也对近期发展起来的碳纳米管/石墨烯膜作简要的论述。本章主要关注均孔膜的制备过程、膜形貌调控及膜材料选择等方面，并对每种方法的优劣进行简要评述。

4.1 概 述

4.1.1 几种均孔膜的优劣势

尽管由 SiO_2、Si_3N_4、Al_2O_3 等制备的无机多孔膜具有化学性质稳定、通量与截留精度高的优点，无机多孔膜仍然面临着生产成本昂贵、压力作用下易破碎等问题。此外，基于半导体工业的微电子加工技术（单晶硅微加工、电镀、热压、毛细微模塑）或阳极氧化等生产无机膜的方法耗时久，且工艺复杂[5-10]。这使得无机均孔膜的应用往往被限制在实验室及某些特殊场合。相对而言，聚合物材料的加工性能良好，加工方法多样，由聚合物组成的分离膜在目前以及未来都将是分离膜的主体[2,3,11-13]。考虑到碳元素是大多数聚合物、碳纳米管及石墨烯的基本骨架和主要组分，本章中，我们将由上述材料组成的分离膜统称为碳基分离膜。商用碳基分离膜通常由相转化法制备，其孔径分散度较高，偏差可高达 20%，膜厚一般大于几十微米，孔道蜿蜒曲折。上述特征直接影响了商用分离膜的分离精度，增大了过膜阻力，亦不利于分离膜的反冲洗及循环使用，降低了分离膜的分离性能、分离效率和耐用性能[5]。一般地，碳基聚合物均孔膜具备以下几个特征：

(1)孔径及孔形状均一，利于高精度尺寸选择性分离；

(2)膜厚小于传统分离膜厚；

(3)孔密度高，利于实现低压下的高通量分离[10,14]。

另外，碳纳米管及石墨烯等碳材料能够形成独特的取向结构，具有优异的机械性能及化学惰性，为制备高通量、高选择性分离膜提供了另一种选择[4,15-24]。

4.1.2 均孔膜的制备

在过去的几十年里，如何制备均孔膜引起了广泛关注。目前，均孔膜的制备方法中最成功的就是已经实现商业化的径迹蚀刻膜[8,25-28]。同时,在微电子光刻工业基础上发展起来的微加工技术已能够相对有效地制备碳基均孔膜[5,8,29-30]。另一方面,我们亦能够通过牺牲模板法(胶体晶体法、乳液法、生物模板法)和呼吸图法等自组装模板技术得到具有几十纳米至十几微米尺寸的均匀孔径的分离膜[31-37]。然而,当分离膜的孔径达到几纳米的尺寸时,即使是目前最先进的高分辨光刻技术,如X光、电子束、干涉光刻等技术也达到了分辨率的极限。此时,我们便需要利用非光刻方法构建具有纳米级孔径的超薄分离膜。常见的有嵌段共聚物相分离、超分子/粒子/凝胶自组装等制备方法[2,3,5,38-40]。这些自下而上的方法无需大型设备及净室技术的辅助即可得到具有规整结构的自组装膜。但是,自组装均孔膜的商业化道路还十分漫长,这需要我们能够精确、可重复地控制自组装均孔膜的性质,以及实现自组装膜的规模化制备。上述均孔膜制备方法的特点详见表4-1。

表4-1　常见均孔膜制备方法比较

制备方法	成膜材料	孔径	膜厚	孔形貌
径迹蚀刻	聚酯、聚碳酸酯、聚酰亚胺	数纳米至数微米	数十微米	圆柱、锥形、雪茄状
光学/电子束/离子束刻蚀	光交联/降解聚合物、聚甲基丙烯酸甲酯	数十纳米至十数微米	数十至数百纳米	由光掩板图案决定
软刻	广泛	数十纳米至十数微米	数十纳米至数十微米	由模板图案决定
呼吸图	以聚苯乙烯嵌段共聚物为主	数微米	数微米	单层蜂窝状圆孔
胶体晶体模板	广泛	数十纳米至数微米	数十纳米至数十微米	六方紧密堆积圆孔
乳液模板	广泛	数十纳米至数微米	由乳液用量决定	圆形,规整度差
生物模板	广泛	由生物模板决定	由生物模板决定	由生物模板决定
嵌段共聚物微相分离	嵌段共聚物	几纳米至几十纳米	几纳米至几十纳米	圆柱形、双连续
粒子自组装	聚苯乙烯微球、病毒、纳米线	由粒子尺寸决定	由粒子尺寸及层数决定	由粒子堆积方式决定
超分子自组装	蛋白质、小分子	几纳米或以下	由堆积层数决定	由分子堆积方式决定
凝胶自组装	高分子凝胶	几纳米	几百纳米至几十微米	由分子堆积方式决定
碳纳米管	碳纳米管及其改性衍生物	几十纳米(纸状膜)、几纳米(取向膜)	几十微米(纸状膜)、几微米(取向膜)	堆积成孔(纸状膜)、碳纳米管内腔(取向膜)
石墨烯	石墨烯、氧化石墨烯	几纳米或以下	由堆叠层数决定	片层堆叠成孔

需要注意的是,本章并不包括气体分离膜及金属-有机框架(MOF)分离膜的相关内容,对以上领域感兴趣的读者可以参考其他资料[41-47]。本章的目的在于全面、系统地总结碳基均孔膜的制备方法,帮助读者为自己的科学研究或工程应用选择合适的构造手段。另一方面,

我们将在对比不同制备方法的过程中，提出未来碳基均孔膜的发展的若干思路，以供参考。

4.2　径迹蚀刻膜

4.2.1　径迹蚀刻过程及孔形貌调控

径迹蚀刻膜又称核孔膜，该方法利用高能粒子轰击材料表面造成的表面损伤制备均孔膜。起初，该技术用于检测基本粒子。1964 年，Fleische 等[27,48]发现了薄膜表面的粒子轰击-刻蚀过程，该技术很快就被应用于制备具有均一孔径的多孔膜，其孔径尺寸可低至数纳米。20 世纪 70 年代早期开始，聚碳酸酯（PC）径迹蚀刻膜便已成功实现商业化，并且取得了长足的发展。关于径迹蚀刻技术的基础知识和潜在应用，读者可以参考其他经典专著[49]。径迹蚀刻膜制备方法示意图如图 4-1 所示。径迹蚀刻技术制备均孔膜大致包含两个独立的步骤：

（1）成膜材料在高能粒子辐照下，表面及内部生成潜径（latent track）；

（2）潜径在化学试剂的选择性刻蚀下溶解，形成孔道。

通过控制辐照及刻蚀条件，能够实现具有不同孔道结构、孔径及孔径/膜厚比的径迹蚀刻膜[28]。

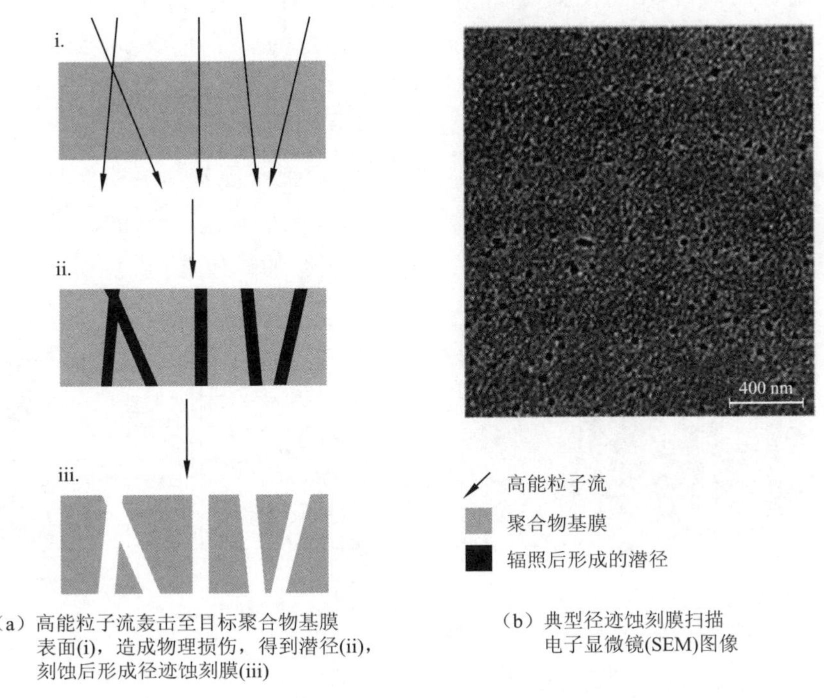

（a）高能粒子流轰击至目标聚合物基膜表面(i)，造成物理损伤，得到潜径(ii)，刻蚀后形成径迹蚀刻膜(iii)

（b）典型径迹蚀刻膜扫描电子显微镜(SEM)图像

图 4-1　径迹蚀刻膜制备方法示意图[54]

膜材料中潜径由分子量较大的粒子碎片如锎（^{252}Cf）或铀（^{235}U），或者大型加速器中的高速离子束轰击、辐照形成[27, 48-49]。著名的粒子加速器有位于德国达姆施塔特的 GSI 线型加速器、法国卡昂的 GANIL 环形加速器及中国兰州的 HIRFL-CSR 环形加速器等[28]。过去的几十年中，使用加速器制备材料潜径受到了更多的关注，相比基于核反应堆的辐照设施，其主要优点为：

(1) 当粒子能量低于库伦屏障时材料不会遭受放射性污染;

(2) 轰击粒子均匀,得到的潜径形貌相同;

(3) 离子能量更高,可穿透更厚的基材;

(4) 更容易制备高孔密度($>10^9 cm^{-2}$)的径迹蚀刻膜;

(5) 可以使用比^{235}U更重的粒子轰击,比如^{238}U;

(6) 更易控制轰击角度,能够制备相互平行或具有特定角度的潜径,以消除潜径间的重合堆叠[27,50-51]。

例如,GSI线形加速器可提供高达11.4 MeV能量的特定粒子,并将其加速至光速的15%左右。具有如此高能量的粒子能够穿透约120 μm厚的聚合物基膜[28]。对一种特定材料而言,存在一个临界分解能量密度,轰击粒子的能量高于该阈值即可在材料内部形成连续的痕迹,并诱导材料的电子激发及离子化过程,形成柱状的潜径。聚合物中的化学键被打断、破坏,断裂处释放出挥发性组分,如H_2、CO、CO_2、烃类等[52],这些损坏的区域即离子径迹,其直径通常为几纳米[53]。

通过适当调节离子束的流量,我们能够控制潜径的密度,实现从单通道至高密度交叠通道(10^{12}个·m^{-2})的调控,示意图如图4-2(a)所示。当离子的能量损失高于材料的临界分解能量密度时,轰击效果最佳。图4-2(b)所示为不同能量的离子在聚酰亚胺基膜表面的能量损失,随着轰击前后离子能量损失的减少,分别呈现出均一孔径、多分散孔径和无刻蚀效果特征的潜径。图4-2(b)中的SEM图像揭示了在离子轰击并选择性刻蚀后,离子能量损失高于临界分解能量密度的薄膜表面形成了均一孔径的通道,而离子能量损失略低于临界分解能量密度的情况下,则得到了宽孔径分布的分离膜[55]。相对原子质量较大的离子如Au、Pb、Bi、U等更易制备明显、连续的潜径,成为径迹蚀刻膜生产工艺的最佳选择[56]。

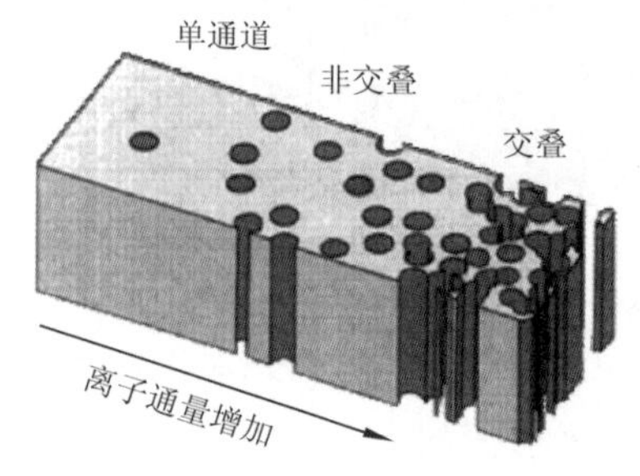

(a) 不同流量的离子轰击得到的基膜包括单通道、非交叠及交叠膜

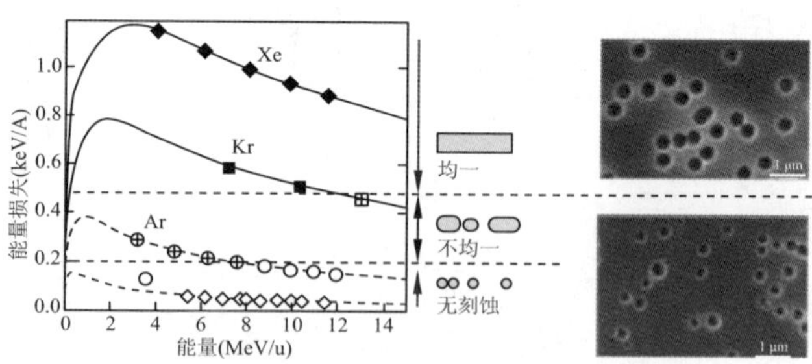

(b) 离子轰击基膜的能量损失与离子能量的关系,虚线为三种不同潜径形貌的分隔线

图4-2 离子轰击对膜结构的影响[28,55]

化学刻蚀是制备径迹蚀刻膜的成孔步骤。在该步骤中,加入适当的溶剂选择性除去材料中受损伤的潜径区域,随后该区域转变为中空的孔道。这一步骤决定了径迹蚀刻膜的孔径尺寸及膜孔形状。影响膜孔形貌的因素可由两个参数描述:未受到损伤的本体材料溶解速率(v_b),该速率各向同性;潜径区域溶解速率(v_t),该速率沿潜径方向更快,呈现各向异性。潜径区域溶解速率(v_t)与本体材料溶解速率(v_b)的影响如图4-3(a)所示,成功制备径迹蚀刻膜要

求 v_t 必须大于 v_b。基膜材料的选择及刻蚀条件如刻蚀温度、溶剂组成、刻蚀剂浓度等均对二者的比值(v_t/v_b)有影响，从而决定了径迹蚀刻膜的孔道结构。较高的 v_t/v_b 值将形成圆柱状孔通道，而较低的 v_t/v_b 值则形成圆锥形或双锥形孔道，不同孔道形貌的径迹蚀刻膜的 SEM 图像如图 4-3(b)所示。对于聚酰亚胺基膜(PI)，采用次氯酸钠(NaClO)作为刻蚀剂选择性较高[57]，而对于聚酯(PET)及 PC 基膜，氢氧化钠(NaOH)刻蚀液的效果更佳[49, 58]。将离子辐照后的聚合物基膜暴露于紫外光下一段时间，将提高潜径刻蚀速率 v_t，进而制备孔径尺寸分布更窄的径迹蚀刻膜[59-60]。

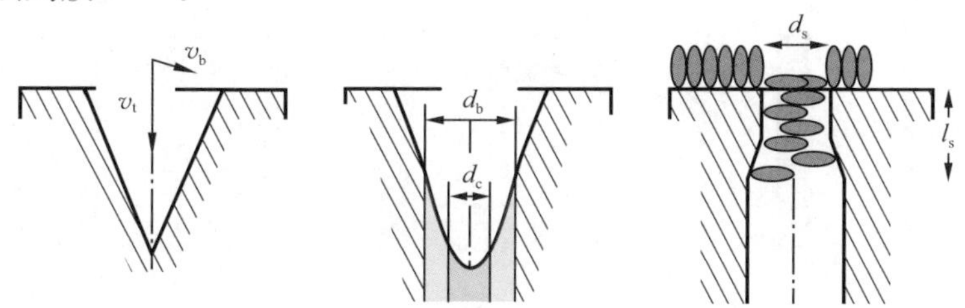

(a) 潜径区域溶解速率(v_t)与本体材料溶解速率(v_b)的影响[27,49,61-62]

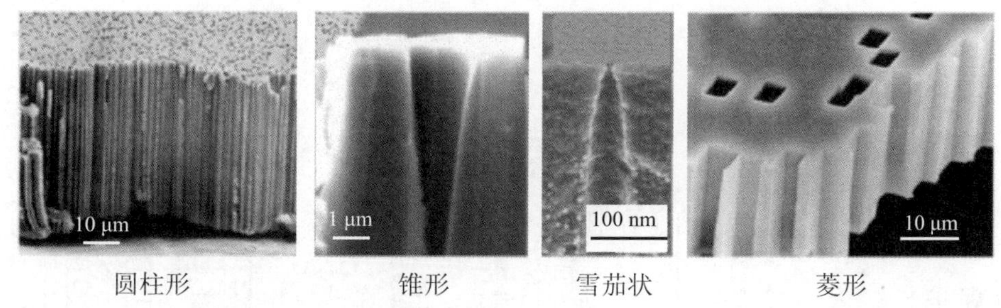

圆柱形　锥形　雪茄状　菱形

(b) 不同孔道形貌的径迹蚀刻膜的SEM图像，从左至右依次为圆柱形、锥形、雪茄状、菱形

图 4-3　不同形貌的径迹蚀刻膜孔道[57,63-64]

圆柱形孔道的均相刻蚀在恒温刻蚀浴中进行，如图 4-4(a)所示。搅拌刻蚀溶液将提高传质效率，提供均一稳定的刻蚀环境。均相和非均相刻蚀还可在两组分压力密封电解槽中完成，期间温度保持恒定，如图 4-4(b)和(c)所示。将经辐照后的基膜置于两个电解槽之间，通过测量刻蚀过程中产生的电流，我们能够实时在线监控刻蚀过程的进行。在两片金电极之间施加电压 U，通过皮安电流计记录产生的电流 I 随时间的变化。在基膜中的孔通道尚未贯通之前，基膜呈现出极大的电阻，几乎没有电流通过。而在膜孔贯通后，电流开始迅速增大，并随着孔径的进一步扩大持续增长[56]。此外，我们可以将基膜两面置于不同的溶液(刻蚀剂或中止剂)中，调节膜孔的形貌。如果将电解槽的其中一极浸入适当的刻蚀剂中，另一极置于水或中止剂中，中止剂将在孔道贯通的瞬间与刻蚀剂反应，阻止刻蚀剂进一步溶解基膜，极大地延缓甚至阻止刻蚀的进行，得到圆锥形的孔道，如图 4-4(c)所示。

以 PET、PC 及 PI 为基材的圆锥形孔径迹蚀刻膜已通过选择合适的刻蚀剂和中止剂实现制备。例如，制备 PC 及 PET 锥形孔膜通常采用不同浓度的 NaOH 溶液为刻蚀剂，氯化钾(KCl)和甲酸(HCOOH)的混合溶液为中止剂[56, 65]。在 NaOH 刻蚀剂中加入甲醇可以调节

v_b。对 30 μm 厚的 PC 基膜来说，将甲醇的体积分数由 0 提高至 80%，圆锥孔的半锥角由 0.2°增大至 3.6°[28]。而对 PI 膜来说，则采用 NaClO 溶液(初始 pH = 12.6，活性氯占 13%)为刻蚀剂，碘化钾溶液为中止剂，碘离子可以还原中和刻蚀剂中 ClO^- 离子。PI 膜中锥形孔的顶角随着 NaClO 溶液 pH 的提高而增大[66,67]。其他特殊形貌的孔道结构，比如雪茄形孔，可以通过在刻蚀过程中加入表面活性剂实现[54,63,68-70]。

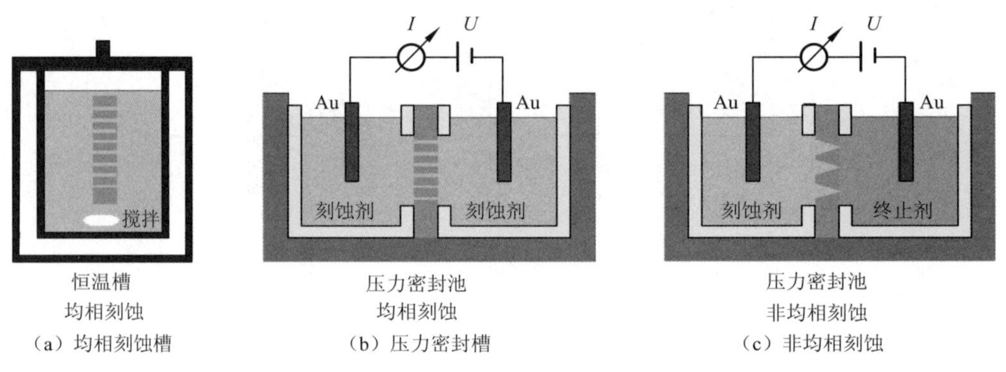

(a) 均相刻蚀槽　(b) 压力密封槽　(c) 非均相刻蚀

图 4-4　刻蚀设备示意图[28]

Apel 等研究了 PC 基膜在表面活性剂存在下刻蚀成孔的行为，当聚合物与刻蚀溶液接触时，表面活性分子将覆盖于基膜表面，部分保护材料表面免受 OH^- 离子的攻击。当刻蚀速率较高时，OH^- 离子将沿表面活性剂分子层表面扩散，引发材料表面及潜径区域碳酸酯基团中化学键的断裂。当孔洞直径达到几纳米时，表面活性剂分子将穿透孔的颈部，覆盖孔壁，如图 4-5(a)所示。由于吸收的表面活性分子层的厚度与潜径尺寸相近，表面活性剂进一步扩散进入孔内部的运动受到抑制，无法继续穿透孔颈部。相反，OH^- 离子及对应阳离子的扩散并未受到影响。这造成了孔内部空间在一段时间内无法得到表面活性剂分子的保护。由此，内部孔径将大于孔颈部尺寸。随着刻蚀的进行，孔颈部尺寸增大，表面活性分子得以进入孔通道，在孔壁形成保护层，使得孔内部的刻蚀速率恢复一致[68]。当刻蚀速率较低时，在孔内外尺寸出现差别之前，表面活性剂分子有足够的时间扩散进入生长的孔中，由于吸附的表面活性剂分子的保护作用，孔的径向刻蚀速率减缓。而潜径方向没有表面活性剂分子的保护，v_t 基本不变。因此，该情况下表面活性剂分子的作用仅仅是增大了 v_t/v_b 的值，如

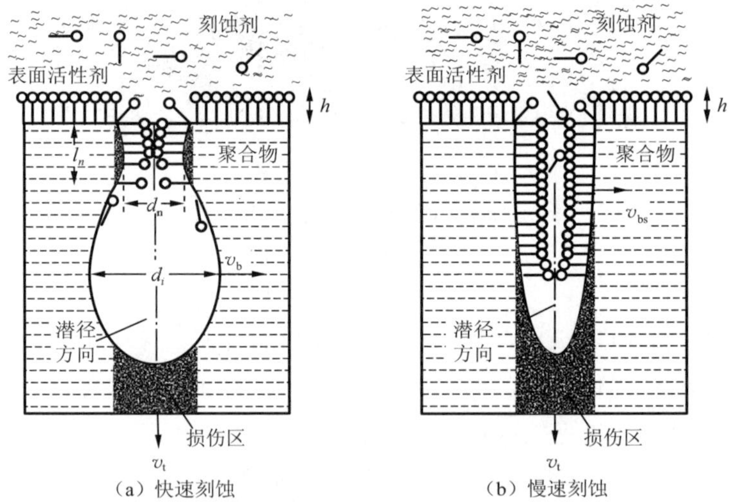

(a) 快速刻蚀　(b) 慢速刻蚀

图 4-5　在纳米尺寸的表面活性剂分子存在下的初始刻蚀阶段示意图
图中圆圈代表表面活性剂亲水端，直线代表疏水端

图 4-5(b)所示[70]。最近,Small 及合作者提出了一种新型的制备可控圆锥形孔 PC 径迹蚀刻膜的方法。将商用 PC 径迹蚀刻膜置于浓碱溶液和酸性溶液之间,通过改变酸性溶液的高度,调节静水压差,控制酸液在膜孔附近的流速,实现非均相刻蚀,从而制备可控形貌的锥形孔径迹蚀刻膜[71]。

4.2.2　纳米孔道的改性及其应用

径迹蚀刻膜理论上也可用于水处理、饮料过滤、各种沉淀的分离与富集等。其中,实验室规模过滤是径迹蚀刻膜的典型应用。在富集和分析膜表面的微小颗粒中,径迹蚀刻膜表现优异。为此,径迹蚀刻膜已被制成整套的小型过滤器件。然而,工业级的过滤过程至少需要面积在 1 m^2 以上的分离膜,市场上其他类型的分离膜竞争力同样强大,而且传统的浸没沉淀相转化膜通常具有更大的载污量及更高的产量。基于此,径迹蚀刻膜在工业级过滤领域的应用仍然十分有限[27]。

为了提高径迹蚀刻膜的分离性能,近年来,具有可逆转变性质的径迹蚀刻膜的制备引起了人们的兴趣[13]。由于功能性大分子体系具有近乎无穷的设计潜力,刺激响应性聚合物对构建新型智能分离膜至关重要。常见的刺激源包括 pH 值、盐浓度、特殊物质、温度、电场等。对小孔径迹蚀刻膜而言,分离层溶胀程度的改变将显著影响其渗透性能及选择性,这种改变可以通过触发膜材料中刺激响应性物质的基团单元改变实现。对较大孔径径迹蚀刻膜而言,于孔壁上修饰接枝功能性聚合物层,同样能够可逆地改变分离膜的渗透性能及选择性,其原理为:在溶液环境中,刺激(如 pH、盐或温度)改变接枝聚合物的构象从而影响有效孔径尺寸。Park 等分别将末端和侧基带有芳基叠氮基团的温度响应性聚异丙基丙烯酰胺(PNIPAAm)衍生物光引发接枝于 PC 径迹蚀刻膜(孔径 200 nm),得到了具有不同温度敏感性的复合膜。复合膜的温度敏感性取决于改性聚合物的类型和组成,通过色氨酸的过滤及扩散测试发现,PNIPAAm 在 PC 膜表面形成致密层与 PNIPAAm 填充在 PC 膜孔道内的径迹蚀刻膜呈现出截然相反的温度响应性。Park 等[72]提出了一个模型用以解释这种差异,水分子及色氨酸分子透过温度响应性径迹蚀刻膜示意图如图 4-6所示。另一个温度响应性径迹蚀刻膜的例子为:将聚 N-乙烯基己内酰胺

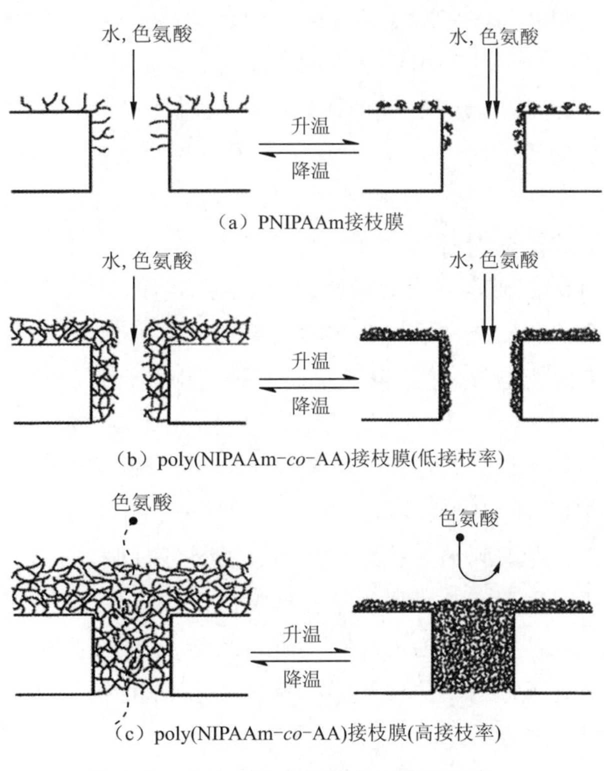

图 4-6　水分子及色氨酸分子透过温度响应性径迹蚀刻膜示意图[72]

[poly(N-vinylcaprolactam)]通过芳基叠氮基团光接枝于 PET 径迹蚀刻膜表面(孔径 400 nm),制备的复合膜的过滤通量呈现出温度敏感性,不同温度下对葡聚糖的截留率明显不同,表现出对大分子溶质的尺寸选择性。Yangi 等[73]认为光引发接枝仅发生在 PET 膜的表面,而不是孔内部。受胚芽鞘向光性生长现象及植物的光介开孔机理的启发,Morones-Ramirez 制备了一种光响应性径迹蚀刻膜,其通量可在光刺激下几分钟内完成从 0.001 $mL \cdot s^{-1} \cdot cm^{-2}$ 至 0.035 $mL \cdot s^{-1} \cdot cm^{-2}$ 的可控调节,这一性能超过了自然界生物的响应性能[74]。Smuleac 及合作者将刺激响应性的多肽聚谷氨酸(PLGA)固定于 PC 径迹蚀刻膜上。首先,在径迹蚀刻膜表面覆盖一层金,随后在改性表面化学吸附巯基试剂 3-巯基-1,2-丙二醇(MPD),MPD 分子在高碘酸钠的氧化后形成醛基,继续与 PLGA 中的氨基反应,实现了多肽的单点黏附,溶质和水的跨膜传输均可通过 pH 调节[75]。

细胞膜上的离子通道由蛋白质复合而成,能够对外界刺激做出响应,开合控制离子迁移,在生物的新陈代谢过程中发挥着重要作用[76]。受此启发,研究者设计了多种人工纳米孔或纳米通道以制备生物传感器或其他仪器[77-81]。目前,研究最广泛的单纳米孔道传感器通常由径迹蚀刻技术制得,聚合物材料为 PET、PI 及 PC[27,82]。聚合物基膜仅被一个高能离子穿透,即可形成一个潜径,在适当的刻蚀处理后得到贯通的单孔道膜[83]。在导电池两极施加电压,以检测刻蚀过程。适当的刻蚀条件,如刻蚀剂浓度、温度及刻蚀时间有利于在纳米尺寸精度修饰孔道结构。通常有两种主要方式用于径迹蚀刻聚合物纳米孔道的化学修饰:孔道表面存在的羧基与以氨基为端基的生物识别分子在偶联剂 1-(3-二甲氨基丙基)-3-乙基碳二亚胺盐酸盐(EDC)的作用下形成的酰胺键;将金原子沉积至孔道内部,随后巯基衍生物化学吸附于金表面[84]。化学改性的成功进行可通过记录的电流-电压曲线证实。新兴的纳米孔道技术将在发展新一代生物分子、金属离子及其他试剂的检测方法中发挥重要作用。

DNA 测序是基因学中最重要的技术之一。单纳米孔道自 20 世纪 90 年代起就吸引了大量的注意,并在 DNA 测序方面取得了显著的成果[85]。Kasianowicz 及其合作者首次尝试使用 α-溶血素修饰的磷脂双分子层单纳米孔道测定 DNA 序列[86]。尽管由不同碱基组成的均聚核苷酸与嵌段核苷酸的测定结果有所区别,该纳米孔道骨架存在电子渗流,具有较高的单位面积电容,并且磷脂双分子层的物理性质天生不稳定,使得人们将视线转移至合成的纳米孔道上。为了提高基于径迹蚀刻纳米孔道的 DNA 传感器的性能,Mara 等在 12 μm 厚的聚酰亚胺基膜上通过径迹蚀刻技术制备了圆锥形单纳米孔道,孔道的锥尖处开孔直径为4 nm,为 DNA 迁移的研究提供了理想的尺寸。具有不同长度的 DNA 片段可通过纳米孔道传感器分离。考虑到纳米孔道极其狭窄的尺寸,同一时间只有一个双螺旋 DNA 分子通过孔道。电流不同程度的减小代表堵孔程度的不同以及 DNA 片段穿过纳米孔道时构型的改变[87]。

某些离子通道存在于肌肉细胞及神经细胞中,用于调节金属离子的浓度至合适的水平,这对正常的新陈代谢影响极大[88]。仿生聚合物单纳米孔道提供了一个极佳的模仿生物体内离子通道的平台,可用于揭示有机体内的运转过程。受此启发,江雷课题组提出了一种钾离子响应型纳米孔道。纳米孔道的有效孔径取决于 G4 DNA 链的构型变化。松散堆积的单螺旋 G4 DNA 在 K^+ 加入后转变为刚性的 i 形,这将部分堵塞纳米孔道的开口,使得电导率下降。G4 DNA 与其互补 DNA 链结合形成刚性的双螺旋 DNA 结构,也将造成电流降低[89]。在上述研究的基础上,江雷课题组报道了在孔道内部修饰锌指蛋白来构造仿生离子通道。锌指蛋白分子引起的体积位阻效应导致电导率下降,加入 Zn^{2+} 后,锌指蛋白塌缩形成指状构型,从而扩大了有效孔径,离子通道激活,离子导通率显著增加[90]。为了研究多价离子对通道电流–电压特性的影响,Powell 等课题组发现,在单价离子溶液中加入少量 Ca^{2+},圆锥形纳米孔道内产生了一个震荡跨膜电流。纳米沉淀的瞬间形成与溶解将暂时阻碍离子通过纳米孔道,得到的 *I–U* 曲线呈现非线性及负电压下电阻负增长[91]。次年,He 等将锥形 PET 纳米孔道置于非均匀的电解条件下,多价离子如 Ca^{2+} 和含三价钴的化合物以不同组成和比例混合,进入锥形通道,引发孔道表面电荷极性的中和及反转。只有当多价离子浓度足够高时,表面电荷极性反转才会完成。纳米孔通道的选择性及传输功能可通过可逆的电荷反转效应调节[92]。

立构选择性对人体的生理过程至关重要。Han 等设计了一种基于聚合物单纳米孔道的手性分析设备,将具有对应选择性识别位点的单氨基–β–环糊精分子修饰至锥形 PET 单纳米孔道上,加入 L–组氨酸后跨膜离子电导率显著下降,而加入 D–组氨酸后电导率没有任何变化。插入 L–组氨酸的纳米孔道电压整流度高于含有 D–组氨酸的孔道电压整流度。以上结果表明,单氨基–β–环糊精修饰的孔道对 L–组氨酸具有良好的手性选择性[93]。最近,Ali 等提出了基于锥形 PET 单纳米孔道的 ATP 传感器。支化聚乙烯亚胺(PEI)分子首先接枝至孔道表面,作为 ATP 传感器的识别位点。ATP 分子受静电作用吸附至孔道表面,将表面电荷极性由负变正,使得整流方向反转。跨膜电导率的下降可能与 ATP 堵孔效应有关。传感器的开关状态可由 ATP 分子的加入有效控制[94]。

4.3 光刻技术

微电子工业由传统的光刻技术及软刻技术,发展出一套复杂的制备纳米尺度均孔膜的设备,我们也称之为微电子加工系统(MEMS)。传统的光刻技术主要有两类:紫外刻蚀及粒子束刻蚀。另外,一系列软刻方法已用于制备纳米尺寸的均孔膜,包括微铸造及微印花(软硬模)技术。本节将分别讨论上述各技术。

4.3.1 传统光刻技术

光刻蚀是使用最广泛的微印刷技术[29,30]。该方法中,首先在目标基底表面旋涂一层薄的光刻胶,光刻胶在光掩板的遮挡下暴露于光照中,掩板的图案便转移至光刻胶上,光刻技术基本过程如图 4-7 所示。根据光刻胶类型的不同,将暴露区[阳性区,图 4-7(d)]或遮蔽区[阴性区,图 4-7(e)]除去,即可得到图案化的聚合物层[2]。常见的光刻胶由光敏剂和树脂本体混合形成,例如某种双组分阳性光刻胶(通常称为 DQN)由二氮醌酯和酚醛树脂组成,这种光刻胶在紫外光照射后可在碱溶液中溶解;另一种常见的双组分阴性光刻胶则由二芳香叠氮化物和环化聚顺异戊二烯组成,在紫外光照下发生交联,遮蔽区的非交联组分可被除去。最近,Warkiani 等[95-98]报道了一种廉价快速的制备多层聚合物均孔膜的方法。该均孔膜由数层

SU-8 光刻胶组成，旋涂至基底表面的光刻胶经过数次光刻过程，统一进行显影步骤。该均孔膜可用于自来水中隐孢子卵囊的分离和回收。Prenen 等[99]发展了干涉全息光刻的方法，阴性光刻胶进行两步干涉光刻，制备的均孔膜形貌和孔隙率能够非常方便地调节，孔径范围可由 100 nm 变化至 5 μm。Schnietz 等[100]采用极深 UV 干涉光刻(EUV-IL)芳香族自组装单层，得到了孔径低至 30 nm 的超薄膜，其分离层厚度仅为 1 nm。直接使用光刻技术制备均孔膜需要选用可光交联或光降解的聚合物为成膜材料，限制了聚合物的选择范围，不利于简单高效地制备均孔膜。

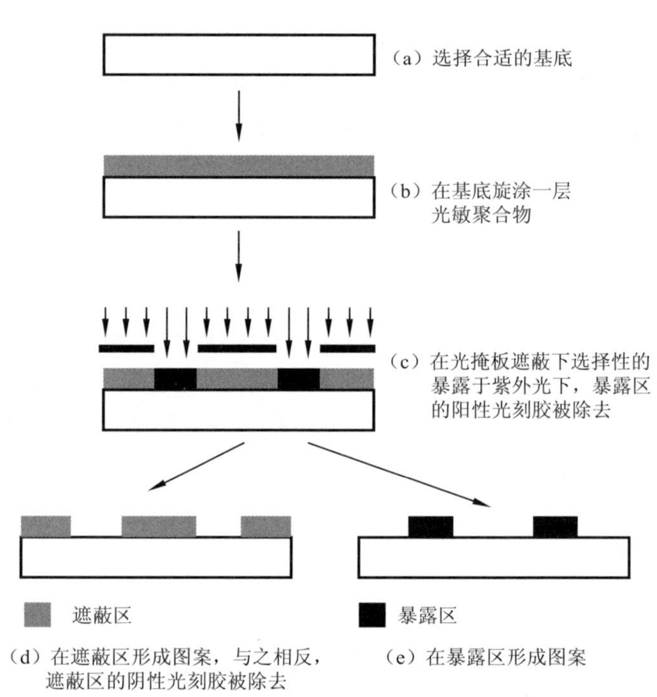

图 4-7　光刻技术基本过程示意图[2]

类似地，电子束刻蚀和离子束刻蚀分别采用电子及带电粒子对聚合物材料进行图案化操作。通过在目标聚合物表面扫描电子或离子束，能够制备空间位置确定的图案，其中暴露的聚合物材料可像阳性光刻胶一样除去。最常见的适用于电子束/离子束刻蚀的光刻胶为聚甲基丙烯酸甲酯(PMMA)，入射的带电微粒能够引起聚合物的链段断裂，从而使其可溶。对电子束刻蚀而言，10 nm 附近的图案已能够通过商品化的电子束刻蚀系统得到[2]。Makarova 等[101]采用电子束刻蚀制备了高精度、高孔隙率的生物相容性聚酰亚胺均孔膜。由于离子在光刻胶聚合物内部的散射，最终的图案化精度与膜厚度紧密相关，得到小于光刻胶厚度的图案是非常困难的。Roy 等[102]采用蒙特卡洛模拟，研究了氦离子束刻蚀中图案的噪音问题，使用模型预测了光刻胶中粒子散射引起的孔壁随机波动，并指出提高离子能量或降低光刻胶厚度能够减弱上述影响。电子束刻蚀和离子束刻蚀中，图案必须经过复杂的空间位置扫描形成，产量成了这两种方法的主要缺陷。相对地，孔径阵列刻蚀结合了光刻蚀及电子束/离子束刻蚀的特点，采用复刻扫描图案的聚焦孔径阵列制备图案化分离膜。如果孔径数量足够多，图案可大面积制备，从而提高了产量。目前已采用该技术以 He^+ 刻蚀制备出精度高至 200 nm 的规整图案，孔密度可从 2.5×10^7 cm^{-2} 至 4×10^8 cm^{-2} 变化，同张均孔膜上孔径变化小于 7%[103]。Zheng 等[104,105]采用该方法制备了具有多种孔形状(圆形及长条形)的聚对二甲苯均孔膜，用于分离血液中的循环癌细胞(CTC)。

4.3.2　软刻技术

与光刻技术密切相关的方法就是软刻技术，该技术将图案化模板结构直接转移至聚合物上，制备得到聚合物均孔膜，因此，也可称为图案转移技术，图案转移技术制备均孔膜及其电镜照片如图 4-8 所示[2]。微铸造过程通常使用弹性或固体模板，在图案化基底表面固化前驱体（通常为单体或预聚体），复刻制备聚合物均孔膜。而微印花技术则直接将图案化的“模子”压至平整的聚合物薄膜表面。Gutierrez-Rivera 等[106]采用软刻技术，制备了可生物降解的聚丙交酯（PLLA）均孔膜，其孔径为几百纳米，该均孔膜能够大规模制备，用于药物载体或移植系统。最近，Wessling 等[107-110]研发了一种将相分离微铸造及溶解模板技术结合制备聚合物均孔膜的方法，如图 4-9 所示。微铸造过程中，涂覆于无机模板比如硅模板表面的聚合物溶液发生相分离，形成均孔微筛。在相分离过程中，聚合物发生内聚收缩，使得分离膜脱离模板。随后溶解模板得到贯通的聚合物膜。采用微加工技术可制备图案化的硅片，具有精确微米级孔径的聚合物分离膜可采用热压的方法生产。该方法中，将热塑性聚合物（如 PC 等）加热至超过其玻璃化转变温度，压至硅模板表面，当聚合物与模板共形后，将聚合物冷至室温，随后脱模。如果采用图案化的镍板做模板，可通过卷式印刷的方式大面积（数百平方米）制备均孔膜，镍板能够轻易地绕滚轴折叠以适应连续生产。

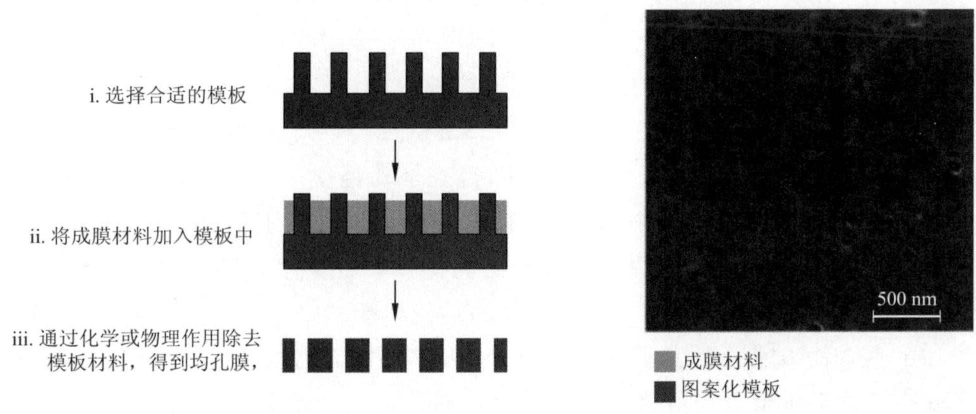

（a）软刻制备均孔膜过程示意图　　（b）由ZnO纳米线模板制得的聚己内酯均孔膜SEM图像

图 4-8　图案转移技术制备均孔膜及其电镜照片

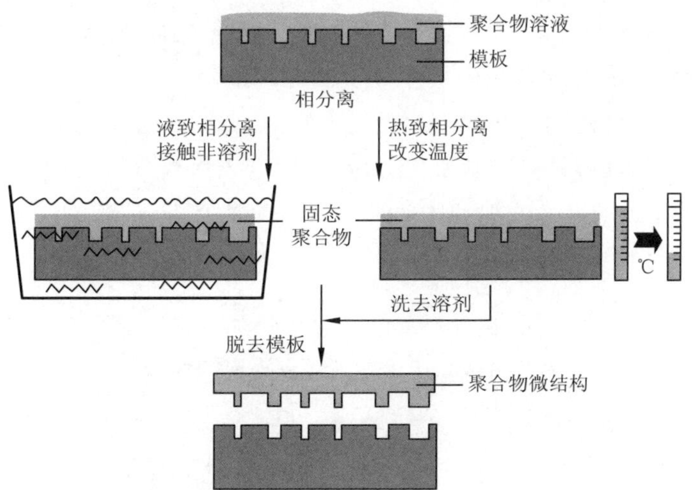

图 4-9　相分离微铸造法示意图[110]

类似地，其他使用非光刻技术制备的模板也可用于制备均孔膜。Bernards 等[111]首先制备了垂直生长的 ZnO 纳米线，随后将其作为模板用于构建聚己内酯(PCL)均孔膜，有效地将 ZnO 纳米线的微结构复刻至聚合物表面，得到了适中孔密度的 PCL 均孔膜，孔径在 20～30 nm 之间，由 ZnO 纳米线模板制得的聚乙内酯均孔膜 SEM 图像如图 4-8(b)所示。Yanagishita 等[112,113]以阳极氧化铝(AAO)为模板，同样得到了孔径单分散分离膜。Goedel 等[114,115]利用光刻或注射印刷技术得到了规整排列的水滴阵列，并以此为模板，在水滴表面涂覆聚合物层制备了聚合物均孔膜。

4.4 呼吸图法

4.4.1 呼吸图法简介

呼吸图的称谓来源于我们日常生活中的常见现象——向寒冷的表面呼气，将在表面形成雾状图案。事实上，呼吸图的形成并不一定与呼吸相关，其必要条件仅为过饱和蒸汽如水蒸气在冷的基底表面凝结[116,117]。长久以来，呼吸图被看作一个对生产生活非常不便的现象，人们致力于在热交换、涂层及绘画中将其消除。直到 1994 年，Widawski、Rawiso 和 Francois[118]首先将呼吸图原理应用于制备具有蜂窝状图案的聚合物薄膜，他们将星形聚合物的二硫化碳(CS_2)溶液在潮湿气流下涂覆于基底表面，得到了孔径均一的蜂窝状膜。这种方法提供了一种简单方便、成本低廉、快速高效的制备有序多孔膜的技术，其膜孔孔径可在亚微米至十数微米间调节[33,34, 36, 119-123]。然而，尽管该方法的操作非常简单，其背后的机理却极为复杂，确切的机理仍有争论。目前，这种非平衡方法被广泛接受的机理包括以下过程：将溶解在挥发性溶剂中的聚合物溶液涂覆于基底表面，在潮湿环境中，溶剂挥发使得周围温度降低，引起气氛中的水蒸气冷凝于聚合物溶液表面，形成液滴；溶液中的聚合物吸附或沉淀于水滴表面，包裹、稳定水滴，阻止水滴的聚并；随后，液滴逐渐长大，并可能在马朗格尼对流和热毛细效应的作用下沉入溶液底部，自发排列成二维或三维水滴阵列；最后，溶剂与水滴完全挥发，得到有序多孔膜，其机理如图 4-10 所示[33, 120, 124,125]。根据上述机理，呼吸图法中均孔膜的形成来自成膜过程中水滴的自组装和模板作用。因此，呼吸图法既可以归为自组装法，亦可归为模板法。呼吸图法制备的均孔膜还有另外一个特点，成膜过程中水滴与聚合物亲水基团或纳米粒子间的相互作用能够诱导亲疏水组分定向分布，亲水组分将集中分布在膜孔四周及内部，疏水组分将在膜表面富集。该特点有助于发挥蜂窝膜在非光刻微图案化[126-130]、响应性涂层[131-133]、传感器[134-137]等领域的应用。

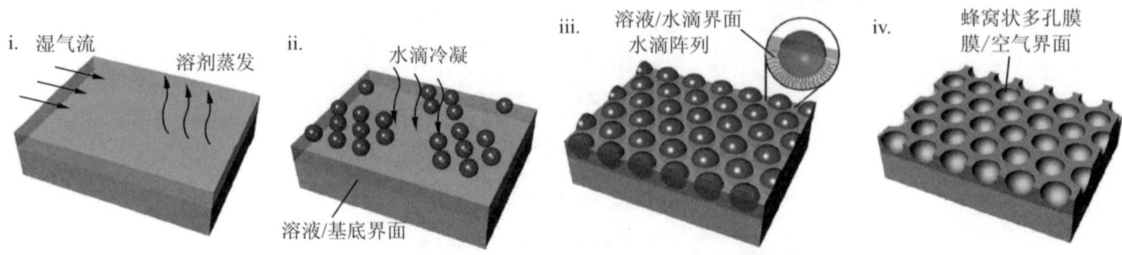

图 4-10 呼吸图均孔膜的形成过程机理[33]

一般而言，呼吸图法在固体基底表面进行，这导致制备的蜂窝膜具有双层结构，即表层的多孔结构和底层的致密结构，膜孔并不是贯通结构[33，36]。2001 年，Govor 等[138]首先提出，具有贯通孔结构的蜂窝膜能够在液体基底表面得到。此后，许多研究者[139-146]通过在液体表面滴涂聚合物溶液制备了贯通型蜂窝膜，贯通型蜂窝膜图像示意图如图 4-11(a)所示，其机理已在我们之前的综述中详细讨论[33]。在蜂窝膜形成过程中，挥发中的聚合物溶液与基底间存在一个十几纳米厚的聚合物薄层[17]，溶剂挥发致冷形成的水滴自组装排列成六边形阵列，并沉入溶液底部；同时，在该聚合物薄层表面存在液体基底产生的表面张力，如果表面张力分压超过其跨孔临界破裂压强，水滴将穿透聚合物薄层，形成贯通孔，贯通型蜂窝膜形成机理示意图如图 4-11(b)所示。因此，液体基底的表面张力在通孔的形成过程中起着至关重要的作用[142]，选择表面张力相对较大的液体有助于提高表面张力分压，形成贯通孔。例如，Govor 等[138]在 40%的蔗糖水溶液表面制备了共轭聚合物的贯通型蜂窝膜，该液体基底的表面张力(84.0 mN · m^{-1})高于 20℃时纯水表面张力(72.8 mN · m^{-1})。Nishikawa 等[139]在 Milli-Q 级水表面制备了大面积的两亲聚合物均孔膜，并采用原子力显微镜的刻画模式证明了通孔结构的存在。他们同样指出，膜面积将随水溶液基底表面张力的增加和基底温度的降低而扩大。该自支撑蜂窝状均孔膜可用于细胞培养。郝京诚课题组[140，147，148]将成膜材料更换为无机纳米粒子，研究了一系列多金属氧酸盐及其他纳米粒子比如金纳米粒子、纳米复合物在空气/水界面的自组装行为。Yin 等[144]在水面制备了自支撑的石墨烯蜂窝状均孔膜，该蜂窝膜呈现了优异的广谱抗菌性能。值得一提的是，由于液体基底表面不稳定，在气流的吹拂下表面会发生相当程度的扰动，以上工作均采用所谓的“二次滴涂”的方法制备贯通型蜂窝膜，该方法首选需将少量聚合物溶液或表面活性剂滴于液体基底表面，以预先稳定随后滴入的成膜聚合物溶液。

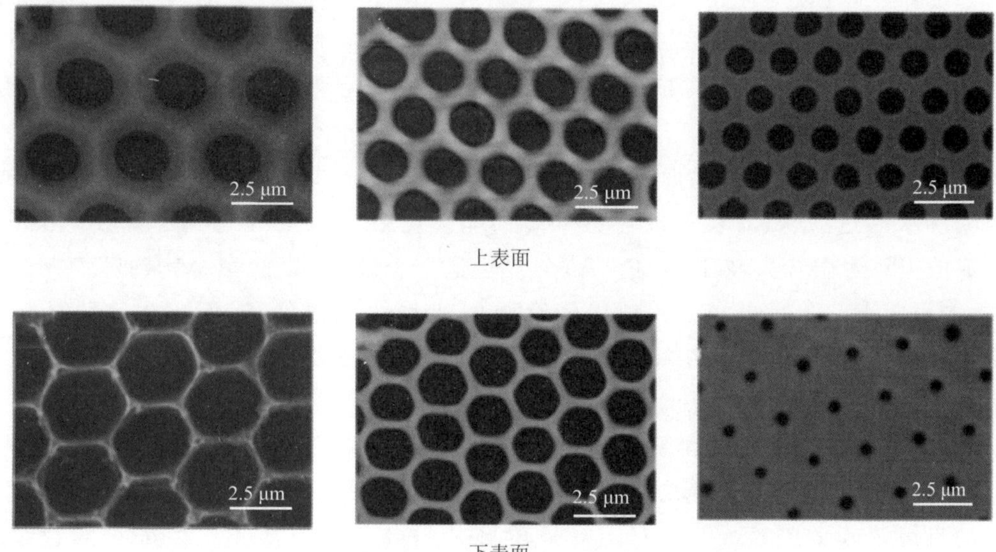

(a) 上下表面孔结构不同的贯通型蜂窝膜SEM图像

图 4-11　贯通型蜂窝膜图像及其形成机理示意图[139-140，142]

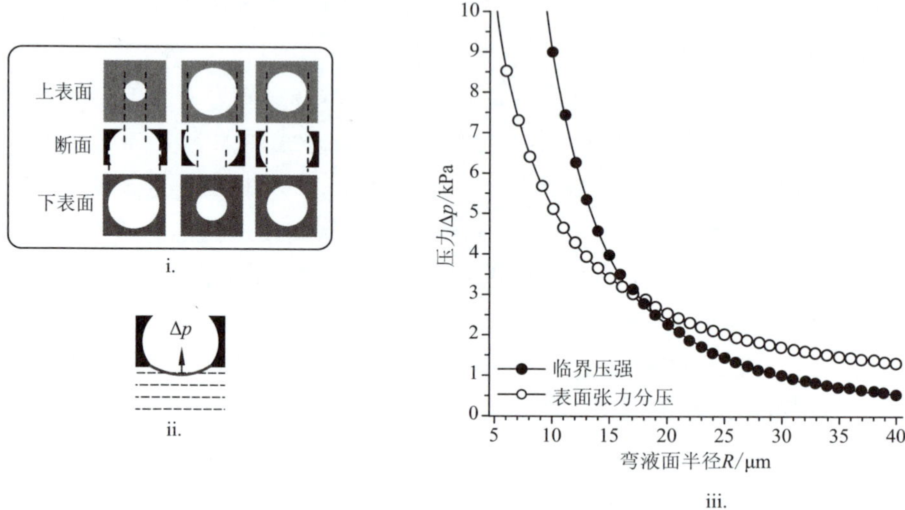

（b）贯通孔形成的可能机理

图 4-11　贯通型蜂窝膜图像及其形成机理示意图[139-140，142]（续）

4.4.2　冰面制备贯通型蜂窝膜

针对以上问题，Wan 和 Xu 等[142]研发了在冰面及其他有机溶剂如甘油、甲酸表面单次滴涂制备贯通型蜂窝膜的方法。虽然冰是一种固体基底，但是在室温下会在其表面很快形成一层薄的水膜。因此，苯乙烯-甲基丙烯酸二甲氨基乙酯嵌段共聚物（PS-*b*-PDMAEMA）等材料的 CS_2 溶液能够在冰面得到比水面更好的铺展，且兼具了固体基底对溶液的稳定作用，气流对冰面的扰动相对水面大大降低。因此，能够仅通过单次滴涂即实现聚合物溶液的稳定，而不需要之前提到的预滴涂步骤。通过冰面成膜制备的蜂窝膜能够方便地转移至多种多孔支撑层上制得复合膜，提高了呼吸图均孔膜的机械性能，蜂窝膜形态如图 4-12 所示。随后，证实了该贯通型蜂窝膜能够用于微球的尺寸选择性精度分离。Cong 等[143]同样在冰面得到了溴化聚苯醚（PPO）贯通型蜂窝膜，得到的蜂窝膜用于含泥沙水的过滤，具有良好的渗透分离性能。类似地，Zhang 等[145]合成了由两种臂材料组成的 PS、聚丙烯酸叔丁酯（PtBA）杂臂星形聚合物，并以此聚合物在冰面制备均孔蜂窝膜，而后 PtBA 臂的部分水解使得蜂窝膜的亲水性大幅提高，而不损伤膜的机械性能。基于呼吸图均孔膜独特的蜂窝状有序结构，呼吸图法制备的均孔膜在精密分离、模板及组织工程等领域有着广泛的应用前景。

最近，冰面制备贯通型蜂窝膜领域又取得了新的进展。对自组装贯通型薄膜来说，由于其机械性能较差，压力作用下易破碎，通常需要额外的步骤将其转移至多孔支撑层上以提高自组装膜的强度[39，149-151]。但是转移过程极易导致薄膜产生细小的裂纹甚至破碎，这将极大降低自组装薄膜的分离选择性和机械稳定性。另一方面，大多数自组装膜，甚至某些厚度达到数十微米的相转化膜必须在湿态环境下保存，比如浸入甘油中，以防止干燥过程中可能引起的膜孔破裂。在之前冰面成膜的基础上，又发展了无转移法制备强韧贯通型蜂窝膜复合膜的方法，并将其用于细胞的尺寸选择性分离。在多孔支撑层表面覆盖一层几毫米厚的薄冰，以嵌段共聚物 PS-*b*-PDMAEMA 与弹性体苯乙烯-异戊二烯-苯乙烯三嵌段共聚物(SIS)共混作为成膜材料，成膜后，冰基底融化，水位降低，使得蜂窝膜能够自动黏附于多孔支撑层表面，避免了转移步骤，大幅提高了蜂窝膜的完整性。实现了复合膜的干态保存，且能够实行反冲洗，提高了蜂窝膜的重复使用性。将该蜂窝膜用于酵母菌和嗜热链球菌的分离，结果 100% 的酵母菌均被截留，同时获得了高于 70% 的嗜热链球菌回收率，且活性保持良好，采用无转移法制备的蜂窝膜复合膜用于细胞分离的示意图及结果如图 4-13 所示。这是第一例使用自组装贯通型薄膜进行常压细胞分离的工作，该无转移法制备的复合蜂窝膜组件同样适用于其他基于尺寸大小的分离系统，为生物分离和生物传感器提供了新的选择[152]。另一方面，以贯通型蜂窝膜为模板，发展了一种直接的、不依赖光刻技术的微图案化方法，并通过溶液法简单、快速、价格低廉地制备了氧化锌(ZnO)纳米线阵列、仿生羟基磷灰石阵列和银纳米粒子阵列，面积可达几平方厘米[146]。

(a) SEM图像　　(b) SEM图像　　(c) SEM图像

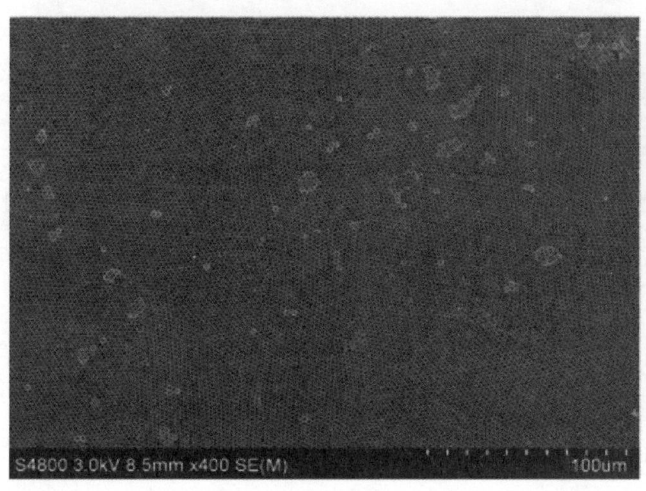

(d) SEM图像

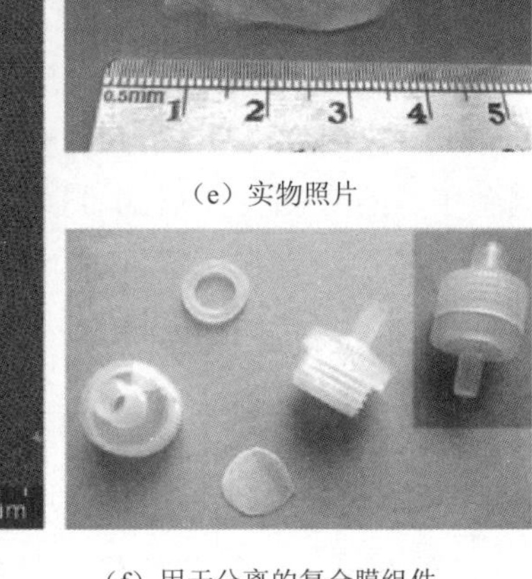

(e) 实物照片

(f) 用于分离的复合膜组件

图 4-12　蜂窝膜形态[142]

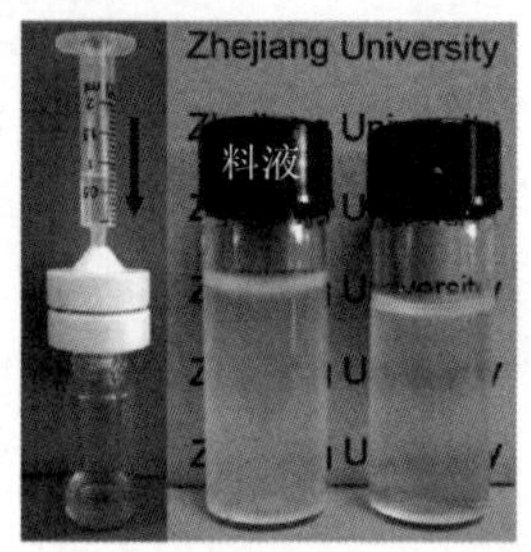

（a）典型的酵母菌与嗜热链球菌的分离过程

（b）原液的SEM图像

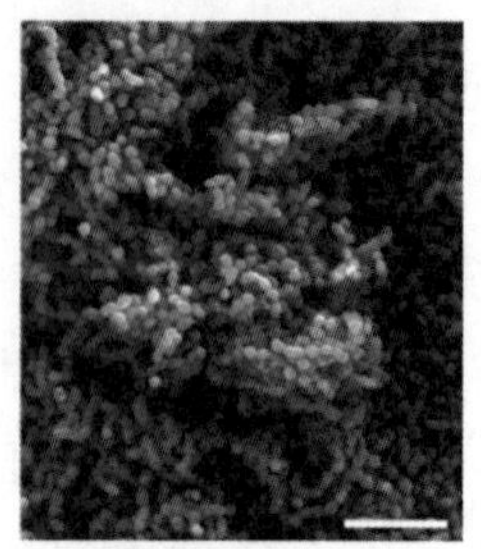

（c）滤液的SEM图像

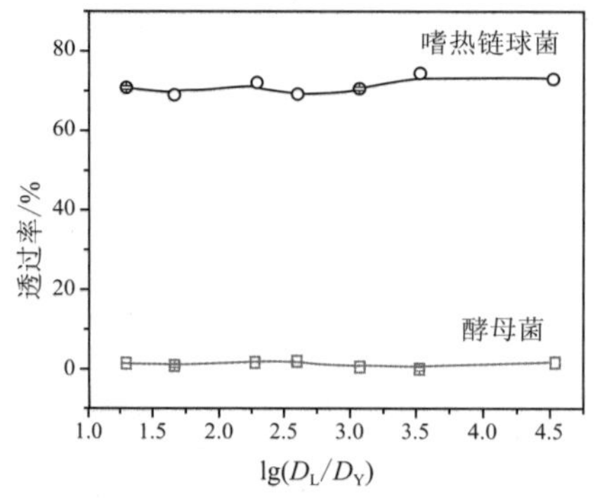

（d）酵母菌与嗜热链球菌的透过率

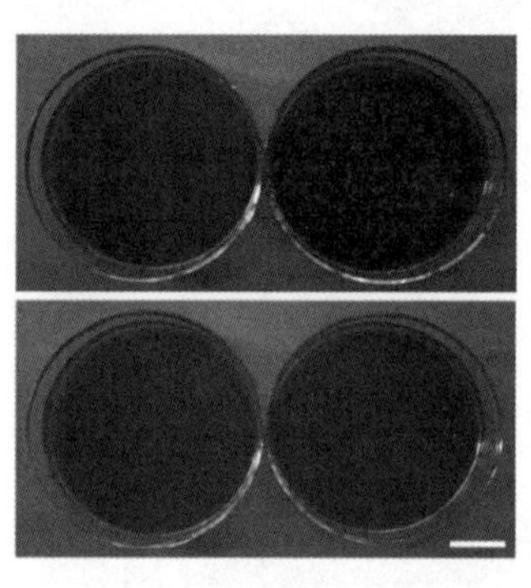

（e）滤液在嗜热链球菌(上图)及酵母(下图)培养基中后培养结果

图 4-13　采用无转移法制备的蜂窝膜复合膜用于细胞分离的示意图及结果[152]

4.4.3　其他制备方法

此外，Du 等[153]研发了另一种在固体基底表面制备贯通型蜂窝膜的有趣方法。该方法的关键步骤是在成膜过程中迅速抽取漂浮水滴底部的多余溶液，随着溶液厚度的下降，漂浮的水滴将与界面接触、挤压，导致固体基底表面的聚合物薄层破裂，水滴黏附于基底表面，在溶剂与水分挥发后，形成贯通孔。Mansouri 等[154]将尼龙网浸入聚砜溶液，取出后尼龙网表面吸附了薄的聚合物溶液层，在潮湿环境中发生呼吸图过程，形成具有贯通孔结构的聚砜膜。Tripathi 等[155]选用挥发性/非挥发性溶剂的混合物为聚砜的混合溶剂，结合呼吸图和相分离过程，制备了具有大孔支撑层的贯通型蜂窝膜。但是这两种方法相对于以水面或冰面为基底成膜，膜的规整性均有很大程度的下降。

4.5　牺牲模板法

在制备均孔膜的过程中，如果成膜材料自身无法自组装形成大小均一的孔结构，采用基于自组装过程的模板诱导其形成规整结构是一种有效的途径。该类方法包括利用胶体晶体法、乳液模板及生物模板等。在这些模板法中，需要额外的步骤除去模板，因此又被称为牺牲模板法。对制备均孔膜而言，最常见的就是以胶体晶体或微球作为模板，以下将首先介绍这种方法。

4.5.1　胶体晶体法

胶体晶体是能够自组装形成规整排列的晶体结构的胶体尺寸微粒。胶体晶体法制备均孔膜通常包括以下 4 个步骤，如图 4-14(a)所示[31,32,35,37]。①采用适当的方法使微粒自组装形成规整三维晶体结构，成膜材料将以此为模板，复刻其长程有序结构，制备均孔膜。单分散微粒三维胶体晶体结构的形成通常采用沉淀或过滤过程实现，这两种方法能够增加平面上邻近区域的微粒浓度，诱导自组装过程。此外，还有许多其他方法能够用于诱导微粒组装形成晶体结构[见图 4-14(b)]。②将成膜材料以流体或颗粒的形式注入晶体结构模板的空隙中，填满组装微球间形成的空洞。③固化成膜材料后得到微球与成膜材料的复合结构。固化方法多种多样，比如表面/紫外/热引发聚合、液态前驱体的溶胶-凝胶热解及盐沉析等。④煅烧或用选择性溶剂溶解等方法除去微球模板，得到具有三维有序阵列的孔结构。通常，胶乳颗粒及 PS 微球在空气气氛中煅烧或甲苯溶液中溶解除去，硅球则通过氢氟酸刻蚀移除。最终得到的均孔膜结构复刻了最初胶体晶体模板的形状，具有球状孔洞。该方法最重要的特点就是保留了胶体晶体模板的长程周期性结构。

采用胶体晶体模板能够制备多种材料的均孔膜。由于胶乳或 PS 的单分散微球相对廉价易得，通常采用这两种微粒作为胶体晶体模板[35]。微粒一般呈球形，得到的孔洞形貌亦为球形。但是，我们可以通过选择不同形状的微粒作为模板，制备具有非球形孔道的均孔膜。通过胶体晶体模板法制备均孔膜是一种非常有效的方法，虽然成本相对而言较高，但能够有效地对孔形貌进行调控，适用于大规模生产。胶体晶体法最大的优点就是能够通过控制微球的尺寸简单地调控膜孔的尺寸。此外，采用带负电或正电的粒子为模板亦增加了该方法的多样性[35]。胶体晶体法的另一个优势就是其适用的成膜材料非常广泛，可采用多种

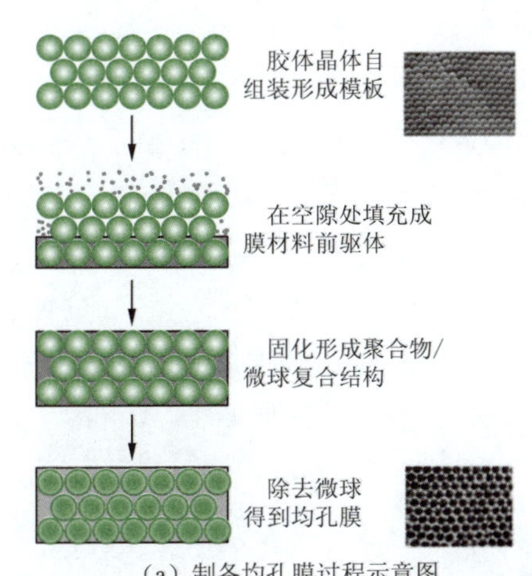

(a) 制备均孔膜过程示意图

(b) 不同引发策略

图 4-14　胶晶体自组装法[35,37]

聚合物构建均孔膜。然而，胶体晶体法制备均孔膜需要额外的去除模板步骤，同时，孔道的内部结构和尺寸由模板形貌决定，导致膜孔形貌和尺寸的动态调节非常困难。一些课题组[156,157]已经利用胶体晶体法得到了具有高度规整有序孔结构的均孔膜，孔径均一的长程有序多孔结构使得胶体晶体法在制备均孔膜领域具有良好前景。

Xia 等[158-161]开展了一系列的利用胶体晶体法制备均孔膜的工作。他们利用独创的狭缝填充法引发 PS 微球的自组装，采用尺寸在 200 nm 至 10 μm 间的微球，以可紫外交联、热交联或能够发生溶胶-凝胶过程的前驱体制备具有多层结构的均孔膜，值得注意的是，该多层均孔膜的截留尺寸并不是微球模板的尺寸，而是等于微球相互堆积形成的空隙尺寸，约为微球直径的 1/4。Goedel 等[162-167]同样在利用胶体晶体法制备聚合物均孔膜方面做出了贡献。他们将疏水微粒与非挥发性且不溶于水的单体混合，滴于水面，疏水粒子将在水面形成单层，在毛细力作用下牵引单体进入粒子间的空隙，这种现象称为粒子辅助润湿。如果加入适量的单体，将在水面得到均匀的单体层，且每个粒子表面均布满单体层。随后光引发聚合固化单体，并除去微球，得到单层聚合物均孔膜，这种均孔膜的孔径和厚度为微球直径的 2/3，微球模板法与相分离微铸造结合制备复合均孔膜示意图如图 4-15 所示。胶体晶体法可以与刻蚀方法结合，采用所谓的“微球图案化”操作制备均孔膜。比如 Acikgoz 等[168]首先在基底表面覆盖醋酸纤维素牺牲层及聚醚砜层，随后在该基底上自组装硅球，涂覆二茂铁聚合物[poly(ferrocenylmethylphenylsilane), PFMPS]，氩气刻蚀后，氢氟酸除去硅球模板，再进行氧气等离子处理，除去 PFMPS 后，得到自支撑的聚砜均孔膜，如图 4-16 所示。Fang 等[169]采用类似的方法，将胶体晶体法与紫外光学刻蚀结合，制备了光刻胶均孔膜。

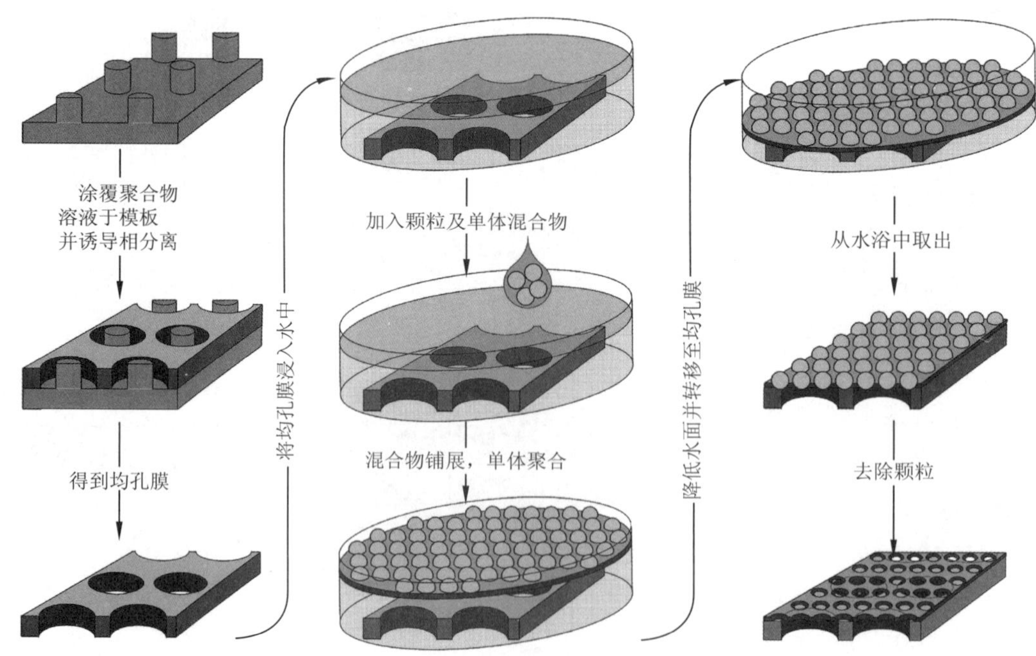

图 4-15 微球模板法与相分离微铸造结合制备复合均孔膜[166]

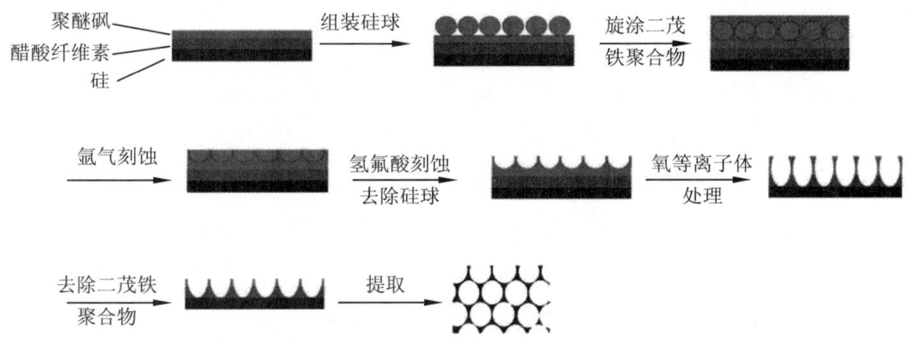

图 4-16　胶体晶体法与刻蚀技术结合制备自支撑聚醚砜均孔膜过程示意图[168]

4.5.2　乳液模板法

另外一种重要的模板方法为利用乳液作为模板制备聚合物均孔膜，其孔径尺寸为 50 nm 至几微米。Imhof 和 Pine 首先报道了这种方法，高度单分散的紧密堆积非水乳液液滴自组装成晶体状结构作为模板，加入成膜材料前驱体后，经过溶胶-凝胶过程形成聚合物均孔膜。均孔膜中的膜孔呈球形规整排列，反映出初始单分散乳液液滴自组装形成了类似晶体的阵列。乳液模板法制备聚合物均孔膜过程具体步骤如图 4-17 所示。机械混合制得多分散水包油乳液液滴，采用剪切流动或分馏的方法从中得到单分散乳液；将聚合物单体溶液加入单分散乳液连续相中；聚合使得乳液浓缩，引发液滴自组装形成紧密堆积结构；加入氨水，调节乳液 pH，诱导连续相的凝胶化；用乙醇置换液态乳液组分和表面活性剂，反复冲洗凝胶；最后干燥及热处理，过程伴随着 50％的体积收缩，得到保留有浓缩乳液规整结构的固态多孔膜[35，170-171]。

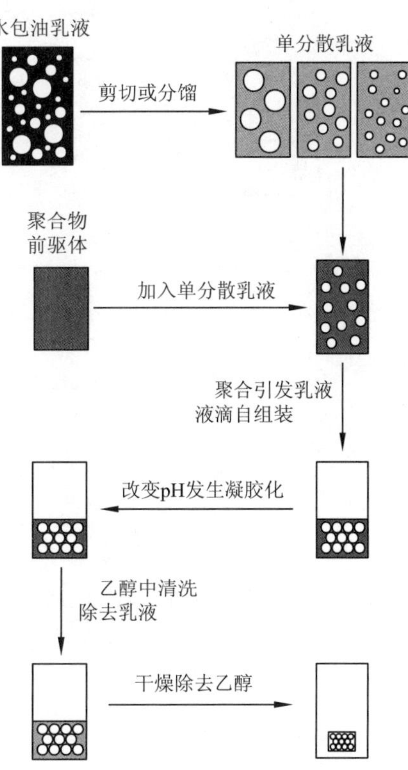

图 4-17　乳液模板法制备聚合物均孔膜过程示意图[35，170-171]

由于乳液组成不同将形成不同尺寸的单分散乳液液滴，均孔膜的孔径可据此由乳液组分调节。乳液模板法选择多样，成本低廉，乳液液滴模板易于制备。该技术已被广泛应用于金属氧化物，甚至是有机聚合物多孔凝胶的制备。该方法在制备无机多孔材料上的成功已经证明，乳液模板法能够有效地调节多孔结构的化学、电学、磁学以及光学特性[35]。油滴具有高度变形性，使得无机凝胶（金属氧化物）能够忍受大幅度的收缩，避免了陈化干燥过程中孔结构的破裂和粉碎。由于乳液处于液态，在模板作用完成后液滴模板能够轻易地通过蒸发或溶解除去。然而，适用于乳液模板法的成膜材料比较有限，这种方法目前在制备无机均孔膜领域比如金属（二氧化钛、氧化锆)或陶瓷膜(二氧化硅)方面取得了成功。虽然一些课题组成功制备了有机高分子比如聚丙烯酰胺多孔膜,但是与该方法生产的无机均孔膜相比,其孔径多分散性较高,规整度相对较差[170]。而且,乳液模板法需要额外的分馏步骤制备单分散乳液以保证液滴的均匀性。由于得到单分散乳液技术的限制,该方法得到的膜孔规整性和孔径均一性均不如使用 PS 微球或二氧化硅微球的胶体晶体法制备的均孔膜。此外,乳液模板法耗时较长,过程复杂,比如凝胶过程往往需要几个小时,后续的热处理除去有机物的过程同样需要高温下反应若干小时。

Butler 等[172-173]采用超临界水包 CO_2(C/W)乳液为模板,改进了上述乳液模板法的缺点,泄压后 CO_2 转变为气态逸出,使得乳液液滴模板的低温快速脱除成为可能,并且与水包油乳液相比,在制备和纯化过程中未使用任何挥发性的有机溶剂,有利于乳液模板法在制备聚合物均孔膜上的应用,如图 4-18 所示。随后,Zou 等和 Byrne 等[174,175]亦分别采用类似的方法制备了聚合物多孔材料。其他课题组开发了其他以乳液为模板制备聚合物多孔膜的方法。Barbetta 等[176]采用对氯甲基苯乙烯(VBC)和二乙烯基苯(DVB)组成可聚合高内相乳液,VBC 吸附于乳液界面处稳定乳滴,得到了更均匀、直径更小的乳液液滴,制备聚合物多孔材料。Vilchez 等[177]将油相缓慢加入含有表面活性剂的呋喃甲醇溶液中,得到"醇包油"浓缩乳液,用于制备多孔聚呋喃甲醇材料。

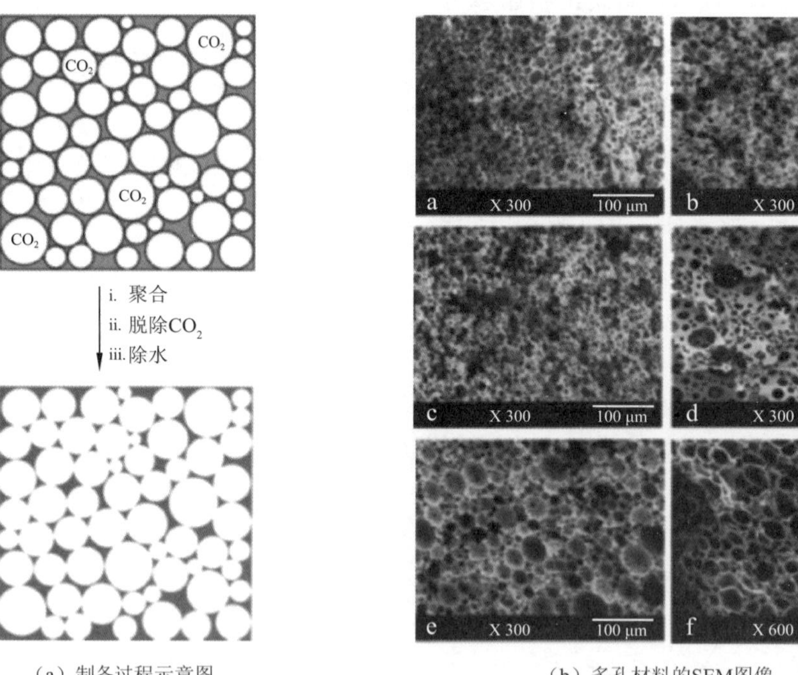

(a)制备过程示意图　　(b)多孔材料的SEM图像

图 4-18　临界流体(CO_2)乳液模板法制备多孔材料[182]

4.5.3　生物模板法

生物模板法可用于制备具有常规合成技术无法得到的特殊结构和形貌的多孔材料的方

法。然而,目前尚未有工作将其直接应用于碳基均孔分离膜的制备。许多具有复杂结构的生物组织已用于制备多孔材料,常见的包括菌丝和海胆生物模板[35, 178-180]。然而,适用生物模板法制备的多孔材料大多数为无机物,只有少数几个利用生物组织为模板得到有机多孔材料的工作。Gaddis 等[181]将硅藻外壳浸入溶解在挥发性溶剂的聚合物前驱体溶液中,萃取及溶剂挥发后,外壳上的聚合物前驱体薄膜交联,形成固化的聚合物涂层,选择性溶解硅藻外壳后,得到了保持外壳形状和内部微结构的自支撑聚合物均孔结构。Oaki 等采用生物矿物,比如具有特殊结构的海胆脊柱及珍珠层为模板,制备了有机多孔材料。以海胆脊柱为模板得到了聚吡咯(PPy)大孔海绵状结构,这种结构由厚度小于 100 nm 的纳米片层组成,并镶嵌有纳米粒子,得到的 PPy 多孔材料的结构能够通过生物矿物模板的化学或热处理调节,不同热处理条件下制备的聚吡咯均孔材料 SEM 图像如图 4-19 所示。同时,他们以珍珠层模板得到了由纳米粒子组成的 PPy 多孔纳米片层。制备的 PPy 多孔材料具有导电性。在该工作中,生物矿物介晶结构中纳米尺度的间隙用于单体的引入和聚合,最终形成了复刻生物模板结构的有机聚合物多孔材料[182]。O'Connor 等[183]报道了通过失活增强原子转移自由基聚合(DE-ATRP)将聚合物接枝于硅藻表面的方法,在硅藻表面引入了大量的双键,交联后形成了坚硬的聚合物外壳,能够抵抗 KOH 的腐蚀。

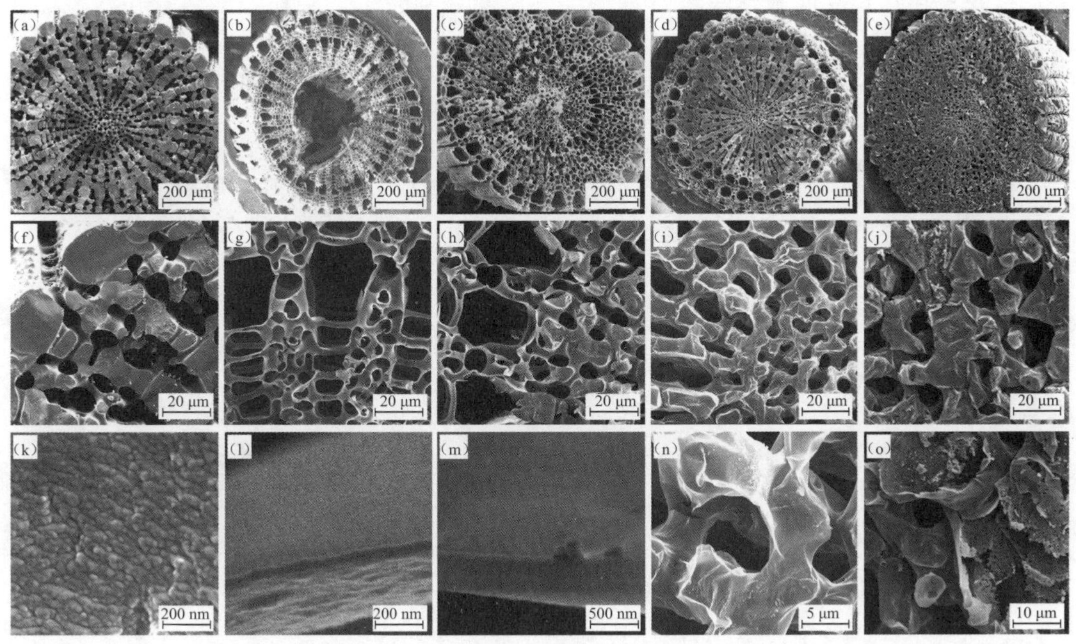

图 4-19　不同热处理条件下制备的聚吡咯均孔材料 SEM 图像[182]

由生物模板制备的均孔材料的孔径大小由采用的生物模板的尺寸决定,很难控制;同样地,膜孔的规整性及连续性也与选用的模板有关,这使得生物模板法制备均孔膜受到了极大的限制。通常,使用细菌为模板可制得孔尺寸在数微米范围内的膜,选择合适的模板最小能够制备 10 nm 的膜孔[35]。

4.6 自组装膜

自然界中，自组装膜例如细胞膜和细胞器膜对生命系统至关重要。人工制备的自组装膜不但能够模仿天然磷脂双分子层的结构，更是一种替代传统自上而下的光刻技术制备均孔膜的技术手段。自组装膜制备成本低、结构自规整、容易得到复合结构、性质调节范围广，受到了研究者越来越多的关注。由自组装过程得到的新型智能膜材料在传输系统、尺寸选择性分离与纯化、控制释放、传感、催化、组织工程支架、微电子设备的低介电常数材料、抗反射涂层及燃料电池中质子交换膜等领域具有广阔的应用空间。本节将按自组装膜的合成路径，分两部分论述自组装膜，即由嵌段共聚物微相分离制备的均孔膜及超分子、粒子或凝胶直接组装得到的分离膜。

4.6.1 嵌段共聚物微相分离

嵌段共聚物是一类具有两段或两段以上长链共价连接链段组成的聚合物。在适当的条件下，两个嵌段将发生自组装行为，利用两个或多个具有不同化学性质的聚合物链段微相分离可以制备聚合物均孔膜。嵌段共聚物微相分离技术已经能够得到一系列不同的结构，这些结构取决于链段的化学性质和链段长度[39,40, 184-192]。常见的制备嵌段共聚物微相分离均孔膜的方法如图 4-20 所示：首先将聚合物的一个或多个链段组成的微相交联，随后用选择性溶剂溶解除去降解后的可溶性链段。最常用的嵌段共聚物为 PS-*b*-PMMA，其中分散相 PMMA 段形成圆柱形微区，而 PS 本体连续相则呈现六边形规整排列。紫外臭氧处理使得 PS 相交联而 PMMA 相降解，再用选择性溶剂即可除去 PMMA 相成孔。嵌段共聚物的自组装通常形成具有高度对称性结构，其中六边形图案最为常见。生成高度对称的图案通常需要一个诱导微区垂直于基底取向的薄层，该薄层通常为由成膜嵌段共聚物链段组分构成的无规共聚物。通过亲疏水组分的简单组合，能够得到 15～30 nm 的膜孔[39,40]。由于膜孔的高度对称性及较小的孔径，嵌段共聚物相分离制备的均孔膜其孔密度能够达到 10^{11} 孔 · cm^{-2} 或更高。根据制备条件不同，膜厚度在数十纳米至几百纳米间变化。制备条件及嵌段共聚物组成均对膜孔形貌存在重要影响[39-40, 184-192]。

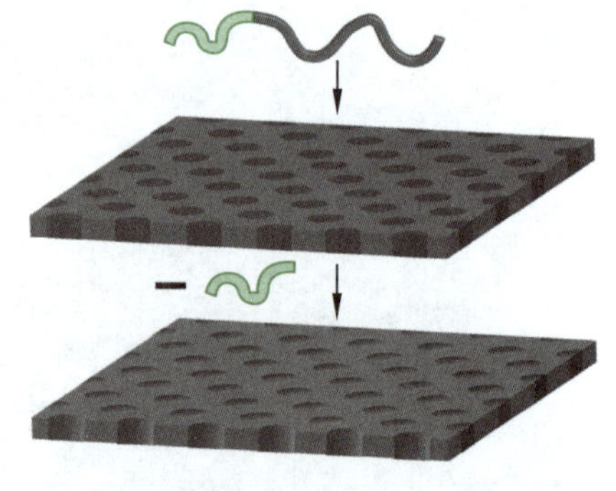

图 4-20　嵌段共聚物微相分离制备均孔膜示意图[39]

嵌段共聚物微相分离技术制备的均孔膜性能优异，研究者已经发展了许多方法以控制嵌段共聚物薄膜孔结构的形成。传统的方法为通过选择性溶剂溶解来诱导孔的形成，或选择臭氧处理的方式，这种方式将选择性的降解亲水组分的中心区域[2]。Wang 等[40, 193-200]人发展了一种新型的诱导嵌段共聚物成孔的方法，将嵌段共聚物膜浸入适当溶剂中一定时间，取出聚合物膜并挥发溶剂，即可得到嵌段共聚物均孔膜，他们称这种方法为限定溶胀法（confined swelling）。溶剂挥发干燥过程中，非溶胀的连续相主体变形程度固定，溶胀链段收缩塌陷至连续相的界面处，在最初分散相的区域形成孔洞，该方法只涉及物理过程，没有化学反应参与，是一种非常有前景的成孔方法。亲水组分对溶剂刻蚀作用非常敏感（如在乙酸中），通常将得到相对较大的孔（如直径约 25 nm），但是，有研究者通过交联圆柱形微区附近的连续相主体，制备出超小孔（3 nm 以下）嵌段共聚物均孔膜[201,202]。另一种得到超小孔的方法为使用接枝共聚物，该方法能够得到约 2 nm 的孔，但是采用这种类型聚合物制备的膜厚度尚不能确定[203]。对于薄的嵌段共聚物相分离均孔膜，可以通过将纳孔膜转移至厚的大孔支撑层上以提高分离膜的结构完整性，扩展其在分离领域的应用范围[39, 150, 200, 204,205]。采用相对厚的嵌段共聚物薄膜可望得到自支撑嵌段共聚物微相分离均孔膜，但是需要采用特殊组成的共聚物，以得到具有开孔结构的相分离结构，且得到完全取向结构的厚膜依然存在挑战。此外，通过适当的涂覆操作，能够得到由薄的纳米尺寸孔分离层和厚的大孔支撑层组成的非对称膜[206-212]。

为了降低嵌段共聚物微相分离均孔膜的缺陷密度，提高与基底的取向程度，可以采用电/磁场辅助或基底表面图案化的方法[213-220]。例如 Schmidt 等[215]证明，电场能够可逆调节嵌段聚合物的相分离行为，施加电场能够在几毫秒内造成高达 6% 的相空间形貌改变。Ruiz 等[221]通过电子束刻蚀的方法制备图案化基底，同样能够引导嵌段共聚物的自组装行为。这种引导自组装采用较低密度的表面图案可以获得较高密度的嵌段共聚物图案，与传统的嵌段共聚物自组装相比，缺陷密度降低，膜孔规整性升高。Jeong 等[222-223]则发现，在嵌段共聚物中共混适当的均聚物进行相分离，能够有效地提高嵌段共聚物相分离的取向程度，得到垂直性更佳的相分离结构。同时可以调控相分离的尺寸，通过选择性除去均聚物及嵌段共聚物中与均聚物组成相同的链段，或单独除去均聚物，能够分别得到孔径大于或小于通常嵌段共聚物相分离均孔膜孔径的分离膜。

总的来看，嵌段共聚物微相分离方法最大的不足就是需要成膜材料具有两个不同的链段且能够发生有序自组装，这限制了成膜聚合物的选择。另一方面，嵌段共聚物微相分离成孔过程中，疏水链段通常发生交联而亲水链段被除去，因此，大多数嵌段共聚物微相分离均孔膜呈现疏水性，限制了该方法的应用范围。选择三嵌段共聚物可以改变嵌段共聚物微相分离表面的化学组成以解决这个问题。在三嵌段共聚物成孔过程中，可以除去其中一个链段而留下一个亲水段和一个疏水段。通过适当的设计，这将使得亲水组分分布在均孔膜表面，使得均孔膜呈现亲水特性[224]。通过设计适当的三嵌段共聚物，同样能够得到大面积无缺陷的嵌段共聚物微相分离均孔膜[225]。最近，具有双连续螺旋形孔道的嵌段共聚物微相分离均孔结构受到了人们的关注，这种与传统的圆柱形孔结构截然不同的形貌有望在均孔膜领域开辟新的方向[184, 197, 226-228]。

由嵌段共聚物微相分离制备的均孔膜在水处理领域具有巨大的应用价值，能够同时满足超滤应用对高选择性、高通量的要求，并且嵌段共聚物微相分离均孔膜的化学和物理性质调节方便，利于后续的膜改性。作为该领域的代表性工作之一，Liu 等[229]以丙烯酸丁酯-甲基丙烯酸乙酯嵌段共聚物（PtBA-*b*-PCEMA）制备了嵌段共聚物微相分离均孔膜，PtBA 链段的水解使得嵌段聚合物生成水溶性聚丙烯酸（PAA）链段，将该聚合物薄膜浸入高或低 pH 溶液中得到孔结构。Liu 等指出，该嵌段共聚物微相分离均孔膜的渗透性能与 PAA 接枝的径迹蚀刻膜相当，如果所有孔道均能垂直于基底，将得到更高的渗透性。2006 年，Jackson 等[39]从苯乙烯-丙交酯嵌段共聚物(PS-*b*-PLA)中将 PLA 链段选择性除去，得到了厚 2 nm 的均孔膜。与前一工作不同，他们发现 PLA 链段圆柱状微区具有良好的取向，并且能够完全除去。将膜孔润湿后，得到了期望的稳态通量。同样在 2006 年，Phillip 等[230,231]由苯乙烯-二甲基丙烯酰胺嵌段共聚物(PS-*b*-PDMA)制备了亲水嵌段共聚物微相分离均孔膜，并估计该分离膜具有比商用膜更高的分离因子和渗透性。2009 年，Phillip 等[232,233]制备的嵌段共聚物微相分离均孔膜具有良好的机械性能和较高的选择性。

为了与相转化膜竞争，具有高选择性的嵌段共聚物相分离均孔膜必须同时具有高通量。Yang 等提供了一种制备复合膜的方法，将薄的嵌段共聚物微相分离均孔膜转移至多孔支撑层表面，以提高分离膜的机械性能，得到高通量膜。提高嵌段共聚物微相分离膜的机械性能对膜的制备过程和高压耐受性均有益处。比如，Yang 等[204]制备了由 PS 选择性分离层和聚砜多孔支撑层组成的复合膜，分离层的孔径为 15 nm，可用于病毒过滤。制备非均相复合嵌段共聚物微相分离均孔膜过程示意图如图 4-21 所示，首先将嵌段共聚物 PS-*b*-PMMA 与均聚物 PMMA 共混旋涂至中性硅基底表面，PMMA 的加入提高了嵌段聚合物圆柱微区对基底的垂直取向性。随后浸入氢氟酸缓冲溶液中脱除基底，转移至聚砜多孔支撑层表面，以保证成膜及过滤中的机械稳定性。在醋酸的选择性刻蚀下，PMMA 均聚物溶解除去，得到均孔膜。当圆柱形微区垂直取向时，成膜材料的大面积稳定性受到限制且容易破裂，对基底的粘附性降低。Yang 等[150]设计了一种独特的嵌段共聚物微相分离均孔膜纳米结构，仅在接近膜上下表面处呈现圆柱状垂直取向孔，用于精度尺寸选择性分离，膜内部则为取向方向混合的圆柱孔结构，即整张膜呈现水平取向与垂直取向的结合，并通过紫光交联的方法提高了多孔支撑层与均孔膜间的黏附力，具有复合结构的嵌段共聚物均孔膜的机械性能极大增强，在 0.2 MPa 压力下未出现破裂损坏，且能抵抗所有有机溶剂的溶解，能够在严酷过滤条件如高温或强酸强碱溶液中使用。Sperschneider 等[234]提供了一种不同的思路，由三嵌段共聚物聚丁二烯-*b*-聚乙烯基吡啶-*b*-聚甲基丙烯酸丁酯(BVT)制备的嵌段共聚物微相分离均孔膜具有强韧的选择分离层。通过选择性紫外交联聚丁二烯链段，均孔膜的机械强度得到了加强，而没有影响垂直的圆柱形纳米孔结构。该均孔膜能够简单地从覆盖有氯化钠的基底表面转移至其他多孔支撑层表面，以制备复合膜。2007 年，Peinemann 等[210]结合嵌段共聚物自组装与工业化的相转化过程，制备了强韧的非对称膜。整张分离膜均由苯乙烯-4-乙烯基吡啶嵌段共聚物(PS-*b*-P4VP)组成，其中分离层厚度 250 nm，而分离层下方不规整的多孔支撑层具有更大的孔结构，嵌段共聚物微相分离与相分离法结合制备非对称均孔膜如图 4-22 所示。通过对嵌段共聚物的适当改性，也能够制备耐化学腐蚀及高温的分离膜。例如，Pitet 等[235]最近得到了一种具有双连续结构的强韧聚乙烯均孔膜，该分离膜孔隙率高且机械性能优良，在水处理、电池隔膜等领域引人注目。双连续结构膜不需要单独的孔取向步骤，但是膜孔的规整程度降低的同时，也降低了分离膜的渗透性能。由于圆柱形孔结构提供了垂直的孔通道，过膜阻力最低，因此该结构膜的孔形貌依然是最受欢迎的。

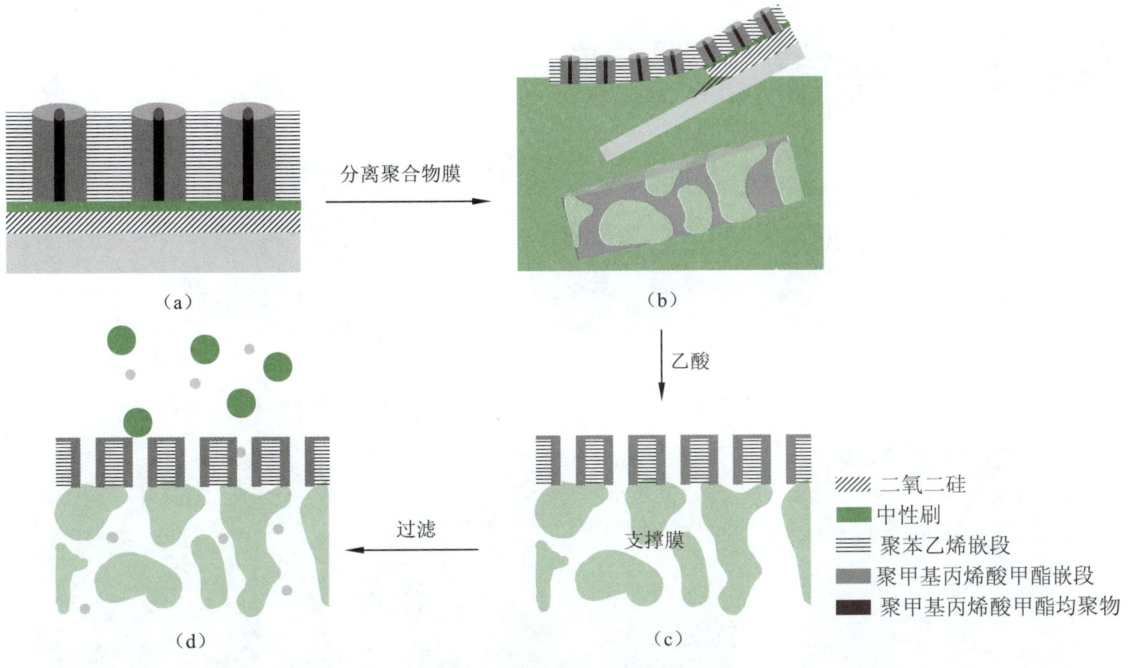

（a）　（b）　（c）　（d）

图 4-21　制备非均相复合嵌段共聚物微相分离均孔膜过程示意图[204]

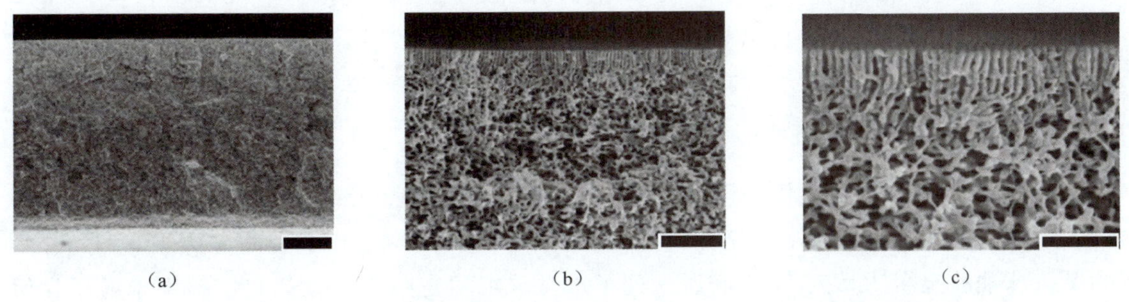

（a）　（b）　（c）

图 4-22　嵌段共聚物微相分离与相分离法结合制备非对称均孔膜

注：标尺分别为：(a)20 μm,(b)1 μm,(c)0.5 μm

除了上述以嵌段共聚物微相分离技术为基础制备均孔膜的方法，还可以将其与其他成孔方法结合，制备具有多重均孔结构的分离膜。比如 Kim 等[236]将胶体晶体法与嵌段共聚物相分离结合，首先引发 PS 微球自组装，在微球堆积空隙填充可紫外交联的聚氨酯丙烯酸酯（PUA）预聚体，交联后除去微球，得到复刻微球阵列形状的 PUA 多孔结构，随后在 PUA 表面覆盖一薄层 PS-*b*-PMMA 嵌段共聚物，诱导发生微观相分离后，得到具有三重孔道的非均相均孔膜。多重均孔结构的分离膜如图 4-23 所示。此外，嵌段共聚物相分离亦可作为模板，构建其他碳材料的均孔膜。Liang 等[237]以 PS-*b*-P4VP 嵌段共聚物为模板，溶剂退火诱导相分离后，与间苯二酚原位聚合，在甲醛作用下交联，碳化热解后得到了以嵌段共聚物相分离图案为牺牲模板的碳均孔膜。

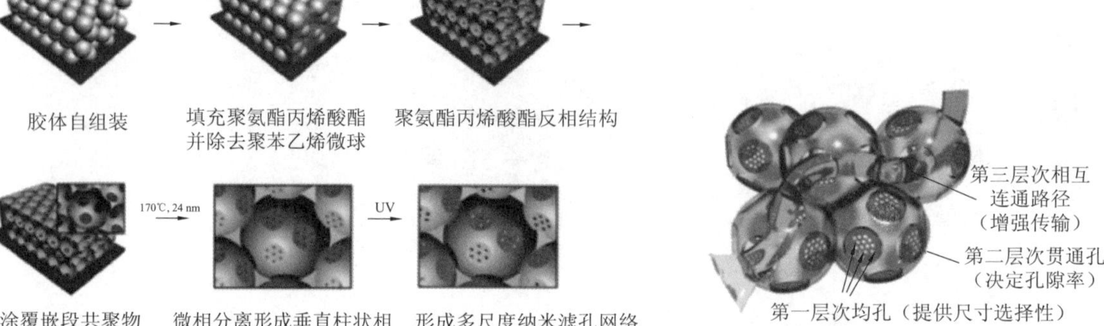

（a）（b）嵌段共聚物微相分离与胶体晶体法结合制备具有多重孔径的非均相均孔膜示意图

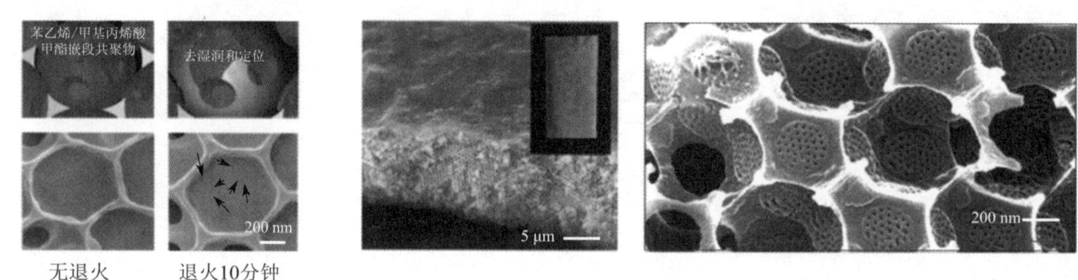

（c）去润湿诱导嵌段共聚物相分离成孔示意图

（d）（e）制备的均孔膜SEM图像

图 4-23　多重均孔结构的分离膜[236]

4.6.2　粒子、超分子及凝胶自组装

胶体晶体法是一种通过牺牲微球模板制备均孔膜的有效方法，然而事实上我们仅仅利用微粒的自组装，无须添加额外成膜材料，同样能够得到具有均一孔结构的分离膜。Zhang 等将 PS 微球抽滤至微滤膜表面，交联后得到了以微球堆积空隙为膜孔的自支撑纳米粒子自组装膜。制备过程中，Ichinose 课题组成员采用金属氢氧化物纳米丝作为牺牲层诱导纳米粒子的自组装过程，随后在盐酸中溶解除去牺牲层，得到自支撑结构，纳米粒子自组装膜的制备与形态如图 4-24 所示。该分离膜的孔径约为自组装纳米粒子直径的 0.1547，厚度 80 nm，可用于快速精确的截留小分子蛋白及金纳米粒子[238]。类似地，Park 等[239]通过表面修饰的纳米粒子与树枝状聚合物的化学引导作用，自组装形成交联网络，制备了纳米粒子-树枝状聚合物自组装膜，其表面性质能够通过后续修饰简单地调控，可用于化学选择性分离。Rhee Do 等[240]利用二氧化硅微球的自组装形成胶体晶体阵列，随后在阵列中填充可紫外光交联的聚合物，聚合后仅除去外层的硅球，得到了纳米粒子"堵孔"的多重孔结构，用于不同尺寸金纳米粒子的分离时显示出优异的精确截留性能。病毒颗粒在某种角度上也可看成胶体晶体。Lee 等基于 M13 病毒在纳米孔上的单向取向，制备了具有高选择性的超薄膜。病毒末端的外壳蛋白与羧基修饰的氧化石墨烯边缘存在特定的盐桥作用，因此病毒的主体将置于氧化石墨烯纳米片层的平面上，且能够在外部剪切力如特定方向冲洗下取向。将取向的病毒层转移并堆

叠形成超薄纳米网膜，单层病毒层的厚度仅为 7～8 nm。Yoo 课题组[241]将多层病毒层制备于阳极氧化铝支撑层上，制备了大面积的由病毒组成的分离膜。类似地，可以选择肉眼可见的纳米线构建自组装膜。通过碲纳米线/葡萄糖复合物的水解碳化及后续的化学刻蚀制备碳基纳米线。再以溶剂挥发诱导碳基纳米线的自组装过程，形成完全自支撑的碳基纳米线膜，其截留尺寸能够通过精细地控制碳纳米线的直径来控制[242]。

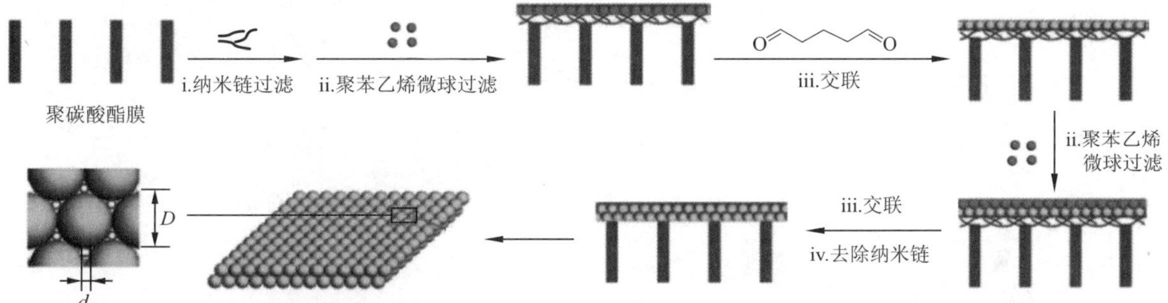

(a) 制备过程示意图

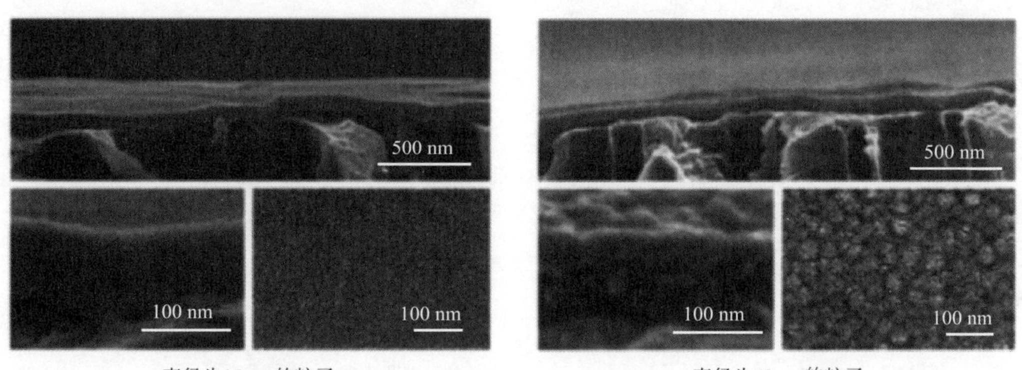

(b) 由不同尺寸纳米粒子组装制备的均孔膜

图 4-24　纳米粒子自组装膜的制备与形态[238]

分子量较低的小分子或蛋白质等能够借由疏水相互作用、π-π 堆积、氢键、静电作用等自组装成超分子结构而形成均孔膜。Reguera 等[243]合成了类似弹性蛋白的多肽分子(ELP)，通过调节环境介质的 pH 发现，在碱性环境下 ELP 分子自组装形成膜结构，其渗透性能可由聚合物链方便地调节。Kaucher 等[244]同样发现，树枝状的多孔二肽分子自组装形成热力学稳定的螺旋状孔，膜孔在磷脂膜内保持稳定且能够选择性地运输水分子。Carvajal 等[245]采用带有相反电荷的高分子量透明质酸与小分子多肽自组装，并研究了该自组装膜的机械性能和透水性。Peng 等[246]通过抽滤法和纳米线辅助组装制备了由蛋白质组成的分离膜。将分散有纳米线的溶液与铁蛋白共同抽滤至 PC 膜上，随后交联铁蛋白，并发现蛋白质构成的通道能够在低于 10 MPa(1 个标准大气压)的操作压力下分离染料分子，同时保持水分子的超快渗透。这种蛋白膜的通量具有相似截留效果商用过滤膜的 1 000 倍。抽滤法制备蛋白自组装膜过程示意图及膜结构如图 4-25 所示。随后，Huang 等[247]采用类似的方法制备了多孔蛋白质

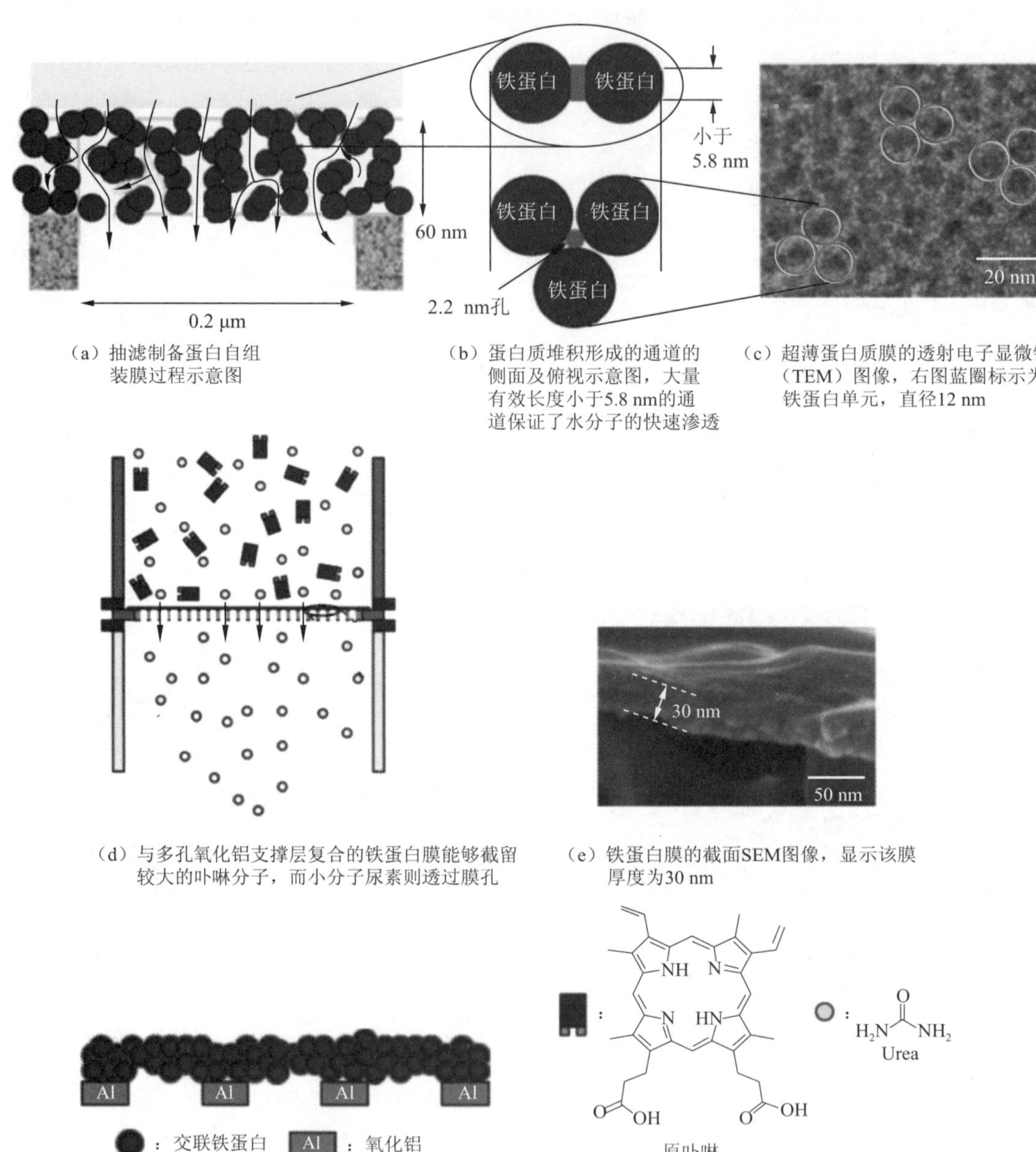

（a）抽滤制备蛋白自组装膜过程示意图

（b）蛋白质堆积形成的通道的侧面及俯视示意图，大量有效长度小于5.8 nm的通道保证了水分子的快速渗透

（c）超薄蛋白质膜的透射电子显微镜（TEM）图像，右图蓝圈标示为铁蛋白单元，直径12 nm

（d）与多孔氧化铝支撑层复合的铁蛋白膜能够截留较大的卟啉分子，而小分子尿素则透过膜孔

（e）铁蛋白膜的截面SEM图像，显示该膜厚度为30 nm

图 4-25　抽滤法制备蛋白自组装膜过程示意图及膜结构[246]

自组装膜，具有高效的多次染料负载及释放能力，且能够通过 pH 调控。Velichko 等[248]在荷负电的聚电解质与荷正电的多肽分子自组装的过程中，通过施加电场控制二者的自组装行为，自组装膜的厚度能够发生接近 100 %的增加或降低，机械强度亦会发生显著变化。Van Rijn 等[249]深入研究了极性-非极性界面处铁蛋白/PNIPAAm 复合物的动力学自组装行为，发现少量改性后的铁蛋白即可大幅降低界面张力。众所周知，蛋白质暴露于严酷环境中非常脆弱，比如高温、极端 pH、低离子强度或表面活性剂。因此，有可能从聚合物/蛋白质复合体重选择性地除去蛋白质制得多孔材料。Van Rijn 等[250]将上述蛋白质-聚合物复合物干燥诱

导自组装于多孔支撑层表面，紫外交联聚合物后除去变性失活的铁蛋白，制得的超薄膜仅含一个聚合物单层，膜厚 7 nm。该分离膜能够在至少 5 kPa 的跨膜压力下保持稳定，并且对 20 nm以下的粒子呈现较好的尺寸选择性，同时保持相当高的通量。其他类型的分子亦可用于设计制备成分离膜材料，比如能够聚集形成纤维的分子。Krieg 等[251]将 PP2b 分子[结构式见图 4-26(a)]在水/四氢呋喃混合溶剂中抽滤，PP2b 分子发生自组装得到三维网状结构的超分子膜。由于分子间强烈的疏水相互作用，该自组装膜的机械强度相当不错，并可用于纳米粒子的尺寸选择性分离。PP2b 超分子膜与醋酸纤维素多孔支撑层复合后的 SEM 图像如图 4-26(b)所示，该超分子膜的厚度为几十微米。更有趣的是，该分离膜能够多次在有机溶剂中解组装，然后在水中重新组装，这为膜材料的循环使用和截留纳米粒子的回收提供了可能。

PP2b

（a）PP2b分子结构式

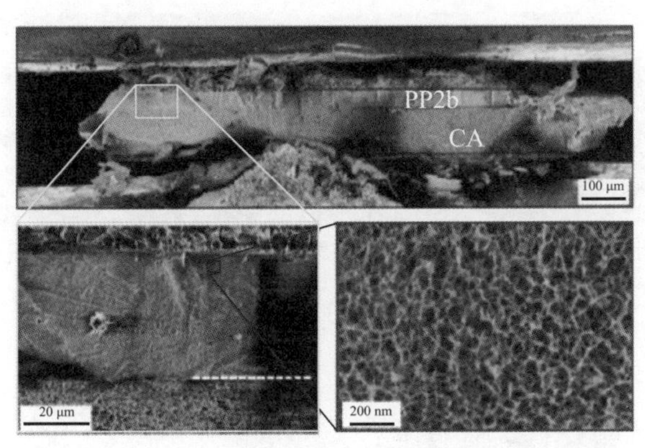

（b）PP2b超分子膜与醋酸纤维素多孔支撑层复合后的SEM图像

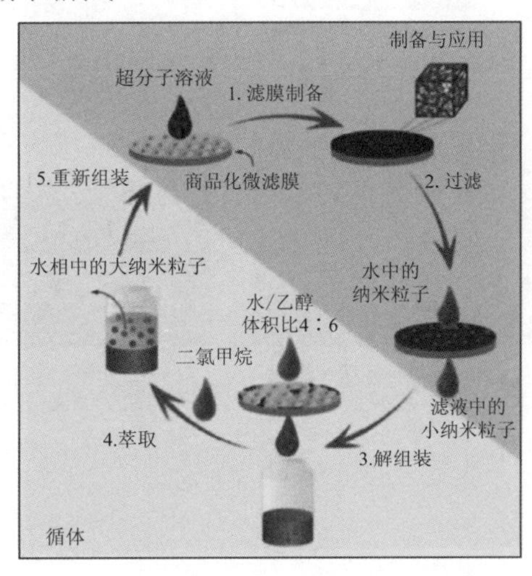

（c）超分子膜制备、使用及回收示意图[251]

图 4-26　超分子复合膜的结构、制备与应用

亲水性的聚合物凝胶通常由具有环境响应性的分子构成，能够选择性控制离子和分子的运输，是一种潜在的新型膜材料。Wang 等[252]将 P4VP 凝胶通过聚合物链的两步交联制备阳离子凝胶膜。首先，P4VP 与二溴氯丙烷（DBP）交联，微弱交联的凝胶溶液形成 P4VP 凝胶膜，以金属氢氧化物纳米线为牺牲层，随后将膜浸入乙醇中提取凝胶中的水分，进一步交联固

定密度更大的聚合物链网络。凝胶膜的厚度通常为几十微米，但是该工作中制备的凝胶膜厚度仅为 310 nm，并且能够在 2.6 MPa 过膜压力下保持机械性能稳定，凝胶膜能够区分不同分子量的水溶性蛋白，交联 P4VP 凝胶膜制备过程示意图及膜结构如图 4-27 所示。Shi 等[253]将明胶/碳纳米管抽滤至多孔支撑层表面，戊二醛交联后得到的复合膜能够承受1.8 MPa的压力，且对 2～3 nm尺寸的分子具有超过 90%的截留率，该复合膜分离分子量为 865 的染料分子时，分离效率比具有类似截留率的商用膜高出 1～2 个数量级。Wang 等[254]采用石墨烯诱导聚合物水凝胶膜自组装，通过单步抽滤还原氧化石墨烯(rGO)的分散液和聚合物溶液制得多功能凝胶膜。在水凝胶膜内的 rGO 起到成膜成孔剂和物理交联点的作用。运用该方法，能够将许多具有不同刺激响应性的水溶性高分子通过超分子作用引入纳米孔水凝胶膜中。

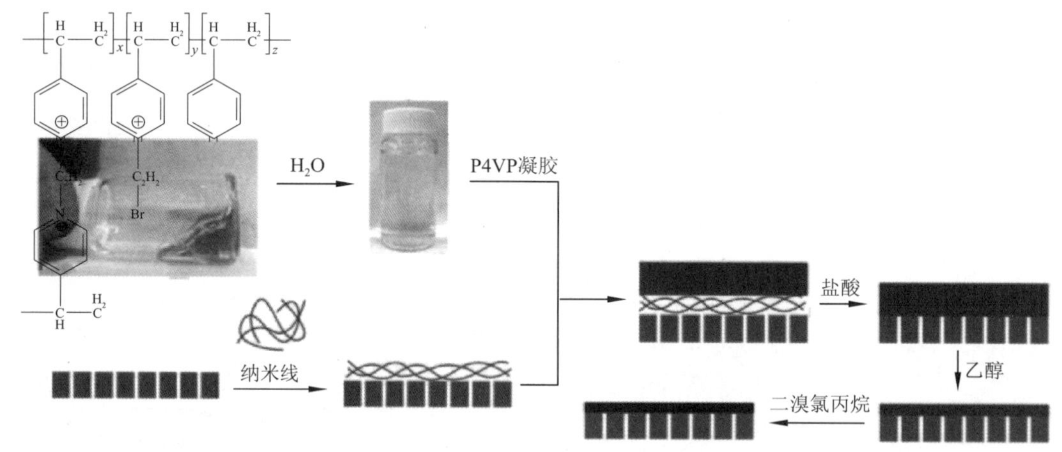

(a) 交联P4VP凝胶分子结构及两步交联法制备凝胶膜示意图

(b) 氢氧化镉纳米线截面SEM图像

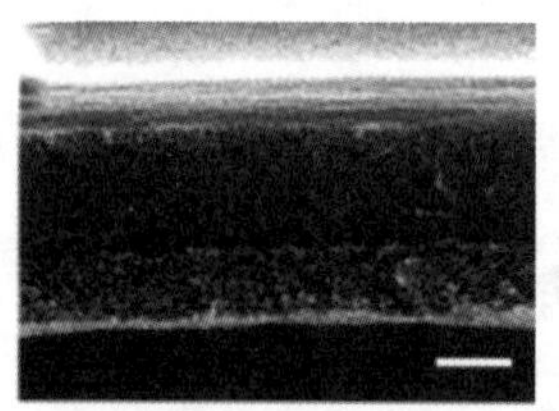

(c) 在纳米线层上的P4VP凝胶SEM截面SEM图像

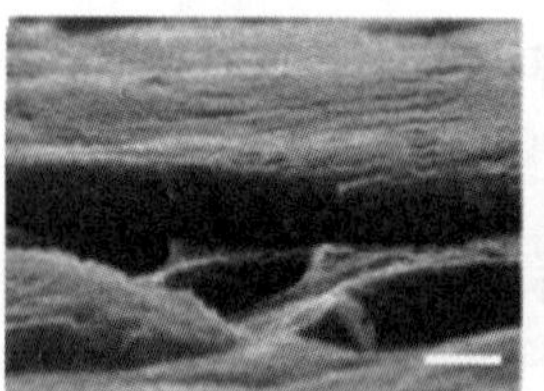

(d) (e) 两步交联凝胶膜的截面SEM图像

图 4-27 交联 P4VP 凝胶膜制备过程示意图及膜结构[252]

4.7 碳纳米管和石墨烯膜

以上介绍的碳基均孔膜绝大部分是由聚合物作为主体材料构成的，但是，聚合物膜通常无法承受高温及严酷环境如强酸、强碱及有机溶剂的考验。此外，聚合物膜在过膜压力作用下可能发生压缩变形，使得膜结构变得更为致密，孔径减小，导致膜的渗透性能急剧下降。最近，由碳元素构成的碳纳米管和石墨烯材料制备容易，机械性能优异，且具有化学惰性和环境友好性，受到了越来越多研究者的关注。以下各节将分别介绍由碳纳米管及石墨烯构建的碳基均孔膜。

4.7.1　碳纳米管膜

碳纳米管(CNTs)是纳米尺度卷曲的石墨烯圆柱,其一个或两个末端以半个富勒烯封端,单壁碳纳米管(SWNTs)的外径 1～3 nm,内径 0.4～2.4 nm,而多壁碳纳米管 (MWNTs)的外径范围为 2～100 nm,碳纳米管形貌结构及其性能如图 4-28 所示[15, 255]。碳纳米管具有优异的导电导热性,是迄今为止所知机械性能最强的纤维之一[256,257]。碳纳米管的上述性质与其纳米尺寸结合制备分离膜,引起了人们的广泛关注[18,19, 21, 258-265]。然而制备具有可控形貌、孔隙率和孔形状的宏观分离膜依然存在挑战。本节将论述两种由碳纳米管构成的分离膜:纸状膜和取向膜。这两种方法制备的碳纳米管膜具有完全不同的结构,碳纳米管的排列亦不相同。在纸状膜中,碳纳米管随机取向,形成类似无纺布的纸状结构,该结构使得碳纳米管膜具有高孔隙率的三维网状结构,比表面积极大。另一方面,取向碳纳米管膜具有取向的圆柱形孔结构,孔径分布窄。

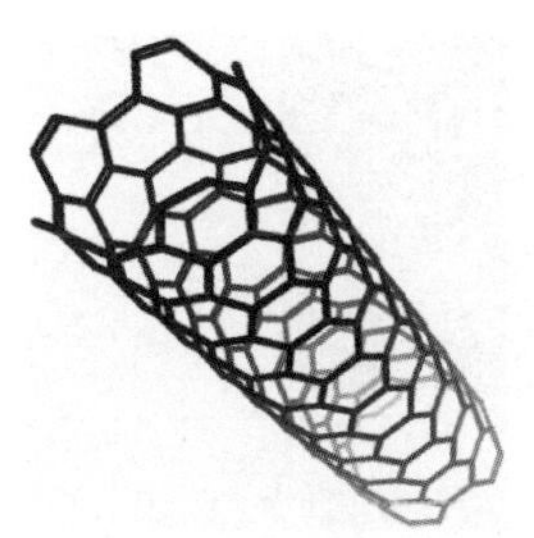

(a) 碳纳米管形貌示意图

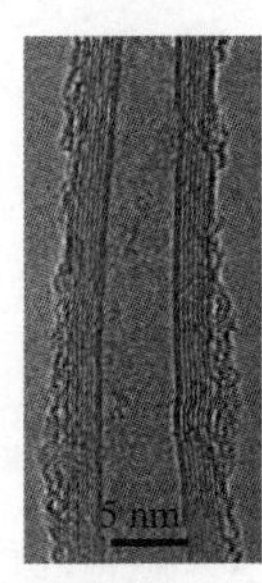

(b) 碳纳米管的TEM图像,具有多层同心壁结构

碳纳米管的部分性能:
•外径:约1～100 nm
•内径:约外径的1/3
•管壁间距:约0.3 nm
•硬度:约为钢的5倍
•强度:约为钢的30倍
•导电和导热性能:约为石墨的10倍

(c) 碳纳米管的若干优异性能

图 4-28　碳纳米管形貌结构及其性能[15]

纸状碳纳米管膜制备相对简单,其结构、机械性能、电学及热学性能被最先研究[266-271]。纸状膜具有由抽滤或造纸过程制备的随机卷曲的碳纳米管网状结构,其制备及结构如图 4-29 所示[272]。碳纳米管具有很强的通过分子间力聚集的趋势,正是这种作用,使得碳纳米管能够形成内聚力相当大的纸状膜。纸状膜的韧性及强度性能均十分优异。直径更小、长度更长、纯度更高的碳纳米管通常机械性能更好[273]。制备纸状膜的过程中,通常将纯化后的碳纳米管分散在适当的溶剂中,然后抽滤至多孔支撑层表面,形成光学不透明的纸状结构,如果纸状膜的厚度足够大,便可以从基底表面剥离。由于初始制备的碳纳米管通常卷曲缠绕在一起,且极易掺入金属催化剂颗粒,如 Fe、Co、Ni 等杂质,碳纳米管的纯化和分散对纸状膜的制备、结构、性质至关重要[274-276]。尽管碳纳米管在纸状膜表面呈平行排列,在纸状膜本体中却倾向于形成随机取向的网状结构。Dumee 等[277]将碳纳米管反复超声搅拌分散于分析纯的异丙醇中,立即抽滤至具有 0.22 μm 孔径的聚醚砜(PES)支撑层上,即可得到纸状碳纳米管膜。制备过程无须进行酸处理或纯化步骤,以保持碳纳米管内部的疏水性。纸状膜的平均孔径约为 25 nm,孔径分布相对较宽,标准偏差约为±14 nm,与其他课题组制备的碳纳米管纸状膜孔径(29～39 nm)和孔径分散度(10～20 nm)相符[278,279]。将该纸状膜用于 PS 微球的截留,结果与孔径分布相符,对 100 nm 的微球截留率为 80%,而对 500 nm 的微球截留率达到 98%。纸状膜的孔径同样高度依赖于碳纳米管的类型,可以通过调整两种类型的碳纳米管比例调节纸状膜的平均孔

径。分别由外径约 9 nm 以下和约 37 nm 以下的碳纳米管构成的纸状膜表观孔径分别为 25 nm 和 49 nm，同时可以通过两种碳纳米管的混合制备孔径在 25～49 nm 之间的纸状膜。其他方法亦可调节纸状膜的孔径和孔隙率。Kukovecz 等[278]通过球磨研磨改变碳纳米管的长度，使其从 2 μm 至 230 nm 变化来调节纸状膜的孔径。Das 等[280]在碳纳米管成膜分散液中共混 PS 微球，调控 PS/CNT 纸状复合膜的孔隙率，其中的 PS 微球可以被选择性溶解以在纸状膜内形成孔穴。但是，纸状碳纳米管膜的孔径分散程度较高，严格意义上来说并不属于均孔膜范畴。

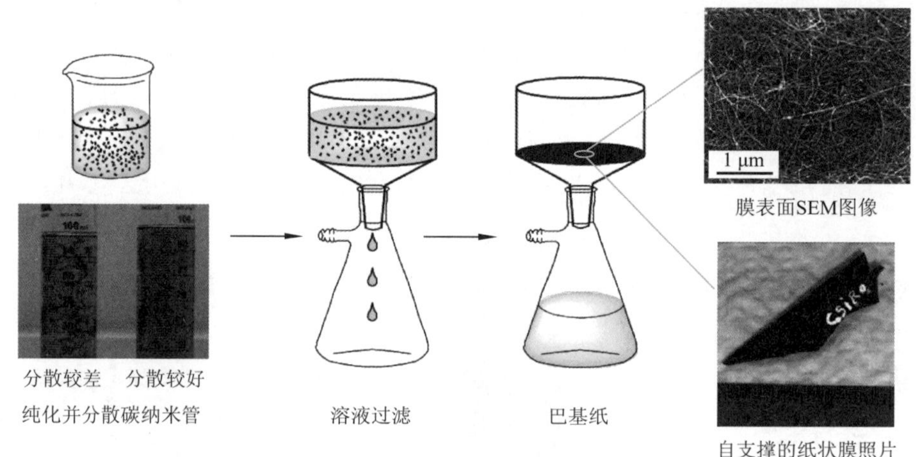

图 4-29　碳纳米管纸状膜制备过程及其结构[15]

取向碳纳米管膜的结构与纸状膜的结构截然不同，取向膜中碳纳米管取向排列呈圆柱状孔，这使得取向膜的孔径和孔隙率能得到很好的控制。在取向膜的制备方面，大多数课题组使用的碳纳米管取向膜的制备过程方法及结构如图 4-30 所示[18,19]。通常，使用化学气相沉积在硅片或石英晶体基底上生长取向的碳纳米管"丛林"。生长条件需要谨慎选择，以避免碳纳米管发生结构性阻滞（如掺入催化剂颗粒）或形成竹状结构，这些结构将阻碍流体穿过碳纳米管内部。碳纳米管"丛林"生长完成后，将碳纳米管之间的空隙以不具渗透性的材料填充，形成连续相主体。最后，将多余的主体材料和基底除去，打通碳纳米管底部。由于碳纳米管的直径(0.7 nm)很小，碳纳米管取向膜的尺寸选择性很高，这种取向结构也使得取向膜具有极高的通量[18,19,21,259,261,264,281-288]。分子动态模拟已证实这种取向膜理论上可用于高通量反渗透脱盐[289,290]。

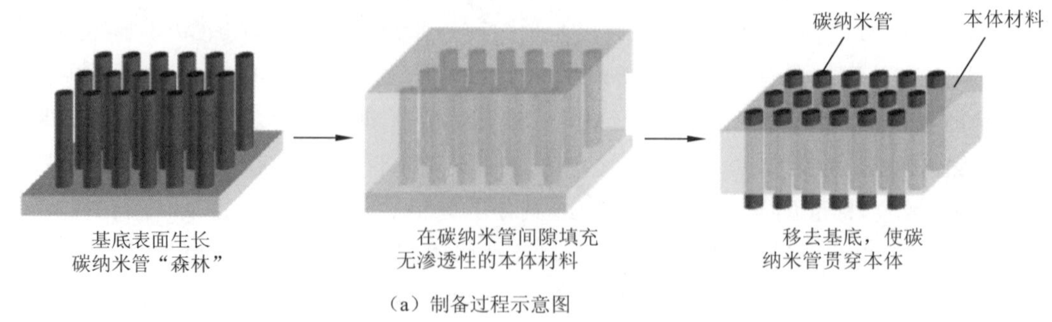

(a) 制备过程示意图

图 4-30　碳纳米管取向膜的制备过程及其结构[15,18-19]

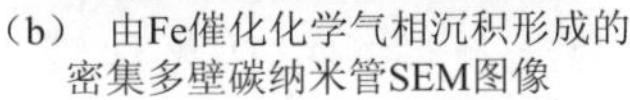

（b） 由Fe催化化学气相沉积形成的密集多壁碳纳米管SEM图像

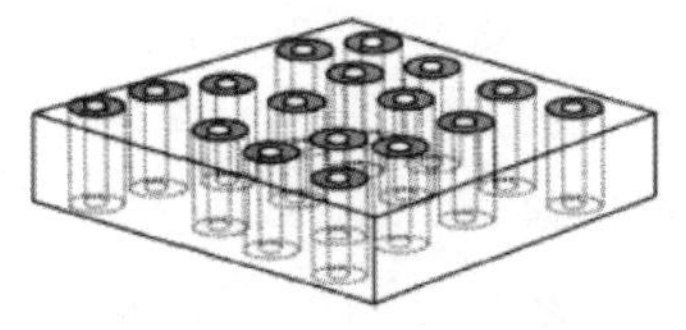

（c）碳纳米管取向膜结构示意图

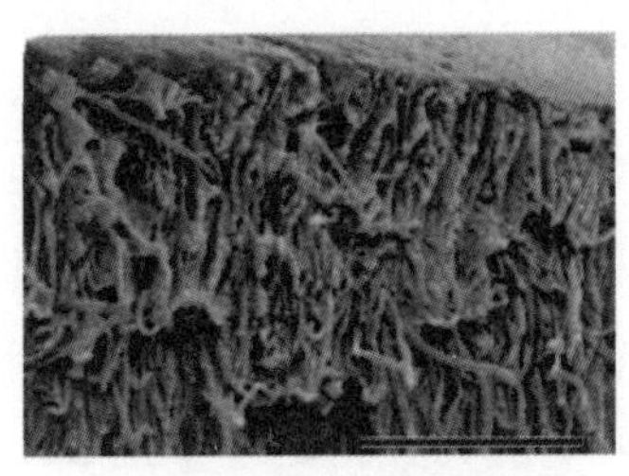

（d）CNT/PS膜断面SEM图像

图 4-30 碳纳米管取向膜的制备过程及其结构[15,18-19]（续）

取向膜具备高通量特性的原因主要有两点。首先，最重要的一点为碳纳米管具有光滑、平整的内腔，这使得分子与碳纳米管壁的碰撞由扩散碰撞转变为反射碰撞，造成：在 Knudsen 态的气体流率增强和通过管道的压力驱动液体流率增大。最近的理论研究表明，压力驱动的气态和液态流体将在碳纳米管内部无摩擦的自由运输。N_2、CO_2、Ar、H_2 及 CH_4 等的实际气体流率比通过 Knudsen 扩散动力学预测值高出 15～30 倍[287]。而液态流率，如水通量，则是非滑动流体动力学预测的 4 倍多[259, 261, 281, 288]。其次，对直径小于 2 nm 的碳纳米管，将发生分子定向和单列扩散，导致分子运动保持一致。特别地，Hummer 等预测，由于水分子间强烈的氢键作用及其与碳纳米管壁间较弱的吸引力，水分子链在碳纳米管内部应呈现类似弹道的运动模式。尽管直观上看极性分子比如水分子不易进入非极性的碳纳米管内部，但是实验结果却是另一番情景。Sun 等[291]最早报道了液态流体穿过碳纳米管的行为，他们将单个的多壁碳米管（内径 150 nm）包埋于环氧树脂中，显微切片后形成了极薄的碳纳米管取向膜。但是，最终引起科学界对 CNT 取向膜兴趣的是两个课题组相互独立的工作[18,19, 261]。Hinds 课题组和 Holt 课题组[292-296]分别制备了具有高密度取向碳纳米管孔的分离膜，其流速比传统的流速理论预测值高出 2～3 个数量级。两个课题组还报道了碳纳米管末端功能化能够实现对碳纳米管孔道开关的控制，并且增强其选择性。

基于以上性质，Lee 等[263]利用单壁碳纳米管研究了简单离子穿过碳纳米管内部孔道时产生的共振波动行为，单个阳离子进入碳纳米管内部后会发生随机的堵孔现象，扰动之前稳定的质子电流，在管口处堵孔和质子扩散限制效应耦合，形成震荡波。Liu 等[265]研究了小型单链 DNA 分子于电泳作用下在碳纳米管内的迁移行为，发现 DNA 进入碳纳米管后将引发极大的瞬时电流，可用于检测及控制 DNA 分子的运输。Geng 等发现碳纳米管自发插入磷脂双分子层及活细胞膜上形成通道，并在生理学环境中呈现出统一的 70～100 pS/m 的电导率。这些碳纳米管通道能够运输水分、质子、低分子量离子及 DNA，在亚稳态电导率间随机转换，并表现出典型的大分子诱导电流阻塞效应。此外，原材料的孔道和膜表面电荷能够控制 CNT 通道的电导率和选择性，是构建仿生细胞表面和研究生物通道传输的潜在平台[262]。

基于以上所述碳纳米管取向膜独特的一维中孔贯通结构及其优异的机械性能，许多科学家起初认为碳纳米管取向膜将成为新型膜材料强有力的竞争者。然而，大面积制备高密度垂直取向碳纳米管是一项非常具有技术难度的挑战。因此，尽管在碳纳米管膜领域已经取得了一些进展，由碳纳米管制备的取向膜更多地被限制在理论和实验室研究上[4, 258, 287]。

4.7.2 石墨烯膜

石墨烯具有独特的单原子层厚度、二维结构、优异的机械强度和化学惰性，由石墨烯及其衍生物制备分离膜为膜领域开辟了新的方向[297-307]。理论及实验结果表明，单层石墨烯在海水脱盐、气体分离、饮用水生产领域具有巨大的应用潜力[308-313]。然而，如何精确地控制石墨烯膜中的孔径仍是一个挑战。此外，单层多孔石墨烯膜无法大面积制备，亦无法承受真实压力驱动过滤应用中选用的高压[306, 314]。为了解决上述问题，利用氧化石墨烯包括化学转化石墨烯纳米片层制备分离膜最近受到了人们的关注。氧化石墨烯易于在溶液中大规模生产[315,316]，采用真空抽滤微米尺寸氧化石墨烯片层制备的层状氧化石墨烯膜呈现出包括亲水性、良好的机械性能和弹性在内的诸多优异性能，使得氧化石墨烯膜成为新一代水处理和微粒捕获膜的潜力候选膜[20, 317,318]。石墨烯膜中由扩散引起的渗透性能，不足以使其具有与商用压力驱动超滤膜竞争的优势。Qiu 等[319]首先报道了热致皱氧化石墨烯膜在压力驱动下的分离性能，由于氧化石墨烯膜内明显的微观褶皱，其渗透性明显提高，达到 450 L・m^2・h^{-1} MPa^{-1}，表明取向通道的增多有利于提高氧化石墨烯膜的分离性能。尽管在控制氧化石墨烯膜的孔径及孔隙率方面已经取得了不错的进展，但是仍然迫切需要提高氧化石墨烯膜的设计和制备技术，以得到具有高渗透性、高选择性和高稳定性的分离膜[320,321]。值得注意的是，氧化石墨烯膜的分离性能受氧化石墨烯片层中含氧基团的物化状态影响很大，与其他分离膜相比，这提供了更加直接地调控氧化石墨烯纳米通道孔径的方法。

氧化石墨烯片层的精确化学结构仍有争议，主要问题在于含氧功能基团的类型和分布未能确定，其中被广泛承认的结构模型为 Lerf-Klinowski 模型[322-324]。根据这一模型，含氧基团修饰氧化石墨烯的平面及边缘，包括环氧基、羟基和羧基[325]。由于这些含氧基团的存在，氧化石墨烯具有一系列令人兴奋的性质。一方面，氧化石墨烯容易在水溶液介质中分散，不借助任何表面活性剂和稳定剂即可形成均匀的分散颗粒，这使得氧化石墨烯容易在水溶液中操作，简化了成膜过程[315, 320, 326]。另一方面，由于氧化石墨烯片层边缘羧基的离子化，分散于水中的亚微米尺寸氧化石墨烯带有大量的负电荷[321]。此外，与环氧基、羟基、羧基中氧原子相连的碳原子并非采用占有高比例(约 40%)的 C—O 键 sp^3 杂化，常常倾向于形成无定形区域，在氧化石墨烯片层上引起了纳米尺度的褶皱和结构缺陷。正是这些褶皱和缺陷在形成石墨烯膜后为水分子的运输提供了主要通道[316, 319,320, 327]。这些含氧基团为石墨烯的表面修饰反应提供了许多反应位点，可用于发展一系列分离性能得到显著提高的功能化氧化石墨烯膜。

Zeta 电位测定表明，氧化石墨烯片层表面羧酸和酚羟基的离子化使得氧化石墨烯带有一定数量的负电荷[320,321, 326]。由于氧化石墨烯片层间强烈的静电排斥，单层氧化石墨烯片层能够在几个月内避免片层间的相互重叠甚至褶皱。然而，氧化石墨烯的边缘倾向于折叠形成褶皱以阻止重叠形成多层结构。一旦氧化石墨烯片层组装形成分离膜，单个氧化石墨烯片层即在水平方向上发生互锁，形成高机械强度的氧化石墨烯膜。初生氧化石墨烯膜能够轻易地转移至其他基底表面。制备氧化石墨烯的方法大致可分为四种：滴涂法、喷涂/旋涂法、Langmuir-Blodgett(LB)法及真空抽滤法[4]。其中真空抽滤法是大面积制备氧化石墨烯膜最常见、最直接的路线。Dikin 课题组和 Putz 课题组[325,328]分别提出了形成纸状氧化石墨烯膜的可能机理。真空抽滤过程中的压力作用诱导氧化石墨烯片层沿流速垂直方向取向排列，并缩小初始氧化石墨烯片层的层间距，得到平行程度更高的高级结构。值得注意的是，压力大小并不会改变氧化石墨烯的物理化学性质，这是由于压力作用下氧化石墨烯片层间的主要作用力为静电排斥、分子间力和氢键相互作用，并不是共价键[325]。氧化石墨烯膜带有一定量的负电荷，呈现出良好的亲水性[319-321]。氧化石墨烯膜的厚度大部分取决于抽滤过程中加入的氧化石墨烯分散液的体积。此外，通过抽滤制得的氧化石墨烯膜通常沉积于多孔聚合物膜表面，该支撑层的表面粗糙度和润湿性能对能否形成均匀的氧化石墨烯膜有影响。

与聚合物膜或陶瓷膜不同，氧化石墨烯膜呈现出一系列优异的性能，包括易于在溶液中大面积生产、亲水性、良好的机械强度和弹性，这是其他膜材料所不能比拟的[325, 329-330]。相互贯穿的弯曲通道用于水分子、离子、有机小分子和纳米粒子运输，这些通道主要由随机堆叠的纳米尺寸的褶皱、由功能含氧基团(羟基、羧基和环氧基团)造成的空隙和氧化石墨烯片层平面上结构缺陷诱导的纳米孔组成[319-320, 331]。最近的研究表明，氧化石墨烯膜在气体、离子及小分子分离领域展现出美好的应用前景。Zhu 等[318]通过检测滤液、残留液和原液的电导率发现，钠盐能够自由地快速通过氧化石墨烯膜，而某些重金属离子，比如 Cu^{2+} 将被完全截留。Zhu 等亦对氧化石墨烯膜的选择透过性机理进行了研究。完全润湿的氧化石墨烯膜其纳米通道尺寸为 3～5 nm[319-321]，非常小的分子和纳米粒子能够沿着相互连通的纳米通道迁移。然而，与钠盐相比，由于重金属离子与含氧基团强烈的相互作用，某些重金属离子比如 Cu^{2+}、Cd^{2+} 和 Mn^{2+} 的渗透速率将明显降低甚至被完全截留，而不是物理吸附，氧化石墨烯膜的结构与性能如图 4-31 所示。此外，对碱金属和碱土金属阳离子，由于其阳离子 π 键相互作用强度的不同，氧化石墨烯膜同样对其表现出选择渗透性。研究氧化石墨烯膜内微粒的扩散行为同样为海水脱盐和模拟细胞膜离子传输提供了可行方案。

氧化石墨烯中的亲水基团比如羟基、羧基、环氧基等能够缔合大量的水分子，使得层状氧化石墨烯膜中的层间距增大至多 1 nm，显著增大氧化石墨烯膜的有效孔径[320,321]。压力驱动过程一方面加速了水分子的渗透速率，提高了分离效率；另一方面，施加于氧化石墨烯膜上的压力足以克服石墨烯片层中含氧基团与水分子的氢键作用。因此，完全浸润的氧化石墨烯膜的纳米孔道由褶皱、内部空隙和结构缺陷引起的少量纳米孔组成[320]。根据分子捕获机理，几微米厚的氧化石墨烯膜的有效孔径在 3～5 nm 之间。Qiu 等首先提出，完全浸润的氧化石墨烯膜内的褶皱为液体和微小纳米颗粒提供了运输通道。褶皱的增强效果能够间接的通过氧化石墨烯膜的水通量测试表现，氧化石墨烯膜的形成与水通量如图 4-32 所示。特别引起人们兴趣的是，褶皱的数量能够通过氧化石墨烯沉淀的热处理控制，由此调节氧化石墨烯膜的分离性能[319]。受该方法启发，Huang 等[321]发现盐浓度、pH 和操作压力同样对氧化石墨烯膜的分离性能存在巨大影响，改变这些参数能够更直接地调控氧化石墨烯膜的分离性能。如前文所述，单个氧化石墨烯片层组装成膜并没有改变氧化石墨烯的物化性质。因此，完全润湿的氧化石墨烯膜依然带有一定的负电荷，对氧化石墨烯片层的修饰将对膜的 zeta 电位产生巨大影响，并显著改变氧化石墨烯膜孔的性质。在氧化石墨烯膜上引入可溶性电解质将引起氧化石墨烯膜孔的收缩,离子屏蔽效应导致水通量急剧下降。类似地,氧化石墨烯片层的表面电荷密度同样受 pH 值影响,不同 pH 值将引起氧化石墨烯片层边缘羧基的质子化或去质子化,从而影响氧化石墨烯膜的 zeta 电位。pH 值对纳米通道的影响能够间接地通过氧化石墨烯膜的分离性能证实。在低或高 pH 下,由于羧基的质子(或去质子)化与离子屏蔽效应共同作用,引起氧化石墨烯膜中有效孔径的变化,水通量均显著降低,伊文思蓝(粒径 3 nm 的染料)的截留效果明显提高。此外,施加在氧化石墨烯膜上的压力同样能够引起膜的一系列可逆变化。

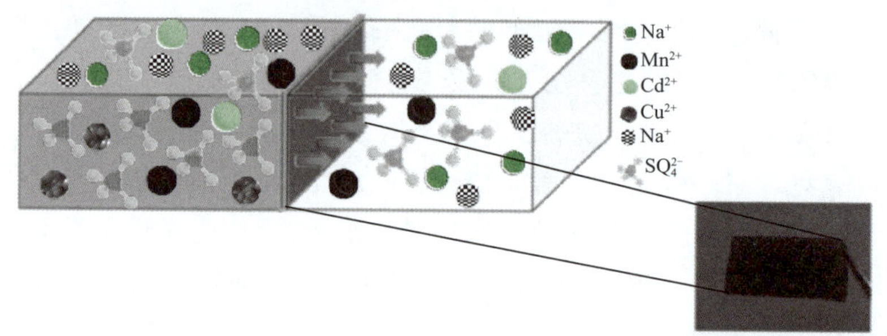

(a) 不同离子通过氧化石墨烯膜示意图

(b) 氧化石墨烯分散液

(c) 氧化石墨烯薄层的原子力显微镜图像

(d) 氧化石墨烯膜表面SEM图像

(e) 断面SEM图像

(f) 断面SEM图像

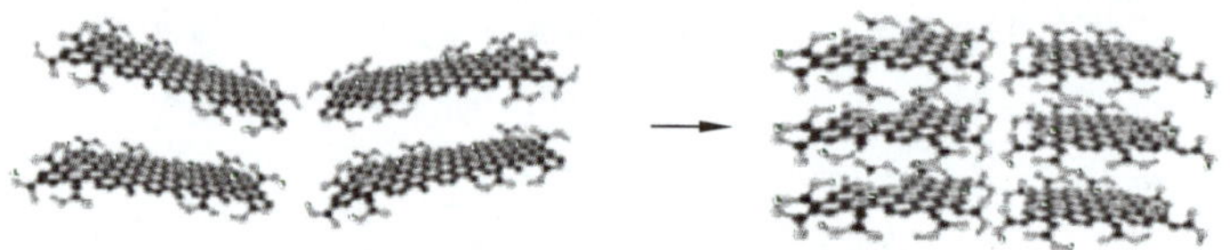

滴涂法诱导纳米毛细管网络形成

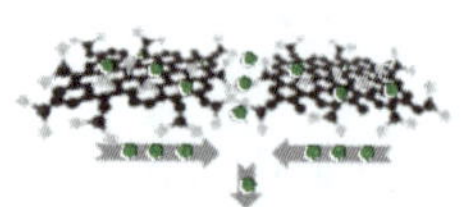

钠离子穿透纳米毛细管

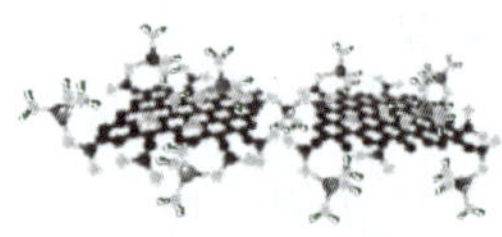

二价铜离子配位

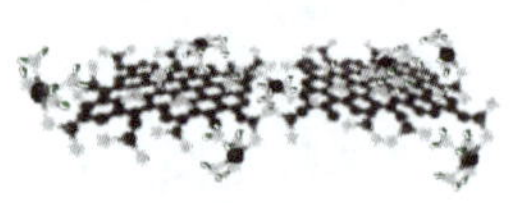

二价锰离子配位

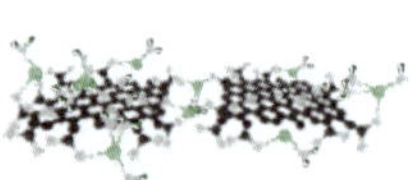

二价铬离子配位

(g) 氧化石墨烯膜与不同离子作用示意图

图 4-31 氧化石墨烯膜的结构与性能[318]

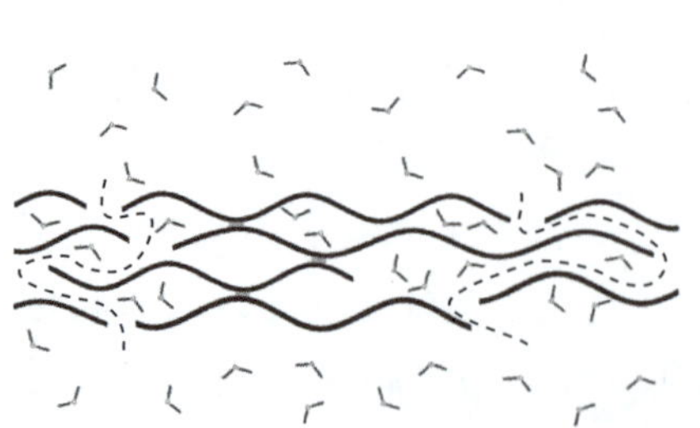

(a) 水分子透过热致皱化氧化石墨烯(CCG)膜示意图,虚线为水分子运动的设想路径

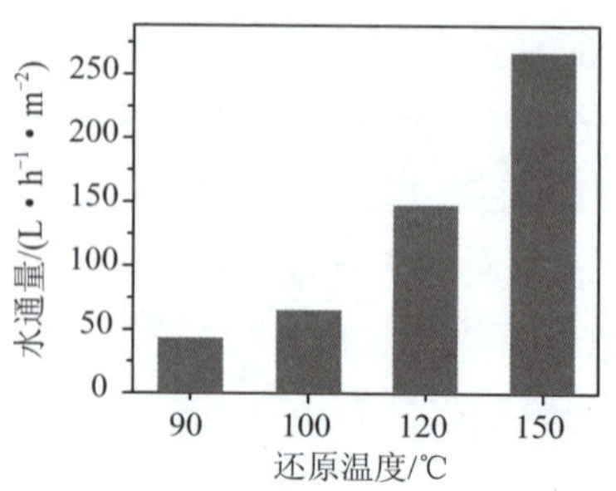

(b) 不同温度下制备的CCG膜水通量变化

图 4-32 氧化石墨烯膜的形成与水通量[319]

上述工作在氧化石墨烯膜的制备及应用领域做出了杰出的探索性贡献，但是氧化石墨烯膜的性能依然存在巨大的提升空间。完美的单层石墨烯片层对小如 H_2 或 He 的气体是无法渗透的，这是由于芳环中的电子密度已高至足够阻碍任何原子、离子和分子运输穿过这些石墨烯环[312，332]。最近，许多研究采用电子束刻蚀、自下而上自组装、双嵌段共聚物模板、氦气离子束钻孔或化学刻蚀的方法得到了同时具有高选择性和超快渗透性能的石墨烯均孔膜，制备的超薄纳孔片层具有更高的孔隙率和更窄的孔径分布[307，333-336]。强碱溶液如 KOH 水溶液是一种非常有效的化学活性剂，在多孔碳材料制备领域广泛使用。最近，Zhu 等[337]发现 KOH 能够活化氧化石墨烯，在石墨烯片层上形成大量规整孔，微波剥离氧化石墨烯活化致孔过程及其形貌如图 4-33 所示。该氧化石墨烯纳米孔膜的有效孔径范围在 0.6～5 nm，与初始的氧化石墨烯膜孔径(3～5 nm)相当。KOH 活化过程形成了大量的纳米孔洞，但是由于部分含氧基团在活化过程中丧失，活化后的氧化石墨烯片层的亲水性却呈现一定程度的下降。但是我们依然可能以此制备具有更多水通道的均匀氧化石墨烯膜，加速分离过程。另一方面，尽管氧化石墨烯膜具有良好的分离性能，但完全润湿的氧化石墨烯膜的机械性能依然无法与由聚合物或沸石组成的纳滤膜相媲美。氧化石墨烯片层上的功能基团，特别是羧基，不但为氧化石墨烯膜提供了良好的亲水性能，更为后续的功能化提供了活性位点，使得我们能够方便地通过交联的方式提高氧化石墨烯膜的机械性能。例如，Park 等发现少量 Mg^{2+} 和 Ca^{2+} 的加入将显著增强纸状氧化石墨烯膜的机械性能。与原膜相比，其机械强度和断裂伸长率分别增加 10%～200% 和 50%。其增强机理为氧化石墨烯片层平面上的含氧功能基团及边缘的羧基能够与 Mg^{2+} 和 Ca^{2+} 键合从而实现交联，二价阳离子增强氧化石墨烯机械性能模型如图 4-34 所示[329]。

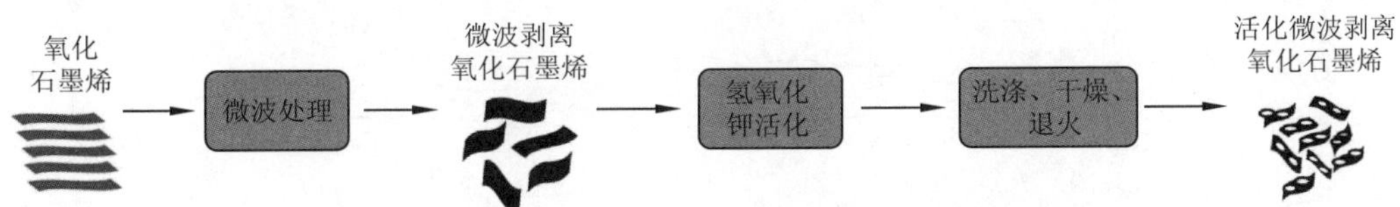

(a) 微波剥离氧化石墨烯及氢氧化钾活化过程致孔过程示意图

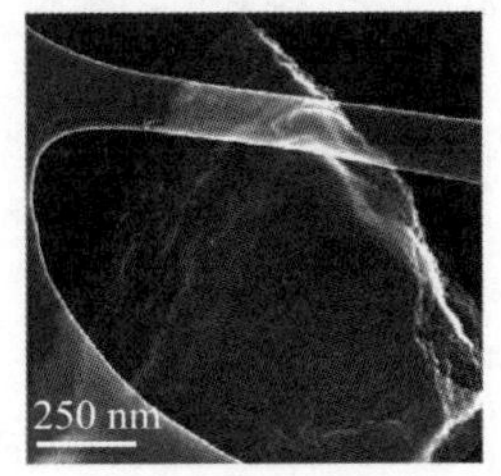

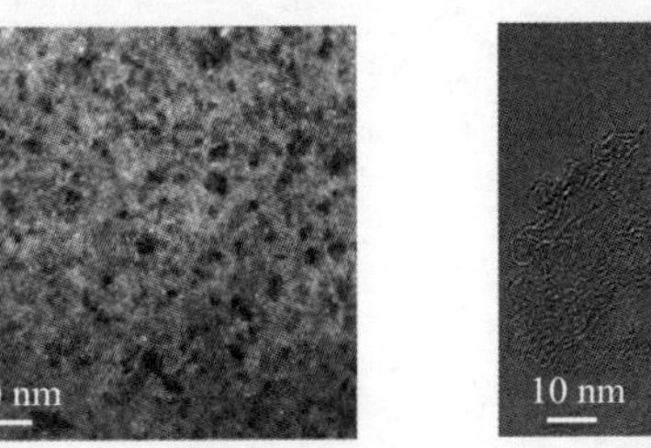

10 nm

(b) (c) 活化氧化石墨烯的SEM图像　(d) 活化氧化石墨烯的扫描透射显微镜(ADF-STEM)图像　(e) 活化氧化石墨烯和边缘的高分辨相差电子显微镜图像

图 4-33　微波剥离氧化石墨烯活化致孔过程及其形貌[337]

2 nm

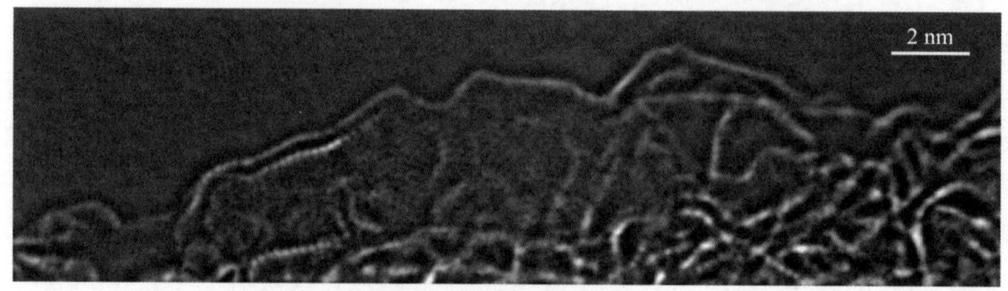

(f) 活化氧化石墨烯的TEM图像

图 4-33　微波剥离氧化石墨烯活化致孔过程及其形貌[337]（续）

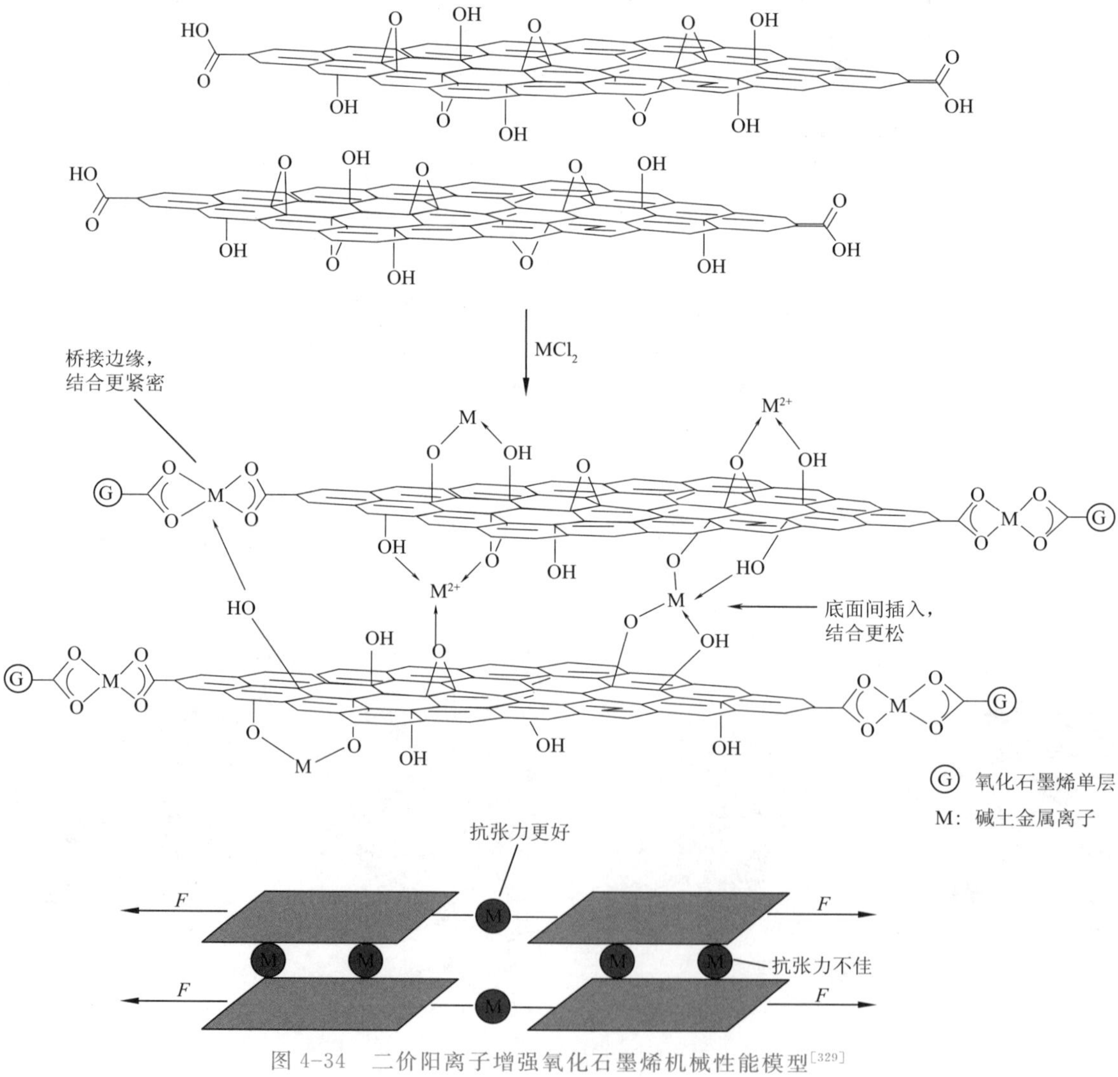

HO
O
OH
OH
O
OH
MCl2
桥接边缘，
结合更紧密
M
M2+
G
底面间插入，
结合更松
G 氧化石墨烯单层
M：碱土金属离子
抗张力更好
F
抗张力不佳

图 4-34　二价阳离子增强氧化石墨烯机械性能模型[329]

4.8　均孔膜发展现状及趋势

具有微米或纳米尺寸单分散孔径的碳基均孔膜目前已在多个领域例如免疫隔离、血液透析、生物传感和光电学中呈现出潜在的应用价值。在均孔膜制备技术方面的进步显著增强了调控分离膜孔形貌和微结构的能力，从而制备出同时具有高选择性、高通量、高机械稳定性和化学惰性的新一代分离膜成为可能。本章详细总结了目前主要的均孔膜制备技术，并对构建均孔膜的具体策略进行了详细论述，包括膜材料的选择和膜形貌的调控。形貌丰富多彩的均孔膜结构已经吸引了众多研究者的目光，并发展了一系列从科学研究到工业生产上的潜在应用，例如生物医药科学领域的分选、传感、分离及生物分子释放，环境领域的水处理和污染物检测。制备符合要求的均孔膜是实现这些应用的必要步骤。在比较诸多制备均孔膜的方法时，是否利于大规模生产（成本低、产量高），是否具有多重功能（如孔径筛分、pH 响应、生物相容和抗生物污染）以及是否能够重复循环使用均是关键的性能指标。我们深信，随着新型制备技术的不断发展，均孔膜将在不久的将来取得令人兴奋的进展。

尽管近年来自组装膜系统在传输和分离应用中取得了较大的进步，但是，在孔径几纳米范围、机械性能优良的超薄均孔膜的制备问题上，依然存在困难。由于自组装膜具有制备成本低、结构自规整、易于形成复合膜及膜性能调节范围广的优势，利用材料的自组装过程制备均孔膜吸引了当下更多的注意力。其中，最值得期待的是将聚合物与纳米粒子结合制备复合膜，其中聚合物提供弹性和柔性主体，无机、有机甚至是蛋白质纳米粒子则用于孔径、渗透性能及催化活性的调控，基于聚合物/纳米粒子界面将生成许多新颖的结构。然而，如何精确、可重复地控制自组装膜的制备过程，成功实现自组装过程的规模化生产和商业化依然亟待解决。另一方面，以石墨烯及石墨烯衍生物制备的石墨烯膜在纳米尺度物质分离领域具有非常巨大的潜力。如果能够解决石墨烯及其衍生物的大规模制备问题，阐明石墨烯膜的分离机制并实现其宏观可控构筑，具有优异性能的石墨烯分离膜在生产生活中大显身手指日可待。

参考文献

[1]　ELIMELECH M，PHILLIP W A. The future of seawater desalination：Energy，technology，and the environment[J]. Science，2011，333 (6043)：712-717.

[2]　BERNARDS D A，DESAI T A. Nanoscale porosity in polymer films：Fabrication and therapeutic fapplications[J]. Soft Matter，2010，6 (8)：1621-1631.

[3]　LIU Q，TANG Z，OU B，et al. Design，preparation，and application of ordered porous polymer materials[J]. Materials Chemistry and Physics，2014，144 (3)：213-225.

[4]　HUANG H，YING Y，PENG X. Graphene oxide nanosheet：An emerging star material for novel separation membranes[J]. Journal of Materials Chemistry A，2014，2 (34)：13772-13782.

[5]　WARKIANI M E，BHAGAT A A S，L KHOO B，et al. Isoporous micro/nanoengineered membranes [J]. ACS Nano，2013，7 (3)：1882-1904.

[6]　STRIEMER C C，GABORSKI T R，MCGRATH J L，et al. Charge- and size-based separation of mac-

romolecules using ultrathin silicon membranes[J]. Nature, 2007, 445 (7129): 749-753.
[7] KUIPER S, RIJN VAN C J M, NIJDAM W, et al. Development and applications of very high flux microfiltration membranes[J]. Journal of Membrane Science, 1998, 150 (1): 1-8.
[8] RIJN C V. Nano and micro engineered membrane technology[J]. Elsevier, 2004.
[9] MARZOLIN C, P SMITH S, PRENTISS M, et al. Fabrication of glass microstructures by micromolding of sol-gel precursors[J]. Advanced Materials, 1998, 10 (8): 571-574.
[10] BAE W G, KIM H N, KIM D, et al. 25th anniversary article: scalable multiscale patterned structures inspired by nature: the role of hierarchy[J]. Advanced Materials, 2014, 26(5):675.
[11] ULBRICHT M. Advanced functional polymer membranes[J]. Polymer, 2006, 47 (7): 2217-2262.
[12] WU D, XU F, SUN B, et al. Design and preparation of porous polymers[J]. Chemical Reviews, 2012, 112(7):3959.
[13] HE D, SUSANTO H, ULBRICHT M. Photo-irradiation for preparation, modification and stimulation of polymeric membranes[J]. Progress in Polymer Science, 2009, 34(1):62-98.
[14] WEI Q, BECHINGER C, LEIDERER P. Single-file diffusion of colloids in one-dimensional channels [J]. Physical Review Letters, 2000, 287(5453):625-627.
[15] SEARS K, DUMéE L, SCHüTZ J, et al. Recent developments in carbon nanotube membranes for water purification and gas separation[J]. Materials, 2010, 3(1):127-149.
[16] BERRY V. Impermeability of graphene and its applications[J]. Carbon, 2013, 62: 1-10.
[17] ZHAO Y, XIE Y, LIU Z, et al. Two-dimensional material membranes: an emerging platform for controllable mass transport applications[J]. Small, 2014, 10(22):4521.
[18] HINDS B J, CHOPRA N, RANTELL T, et al. Aligned multiwalled carbon nanotube membranes[J]. Science, 2004, 303(5654):62-5.
[19] HOLT J K, PARK H G, WANG Y, et al. Fast mass transport through sub-2-nanometer carbon nanotubes[J]. Science, 2006, 312(5776):1034.
[20] PAUL D R. Creating new types of carbon-based membranes[J]. Science, 2012, 335 (6067): 413-414.
[21] SHOLL D S, JOHNSON J K. Making high-flux membranes with carbon nanotubes[J]. Science, 2006, 312(5776):1003-4.
[22] MI B. Graphene oxide membranes for ionic and molecular sieving[J]. Science, 2014, 343 (6172): 740-742.
[23] JOSHI R K, CARBONE P, WANG F C, et al. Precise and ultrafast molecular sieving through graphene oxide membranes[J]. Science, 2014, 343(6172):752-4.
[24] CELEBI K, BUCHHEIM J, WYSS R M, et al. Ultimate permeation across atomically thin porous graphene[J]. Science, 2014, 344(6181):289.
[25] BAKER R W. Overview of membrane science and technology[M]// Membrane Technology and Applications, Second Edition. John Wiley & Sons, Ltd, 2004:1-14.
[26] SCOTT K. Handbook of industrial membranes[J]. Elsevier, 1995.
[27] APEL P. Track etching technique in membrane technology[J]. Radiation Measurements, 2001, 34 (1-6): 559-566.
[28] TOIMILMOLARES M E. Characterization and properties of micro- and nanowires of controlled size,

composition, and geometry fabricated by electrodeposition and ion-track technology[J]. Beilstein Journal of Nanotechnology, 2012, 3(1):860.

[29] GATES B D, XU Q, STEWART M, et al. New approaches to nanofabrication: molding, printing, and other techniques[J]. Chemical Reviews, 2005, 105(4):1171-96.

[30] LEE S, KANG H S, PARK J K. Directional photofluidization lithography: micro/nanostructural evolution by photofluidic motions of azobenzene materials[J]. Advanced Materials, 2012, 24(16):2069.

[31] XIA Y, GATES B, YIN Y, et al. ChemInform abstract: monodispersed colloidal spheres: old materials with new applications[J]. Cheminform, 2000, 31(29):no-no.

[32] JIANG P, HWANG K S, MITTLEMAN D M, et al. Template-directed preparation of macroporous polymers with oriented and crystalline arrays of voids[J]. Journal of America Chemistry Society, 1999, 121 (50): 11630-11637.

[33] WAN L S, ZHU L W, OU Y, et al. Multiple interfaces in self-assembled breath figures[J]. Chemical Communications, 2014, 50(31):4024-4039.

[34] MUñOZ-BONILLA A. Towards hierarchically ordered functional porous polymeric surfaces prepared by the breath figures approach[J]. Progress in Polymer Science, 2014, 39(3):510-554.

[35] HOA M L, LU M, ZHANG Y. Preparation of porous materials with ordered hole structure[J]. Advances in Colloid & Interface Science, 2006, 121(1):9-23.

[36] BAI H, DU C, ZHANG A J, et al. Breath figure arrays: Unconventional fabrications, functionalizations, and applications[J]. Angewandte Chemie-International Edition, 2013, 52 (47): 12240-12255.

[37] VELEV O D, LENHOFF A M. Colloidal crystals as templates for porous materials[J]. Current Opinion in Colloid & Interface Science, 2000, 5(1-2):56-63.

[38] VAN RIJN P, TUTUS M, KATHREIN C, et al. ChemInform abstract: challenges and advances in the field of self-assembled membranes[J]. Chemical Society Reviews, 2013, 42(16):6578.

[39] JACKSON E A, HILLMYER M A. Nanoporous membranes derived from block copolymers: from drug delivery to water filtration[J]. ACS Nano, 2010, 4(7):3548.

[40] WANG Y, LI F. An emerging pore-making strategy: Confined swelling-induced pore generation in block copolymer materials[J]. Advanced Materials, 2011, 23 (19): 2134-2148.

[41] LI J R, SCULLEY J, ZHOU H C. Metal-organic frameworks for separations[J]. Chemical Reviews, 2012, 112(2):869.

[42] STOCK N, BISWAS S. Synthesis of metal-organic frameworks (mofs): Routes to various mof topologies, morphologies, and composites[J]. Chemical Reviews, 2012, 112 (2): 933-969.

[43] BRADSHAW D, GARAI A, HUO J. Metal-organic framework growth at functional interfaces: Thin films and composites for diverse applications[J]. Chemical Society Reviews, 2012, 41 (6): 2344-2381.

[44] LI J R, KUPPLER R J, ZHOU H C. ChemInform abstract: Selective gas adsorption and separation in metal—organic frameworks[J]. Chemical Society Reviews, 2009, 38(5):1477.

[45] SHEKHAH O, LIU J, FISCHER R A, et al. MOF thin films: existing and future applications[J]. Chemical Society Reviews, 2011, 40(2):1081.

[46] ZACHER D, SHEKHAH O, WOLL C, et al. Thin films of metal-organic frameworks[J]. Chemical Society Reviews, 2009, 38 (5): 1418-1429.

[47] SANCHEZ C, JULIAN B, BELLEVILLE P, et al. Applications of hybrid organic–inorganic nanocomposites[J]. Journal of Materials Chemistry, 2005, 15 (35-36): 3559-3592.

[48] FLEISCHER R L, PRICE P B, SYMES E M. Novel filter for biological materials[J]. Science, 1964, 143 (360): 249-250.

[49] FLEISHER R L, PRICE P B, WALKER R M. Nuclear tracks in solids: Principles and applications [J]. Berkeley Calif. university of California Press P, 1975, 42(322):306-307.

[50] PAPEL. Swift ion effects in polymers: Industrial applications[J]. Nuclear Instruments & Methods in Physics Research Section B-Beam Interactions with Materials and Atoms, 2003, 208: 11-20.

[51] TOULEMONDE M, TRAUTMANN C, BALANZAT E, et al. Track formation and fabrication of nanostructures with mev-ion beams[J]. Nuclear Instruments & Methods in Physics Research Section B-Beam Interactions with Materials and Atoms, 2004, 216: 1-8.

[52] DEHAYE F, BALANZAT E, FERAIN E, et al. Chemical modifications induced in bisphenol a polycarbonate by swift heavy ions[J]. Nuclear Instruments & Methods in Physics Research Section B-Beam Interactions with Materials and Atoms, 2003, 209: 103-112.

[53] DEHAYE F, BALANZAT E, FERAIN E, et al. Chemical modifications induced in bisphenol a polycarbonate by swift heavy ions[J]. Nuclear instruments and methods in physics research section B: Beam interactions with materials and atoms, 2003, 209 (0): 103-112.

[54] APEL P Y, BLONSKAYA I V, ORELOVITCH O L, et al. Effect of nanosized surfactant molecules on the etching of ion tracks: New degrees of freedom in design of pore shape[J]. Nuclear Instruments & Methods in Physics Research Section B-Beam Interactions with Materials and Atoms, 2003, 209: 329-334.

[55] TRAUTMANN C, BOUFFARD S, SPOHR R. Etching threshold for ion tracks in polyimide[J]. Nuclear Instruments & Methods in Physics Research Section B-Beam Interactions with Materials and Atoms, 1996, 116 (1-4): 429-433.

[56] SIWY Z, APEL P, BAUR D, et al. Preparation of synthetic nanopores with transport properties analogous to biological channels[J]. Surface Science, 2003, 532-535 (0): 1061-1066.

[57] TRAUTMANN C, CHLE W BR, SPOHR R, et al. Pore geometry of etched ion tracks in polyimide [J]. Nuclear Instruments and Methods in Physics Research Section B: Beam Interactions with Materials and Atoms, 1996, 111 (1-2): 70-74.

[58] CHTANKO N, MOLARES M E T, CORNELIUS T, et al. Etched single-ion-track templates for single nanowire synthesis[J]. Journal of Physical Chemistry B, 2004, 108(28):9950.

[59] DESORBO W. Ultraviolet effects and aging effects on etching characteristics of fission tracks in polycarbonate film[J]. Nuclear Tracks, 1979, 3 (1-2): 13-32.

[60] FERAIN E, LEGRAS R. Heavy ion tracks in polycarbonate. Comparison with a heavy ion irradiated model compound (diphenyl carbonate) [J]. Nuclear Instruments and Methods in Physics Research Section B: Beam Interactions with Materials and Atoms, 1993, 82 (4): 539-548.

[61] MAZZEI R, BERNAOLA O A, SAINTMARTIN G, et al. Submicroscopic kinetics of track formation in ssntd[J]. Nuclear Instruments & Methods in Physics Research Section B-Beam Interactions with Materials and Atoms, 1985, 9 (2): 163-168.

[62] APEL P, SCHULZ A, SPOHR R, et al. Tracks of very heavy ions in polymers[J]. Nuclear Instruments & Methods in Physics Research Section B-Beam Interactions with Materials and Atoms, 1997, 131 (1-4): 55-63.

[63] APEL. P Y, BLONSKAYA I V, DMITRIEV S N, et al. Fabrication of nanopores in polymer foils with surfactant-controlled longitudinal profiles[J]. Nanotechnology, 2007, 18 (30).

[64] ZHANG H Q, AKRAM N, SKOG P, et al. Tailoring of kev-ion beams by image charge when transmitting through rhombic and rectangular shaped nanocapillaries[J]. Physical Review Letters, 2012, 108 (19).

[65] APEL P Y, KORCHEV Y E, SIWY Z, et al. Diode-like single-ion track membrane prepared by electro-stopping[J]. Nuclear Instruments and Methods in Physics Research Section B: Beam Interactions with Materials and Atoms, 2001, 184 (3): 337-346.

[66] ALI M, YAMEEN B, NEUMANN R, et al. Biosensing and supramolecular bioconjugation in single conical polymer nanochannels. Facile incorporation of biorecognition elements into nanoconfined geometries[J]. Journal of America Chemistry Society, 2008, 130 (48): 16351-16357.

[67] SIWY Z, APEL P, DOBREV D, et al. Ion transport through asymmetric nanopores prepared by ion track etching[J]. Nuclear Instruments and Methods in Physics Research Section B: Beam Interactions with Materials and Atoms, 2003, 208 (0): 143-148.

[68] APEL P Y, BLONSKAYA I V, DMITRIEV S N, et al. Structure of polycarbonate track-etch membranes: Origin of the "paradoxical" pore shape[J]. Journal of Membrane Science, 2006, 282 (1-2): 393-400.

[69] YAMAUCHI Y, APEL P Y. The effect of surfactants on chemical development of ion track nanopores in polymer[J]. International Conference on Theoretical Physics Dubna-Nano, 2010, 248.

[70] APEL P Y, BLONSKAYA I V, DMITRIEV S N, et al. Surfactant-controlled etching of ion track nanopores and its practical applications in membrane technology[J]. Radiation Measurements, 2008, 43: S552-S559.

[71] SMALL L J, WHEELER D R, SPOERKE E D. Conical nanopores fabricated via a pressure-biased chemical etch[J]. RSC Advances, 2014, 4 (11): 5499-5502.

[72] PARK Y S, ITO Y, IMANISHI Y. Permeation control through porous membranes immobilized with thermosensitive polymer[J]. Langmuir, 1998, 14 (4): 910-914.

[73] YANGI B, YANG W T. Photografting modification of pet nucleopore membranes[J]. Journal of Macromolecular Science-Pure and Applied Chemistry, 2003, A40 (3): 309-320.

[74] RUBÉ J, MORONESRAMÍ N, REZ. Bioinspired synthesis of optically and thermally responsive nanoporous membranes[J]. NPG Asia Materials, 2013, 5(6): e52.

[75] SMULEAC V, BUTTERFIELD D A, BHATTACHARYYA D. Permeability and separation characteristics of polypeptide-functionalized polycarbonate track-etched membranes[J]. Chemistry of Materials, 2004, 16 (14): 2762-2771.

[76] Hille B. Ion channels of excitable membranes[M]. Sinauer, 2001.

[77] HOU X, JIANG L. Learning from nature: Building bio-inspired smart nanochannels[J]. ACS Nano, 2009, 3 (11): 3339-3342.

[78] GRIFFITHS J. The realm of the nanopore[J]. Analytical Chemistry, 2008, 80 (1): 23-27.

[79] HOU X, LIU Y, DONG H, et al. A ph-gating ionic transport nanodevice: Asymmetric chemical modification of single nanochannels[J]. Advanced Materials, 2010, 22 (22): 2440.

[80] HOU X, ZHANG H, JIANG L. Building bio-inspired artificial functional nanochannels: From symmetric to asymmetric modification [J]. Angewandte Chemie-International Edition, 2012, 51 (22): 5296-5307.

[81] WEN L, HOU X, TIAN Y, et al. Bioinspired smart gating of nanochannels toward photoelectric-conversion systems[J]. Advanced Materials, 2010, 22 (9): 1021-1024.

[82] KALMAN E B, VLASSIOUK I, SIWY Z S. Nanofluidic bipolar transistors[J]. Advanced Materials, 2008, 20 (2): 293.

[83] HOU G, PENG Z, TIAN Y, et al. Applications of polymer single nanochannels in biosensors[J]. Chinese Science Bulletin, 2013, 58 (13): 1473-1482.

[84] GRABAREK Z, GERGELY J. Zero-length crosslinking procedure with the use of active esters[J]. Analytical Biochemistry, 1990, 185 (1): 131-135.

[85] CLARKE J, WU H C, JAYASINGHE L, et al. Continuous base identification for single-molecule nanopore DNA sequencing[J]. Nature Nanotechnology, 2009, 4(4):265-70.

[86] KASIANOWICZ J J, BRANDIN E, BRANTON D, et al. Characterization of individual polynucleotide molecules using a membrane channel[J]. Proceedings of the National Academy of Sciences of the United States of America, 1996, 93 (24): 13770-13773.

[87] MARA A, SIWY Z, TRAUTMANN C, et al. An asymmetric polymer nanopore for single molecule detection[J]. Nano Letters, 2004, 4 (3): 497-501.

[88] KOHLI P, HARRELL C C, CAO Z H, et al. DNA-functionalized nanotube membranes with single-base mismatch selectivity[J]. Science, 2004, 305 (5686): 984-986.

[89] HOU X, GUO W, XIA F, et al. A biomimetic potassium responsive nanochannel: G-quadruplex DNA conformational switching in a synthetic nanopore[J]. Journal of America Chemistry Society, 2009, 131 (22): 7800-7805.

[90] TIAN Y, HOU X, WEN L, et al. A biomimetic zinc activated ion channel[J]. Chemical Communications, 2010, 46 (10): 1682-1684.

[91] POWELL M R, SULLIVAN M, VLASSIOUK I, et al. Nanoprecipitation-assisted ion current oscillations[J]. Nature Nanotechnology, 2008, 3 (1): 51-57.

[92] HE Y, GILLESPIE D, BODA D, et al. Tuning transport properties of nanofluidic devices with local charge inversion[J]. Journal of America Chemistry Society, 2009, 131 (14): 5194-5202.

[93] HAN C, HOU X, ZHANG H, et al. Enantioselective recognition in biomimetic single artificial nanochannels[J]. Journal of America Chemistry Society, 2011, 133 (20): 7644-7647.

[94] ALI M, NGUYEN Q H, NEUMANN R, et al. Atp-modulated ionic transport through synthetic nanochannels[J]. Chemical Communications, 2010, 46 (36): 6690-6692.

[95] WARKIANI M E, LOU C P, LIU H B, et al. A high-flux isopore micro-fabricated membrane for effective concentration and recovering of waterborne pathogens[J]. Biomed Microdevices, 2012, 14 (4): 669-677.

[96] EBRAHIMI W M, LOU C P, GONG H Q. Fabrication of multi-layer polymeric micro-sieve having narrow slot pores with conventional ultraviolet-lithography and micro-fabrication techniques[J]. Biomicrofluidics, 2011, 5(3):36504.

[97] EBRAHIMI WARKIANI M, LOU C P, GONG H Q. Fabrication and characterization of a microporous polymeric micro-filter for isolation of cryptosporidium parvum oocysts[J]. Journal of Micromechanics & Microengineering, 2011, 21(21):035002.

[98] WARKIANI M E, CHEN L, LOU C P, et al. Capturing and recovering of cryptosporidium parvum oocysts with polymeric micro-fabricated filter[J]. Journal of Membrane Science, 2011, 369 (1-2): 560-568.

[99] AN M P, J. C. A. "Hans" van der werf, bastiaansen C W M, et al. monodisperse, polymeric nano - and microsieves produced with interference holography[J]. Advanced Materials, 2010, 21(17): 1751-1755.

[100] SCHNIETZ M, TURCHANIN A, NOTTBOHM C T, et al. Chemically functionalized carbon nanosieves with 1-nm thickness[J]. Small, 2009, 5 (23): 2651-2655.

[101] MAKAROVA O V, TANG C M, AMSTUTZ P, et al. Fabrication of high density, high-aspect-ratio polyimide nanofilters[J]. Journal of vacuum science & technology. B, Microelectronics and nanometer structures: processing, measurement, and phenomena: an official journal of the American Vacuum Society, 2009, 27(27):2585-2587.

[102] ROY A, CRAVER B, OCOLA L E, et al. Image noise in helium lithography[J]. Journal of Vacuum Science & Technology B: Microelectronics and Nanometer Structures, 2011, 29 (4): 041005.

[103] HAN K, XU W, RUIZ A, et al. Fabrication and characterization of polymeric microfiltration membranes using aperture array lithography[J]. Journal of Membrane Science, 2005, 249 (1-2): 193-206.

[104] ZHENG S, LIN H K, LU B, et al. 3D microfilter device for viable circulating tumor cell (ctc) enrichment from blood[J]. Biomed Microdevices, 2011, 13 (1): 203-213.

[105] ZHENG S, LIN H, LIU J Q, et al. Membrane microfilter device for selective capture, electrolysis and genomic analysis of human circulating tumor cells[J]. Journal of Chromatography A, 2007, 1162 (2): 154-161.

[106] GUTIERREZ-RIVERA L, CESCATO L. Biodegradable submicrometric sieves in plla fabricated by soft lithography[J]. Microsystem Technologies, 2010, 16 (11): 1893-1899.

[107] VOGELAAR L, BARSEMA J N, RIJN C J M V, et al. Phase Separation Micromolding - PSuM[J]. Advanced Materials, 2003, 15(16):1385-1389.

[108] GIRONES M, AKBARSYAH I J, NIJDAM W, et al. Polymeric microsieves produced by phase separation micromolding[J]. Journal of Membrane Science, 2006, 283 (1-2): 411-424.

[109] GAO J, LIU Y, XU H, et al. Mimicking biological structured surfaces by phase-separation micromolding[J]. Langmuir, 2009, 25 (8): 4365-4369.

[110] VOGELAAR L, LAMMERTINK R G H, BARSEMA J N, et al. Phase separation micromolding: A new generic approach for microstructuring various materials[J]. Small, 2005, 1 (6): 645-655.

[111] BERNARDS D A, DESAI T A. Nanotemplating of biodegradable polymer membranes for constant-rate drug delivery[J]. Advanced Materials, 2010, 22 (21): 2358-2362.

[112] YANAGISHITA T, NISHIO K, MASUDA H. Polymer through-hole membranes with high aspect ratios from anodic porous alumina templates[J]. Japanese Journal of Applied Physics, 2006, 45 (No. 42): L1133-L1135.

[113] YANAGISHITA T, NISHIO K, MASUDA H. Polymer through-hole membrane fabricated by nanoimprinting using metal molds with high aspect ratios[J]. Journal of Vacuum Science & Technology B: Microelectronics and Nanometer Structures, 2007, 25 (4): L35.

[114] JAHN S F, ENGISCH L, BAUMANN R R, et al. Polymer microsieves manufactured by inkjet technology[J]. Langmuir, 2009, 25 (1): 606-610.

[115] MAGERL A, GOEDEL W A. Porous polymer membranes via selectively wetted surfaces[J]. Langmuir, 2012, 28 (13): 5622-5632.

[116] RAYLEIGH. Breath figures[J]. Nature, 1911, 86: 416-418.

[117] AITKEN J. Breath figures[J]. Nature, 1913, 90: 619-621.

[118] WIDAW SKI G, RAWISO M, FRANCOIS B. Self-organized honeycomb morphology of star-polymer polystyrene films[J]. Nature, 1994, 369 (6479): 387-389.

[119] HERNANDEZ-GUERRERO M, STENZEL M H. Honeycomb structured polymer films via breath figures[J]. Polymer Chemistry, 2012, 3 (3): 563-577.

[120] BUNZ U H F. Breath figures as a dynamic templating method for polymers and nanomaterials[J]. Advanced Materials, 2006, 18 (8): 973-989.

[121] MA H, HAO J. Ordered patterns and structures via interfacial self-assembly: Superlattices, honeycomb structures and coffee rings[J]. Chemical Society Reviews, 2011, 40 (11): 5457-5471.

[122] XUE L, ZHANG J, HAN Y. Phase separation induced ordered patterns in thin polymer blend films [J]. Progress in Polymer Science, 2012, 37 (4): 564-594.

[123] ESCAL P, RUBATAT L, BILLON L, et al. Recent advances in honeycomb-structured porous polymer films prepared via breath figures[J]. European Polymer Journal, 2012, 48 (6): 1001-1025.

[124] SRINIVASARAO M, COLLINGS D, PHILIPS A, et al. Three-dimensionally ordered array of air bubbles in a polymer film[J]. Science, 2001, 292 (5514): 79-83.

[125] MARUYAMA N, KOITO T, NISHIDA J, et al. Mesoscopic patterns of molecular aggregates on solid substrates[J]. Thin Solid Films, 1998, 327: 854-856.

[126] WAN L S, LI Q L, CHEN P C, et al. Patterned biocatalytic films via one-step self-assembly[J]. Chemical Communications, 2012, 48(37):4417-4419.

[127] BOKER A, LIN Y, CHIAPPERINI K, et al. Hierarchical nanoparticle assemblies formed by decorating breath figures[J]. Nature Materials, 2004, 3 (5): 302-306.

[128] MIN E, WONG K H, STENZEL M H. Microwells with patterned proteins by a self-assembly process using honeycomb-structured porous films[J]. Advanced Materials, 2008, 20 (18): 3550-3556.

[129] GALEOTTI F, CALABRESE V, CAVAZZINI M, et al. Self-functionalizing polymer film surfaces assisted by specific polystyrene end-tagging[J]. Chemistry of Materials, 2010, 22 (9): 2764-2769.

[130] MA Y Y, LIANG J, SUN H, et al. Honeycomb micropatterning of proteins on polymer films through the inverse microemulsion approach[J]. Chemistry-a European Journal, 2012, 18 (2): 526-531.

[131] TYAGI P, RASCHIP I E, DERATANI A, et al. Reversible 2d/3d coatings from zipper-assembly of

block copolymer micelles[J]. Advanced Materials, 2013, 25 (27): 3739-3744.

[132] WONG K H, STENZEL M H, S DUVALL, et al. Exploitable flexible honeycomb structured porous films from sol-gel cross-linkable silicone based random branched copolymers[J]. Chemistry of Materials, 2010, 22 (5): 1878-1891.

[133] CUI L, XUAN Y, LI X, et al. Polymer surfaces with reversibly switchable ordered morphology[J]. Langmuir, 2005, 21 (25): 11696-11703.

[134] KONG L, DONG R H, MA H M, et al. Au np honeycomb-patterned films with controllable pore size and their surface-enhanced raman scattering[J]. Langmuir, 2013, 29 (13): 4235-4241.

[135] CHEN P C, WAN L S, KE B B, et al. Honeycomb-patterned film segregated with phenylboronic acid for glucose sensing[J]. Langmuir, 2011, 27 (20): 12597-12605.

[136] OU Y, WANG L Y, ZHU L W, et al. In-situ immobilization of silver nanoparticles on self-assembled honeycomb-patterned films enables surface-enhanced raman scattering (sers) substrates[J]. Journal of Physical Chemistry C, 2014, 118 (21): 11478-11484.

[137] HIRAI Y, YABU H, MATSUO Y, et al. Arrays of triangular shaped pincushions for sers substrates prepared by using self-organization and vapor deposition[J]. Chemical Communications, 2010, 46 (13): 2298-2300.

[138] GOVOR L V, BASHMAKOV I A, KIEBOOMS R, et al. Self-organized networks based on conjugated polymers[J]. Advanced Materials, 2001, 13 (8): 588.

[139] NISHIKAWA T, OOKURA R, NISHIDA J, et al. Fabrication of honeycomb film of an amphiphilic copolymer at the air-water interface[J]. Langmuir, 2002, 18 (15): 5734-5740.

[140] MA H, CUI J, SONG A, et al. Fabrication of freestanding honeycomb films with through-pore structures via air/water interfacial self-assembly [J]. Chemical Communications, 2011, 47 (4): 1154-1156.

[141] HAYAKAWA T, HORIUCHI S. From angstroms to micrometers: Self-organized hierarchical structure within a polymer film[J]. Angewandte Chemie-International Edition, 2003, 42 (20): 2285-2289.

[142] WAN L S, LI J W, KE B B, et al. Ordered microporous membranes templated by breath figures for size-selective separation[J]. Journal of America Chemistry Society, 2012, 134 (1): 95-98.

[143] CONG H, WANG J, YU B, et al. Preparation of a highly permeable ordered porous microfiltration membrane of brominated poly(phenylene oxide) on an ice substrate by the breath figure method[J]. Soft Matter, 2012, 8 (34): 8835.

[144] YIN S Y, GOLDOVSKY Y, HERZBERG M, et al. Functional free-standing graphene honeycomb films[J]. Advanced Functional Materials, 2013, 23 (23): 2972-2978.

[145] ZHANG C, WANG X, MIN K, et al. Developing porous honeycomb films using miktoarm star copolymers and exploring their application in particle separation[J]. Macromolecular Rapid Communications, 2014, 35 (2): 221-227.

[146] OU Y, ZHU L W, XIAO W D, et al. Nonlithographic fabrication of nanostructured micropatterns via breath figures and solution growth[J]. Journal of Physical Chemistry C, 2014, 118(8):4403-4409.

[147] MA H, HAO J. Evaporation-induced ordered honeycomb structures of gold nanoparticles at the air/water interface[J]. Chemistry, 2010, 16 (2): 655-660.

[148] TANG P, HAO J. Formation mechanism and morphology modulation of honeycomb hybrid films made of polyoxometalates/surfactants at the air/water interface[J]. Journal of Colloid and Interface Science, 2009, 333 (1): 1-5.

[149] YANG S Y, RYU I, KIM H Y, et al. Nanoporous membranes with ultrahigh selectivity and flux for the filtration of viruses[J]. Advanced Materials, 2006, 18 (6): 709-712.

[150] YANG S Y, PARK J, YOON J, et al. Virus filtration membranes prepared from nanoporous block copolymers with good dimensional stability under high pressures and excellent solvent resistance[J]. Advanced Functional Materials, 2008, 18 (9): 1371-1377.

[151] JEON G, JEE M, YANG S Y, et al. Hierarchically self-organized monolithic nanoporous membrane for excellent virus enrichment[J]. ACS Applied Materials & Interfaces, 2014, 6 (2): 1200-1206.

[152] OU Y, LV C J, YU W, et al. Fabrication of perforated isoporous membranes via a transfer-free strategy: Enabling high-resolution separation of cells[J]. ACS Applied Materials & Interfaces, 2014, 6 (24): 22400-22407.

[153] DU C, ZHANG A, BAI H, et al. Robust microsieves with excellent solvent resistance: Cross-linkage of perforated polymer films with honeycomb structure[J]. ACS Macro Letters, 2013, 2 (1): 27-30.

[154] MANSOURI J, YAPIT E, CHEN V. Polysulfone filtration membranes with isoporous structures prepared by a combination of dip-coating and breath figure approach[J]. Journal of Membrane Science, 2013, 444: 237-251.

[155] TRIPATHI B K, PANDEY P. Breath figure templating for fabrication of polysulfone microporous membranes with highly ordered monodispersed porosity[J]. Journal of Membrane Science, 2014, 471: 201-210.

[156] THOMAS A, GOETTMANN F, ANTONIETTI M. Hard templates for soft materials: Creating nanostructured organic materials[J]. Chemistry of Materials, 2008, 20 (3): 738-755.

[157] ZHANG J, LI Y, ZHANG X, et al. Colloidal self-assembly meets nanofabrication: From two-dimensional colloidal crystals to nanostructure arrays[J]. Advanced Materials, 2010, 22 (38): 4249-4269.

[158] PARK S H, XIA Y N. Macroporous membranes with highly ordered and three-dimensionally interconnected spherical pores[J]. Advanced Materials, 1998, 10 (13): 1045-1048.

[159] PARK S H, XIA Y N. Fabrication of three-dimensional macroporous membranes with assemblies of microspheres as templates[J]. Chemistry of Materials, 1998, 10 (7): 1745-1747.

[160] GATES B, YIN Y D, XIA Y N. Fabrication and characterization of porous membranes with highly ordered three-dimensional periodic structures[J]. Chemistry of Materials, 1999, 11 (10): 2827-2836.

[161] CHOI S W, ZHANG Y, THOMOPOULOS S, et al. In vitro mineralization by preosteoblasts in poly (DL-lactide-co-glycolide) inverse opal scaffolds reinforced with hydroxyapatite nanoparticles [J]. Langmuir, 2010, 26(14):12126.

[162] XU H, GOEDEL W A. From particle-assisted wetting to thin free-standing porous membranes[J]. Angewandte Chemie-International Edition, 2003, 42 (38): 4694-4696.

[163] YAN F, GOEDEL W A. A simple and effective method for the preparation of porous membranes with three-dimensionally arranged pores[J]. Advanced Materials, 2004, 16 (11): 911-915.

[164] XU H, GOEDEL W A. Polymer-silica hybrid monolayers as precursors for ultrathin free-standing por-

ous membranes[J]. Langmuir, 2002, 18 (6): 2363-2367.

[165] YAN F, GOEDEL W A. Polymer membranes with two-dimensionally arranged pores derived from monolayers of silica particles[J]. Chemistry of Materials, 2004, 16 (9): 1622-1626.

[166] YAN F, DING A, GIRONES M, et al. Hierarchically structured assembly of polymer microsieves, made by a combination of phase separation micromolding and float-casting[J]. Advanced Materials, 2012, 24 (12): 1551-1557.

[167] WACHNER D, MARCZEWSKI D, GOEDEL W A. Utilising spontaneous self-organization of particles to prepare asymmetric, hierarchical membranes comprising microsieve-like parts[J]. Advanced Materials, 2013, 25 (2): 278-283.

[168] ACIKGOZ C, LING X Y, PHANG I Y, et al. Fabrication of freestanding nanoporous polythersulfone membranes using organometallic polymer resists patterned by nanosphere lighography[J]. Advanced Materials, 2009, 21 (20): 2064-2067.

[169] FANG M, LIN H, CHEUNG H Y, et al. Polymer-confined colloidal monolayer: A reusable soft photomask for rapid wafer-scale nanopatterning[J]. ACS Applied Materials & Interfaces, 2014, 6 (23): 20837-20841.

[170] IMHOF A, PINE D J. Uniform macroporous ceramics and plastics by emulsion templating[J]. Advanced Materials, 1998, 10 (9): 697-700.

[171] IMHOF A, PINE D J. Uniform macroporous ceramics and plastics by emulsion templating[J]. Chemical Engineering & Technology, 1998, 21 (8): 682-685.

[172] BUTLER R, DAVIES C M, COOPER A I. Emulsion templating using high internal phase supercritical fluid emulsions[J]. Advanced Materials, 2001, 13 (19): 1459-1463.

[173] BUTLER R, HOPKINSON I, COOPER A I. Synthesis of porous emulsion-templated polymers using high internal phase co2-in-water emulsions[J]. Journal of America Chemistry Society, 2003, 125 (47): 14473-14481.

[174] ZOU S W, WEI Z J, HU Y, et al. Macroporous antibacterial hydrogels with tunable pore structures fabricated by using pickering high internal phase emulsions as templates[J]. Polymer Chemistry, 2014, 5 (14): 4227-4234.

[175] BYRNE N, DESILVA R, WHITBY C P, et al. Silk scaffolds achieved using pickering high internal phase emulsion templating and ionic liquids[J]. RSC Advances, 2013, 3 (46): 24025-24027.

[176] BARBETTA A, CAMERON N R, COOPER S J. High internal phase emulsions (hipes) containing divinylbenzene and 4-vinylbenzyl chloride and the morphology of the resulting polyhipe materials[J]. Chemical Communications, 2000,3(3): 221-222.

[177] VILCHEZ S, PEREZ-CARRILLO L A, MIRAS J, et al. Oil-in-alcohol highly concentrated emulsions as templates for the preparation of macroporous materials[J]. Langmuir, 2012, 28 (20): 7614-7621.

[178] SESHADRI R, MELDRUM F C. Bioskeletons as templates for ordered, macroporous structures[J]. Advanced Materials, 2000, 12 (15): 1149.

[179] DAVIS S A, BURKETT S L, MENDELSON N H, et al. Bacterial templating of ordered macrostructures in silica and silica-surfactant mesophases[J]. Nature, 1997, 385 (6615): 420-423.

[180] MELDRUM F C, SESHADRI R. Porous gold structures through templating by echinoid skeletal plates [J]. Chemical Communications, 2000,1(1): 29-30.

[181] GADDIS C S, SANDHAGE K H. Freestanding microscale 3d polymeric structures with biologically-derived shapes and nanoscale features[J]. Journal of Materials Research, 2011, 19 (09): 2541-2545.

[182] OAKI Y, KIJIMA M, IMAI H. Synthesis and morphogenesis of organic polymer materials with hierarchical structures in biominerals [J]. Journal of America Chemistry Society, 2011, 133 (22): 8594-8599.

[183] O'CONNOR J, LANG Y, CHAO J, et al. Nano-structured polymer-silica composite derived from a marine diatom via deactivation enhanced atom transfer radical polymerization grafting[J]. Small, 2014, 10 (3): 469-473.

[184] HSUEH H Y, YAO C T, HO R M. Well-ordered nanohybrids and nanoporous materials from gyroid block copolymer templates[J]. Chemical Society Reviews, 2015.

[185] HOHEISEL T N, HUR K, WIESNER U B. Block copolymer-nanoparticle hybrid self-assembly[J]. Progress in Polymer Science, 2015, 40: 3-32.

[186] ITO T. Block copolymer-derived monolithic polymer films and membranes comprising self-organized cylindrical nanopores for chemical sensing and separations[J]. Chemistry-An Asian Journal, 2014, 9 (10): 2708-2718.

[187] BANG J, JEONG U, DU Y RYU, et al. Block copolymer nanolithography: Translation of molecular level control to nanoscale patterns[J]. Advanced Materials, 2009, 21 (47): 4769-4792.

[188] HAMILTON B D, HA J M, HILLMYER M A, et al. Manipulating crystal growth and polymorphism by confinement in nanoscale crystallization chambers[J]. Accounts of Chemical Research, 2012, 45 (3):414.

[189] PARK C, YOON J, THOMAS E L. Enabling nanotechnology with self assembled block copolymer patterns[J]. Polymer, 2003, 44 (22): 6725-6760.

[190] OLSON D A, CHEN L, HILLMYER M A. Templating nanoporous polymers with ordered block copolymers[J]. Chemistry of Materials, 2008, 20 (3): 869-890.

[191] HILLMYER M A. Nanoporous materials from block copolymer precursors[J]. In Block copolymers ii, V ABETZ, Ed. 2005; Vol. 190, pp 137-181.

[192] HAMLEY I W. Ordering in thin films of block copolymers: Fundamentals to potential applications[J]. Progress in Polymer Science, 2009, 34 (11): 1161-1210.

[193] XU T, STEVENS J, VILLA J A, et al. Block copolymer surface reconstuction: A reversible route to nanoporous films[J]. Advanced Functional Materials, 2003, 13 (9): 698-702.

[194] WANG Y, TONG L, STEINHART M. Swelling-induced morphology reconstruction in block copolymer nanorods: Kinetics and impact of surface tension during solvent evaporation[J]. ACS Nano, 2011, 5 (3): 1928-1938.

[195] KIM E, KIM W, LEE K H, et al. A top coat with solvent annealing enables perpendicular orientation of sub-10 nm microdomains in si-containing block copolymer thin films[J]. Advanced Functional Materials, 2014, 24 (44): 6981-6988.

[196] KIM S H, MISNER M J, XU T, et al. Highly oriented and ordered arrays from block copolymers via

solvent evaporation[J]. Advanced Materials, 2004, 16 (3): 226-231.

[197] WANG Y, HE C, XING W, et al. Nanoporous metal membranes with bicontinuous morphology from recyclable block-copolymer templates[J]. Advanced Materials, 2010, 22 (18): 2068-2072.

[198] WANG Z, YAO X, WANG Y. Swelling-induced mesoporous block copolymer membranes with intrinsically active surfaces for size-selective separation[J]. Journal of Materials Chemistry, 2012, 22 (38): 20542.

[199] TADA Y, YOSHIDA H, ISHIDA Y, et al. Directed self-assembly of poss containing block copolymer on lithographically defined chemical template with morphology control by solvent vapor[J]. Macromolecules, 2012, 45 (1): 292-304.

[200] PHILLIP W A, O'NEILL B, RODWOGIN M, et al. Self-assembled block copolymer thin films as water filtration membranes[J]. ACS Applied Materials & Interfaces, 2010, 2 (3): 847-853.

[201] JEONG U Y, RYU D Y, KIM J K, et al. Precise control of nanopore size in thin film using mixtures of asymmetric block copolymer and homopolymer[J]. Macromolecules, 2003, 36 (26): 10126-10129.

[202] JEONG U Y, RYU D Y, KIM J K, et al. Volume contractions induced by crosslinking: A novel route to nanoporous polymer films[J]. Advanced Materials, 2003, 15 (15): 1247-1250.

[203] WHITESIDES G M. The 'right' size in nanobiotechnology[J]. Nature Biotechnology, 2003, 21 (10): 1161-1165.

[204] YANG S Y, RYU I, KIM H Y, et al. Nanoporous membranes with ultrahigh selectivity and flux for the filtration of viruses[J]. Advanced Materials, 2006, 18 (6): 709-712.

[205] YANG S Y, YANG J A, KIM E S, et al. Single-file diffusion of protein drugs through cylindrical nanochannels[J]. ACS Nano, 2010, 4 (7): 3817-3822.

[206] YU H, QIU X, NUNES S P, et al. Self-assembled isoporous block copolymer membranes with tuned pore sizes[J]. Angewandate Chemie International Edition, 2014, 53 (38): 10072-10076.

[207] NUNES S P, SOUGRAT R, HOOGHAN B, et al. Ultraporous films with uniform nanochannels by block copolymer micelles assembly[J]. Macromolecules, 2010, 43 (19): 8079-8085.

[208] NUNES S P, BEHZAD A R, HOOGHAN B, et al. Switchable ph-responsive polymeric membranes prepared via block copolymer micelle assembly[J]. ACS Nano, 2011, 5 (5): 3516-3522.

[209] QIU X Y, YU H Z, KARUNAKARAN M, et al. Selective separation of similarly sized proteins with tunable nanoporous block copolymer membranes[J]. ACS Nano, 2013, 7 (1): 768-776.

[210] PEINEMANN K V, ABETZ V, SIMON P F. Asymmetric superstructure formed in a block copolymer via phase separation[J]. Nature Materials, 2007, 6 (12): 992-996.

[211] HAHN J, CLODT J I, FILIZ V, et al. Protein separation performance of self-assembled block copolymer membranes[J]. RSC Advances, 2014, 4 (20): 10252.

[212] MARQUES D S, VAINIO U, CHAPARRO N M, et al. Self-assembly in casting solutions of block copolymer membranes[J]. Soft Matter, 2013, 9 (23): 5557.

[213] GOPINADHAN M, DESHMUKH P, CHOO Y, et al. Thermally switchable aligned nanopores by magnetic-field directed self-assembly of block copolymers[J]. Advanced Materials, 2014, 26 (30): 5148-5154.

[214] CROLL A B, CROSBY A J. Pattern driven stress localization in thin diblock copolymer films[J]. Mac-

romolecules, 2012, 45 (9): 4001-4006.

[215] SCHMIDT K, SCHOBERTH H G, RUPPEL M, et al. Reversible tuning of a block-copolymer nanostructure via electric fields[J]. Nature Materials, 2008, 7 (2): 142-145.

[216] FENG X D, TOUSLEY M E, COWAN M G, et al. Scalable fabrication of polymer membranes with vertically aligned 1 nm pores by magnetic field directed self-assembly[J]. ACS Nano, 2014, 8 (12): 11977-11986.

[217] OLSZOWKA V, HUND M, KUNTERMANN V, et al. Electric field alignment of a block copolymer nanopattern: Direct observation of the microscopic mechanism[J]. ACS Nano, 2009, 3 (5): 1091-1096.

[218] KANG H, CRAIG G S W, HAN E, et al. Degree of perfection and pattern uniformity in the directed assembly of cylinder-forming block copolymer on chemically patterned surfaces[J]. Macromolecules, 2012, 45 (1): 159-164.

[219] LIU G, DETCHEVERRY F, RAMíREZHERNáNDEZ A, et al. Nonbulk complex structures in thin films of symmetric block copolymers on chemically nanopatterned surfaces[J]. Macromolecules, 2012, 45(45):3986-3992.

[220] STENBOCK-FERMOR A, KNOLL A W, KER A B, et al. Enhancing ordering dynamics in solvent--annealed block copolymer films by lithographic hard mask supports[J]. Macromolecules, 2014, 47 (9): 3059-3067.

[221] RUIZ R, KANG H, DETCHEVERRY F A, et al. Density multiplication and improved lithography by directed block copolymer assembly[J]. Science, 2008, 321 (5891): 936-939.

[222] JEONG U Y, KIM H C, RODRIGUEZ R L, et al. Asymmetric block copolymers homopolymers: Routes to multiple length scale nanostructures[J]. Advanced Materials, 2002, 14 (4): 274-276.

[223] JEONG U, RYU D Y, KHO D H, et al. Enhancement in the orientation of the microdomain in block copolymer thin films upon the addition of homopolymer[J]. Advanced Materials, 2004, 16 (6): 533-536.

[224] RZAYEV J, HILLMYER M A. Nanoporous polystyrene containing hydrophilic pores from an abc triblock copolymer precursor[J]. Macromolecules, 2005, 38 (1): 3-5.

[225] BANG J, KIM S H, DROCKENMULLER E, et al. Defect-free nanoporous thin films from abc triblock copolymers[J]. Journal of America Chemistry Society, 2006, 128 (23): 7622-7629.

[226] HO R M, CHIANG Y W, TSAI C C, et al. Three-dimensionally packed nanohelical phase in chiral block copolymers[J]. Journal of America Chemistry Society, 2004, 126 (9): 2704-2705.

[227] HO R M, CHIANG Y W, CHEN C K, et al. Block copolymers with a twist[J]. Journal of America Chemistry Society, 2009, 131 (51): 18533-18542.

[228] LI L, SCHULTE L, CLAUSEN L D, et al. Gyroid nanoporous membranes with tunable permeability [J]. ACS Nano, 2011, 5 (10): 7754-7766.

[229] LIU G J, DING J F, HASHIMOTO T, et al. Thin films with densely, regularly packed nanochannels: Preparation, characterization, and applications[J]. Chemistry of Materials, 1999, 11 (8): 2233--2240.

[230] MEHTA A, ZYDNEY A L. Permeability and selectivity analysis for ultrafiltration membranes[J].

Journal of Membrane Science, 2005, 249 (1-2): 245-249.

[231] PHILLIP W A, RZAYEV J, HILLMYER M A, et al. Gas and water liquid transport through nanoporous block copolymer membranes[J]. Journal of Membrane Science, 2006, 286 (1-2): 144-152.

[232] PHILLIP W A, AMENDT M, O'NEILL B, et al. Diffusion and flow across nanoporous polydicyclopentadiene-based membranes[J]. ACS Applied Materials & Interfaces, 2009, 1 (2): 472-480.

[233] CHEN L, PHILLIP W A, CUSSLER E L, et al. Robust nanoporous membranes templated by a doubly reactive block copolymer[J]. Journal of America Chemistry Society, 2007, 129 (45): 13786-7.

[234] SPERSCHNEIDER A, SCHACHER F, GAWENDA M, et al. Towards nanoporous membranes based on abc triblock terpolymers[J]. Small, 2007, 3 (6): 1056-1063.

[235] PITET L M, AMENDT M A, HILLMYER M A. Nanoporous linear polyethylene from a block polymer precursor[J]. Journal of America Chemistry Society, 2010, 132 (24): 8230.

[236] KIM Y H, KANG H, PARK S, et al. Multiscale porous interconnected nanocolander network with tunable transport properties[J]. Advanced Materials, 2014, 26 (47): 7998-8003.

[237] LIANG C, HONG K, GUIOCHON G A, et al. Synthesis of a large-scale highly ordered porous carbon film by self-assembly of block copolymers[J]. Angewandate Chemie International Edition, 2004, 43 (43): 5785-5789.

[238] ZHANG Q, GHOSH S, SAMITSU S, et al. Ultrathin freestanding nanoporous membranes prepared from polystyrene nanoparticles[J]. Chemistry of Materials., 2011, 21 (6): 1684-1688.

[239] PARK M H, SUBRAMANI C, RANA S, et al. Chemoselective nanoporous membranes via chemically directed assembly of nanoparticles and dendrimers [J]. Advanced Materials, 2012, 24 (43): 5862-5866.

[240] RHEE D K, JUNG B, KIM Y H, et al. Particle-nested inverse opal structures as hierarchically structured large-scale membranes with tunable separation properties[J]. ACS Applied Materials & Interfaces, 2014, 6(13):9950.

[241] LEE Y M, JUNG B, KIM Y H, et al. Nanomesh-structured ultrathin membranes harnessing the unidirectional alignment of viruses on a graphene-oxide film[J]. Advanced Materials, 2014, 26 (23): 3899-3904.

[242] LIANG H W, WANG L, CHEN P Y, et al. Carbonaceous nanofiber membranes for selective filtration and separation of nanoparticles[J]. Advanced Materials, 2010, 22 (42): 4691-4695.

[243] REGUERA J, FAHMI A, MORIARTY P, et al. Nanopore formation by self-assembly of the model genetically engineered elastin-like polymer[(VPGVG)2(VPGEG)(VPGVG)2]15 [J]. Journal of America Chemistry Society, 2004, 126 (41): 13212-13213.

[244] KAUCHER M S, PETERCA M, DULCEY A E, et al. Selective transport of water mediated by porous dendritic dipeptides[J]. Journal of America Chemistry Society, 2007, 129 (38): 11698-9.

[245] CARVAJAL D, BITTON R, MANTEI J R, et al. Physical properties of hierarchically ordered self-assembled planar and spherical membranes[J]. Soft Matter, 2010, 6 (8): 1816.

[246] PENG X, JIN J, NAKAMURA Y, et al. Ultrafast permeation of water through protein-based membranes[J]. Nature Nanotechnology, 2009, 4 (6): 353-357.

[247] HUANG H, YU Q, PENG X, et al. Mesoporous protein thin films for molecule delivery[J]. Journal

of Materials Chemistry, 2011, 21 (35): 13172.

[248] VELICHKO Y S, MANTEI J R, BITTON R, et al. Electric field controlled self-assembly of hierarchically ordered membranes[J]. Advanced Functional Materials, 2012, 22 (2): 369-377.

[249] VAN R P, PARK H, ÖZLEM NAZLI K, et al. Self-assembly process of soft ferritin-PNIPAAm conjugate bionanoparticles at polar-apolar interfaces[J]. Langmuir, 2013, 29(1):276.

[250] VAN RIJN P, TUTUS M, KATHREIN C, et al. Ultra-Thin Self-Assembled Protein-Polymer Membranes: A New Pore Forming Strategy[J]. Advanced Functional Materials, 2015, 24(43):6762-6770.

[251] KRIEG E, WEISSMAN H, SHIRMAN E, et al. A recyclable supramolecular membrane for size-selective separation of nanoparticles[J]. Nature Nanotechnology, 2011, 6 (3): 141-146.

[252] WANG Q, SAMITSU S, ICHINOSE I. Ultrafiltration membranes composed of highly cross-linked cationic polymer gel: The network structure and superior separation performance[J]. Advanced Materials, 2011, 23 (17): 2004-2008.

[253] SHI L, YU Q, HUANG H, et al. Superior separation performance of ultrathin gelatin films[J]. Chemistry of Materials. A, 2013, 1 (5): 1899-1906.

[254] WANG Y, CHEN S, QIU L, et al. Graphene-directed supramolecular assembly of multifunctional polymer hydrogel membranes[J]. Advanced Functional Materials, 2015, 25 (1): 126-133.

[255] LIJIMA S. Helical microtubules of graphitic carbon[J]. Nature, 1991, 354 (6348): 56-58.

[256] KOTLAR M, VRETANAR V, VESELY M, et al. Carbon nanotubes: properties and applications [M]// Materials for Energy and Power Engineering, 2012:55-60.

[257] GALPAYA D, WANG M, GEORGE G, et al. Carbon nanotubes : synthesis, structure, properties, and applications[J]. Journal of Applied Physics, 2001, 116(5):053518 - 053518-10.

[258] LI S H, LI H J, WANG X B, et al. Super-hydrophobicity of large-area honeycomb-like aligned carbon nanotubes[J]. Journal of Physical Chemistry B, 2002, 106 (36): 9274-9276.

[259] JOSEPH S, ALURU N R. Why are carbon nanotubes fast transporters of water[J]. Nano Letters, 2008, 8 (2): 452-458.

[260] BAUGHMAN R H, ZAKHIDOV A A, HEER W A DE. Carbon nanotubes - the route toward applications[J]. Science, 2002, 297 (5582): 787-792.

[261] MAJUMDER M, CHOPRA N, ANDREWS R, et al. Nanoscale hydrodynamics - enhanced flow in carbon nanotubes[J]. Nature, 2005, 438 (7064): 44-44.

[262] GENG J, KIM K, ZHANG J, et al. Stochastic transport through carbon nanotubes in lipid bilayers and live cell membranes[J]. Nature, 2014, 514 (7524): 612-615.

[263] LEE C Y, CHOI W, HAN J H, et al. Coherence resonance in a single-walled carbon nanotube ion channel[J]. Science, 2010, 329 (5997): 1320-1324.

[264] GRANICK S, BAE S C. Chemistry a curious antipathy for water[J]. Science, 2008, 322 (5907): 1477-1478.

[265] LIU H T, HE J, TANG J Y, et al. Translocation of single-stranded DNA through single-walled carbon nanotubes[J]. Science, 2010, 327 (5961): 64-67.

[266] ZHANG X F, SREEKUMAR T V, LIU T, et al. Properties and structure of nitric acid oxidized single wall carbon nanotube films[J]. Journal of Physical Chemistry B, 2004, 108 (42): 16435-16440.

[267] XU G H, ZHANG Q, ZHOU W P, et al. The feasibility of producing mwcnt paper and strong mwcnt film from vacnt array[J]. Applied Physics a-Materials Science & Processing, 2008, 92 (3): 531-539.

[268] BANDOW S, RAO A M, WILLIAMS K A, et al. Purification of single-wall carbon nanotubes by microfiltration[J]. Journal of Physical Chemistry B, 1997, 101 (44): 8839-8842.

[269] BAUGHMAN R H, CUI C X, ZAKHIDOV A A, et al. Carbon nanotube actuators[J]. Science, 1999, 284 (5418): 1340-1344.

[270] KIM Y A, MURAMATSU H, HAYASHI T, et al. Fabrication of high-purity, double-walled carbon nanotube buckypaper[J]. Chemical Vapor Deposition, 2006, 12 (6): 327-330.

[271] PARK J G, LI S, LIANG R, et al. The high current-carrying capacity of various carbon nanotube-based buckypapers[J]. Nanotechnology, 2008, 19 (18).

[272] ENDO M, MURAMATSU H, HAYASHI T, et al. 'Buckypaper' from coaxial nanotubes[J]. Nature, 2005, 433 (7025): 476-476.

[273] PARK T J, BANERJEE S, HEMRAJ-BENNY T, et al. Purification strategies and purity visualization techniques for single-walled carbon nanotubes[J]. Journal of Materials Chemistry, 2006, 16 (2): 141-154.

[274] SUPPIGER D, BUSATO S, ERMANNI P. Characterization of single-walled carbon nanotube mats and their performance as electromechanical actuators[J]. Carbon, 2008, 46 (7): 1085-1090.

[275] VOHRER U, KOLARIC I, HAQUE M H, et al. Carbon nanotube sheets for the use as artificial muscles[J]. Carbon, 2004, 42 (5-6): 1159-1164.

[276] ROUSE J H. Polymer-assisted dispersion of single-walled carbon nanotubes in alcohols and applicability toward carbon nanotube/sol-gel composite formation[J]. Langmuir, 2005, 21 (3): 1055-1061.

[277] DUMEE L F, SEARS K, SCHUTZ J, et al. Characterization and evaluation of carbon nanotube bucky-paper membranes for direct contact membrane distillation[J]. Journal of Membrane Science, 2010, 351 (1-2): 36-43.

[278] KUKOVECZ A, SMAJDA R, KONYA Z, et al. Controlling the pore diameter distribution of multi-wall carbon nanotube buckypapers[J]. Carbon, 2007, 45 (8): 1696-1698.

[279] WHITBY R L D, FUKUDA T, MAEKAWA T, et al. Geometric control and tuneable pore size distribution of buckypaper and buckydiscs[J]. Carbon, 2008, 46 (6): 949-956.

[280] DAS R N, LIU B, REYNOLDS J R, et al. Engineered macroporosity in single-wall carbon nanotube films[J]. Nano Letters, 2009, 9 (2): 677-683.

[281] HUMMER G, RASAIAH J C, NOWORYTA J P. Water conduction through the hydrophobic channel of a carbon nanotube[J]. Nature, 2001, 414 (6860): 188-190.

[282] CHEN H B, JOHNSON J K, SHOLL D S. Transport diffusion of gases is rapid in flexible carbon nanotubes[J]. Journal of Physical Chemistry B, 2006, 110 (5): 1971-1975.

[283] SKOULIDAS A I, ACKERMAN D M, JOHNSON J K, et al. Rapid transport of gases in carbon nanotubes[J]. Physical Review Letters, 2002, 89 (18).

[284] WAGHE A, RASAIAH J C, HUMMER G. Filling and emptying kinetics of carbon nanotubes in water[J]. Journal of Chemical Physics, 2002, 117 (23): 10789-10795.

[285] NOY A, PARK H G, FORNASIERO F, et al. Nanofluidics in carbon nanotubes[J]. Nano Today,

2007, 2 (6): 22-29.

[286] LIU Y, WANG Q, WU T, et al. Fluid structure and transport properties of water inside carbon nanotubes[J]. Journal of Physical Chemistry, 2005, 123 (23): 234701.

[287] MAJUMDER M, CHOPRA N, HINDS B J. Mass transport through carbon nanotube membranes in three different regimes: Ionic diffusion and gas and liquid flow[J]. ACS Nano, 2011, 5 (5): 3867-3877.

[288] VERWEIJ H, SCHILLO M C, LI J. Fast mass transport through carbon nanotube membranes[J]. Small, 2007, 3 (12): 1996-2004.

[289] CORRY B. Designing carbon nanotube membranes for efficient water desalination[J]. Journal of Physical Chemistry B, 2008, 112 (5): 1427-1434.

[290] MA H Y, BURGER C, HSIAO B S, et al. Highly permeable polymer membranes containing directed channels for water purification[J]. ACS Macro Letters, 2012, 1 (6): 723-726.

[291] SUN L, CROOKS R M. Single carbon nanotube membranes: A well-defined model for studying mass transport through nanoporous materials[J]. Journal of America Chemistry Society, 2000, 122 (49): 12340-12345.

[292] MAJUMDER M, CHOPRA N, HINDS B J. Effect of tip functionalization on transport through vertically oriented carbon nanotube membranes[J]. Journal of America Chemistry Society, 2005, 127 (25): 9062-9070.

[293] NEDNOOR P, CHOPRA N, GAVALAS V, et al. Reversible biochemical switching of ionic transport through aligned carbon nanotube membranes[J]. Chemistry of Materials, 2005, 17 (14): 3595-3599.

[294] NEDNOOR P, GAVALAS V G, CHOPRA N, et al. Carbon nanotube based biomimetic membranes: Mimicking protein channels regulated by phosphorylation[J]. Journal of Materials Chemistry, 2007, 17 (18): 1755-1757.

[295] MAJUMDER M, ZHAN X, ANDREWS R, et al. Voltage gated carbon nanotube membranes[J]. Langmuir, 2007, 23 (16): 8624-8631.

[296] FORNASIERO F, PARK H G, HOLT J K, et al. Ion exclusion by sub-2-nm carbon nanotube pores [J]. Proceedings of the National Academy of Sciences of the United States of America, 2008, 105 (45): 17250-17255.

[297] YEH C N, RAIDONGIA K, SHAO J, et al. On the origin of the stability of graphene oxide membranes in water[J]. Nature Chemistry, 2014, 7 (2): 166-170.

[298] LIANG B, ZHAN W, QI G, et al. High performance graphene oxide/polyacrylonitrile composite pervaporation membranes for desalination applications[J]. Chemistry of Materials. A, 2015, 3 (9): 5140-5147.

[299] KIM S, NHAM J, JEONG Y S, et al. Biomimetic selective ion transport through graphene oxide membranes functionalized with ion recognizing peptides[J]. Chemistry of Materials, 2015, 27 (4): 1255-1261.

[300] SUN P, LIU H, WANG K, et al. Ultrafast liquid water transport through graphene-based nanochannels measured by isotope labelling[J]. Chemical Communications, 2015, 51 (15): 3251-3254.

[301] ZHU X, ZHANG B, YE Z, et al. An atp-responsive smart gate fabricated with a graphene oxide-

aptamer-nanochannel architecture[J]. Chemical Communications, 2015, 51 (4): 640-643.

[302] HU S, LOZADA-HIDALGO M, WANG F C, et al. Proton transport through one-atom-thick crystals[J]. Nature, 2014, 516 (7530): 227.

[303] NAIR R R, WU H A, JAYARAM P N, et al. Unimpeded permeation of water through helium-leak-tight graphene-based membranes[J]. Science, 2012, 335 (6067): 442-444.

[304] KIM H W, YOON H W, YOON S M, et al. Selective gas transport through few-layered graphene and graphene oxide membranes[J]. Science, 2013, 342 (6154): 91-95.

[305] LI H, SONG Z, ZHANG X, et al. Ultrathin, molecular-sieving graphene oxide membranes for selective hydrogen separation[J]. Science, 2013, 342 (6154): 95-98.

[306] KOENIG S P, WANG L, PELLEGRINO J, et al. Selective molecular sieving through porous graphene[J]. Nature Nanotechnology, 2012, 7 (11): 728-732.

[307] GARAJ S, HUBBARD W, REINA A, et al. Graphene as a subnanometre trans-electrode membrane [J]. Nature, 2010, 467 (7312): 190-U173.

[308] HUANG K, LIU G, LOU Y, et al. A graphene oxide membrane with highly selective molecular separation of aqueous organic solution[J]. Angewandate Chemie International Edition, 2014, 53 (27): 6929-6932.

[309] SHEN J, LIU G, HUANG K, et al. Membranes with fast and selective gas-transport channels of laminar graphene oxide for efficient co2 capture[J]. Angewandate Chemie International Edition, 2015, 54 (2): 578-582.

[310] COHEN-TANUGI D, GROSSMAN J C. Water desalination across nanoporous graphene[J]. Nano Letters, 2012, 12 (7): 3602-3608.

[311] COHEN-TANUGI D, GROSSMAN J C. Mechanical strength of nanoporous graphene as a desalination membrane[J]. Nano Letters, 2014, 14 (11): 6171-6178.

[312] JIANG D E, COOPER V R, DAI S. Porous graphene as the ultimate membrane for gas separation[J]. Nano Letters, 2009, 9 (12): 4019-4024.

[313] SUK M E, ALURU N R. Water transport through ultrathin graphene[J]. Journal of Physical Chemistry Letters, 2010, 1 (10): 1590-1594.

[314] SCHNEIDER G F, KOWALCZYK S W, CALADO V E, et al. DNA translocation through graphene nanopores[J]. Nano Letters, 2010, 10 (8): 3163-3167.

[315] LI D, MUELLER M B, GILJE S, et al. Processable aqueous dispersions of graphene nanosheets[J]. Nature Nanotechnology, 2008, 3 (2): 101-105.

[316] COMPTON O C, NGUYEN S T. Graphene oxide, highly reduced graphene oxide, and graphene: Versatile building blocks for carbon-based materials[J]. Small, 2010, 6 (6): 711-723.

[317] RAIDONGIA K, HUANG J. Nanofluidic ion transport through reconstructed layered materials[J]. Journal of America Chemistry Society, 2012, 134 (40): 16528-16531.

[318] SUN P, ZHU M, WANG K, et al. Selective ion penetration of graphene oxide membranes[J]. ACS Nano, 2013, 7 (1): 428-437.

[319] QIU L, ZHANG X, YANG W, et al. Controllable corrugation of chemically converted graphene sheets in water and potential application for nanofiltration[J]. Chemical Communications, 2011, 47

(20)：5810-5812.

[320] HUANG H，SONG Z，WEI N，et al. Ultrafast viscous water flow through nanostrand-channelled graphene oxide membranes[J]. Nature Communications，2013，4.

[321] HUANG H，MAO Y，YING Y，et al. Salt concentration，pH and pressure controlled separation of small molecules through lamellar graphene oxide membranes[J]. Chemical Communications，2013，49 (53)：5963-5965.

[322] HE H Y，KLINOWSKI J，FORSTER M，et al. A new structural model for graphite oxide[J]. Chemical Physics Letters，1998，287 (1-2)：53-56.

[323] LERF A，HE H Y，FORSTER M，et al. Structure of graphite oxide revisited[J]. Journal of Physical Chemistry B，1998，102 (23)：4477-4482.

[324] DREYER D R，PARK S，BIELAWSKI C W，et al. The chemistry of graphene oxide[J]. Chemical Society Reviews，2010，39 (1)：228-240.

[325] DIKIN D A，STANKOVICH S，ZIMNEY E J，et al. Preparation and characterization of graphene oxide paper[J]. Nature，2007，448 (7152)：457-460.

[326] CHUA C K，PUMERA M. Covalent chemistry on graphene[J]. Chemical Society Reviews，2013，42 (8)：3222-3233.

[327] MKHOYAN K A，CONTRYMAN A W，SILCOX J，et al. Atomic and electronic structure of graphene-oxide[J]. Nano Letters，2009，9 (3)：1058-1063.

[328] PUTZ K W，COMPTON O C，SEGAR C，et al. Evolution of order during vacuum-assisted self-assembly of graphene oxide paper and associated polymer nanocomposites[J]. ACS Nano，2011，5 (8)：6601-6609.

[329] PARK S，LEE K-S，BOZOKLU G，et al. Graphene oxide papers modified by divalent ions - enhancing mechanical properties via chemical cross-linking[J]. ACS Nano，2008，2 (3)：572-578.

[330] SUK J W，PINER R D，J AN，et al. Mechanical properties of mono layer graphene oxide[J]. ACS Nano，2010，4 (11)：6557-6564.

[331] HAN Y，XU Z，GAO C. Ultrathin graphene nanofiltration membrane for water purification[J]. Advanced Functional Materials，2013，23 (29)：3693-3700.

[332] BUNCH J S，VERBRIDGE S S，ALDEN J S，et al. Impermeable atomic membranes from graphene sheets[J]. Nano Letters，2008，8 (8)：2458-2462.

[333] FISCHBEIN M D，DRNDIC M. Electron beam nanosculpting of suspended graphene sheets[J]. Applied Physics Letters，2008，93 (11).

[334] CAI J，RUFFIEUX P，JAAFAR R，et al. Atomically precise bottom-up fabrication of graphene nanoribbons[J]. Nature，2010，466 (7305)：470-473.

[335] BIERI M，TREIER M，CAI J，et al. Porous graphenes：Two-dimensional polymer synthesis with atomic precision[J]. Chemical Communications，2009，45(45)：6919-6921.

[336] KIM M，SAFRON N S，HAN E，et al. Fabrication and characterization of large-area，semiconducting nanoperforated graphene materials[J]. Nano Letters，2010，10 (4)：1125-1131.

[337] ZHU Y，MURALI S，STOLLER M D，et al. Carbon-based supercapacitors produced by activation of graphene[J]. Science，2011，332 (6037)：1537-1541.

第5章 新型渗透汽化膜材料

渗透汽化(pervaporation,PV)又名渗透蒸发,Kober[1]于1917年提出这一概念。渗透汽化是一种利用液体混合物中各组分在致密膜内溶解程度和扩散速度的不同而使之分离的膜过程。渗透汽化是具有相变的膜渗透过程,膜的上游侧为进料液,下游透过侧为蒸汽。在一定条件下,渗透汽化分离技术可具有非常高的选择性,因此对于用常规方法难以分离的体系,如近沸、恒沸和温敏性等混合体系,渗透汽化具有独特优势;同时,对于混合体系中微量组分的脱除,渗透汽化也具有非常高的分离效率[2-5]。与传统的精馏、吸附、萃取等分离工艺相比,它具有分离效率高、设备简单、操作方便、能耗低等优点。

自20世纪50年代美国石油公司(Amoco)的Bining[6,7]首次报道了用渗透汽化法脱除异丙醇-乙醇-水三组分共沸液中水的研究成果以来,欧洲的Neel,Rautenbach和Lichtenthaler等[8-10]的工作,使渗透汽化逐步成为一个引人注目的新型分离技术。特别是20世纪70年代的能源危机,促使人们对可再生能源——发酵法生产乙醇以及混合体系的节能分离工艺重视,大大推动了渗透汽化膜及其分离过程的开发。70年代末,德国GFT公司的Brüschke和Tusel[11,12]开发出优先透水的聚乙烯醇/聚丙烯腈复合膜,使渗透汽化膜技术首次实现工业化。

基于渗透汽化分离过程,被分离的混合体系在渗透汽化膜中先溶解再扩散,因此混合组分与膜材料的相互作用差异是决定分离效果的关键。依据高分子材料溶解性的特点,不同混合体系,甚至相同混合体系而混合组成不同,与膜材料的相互作用都呈现较大差别。与常见的膜过程相比,针对渗透汽化膜分离过程应用的不同分离体系,应选用相应的膜材料。实际工业中混合体系的不断增加,以及节能和环保的需要,推动了渗透汽化膜材料研究的快速发展。由于篇幅有限,为了使广大读者对渗透汽化有初步的认识,本章首先简要论述渗透汽化过程和原理,然后针对近十年来报道的渗透汽化膜材料进行总结和分类,最后对渗透汽化膜材料的发展趋势进行展望。

5.1 渗透汽化原理及分离体系

5.1.1 渗透汽化原理

为了解释组分在膜内的传质机理,学者们提出过多种理论和经验模型,目前最广为接受的当属溶解-扩散模型。

根据溶解-扩散机理,在渗透汽化膜过程中,待分离组分在膜两侧蒸汽压差的推动下,被膜选择性吸附溶解,以不同的速度在膜内扩散,在膜下游汽化、解吸,实现混合物分离[3],总结起来，其传质过程可分为溶解、扩散、解吸三个步骤。

渗透汽化基本操作过程如图 5-1 所示。待分离混合组分于膜的一侧流过，膜的另一侧抽真空，或让快速流动的惰性气体通过，混合物中易渗透组分优先吸附在膜表面，然后扩散通过膜，在膜的另一侧汽化，蒸汽通过冷阱被冷凝收集，达到分离纯化的目的。

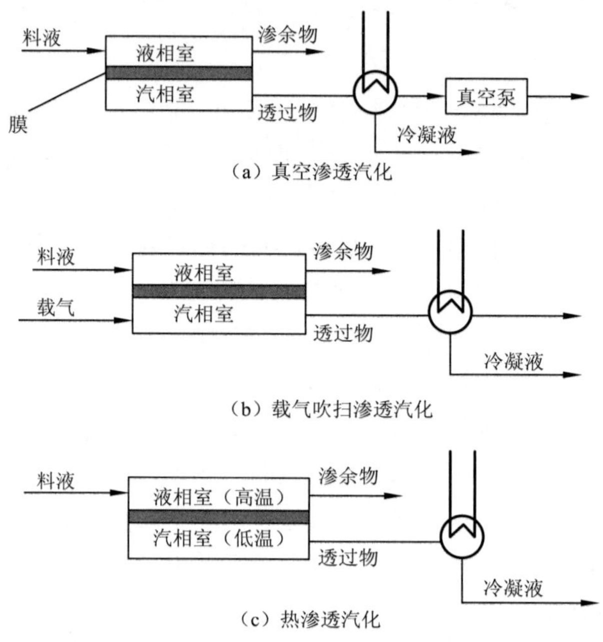

图 5-1　渗透汽化基本操作过程

根据造成膜两侧蒸汽压差的方法，渗透汽化主要分为以下几种：

(1)真空渗透汽化：膜透过侧用真空泵抽真空，以造成膜两侧组分的压力差。

(2)载气吹扫渗透汽化法：用载气吹扫膜的透过侧，带走透过组分。吹扫气经过冷却冷凝以回收透过组分，载气可循环使用。

(3)热渗透汽化或温度梯度渗透汽化：通过料液加热和透过侧冷凝的方法，形成膜两侧组分的蒸汽压差。

由于载气吹扫方式涉及大量气体的循环利用，且不利于渗透产物的冷凝收集，而热渗透汽化所能提供的蒸汽压差较小，所以目前主流研究和应用都采用真空渗透汽化的方式，组分在膜内的传递推动力是两侧的分压差。

表征渗透汽化的两个基本参数是渗透通量 J 和分离因子 α，分别定义如下：

$$J=\frac{\Delta G}{s\times t} \tag{5-1}$$

$$\alpha_{\frac{i}{j}}=\frac{y_i}{y_j}\bigg/\frac{x_i}{x_j} \tag{5-2}$$

式中：ΔG——Δt 时间内通过面积为 S 的膜的透过液质量；

x——料液的组成；

y——渗透液组成；

i,j——组分 i,j。

渗透通量反映了膜处理能力的大小，分离因子反映了膜的选择性能。

5.1.2　渗透汽化分离体系

对分离体系而言，PV 技术的应用主要包括有机溶剂脱水、水中脱除有机物和有机-有机混合体系分离三个方面。

自从 1982 年生产无水乙醇的渗透汽化工业装置在巴西建成投产以来，渗透汽化技术在有机溶剂脱水方面获得了迅速的发展，目前世界上已有 100 多套工业装置在运行[13]。20 世纪 90 年代初，PV 法进行水中微量有机物的脱除和回收也实现了工业化，目前主要用于食品和饮料工业中回收和浓缩芳香物质以及废水处理中去除有机污染物。1993 年，美国能源部曾组织国际著名膜专家们对 7 个膜过程中的 38 项优先研究课题进行排序和评价，结果有机/有机液体混合物的分离用膜被列为首位[14]。这主要是因为石油化工生产中有大量的有机混合物需要分离，用普通的精馏方法不仅操作复杂，能耗高，而且分离效果不理想，而 PV 技术在这方面独具优势，因而在工业上最具应用前景。

5.2　渗透汽化分离膜材料的选择

5.2.1　一般原则

基于渗透汽化膜的分离过程和原理，为了实现不同的混合体系的分离，不同混合体系应该选取不同化学和物理结构的膜材料。依据溶解-扩散模型，从优先吸附的角度出发，对于有机物脱水、水中有机物的回收和有机物混合物中极性/非极性体系，膜材料选择按照极性相似和溶剂化原则，选择与优先渗透组分极性相似的高聚物；对有机物混合物中的另两类体系（极性/极性、非极性/非极性）的分离，除了考虑组分间极性差异外，还需考虑膜材料与组分间的特殊作用。

分离极性-非极性体系有机混合物选择材料的原则与分离有机物/水体系膜材料选择方法类似，通过对有机物脱水膜材料进行改进来调整其适用性就能获得不错的效果；而另两类有机混合体系由于自身结构或性质相似，因而对膜材料的要求更高，许多研究者在这方面做了大量的工作。

通常，遴选作为渗透汽化膜材料的聚合物时，应考虑以下问题：

(1)在渗透汽化中优先透过组分应为待分离混合物中含量少的组分，然后按透过组分的性质选择膜材料。一般可分三种情况：一是有机溶液中少量水的脱除，可选用亲水性聚合物；二是水溶液中少量有机质的脱除，可选用弹性体聚合物；最后是有机液体混合物的分离，又可分三类：极性/非极性、极性/极性和非极性/非极性混合物。对极性/非极性体系的分离材料的选择比较容易，透过组分为极性可选用有极性基团的聚合物，透过组分为非极性应选用非极性聚合物。而极性/极性和非极性/非极性混合物的分离就比较困难，特别当组分的分子大小相近、形状相似时更难分离。

（2）应考虑膜材料的化学和热稳定性。渗透汽化分离的物料大多含有机溶剂，特别是有机混合物分离体系，因此膜材料应能抵抗各种有机溶剂的侵蚀。

为了提高组分在膜内的扩散速率，尽量弥补渗透汽化膜通量小的不足，渗透汽化过程通常在尽量高的温度下进行，因此膜材料要有一定热稳定性。

（3）应进行实验筛选。通过渗透汽化实验，测定膜的通量和选择性。实验筛选后的膜材料通常可分两类，即高选择性低通量膜和低选择性高通量膜。一般可对具有高选择性材料作进一步研究，因为增加通量比提高选择性要容易一些。

目前，在指导膜材料选择方面，还没有普适的理论可以遵循，只有几种半经验的理论[15,16]。

5.2.2 极性相似和溶剂化原则

极性相似通常指极性聚合物与极性溶剂互溶，非极性聚合物与非极性溶剂互溶。极性聚合物和极性溶剂混合时，由于聚合物的极性基团和极性溶剂间产生相互作用而发生溶剂化作用，使聚合物链节松弛而被溶解。在 PV 分离中，可根据待分离混合液中各组分分子所带的基团，选择与待透过组分结构相近，极性相似的膜材料，如乙醇-苯体系，乙醇极性较强而苯无极性，为了分离乙醇，可选择含极性基团的高分子材料如聚乙烯醇制膜。

5.2.3 溶度参数原则

溶度参数是分子间力的一种量度，其定义为内聚能密度的平方根，常被用于判断物质之间的相容性。通常，溶度参数越接近的两种物质相容性越好。更细化地，物质的溶度参数可细分为偶极力、色散力、氢键力有关的三个分量 δ_p、δ_d、δ_h，只有当三个分量都接近时才能有较好的相容性。

两种物质 i 和 j 的溶度参数差 Δ_{ij} 与分量的关系可用式(5-3)来描述：

$$\Delta_{ij}^2 = = (\delta_{pi} - \delta_{pj})^2 + (\delta_{di} - \delta_{dj})^2 + (\delta_{hi} - \delta_{hj})^2 \tag{5-3}$$

物质 i 与 j 的化学结构越相似，溶度参数差 Δ_{ij} 越小，其互溶性就越大。在渗透汽化分离中，被分离二组分 A、B 与膜 M 的溶度参数差为 Δ_{AM} 和 Δ_{BM}，定义膜材料选择系数 $K=\Delta_{AM}/\Delta_{BM}$。若 $K>1$，说明 B 为优先渗透组分；$K<1$，A 为优先渗透组分；$K=1$，无优先渗透组分，则 A、B 无法通过渗透汽化进行分离。

在二元混合物 A 与 B 中，若期望 B 为优先渗透组分，则 B 与膜 M 的亲和力应大于 A 与膜 M 的亲和力。但 B 与膜 M 的亲和力又不能过强，否则，一方面 B 对膜的溶胀有可能造成膜的机械强度下降甚至丧失；另一方面 B 在膜内被吸附滞留反而使分离性能降低。

应该指出，以溶解度参数原则推测高分子膜对组分的选择透过性有很多不完善之处。例如，该原则仅考虑了组分在高分子中的溶解，未涉及扩散因素；仅考虑组分与膜的相互作用，未考虑各组分与膜之间三元相互作用及伴生效应。但用溶解度参数原则估算聚合物和溶剂分子之间的相互作用极为便捷，在某些情况下也很有效。

5.2.4　亲水疏水原则

当以某种膜材料 M 来分离 A、B 二组分混合物时，M 与优先渗透组分 B 之间存在一种亲和力。对于有机水溶液体系，可以用高分子中的亲水官能团与疏水官能团来表示这种亲和力。按照亲、疏水理论，调节膜中亲、疏水官能团比例和被分离混合物达到某种平衡状态，就可以得到最佳的分离效果。亲疏水平衡理论的不足之处是没有建立数学模型计算亲疏水的程度，但它为改善膜材料的渗透汽化性能指出了大致方向。

其他方法还有接触角法、表面热力学法、液相色谱法、极性参数法等。这些方法同样只有一定的参考价值，并不能准确地预测大多数被分离物系，还需要进行大量的实验和理论研究。

5.3　有机溶剂脱水膜材料

为获得高纯度的有机溶剂，需要对其进行脱水处理，然而，很多情况下，水与有机溶剂往往可形成共沸体系。例如水和乙醇混合体系在乙醇含量 93%～95%时共沸，用普通蒸馏方法难以继续分离，而渗透汽化不受气液平衡限制，在脱除少量水时表现出明显优势。

对于渗透汽化脱水膜材料而言，要求膜具备良好的亲水性，以获得较高的水渗透性。同时，也要求膜在水性料液中的溶胀度适当，以维持较高的选择性。然而，亲水性和限制溶胀度往往表现出矛盾性，相应膜的渗透通量和分离选择性也常常呈现出此消彼长的趋势。

5.3.1　天然高分子类

天然高分子，如壳聚糖(CS)、海藻酸钠(NaAlg)和纤维素类，它们具有来源广泛、价格便宜、成膜性好和亲水性优异等特点。

5.3.1.1　壳聚糖

甲壳素是重要的海洋生物资源，广泛存在于虾蟹等外壳中，由 β-(1,4)链接的 2-乙酰氨基-2-脱氧-D 吡喃葡萄糖组成。壳聚糖是甲壳素脱乙酰化的产物，其分子结构式如图 5-2 所示。

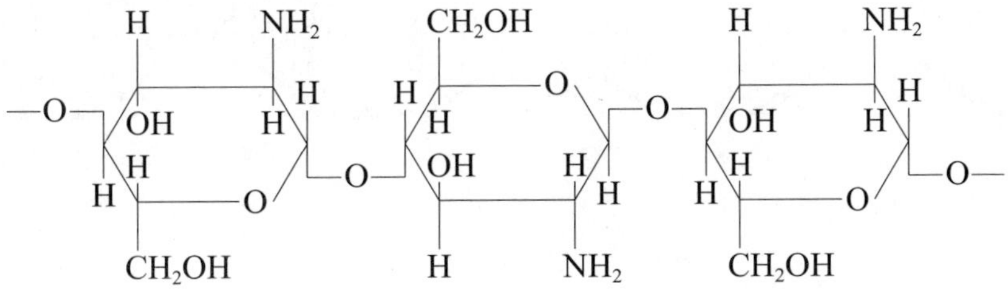

图 5-2　壳聚糖分子结构示意图

壳聚糖是天然多糖中唯一大量存在的碱性氨基多糖，具有良好的生物相容性、抗菌性、吸附功能及生物可降解性能；壳聚糖分子中含有氨基、羟基等极性基团，具有较强的吸湿性；同时壳聚糖分子中的羟基、氨基及乙酰氨基使得壳聚糖可进行多种功能化改性。壳聚糖在医药、食品、化妆品、农业及水处理等方面都有广泛且重要的应用价值[17]。

在 20 世纪 90 年代，Huang 等[18]利用 CS 制备了 PV 脱水膜，在分离 10%水/乙二醇体系时，渗透通量为 300 $g\cdot m^{-2}\cdot h^{-1}$，透过液水含量为 92%。亲水性膜材料有利于水的优先透过，但良好的亲水性导致膜在料液中过度溶胀，化学交联是克服过度溶胀的有效手段。用于 CS 膜的交联剂包括戊二醛(GA)[19,20]、甲苯二异氰酸酯[21]、酸[22]、多价阴离子[23]等。Huang 等[24]选择六亚甲基二异氰酸酯作为交联剂对 CS 进行交联处理，在分离水/异丙醇体系时，交联后膜的渗透选择性升高，渗透通量下降。Kariduraganavar 等[25]利用修饰的二异氰酸盐交联 CS 膜，发现比单纯的二异氰酸酯具有更高的反应活性，所制备 CS 膜的渗透通量和分离因子分别为 22 $g\cdot m^{-2}\cdot h^{-1}$和 5 918。Ma 等[26]利用三聚磷酸钠(STPP)对 CS 进行交联处理用于分离 3%水/乙酸乙酯。交联膜的渗透通量和分离因子分别为 336 $g\cdot m^{-2}\cdot h^{-1}$和 6 270。Sridhar 等[27]将 CS 膜浸入 10%的磷酸溶液中，随着浸入时间延长，在 2 h 时实现对 95.58%乙醇含量的共沸物最佳的分离性能，其渗透通量和分离因子分别为 580 $g\cdot m^{-2}\cdot h^{-1}$和 213。此外 Sridhar 等还将该方法制备的磷酸交联壳聚糖膜用于水/乙二醇分离。Kariduraganavar等[28]利用自由基聚合的方法，将聚苯胺接枝在 CS 的氨基基团上。当 CS 和苯胺单体的投料比在 3∶1 时，所制备的 CS-PANi 膜分离 10%水/异丙醇体系的性能最佳，其渗透通量和分离因子分别为 11.9 $g\cdot m^{-2}\cdot h^{-1}$和 2 092。

壳聚糖是一种结晶性聚合物，其结晶度也会对分离性产生一定影响。Wang 等[29]利用 GA 交联制备 CS 膜，然后利用丙酮溶液对膜表面进行清洗，以优化膜表面 CS 的结晶度，研究发现在 60 ℃分离 10%水/异丙醇体系时，经过丙酮处理后 CS 膜的渗透通量和分离因子分别为 400 $g\cdot m^{-2}\cdot h^{-1}$和 500，相比未处理的 CS 膜分别提高了 5 倍和 1.6 倍。

5.3.1.2 海藻酸钠

海藻酸钠是从褐藻类的海带或马尾藻中提取的一种多糖碳水化合物，是由 D-甘露糖醛酸(M 单元)与 L-古罗糖醛酸(G 单元)依靠 1,4-糖苷键连接并由不同比例的 GM、MM 和 GG 片段组成的共聚物，其分子式为 $(C_6H_7NaO_6)_n$，化学结构式如图 5-3 所示。

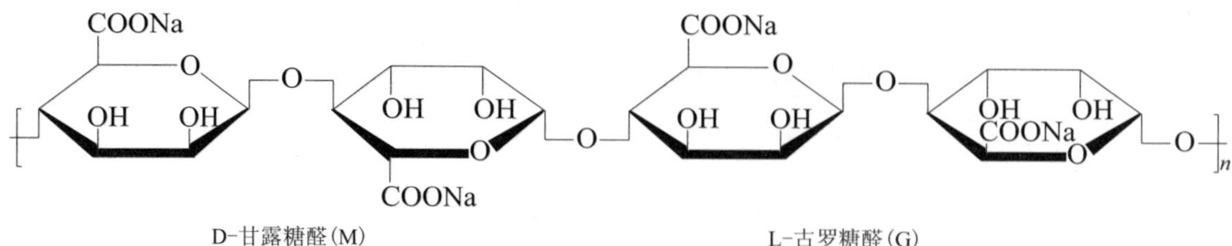

图 5-3　海藻酸钠化学结构式

海藻酸钠是一种阴离子型聚电解质，含有大量亲水性的羟基和羧基基团。在有机物渗透汽化脱水的过程中，具有很高的分离因子和渗透通量，但其机械强度不高，在水含量过高的体系中易溶解，所以纯海藻酸钠膜用于渗透汽化有一定的困难，人们往往对海藻酸钠进行一定的改性[30]。

交联是一种重要的改性方式。Huang 等[31]研究了多价金属离子交联 NaAlg 膜，发现钙离子交联的 NaAlg 膜用于分离 10%水/乙醇和 10%水/异丙醇体系时，表现出良好的渗透通量和渗透选择性。Zhang 等利用钙离子交联 NaAlg 膜用于 20%水/乙酸混合物分离，其渗透通量和分离因子分别为 653 $g \cdot m^{-2} \cdot h^{-1}$ 和 631。为解决交联导致的选择性升高而通量下降的 trade-off 现象，Kariduraganavar 等[32]利用苯乙烯磺酸钠-*co*-马来酸酐共聚物交联 NaAlg 膜用于 10%水/二氧六环，发现随着共聚物含量的增加，NaAlg 膜的渗透通量和分离因子同时上升，分别达到 106 $g \cdot m^{-2} \cdot h^{-1}$ 和 22 500。此外，GA 和磷酸也是常见的 NaAlg 膜的交联剂[33]。Sridhar 等[34]利用磷酸浸泡的方法交联 NaAlg 膜，并用于 5%水/乙醇分离，其渗透通量和分离因子分别为 35 $g \cdot m^{-2} \cdot h^{-1}$ 和 2 182。

除交联外，化学接枝和共混也是常用改性方法。Solak 等[35]利用紫外光接枝聚合的方法制备了海藻酸钠-*g*-聚乙烯吡咯烷酮共聚物(NaAl-*g*-PVP)用于 10%水/N，N-二甲基甲酰胺混合物分离。研究表明当共聚物中 PVP 的含量为 33%时，渗透通量和分离因子最佳，分别为 2 050 $g \cdot m^{-2} \cdot h^{-1}$ 和 15.4。Rao 等[36]研究了 NaAlg 和葡聚糖共混比例对 10%～50%水/异丙醇分离的影响，发现当 NaAlg 与葡萄糖的共混比例为 2 ∶ 3 时，膜的分离因子最高可达 990。

5.3.1.3　纤维素及其衍生物

纤维素是地球上来源最广泛的天然高分子材料，主要来源于树木、棉花、麻、谷类织物和其他高等植物，具有良好的物理化学稳定性和生物相容性。纤维素的化学结构式如图 5-4 所示，其分子链由 β—(1,4)链接的 D 葡萄糖单元组成，含有大量羟基，赋予其优异的亲水性，但同时也易形成分子内和分子间氢键，使其难以溶解和熔融，给加工带来极大困难，极大限制了其应用。为了更好地利用纤维素，通常对其进行改性处理，主要包括酯化反应和醚化反应。改性后的纤维素衍生物分子间的氢键被削弱，溶解性和熔融加工性增强，在医药、食品及化工等领域得到广泛应用。常用的纤维素类膜材料主要有醋酸纤维素、三醋酸纤维素、纤维素乙酸丙酯、纤维素乙酸丁酯、再生纤维素、硝酸纤维素及聚酯纤维素等。

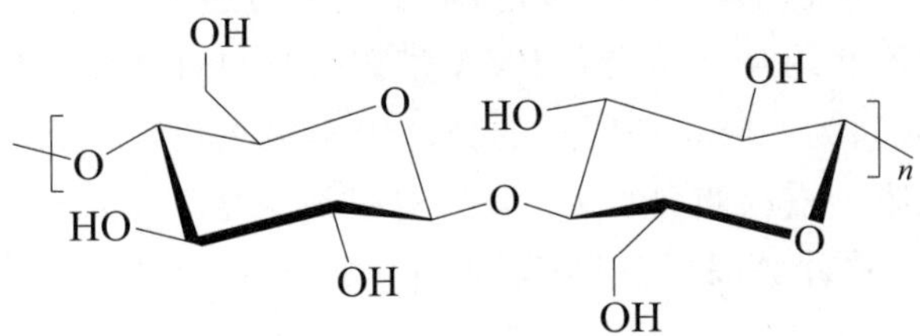

图 5-4　纤维素化学结构式

Dubey 等[37,]研究了细菌纤维素膜用于水/乙醇的分离，实验结果表明在料液水含量高达 30%时，该膜的透过液水含量仍大于 95%。Singh 等[38]研究了纤维素膜对 50%水/乙醇、水/

异丙醇和水/丙酮的分离影响，发现三者的分离因子分别为 4.8,8.8 和 19.8。经过连续操作后，剩余有机物的含量分别为 94.5%，98%和 98.5%。Xiao 等[39]研究了醋酸纤维素膜分离 1%水/吡啶混合物，发现最佳的渗透通量和分离因子是 56 g·m^{-2}·h^{-1}和 182。

研究者还常将纤维素衍生物与壳聚糖共混，或在纤维素链上接枝上其他高分子来制备非单一组分的分离膜。Sridhar 等[40]将羟乙基纤维素(HEC)与 CS 共混，然后利用 GA 交联制备了共混膜用 33%水/异丁醇的分离，研究发现当两者的质量比为 3∶7(HEC∶CS)时，膜的渗透通量和分离因子分别为 2 100 g·m^{-2}·h^{-1}和 554。Jiraratananona 等[41]制备了质量比为 3∶1 的 CS 与羟乙基纤维素共混膜，用于分离 5%～30%水/乙醇，在 60 ℃分离 10%水/乙醇时，共混膜的渗透通量和分离因子分别为 424 g·m^{-2}·h^{-1}和 5 496。Rao 等[42]采用溶液共聚的方法将聚丙烯酰胺接枝在羟乙基纤维素上，GA 交联后用于 10%水/异丙醇分离，交联后膜的渗透通量和分离因子分别为 1 036 g·m^{-2}·h^{-1}和 2 036。

5.3.2 合成高分子类

尽管天然高分子材料具有诸多优点，但毕竟种类有限，且存在难加工和易降解等问题。人工合成高分子种类繁多，且可根据需要合成不同结构。在透水膜中广泛应用的合成高分子材料主要包括 PVA、聚酰胺和聚酰亚胺等。

5.3.2.1 聚乙烯醇

聚乙烯醇(PVA)分子内含有大量羟基，是一类水溶性良好、成膜性佳和物化性质稳定的聚合物。通过交联、接枝和共混以及调节其水解度可制备一系列不同化学组成和结构的 PVA 膜，目前 PVA 仍是研究最广泛的 PV 脱水膜材料之一[43]。

由于 PVA 良好的水溶性，不能直接在水环境下使用，必须经过交联防止其溶解。戊二醛和二元酸是常用的交联剂[44,45]，图 5-5 所示为二酸和二醛交联 PVA 的示意图。Lee 等最早开展利用 GA 交联 PVA 膜的研究工作，研究发现当盐酸为催化剂时，可加快交联反应的进行。所制备交联 PVA 膜用于 10%水/乙酸分离，渗透通量和分离因子分别为 263 g·m^{-2}·h^{-1}和 162。研究者们深入研究了不同交联剂、交联条件等因素对膜性能的影响。Chen 等[46]研究了不同厚度的 GA 交联 PVA 膜对渗透汽化的分离性能的影响。研究结果表明，膜厚度对渗透通量影响较大，膜越厚，渗透通量越小，膜越薄，渗透通量越大，而膜厚度改变不影响分离因子。Mohebd 等[47]研究了利用富马酸交联 PVA 膜交联时间对分离 10%水/乙醇体系的影响，实验结果表明，当交联时间为 60 min 时，膜的分离因子最高，为 1 492。Carlo 等[48]利用等离子处理后的聚醚砜超滤膜为支撑膜，以马来酸为交联剂制备了 PVA 复合膜。研究结果表明交联 PVA 膜的渗透通量和分离因子分别为 444 g·m^{-2}·h^{-1}和 13。顾谨等[49]利用过硫酸铵(APS)为交联引发剂，引发聚乙烯醇自交联，并复合在聚丙烯腈(PAN)超滤支撑膜表面，制备了 PVA/PAN 渗透汽化复合膜。通过考察膜对 5%水/乙醇溶液的渗透汽化分离性能可知，随着 APS 含量增加，膜的渗透通量先上升后下降，透过侧含水量始终保持在 99%以上。

采用交联剂交联 PVA 时，通常伴随着亲水性羟基的消耗，导致 PVA 的亲水性下降，对通量和选择性均不利。针对这一问题，Kariduraganavar 等[50]报道了利用 4-磺基邻苯二甲酸对

PVA 进行交联，该交联剂在消耗羟基的同时引入磺酸基团。故所得制得膜在 40 ℃分离 10％水/异丙醇体系时，仍有较高分离性能，渗透通量和分离因子分别为 35 $g \cdot m^{-2} \cdot h^{-1}$ 和 3 452。Liu 等[51]和 Li 等[52]在 PVA 基团上引入季铵化基团，其交联的 PVA 膜仍然具有良好的亲水性。

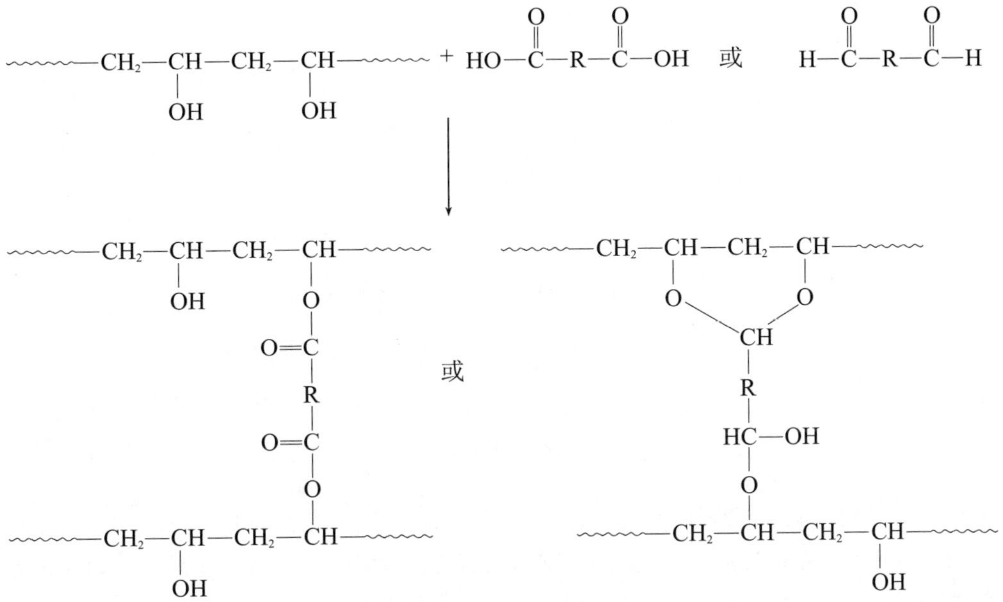

$$\sim CH_2-CH(OH)-CH_2-CH(OH)\sim + HO-C(=O)-R-C(=O)-OH \text{ 或 } H-C(=O)-R-C(=O)-H$$

$$\downarrow$$

$$\sim CH_2-CH(OH)-CH_2-CH(-O-C(=O)-R-C(=O)-O-)\sim \;\; \text{或} \;\; \sim CH_2-CH(-O-)-CH_2-CH(-O-)\sim \;[\text{acetal } CH-R-HC(OH)-O-]$$

图 5-5　PVA 交联示意图

由于 PVA 是一类具有结晶性的高分子材料，因此可通过热处理形成晶区以实现 PVA 的物理交联。Chen 等[53]研究了通过热处理的物理交联和通过 GA 化学交联 PVA 膜在分离 10％水/乙醇体系上的差异。物理交联的 PVA 膜的渗透通量比化学交联膜高，但是分离因子比化学交联略低。Wang 等[54]利用 XPS 和和频振动光谱详细研究不同温度热处理 PVA 膜表面化学组成的影响，发现高温热处理 PVA 膜表面形成亲水基团的有序排列，而低温热处理则更多是疏水性基团的排列，因此高温热处理的 PVA 膜亲水性更佳，PV 脱水性能也更优异。

PVA 结构中的羟基还可以作为引发官能团，接枝高分子链，PVA 引发接枝示意图如图 5-6所示。Osanli 等[55,56]以硝酸铈铵为引发剂，以丙烯腈和甲基丙烯酸羟乙酯为接枝单体引发聚合制备了 PVA-*g*-PAN 和 PVA-*g*-PHEMA。实验结果表明随着接枝高分子的引入，PVA 膜对 10％水/乙酸分离的渗透通量下降，而分离的选择性提高。例如，在 30 ℃条件下，PVA-*g*-HEMA 膜的渗透通量从 2 070 $g \cdot m^{-2} \cdot h^{-1}$ 降至 180 $g \cdot m^{-2} \cdot h^{-1}$，而分离因子从 2.26 提高至 14.60。Aminabhavi 等[57]同样利用铈盐引发接枝的方法，以丙烯酰胺为单体制备了 PVA-*g*-PAM 膜，考察了接枝程度对膜分离性能的影响，发现随着接枝高分子含量的增加，膜的渗透通量上升，而分离因子下降。

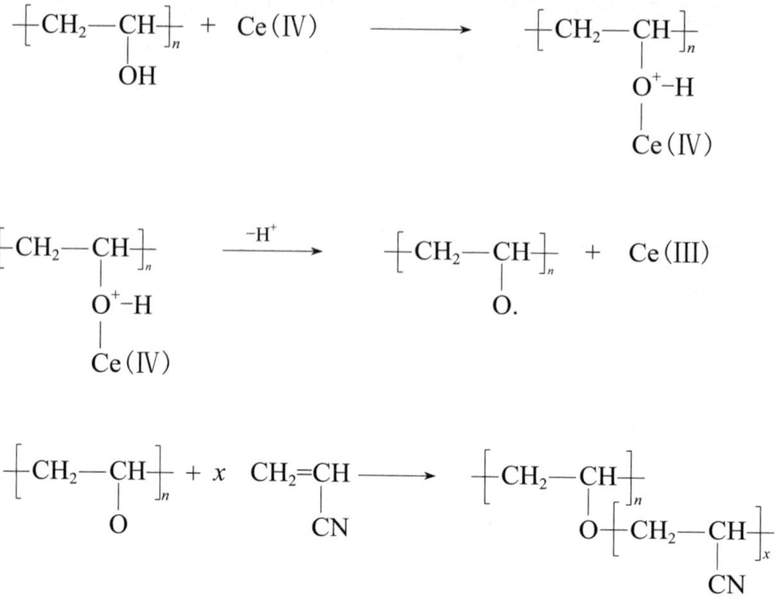

$$-\!\!\left[CH_2-\underset{\underset{OH}{|}}{CH}\right]_n + Ce(\text{IV}) \longrightarrow -\!\!\left[CH_2-\underset{\underset{\underset{\underset{Ce(\text{IV})}{|}}{O^+-H}}{|}}{CH}\right]_n$$

$$-\!\!\left[CH_2-\underset{\underset{\underset{\underset{Ce(\text{IV})}{|}}{O^+-H}}{|}}{CH}\right]_n \xrightarrow{-H^+} -\!\!\left[CH_2-\underset{\underset{O.}{|}}{CH}\right]_n + Ce(\text{III})$$

$$-\!\!\left[CH_2-\underset{\underset{O}{|}}{CH}\right]_n + x\ CH_2{=}\underset{\underset{CN}{|}}{CH} \longrightarrow -\!\!\left[CH_2-\underset{\underset{O-\left[CH_2-\underset{\underset{CN}{|}}{CH}\right]_x}{|}}{CH}\right]_n$$

图 5-6　PVA 引发接枝示意图[57]

PVA 对许多物质具有良好的相容性，常常与其他高分子进行共混。Ray 等[58]研究了不同比例的 PVA 和 NaAlg 共混膜用于 10% 水/二氧六环的分离，发现当 PVA∶NaAlg 为1∶3 时，共混膜的分离性能最佳。Chen 等[59]报道了将 PVA 和 CS 共混制备 PV 脱水膜，在分离 10% 水/乙二醇体系时，PVA∶CS 为 1∶3 的膜渗透通量和分离因子为 460 $g\cdot m^{-2}\cdot h^{-1}$ 和 986。Jin 等[60]制备了多孔陶瓷为支撑的 PVA/CS 共混膜用于有机物分离，当 CS 含量为 60%时，共混膜的分离性能达到最优。除了天然高分子外，PVA 与合成高分子共混的研究也常见于文献中。Aminabhavi 等[61]研究了 PVA 与聚丙烯酸(PAA)共混膜用于 DMF 脱水。Xiao 等[62]报道了 PVA/PAN 共混膜用于 10%水/吡啶的分离，发现经过超声波处理后的共混膜的分离性能大幅度提高。

同时，PVA 还是较早实现工业化，并成为市场主导的 PV 脱水材料。利用工业化 PV 技术对醇类等共沸物进行脱水，由于该过程的能耗仅为共沸精馏的 1/3～1/2，且不使用挟带剂，在取代共沸精馏及其他脱水技术上具有明显的经济优势。德国 GFT 公司率先开发出交联 PVA 商品膜[63]。其后瑞士苏尔寿公司开发了基于 PVA 的商业 PERVAP®系列 PV 膜[64]，广泛应用于醇类、醚类、酮类和酸类物质脱水。

5.3.2.2　聚酰胺

通过界面聚合法制备的聚酰胺复合膜在反渗透和纳滤领域已得到广泛研究，近来，不少学者开始将聚酰胺膜应用于渗透气化脱水中，图 5-7 所示为一种常见的聚酰胺结构。

通过改变单体来制备不同聚酰胺膜，是最简单直接的调控手段。我国台湾中原大学薄膜中心的 Huang 等[65,66]考察了不同多元胺和酰氯单体所制备的聚酰胺膜的 PV 脱水性能，发现不同胺类的 PV 性能优异顺序为 EDA(乙二胺)-TMC(均苯三甲酰氯)＞MPDA(间苯二胺)-TMC>PIP(哌嗪)-TMC≈HAD(己二胺)-TMC，不同酰氯结构的聚酰胺膜的 PV 性能优异顺序为 AETH－TMC>AETH－SCC。例如 EDA-TMC 聚酰胺膜具有高交联度、高表面粗糙度和低自由体积，在分离 10% 水/异丙醇体系时，其渗透通量和透过液水含量分别为 250 $g \cdot m^{-2} \cdot h^{-1}$ 和 77%。此外，他们还进一步采用正电子湮灭寿命谱技术(PALS)和化学模拟方法阐述膜化学结构与分离性能的关系，为膜材料的选择提供了全新的思路[67,68]。Huang 等[69]分别制备了芳香族二胺，脂环族二胺和脂肪族二胺与 TMC 界面聚合形成的聚酰胺膜，并用于四氢呋喃脱水，研究结果表明脂肪族二胺与 TMC 形成的聚酰胺膜的渗透通量和分离选择性均优于前两者。Chung 等[70]还首次在界面聚合引入含氟基团调节聚酰胺膜的化学结构，所制备聚酰胺膜用于 15% 水/异丙醇分离，渗透通量和分离因子分别为 1 900 $g \cdot m^{-2} \cdot h^{-1}$ 和 108。

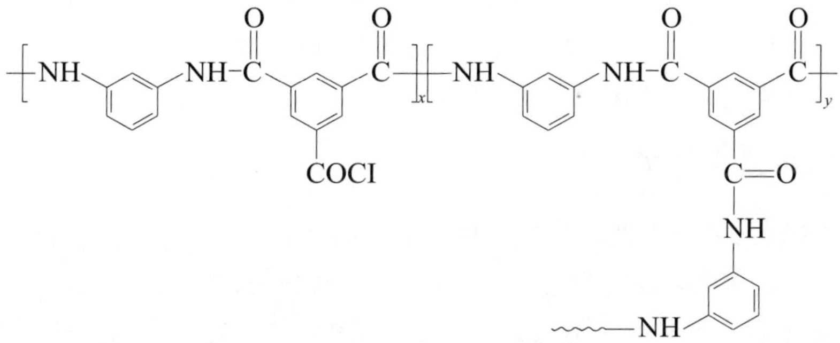

图 5-7 一种常见的聚酰胺结构

除了从单体上做文章外，改变界面聚合方式也是调控聚酰胺膜结构与性能的一种手段。An 等[71]研究了酰氯单体与胺类单体动态和静态界面聚合两者不同方式形成的聚酰胺膜结构对分离 10% 水/乙醇体系的分离性能的影响。相比于传统静态的界面聚合方法，动态的界面聚合方法更易于形成更加致密和更小自由体积的聚酰胺膜。

对于界面聚合法制备聚酰胺薄膜，支撑底膜无论是对成膜过程还是分离过程都有重要影响。Chung 等[72,73]在中空纤维和陶瓷支撑膜上分别利用 PEI、MPD 和 TMC 制备了聚酰胺膜用 10%水/异丙醇分离。PEI/TMC 膜的渗透通量和分离因子分为 1 282 $g \cdot m^{-2} \cdot h^{-1}$ 和 684，MPD/TMC 膜则为 6 050 $g \cdot m^{-2} \cdot h^{-1}$ 和 1 396。

5.3.2.3 聚酰亚胺

聚酰亚胺是一类具有良好的耐化学腐蚀、耐高温材料。通过调节二酸酐和二胺单体结构可制备不同结构的聚酰亚胺(包括脂肪族、半芳香族和芳香族)。Chung 等[74]对此有深入研究，他们综述了聚酰亚胺在 PV 中的应用，特别是应用于生物燃料的提纯。采用聚酰亚胺与 β 环糊精、聚酰胺、沸石分子筛共混或者共聚的方法制备了 PV 脱水膜，将其用于分离乙醇、异丙醇和正丁醇和水混合体系均获得良好的分离效果[75,76]。特别是对于丁醇体系分离体系的研究，取得了一系列优异的成果[77]，他们发现丁醇的同分异构体之间 PV 性能的差异，渗透通量由大到小的顺序为：1-BuOH，2-BuOH，i-BuOH，t-BuOH；分离因子的顺序：t-BuOH ≈ i-

BuOH＞2-BuOH＞1-BuOH。此外，他们还研究了聚酰亚胺膜对不同碳原子数目醇类分离效果的差异，发现聚酰亚胺对水/甲醇分离的渗透通量最大，分离因子最小[78]。这是甲醇的分子尺寸小及其与水相互作用较大的缘故。分离体系中醇分子尺寸和醇分子与水相互作用强弱是决定分离性能的关键因素，并且采用其他材料也获得类似的结论。Chung 利用 P84 型聚酰亚胺分离乙醇、异丙醇和特丁醇的水溶液[79]。实验结果表明 P84 型聚酰亚胺对异丙醇和特丁醇溶液的分离性能最优。可能的原因是：

(1)P84 型聚酰亚胺具有较小的 d-space 值；

(2)P84 型聚酰亚胺与异丙醇和特丁醇间的亲和性较差；

(3)P84 型聚酰亚胺较高的吸附选择性；

(4)异丙醇和特丁醇较大的空间位阻效应。

由于乙醇对 P84 型聚酰亚胺的溶胀和松弛作用，故分离性能远低于异丙醇和特丁醇。由于聚酰亚胺良好的热稳定性，聚酰亚胺膜在分离上述不同碳原子数目醇类时，在连续操作 200 h 以上时，渗透通量和分离因子仍然保持良好的稳定性。

5.3.3 聚电解质络合物类

聚电解质络合物(PEC)是带有相反电荷的聚电解质以静电作用力结合而形成的一类多组分材料[80]。其原料聚电解质种类繁多，即能是天然高分子，又能是合成高分子。PEC 一般具有荷电性，同时还含有大量离子对，因而具优异的亲水性。它们的离子交联结构又能限制其在水中过度溶胀。因此，从结构而言，PEC 是一种十分理想的脱水膜材料[81]。另一方面，也正是由于 PEC 的离子交联结构，它们难以通过溶解或者熔融的方法进行加工，因此无法通过普通铸膜法制备 PEC 分离膜。要发挥 PEC 作为脱水膜的结构优势，首先必须克服其难加工性，顺利制备其分离膜。幸运的是，人们对 PEC 分离膜，尤其是渗透汽化分离膜，一直都有着浓厚的研究兴趣。自 20 世纪 90 年代以来，先后有许多不同课题组对 PEC 渗透汽化膜的制备进行了大量研究，提出了诸如酸性共混、两层涂刮、可加工 PEC、外场组装等许多方法制备不同形式的 PEC 膜，并用于渗透汽化有机物脱水[82]。

5.3.3.1 酸性共混法

一般而言，直接将带有相反电荷的聚电解质溶液共混，所获得的 PEC 往往以沉淀，絮体等不溶物形式出现，难于加工，不能制备均一薄膜。因此，有研究者提出，如果能抑制共混过程中相反电荷聚电解质间络合作用的发生，则有可能获得稳定的溶液，进而制备其分离膜。基于这一出发点，文献中报道了采用外加酸抑制弱聚电解质电离度和其离子络合程度的方法来制备共混 PEC 膜(blend PEC membrane，BPECM)。该方法包括两个要点。首先，必须选择弱阴离子聚电解质作为制备 PEC 的原料组分之一。这是因为弱阴离子聚电解质的电离度受 pH 控制，易于调控，而强聚电解质的电离度则不易控制。其次，必须在共混前，向阴阳离子聚电解质溶液中加入过量酸，将阴离子据电解质的电离度限制到其临界值以下。

Huang 和 Lee 最先制备 BPECM 渗透汽化膜。Huang 等[83]将壳聚糖(CS)和聚丙烯酸(PAA)分别溶解于 30%的醋酸中，然后将二者共混，得到均一的铸膜液。随后，通过溶液涂刮法将铸膜液涂刮于聚氯乙烯和聚砜支撑膜上得到 CS-PAA 共混 PEC 膜。由于过量酸对 PAA 电离的限制作用，CS 和 PAA 间的离子络合作用较弱，这样所得的 CS-PAA 膜更类似于共混膜而非离子络合膜。为此，他们进一步将 CS-PAA 膜经过水洗和 180 ℃热处理两种过程来加强 CS 与 PAA 间的离子络合作用，并将膜用于渗透汽化乙醇脱水。随着操作温度的升高，CS-PAA BPECM 的选择性和渗透性均上升。Lee 等[84]也制备了 CS-PAA 共混 PEC 膜，他们将 PAA 和 CS 分别溶于 3.5%的甲酸，然后以不同比例将二者共混得到铸膜液，并涂刮于聚苯乙烯底板上，30 ℃下干燥。结果表明，CS-PAA 膜中的离子络合作用在 200 ℃前均保持稳定。

Huang 和 Lee 的报道引起了研究者对 BPECM 的兴趣，激发了相关研究。在诸多制备 BPECM 的方法中，关键因素之一为所选用外加酸的种类和浓度，以及所制备的膜是否经过水洗和热处理等后续步骤。最近，Sridhar 等[85]在 7%的甲酸中溶解 CS 和 PAA，经溶液涂刮，经 30 ℃干燥和水洗等步骤制备了 CS-PAA BPECM。结果表明，PAA 和 CS 的链间离子络合作用破坏了 CS 内的氢键作用，因此，CS-PAA BPECM 的结晶度降低，无定形相增加。这一特点十分有利于提高其膜的渗透性。在用于异丙醇-水体系分离时，发现含 60% CS 的 CS-PAA BPECM表现出最优性能，30 ℃下对异丙醇-水共沸物(12.5%水-异丙醇)的渗透通量为 140 $g \cdot m^{-2} \cdot h^{-1}$，分离因子为 1 736。

除乙醇-水和异丙醇-水体系外，乙二醇-水体系的分离也有重要的工业需求和实际意义。乙二醇分子含有两个羟基，与水作用力更强，因而更难分离。Hu 等[86]制备了不同组成的 CS-PAA BPECM，考察了其形貌，力学强度和渗透汽化性能随共混组成的影响。含 50%和 60% CS 的 BPECM 分别表现出最优的力学强度和渗透汽化性能。70 ℃下分离 20%水-乙二醇体系时渗透通量为 216 $g \cdot m^{-2} \cdot h^{-1}$，分离因子为 105。Hu 等[87]继续发展了 BPECM 的制备方法，通过向铸膜液中超声分散一定量的石墨，制备了 PAA-CS/石墨纳米杂化膜。在一定的石墨添加量内，杂化膜的力学强度和选择性均得到提高。在石墨含量为 4%时，纳米杂化膜的在同样操作条件下的分离因子提高至 258。这一方法为制备络合物纳米杂化物做了有益尝试，有利于进一步调控 PEC 膜的基本性质和丰富其功能性。

总结以上关于 BPECM 的研究，不难发现尽管有许多不同的研究课题组制备并研究了 BPECM。但巧合的是，他们的工作的研究体系均为 CS 和 PAA 间的 BPECM 的制备，基于其他阴阳离子聚电解质间的 PEC 则少见报道。制备 BPECM 方法的本质是限制离子络合作用的发生。然而，对阴离子弱聚电解质电离度的限制同时也会降低其溶解性，二者是一对矛盾因素，只有极少数的阴阳离子聚电解质对可以达到平衡，在既不影响溶解性的前提下，又能避免生成沉淀。事实上，在同等条件下共混 CS 和 SA 溶液，得到沉淀而非均一的铸膜液，无法制备其 BPECM，而只能制备 CS-SA 的两层涂刮膜。

5.3.3.2　两层涂刮法

两层涂刮法的具体做法一般为：首先将一层聚电解质溶液涂刮于底膜(或其他基底)上，干燥至一定程度后将相反电荷聚电解质涂刮于其上，干燥(有些经过无水洗)，得到两层涂刮 PEC 膜(two-ply PEC membrane，TPECM)。

德国的GKSS研究所是最早利用两层涂刮法制备PEC膜的研究机构。Schwarz等[88]将磺化纤维素钠(SC)涂刮于聚偏氟乙烯底膜(或其他底板)上,然后在其上涂刮一层聚二甲基二烯丙基氯化铵(PDDA)阳离子聚电解质,并让二者在界面处离子络合15 min。据报道,所得到的TPECM可以从底板上剥落,获得自支撑TPECM膜。XPS分析表明,膜的组成沿其截面不均匀分布。在膜上表面,后涂刮的PDDA层富集,反之在下表面则磺化纤维素富集,证实了TPECM基本呈现三层夹心结构。上下层分别为所涂刮的聚电解质,只有中间层才是真正的PEC。

Huang等[89]也利用两层涂刮法制备了SA-CS TPECM,并发现阴阳离子聚电解质铸膜液涂刮顺序对成膜性影响较大,如以SA作为上层则不能得到完整的膜。

最近,Yao等[90]对两层涂刮法稍加改进,采用dip-coating的方法分别浸涂磺化纤维素和PDDA层,并将TPECM水洗,发现膜可在水性条件下用于离子分离。这说明离子交联已充分发生,可以克服其水溶性,这一研究指出了TPECM用于纳滤应用的可能性。

从以上研究中可以看出,两层涂刮法工艺简单,但其制膜工艺受到多种因素影响,可控度低。更为重要的是,两层涂刮法制得的PEC膜结构非常不均一,只有在两层的界面处才属于真正的PEC。究其原因,离子络合本质上是一个十分快速的过程,阴阳离子聚电解质溶液浓度较高,在界面处发生的离子络合就更为快速,更加难以控制。这些因素都可能导致中间PEC层没有形成完整的膜层,影响膜整体的致密性和渗透性。

5.3.3.3 层层组装法

层层自组装(layer-by-layer,LbL)是20世纪90年代以来兴起的一种超薄膜制备方法[91]。在最近20年间,LbL获得了飞速发展,已经成为表面修饰和纳米制造的基本方法之一,在微胶囊制备、图案化、生物材料、膜分离等诸多领域取得了广泛的应用[92]。静电驱动LbL的基本原理十分简单:荷电基板在阴阳离子聚电解质中反复浸没及清洗,在静电驱动力的作用下,聚电解质链组装液接触面与荷电基板上分别发生界面离子络合,形成厚度可控的多层超薄膜。可以看出,LbL多层膜本质上也是阴阳离子聚电解质间通过离子络合作用结合起来的络合物。因此,本书将LbL分离膜归入PEC膜类,称为自组装PEC膜静电驱动LbL过程示意图如图5-8所示。

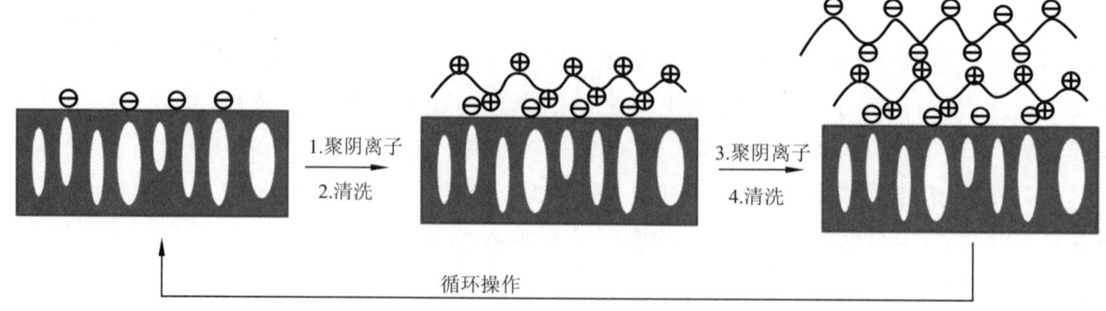

图5-8 静电驱动LbL过程示意图[91]

Tieke等[93,94]首先采用LbL方法,在PAN/PET多孔底膜上制备了自组装PEC膜,并率先研究了自组装 PEC 膜的渗透汽化脱水性能，发现在多孔底膜上组装$(PAH/PSS)_{60}$可以获得致密薄层，可有效分离醇/水体系。此后，不同课题组研究了组装条件与膜结构及其渗透汽化性能间的结构-性能关系[95,96]。获得了以下基本认识：

（1）可在多种底膜上成功制备自组装 PEC 膜，获得适用于渗透汽化脱水的复合膜。包括 PAN/PET、CA、聚砜等有机类膜材料，也包括陶瓷等无机材料。

（2）自组装 PEC 膜的渗透汽化性能受原料聚电解质的化学结构和膜制备条件影响。采用高电荷密度的聚电解质原料制备的 LbL 多层 PEC 膜往往选择性更高。其次，通过调节组装液中的盐浓度和 pH 值，可以改表多层 PEC 膜的荷电密度，影响渗透汽化性能。

钱锦文等[97]在 2006 年详细综述了自组装 PEC 膜结构的构筑、调控以及对其渗透汽化性能的影响。然而，在获得以上基本认识后，越来越多的研究表明，获得具有较高选择性的自组装 PEC 膜往往需要组装数十个双层，组装过程耗时耗力，不利于其规模放大和工业化应用。因此，近几年来，如何提高组装效率成为自组装 PEC 渗透汽化膜的研究重点。

Feng 等[98,99]在丙烯腈底膜上组装了 PAA/PEI 多层 PEC 膜，提出首先以稀浓度聚电解质溶液作为组装液，然后提高组装液浓度，进行组装。通过此方法，可以在不到 10 个双层条件下即获得性能较优的渗透汽化膜。进一步优化底膜结构，组装时间，所得$(PAA/PEI)_2$自组装 PEC 膜 70 ℃下用于 9%水-异丙醇体系脱水时，通量可高达 1.8 $kg \cdot m^{-2} \cdot h^{-1}$，同时透过液中水浓度高达 98%，说明在较少组装层数即可获得结构致密的自组装 PEC 膜。

除了改变组装条件外，Zhang 和 Qian 等[100,101]均提出利用外加场(如电场，压力场等)辅助促进聚电解质自组装过程的发生。图 5-9 所示为 Qian 等提出的电场增强组装的示意图。如图所示，无外加电场时，聚电解质链在溶液中采取无规线团构象，其在组装过程中的移动速度受到扩散控制，较为缓慢，因此一个单层膜厚度增长较低。在外加电场作用下，不仅聚电解质链构象取向，而且其移动速度加快，能够快速获得自组装 PEC 膜。

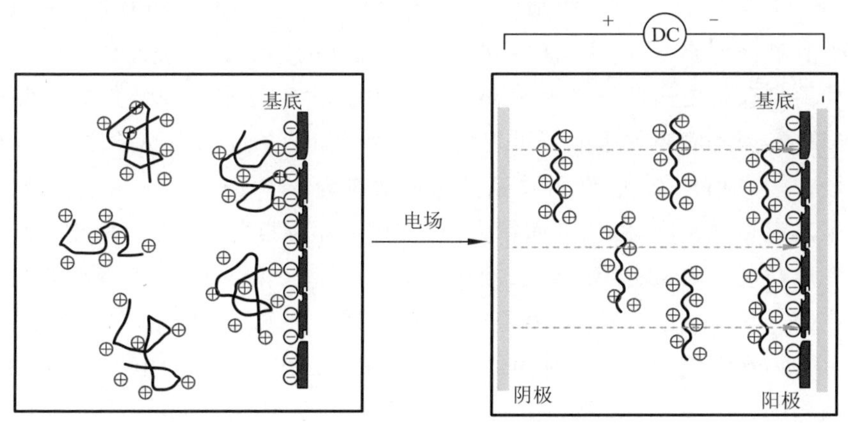

图 5-9　电场增强自组装示意图[103]

Zhang 等[102]利用静电场辅助，在聚丙烯腈超滤膜上组装 PEI，发现仅仅组装一个单层的 PEI 即可大幅度提高渗透汽化性能，在 75 ℃下分离 5%水-乙醇体系时，分离因子为 304，通量为 512 g·m^{-2}·h^{-1}。几乎同时，Qian 等[103]也采用电场辅助自组装法制备自组装多层 PEC 膜，制备了 PDDA/PSS、PDDA/PAA 和 PEI/PAA 三种 PEC 膜，并将其用于渗透汽化异丙醇脱水。结果表明，利用电场辅助法制备的三种 PEC 膜的渗透汽化性能均优于在无外加电场辅助下制备的 LbL 膜，且电场辅助法制备的 LbL 膜选择性顺序为：PDDA/PSS＜PDDA/PAA＜PEI/PAA。其中，$(PEI/PAA)_{4.5}$在 70 ℃下分离 10％水-异丙醇体系时，通量和分离因子分别高达 4.05 kg·m^{-2}·h^{-1}和 1 075。Qian 等[104]进一步研究了 PEI/PAA 多层膜的表面性质和渗透汽化性能稳定性。发现，多层膜的表面粗糙度和亲水性取决于外加电场方向、组装时间、外加电压、组装层数等诸多因素。在最佳组装条件下制备的 PEI/PAA 多层膜的渗透汽化性能可保持 60 天储存稳定性。此外，Qian 等[105]最近还研究了振荡条件对反渗透底膜上 PDDA/PSS 自组装 PEC 膜的构筑和渗透汽化性能的影响。结果表明，振荡条件影响每双层的组装量，可以使聚电解质链在底膜上发生更规整的吸附组装。因此，在振荡条件下获得的多层 PEC 膜也表现出更高的选择性和渗透性。

Zhang 等[106]还提出动态自组装的方法来提高组装速度。其基本过程为，聚醚砜底膜侧施加一定的负压(0.1 MPa)，然后在此负压下将 PAA 和 PEI 分别滤过聚醚砜底膜。组装液中的聚电解质链将被“截流”于聚醚砜底膜，并与下次“截流”的荷电性相反的聚电解质发生离子络合，形成自组装 PEC 膜。在静态自组装中，聚电解质链向底膜运动的驱动力为静电吸引力，移动速度较慢。在动态自组装中，驱动力为外场机械力和静电吸引力共同作用，所以聚电解质链可以更快，更多地在基底上吸着。Zhang 等将 PEI/PAA 自组装 PEC 膜用于乙醇-水体系分离，系统考察了动态组装条件对膜结构与渗透汽化性能的影响，并与静态条件下自组装 PEC 膜性能进行比较。发现，在动态自组装条件下，仅需组装 4 个双层即可获得较优的选择性和通量，$(PEI/PAA)_4$动态自组装 PEC 膜 40 ℃时对 5％水-乙醇体系的渗透通量为 140 g·m^{-2}·h^{-1}，分离因子为 1 207，而同等条件下，静态自组装所制的自组装 PEC 膜分离因子仅为 17。又在聚丙烯腈底膜上也同样制备了 PEI/PAA 动态自组装 PEC 膜，研究了组装液溶剂组成和 pH 值对自组装 PEC 膜结构及渗透汽化性能的影响。发现乙醇作为 PEI 组分的溶剂可比水作为溶剂获得更高的通量和分离因子，同时，由于动态自组装仅需组装少量几个双层，其膜厚度较薄，因此底膜的影响不可忽略。在最优组装条件和底膜条件下，$(PEI/PAA)_{2.5}$自组装多层膜 70 ℃时对 5％水-乙醇体系的渗透通量为 314 g·m^{-2}·h^{-1}，分离因子为 604。

中空纤维具有填充密度高、比表面积大、自支撑力学强度好等优点，相比于平板膜更有商品化价值。在成功制备平板自组装 PEC 膜后，Zhang 等[107]最近进一步将动态自组装技术推广至中空纤维膜。具体方法为：阴阳离子聚电解质(PEI 和 PAA)以错流方式依次进料于真空纤维膜内壁，同时，在纤维膜外壁施加负压(0.04 MPa)。在负压和静电力的共同作用下，在膜内壁形成无缺陷的自组装 PEC 膜。组装在中空纤维上的$(PEI/PAA)_{6.5}$膜 50 ℃时对 5％水-乙醇体系的渗透通量为 120 g·m^{-2}·h^{-1}，分离因子为 1 338。此外，该膜还可对正丁醇、异丙醇等体系进行有效脱水分离。值得一提的是，Zhang 等[108]还尝试制备了小试规模的真空纤维/PEC 复合膜组件，研究了动态自组装条件对膜结构和渗透汽化性能的影响，提出了一步法制备基于壳聚糖的动态自组装 PEC 膜[109]。

综合最近关于自组装 PEC 渗透汽化膜的研究，在提高组装速度，制备更大面积的渗透汽化脱水膜及其组件确实取得了实质性进展。LbL 技术在渗透汽化领域的实用性得到了加强。然而其制备过程费时费力的缺点并没有得到根本解决，并且不难发现，诸多性能优异的快速组装 PEC 膜主要集中于 PAA/PEI 体系。这是因为 PAA 和 PEI 本身电荷密度较大，其自组装 PEC 膜自然更容易获得更高的选择性。如能进一步开发其他可用于快速制备自组装 PEC 膜的原料聚电解质，将进一步推动该研究方向的进展。

5.3.3.4 可加工溶液法

以上几种方法制备的 PEC 膜，均是避开其本体材料，而通过原位络合形成的。若能克服 PEC 本体材料难加工的缺点，对其进行溶解或熔融加工，进而采用溶液涂刮、挤出吹塑等传统方法制膜，则可大大提高 PEC 膜材料的种类和制备效率。迄今为止，可熔融加工的 PEC 仍未见报道，但可溶液加工的 PEC 最近已成功制备。

浙江大学钱锦文、安全福课题组在这方面进行了深入研究。Zhao 等[110,111]最早提出"酸保护-去保护"法用于可加工聚电解质络合物。其方法的核心为使获得的 PEC 固体中含有未电离的—COOH 基团，然后将 PEC 固体分散于适量的碱中，获得高浓度下的 PEC 分散液，直接用于涂刮制膜。其具体路线如图 5-10(a)所示，包含三个要点：

(1)须选用含有—COOH 基团的弱阴离子聚电解质作为原料组分之一，因为—COOH 基团的电离度可以利用 pH 进行调解；

(2)须向阴阳离子聚电解质溶液中加入适量的酸，既保证离子络合能够发生，又能保护一定量的—COOH 基团不参与络合(酸保护)；

(3)将获得的 PEC 分散于适量的碱中，其中的—COOH 基团重新电离(去保护)，使 PEC 获得更高的水溶性。

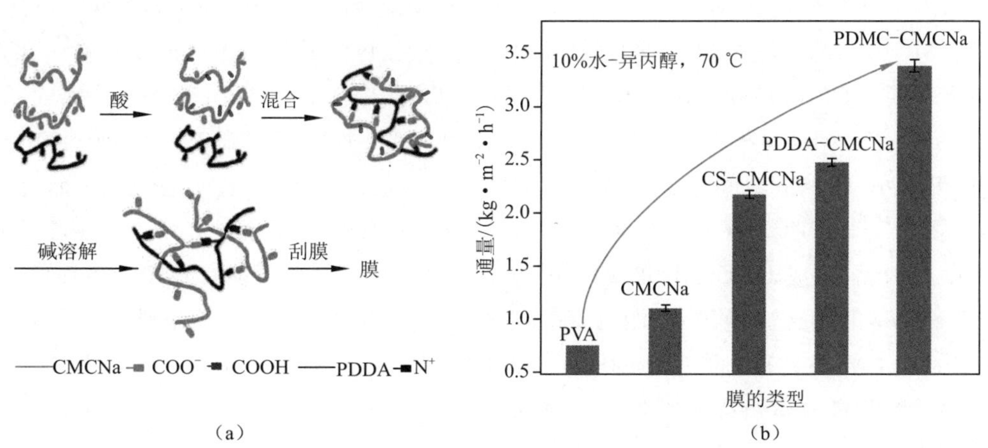

图 5-10 可加工性 PEC 的制备线路图及其膜的渗透汽化性能[110]

利用"酸保护-去保护"法，赵等制备了 PDDA-CMCNa、PDMC-CMCNa、PDDA-PAA、CS-CMCNa 等系列可加工 PEC，系统研究了其基本性质和渗透汽化性能。发现：

(1)可加工 PEC 的离子络合程度受外加酸含量控制。随着外加酸含量的增加，原料 CMCNa

的电离度降低，所得 PEC 离子络合度降低。

(2)酸的加入使弱聚电解质链上一部分—COOH 基团处于质子化状态，未参与络合，而它们在碱中的再电离则成为了 PEC 可以在碱中分散的根本原因。

(3)可加工 PEC 本体材料不结晶，其玻璃化转变受原料聚电解质种类和离子络合程度影响。例如：PAA-PDDA PEC 的玻璃化转变温度随着离子络合度的升高而升高并最终消失，而 CMCNa-PDDA 和 CMCNa-CS PEC 均在热分解前无玻璃化转变[112]。

(4)PEC 分散于碱中后的分散液由 PEC 粒子(PECA)构成，它们荷负电，形貌为针/棒状，尺寸在 300～500 nm 间，可加工 PEC 膜的表面和截面的形貌分析也证实了这一结果。

通过溶液涂刮法，以聚砜(PSF)超滤膜为底膜，赵等进一步制备了基于可加工 PEC 的渗透汽化膜(HPECM)，用于乙醇和异丙醇脱水分离。发现：

(1)HPECMs 表现出十分优异的渗透汽化脱水性能，尤其是高渗透性。例如，CMCNa-PDDAHPECM 在 70 ℃时用于 10%水-异丙醇体系分离时，渗透通量高达 2 400 $g \cdot m^{-2} \cdot h^{-1}$，分离因子为 1 047。其中，渗透通量较商品化聚乙烯醇(PVA)膜提高近 3 倍。而且，该性能表现出良好的稳定性[113]。

(2)随着操作温度的升高，HPECM 的通量提高，分离因子基本维持恒定。随着料液中水含量的升高，在料液中水含量低于 20%时，通量提高，分离因子维持稳定。高于此水含量之后，分离因子降低。这是由于料液中水含量过高，HPECM 也会发生过度溶胀。

(3)由于 PECs 在几乎所有有机溶剂中均不能溶解，所以 HPECMs 对丙酮和四氢呋喃等其他有机溶剂也有很好的分离性能。

有意思的是，表面亲水性分析表明，HPECMs 的亲水性低于其原料 CMCNa 的亲水性。因此，HPECMs 更高的水通量并非是单纯由其表面亲疏水性所造成。An 等[114]采用正电子湮没技术表征了 PDMC-CMCNa HPECMs 的自由体积性质。发现，与原料 CMCNa 膜相比，PDMC-CMCNa PEC 膜的自由体积总量及尺寸均更大，可使其具有更高的渗透性。渗透汽化实验结果表明，PDMC-CMCNa HPECM 在 70 ℃下用于 10%水-异丙醇体系分离时，通量高达 4 000 $g \cdot m^{-2} \cdot h^{-1}$，分离因子依然在 1 000 以上，这一性能不仅高于 PVA 膜性能近 4 倍，也高于 PDDA-CMCNa 和 CS-CMCNa HPECMs。长时间正电子湮没寿命谱表明，PDMC-CMCNa HPECM在长寿命时间处(58 ns)存在湮没峰，而原料 CMCNa 在此处则无正电子湮没。因此，构成 HPECMs 的 PECA 粒子间以及粒子内部可能存在超渗透性的水通道，使得 HPECMs 的渗透性得到大幅度提高。同时，由于 PECA 粒子的荷电性排斥有机溶剂传输，所以 HPECM 在具有高渗透性的同时仍能保持优异的选择性。可加工聚电解质络合物膜水通道示意图及自由体积特征如图 5-11 所示。

An 等[115,116]进一步合成了一系列不同烷基链长的季铵化聚 4-乙烯基吡啶(QP4VP)，并与羧甲基纤维素钠(CMC)络合，制备了含有不同侧链长度的 QP4VP-CMC PEC 及其膜，应用于 10%水/乙醇、水/异丙醇和水/正丁醇体系 PV 脱水。PV 测试结果表明，随着烷基侧链长度增加，PEC 膜的渗透通量逐渐增加，而透过液水含量基本保持不变或缓慢下降。这一特性在分离水/异丙醇体系中表现最为明显，侧链碳原子数目从 0 增加到 6，渗透通量从 1 000 g

· m^{-2} · h^{-1}增至 1 500 g · m^{-2} · h^{-1}，而透过液水含量保持在 99.9%。利用正电子湮灭寿命谱和分子动力学模拟的方法验证了随着烷基侧链长度的增加，PEC 膜内部结构和自由体积大小的变化[117]。

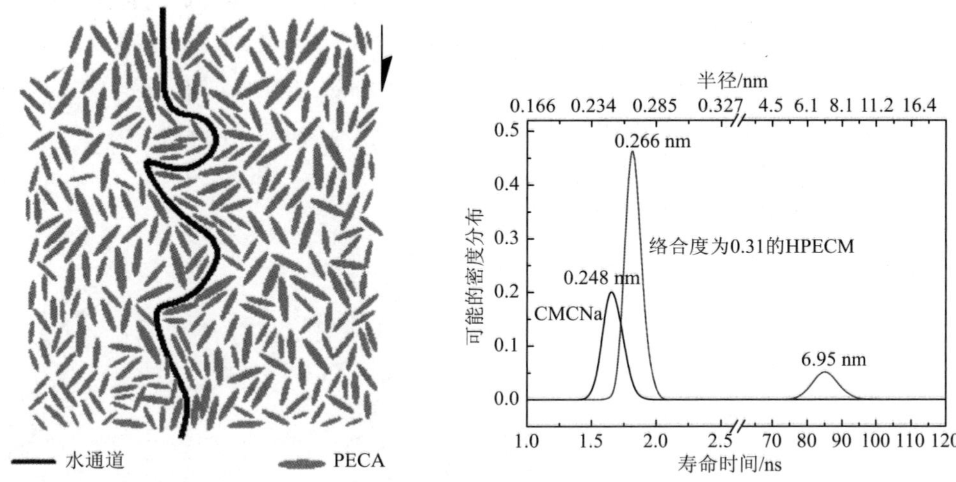

图 5-11　可加工聚电解质络合物膜水通道示意图及自由体积特征[114]

将 PEC 与其他材料共混能够取长补短，更好地发挥其优势。聚乙烯醇是目前主要的商品化渗透汽化膜材料，力学性能优良，成膜性佳，但渗透性亟待提高。Qian 等[118,119]制备了 PEC 与 PVA 的共混膜，系统研究了共混膜的聚集态结构和渗透汽化性能。由于 CMCNa 链与 PVA 链可通过羟基产生氢键相互作用，因此共混膜具有很好的相容性，可以有效结合 PVA 优良的成膜性和 PEC 膜突出的渗透性。随着 PEC 含量提高至 50%，PEC/PVA 共混膜的玻璃化转变温度从 53 ℃升高至 72 ℃。同时，共混膜中 PVA 组分的结晶性降低。这是因为非晶组分 PEC 与 PVA 的链间相互作用使 PVA 链不能规整折叠。因此，共混膜的通量从 630 g · m^{-2} · h^{-1}提高至 1 300 g · m^{-2} · h^{-1}，分离因子从 36 提高至 1 000。

PEC 原料聚电解质的荷电性使其易于在制备过程中与经化学改性的无机粒子络合，制备 PEC-无机粒子杂化材料。这一部分内容将在下文有机-无机杂化材料部分具体阐述。

美中不足的是，由弱酸聚电解质构筑纯 PECM 的其他性能如耐酸性、耐溶胀性及力学性能欠佳。下一步的目标是通过合成新型的聚电解质和采用新的制备法，构筑系列可加工强酸型 PEC 及其均质的 PECM 膜，其用于乙醇脱水时，呈现 PV 性能高、耐酸性强、耐水性好、力学性能高的特点。

一种改进方式是采用含强、弱两种可电离基团的双阴离子聚电解质与聚阳离子进行络合。An 等[120]首先采用自由基聚合方法，合成了丙烯酸钠与苯乙烯磺酸钠双阴离子共聚物[P(AANa-*co*-SSNa)]，并与聚阳离子壳聚糖(CS)络合，制备了于碱中可分散的 P(AANa-*co*-SSNa)/CS PEC 及其均质膜。其中的强阴离子提供了更高的亲水性和强度，而弱阴离子继续发挥“酸保护-去保护”作用，保障 PEC 的可分散性。所得膜比单一弱酸离子络合物膜具有更高的分离性及耐酸性。通过化学改性方式也可将羧甲基纤维素硫酸化，得到含硫酸基团的双阴离子羧甲基纤维素(SCMC),并分别与阳离子 CS 和 PDDA,制备了可分散的 SCMC/CS 和 SCMC/PDDA 两种 PECs 及其均质膜[121]。该类络合物膜用于乙醇脱水时,PV 渗透性高且在低 pH 下的分离性仍然良好,且两者均随硫酸基团的含量增加而升高。所得 SCMC/CS SPEC-0.35 膜分离 10% 水-乙醇的料液(pH=2.0,50 ℃)时,膜的透过液水浓度达 95.8%,远高于单一弱酸离子络合物膜(透过液水浓度 60%)。SCMC/PDDA SPEC-0.34 膜分离 10% 水-乙醇料液(pH=7.0, 70 ℃)时,渗透通量和透过液水浓度分别高达 1 760 g·m^{-2}·h^{-1}和 98.71%。SCMC/CS SPEC-0.35 膜分离 25% 水-乙醇料液(pH=7.0,50 ℃)时,膜的渗透通量和透过液水浓度分别高达 2 500 g·m^{-2}·h^{-1}和 98.2%。双阴离子法制备含强酸型可加工 PEC 过程示意图如图 5-12 所示。

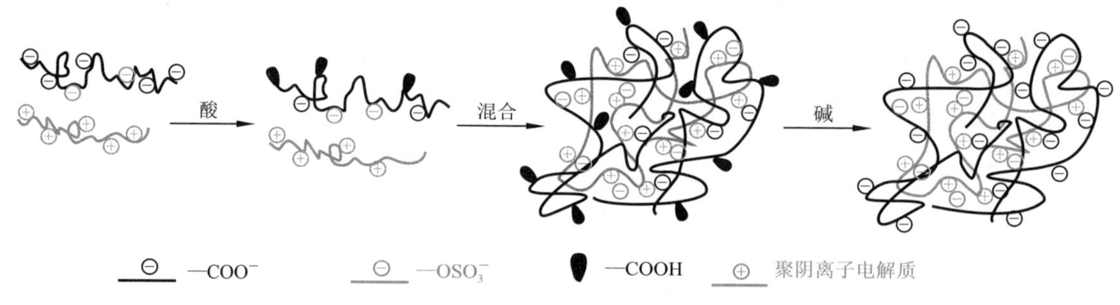

图 5-12 双阴离子法制备含强酸型可加工 PEC 过程示意图[120]

另一种途径是采用去质子化-硫化法(见图 5-13),将部分去质子化的阳离子 CS 与含弱酸基团的阴离子 CMC 络合后,对未参与络合的氨基进行硫化,在络合物中引入硫酸基团,制备了水中可分散的 S-CMC/CS PEC 及其均质膜[122]。所得 S-CMC/CS PECS-0.20 膜分离 10% 水-乙醇料液(pH=2.0,50 ℃)时,膜的透过液水浓度为 96.7%,远高于原始的单一弱酸离子络合物膜(透过液水浓度 60%)。该膜分离 10% 水-乙醇料液(pH=7.0, 70 ℃)时,膜的渗透通量和透过液水浓度分别为 1 385 g·m^{-2}·h^{-1}和 99.43%,当 S-CMC/CS PECS-0.20 膜分离 25% 水-乙醇料液(pH=7.0,50 ℃)时,膜的渗透通量和透过液水浓度分别为 2 985 g·m^{-2}·h^{-1}和 97.5%,均高于原始的单一弱酸离子络合物膜质子化-硫化法制备含强酸型可加工 PEC 过程示意图。

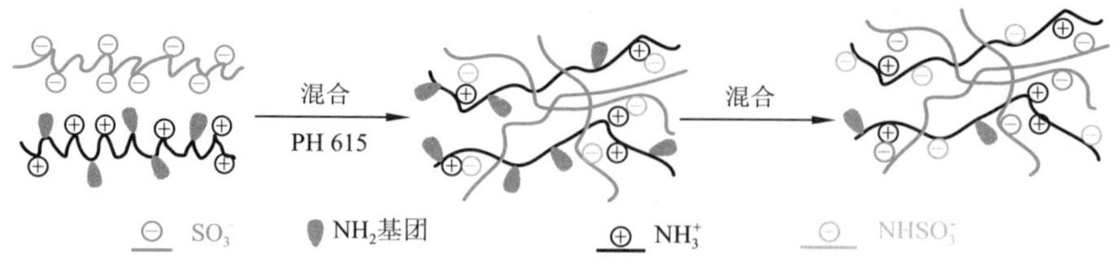

图 5-13 质子化-硫化法制备含强酸型可加工 PEC 过程示意图

从合成新的聚电解质出发,提出用“双阴离子”和“去质子化-硫化”两种方法,成功制备了系列含强酸离子对和游离强/弱酸基团的可加工性的 PEC,为拓展 PEC 本体材料的应用提供了新的途径。

聚电解质络合物(PEC)结合了不同组分聚电解质间的性能优势,具有多功能性,已经在诸多膜分离领域取得了较广泛的应用[82]。PEC 在我国也已有较好的研究水平。未来,关于 PEC 和 PEC 分离膜领域,以下方面将成为值得解决和研究的方向。

(1)PEC 的制备。迄今为止,PEC 的制备或者说相反电荷聚电解质链的快速静电作用仍不能有效控制。这直接导致了对 PEC 的微纳结构还处在粗糙调控的阶段,不能实现精细调控。解决这一问题将对 PEC 分离膜和 PEC 控释等方面带来更多新的机遇。

(2)PEC 加工性的提高以及基于 PEC 的功能杂化材料。通过提高 PEC 加工性,引入各种功能组分,可进一步提升 PEC 膜的性能。

5.3.4　有机-无机杂化膜材料

有机膜材料具有可加工性良好、成本低等优点,但其力学强度不高、耐化学腐蚀和耐候性欠佳。无机膜材料具有力学强度高、耐化学腐蚀、耐高温等特点,但其加工成型工艺复杂、成本昂贵。有机-无机杂化膜材料将有机组分和无机组分的优良特性完美结合,同时还可发展出新的功能。有机-无机杂化膜材料通常指高分子基体作为连续相,而无机材料作为填充相,分散在高分子基体中的膜材料,也被称作混合基质膜(mixed matrix membrane,MMM)以及杂化膜(hybrid membrane)。Li 等[123]认为有机-无机杂化膜具有与单纯高分子膜材料或无机膜材料完全不同的特点,即多重相互作用、多尺度结构、多相聚集态和多功能应用四个特性。

有机-无机杂化膜材料的无机相通常为实心结构的纳米粒子、金属烷氧基化合物水解形成的溶胶-凝胶网络、中空的纳米管、二维的石墨烯以及多孔的沸石分子筛等。由于表面效应,无机纳米材料常易团聚,严重影响其分散性,进而影响杂化膜的分离性能。为解决上述问题,常对无机填料表面进行化学改性修饰,一方面可降低纳米粒子自身聚集现象,另一方面可提高无机相和有机相的相互作用力。

下面介绍几类常见无机纳米填料的杂化膜。

5.3.4.1　二氧化硅系列

作为填充材料,二氧化硅因其易于制备和改性而受到广泛关注。

Sun 等[124]研究了 P(AA-*co*-AN)/SiO_2杂化膜用于水/甲醇混合溶液的分离性能,当二氧化硅粒子含量为 0.1%时,杂化膜的分离因子为 1 458,这是原始聚合物膜的十倍,此时渗透通量为 325 $g\cdot m^{-2}\cdot h^{-1}$(60 ℃分离 2%水/甲醇体系)。Liu 等[125]报道了将磺酸基团修饰的二氧化硅粒子添加入 CS 中制备杂化膜,在 70 ℃分离 10%水/乙醇体系时,杂化膜的渗透通量和分离因子分别为 410 $g\cdot m^{-2}\cdot h^{-1}$和 919,相比于纯 CS 膜分离性能得到明显提高。如前文所述,PEC 膜拥有优异分离性能,但其由 PECA 纳米粒子构成,机械性能不足。Zhao 等[126]利用溶胶-凝胶反应制备聚 2-丙烯酰胺-2-甲基丙磺酸(PAMPS)功能化二氧化硅纳米粒子(SiO_2-PAMPS),通过原位络合的方法包覆于聚甲基丙烯酰氧乙基三甲基氯化铵(PDMC)与 CMC 络合的 PEC 中,制备了 PEC/SiO_2-PAMPS 杂化膜。研究结果表明,SiO_2-PAMPS 在 PEC 基体中分布均一,无聚集现象。当 SiO_2-PAMPS 添加量为 5%时,PEC/SiO_2-PAMPS 膜的力学性能达到最优,其拉伸强度和断裂伸长率分别为 68 MPa 和 7.2%,约为初始值的

1.9 倍和 2.4 倍。在分离 10%水/异丙醇混合物时，与纯 PEC 膜相比，PEC/SiO_2-PAMPS 膜的分离选择性上升。当 SiO_2-PAMPS 含量为 5%时，杂化膜具有最大的 PV 分离指数，且在 24 h 连续操作中表现出良好的稳定性。

将硅源或硅烷偶联剂的溶胶-凝胶反应与成膜过程结合进行制备有机-无机杂化膜成为研究热点。Uragami 等[127]在 PVA 的二甲基亚砜(DMSO)溶液中，加入 HCl 和 TEOS，在 80 ℃下成膜，TEOS 水解产生的硅醇缩聚得到三维网络结构的二氧化硅，同时与 PVA 中的羟基发生反应起到交联的作用。所制备杂化膜被用于 15%水/乙醇体系脱水，随着 TEOS 加入量增加，膜的渗透通量降低而分离因子升高。Kariduraganavar 等[128]利用溶胶-凝胶法，将 TEOS 和 γ-缩水甘油醚氧丙基三甲氧基硅烷(GPTMS)作为二氧化硅前驱体，与 CS 制备了杂化膜。实验结果表明，在分离水/异丙醇混合物时，随着 GPTMS 量增加，杂化膜的渗透通量和分离因子均升高。这是因为作为硅烷偶联剂的 GPTMS，能很好地增强有机相(CS)和无机相(SiO_2)的相容性。此外，该作者以 PVA 和 TEOS 制备了杂化膜，并用于乙酸脱水[129]，当 TEOS 加入量为 PVA 质量两倍时，PV 性能最佳，渗透通量和分离因子为 33.3 $g \cdot m^{-2} \cdot h^{-1}$ 和 1 116。Liu 等[130]以 CS 和 GPTMS 制备了杂化膜，应用于异丙醇脱水。随着 GPTMS 增加，膜的渗透通量下降，而分离因子上升，在 5%时达到最大，此方法制备的膜具有良好的长期稳定性。Liu 等[131]以 PVA 和 3-氨丙基三氧乙基硅烷(APTEOS)制备了杂化膜，并用于分离 10%水/乙醇体系。当 APTEOS 含量小于 5%时，杂化膜的渗透通量和选择性均随着 APTEOS 的含量增加而升高。

除上述研究工作外，已报道用于制备有机-无机杂化膜的硅烷偶联剂还包括乙烯基三乙基硅氧烷(VTEOS)[132]、2-(3,4-环氧环己烷)乙基三甲氧基硅烷(ETMS)[133]、苯胺甲基三甲氧基硅烷(PAMTMS)[134]和巯丙基甲基二甲氧基硅烷(MPDMS)[135]等。多面体低聚倍半硅氧烷以其独特的化学结构和物理性质，可用于有机-无机杂化膜的制备[136]。与硅烷偶联剂类似的钛烷偶联剂同样可添加至高分子基体中制备有机-无机杂化膜[137,138]。

5.3.4.2 碳纳米管系列

碳纳米管(CNTs)是由碳-碳 sp^2 杂化构成的中空管状纳米材料。大量研究表明 CNTs 的中空结构以及 CNTs 与高分子基体的界面可促进渗透分子在膜中的传递。Choi 等[139]将 CNTs 添加入 PVA 基体中，通过溶液涂刮法制备 PVA/CNTs 杂化膜，随着 CNTs 含量增加，杂化膜的渗透通量不断上升，而分离因子在 1%添加量前保持不变后逐渐下降。产生此现象的原因是 CNTs 的加入降低了 PVA 的结晶度，也使基体结构更为疏松。

CNTs 本身分散性较差，在掺杂前往往需要进行各种改性，如酸化、聚合物包覆等，不同处理方式带来的效果可能有很大差异。Qiu 等[140]将羧基化 CNTs 掺入 CS 中制备杂化膜用于 10%水/乙醇体系分离，随着 CNTs 含量增加，杂化膜的渗透通量表现上升趋势，而分离因子略有下降。Mohammadi 等[141]将羧化 CNTs 添加入 PVA 基体中制备杂化膜，研究结果表明虽然 CNTs 的加入导致杂化膜的渗透通量略有下降，但分离因子大幅升高，如含量为 2% CNTs 杂化膜的分离因子为 1 794，而原始 PVA 膜仅为 119。利用渗透汽化分离指数(PSI)评价膜 PV 性能时，原始 PVA 膜的 PSI 为 2.0×10^5。而杂化膜的 PSI 增加至 14.1×10^5。此外，该作者研究了 PAH 修饰的 CNTs 对 PV 性能影响，实验结果表明 PAH 修饰的 CNTs 在保持渗透通量基本不变前提下大幅度地提高了杂化膜的分离因子[142]。Yeang 等[143]研究了不同类型的 CNTs 对 PV 性能的影响，在原始 CNTs、羧基化 CNTs 和 PVA 修饰 CNTs 三者之间，PVA 修饰 CNTs 的杂化膜具有最佳的 PV 脱水性能。

Zhao 等[144]进一步提出原位离子络合的方法，将多壁碳纳米管（MWCNT）引入 PEC 基体，以期改善其力学性能。力学性能测试表明 PEC 膜的力学强度在含 7%碳纳米管时可提高近 3 倍，拉伸强度达到 65 MPa。这是因为无机粒子表面发生原位离子络合包裹了一层 PEC，与 PEC 基体有良好的相容性和相互作用，因此能有效发生应力转移。PEC/MWCNT 纳米杂化膜用于渗透汽化异丙醇脱水时，依然表现出高而稳定的选择性，说明 MWCNT 与 PEC 基体间确实存在强而稳定的相互作用。碳纳米管/聚电解质络合物杂化膜循环稳定性和长时间操作稳定性如图 5-14 所示。

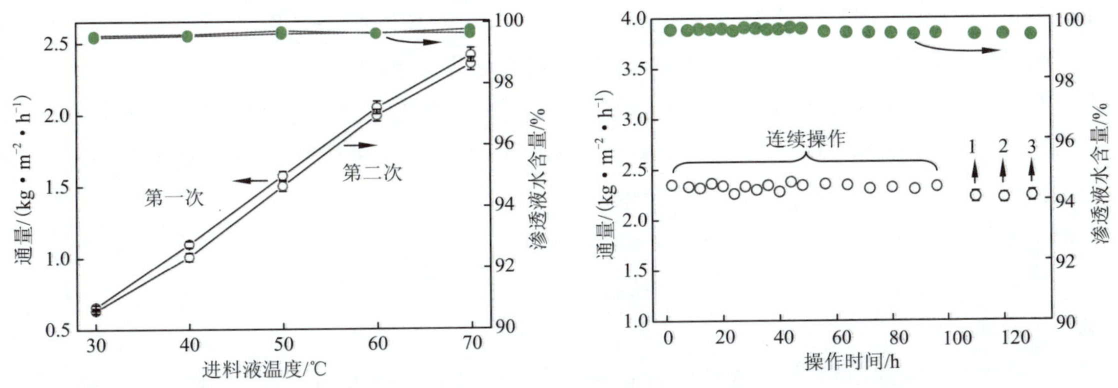

图 5-14　碳纳米管/聚电解质络合物杂化膜循环稳定性和长时间操作稳定性[144]

Liu 等又通过原位络合的方法将聚苯乙烯磺酸钠功能化碳纳米管（CNT-PSS）包覆于 PDMC-CMC PEC 中，制备了 PEC/CNT-PSS 杂化膜。当 CNT-PSS 添加量为 1%时，杂化膜在 30% RH 条件下的拉伸强度为 82 MPa[145]。在包覆 CNT-PSS 基础上，利用铜离子与羧酸根基团形成螯合结构，在 60% RH 和 90% RH 条件下，PEC/CNT-PSS/Cu 膜的拉伸强度可达 64 MPa 和 55 MPa，为 PEC/CNT-PSS 杂化膜在相同条件下拉伸强度的 1.7 倍和 2.0 倍。在分离 30%水/异丙醇混合物时，PEC/CNT-PSS/Cu 膜具有高分离选择性。

5.3.4.3　石墨烯系列

石墨烯因其独特二维片层结构以及优异的物理化学性质，迅速成为科研界和工业界的研究热点。基于石墨烯或氧化石墨烯（GO）的有机-无机杂化分离膜材料近年来开始涌现，促进了膜材料的发展。其中，氧化石墨烯因其良好的分散性和可化学修饰性，在分离膜领域成为关注的焦点。

Zhang 和 Ji 等[146]在水解 PAN 膜上层层自组装了 PEI 修饰的 GO 和 PAA，然后在其上涂覆一层交联 PVA 制备杂化膜。在 50 ℃分离 5%水/乙醇混合溶液时，杂化膜渗透通量和分离因子分别为 268 g · m^{-2} · h^{-1} 和 394。Raghu 等[147]将 GO 包覆于 NaAlg 基体中制备 NaAlg/GO 杂化膜，随着 GO 含量增加（不超过 2%），杂化膜的渗透性和选择性均呈现上升趋势，最优的渗透系数和分离因子分别为 3 122 GPU 和 4 623（30 ℃分离 10%水/异丙醇）。GO 的加入使 NaAlg 的结晶度降低，促进了分子链运动，同时膜的亲水性增加也是产生上述现象的原因。

5.3.4.4 分子筛系列

多孔结构的沸石分子筛可直接用作膜材料制备无机膜，拥有优异分离性能，但成本过于昂贵，故而许多研究者将其作为无机纳米粒子添加入聚合物基体中制备有机-无机杂化膜。

Huang 等[148]将 4A 沸石分子筛加入 PVA 制备了杂化膜，并用于水/乙醇溶液的分离。随着 4A 沸石分子筛的加入，杂化膜的渗透通量和选择性均大幅度提升，其主要原因是沸石分子筛良好的亲水性和孔径分布能够促进水分子的传递，同时又限制乙醇分子的透过。Amnuaypanich 等[149]采用硅烷偶联剂作为中间体，将聚甲基丙烯酸羟乙酯（PHEMA）接枝在 4A 沸石分子筛表面，然后将表面修饰的沸石分子筛加入 PVA 基体制备了杂化膜。研究结果表明亲水化改性的沸石分子筛提高了杂化膜的渗透通量和分离因子。

综上所述，无机材料的掺入对膜的分离性和力学性能均会产生影响，原因在于添加剂改变了聚合物基体的结构，创造了新的界面，甚至其本身也能提供传输通道。如何保证无机材料在聚合物中均一稳定地分散是研究的重点和关键。

5.4 水中脱除有机物膜材料

广义上水中脱除有机物包括水中微量挥发性有机物（VOCs，主要有石油组分如苯、甲苯以及氯代烷烃等）脱除和醇类等水溶液的浓缩。随着人们对可再生能源日益增长的需求，生物质乙醇、丁醇等可再生燃料越来越受重视。在发酵法生产生物醇燃料过程中，需要及时将产物从发酵液分离出来，以保证发酵过程持续进行，因此，研制高性能的分离膜将推动膜法制备生物燃料的发展。本节将重点对优先透醇膜材料进行概述。

与 PV 脱水相比，从醇类的稀水溶液中令醇优先透过要困难得多，目前的透醇膜还远不能达到像透水膜那样的高选择性，其中一个重要原因是，水分子尺寸比醇分子小得多，因而在扩散时占据了明显优势。同时，相比于透水膜材料的多样，透醇膜材料显得较为单一。因此，开发出具有高选择性的透醇膜材料显得尤为迫切和重要。

由溶解-扩散模型可知，渗透汽化分离过程中包括溶解和扩散两个关键步骤，由于有机物的极性和溶度参数都比水小，因此溶度参数小、弱极性或非极性的材料更有利于有机物的优先吸附；同时，从动力学上讲有机物分子尺寸比水大，为削弱水分子的扩散优势，还需要膜具有较大的自由体积。

5.4.1　含硅聚合物

目前,优先透醇膜材料主要是含硅聚合物,尤其是橡胶态聚二甲基硅氧烷(PDMS)和聚三甲基硅丙炔(PTMSP)。聚二甲基硅氧烷和聚三甲基硅丙炔分子结构如图 5-15 所示。

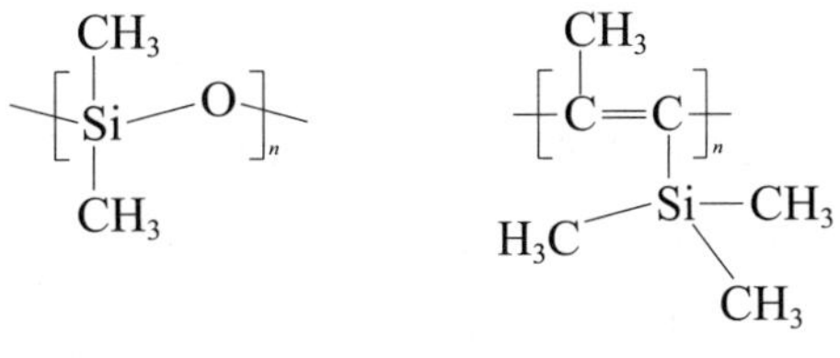

PDMS　　PTMSP

图 5-15　聚二甲基硅氧烷(PDMS)和聚三甲基硅丙炔(PTMSP)分子结构

5.4.1.1　聚二甲基硅氧烷

聚二甲基硅氧烷是目前研究最多,也是最成功的优先透醇高分子材料。PDMS 为橡胶态疏水材料,Si—O 键的柔性和旋转能力可提供大的自由体积,使分子在聚合物中有较大的扩散速率。但 PDMS 本身成膜性较差,机械强度不足,在高浓度的醇溶液中容易过度溶胀,选择性降低。在已有报道中 PDMS 膜对于乙醇/水体系的分离因子在 4.4～10.8 之间,对丁醇水的分离因子在 40～60 之间[150],造成分离性能差异的主要原因有:原料本身差异、制膜方式、交联密度、选择层厚度、多孔底膜以及测试条件等。

为进一步提高 PDMS 膜的稳定性及分离性,研究者进行了大量改性工作,包括化学改性、交联、接枝、嵌段共聚、添加无机粒子等。Kazuhiko 等[151]将带有乙酰硅烷基团的二甲基硅氧低聚物进行交联得到的 PDMS 膜,其分离因子为 10.8,通量为 25 $g \cdot m^{-2} \cdot h^{-1}$($T$=30 ℃,$w_{乙醇}$=8%)。Uragami 等[152]用氟接枝共聚物 PFA-g-PDMS 作为添加剂对 PTMSP 膜进行表面改性,提高了乙醇的优先透过性。当 PFA-g-PDMS 在 PTMSP 基体中的含量为 5.0% 时,α 高达 18,通量为 600 $g \cdot m^{-2} \cdot h^{-1}$($T$=40 ℃,$w_{乙醇}$=10%)。纪树兰等[153]制备嵌段共聚物 PDMS-b-PPO,将其膜分离乙醇水溶液。PDMS-b-PPO 膜分离乙醇/水的 α 为 11,通量为 160 $g \cdot m^{-2} \cdot h^{-1}$($T$=60 ℃,$w_{乙醇}$=5%)。Wan 等[154]制备有机-无机复合膜,提高了 PDMS 的透醇性。Liu 等[155]制备了 PDMS/沸石复合膜用于分离丁醇/水混合物,α 为 26.1,通量为 457.4 $g \cdot m^{-2} \cdot h^{-1}$($T$=40 ℃,$w_{正丁醇}$=1%)。Change 等[156]合成了 PDMS-聚膦酯共聚物,分次将共聚物涂覆于硅烷改性后的 PVDF 底膜上制备具有多层结构的 PDMS/PVDF 复合膜,改性后的底膜可增加 PDMS 和底膜的相容性,同时,随着 PDMS 层数的增加,分离因子增加,渗透通量降低,当 PDMS 为 4 层时,分离 10%乙醇/水,分离因子为 31,渗透通量为 900 $g \cdot m^{-2} \cdot h^{-1}$,这一性能在透醇膜领域处于相当高的水平。

膜表面性质在 PV 过程中起重要作用,对膜进行表面改性有时能起到事半功倍的效果。Zhang 等[157]采用紫外臭氧氧化的方式对 PDMS 膜表面功能化,随后接上单层十三氟三乙氧基硅烷,实验发现,表面氟化处理后的膜疏水性增加,表现为对乙醇和正丁醇的分离选择性能增加。60 ℃条件下,分离 5%的乙醇/水,通量为 412.9 $g \cdot m^{-2} \cdot h^{-1}$,分离因子为 13.1;分离 5%的正丁醇/水,通量为 1 292.8 $g \cdot m^{-2} \cdot h^{-1}$,分离因子为 27.3。含氟链修饰 PDMS 表面过程示意图如图 5-16 所示。

PDMS 由于结构刚性小,机械性能较差,成膜时需要较大的厚度才可用于渗透汽化分离膜。而膜厚的增加,会增大跨膜传质阻力,因此研究者多采用 PDMS 与多孔底膜复合的方式,降低膜厚同时提高膜的机械强度。Jadav 等[158]制备了膜厚为 150 μm 的 PDMS 本体膜,以及厚度为 0.2～35 μm 的 PDMS /PSF 复合膜。分离甲醇/水体系，PDMS 膜对甲醇和水均具有较高的渗透性，且膜越薄，分离因子越低。这是由于膜越薄，膜内分子聚集体含量越高，使得膜内存在不贯通的缺陷结构。Li 等[159]对底膜进行预润湿处理，以减少渗孔，制备了 PDMS/CA 复合膜，分离 5%乙醇/水体系，通量为 1 300 g・m^{-2}・h^{-1}，分离因子为 8.5。Xiao 等[160]研究了不同底膜的界面层对 PDMS 复合膜性能的影响，实验结果表明，PDMS/PA 的膜比 PDMS/PSF 的膜厚 5 倍，但乙醇通量却比 PDMS/PSF 膜高 1.5 倍，分离因子高 2.5 倍。这是由于 PDMS/PSF 膜中 PDMS 渗孔层约为 2 μm，导致传质阻力远高于 PDMS/PA 膜，因此分离性能下降。

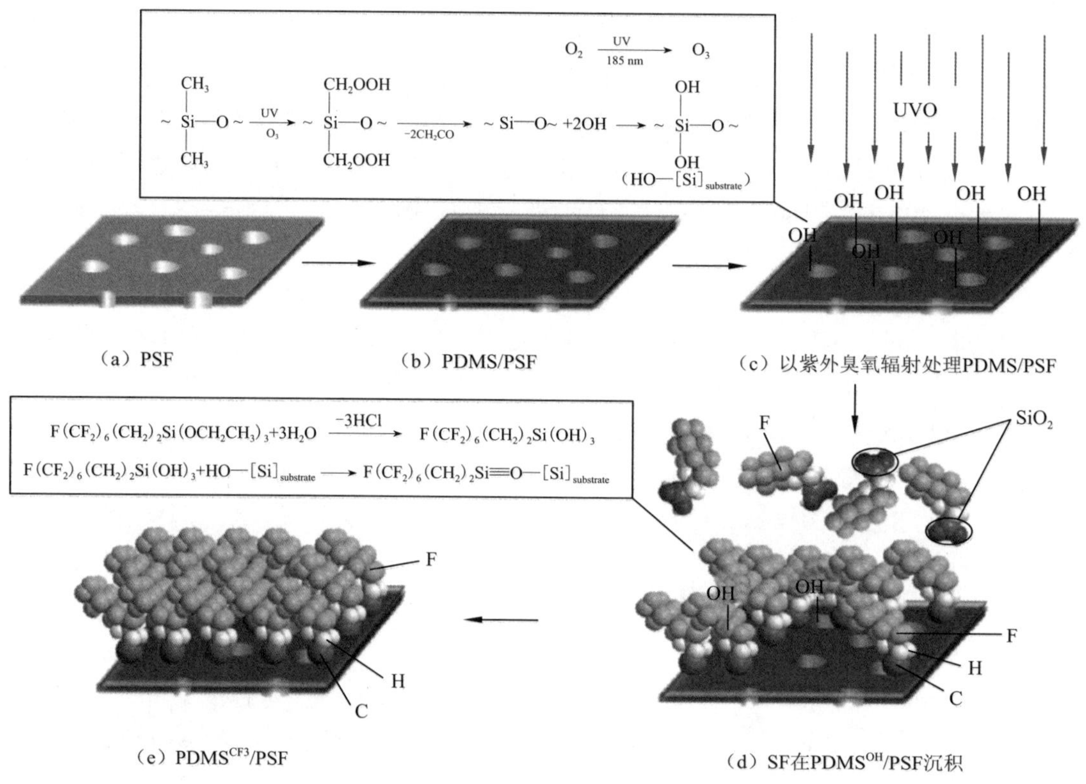

图 5-16 含氟链修饰 PDMS 表面过程示意图[157]

采用不同制膜方法所得到的膜结构不同，使得渗透汽化性能产生较大差异。Qin 等[161]以水为溶剂，采用乳液聚合的方式制备了 PDMS/PVDF 复合膜，与传统的有机溶剂制备方法相比，该方法具有绿色环保、低污染、高效率的特点。所得膜在 55 ℃下分离 1.5%的正丁醇/水溶液，相比于传统 PDMS 膜，分离因子提高 30%～53%，通量仅降低 7%～10%。Zhang[162]等采用多层喷涂的方式依次将 PDMS 正己烷溶液和四乙氧基硅烷/二月硅酸二丁基锡正己烷溶液交替喷涂在聚砜超滤底膜上，得到致密无孔的复合膜，60 ℃下，分离 5%乙醇/水体系，通量为 3 275 g・m^{-2}・h^{-1}，分离因子为 7.5；通过改变喷涂时间和周期等参数，可调节选择层的厚度，且该技术操作简单，具有工业化潜力。Fan 等[163]将 ZIF-8 型沸石分子筛添加入 PDMS 中通过喷涂的方式制备了新型杂化膜，并用于 1.0%正丁醇/水的分离，杂化膜的最佳分离性能为渗透通量和分离因子分为 6 400 $g \cdot m^{-2} \cdot h^{-1}$ 和 40.1。图 5-17 所示为 PDMS/ZIF-8 杂化膜的制备流程示意图。获得如此高的分离性能的原因是由于渗透组分在 PDMS 本体、界面和分子筛内部孔道三种路径中扩散能力不同，当将孔道封闭的分子筛添加入 PDMS 中，发现杂化膜的渗透通量上升，而分离因子下降，表明了 PDMS 与分子筛的界面是水分子渗透的路径，而多孔的分子筛主要是正丁醇渗透的路径。渗透分子在膜中传递模型示意图如图 5-18 所示。

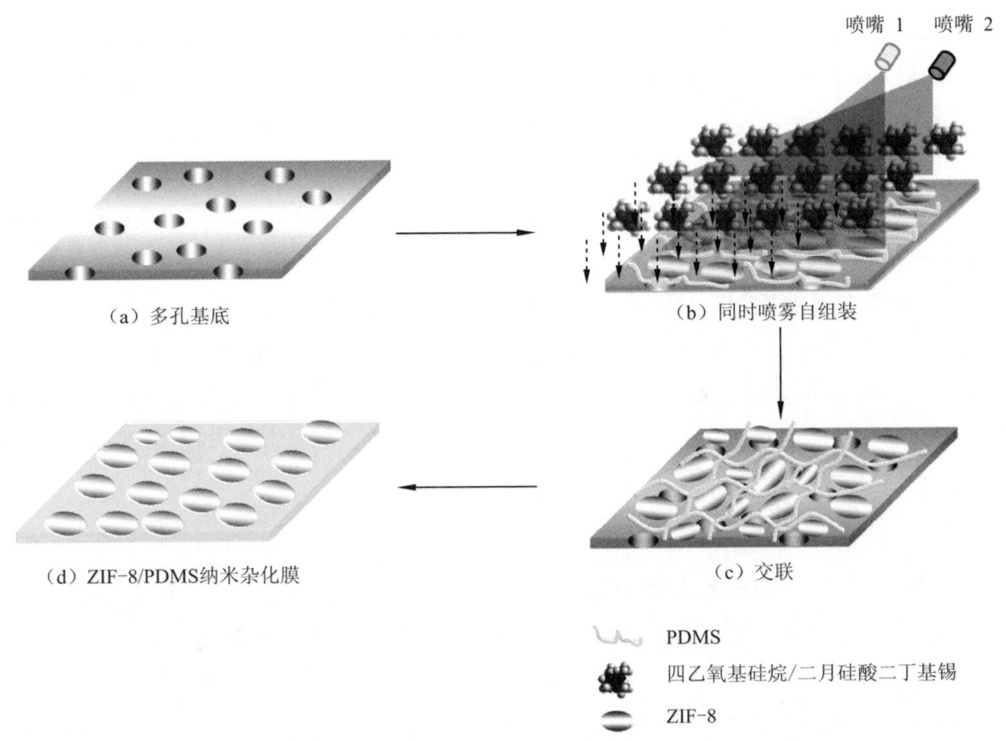

图 5-17　PDMS/ZIF-8 杂化膜的制备流程示意图[163]

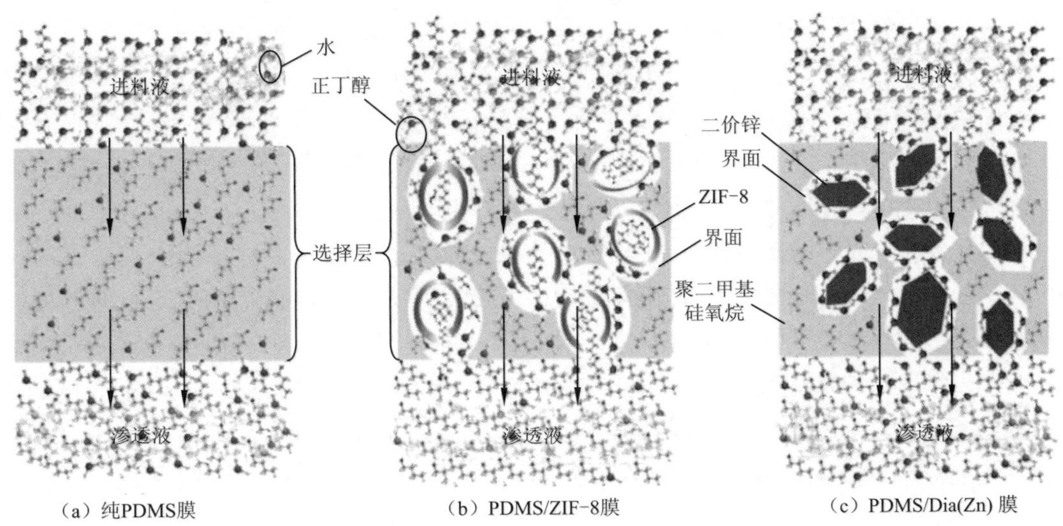

图 5-18　渗透分子在膜中传递模型示意图[163]

这些研究表明,通过对 PDMS 进行交联、接枝共聚、嵌段共聚和有机/无机复合等改性方法,不同程度地提高 PDMS 疏水性,抑制基体的过度溶胀,提高原始 PDMS 对醇类有机物的优先吸附选择性,改善原有膜的分离性能。然而,PDMS 材料结构单一,可调节性差,仍有很大的改进空间。

5.4.1.2 聚三甲硅丙炔(PTMSP)

聚三甲硅丙炔(PTMSP)主链为交替的碳碳双键,并具有庞大的侧基,因此具有比一般玻璃态固体高聚物大得多的自由体积,加上其固有的疏水性,表现出高乙醇选择性。对乙醇分离因子一般在 9～26 之间。早期对 PTMSP 的研究主要集中于如何解决其性能随时间衰减问题。近来,Claes 等[164]制备了高通量的二氧化硅填充 PTMSP 杂化膜,并研究了不同超滤底膜对渗透汽化性能的影响,实验发现,与致密的 PTMSP 膜相比,通量和分离性能均提高,50 ℃分离 10%乙醇/水体系,通量分别为 3.5 kg·m^{-2}·h^{-1}和 2.7 kg·m^{-2}·h^{-1},分离因子均为 12,这与致密的本体 PTMSP 膜相比,通量提高了 7～9 倍,这是由于复合膜的膜厚要较本体膜小,同时二氧化硅的引入使得膜表面的缺陷增加,使得膜通量增加。Volkov 等[165]采用橡胶态填料 PDMSM 改性 PTMSP,实验发现,与其他杂化膜相比,只需加入少量的 PDMSM(1%～3%)即可同时提高膜对丁醇/水体系的渗透汽化分离性和选择性,当 PDMSM 含量为 1.2%时,通量可提高 75%,分离因子可提高 67%。与原始 PTMSP 相比,改性后的 PTMSP/PDMSM 膜的分离性(Selectivity)从 5.3 提高到 8.9。

5.4.1.3 其他含硅聚合物

虽然含硅类材料具有低表面能以及与乙醇的良好亲和性,但其成膜性差。在此基础上了,研究者进一步探索了新型含硅类材料,以期提高成膜性以及渗透分离性。Li 等[166]制备了聚苯基甲基硅氧烷(PPMS)/CA 复合膜,与 PDMS/CA 复合膜相比,其通量明显增大。Lee 等[167]制备了 PPhS/PDMS/PVDF 多层复合膜用于丙酮-丁醇-乙醇(ABE)体系分离,膜厚为 10 μm,30 ℃条件下,对于含 1%正丁醇的 ABE 体系,通量为 261.4 g·m^{-2}·h^{-1},分离因子为 46.82,与同等条件下的 PDMS/PVDF 复合膜相比,多层复合膜通量增加 67%,分离因子增加 36%。Zhang 等[168]制备含双键的新型 PVTES 膜,通量大于 10 000 g·m^{-2}·h^{-1},是同等条件下 PDMS 的十倍。

5.4.2 含氟类聚合物

实现高选择性的关键在于膜能够让醇分子透过而阻止水分子透过,因此,膜对水的排斥作用是影响透醇膜分离性能的重要因素之一。含氟类物质由于表面能非常低而拥有极好的疏水性,有望用于提高膜对乙醇的选择透过性。Chung 等[169]通过调节 PVDF 膜的制备条件,可制备出比商用的 PDMS 膜分离性能更高的透醇膜,在 60～100 ℃下,进料液浓度为 15%丙酮/乙醇时,其 α 为 4,通量为 1 000～4 000 g·m^{-2}·h^{-1}。Aroujalian 等[170]采用多孔 PTFE 膜分离含 2%乙醇/水体系,200 mmHg 的操作压力下,该多孔膜对乙醇具有选择透过性。30 ℃时,通量为 36 g·m^{-2}·h^{-1},分离因子为 1.66;当温度升到 60 ℃时,通量为 465 g·m^{-2}·h^{-1},分离因子为 2.25。Chen 等[171]制备了非对称的聚(偏氟乙烯-六氟丙烯)共聚物[P(VDF-HFP)]致密膜,40 ℃分离 5%乙醇/水溶液,通量为 2 400 g·m^{-2}·h^{-1},透过液乙醇浓度为 24.0%。图 5-19 所示为 P(VDF-HFP)膜在乙醇脱除中的应用。

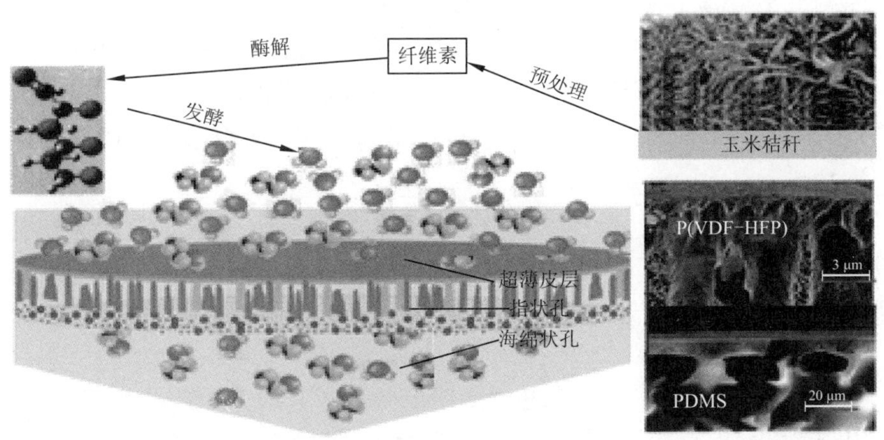

图 5-19　P(VDF-HFP)膜在乙醇脱除中的应用[171]

5.4.3　其他类

相对于前面几类材料,其他用作透醇膜的聚合物材料显得较为零散不成体系。Huang 等[172]采用多巴胺负载 Ag 制备的 F-Ag-PD/Al_2O_3超疏水复合膜,表面水接触角达到 172.0°,膜厚为 0.2 μm,50 ℃下分离 5%异丁醇/水溶液,分离因子为 151,通量为 5 000 g·m^{-2}·h^{-1}。Bruggen 等[173]将商业疏水性纳滤膜 SolSep 3360 用于渗透汽化乙醇/水分离。与致密的渗透汽化膜相比,疏水性的纳滤在料液中由于溶剂的溶胀作用,使得膜的致密程度增加,同时膜内存在较大的自由体积,分离乙醇/水体系具有高通量和较好的选择性,该类膜在酒精饮料行业具有重要意义。Chung 等[174]制备了新型 pebax/POSS 有机无机杂化膜,当 POSS 含量为 2%时性能最佳,室温下分离 5%乙醇/水,通量为 183.5 g·m^{-2}·h^{-1},分离因子为 4.6,随温度升高,通量和分离因子均升高,而渗透系数降低。Feng 等[175]用新型聚醚与聚酰胺的嵌段共聚物(PEBA)分离丙酮-水、丁醇-水和乙醇-水体系,发现该亲油性膜分离丁醇选择性最好,丙酮次之,乙醇最差。Balsara 等[176]合成了 SBS 三嵌段共聚物,其中聚丁二烯(PB)部分提供对乙醇的亲和性,所制备 SBS/PTFE 复合膜用于分离 8%乙醇/水混合溶液。实验发现,随着 PB 含量的增加,膜对乙醇的渗透系数和选择性(SEW)均增加。

以上所有透醇膜材料的选择都有一个共同点——疏水性。但也有研究者反其道而行之,以亲水性材料来进行 PV 透醇,并且取得了一定效果。Wang 等[177]用亲水性聚电解质壳聚糖与聚氧乙烯进行共混,获得了优先透醇膜,分离因子为 4.4,通量为 900 g·m^{-2}·h^{-1}(T=20 ℃,$w_{乙醇}$=8%)。研究者认为由于聚氧乙烯的加入,使得壳聚糖链结构变得疏松,同时增强了水分子间以氢键结合成水分子簇的能力,抑制水分子扩散。两方面共同作用使乙醇优先透过膜。然而,这类聚电解质类亲水性材料交联度低,疏水性差,对乙醇的选择透过性不高。

5.5 有机物-有机物分离膜材料

有机物混合物的分离主要应用于化工行业中，如极性/非极性化合物体系、芳香烃/脂肪烃体系、芳香烃/芳环烃体系、同分异构体系和汽油脱硫体系。极性/非极性混合物体系的研究集中于甲醇/MTBE和乙醇/ETBE。芳香烃/脂肪烃和芳香烃/芳环烃体系的研究主要集中于甲苯/辛烷和苯/环己烷的分离。同分异构体的分离主要研究二甲苯的同分异构体，包括对二甲苯(PX)、间二甲苯(MX)和邻二甲苯(OX)。

有机-有机分离体系的研究相对于有机物脱水和水中脱除有机物而言较为稀少，且由于其分离体系细分起来种类繁多，故显得较为零散。下面以膜材料分类，对其进行简要概述。

5.5.1 含硅聚合物

Jin等[178]将PDMS涂覆在PVDF超滤底膜上制备了PV复合膜，考察了制备条件对分离40%碳酸二甲酯/甲醇混合的影响，碳酸二甲酯优先透过，膜的渗透通量和分离因子分别为487 g·m^{-2}·h^{-1}和3.95。Li等[179]研究了疏水的二氧化硅粒子的添加对PDMS膜分离二甲基碳酸酯/甲醇的影响，实验结果和Flory-Huggins膜模型均表明疏水性二氧化硅粒子略微降低吸附选择性，但是极大地提高了扩散的选择性。Choudhary等[180]考察了两种不同商业化蒙脱土对PDMS膜分离甲苯/甲醇混合物，随着黏土添加量的增加，杂化膜的渗透通量下降，选择性上升。这是因为层状蒙脱土在表面活性剂和超声条件下逐渐剥离，在PDMS基体中分散良好，阻碍甲醇分子的渗透。同时Nanomer 1.30P型蒙脱土比Cloisite 30B型蒙脱土具有更优的分离性能，这是因为前者的非极性特点，与PDMS相容性更佳。Li等[181]制备了一种聚二甲基硅氧烷/聚醚酰亚胺复合膜分离苯/环己烷混合物。首先通过相转化法在平板基底上制备多微孔的聚醚酰亚胺膜，然后在聚醚酰亚胺膜上交联PDMS层，制备出不同功能组分的复合膜。通过交联不仅可以提高膜的分离性能，而且可以提高膜的稳定性。结果表明，该膜在运行180 h时间内，分离因子可达13.2，通量为218 g·m^{-2}·h^{-1}，具有较好的分离性能和稳定性。

汽车尾气是造成日趋严重的大气污染和雾霾天气的原因之一。为了生产高清洁汽油，降低汽油中的硫含量是一项紧迫的任务。汽油中有机硫的主要成分是噻吩。Li等[182-184]研究了PDMS膜在不同制备方法、不同底膜(PEI)以及添加促进传递载体条件下对汽油脱硫的影响，渗透通量最高可达1 650 g·m^{-2}·h^{-1}，分离因子为3.9。Jiang等[185]考察了PDMS/沸石分子筛杂化膜在汽油脱硫中的应用，随着沸石分子筛含量的增加，杂化膜的渗透通量和分离因子同时增加，当含量为5%时，膜的渗透通量和分离因子分别为3 260 g·m^{-2}·h^{-1}和4.84。Liu等[186]将PDMS/多面体低聚硅倍半氧烷(POSS)杂化膜用烷烃脱硫的分离，发现相比于环己烷和正戊烷，噻吩在正庚烷中更容易脱除。

5.5.2 聚酰胺和聚酰亚胺

Banerjee等[187]合成了四种结构不同的半氟化芳香聚醚酰胺共聚物膜(PEAs:PEA Ⅰ、

PEA Ⅱ、PEA Ⅲ和 PEA IV)，用于分离 50％苯/环己烷混合物，考察了不同进料温度下共聚物的结构对苯优先选择性的影响。PEA Ⅳ主链上含有咔唑酚酞苯胺，对苯的具有最高的渗透选择性，分离因子为 5.9；PEA Ⅲ主链上含有咔唑氟，对苯/环己烷混合物具有最高的渗透性，归一化通量为 31.42 kg · μm · m^{-2} · h^{-1}。此外，利用对苯二甲酸与四种结构不同的半氟化芳香二胺的磷酸化-聚酰胺化作用，合成了四种可溶的芳香族聚醚酰胺嵌段共聚物，具有较好的热稳定性和机械强度以及较高的玻璃化温度。

Freeman 等[188]采用二胺和二酸酐的缩合聚合方式合成了聚酰亚胺均聚和聚酰亚胺-苯并恶唑共聚物，通过热处理制备了 PV 膜用于甲苯/正庚烷或者苯/正庚烷分离。渗透汽化结果表明，在共聚物中引入硅氧烷可以大幅度提高膜的渗透通量，但同时也会使分离因子降低；而醚的引入则不会对膜的分离性能造成较大的影响。实验结果表明这些聚合物均可优先选择吸附芳烃化合物，并且由于合成前后二胺类物质化学结构的改变使得渗透通量提高了大约 4 个数量级。Hilmioglu 等[189]研究了不同软硬比例的聚醚酰亚胺共聚物分离苯/环己烷混合物，实验结果表明随着硬段比例增加，膜的溶胀度和渗透通量下降，而选择性上升。此外，Ji 等[190]尝试采用聚醚酰胺嵌段共聚物(PEBA)作为成膜材料制备了有机/无机管式复合膜，通过简单的热交联反应即可在管式陶瓷基底上形成 PEBA 分离层。通过反向气相色谱法测定了 PEBA 对甲苯和正庚烷的无限稀释活度系数和扩散系数，结果表明甲苯在 PEBA 中的溶解性和扩散性均高于正庚烷，证明 PEBA 在芳烃/烷烃分离领域具有潜在应用。当进料液温度为 40 ℃时，PEBA/陶瓷管式复合膜对于进料液为 50％甲苯/正庚烷体系的分离因子为 4.3，通量为 65 g · m^{-2} · h^{-1}。采用这种方法制备芳烃/烷烃分离膜，制备过程简便，成膜材料廉价易得，具有一定的可推广性。PEBA/陶瓷管式复合膜制备过程示意图如图 5-20 所示。

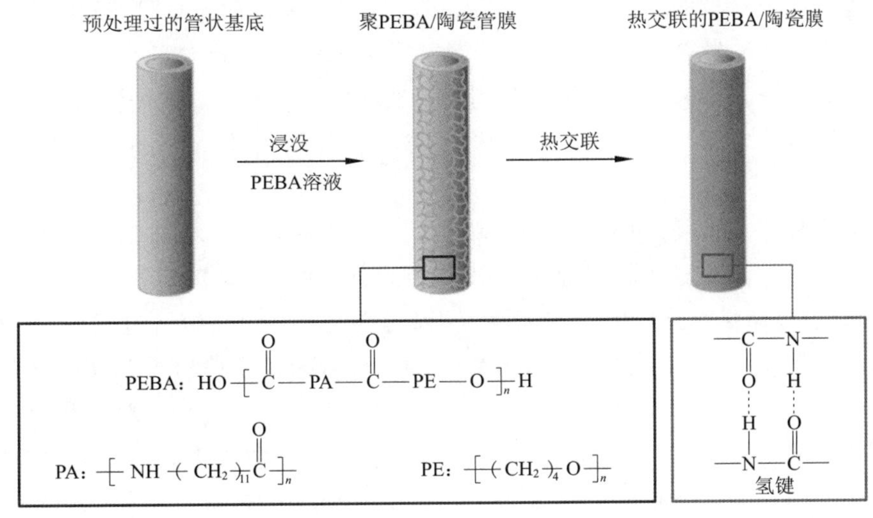

图 5-20　PEBA/陶瓷管式复合膜制备过程示意图[190]

Chung 等[191]将商品化的聚苯并咪唑(PBI)和聚酰亚胺(Matrimid)共混，采用干喷湿纺和无溶剂诱导相转化法制备非对称的聚合物膜，用于甲苯/异辛烷体系的分离。PBI 和 Matrimid 间的氢键作用有利于提高二者间的相容性，增加共混物中 PBI 的含量可以提高甲苯的选择透过性，但是渗透通量相应下降。这主要是由于 PBI 具有较强的极性和刚性结构以及较好的抗溶胀性等。对于分离 50%的甲苯/异辛烷体系，最佳分离因子约为 200，渗透通量为 1 350 g · m^{-2} · h^{-1}。

5.5.3 聚氨酯

聚氨酯(PU)全称聚氨基甲酸酯，是主链上含有重复氨基甲酸酯基团的大分子化合物的统称。它是由有机二异氰酸酯或多异氰酸酯与二羟基或多羟基化合物加聚而成。

聚氨酯分子链上有硬段和软段，两段的结构和组成对聚合物性质有重要影响，进而影响膜的分离性。Grabczyk 等[192]以 PU 为膜材料制备了渗透汽化膜分离苯/环己烷混合物。其中，软段材料为聚氧四亚甲基(PTMO)，硬段材料为 2,4-甲苯二异氰酸酯(TDI)，并分别采用两种低分子量的二醇，如 4,4′-双(2-羟基乙氧基)联苯和氢醌双(2-羟乙基)醚扩展 TDI 的分子链。结果表明，扩展后的 PU 膜对苯的选择渗透性有所提高，这主要是由于嵌段共聚物中的微相分离结构造成的。聚合物中的硬段部分可以限制膜的过度溶胀，而软段部分则可以提高膜的渗透性，通过控制嵌段共聚物中软硬段的比例可以调控膜的分离性能。叶宏等[193]通过溶液聚合的方法制备了七种不同硬段结构和含量的聚氨酯膜用于苯/环己烷分离，结果表明 PEA 型聚氨酯膜可以有效分离苯/环己烷混合物中的苯，其中以二氨基二苯甲烷(MDA)扩链的聚氨酯膜综合渗透汽化分离性能最佳，硬段含量为 21.5%的膜归一化通量为 26.35 kg · μm · m^{-2} · h^{-1}，分离因子为 6.29；而硬段含量为 28.4%的膜归一化通量为 9.52 kg · μm · m^{-2} · h^{-1}，分离因子为 13.21。

根据实际分离体系的差别，可对 PU 表面进行一定改性，以改善膜的吸附选择性。Weibel 等[194]利用等离子接枝的方法，将聚丙烯酸接枝在聚氨酯表面用于甲醇/甲基叔丁基醚的分离。相比于未处理的聚氨酯和臭氧处理的聚氨酯膜，等离子处理过的聚氨酯表面形成一层约 200 nm 的聚丙烯酸，而且渗透通量和分离选择性均优于前两者。这是因为甲醇的极性大，而接枝的聚丙烯酸的极性与甲醇相接近，根据溶解-扩散模型，甲醇更易被聚丙烯酸层优先吸附。

还有很多研究者以掺杂的方式来对聚氨酯进行改性，常见添加剂有环糊精等。Lue 等[195]研究了羟基-β-环糊精对聚氨酯膜在苯/环己烷分离中的影响，随着羟基-β-环糊精的加入，聚氨酯膜的渗透通量和分离因子均大幅度提高，这是因为膜在溶解过程中，优先吸附苯，排除环己烷。叶宏等[196]还选用醋酸钴和环糊精作为聚氨酯(PEA-TDI-MDA)的有机和无机填充改性剂，制备了一系列改性聚氨酯应用于 50%苯/环己烷的分离。随着醋酸钴含量的增加，聚氨酯膜渗透性变化不大，而分离因子从 7.0 提高到 11.1；随着环糊精含量的增加，膜的选择性不受影响，而归一化渗透通量从 12.8 kg · μm · m^{-2} · h^{-1} 提高到 22.9 kg · μm · m^{-2} · h^{-1}。在汽油脱硫中，2-甲基噻吩是属于较难脱除的组分，Amaral 等[197]将活性炭添加入聚氨酯中制备杂化膜用于 2-甲基噻吩的脱除，杂化膜的归一化渗透通量和富集因子分别为1.52 kg · μm · m^{-2} · h^{-1} 和 20。Kong 等[198]研究了聚氨酯/PEG 共混膜在汽油脱硫中的应用，PEG 的加入有利于聚氨酯分离性能提升，显示了协同增强的作用。通过气相色谱分析发现，共混膜对汽油中各种含硫成分的脱除效果极佳，渗透通量和富集因子分别为 2 500 g·m^{-2}·h^{-1}和 4.3。

5.5.4 天然高分子

天然高分子，尤其是纤维素及其衍生物作为膜材料一直受到研究者的关注。

Qian 等[199,200]利用醋酸纤维素分离甲醇/MTBE 混合物，将铸膜稀溶液中的高分子链形态与 PV 膜的分离性能进行关联，实现了高的分离选择性。孔瑛等[201]采用涂布法制成羟乙基纤维素（HEC）/聚偏氟乙烯（PVDF）复合膜用于渗透汽化汽油脱硫，实验结果表明，支撑膜的铸膜液中聚合物浓度增加将降低支撑膜的孔径、孔隙率，使得汽油组分在支撑膜内的扩散系数和传质系数降低而甲基噻吩和辛烷的传质系数之比增加，这将导致 HEC/PVDF 复合膜渗透性降低，富集因子增加。Malsch 等[202]以聚电解质为成膜材料制备了不同类型的芳烃/烷烃渗透汽化分离膜。利用可溶于水的磺乙基纤维素和可溶于醇的甲基丙烯酸甲酯或者甲基丙烯酸-3-磺酸丙酯钾盐在界面间发生的反应制备成膜。结果表明，这两种膜均对芳烃具有优先选择性，并且在多组分芳烃/烷烃混合物分离过程中，苯表现出了更好的渗透性。

二甲苯的同分异构体在结构和性质上都非常相似，难以通过普通聚合物膜进行分离。分子印迹是将分子识别位点引入聚合物材料，可区分出分子间的细小差异，有望用于二甲苯异构体法分离。Masakazu 等[203]以纤维素和邻苯二酚制备了分子印迹聚合物膜，应用于二甲苯异构体分离，在邻二甲苯/间二甲苯和邻二甲苯/对二甲苯混合物中，邻二甲苯均优先透过聚合物膜，选择性分为 7.15 和 4.24。该项研究展现了分子印迹聚合物在分子识别和分离上广阔的应用前景。

5.5.5 其他

人工合成的嵌段共聚物很容易对两个嵌段的结构和组成比例进行调整，进而实现对聚合物吸附和溶胀性质的调控。

An 等[204,205]通过 RAFT 活性聚合方法首次制备了聚丙烯腈-*b*-聚丙烯酸甲酯的嵌段共聚物[P(AN-*b*-MA)]。详细研究了嵌段共聚物在不同进料液组成中的溶胀度。对于含 10%（摩尔分数）苯的进料液，嵌段共聚物膜中的 MA 摩尔分数从 28%增加到 55%，分离因子从 61.4 降低到 14.3，即膜的分离因子随着膜中 MA 摩尔分数的增加而降低。苯通量变化的总趋势是随着 MA 摩尔分数的增加而升高，在 MA 摩尔分数为 40%和 49%时苯的通量分别为 14 g·m^{-2}·h^{-1}和 66 g·m^{-2}·h^{-1}，增加了 3.7 倍。苯通量升高有明显的突变，这一范围与苯在膜中溶胀出现迅速增加的范围相同。这是由于，在 MA 摩尔分数小于等于 40%的范围内，膜是以 PAN 为连续相的；而在 MA 大于等于 49%的范围，膜是以 PMA 为连续相。对于进料液摩尔分数为 50%苯的体系，MA 摩尔分数从 15%增加到 55%，膜的分离因子从 12.6 降低到 6.2，而苯的通量从 24.3 g·m^{-2}·h^{-1}升高到 245 g·m^{-2}·h^{-1}。在 MA 摩尔分数为 40%和 49%时，苯通量分别为 70 g·m^{-2}·h^{-1}和 197 g·m^{-2}·h^{-1}，增加了 1.8 倍。MA 摩尔分数从 28%增加到 55%，对于 MA 摩尔分数相同的嵌段共聚物膜，进料液中苯摩尔分数为 50%时苯的通量分别是进料液苯摩尔分数为 10%时苯通量的 6.9、5.0、3.0 和 2.5 倍。苯通量增加倍数的差异，可能的原因是，进料液中的苯使膜分散相的 PMA 趋于连续，苯通量增加的倍数大;而对于连续相是 PMA 的膜而言,进料液中的苯不会引起膜的相形态的变化,苯的通量增加的倍数小。进而从嵌段共聚物膜中 MA 嵌段含量、铸膜溶剂中甲苯含量、料液中苯含量及操作温度四个方面考察了 P(AN-*b*-MA)嵌段共聚物膜分离苯和环己烷混合物的渗透气化性能,发现有利于 MA 组分为连续相的因素都有助于提高膜的渗透通量。以膜的分离性和稳定性为评价标准,MA 嵌段含量高的共聚物膜适合于分离低苯含量的进料液,而 MA 含量低的共聚物膜适合分离高苯含量的体系。MA 含量对 PV 分离性能的影响如图 5-21 所示。

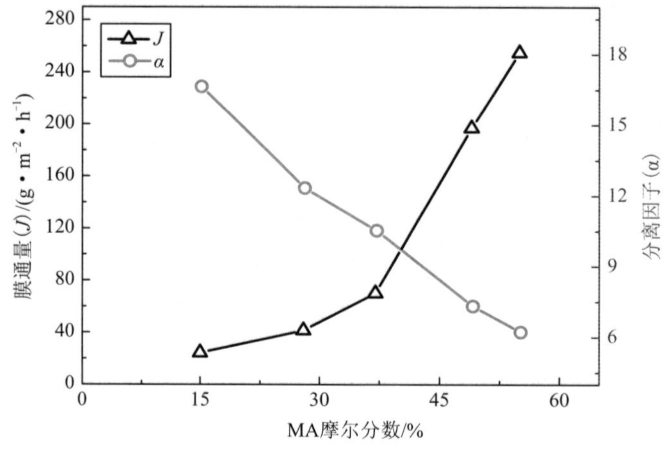

图 5-21 MA 含量对 PV 分离性能的影响(T=30℃,苯/环己烷=50%/50%)[204]

Wu 等[206]通过乳液聚合的方式将 AgCl 纳米粒子包覆进入聚甲基丙烯酸甲酯-*co*-丙烯酰胺共聚物中制备了 PV 膜用于 50% 苯/环己烷的分离,渗透通量和分离因子分为 720 g·m^{-2}·h^{-1}和 9。Staudt 等[207]通过紫外交联法制备了基于聚乙二醇-二甲基丙烯酸酯(PEG-DMA)和环糊精丙烯酸酯(CD-a)的共聚物,并用于甲苯/环己烷混合体系的分离。实验结果表明当 PEG-DMA 10 000,PEG-DMA 4 000 和 β-CD-a 的摩尔比为 1∶3∶6 时,膜的选择性最高。当进料液中甲苯的含量为 10%,操作温度为 60 ℃时,该膜对甲苯的分离选择性为 14,总通量为 0.3 kg·μm·m^{-2}·h^{-1}。通过对比可以发现,分别采用 α-CD-a 和 β-CD-a 制备的膜选择性相当,但基于 α-CD-a 的膜渗透通量较高。此外,提高 PEG-DMA 的分子量可以增强膜的柔性,并且采用 PEG-DMA 制备的膜对芳烃的选择性低于 PEG-DMA 分别与 α-CD-a 和 β-CD-a 交联获得的膜,表明膜材料中含有环糊精有利于提高其对芳烃化合物的分离选择性。

简单的共混有时也能起到类似效果。Dorgan 等[208]研究了不同比例丁腈橡胶、氯醚橡胶和聚甲基丙烯酸甲酯共混膜分离 50% 苯/环己烷混合物,发现当三者质量比列为 8∶1∶1 时,膜的归一化渗透通量和分离因子分别为 28 kg·μm·m^{-2}·h^{-1}和 7.3。由于聚合物之间的非相容性,发生微相分离产生了不同的形态结构,但是交联剂的作用又限制分子链的运动,保持结构的稳定。

通常而言,多孔底膜的孔径过大,不能直接用于渗透汽化。但若采取一定方式对底膜的孔进行"填充",使其呈现出致密性,也能起到分离效果。Li 等[209]采用空气介质阻挡放电(DBD)等离子体接枝技术,在不对称聚丙烯腈基膜的孔道中接枝聚(乙二醇)甲基丙烯酸酯,制备了“孔填充”结构的芳烃/烷烃渗透汽化复合膜。对 20%的甲苯/正庚烷体系，分离因子最高为 7.8，渗透通量可达 1 620 g・m^{-2}・h^{-1}。同时，“孔填充”结构可以有效抑制膜在渗透汽化过程中的过度溶胀，从而提高了膜的稳定性。Ji 等[210]采用动态法在聚丙烯腈平板基膜上组装了聚乙烯醇-氧化石墨烯(PVA-GO)纳米杂化分离层，用于甲苯/正庚烷体系的分离。通过超声分散降低 GO 片的尺寸大小，与基膜的孔径相匹配，使其在动态成膜过程中可以渗透到基膜的孔道内，从而形成“孔填充”结构。GO 纳米片的掺杂可以增加 PVA 中的 π 电子接受体，增强膜材料与芳烃之间的相互作用，从而提高复合膜的分离性能，同时“孔填充”结构的复合膜可以抑制膜的过度溶胀，从而提高其稳定性。然而，GO 纳米片本身没有孔道，阻碍了渗透物在膜中的传递，因此渗透通量较低。为了进一步提高杂化膜的通量，继续采用金属有机框架(MOFs)颗粒 $Cu_3(BTC)_2$ 作为促进传递粒子在管式陶瓷基底上制备了$Cu_3(BTC)_2$/PVA 杂化膜[211]，$Cu(BTC)_2$/PVA 杂化膜制备过程示意图如图 5-22 所示。结果表明，当 $Cu_3(BTC)_2$的负载量为 0.75%时，对于进料液为 50%甲苯/正庚烷的体系，膜的分离因子为 17.9，通量为 133 g・m^{-2}・h^{-1}。远高于纯 PVA 膜的分离性能(分离因子 8.9，通量 14 g・m^{-2}・h^{-1})。这是由于 $Cu_3(BTC)_2$中不饱和的金属位点和配体中的苯环结构可与分离物中甲苯形成 d-π 或者 π-π 作用，从而显著提高膜的分离因子。此外，$Cu_3(BTC)_2$中的孔道为渗透物提供了更多的传质通道，从而可以提高膜的渗透通量。Ji 等[212]在多孔陶瓷底膜上涂覆了自交联的 Boltorn W3000 超支化聚合物用于甲苯/正庚烷分离。W3000 是一种树枝状聚合物，由大量的不饱和脂肪酸链和聚乙烯醇链组成，这些极性基团和不饱和键都有利于 W3000 与芳烃化合物的相互作用。通过与“非孔填充”型渗透汽化膜性能对比，发现聚合物膜在分离操作中具有良好的稳定性，而且渗透通量和分离因子分别为 63 g・m^{-2}・h^{-1}和 5.1，“孔填充”型和“非孔填充”型 HBP 复合膜形成过程示意图如图 5-23 所示。

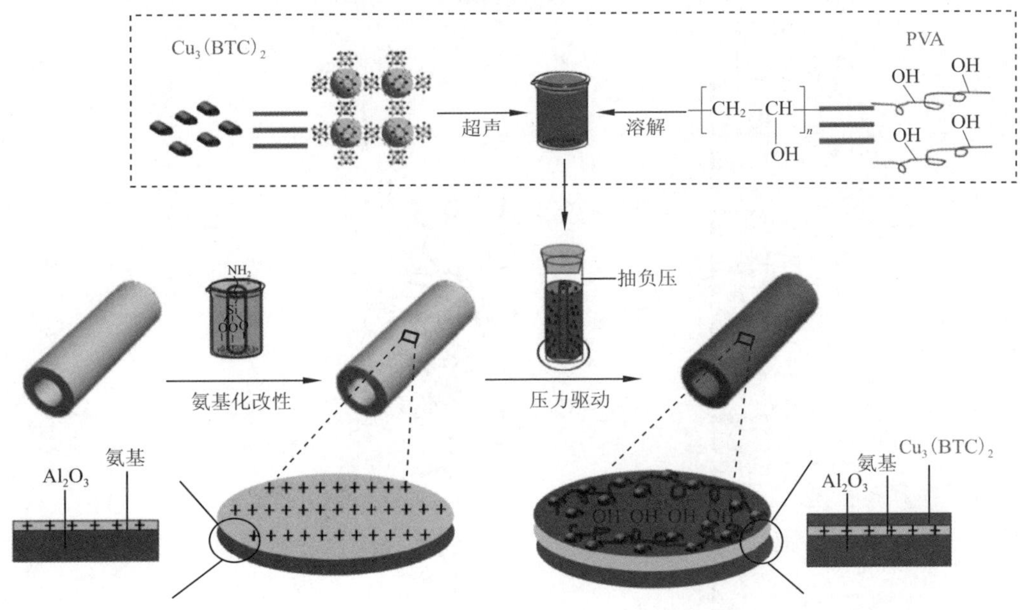

图 5-22　$Cu_3(BTC)_2$/PVA 杂化膜制备过程示意图[211]

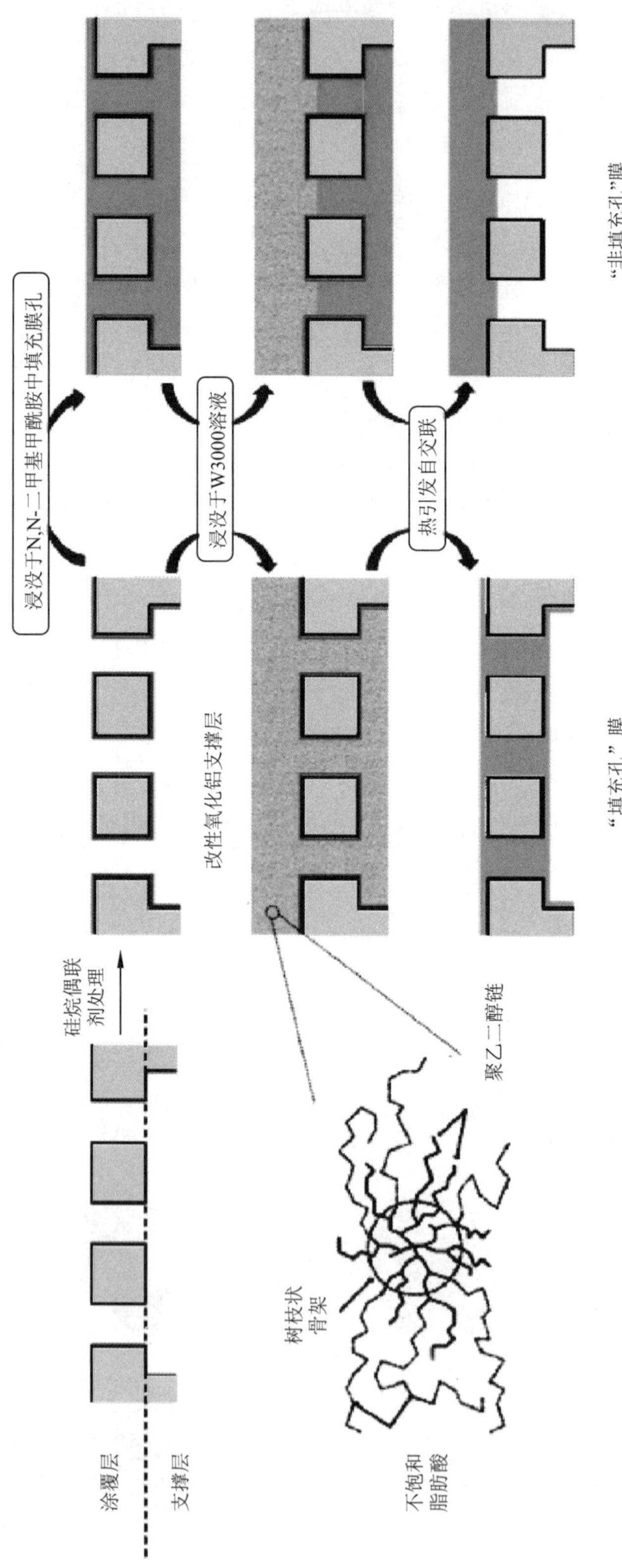

图5-23 "孔填充"型和"非孔填充"型HBP复合膜形成过程示意图[212]

掺杂是一种常见而有效的改性手段，一方面添加物的掺入引起膜结构变化，另一方面也能发挥添加物本身的一些功能性作用。Wang 等[213]采用铑负载的 H 型β-沸石作为杂化粒子掺杂在聚氯乙烯(PVC)中制备了新型的杂化分离膜，用于苯/环己烷体系的分离。研究结果表明，采用 Rh-H-β-沸石制备的杂化膜性能高于纯 PVC 膜和未采用铑负载的 H 型β-沸石杂化膜。这是由于苯分子与 Rh-H-β-沸石之间存在较强的相互作用，当负载量为 7%时，杂化膜的分离选择性最好。

二甲苯异构体的物化性质极为相似，分离难度高，除前文所述分子印迹外，环糊精也具有分子识别功能。Zhang 等[214]将乙二醇二缩水甘油醚修饰的β-环糊精添加入聚乙烯醇(PVA)中制备杂化膜，将该膜用于二甲苯异构体的分离。溶胀实验表明，该膜对三种异构体的吸附性能有明显差异，溶胀度顺序为：邻二甲苯＞对二甲苯＞间二甲苯，该结果与β-CD 和二甲苯异构体的包结常数大小顺序一致，表明膜内的环糊精仍然具有良好的分子识别功能。而脱附实验发现，二甲苯异构体能快速从膜内释放出来，表明β-CD 不会与二甲苯异构体形成作用很强的包结物，因此，也不会阻碍二甲苯异构体在膜下游的释放。通过计算发现三种不同二甲苯异构体在膜内的扩散系数和浓度趋近于 0 时的扩散率顺序较溶胀度顺序相反，表明二甲苯异构体在下游脱附会影响膜的选择性，扩散选择性的顺序为：对二甲苯＞邻二甲苯＞对二甲苯＞间二甲苯。在吸附和扩散选择性的综合作用下，膜对对二甲苯的渗透汽化分离选择性最好，膜在二甲苯异构体中的溶胀行为如图 5-24 所示。

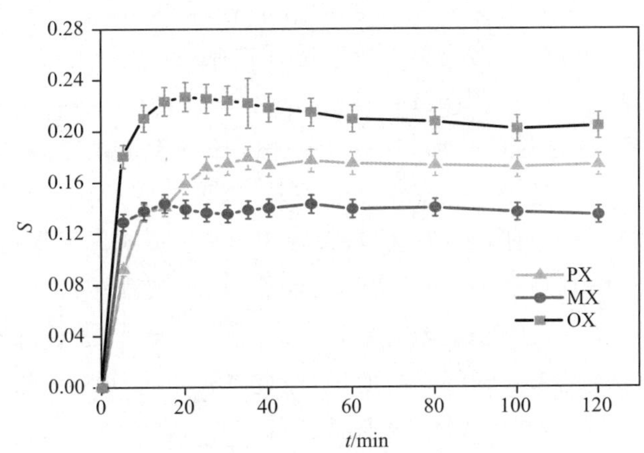

图 5-24　膜在二甲苯异构体中的溶胀行为[214]

PVA 是一种亲水性聚合物，由于芳烃和烷烃在水中的溶解度差异较大，因此亲水性材料在一定程度上也可以用于分离芳烃/烷烃混合体系。然而，由于 PVA 本身缺少π电子的受体，因此采用纯 PVA 制备的分离膜性能并不理想，需要掺杂促进传递粒子。Jiang 等[215-217]在 PVA 膜中分别掺杂了碳纳米管、碳分子筛、石墨、壳聚糖和β-环糊精等制备了不同种类的杂化膜，其分离均优于纯 PVA 膜。随着无机纳米粒子含量的增加，杂化膜的渗透通量和分离因子均明显提升，采用分子动力学模拟和正电子湮灭技术进行了解释，认为无机纳米粒子的引入导致膜的自由体积总量增加，同时优化了自由体积的尺寸。

为了进一步提高膜的分离性能，Ji 等[218]以分子基金属有机多面体(MOPs)作为无机粒子，利用其可溶性和多孔性等特点，实现了分离因子和渗透通量的同步提高。在 40 ℃下，MOPs/HBP 杂化膜对甲苯/正庚烷(1∶1)的分离因子可达 19.0，通量为 229.6 $g \cdot m^{-2} \cdot h^{-1}$。MOPs 颗粒在溶剂中以分子形式存在，可有效解决杂化粒子在聚合物中的分散性问题，同时提高了聚合物和纳米粒子间的相容性，以上结果表明多孔分子基材料在杂化膜制备中具有较好的应用前景，MOPs/HBP杂化膜制备过程示意图如图5-25所示。

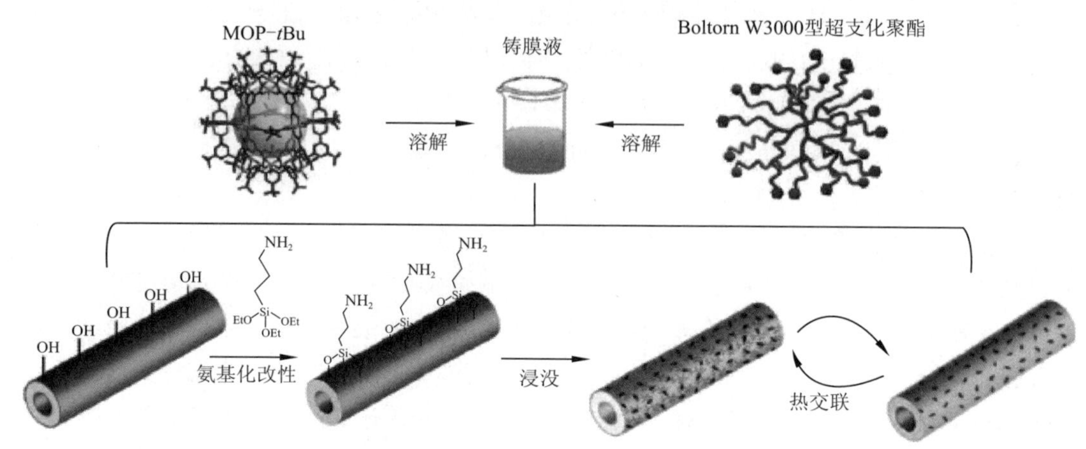

图5-25 MOPs/HBP杂化膜制备过程示意图[218]

此外，还有许多研究者进行了其他各式各样的尝试。Kononova等[219]在聚酰亚胺支撑膜上涂覆一层聚谷氨酸苄酯(PBG)制备了复合膜用苯/正庚烷的分离。实验结果表明，具有生物特性的螺旋结构使膜材料的结晶区既可阻碍正庚烷的渗透，又限制膜的过度溶胀。因此PBG分子在渗透汽化过程中并未发生改变，膜在经过几个循环后仍能够保持完整，证明该膜具有较好的稳定性。Bhattacharya等[220]将聚乙烯醇缩醛膜用于苯/异辛烷的分离，实验结果表明该分离过程是由溶解过程控制，膜对苯的吸附选择性远远高于异辛烷。Genduso等[221]研究了四种(Typ M1、Typ M2、Pervap 1201和Pervap 2255-50)不同商业化的PV膜用于甲醇/正己烷的分离，其中Typ M2膜的渗透系数为5100 GPU，分离选择性最高可达119。

最近，Pahlavanzadeh等[222]以聚电解质纤维素硫酸钠(NaCS)和表面活性剂氯化十六烷基吡啶(HPDC)为原料，以LBL的方式制备了聚电解质-表面活性剂络合物膜(PELSC)，用于分离甲醇/甲基特丁基醚混合物，可实现甲醇优先透过，51 ℃下分离14.3%甲醇浓度的混合液时，渗透通量为1 560 g·m^{-2}·h^{-1}，透过液甲醇含量为93.30%。此外，向其中添加SiO_2纳米粒子可提高通量，但选择性有所下降。聚电解质-表面活性剂络合物作为一种新型膜材料，开始进入人们的视野。

综上所述，有机-有机混合组分分离对膜材料的要求更高，除了要与优先透过组分有良好相容性外，还需考虑其他一些特殊相互作用，如分子识别等。分离不同混合体系使所选用的膜材料也不同，不能一概而论。

随着工业应用体系需求的增加，研究的深入，新型PV膜材料不断涌现。用于有机溶剂脱水的膜材料研究最成熟，但是大规模工业化应用的膜材料较少。这也对今后膜材料的研究提出了更高的要求，希望把高分子与纳米材料结合制备高性能且可大规模生产的有机溶剂脱水膜材料。水中微量有机物脱除的膜材料种类依然较少，且膜渗透通量和分离选择性均欠佳。因此，针对水中微量有机物脱除方向的研究，应该不断寻找新的材料种类，提高优先透有机物膜的分离性能。相对前两者，有机物-有机物分离难度更大，研究相对较少。随着空气污染物排放标准的提高，汽油脱硫成为有机物-有机物分离研究的热点，需要开发新型膜材料以用于汽油中微量硫的脱除，及有机物体系的分离。可以预见，渗透汽化技术在分离领域将发挥越来越重要的作用。

参考文献

[1] KOBER P A. Pervaporation, perstillation and percrystallization[J]. ACS, 1917, 39: 944-948.

[2] BAKER R W. Membrane technology and applications[J]. Metallurgical Transactions A, 2004, 6.

[3] MULDER M. Basic principles of membrane technology [M]. 2nd. Netherland: Kluwer Academic Publisher, 1998.

[4] 时均，袁权，高从堦. 膜技术手册[M]. 北京：化学工业出版社，2001.

[5] 刘茉娥. 膜分离技术[M]. 北京：化学化工出版社，1998.

[6] BINING R C, JAMES F E. Now separate by membrane permeation[J]. Petrol Refiner, 1958, 37(5): 214.

[7] BINING R C, JAME F E. Permeation: a new way to separate mixtures[J]. Oil & Gas Journal, 1958, 56 (21): 104.

[8] NGUYEN Q T, Le BLANC L, NEEL J. Preparation of membranes from polyacrylonitrile polyvinylpyrrolidone blends and the study of their behavior in the pervaporation of water organic liquid-mixtures[J]. Journal of Membrane Science., 1985, 22(2-3): 245-255.

[9] RAUTENBACH R, ALBRECHT R. On the behaviour of asymmetric membranes in pervaporation[J]. Journal of Membrane Science., 1984, 19(1): 1-22.

[10] NGUYEN Q T, LE BLANC L, NEEL J. Preparation of membranes from polyacrylonitrile-polyvinylpyrrolidone blends and the study of their behaviour in the pervaporation of water-organic liquid mixtures[J]. Journal of Membrane Science., 1985, 22(2-3): 245-255.

[11] BRÜSCHKE H E A. Removal of ethanol from aqueous streams by pervaporation[J]. Desalination., 1990, 77(0): 323-330.

[12] TUSEL G F, BRÜSCHKE H E A. Use of pervaporation systems in the chemical industry[J]. Desalination, 1985, 53(1-3): 327-338.

[13] 徐又一，徐志康. 高分子膜材料[M]. 北京：化学化工出版社，2005.

[14] SHAO P, HUANG R Y M. Polymeric membrane pervaporation[J]. Journal of Membrane Science., 2007, 287(2): 162-179.

[15] Dutta B K, Ji W, Sikdar S K. Pervaporation: Principles and applications[J]. Separation & Purification Reviews, 1996, 25(2):131-224.

[16] 潘岚，周志军，刘茉娥. 渗透汽化膜材料的选择[J]. 高分子材料科学与工程，1997(3):138-143.

[17] RINAUDO M. Chitine and chitosan: Properties and applications, Prog[J]. Polymer Science., 2006, 31 (7): 603-632.

[18] FENG X S, HUANG R Y M. Pervaporation with chitosan membranes . 1. Separation of water from ethylene glycol by a chitosan/polysulfone composite membrane[J]. Journal of Membrane Science., 1996, 116(1): 67-76.

[19] HUANG R Y M, PAL R, MOON G Y. Crosslinked chitosan composite membrane for the pervaporation dehydration of alcohol mixtures and enhancement of structural stability of chitosan/polysulfone composite membranes[J]. Journal of Membrane Science, 1999, 160(1): 17-30.

[20] URAGAMI T, TAKIGAWA K. Permeation and separation characteristics of ethanol-water mixtures through chitosan derivative membranes by pervaporation and evapomeation[J]. Polymer, 1990, 31(4): 668-672.

[21] ANJALI DEVI D, SMITHA B, SRIDHAR S, et al. Pervaporation separation of isopropanol/water mixtures through crosslinked chitosan membranes[J]. Journal of Membrane Science, 2005, 262(1-2): 91--99.

[22] GE J J, CUI Y F, YAN Y, et al. The effect of structure on pervaporation of chitosan membrane[J]. Journal of Membrane Science, 2000, 165(1): 75-81.

[23] MA X H, XU Z L, JI C Q, et al. Characterization, separation performance, and model analysis of STPP-chitosan/PAN polyelectrolyte complex membranes[J]. Journal of Applied Polymer Science, 2011, 120(2): 1017-1026.

[24] GHAZALI M, NAWAWI M, HUANG R Y M. Pervaporation dehydration of isopropanol with chitosan membranes[J]. Journal of Membrane Science, 1997, 124(1): 53-62.

[25] CHOUDHARI S K, KITTUR A A, KULKARNI S S, et al. Development of novel blocked diisocyanate crosslinked chitosan membranes for pervaporation separation of water-isopropanol mixtures[J]. Journal of Membrane Science, 2007, 302(1-2): 197-206.

[26] SUNITHA K, SATYANARAYANA S V, SRIDHAR S. Phosphorylated chitosan membranes for the separation of ethanol-water mixtures by pervaporation, Carbohyd[J]. Polymer, 2012, 87(2): 1569-1574.

[27] RAO P S, SRIDHAR S, WEY M Y, et al. Pervaporative separation of ethylene glycol/water mixtures by using cross-linked chitosan membranes[J]. Industrial & Engineering Chemistry Research, 2007, 46(7): 2155-2163.

[28] VARGHESE J G, KITTUR A A, RACHIPUDI P S, et al. Synthesis, characterization and pervaporation performance of chitosan-g-polyaniline membranes for the dehydration of isopropanol[J]. Journal of Membrane Science, 2010, 364(1-2): 111-121.

[29] ZHANG W, YU Z J, QIAN Q F, et al. Improving the pervaporation performance of the glutaraldehyde crosslinked chitosan membrane by simultaneously changing its surface and bulk structure[J]. Journal of Membrane Science, 2010, 348(1-2): 213-223.

[30] 沈江南，陈兵，阮慧敏，等. 海藻酸钠渗透汽化分离膜的研究进展及展望[J]. 现代化工，2008，28(12)：19-24.

[31] HUANG R Y M, PAL R, MOON G Y. Characteristics of sodium alginate membranes for the pervaporation dehydration of ethanol-water and isopropanol-water mixtures[J]. Journal of Membrane Science, 1999, 160(1): 101-113.

[32] RACHIPUDI P S, KITTUR A A, SAJJAN A M, et al. Solving the trade-off phenomenon in separation of water-dioxan mixtures by pervaporation through crosslinked sodium-alginate membranes with polystyrene sulfonic acid-co-maleic acid[J]. Chemical Engineering Science, 2013, 94(0): 84-92.

[33] YEOM C K, LEE K H. Characterization of sodium alginate membrane crosslinked with glutaraldehyde in pervaporation separation[J]. Journal of Applied Polymer Science, 1998, 67(2): 209-219.

[34] KALYANI S, SMITHA B, SRIDHAR S, et al. Pervaporation separation of ethanol-water mixtures through sodium alginate membranes[J]. Desalination, 2008, 229(1-3): 68-81.

[35] SOLAK E K, SANLI O. Separation characteristics of dimethylformamide/water mixtures using sodium alginate-g-N-vinyl-2-pyrrolidone membranes by pervaporation method[J]. Chemical Engineering and Processing: Process Intensification, 2008, 47(4): 633-641.

[36] SARASWATHI M, RAO K M, PRABHAKAR M N, et al. Pervaporation studies of sodium alginate (SA)/dextrin blend membranes for separation of water and isopropanol mixture[J]. Desalination, 2011, 269(1-3): 177-183.

[37] DUBEY V, SAXENA C, SINGH L, et al. Pervaporation of binary water-ethanol mixtures through bacterial cellulose membrane[J]. Separation and Purification Technology, 2002, 27(2): 163-171.

[38] RAMANA K V, GANESAN K, SINGH L. Pervaporation performance of a composite bacterial cellulose membrane: dehydration of binary aqueous-organic mixtures[J]. World Journal of Microbiology and Biotechnology, 2006, 22(6): 547-552.

[39] DOGAN H, HILMIOGLU N D. Chitosan coated zeolite filled regenerated cellulose membrane for dehydration of ethylene glycol/water mixtures by pervaporation[J]. Desalination, 2010, 258(1-3): 120-127.

[40] SRIDHAR S, GANGA D, SMITHA B, et al. Dehydration of 2-Butanol by Pervaporation Through Blend Membranes of Chitosan and Hydroxy Ethyl Cellulose[J]. Separation Science and Technology, 2005, 40(14): 2889-2908.

[41] JIRARATANANON R, CHANACHAI A, HUANG R Y M, et al. Pervaporation dehydration of ethanol-water mixtures with chitosan/hydroxyethylcellulose (CS/HEC) composite membranes: I. Effect of operating conditions[J]. Journal of Membrane Science, 2002, 195(2): 143-151.

[42] KRISHNA RAO K S V, LOKESH B G, SRINIVASA RAO P, et al. Synthesis and characterization of biopolymeric blend Membranes based on sodium alginate for the pervaporation dehydration of isopropanol/water Mixtures[J]. Separation Science and Technoly, 2008, 43(5): 1065-1082.

[43] 蔡邦肖，张佩琴，聚乙烯醇渗透汽化分离膜的研究进展[J]. 华东理工大学学报(自然科学版), 2006, 32(02): 235-240.

[44] YEOM C K, LEE K H. Pervaporation separation of water-acetic acid mixtures through poly(vinyl alcohol) membranes crosslinked with glutaraldehyde[J]. Journal of Membrane Science, 1996, 109(2): 257--265.

[45] HUANG R Y M, YEOM C K. Pervaporation separation of aqueous mixtures using crosslinked poly(vinyl alcohol)(PVA). II. Permeation of ethanol-water mixtures[J]. Journal of Membrane Science, 1990, 51(3): 273-292.

[46] HYDER M N, HUANG R Y M, CHEN P. Effect of selective layer thickness on pervaporation of composite poly(vinyl alcohol)-poly(sulfone) membranes[J]. Journal of Membrane Science, 2008, 318(1-2): 387-396.

[47] HEYDARI M,MOHEB A, GHIACI M, et al. Effect of cross-linking time on the thermal and mechanical properties and pervaporation performance of poly(vinyl alcohol) membrane cross-linked with fumaric acid used for dehydration of isopropanol[J]. Journal of Applied Polymer Science, 2013, 128(3): 1640-1651.

[48] VILLAGRA DI CARLO B, HABERT A. Plasma-treated polyethersulfone coated with crosslinked poly (vinyl alcohol): composite membranes for pervaporation dehydration of ethanol [J]. Journal of Membrane Science, 2013, 48(4): 1457-1464.

[49] 顾瑾，李俊俊，孙余凭，等. 过硫酸铵改性聚乙烯醇膜的制备及渗透汽化性能[J]. 高分子材料科学与工程，2014(03)：162-165.

[50] RACHIPUDI P S,KARIDURAGANAVAR M Y, KITTUR A A, et al. Synthesis and characterization of sulfonated-poly (vinyl alcohol) membranes for the pervaporation dehydration of isopropanol[J]. Journal of Membrane Science, 2011, 383(1-2): 224-234.

[51] ZHANG Q G,LIU Q L, ZHU A M, et al. Pervaporation performance of quaternized poly(vinyl alcohol) and its crosslinked membranes for the dehydration of ethanol[J]. Journal of Membrane Science, 2009, 335(1-2): 68-75.

[52] LIU X C, CHEN J, ZOU J, et al. Preparation and membrane separation performances of quarternized ammonium cationic polyvinyl alcohol [J]. Journal of Applied Polymer Science, 2011, 119 (5): 2584-2594.

[53] HYDER M N, HUANG R Y M, CHEN P. Correlation of physicochemical characteristics with pervaporation performance of poly(vinyl alcohol) membranes[J]. Journal of Membrane Science, 2006, 283(1-2): 281-290.

[54] ZHANG W, ZHANG Z, WANG X. Investigation on surface molecular conformations and pervaporation performance of the poly(vinyl alcohol) (PVA) membrane[J]. Colloid and Interface Science, 2009, 333(1): 346-353.

[55] OYA SANLı. Permeation and separation characteristics of acetic acid-water mixtures by pervaporation through acrylonitrile and hydroxy ethyl methacrylate grafted poly(vinyl alcohol) membrane[J]. Separation Science and Technoly, 2006, 41(13): 2913-2931.

[56] ALGHEZAWI N, ŞANLı O, ARAS L, et al. Separation of acetic acid-water mixtures through acrylonitrile grafted poly(vinyl alcohol) membranes by pervaporation[J]. Chemical Engineering and Processing: Process Intensification, 2005, 44(1): 51-58.

[57] AMINABHAVI T M, NAIK H G. Synthesis of graft copolymeric membranes of poly(vinyl alcohol) and polyacrylamide for the pervaporation separation of water/acetic acid mixtures[J]. Journal of Applied Polymer Science. , 2002, 83(2): 244-258.

[58] KUILA S B, RAY S K. Dehydration of dioxane by pervaporation using filled blend membranes of polyvinyl alcohol and sodium alginate[J]. Carbohydrate Polymers, 2014, 101(0): 1154-1165.

[59] HYDER M N, CHEN P. Pervaporation dehydration of ethylene glycol with chitosan-poly(vinyl alcohol) blend membranes: Effect of CS-PVA blending ratios[J]. Journal of Membrane Science, 2009, 340 (1-2): 171-180.

[60] ZHU Y, XIA S, LIU G, et al. Preparation of ceramic-supported poly(vinyl alcohol) -chitosan compos-

ite membranes and their applications in pervaporation dehydration of organic/water mixtures[J]. Journal of Membrane Science, 2010, 349(1-2): 341-348.

[61] DEVI D A, SMITHA B, SRIDHAR S, et al. Pervaporation separation of dimethylformamide/water mixtures through poly(vinyl alcohol)/poly(acrylic acid) blend membranes[J]. Separation and Purification Technology, 2006, 51(1): 104-111.

[62] LV J, XIAO G. Ultrasound assisted pervaporation separation of pyridine/water mixtures using poly(vinyl alcohol)/polyacrylonitrile blend membranes[J]. Chemical Engineering & Technology, 2010, 33(12): 2051-2058.

[63] BALLWEG A H, BRÜSCHKE H E A, SCHNEIDER W H, et al. Pervaporation membranes, in Proceedings of Fifth International Alcohol Fuel Technology Symposium [J]. Auckland, New Zealand, 1982.

[64] GALLEGO-LIZON T, HO Y S, FREITAS DOS SANTOS L. Comparative study of commercially available polymeric and microporous silica membranes for the dehydration of IPA/water mixtures by pervaporation/vapour permeation[J]. Desalination, 2002, 149(1-3): 3-8.

[65] HUANG S H, HSU C J, LIAW D J, et al. Effect of chemical structures of amines on physicochemical properties of active layers and dehydration of isopropanol through interfacially polymerized thin-film composite membranes[J]. Journal of Membrane Science, 2008, 307(1): 73-81.

[66] HUANG S H, LIN W L, LIAW D J, et al. Characterization, transport and sorption properties of poly(thiol ester amide) thin-film composite pervaporation membranes[J]. Journal of Membrane Science, 2008, 322(1): 139-145.

[67] CHAO W C, HUANG S H, WEI S W, et al. Positron annihilation spectroscopic study on fine-structure characterization and ethanol dehydration by pervaporation for interfacially polymerized composite membranes[J]. Journal of Membrane Science, 2013, 429(0): 34-43.

[68] HUANG Y H, CHAO W C, HUNG W S, et al. Investigation of fine-structure of polyamide thin-film composite membrane under swelling effect by positron annihilation lifetime spectroscopy and molecular dynamics simulation[J]. Journal of Membrane Science, 2012, 417-418(0): 201-209.

[69] HUANG S, LIU Y, HUANG Y, et al. Study on characterization and pervaporation performance of interfacially polymerized polyamide thin-film composite membranes for dehydrating tetrahydrofuran[J]. Journal of Membrane Science, 2014, 470(0): 411-420.

[70] ZUO J, CHUNG T S. Design and synthesis of a fluoro-silane amine monomer for novel thin film composite membranes to dehydrate ethanol via pervaporation[J]. Chemistry of Materials A., 2013, 1(34): 9814-9826.

[71] AN Q F, HUNG W S, LO S C, et al. Comparison between free volume characteristics of composite membranes fabricated through static and dynamic interfacial polymerization processes[J]. Macromolecules. 2012. 45(8): 3428-3435.

[72] SHI G M, CHUNG T. Thin film composite membranes on ceramic for pervaporation dehydration of isopropanol[J]. Journal of Membrane Science, 2013, 448(0): 34-43.

[73] ZUO J, WANG Y, SUN S P, et al. Molecular design of thin film composite (TFC) hollow fiber membranes for isopropanol dehydration via pervaporation[J]. Journal of Membrane Science, 2012, 405-406

(0): 123-133.

[74] JIANG L Y, WANG Y, CHUNG T S, et al. Polyimides membranes for pervaporation and biofuels separation[J]. Progress in Polymer Science, 2009, 34(11): 1135-1160.

[75] JIANG L Y, CHUNG T S. Homogeneous polyimide/cyclodextrin composite membranes for pervaporation dehydration of isopropanol[J]. Journal of Membrane Science, 2010, 346(1): 45-58.

[76] WANG Y, JIANG L, MATSUURA T, et al. Investigation of the fundamental differences between polyamide-imide (PAI) and polyetherimide (PEI) membranes for isopropanol dehydration via pervaporation[J]. Journal of Membrane Science, 2008, 318(1-2): 217-226.

[77] WANG Y, GOH S H, CHUNG T S, et al. Polyamide-imide/polyetherimide dual-layer hollow fiber membranes for pervaporation dehydration of C1-C4 alcohols[J]. Journal of Membrane Science, 2009, 326(1): 222-233.

[78] JIANG L Y, CHUNG T S, RAJAGOPALAN R. Dehydration of alcohols by pervaporation through polyimide Matrimid asymmetric hollow fibers with various modifications[J]. Chemical Engineering Science, 2008, 63(1): 204-216.

[79] QIAO X Y, CHUNG T S. Fundamental characteristics of sorption, swelling, and permeation of P84 co-polyimide membranes for pervaporation dehydration of alcohols[J]. Industrial & Engineering Chemistry Research, 2005, 44(23): 8938-8943.

[80] THÜNEMANN A F, MÜLLER M, DAUTZENBERG H, et al. Polyelectrolyte complexes[J]. Advances in Polymer Science, 2004, 166: 113-171.

[81] SEMENOVA S I, OHYA H, SOONTARAPA K. Hydrophilic membranes for pervaporation: an analytical review[J]. Desalination, 1997, 110(3): 251-286.

[82] ZHAO Q, AN Q F, JI Y L, et al. Polyelectrolyte complex membranes for pervaporation, nanofiltration and fuel cell applications[J]. Journal of Membrane Science, 2011, 379(1-2): 19-45.

[83] SHIEH J J, HUANG R Y M. Pervaporation with chitosan membranes . 2. Blend membranes of chitosan and polyacrylic acid and comparison of homogeneous and composite membrane based on polyelectrolyte complexes of chitosan and polyacrylic acid for the separation of ethanol-water mixtures[J]. Journal of Membrane Science, 1997, 127(2): 185-202.

[84] NAM S Y, LEE Y M. Pervaporation and properties of chitosan poly(acrylic acid) complex membranes [J]. Journal of Membrane Science, 1997, 135(2): 161-171.

[85] DHANUJA G, SMITHA B, SRIDHAR S. Pervaporation of isopropanol-water mixtures through polyion complex membranes[J]. Separation and Purification Technology, 2005, 44(2): 130-138.

[86] HU C L,LI B, GUO R L, et al. Pervaporation performance of chitosan-poly(acrylic acid) polyelectrolyte complex membranes for dehydration of ethylene glycol aqueous solution[J]. Separation and Purification Technology, 2007, 55(3): 327-334.

[87] HU C,GUO R, LI B, et al. Development of novel mordenite-filled chitosan-poly(acrylic acid) polyelectrolyte complex membranes for pervaporation dehydration of ethylene glycol aqueous solution[J]. Journal of Membrane Science, 2007, 293(1-2): 142-150.

[88] RICHAU K, SCHWARZ H H, APOSTEL R, et al. Dehydration of organics by pervaporation with polyelectrolyte complex membranes: some considerations concerning the separation mechanism[J]. Jour-

nal of Membrane Science, 1996, 113(1): 31-41.

[89] MOON G Y, PAL R, HUANG R Y M. Novel two-ply composite membranes of chitosan and sodium alginate for the pervaporation dehydration of isopropanol and ethanol[J]. Journal of Membrane Science, 1999, 156(1): 17-27.

[90] LI M, YAO S. Preparation of polyelectrolyte complex membranes based on sodium cellulose sulfate and poly(dimethyldiallylammonium chloride) and its permeability properties[J]. Journal of Applied Polymer Science, 2009, 112(1): 402-409.

[91] DECHER G. Fuzzy nanoassemblies: Toward layered polymeric multicomposites[J]. Science, 1997, 277(5330): 1232 -1237.

[92] 张希. 聚合物多层膜的表面分子工程[J]. 高分子学报, 2007, 10(10): 905-912.

[93] ACKERN F, KRASEMANN L, TIEKE B. Ultrathin membranes for gas separation and pervaporation prepared upon electrostatic self-assembly of polyelectrolytes[J]. Thin Solid Films, 1998, 327-329(0): 762-766.

[94] KRASEMANN L, TOUTIANOUSH A, TIEKE B. Self-assembled polyelectrolyte multilayer membranes with highly improved pervaporation separation of ethanol/water mixtures[J]. Journal of Membrane Science, 2001, 181(2): 221-228.

[95] TOUTIANOUSH A, KRASEMANN L, TIEKE B. Polyelectrolyte multilayer membranes for pervaporation separation of alcohol/water mixtures[J]. Colloids and Surfaces A: Physicochemical and Engineering Aspects, 2002, 198-200(0): 881-889.

[96] KRASEMANN L, TIEKE B, Ultrathin self-assembled polyelectrolyte membranes for pervaporation [J]. Journal of Membrane Science, 1998, 150(1): 23-30.

[97] 宣理静, 钱锦文, 陈幼芳, 等. 层层自组装聚电解质多层膜的制备及在膜分离中的应用[J]. 化学进展, 2006, 7(18): 950-956.

[98] ZHU Z, FENG X, PENLIDIS A. Layer-by-layer self-assembled polyelectrolyte membranes for solvent dehydration by pervaporation[J]. Materials Science and Engineering: C, 2007, 27(4): 612-619.

[99] ZHU Z Q, FENG X S, PENLIDIS A. Self-assembled nano-structured polyelectrolyte composite membranes for pervaporation[J]. Materials Science and Engineering: C, 2006, 26(1): 1-8.

[100] ZHANG G J, YAN H H, JI S L, et al. Self-assembly of polyelectrolyte multilayer pervaporation membranes by a dynamic layer-by-layer technique on a hydrolyzed polyacrylonitrile ultrafiltration membrane[J]. Journal of Membrane Science, 2007, 292(1-2): 1-8.

[101] ZHANG P, QIAN J W, AN Q F, et al. Influences of Solution Property and Charge Density on the Self-Assembly Behavior of Water-Insoluble Polyelectrolyte Sulfonated Poly(sulphone) Sodium Salts [J]. Langmuir, 2008, 24(5): 2110-2117.

[102] ZHANG G J, GAO X, JI S L, et al. Electric field-enhanced assembly of polyelectrolyte composite membranes[J]. Journal of Membrane Science, 2008, 307(2): 151-155.

[103] ZHANG P, QIAN J W, AN Q F, et al. Surface morphology and pervaporation performance of electric field enhanced multilayer membranes[J]. Journal of Membrane Science, 2009, 328(1-2): 141-147.

[104] ZHANG P, QIAN J W, YANG Y, et al. Polyelectrolyte layer-by-layer self-assembly enhanced by electric field and their multilayer membranes for separating isopropanol-water mixtures[J]. Journal of

Membrane Science, 2008, 320(1-2): 73-77.

[105] YIN M J, QIAN J W, AN Q F, et al. Polyelectrolyte layer-by-layer self-assembly at vibration condition and the pervaporation performance of assembly multilayer films in dehydration of isopropanol[J]. Journal of Membrane Science, 2010, 358(1-2): 43-50.

[106] ZHANG G J, GU W L, JI S L, et al. Preparation of polyelectrolyte multilayer membranes by dynamic layer-by-layer process for pervaporation separation of alcohol/water mixtures[J]. Journal of Membrane Science, 2006, 280(1-2): 727-733.

[107] ZHANG G J, SONG X, JI S L, et al. Self-assembly of inner skin hollow fiber polyelectrolyte multilayer membranes by a dynamic negative pressure layer-by-layer technique[J]. Journal of Membrane Science, 2008, 325(1): 109-116.

[108] ZHANG G J, WANG N X, SONG X, et al. Preparation of pilot-scale inner skin hollow fiber pervaporation membrane module: Effects of dynamic assembly conditions[J]. Journal of Membrane Science, 2009, 338(1-2): 43-50.

[109] ZHANG G J, GAO X, JI S L, et al. One-step dynamic assembly of polyelectrolyte complex membranes, Materials Science and Engineering: C, 2009, 29(6): 1877-1884.

[110] ZHAO Q, QIAN J W, AN Q F, et al., A facile route for fabricating novel polyelectrolyte complex membrane with high pervaporation performance in isopropanol dehydration[J]. Journal of Membrane Science, 2008, 320(1-2): 8-12.

[111] ZHAO Q, QIAN J W, AN Q F, et al. Synthesis and characterization of solution-processable polyelectrolyte complexes and their homogeneous membranes[J]. ACS Applied Materials & Interfaces, 2009, 1(1): 90-96.

[112] ZHAO Q, QIAN J W, AN Q F, et al. Synthesis and characterization of soluble chitosan/sodium carboxymethyl cellulose polyelectrolyte complexes and the pervaporation dehydration of their homogeneous membranes[J]. Journal of Membrane Science, 2009, 333(1-2): 68-78.

[113] ZHAO Q, QIAN J W, AN Q F, et al. Pervaporation dehydration of isopropanol using homogeneous polyelectrolyte complex membranes of poly(diallyldimethylammonium chloride)/sodium carboxymethyl cellulose[J]. Journal of Membrane Science, 2009, 329(1-2): 175-182.

[114] ZHAO Q, AN Q F, SUN Z W, et al. Studies on structures and ultrahigh permeability of novel polyelectrolyte complex membranes[J]. Journal of Physical Chemistry B, 2010, 114(24): 8100-8106.

[115] JIN H T, AN Q F, ZHAO Q, et al. Pervaporation dehydration of ethanol by using polyelectrolyte complex membranes based on poly (N-ethyl-4-vinylpyridinium bromide) and sodium carboxymethyl cellulose[J]. Journal of Membrane Science, 2010, 347(1-2): 183-192.

[116] LIU T, AN Q F, ZHAO Q, et al. Preparation and characterization of polyelectrolyte complex membranes bearing alkyl side chains for the pervaporation dehydration of alcohols[J]. Journal of Membrane Science, 2013, 429(1-2): 181-189.

[117] HUANG Y H, AN Q F, LIU T, et al. Molecular dynamics simulation and positron annihilation lifetime spectroscopy: Pervaporation dehydration process using polyelectrolyte complex membranes[J]. Journal of Membrane Science, 2013, 451(1): 67-73.

[118] ZHAO Q, QIAN J W, AN Q F, et al. Poly(vinyl alcohol)/polyelectrolyte complex blend membrane

for pervaporation dehydration of isopropanol[J]. Journal of Membrane Science, 2009, 343(1-2): 53-61.

[119] ZHU M H, QIAN J W, ZHAO Q, et al. Preparation method and pervaparation performance of polyelectrolyte complex/PVA blend membranes for dehydration of isopropanol[J]. Journal of Membrane Science, 2010, 361(1-2): 182-190.

[120] WANG X S, AN Q F, ZHAO Q, et al. Preparation and pervaporation characteristics of novel polyelectrolyte complex membranes containing dual anionic groups[J]. Journal of Membrane Science, 2012, 415-416(1-2): 145-152.

[121] WANG X S, AN Q F, ZHAO Q, et al. Homogenous polyelectrolyte complex membranes incorporated with strong ion-pairs with high pervaporation performance for dehydration of ethanol[J]. Journal of Membrane Science, 2013, 435(0): 71-79.

[122] WANG X S, AN Q F, LIU T, et al. Novel polyelectrolyte complex membranes containing free sulfate groups with improved pervaporation dehydration of ethanol[J]. Journal of Membrane Science, 2014, 452(0): 73-81.

[123] LI Y F, HE G W, WANG S F, et al. Recent advances in the fabrication of advanced composite membranes[J]. J. Chemistry of Materials A, 2013, 1(35): 10058-10077.

[124] LIU X H, SUN Y, DENG X H. Studies on the pervaporation membrane of permeation water from methanol/water mixture[J]. Journal of Membrane Science, 2008, 325(1): 192-198.

[125] LIU Y L, HSU C Y, SU Y H, et al. Chitosan-silica complex membranes from sulfonic acid functionalized silica nanoparticles for pervaporation dehydration of ethanol-water solutions[J]. Biomacromolecules, 2005, 6(1): 368-373.

[126] ZHAO Q, QIAN J, ZHU C, et al. A novel method for fabricating polyelectrolyte complex/inorganic nanohybrid membranes with high isopropanol dehydration performance[J]. Journal of Membrane Science, 2009, 345(1): 233-241.

[127] URAGAMI T, OKAZAKI K, MATSUGI H, et al. Structure and permeation characteristics of an aqueous ethanol solution of organic-inorganic hybrid membranes composed of poly(vinyl alcohol) and tetraethoxysilane[J]. Macromolecules, 2002, 35(24): 9156-9163.

[128] VARGHESE J G, KARUPPANNAN R S, KARIDURAGANAVAR M Y. Development of hybrid membranes using chitosan and silica precursors for pervaporation separation of water/isopropanol mixtures[J]. Journal of Chemical and Engineering Data, 2010, 55(6): 2084-2092.

[129] KARIDURAGANAVAR M Y, KULKARNI S S, KITTUR A A. Pervaporation separation of water-acetic acid mixtures through poly(vinyl alcohol)-silicone based hybrid membranes[J]. Journal of Membrane Science, 2005, 246(1): 83-93.

[130] LIU Y L, SU Y H, LEE K R, et al. Crosslinked organic-inorganic hybrid chitosan membranes for pervaporation dehydration of isopropanol-water mixtures with a long-term stability[J]. Journal of Membrane Science, 2005, 251(1-2): 233-238.

[131] ZHANG Q G, LIU Q L, JIANG Z Y, et al. Anti-trade-off in dehydration of ethanol by novel PVA/APTEOS hybrid membranes[J]. Journal of Membrane Science, 2007, 287(2): 237-245.

[132] HU W W, ZHANG X H, ZHANG Q G, et al. Pervaporation dehydration of water/ethanol/ethyl ace-

tate mixtures using poly(vinyl alcohol)-silica hybrid membranes[J]. Journal of Applied Polymer Science, 2012, 126(2): 778-787.

[133] RACHIPUDI P S, KITTUR A A, SAJJAN A M, et al. Synthesis and characterization of hybrid membranes using chitosan and 2-(3,4-epoxycyclohexyl) ethyltrimethoxysilane for pervaporation dehydration of isopropanol[J]. Journal of Membrane Science, 2013, 441(0): 83-92.

[134] LIU J S, MA Y, HU K Y, et al. Pervaporation separation of isopropanol/benzene mixtures using inorganic-organic hybrid membranes [J]. Journal of Applied Polymer Science, 2010, 117 (4): 2464-2471.

[135] TRIPATHI B P, KUMAR M, SAXENA A, et al. Bifunctionalized organic-inorganic charged nanocomposite membrane for pervaporation dehydration of ethanol[J]. Journal of Colloid and Interface Science, 2010, 346(1): 54-60.

[136] XU D, LOO L S, WANG K. Pervaporation performance of novel chitosan-POSS hybrid membranes: Effects of POSS and operating conditions[J]. Journal of Polymer Science Part B: Polymer Physics, 2010, 48(21): 2185-2192.

[137] KARIDURAGANAVAR M Y, VARGHESE J G, CHOUDHARI S K, et al. Organic-inorganic hybrid membranes: Solving the trade-off phenomenon between permeation flux and selectivity in pervaporation[J]. Industrial & Engineering Chemistry Research, 2009, 48(8): 4002-4013.

[138] ZHAO J, WANG F, PAN F S, et al. Enhanced pervaporation dehydration performance of ultrathin hybrid membrane by incorporating bioinspired multifunctional modifier and $TiCl_4$ into chitosan[J]. Journal of Membrane Science, 2013, 446(0): 395-404.

[139] CHOI J H, JEGAL J, KIM W N, et al. Incorporation of multiwalled carbon nanotubes into poly(vinyl alcohol) membranes for use in the pervaporation of water/ethanol mixtures[J]. Journal of Applied Polymer Science, 2009, 111(5): 2186-2193.

[140] QIU S, WU L U, SHI G Z, et al. Preparation and pervaporation property of chitosan membrane with functionalized multiwalled carbon nanotubes[J]. Industrial & Engineering Chemistry Research, 2010, 49(22): 11667-11675.

[141] SHIRAZI Y, TOFIGHY M A, MOHAMMADI T. Synthesis and characterization of carbon nanotubes/poly vinyl alcohol nanocomposite membranes for dehydration of isopropanol[J]. Journal of Membrane Science, 2011, 378(1-2): 551-561.

[142] AMIRILARGANI M, GHADIMI A, TOFIGHY M A, et al. Effects of poly (allylamine hydrochloride) as a new functionalization agent for preparation of poly vinyl alcohol/multiwalled carbon nanotubes membranes[J]. Journal of Membrane Science, 2013, 447(0): 315-324.

[143] YEANG Q W, ZEIN S H S, SULONG A B, et al. Comparison of the pervaporation performance of various types of carbon nanotube-based nanocomposites in the dehydration of acetone[J]. Separation and Purification Technology, 2013, 107(0): 252-263.

[144] ZHAO Q, QIAN J W, ZHU M H, et al. Facile fabrication of polyelectrolyte complex/carbon nanotube nanocomposites with improved mechanical properties and ultra-high separation performance[J]. Journal of Materials Chemistry, 2009, 19(46): 8732-8740.

[145] LIU T, AN Q F, ZHAO Q, et al. Synergistic strengthening of polyelectrolyte complex membranes by

functionalized carbon nanotubes and metal ions[J]. Scientific Reports, 2015, 5(7782): DOI:10.1038/srep07782.

[146] WANG N X,JI S L, ZHANG G J, et al. Self-assembly of graphene oxide and polyelectrolyte complex nanohybrid membranes for nanofiltration and pervaporation[J]. Chemical Engineering Journal, 2012, 213(0): 318-329.

[147] SUHAS D P,RAGHU A V, JEONG H M, et al. Graphene-loaded sodium alginate nanocomposite membranes with enhanced isopropanol dehydration performance via a pervaporation technique[J]. RSC Advances, 2013, 3(38): 17120-17130.

[148] HUANG Z,SHI Y, WEN R, et al. Multilayer poly(vinyl alcohol)-zeolite 4A composite membranes for ethanol dehydration by means of pervaporation[J]. Separation and Purification Technology, 2006, 51(2): 126-136.

[149] KHOONSAP S, AMNUAYPANICH S. Mixed matrix membranes prepared from poly(vinyl alcohol)(PVA) incorporated with zeolite 4A-graft-poly(2-hydroxyethyl methacrylate) (zeolite-g-PHEMA) for the pervaporation dehydration of water-acetone mixtures[J]. Journal of Membrane Science, 2011, 367(1-2): 182-189.

[150] VANE L M. A review of pervaporation for product recovery from biomass fermentation processes[J]. Journal of Chemical Technology and Biotechnology, 2005, 80(6): 603-629.

[151] ISHIHARA K, MATSUI K. Pervaporation of ethanol-water mixture through composite membranes composed of styrene-fluoroalkyl acrylate graft copolymers and cross-linked polydimethylsiloxane membrane[J]. Journal of Applied Polymer Science, 1987, 34(1): 437-440.

[152] URAGAMI T, DOI T, MIYATA T. Control of permselectivity with surface modifications of poly[1-(trimethylsilyl)-1-propyne] membranes[J]. International Journal of Adhesion and Adhesives, 1999, 19(5): 405-409.

[153] 刘威，纪树兰，秦振平，等. PDMS-*b*-PPO 共聚物的合成及优先透醇性能研究[J]. 北京工业大学学报，2012(05): 778-782.

[154] YI S L,SU Y, WAN Y H. Preparation and characterization of vinyltriethoxysilane (VTES) modified silicalite-1/PDMS hybrid pervaporation membrane and its application in ethanol separation from dilute aqueous solution[J]. Journal of Membrane Science, 2010, 360(1-2): 341-351.

[155] LIU G P, HOU D, WEI W, et al. Pervaporation separation of butanol-water mixtures using polydimethylsiloxane/ceramic composite membrane, Chinese [J]. 中国化学工程学报:英文版，2011, 19(1): 40-44.

[156] CHANG M S, CHANG C L. Preparation of multi-layer silicone/PVDF composite membranes for pervaporation of ethanol aqueous solutions[J]. Journal of Membrane Science, 2004, 238(1): 117-122.

[157] LI J, JI S, ZHANG J G, et al. Surface-modification of poly (dimethylsiloxane) membrane with self-assembled monolayers for alcohol permselective pervaporation [J]. Langmuir, 2013, 29 (25): 8093-8102.

[158] JADAV G L, ASWAL V K, BHATT H, et al. Influence of film thickness on the structure and properties of PDMS membrane[J]. Journal of Membrane Science, 2012, 415: 624-634.

[159] LI L, XIAO Z Y, TAN S J, et al. Composite PDMS membrane with high flux for the separation of organics from water by pervaporation[J]. Journal of Membrane Science, 2004, 243(1-2): 177-187.

[160] SHI E, HUANG W, XIAO Z, et al. Influence of binding interface between active and support layers in composite PDMS membranes on permeation performance[J]. Journal of Applied Polymer Science, 2007, 104(4): 2468-2477.

[161] LI S,QIN F, QIN P, et al. Preparation of PDMS membrane using water as solvent[J]. Green Chemistry, 2013, 15: 2180.

[162] GUO J X, ZHANG G J, WU W, et al. Dynamically formed inner skin hollow fiber polydimethylsiloxane/polysulfone composite membrane for alcohol permselective pervaporation[J]. Chemical Engineering Journal, 2010, 158(3): 558-565.

[163] FAN H W, SHI Q, YAN H, et al. Simultaneous spray self-assembly of highly loaded ZIF-8-PDMS nanohybrid membranes exhibiting exceptionally high biobutanol-permselective pervaporation[J]. Angewandte Chemie International Edition, 2014, 53(22): 5578-5582.

[164] CLAES S, VANDEZANDE P, MULLENS S, et al. High flux composite PTMSP-silica nanohybrid membranes for the pervaporation of ethanol/water mixtures[J]. Journal of Membrane Science, 2010, 351(1-2): 160-167.

[165] BORISOV I L, MALAKHOV A O, KHOTIMSKY V S, et al. Novel PTMSP-based membranes containing elastomeric fillers: Enhanced 1-butanol/water pervaporation selectivity and permeability[J]. Journal of Membrane Science, 2014, 466: 322-330.

[166] LUO Y,TAN S, WANG H, et al. PPMS composite membranes for the concentration of organics from aqueous solutions by pervaporation[J]. Chemical Engineering Journal, 2008, 137(3): 496-502.

[167] JEE K Y, LEE Y T. Preparation and characterization of siloxane composite membranes for n-butanol concentration from ABE solution by pervaporation[J]. Journal of Membrane Science, 2014, 456: 1-10.

[168] ZHANG W D, XIA C J, LI L L, et al. Preparation and application of a novel ethanol permselective poly(vinyltriethoxysilane) membrane[J]. RSC Advances, 2014, 4(28): 14592-14596.

[169] ONG Y K,WIDJOJO N, CHUNG T S. Fundamentals of semi-crystalline poly(vinylidene fluoride) membrane formation and its prospects for biofuel (ethanol and acetone) separation via pervaporation [J]. Journal of Membrane Science, 2011, 378(1-2): 149-162.

[170] AROUJALIAN A, RAISI A. Pervaporation as a means of recovering ethanol from lignocellulosic bioconversions[J]. Desalination, 2009, 247(1-3): 509-517.

[171] CHEN J W, HUANG H, ZHANG L, et al. A novel high-flux asymmetric P(VDF-HFP) membrane with a dense skin for ethanol pervaporation[J]. RSC Advances, 2014, 4(46): 24126-24130.

[172] LIU Q, HUANG B X, HUANG A S. Polydopamine-based superhydrophobic membranes for biofuel recovery[J]. Journal of Chemistry Materials A, 2013, 1(38): 11970-11974.

[173] VERHOEF A, FIGOLI A, LEEN B, et al. Performance of a nanofiltration membrane for removal of ethanol from aqueous solutions by pervaporation[J]. Separation and Purification Technology, 2008, 60(1): 54-63.

[174] LE N L, WANG Y, CHUNG T S. Pebax/POSS mixed matrix membranes for ethanol recovery from aqueous solutions via pervaporation[J]. Journal of Membrane Science, 2011, 379(1-2): 174-183.

[175] LIU F F,LIU L, FENG X S. Separation of acetone-butanol-ethanol (ABE) from dilute aqueous solu-

tions by pervaporation[J]. Separation and Purification Technology, 2005, 42(3): 273-282.

[176] JHA A K, TSANG S L, OZCAM A E, et al. Master curve captures the effect of domain morphology on ethanol pervaporation through block copolymer membranes[J]. Journal of Membrane Science, 2012, 401-402: 125-131.

[177] WANG X P, SHEN Z Q, ZHANG F Y, et al. Preferential separation of ethanol from aqueous solution through hydrophilic polymer membranes[J]. Journal of Applied Polymer Science, 1999, 73(7): 1145--1151.

[178] ZHOU H, LV L, LIU G P, et al. PDMS/PVDF composite pervaporation membrane for the separation of dimethyl carbonate from a methanol solution[J]. Journal of Membrane Science, 2014, 471(0): 47-55.

[179] WANG L, HAN X L, LI J D, et al. Separation of azeotropic dimethylcarbonate/methanol mixtures by pervaporation: sorption and diffusion behaviors in the pure and nano silica filled PDMS membranes[J]. Separation Science and Technoly, 2011, 46(9): 1396-1405.

[180] GARG P, SINGH R P, CHOUDHARY V. Pervaporation separation of organic azeotrope using poly (dimethyl siloxane)/clay nanocomposite membranes[J]. Separation and Purification Technology, 2011, 80(3): 435-444.

[181] CHEN J, LI J D, LIN Y Z, et al. Pervaporation performance of polydimethylsiloxane membranes for separation of benzene/cyclohexane mixtures[J]. Journal of Applied Polymer Science, 2009, 112(4): 2425-2433.

[182] HUANG J Q, LI J D, ZHAN X, et al. A modified solution-diffusion model and its application in the pervaporation separation of alkane/thiophenes mixtures with PDMS membrane[J]. Journal of Applied Polymer Science, 2008, 110(5): 3140-3148.

[183] CHEN J, LI J D, QI R B, et al. Pervaporation separation of thiophene-heptane mixtures with polydimethylsiloxane (PDMS) membrane for desulfurization[J]. Applied Biochemistry and Biotechnology, 2010, 160(2): 486-497.

[184] QI R, WANG Y, LI J, et al. Pervaporation separation of alkane/thiophene mixtures with PDMS membrane[J]. Journal of Membrane Science, 2006, 280(1-2): 545-552.

[185] LI B, XU D, JIANG Z Y, et al. Pervaporation performance of PDMS-Ni2+Y zeolite hybrid membranes in the desulfurization of gasoline[J]. Journal of Membrane Science, 2008, 322(2): 293-301.

[186] ZHANG Q G, FAN B C, LIU Q L, et al.. A novel poly(dimethyl siloxane)/poly(oligosilsesquioxanes) composite membrane for pervaporation desulfurization[J]. Journal of Membrane Science, 2011, 366(1-2): 335-341.

[187] MAJI S, BANERJEE S. Synthesis and characterization of new meta connecting semifluorinated poly(ether amide)s and their pervaporation properties for benzene/cyclohexane mixtures[J]. Journal of Membrane Science, 2010, 360(1-2): 380-388.

[188] RIBEIRO C P, FREEMAN B D, KALIKA D S, et al. Aromatic polyimide and polybenzoxazole membranes for the fractionation of aromatic/aliphatic hydrocarbons by pervaporation[J]. Journal of Membrane Science, 2012, 390-391(0): 182-193.

[189] YILDIRIM A E, HILMIOGLU N D, TULBENTCI S. Separation of benzene/cyclohexane mixtures by

pervaporation using PEBA membranes[J]. Desalination, 2008, 219(1-3): 14-25.

[190] WU T, WANG N X, LI J, et al. Tubular thermal crosslinked-PEBA/ceramic membrane for aromatic/aliphatic pervaporation[J]. Journal of Membrane Science, 2015.

[191] KUNG G, JIANG L Y, WANG Y, et al. Asymmetric hollow fibers by polyimide and polybenzimidazole blends for toluene/iso-octane separation[J]. Journal of Membrane Science, 2010, 360(1-2): 303-314.

[192] WOLI NSKA-GRABCZYK A. Effect of the hard segment domains on the permeation and separation ability of the polyurethane-based membranes in benzene/cyclohexane separation by pervaporation[J]. Journal of Membrane Science, 2006, 282(1-2): 225-236.

[193] 叶宏，李继定，林阳政，等. PEA 型聚氨酯膜的制备及渗透汽化苯/环己烷的分离性能[J]. 高分子材料科学与工程，2009，25(03)：103-106.

[194] WEIBEL D E, VILANI C, HABERT A C, et al. Surface modification of polyurethane membranes using acrylic acid vapour plasma and its effects on the pervaporation processes[J]. Journal of Membrane Science, 2007, 293(1-2): 124-132.

[195] JESSIE LUE S, PENG S H. Polyurethane (PU) membrane preparation with and without hydroxypropyl-β-cyclodextrin and their pervaporation characteristics[J]. Journal of Membrane Science, 2003, 222(1-2): 203-217.

[196] 叶宏，王丹，陈剑，等. 改性聚氨酯膜的制备及渗透汽化苯/环己烷分离性能[J]. 高分子材料科学与工程，2009，25(10)：91-93.

[197] AMARAL R A, HABERT A C, BORGES C P. Activated carbon polyurethane membrane for a model fuel desulfurization by pervaporation[J]. Materials Letters, 2014, 137(0): 468-470.

[198] LIN L G, KONG Y, XIE K K, et al. Polyethylene glycol/polyurethane blend membranes for gasoline desulphurization by pervaporation technique[J]. Separation and Purification Technology, 2008, 61(3): 293-300.

[199] QIAN J W, MIAO Y M, ZHANG L, et al. Influence of viscosity slope coefficient of CA and its blends in dilute solutions on permeation flux of their films for MeOH/MTBE mixture[J]. Journal of Membrane Science, 2002, 203(21): 167-173.

[200] QIAN J W, CHEN H L, ZHANG L, et al. Effect of compatibility of cellulose acetate/poly(vinyl butyral) blends on pervaporation behavior of their membranes for methanol/methyl tert-butyl ether mixture[J]. Journal of Applied Polymer Science, 2002, 83(11): 2434-2439.

[201] 渠慧敏，孔瑛，张玉忠，等. 羟乙基纤维素/聚偏氟乙烯复合膜中支撑膜结构对渗透汽化脱硫性能的影响[J]. 膜科学与技术，2010，30(03)：82-86.

[202] SCHWARZ H H, MALSCH G. Polyelectrolyte membranes for aromatic-aliphatic hydrocarbon separation by pervaporation[J]. Journal of Membrane Science, 2005, 247(1-2): 143-152.

[203] ZHENG H, YOSHIKAWA M. Molecularly imprinted cellulose membranes for pervaporation separation of xylene isomers[J]. Journal of Membrane Science, 2015, 478(0): 148-154.

[204] AN Q F, QIAN J W, YU L Y, et al. Study on kinetics of controlled/living radical polymerization of acrylonitrile by RAFT technique[J]. Journal of Polymer Science Part A: Polymer Chemistry, 2005, 43(9): 1973-1977.

[205] 安全福. 有机混合物(苯/环己烷、甲醇/MTBE)渗透汽化膜材料的制备、溶液性质及其分离性能[D]. 杭州:浙江大学, 2005.

[206] WU L G, SHEN J N, DU C H, et al. Development of AgCl/poly(MMA-co-AM) hybrid pervaporation membranes containing AgCl nanoparticles through synthesis of ionic liquid microemulsions[J]. Separation and Purification Technology, 2013, 114(0): 117-125.

[207] RÖLLING P, LAMERS M, STAUDT C. Cross-linked membranes based on acrylated cyclodextrins and polyethylene glycol dimethacrylates for aromatic/aliphatic separation[J]. Journal of Membrane Science, 2010, 362(1-2): 154-163.

[208] OKEOWO O, NAM S Y, DORGAN J R. Nonequilibrium nanoblend membranes for the pervaporation of benzene/cyclohexane mixtures[J]. Journal of Applied Polymer Science, 2008, 108(5): 2917-2922.

[209] LI Z S, ZHANG B, QU L X, et al. A novel atmospheric dielectric barrier discharge (DBD) plasma graft-filling technique to fabricate the composite membranes for pervaporation of aromatic/aliphatic hydrocarbons[J]. Journal of Membrane Science, 2011, 371(1-2): 163-170.

[210] WANG N X, JI S L, LI J, et al. Poly(vinyl alcohol)-graphene oxide nanohybrid "pore-filling" membrane for pervaporation of toluene/n-heptane mixtures[J]. Journal of Membrane Science, 2014, 455(0): 113-120.

[211] ZHANG Y, WANG N X, JI S L, et al. Metal-organic framework/poly(vinyl alcohol) nanohybrid membrane for the pervaporation of toluene/n-heptane mixtures [J]. Journal of Membrane Science, 2015.

[212] WANG N X, WANG L, ZHANG R, et al. Highly stable "pore-filling" tubular composite membrane by self-crosslinkable hyperbranched polymers for toluene/n-heptane separation[J]. Journal of Membrane Science, 2015, 474(0): 263-272.

[213] ZHANG X L, QIAN L P, WANG H T, et al. Pervaporation of benzene/cyclohexane mixtures through rhodium-loaded β-zeolite-filled polyvinyl chloride hybrid membranes[J]. Separation and Purification Technology, 2008, 63(2): 434-443.

[214] ZHANG L, LI L L, LIU N J, et al. Pervaporation behavior of PVA membrane containing β-cyclodextrin for separating xylene isomeric mixtures[J]. AIChE Journal, 2013, 59(2): 604-612.

[215] LIN L G, KONG Y, XIE K K, et al. Polyethylene glycol/polyurethane blend membranes for gasoline desulphurization by pervaporation technique[J]. Separation and Purification Technology , 2008, 61(3): 293-300.

[216] QIAN J W, MIAO Y M, ZHANG L, et al. Influence of viscosity slope coefficient of CA and its blends in dilute solutions on permeation flux of their films for MeOH/MTBE mixture[J]. Journal of Membrane Science, 2002, 203(21): 167-173.

[217] QIAN J W, CHEN H L, ZHANG L, et al. Effect of compatibility of cellulose acetate/poly(vinyl butyral) blends on pervaporation behavior of their membranes for methanol/methyl tert-butyl ether mixture[J]. Journal of Applied Polymer Science, 2002, 83(11): 2434-2439.

[218] ZHAO C, WANG N X, WANG L, et al. Hybrid membranes of metal-organic molecule nanocages for aromatic/aliphatic hydrocarbon separation by pervaporation[J]. Chemical Communications, 2014, 50(90): 13921-13923.

[219] KONONOVA S V，KREMNEV R V，SUVOROVA E I，et al. Pervaporation membranes with poly (γ-benzyl-l-glutamate) selective layers for separation of toluene-n-heptane mixtures[J]. Journal of Membrane Science，2015，477(0)：14-24.

[220] MANDAL M K，BHATTACHARYA P K. Poly(vinyl acetal) membrane for pervaporation of benzene-isooctane solution[J]. Separation and Purification Technology，2008，61(3)：332-340.

[221] GENDUSO G，AMELIO A，LUIS P，et al. Separation of methanol-tetrahydrofuran mixtures by heteroazeotropic distillation and pervaporation[J]. AIChE Journal，2014，60(7)：2584-2595.

[222] TAMADDONDAR M，PAHLAVANZADEH H，HOSSEINI S S，et al. Self-assembled polyelectrolyte surfactant nanocomposite membranes for pervaporation separation of MeOH/MTBE[J]. Journal of Membrane Science，2014，472：91-101.

第6章 油水分离膜

近年来，油水分离膜材料成为膜科学与技术领域的研究热点之一[1-4]。事实上，油水分离膜材料并不是一个新鲜的课题。早在20世纪80年代，有关油水分离膜材料的研究就已有报道，微滤、超滤等膜材料也被逐渐应用于油田水等含油废水的处理过程之中。随着超浸润（如超疏水、超疏油等）表面的概念被广泛应用于材料科学的研究之中，油水分离过程作为其潜在应用之一，重新受到了研究者的关注。将超浸润原理与膜分离材料相结合，能够使分离膜的性能得到大幅提高。本章中，我们将详细介绍油水分离过程的基本原理及影响因素，总结近年来研究者在油水分离膜材料领域取得的进展，特别是超浸润性油水分离膜材料的研究与应用。本章将分为以下几个部分：论述含油废水的类型和油水分离的概念；论述油水分离过程涉及的表面浸润性原理，并分别介绍截留型油水分离膜材料及破乳型油水分离膜材料的基本原理与影响因素，讨论仿生概念在油水分离膜材料设计过程中的应用；论述常见的几类油水分离膜材料；论述特殊类型油水分离膜材料的相关进展；最后，总结油水分离领域的研究现状，并展望其未来的发展方向。

6.1 含油废水与油水分离

2010年，墨西哥湾石油泄漏事件引起了全世界的广泛关注。这场灾难不仅带来了巨大的经济损失，更为当地生态环境带来了难以估计的破坏，还有很多历史上严重的石油泄漏事件见表6-1。面临日益频繁的海上漏油事故，许多科学家把目光投向了原油污染治理这一世界性难题。在此背景下，油水分离材料成为近年来新型功能材料中的研究热点。事实上，无论在石油开采、机械加工、交通运输、食品、纺织、医药还是日常生活，都会产生大量的含油废水，因此油水分离技术得到了广泛的发展与应用。例如，在石油开采过程中，往往需要通过注水采油的方式提高出油率，而注入水大部分来源于油田产出水，即采油污水，它们需要经过脱油处理才能达到注入水水质要求；在机械加工领域，油水乳液也是常用的冷却剂与润滑剂，其在机械切削过程中起到冷却、润滑、清洗、防锈等作用；在食品加工和日常生活中，每天都会产生大量的含动植物油的废水，这类废水中同时含有大量的蛋白质、脂类和碳水化合物物质，需要进行处理或回收。

含油废水对生态环境及人类健康都存在巨大的威胁。例如，水面的浮油会扩散覆盖水面，造成水下缺氧，威胁水生生物的生成；土壤中的含油废水可能会黏附在植物的根部，导致植物对养分吸收困难，造成植物的死亡；油类分解产物中可能存在有毒物质，生物体摄入后不仅会自身畸变，也可能通过食物链浸入人体，对人体健康造成危害。因此，对含油废水的分离及后处理是非常重要的。

表 6-1　历史上严重的石油泄漏事件

事　　故	时　　间	原油泄漏量/万 t	影　　响
科威特漏油事故	1991 年	136～150	对珊瑚系统和当地渔业造成严重损害
“伊克斯托克-I”油井事故	1979 年	45.4	严重的生态破坏
“大西洋女皇”号事故	1979 年	28.7	约 220 万桶原油外泄到多巴哥岛附近海水中，其中一部分燃烧掉落
“贝利韦尔城堡”号事故	1983 年	25.2	开普敦附近海域受到破坏
“阿莫戈-卡迪兹”号事故	1978 年	22.3	野生动物大量死亡，包括 2 万只海鸟、9000 t 牡蛎以及数百万海星和海胆
“M/T 天堂”号事故	1991 年	14.5	大量原油沉入海底，当地环境恢复花费十多年
“托利卡尼翁”号事故	1967 年	13.2	对海洋和陆地生物造成严重伤害
“埃克森-瓦尔迪兹”号触礁事故	1989 年	3.5	溢油散布约 1300 km 海岸线，同时杀灭了食物链基层生物，对生态系统影响显著

为了满足工业上对油水分离的需求，许多分离技术如重力分离、离心分离、电脱分离、乳液粗粒化、气浮分离等被广泛应用于上述领域。根据水体中油的分散状态的差别，可以分为游离油(或浮油)、分散油、乳化油与溶解油四类。一般来说，油滴尺寸大于 100 μm 为游离油，一般可以通过重力或离心分离实现除油过程；粒径在 10～100 μm 之间的被称为分散油，可通过粗粒化与加压气浮法加以分离；油滴粒径小于 10 μm 时为乳化油，大部分乳化油的尺寸在 100 nm～2 μm 之间，乳化油往往是体系中含有表面活性剂作为乳化剂来维持油滴稳定分散，其分离过程可通过化学絮凝、电解、膜过滤等方式实现；溶解油的粒径最小可到达几纳米，它是以化学方式溶解在体系内的微小油滴，一般通过生物过程进行处理，也可通过纳滤、反渗透膜进行分离。此外，分离方式的选择也与处理对象有关，不同类型的含油废水中其油滴的分散状态不同。例如，油田废水中 90%以上为浮油与分散油，其余为乳化油。而机械加工的乳液则以乳化油为主。在膜分离过程中，需要根据油滴在废水中分散形式的不同，应用不同类型的膜材料对其进行分离。工业上油水分离主要是通过微滤和超滤过程实现的，这是由于需要应用膜分离技术来处理的油水混合物通常是乳化油，这时油滴粒径基本在微滤和超滤的截留范围之间。

6.2　膜法油水分离的基本原理

6.2.1　分离膜材料的表面浸润性

在油水分离过程中，分离膜的性能往往是由其孔道结构与表面性质共同决定的，两者互相影响，密不可分。一方面，孔道结构如膜孔形貌、大小、分布及孔隙率等，是决定分离膜通量与截留率的重要因素；另一方面，表面的化学组成与微观形貌也会对膜的浸润性、抗污染性等产生重要影响。与传统的分离过程不同，无论是分散的油相还是水相，它们都是具有较强形变能力的“软粒子”，尽管从根本上讲截留性能由膜孔尺寸所决定，然而膜表面的浸润性会对其分离机理、耐击穿压强、抗污染性等产生重大影响。依据表面浸润性的差别，油水分离膜材料可大致分为亲油疏水膜和亲水疏油膜两类。前者主要被用于“截水过油”，如溶剂除水等过程；而后者则适用于“截油过水”的场合，如含油废水的处理。

6.2.1.1　亲油疏水与亲水疏油膜

油、水与膜三相的表界面行为是影响油水分离的重要因素。液体在固/气/液三相线的行为可由杨氏方程（young’s equation，式 6-1）来描述，空气中水滴在固体界面浸润状态如图 6-1 所示。

$$\cos\theta=\frac{\gamma_{vs}-\gamma_{sl}}{\gamma_{lv}} \tag{6-1}$$

式中，γ_{lv}、γ_{vs}和 γ_{sl}分别代表气液（V-L）、气固（a-s）和固液（S-L）的界面张力，单位为牛/米（N/m）；θ 为接触角，单位为度（°）。通常定义 $\theta>90°$时为疏水表面，$\theta<90°$时为亲水表面。由杨氏方程可知，当 $\gamma_{vs}>\gamma_{sl}$时，$\cos\theta>0$，$\theta<90°$，即表面是亲液的；反之，当 $\gamma_{vs}<\gamma_{sl}$时，$\cos\theta<0$，$\theta>90°$，即表面是疏液的。实际上，随着研究的进一步深入，研究者们发现真实情况下亲疏水的分界线为 65°。需要提醒的是，杨氏方程描述的是理想表面在平衡状态下的表面浸润现象。而由于分离膜材料通常具有多孔结构，因此当膜表面亲水时，水滴在其表面的行为由铺展与渗吸过程共同决定，其与平整的非渗透表面有很大的区别。

对于亲油疏水膜来说，油在其表面应满足浸润状态，而水滴在其表面应保持非浸润状态，为此，膜的表面张力需要满足 $\gamma_{油-膜}<\gamma_{空气-膜}<\gamma_{水-膜}$，即材料表面张力介于其与油的界面张力和与水的界面张力之间即可。许多聚合物材料如聚乙烯、聚丙烯均满足这一条件，这些材料表面化学结构极性较弱，表面能较低。因此，利用这一原理制备的亲油疏水膜能够有效分离油水两相，当它们与油水混合物接触时，膜表面可被油浸润并渗透过去，而水滴则不能浸润表面而被截留。

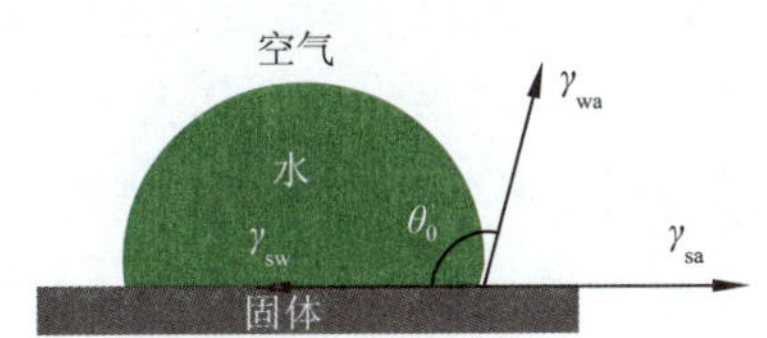

图 6-1　空气中水滴在固体界面浸润状态

反之，如果需要实现表面亲水疏油，则需要满足 $\gamma_{水-膜}<\gamma_{空气-膜}<\gamma_{油-膜}$。然而，由于水的表面张力几乎高于所有油（见表 6-2），通常情况下材料与油、水的界面张力满足 $\gamma_{油-膜}<\gamma_{水-膜}$。当 $\gamma_{水-膜}<\gamma_{空气-膜}$时，材料表面为高能表面，材料在空气中表现出既亲油又亲水的性质，即双亲性；而当 $\gamma_{空气-膜}<\gamma_{油-膜}$时，该表面为低能表面，材料往往既疏油又疏水，即双疏性。因此，对于常规材料而言，其在空气中往往存在“亲水必亲油，疏油定疏水”的原则，即在空气环境下通常不存在亲水疏油材料。为了构建亲水疏油膜，研究者们分别从两个不同的角度做了以下努力，水与常见非极性溶剂在 25 ℃下的表面张力见表 6-2。

表 6-2 水与常见非极性溶剂在 25 ℃下的表面张力

液　体	表面张力/(mN·m^{-1})	液　体	表面张力/(mN·m^{-1})
水	71.97	正己烷	18.4
石油醚(15 ℃)	17.5	1,2-二氯乙烷	38.75
汽油	21.19	柴油	28.76

第一种构建亲水疏油表面的方法是通过设计特殊的表面化学结构,即让表面同时存在亲水组分与可"运动"的低表面能的组分(往往表现出双疏性)来实现的。在干燥状态下,低表面能的组分暴露于外以降低体系能量,当表面与水相遇时,由于亲水组分与水分子的相互作用,表面分子结构发生重排,亲水组分暴露在水环境中,表面亲水性提高;而当油与表面接触时,表面结构不发生变化,仍表现出疏液状态。较早的一个例子是中国科学院兰州物理化学研究所张招柱课题组通过在表面涂覆一层聚二甲基二烯丙基氯化铵(PDDA)与全氟辛酸钠复合涂层所实现的[5],其结构如图 6-2(a)所示。当聚合物分别与水和油接触时,初始状态下表面表现出超双疏状态。然而当表面遇到水时,含氟基团会发生重排使得水分子与 PDDA 通过离子水合效应相互作用,表面亲水性提高,最后实现超亲水转变。另一个重要的实例是由密西根大学的 Anish Tuteja 所报道的质子响应型油水分离膜[6]。他们在不锈钢筛网或聚酯纤维布表面涂覆了一层由全氟葵烷化笼状倍半硅氧烷(fluorodecyl POSS)和交联的聚乙二醇二丙烯酸酯(x-PEGDA)组成的共混涂层。当与水滴接触时,涂层发生分子重排,重排后亲水组分能够暴露在水/固界面,导致水滴浸润并渗透过材料;而当油滴与之接触时,表面则完全表现出 POSS 的疏液性,表面呈现超疏油的状态。需要指出的是,空气环境下的亲水疏油材料并不违背前文中提到的"疏油一定疏水"这一原则。实际上,当水滴刚刚接触表面时,其仍保持超疏水状态,只有当涂层中的亲水组分与水发生作用,同时涂层中的低表面能组分需具有一定的运动性并发生重排,最终导致其表面浸润性发生转变,这一过程往往需要一定的时间,平整表面接触角随时间的变化及粗糙表面水与正己烷液滴随时间的变化如图 6-2(b)与(c)所示。

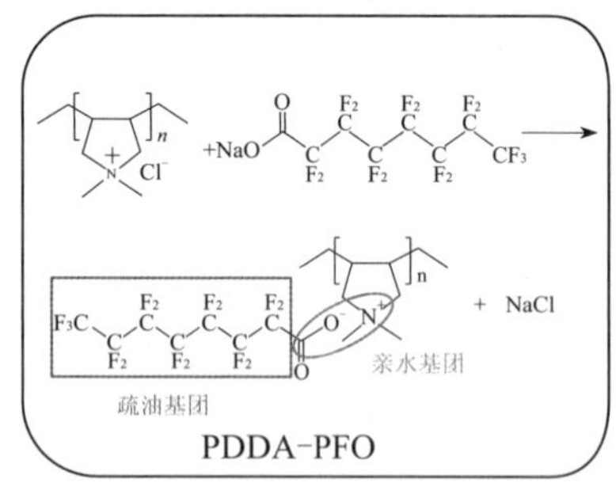

(a) PDDA-PFO结构示意图

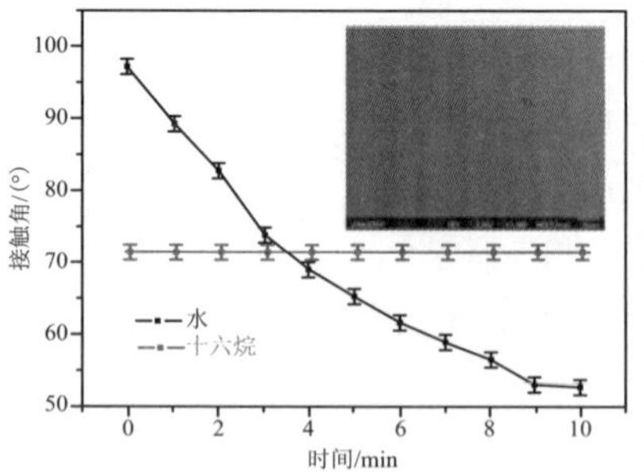

(b) 平整表面接触角随时间的变化

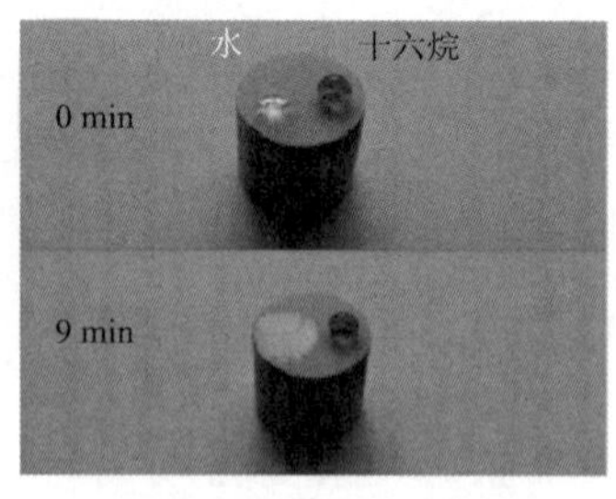

(c) 粗糙表面水与正己烷液滴随时间的变化

图 6-2 超疏油/超亲水材料[5]

第二种方法则是构建亲水/水下疏油表面。事实上,油水分离过程中,膜往往不直接接触空气,而只接触水相或油相。因此,膜在空气中无须具备亲水疏油性,而只需要在水环境中膜

具有疏油性即可。水下油滴在固体界面的浸润状态如图 6-3 所示，在水环境中的杨氏方程可修正为

$$\cos\theta_{ow}=\frac{\gamma_{ws}-\gamma_{os}}{\gamma_{ow}} \tag{6-2}$$

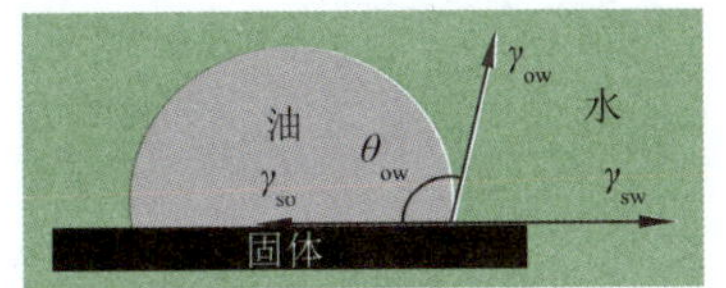

图 6-3　水下油滴在固体界面的浸润状态

分别将空气中油-膜杨氏方程和水-膜杨氏方程带入后，可得下式：

$$\cos\theta_{ow}=\frac{\gamma_o\cos\theta_O-\gamma_w\cos\theta_w}{\gamma_{ow}} \tag{6-3}$$

式中 γ_{ws}，γ_{os}，γ_{ow} 分别为水-膜、油-膜和油-水的界面张力，γ_o，γ_w 为油、水的表面张力；θ_o 与 θ_w 分别为空气中的油接触角和水接触角；θ_{ow} 为体系的水下油接触角。由式(6-3)可以看出，当表面亲水性提高时，特别是当 $\theta_w=0°$ 时，$\cos\theta_{ow}$ 达到理论最小值，且由于一般情况下 $\gamma_o<\gamma_w$，$\cos\theta_{ow}$ 为负，$\theta_{ow}>90°$；随着表面的水接触角逐渐增大，$\cos\theta_{ow}$ 逐渐增大，即水下疏油性逐渐减弱。

杨氏方程是以模型表面为基础推导得到的，然而分离膜表面不仅具有一定的粗糙结构，还具有可渗透的复杂孔道，其表观接触角是材料表面化学性质与物理形貌共同作用的结果。可浸润多孔表面的接触角需要同时考虑液体在表面的铺展过程与在孔道内由毛细作用导致的渗吸行为，分别可以通过 Tanner 定律与 Darcy 定律分别描述。此外，在油水分离过程中，亲液性往往并不是关注的重点，我们更关心表面的疏液性，此时需要对杨氏方程进行修正，以描述非模型表面上的浸润现象。

6.2.1.2　超浸润分离膜

近年来，随着“超浸润(super-wettability)”这一概念的提出，具有超浸润表面的分离膜材料逐渐成为油水分离膜的主流研究方向之一。其中，超疏水/超亲油材料与超亲水/水下超疏油材料是油水分离膜中最为常见的两种油水分离膜。通常而言，超疏液表面是指液体在表面的接触角大于 150°且滚动角小于 10°的表面。因此，超疏水/超疏油分离膜不仅能够阻止其中一相的通过，同时对截留相的黏附力较小，能够有效减少膜的污染，从而在保证截留性能的同时提高通量；另一方面，超疏表面有利于提高膜的耐击穿性质，这一点将在截杀临界击穿压强部分详细论述。通常实现超浸润表面需要构建复杂的表面微观结构，而描述粗糙表面的接触角需要对杨氏方程进行修正，最为常见的是 Wenzel 模型与 Cassie-Baxter 模型。

Wenzel 模型在杨氏方程的基础上考虑了粗糙度的影响，以液体在空气中的接触角为例，杨氏方程应修正如下：

$$\cos\theta=R\cos\theta_f=R\,\frac{\gamma_{vs}-\gamma_{sl}}{\gamma_{lv}} \tag{6-4}$$

式中，θ_f 为液体在平面上的真实接触角；R 为液滴真实接触面积与投影面积的比值，该方程可由表面能公式推导得到。如图 6-4(a)所示，Wenzel 模型表明对于粗糙表面而言，粗糙度的增加(表现为 R 的增加)会导致亲疏液行为的“放大”，即“亲者愈亲，疏着愈疏”。Wenzel 模型基本符合大部分的亲液表面的情况，而对于疏液表面，粗糙结构往往会导致图 6-4(b)的情况发生，即液固界面处存在未浸润的液气界面。此时则需要用 Cassie-Baxter 模型描述。Cassie-Baxter 模型认为，由于部分空气滞留在粗糙结构的凹处导致无法浸润，其接触角相对于平整

表面更大，其表达式如下：

$$\cos\theta = -1 + \phi_s\left(1 + \frac{\gamma_{vs} - \gamma_{sl}}{\gamma_{lv}}\right) \tag{6-5}$$

液体在粗糙表面可能存在的状态如图 6-4 所示。

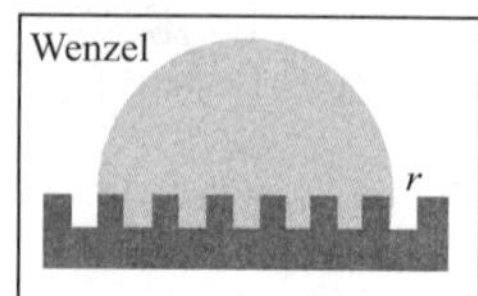

(a) 空气中水滴在粗糙表面处于Wenzel状态

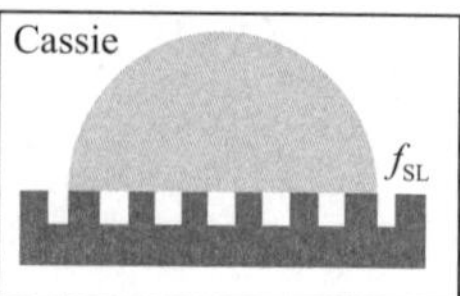

(b) 空气中水滴在粗糙表面处于Cassie状态

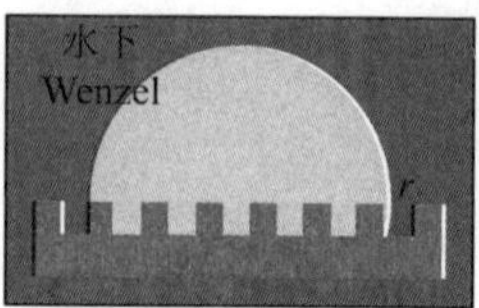

(c) 水中油滴在粗糙表面处于Wenzel状态

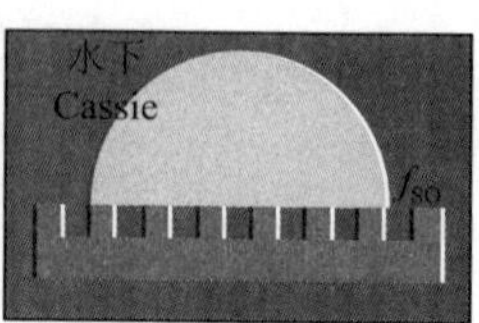

(d) 水中油滴在粗糙表面处于Cassie状态

图 6-4　液体在粗糙表面可能存在的状态[2]

式(6-5)中 ϕ_s 为浸润面积中液固界面所占的百分比。由上式可知，在粗糙表面上，液体与基底接触部分由两种界面组成，因此在计算接触角的时候，需要考虑两部分的贡献：一部分是液固界面，其贡献为 $\phi_s\dfrac{\gamma_{vs}-\gamma_{sl}}{\gamma_{lv}}$，另一部分则是未被浸润的液气界面，贡献为 $-(1-\phi_s)$。这里认为气液界面的接触角为 180°，水下油接触角的情况类似。比较 Wenzel 模型与 Cassie-Baxter 模型可以发现，无论是构建亲油疏水膜还是亲水疏油膜，我们都期望最终的结构满足 Cassie-Baxter 模型下的疏液情况，这不仅是由于 Cassie-Baxter 模型通常具有更大的接触角，更重要的是，较小的接触面积有利于减少分散相在表面的黏附力，从而抑制膜污染所导致的通量下降。因此，从制膜角度上看，通过不同的相分离过程(如热致相分离、蒸发致相分离、非溶剂致相分离等)可以得到不同膜结构，从而优化其油水分离性能。

6.2.1.3　临界击穿压强

正如在本节开始处所述，相较于一般的分离过程，油水分离最大的不同之处在于其截留组分是一种可在压力下变形的"软"粒子。以水中油滴为例，当压力较低的时候，膜对油滴的截留与刚性粒子类似，油滴可因孔径筛分效应而被截留；当压力升高时，油滴会在压力作用下变形，且当压力升至一定程度后，油滴被压过膜孔，这一现象被称为"击穿"，而对应的压强称为"击穿压强"。无论是在"截油过水"还是"截水过油"的情况下，都存在分散相的击穿现象，因此分离膜的临界击穿压强是决定膜分离性质的重要因素之一。

为了估算这一临界击穿压强，我们首先以最简单的液体假设在疏液圆形直通孔道模型进行推导，膜孔处三相界面受力情况如图 6-5 所示，其一般表达式[7]：

$$p_c = \frac{4\gamma|\cos\theta|}{d} \tag{6-6}$$

式中，γ 表示液体的表面张力；d 为膜孔孔径；θ 为接触角。由上式可以看出，临界击穿压强数值上等于 Laplace 压强沿孔道方向上的分量，即当压力超过 Laplace 压强时，平衡被打破，液体穿过孔道。对于水下超疏油的情况，上述公式同样适用，表达为

$$p_c = \frac{4\gamma_{ow}|\cos\theta_{ow}|}{d} \tag{6-7}$$

式中，γ_{ow}与 θ_{ow}分别表示油水界面的表面张力与水下接触角。由上式可以看出，对于特定的油，γ_{ow}为定值，决定其临界击穿压强的因素有两个，一是膜的孔径 d，d 越小，临界击穿压强越高；另一个因素就是接触角 θ，θ 越大，临界击穿压强越大。考虑到孔径的减小会引起通量的下降，提高膜临界击穿压强最好的办法就是提高表面的水下疏油性。式(6-7)被广泛用于预测油水分离材料，特别是在分离自由油水混合物的情况下。

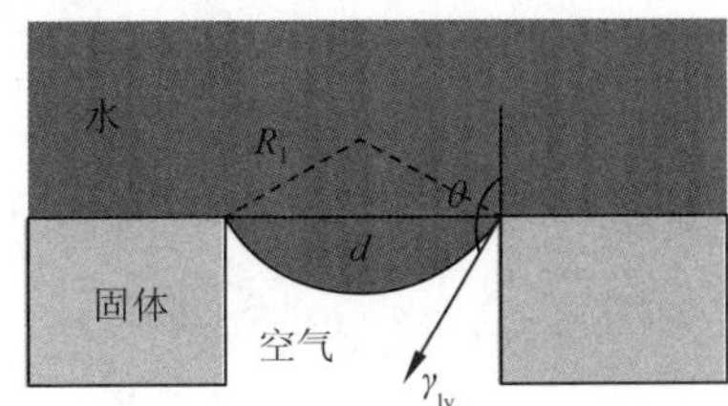

(a) 空气中水在疏水孔道中的受力情况

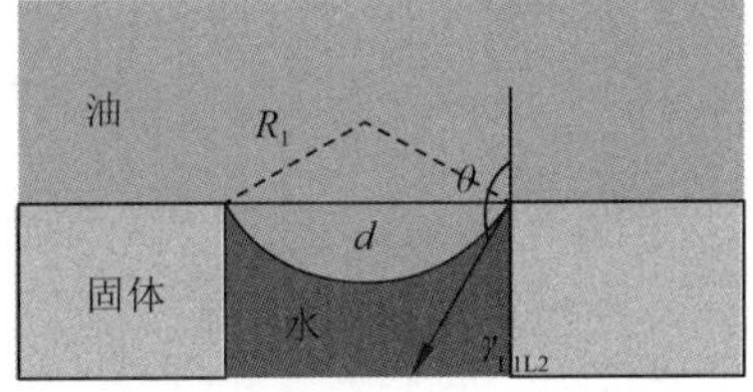

(b) 水下油在亲水孔道中的受力情况

图 6-5　膜孔处三相界面受力情况

实际的油水分离膜其孔截面结构往往并不是圆形的，而可能是任意的。正如上文所提到的，临界击穿压强本质上是抵消了 Laplace 压在孔道方向上的分量，因此，可以通过计算任意形状截面孔道的 Laplace 压强来估算。通过 Young-Laplace 方程的一般形式，即 $\Delta p=2\gamma\kappa$，其中 κ 表示为平均曲率，其本质即为界面张力在受力面积上的平均体现，由此可得任意形状截面的孔道的临界击穿压强表达式：

$$p_c=\frac{\gamma C_p\cos\theta}{A_p} \tag{6-8}$$

式中，C_p表示截面的周长，A_p表示截面面积。对于大多数不锈钢筛网来说，其孔道形状为矩形，因此对于长为 l，宽为 w 的矩形的孔道而言，其临界击穿压强为

$$p_c=2\gamma\cos\theta\left(\frac{1}{w}+\frac{1}{l}\right) \tag{6-9}$$

通过式(6-9)可以发现，由于正方形具有最大的周长-面积比，因此具有最高的临界击穿压强。在实际应用中，许多研究选用了筛网作为油水分离材料，而筛网结构往往可以简化为正方形孔，由式(6-9)可知，孔边长为 d 的不锈钢筛网的临界击穿压强为 $p_c=\frac{4\gamma\cos\theta}{d}$。受此启发，由于圆形孔在各种图形中具有最小的周长-面积比，因此在相同的孔道截面面积下最易被击穿。

需要特别指出的是，许多的文献中都误用了 $p_c=\frac{2\gamma\cos\theta}{d}$这一公式来估算材料的临界击穿压强，这是因为在推导过程中，相关作者将膜孔截面考虑为一维狭缝(狭缝界面受力情况如图 6-5 所示)，即 $l\gg w$ 的情况，此时 $1/l\to 0$，得到上述公式。但在实际情况中，膜孔不可能是一维狭缝，而是二维孔洞，因此上述公式并不适用。另一方面，在实际的应用过程中我们需要注意两点：

(1)接触角 θ 应该选取真实接触角，而不是表观接触角。这是由于测试得到的接触角已经包含表面粗糙结构的影响，如果这种粗糙结构的尺度远远小于油滴尺寸，例如纳米尺度的粗糙结构与微米尺度的油滴，那么这时的接触角在式(6-7)中依然适用；然而，当表面存在微纳复合结构时，微米级的结构所导致的接触角增大在式(6-7)中就不适用了。

(2)利用静态接触角得到临界击穿压强在某些情况下可能偏小，更为合适的是使用前进角，因为在击穿时油滴时，接触角并不是处在平衡状态下，而是在其最大值时。

聚合物膜孔径往往较为分散，且较少为直通孔道结构，因此临界击穿压强难以被准确估算。而不锈钢筛网、无纺布织物等具有单层结构与规则孔径的材料则更适合用理论模型来研究。然而，与上述例子不同，这类材料往往是由具有曲率的管状纤维堆砌而成，圆柱状纤维间的液体受力情况如图 6-6 所示，因此临界击穿压强可修正如下。

$$p_c=\frac{\gamma\sin(\theta-\Psi_{cr})}{d+r-r\sin\Psi_{cr}} \tag{6-10}$$

式中，$\Psi_{cr}=\theta-\arccos\left(\frac{R\sin\theta}{R+D}\right)$；$d$ 为膜孔孔径；r 为圆柱半径。该方程的推导过程与式(6-8)一致。

下面考虑更为复杂的情况。上述两个模型的适用条件是当油滴尺寸远远大于孔径的情况，即膜表面存在一层油膜。真实的油水分离过程中油滴往往是呈球状的，且油滴尺寸与膜孔尺寸在一个数量级上。当油滴尺寸与孔径接近的时候，需要对式(6-7)做如下修正。为了计算方便，依然以圆柱形孔为例，水环境下油滴在膜孔处的受力情况如图 6-7 所示[7]：

$$p_c=\frac{2\gamma\cos\theta}{r_p}\sqrt[3]{1-\frac{2+3\cos\theta-\cos^3\theta}{4(r_d/r_p)^3\cos^3\theta-(2-3\sin\theta+\sin^3\theta)}} \tag{6-11}$$

式(6-11)引入了 r_d/r_p，即液滴与膜孔的半径比。由上式可以看出，在同样的膜孔直径下，随着油滴直径的减小，临界击穿压强会逐渐减小。

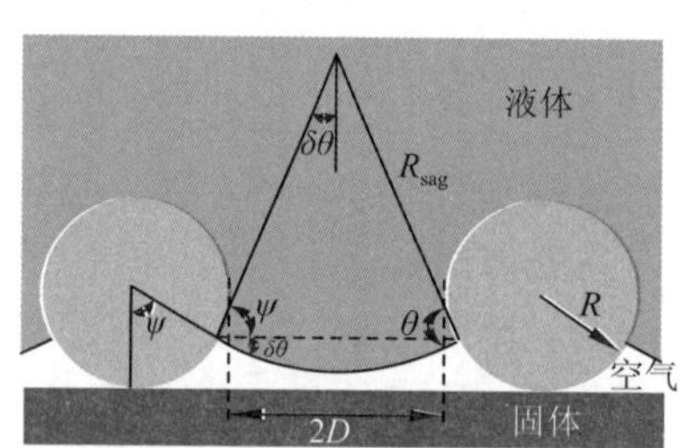

图 6-6　圆柱状纤维间的液体受力情况

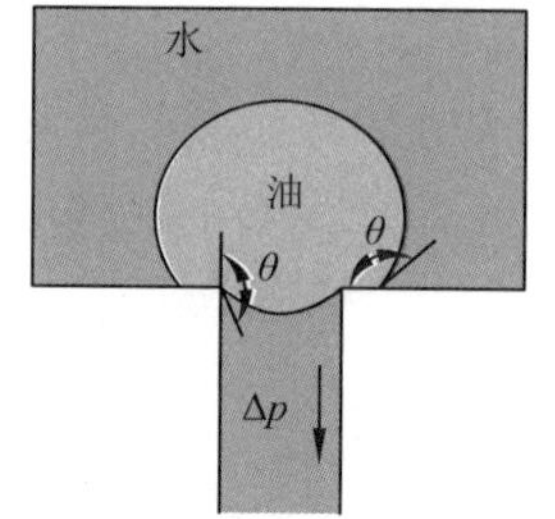

图 6-7　水环境下油滴在膜孔处的受力情况

6.2.2　破乳现象

在油水分离过程中，除了简单的两相分离外，还有另一种分离方式。目前许多文献报道的油水分离过程都是基于自由油水混合物甚至分层油水混合物的分离，在实际的应用过程中，分层油水混合物的分离过程是非常简单的，实验室中仅通过分液漏斗就能将其简单分离。实际应用中油水分离的挑战主要存在于油水乳液的分离。由于乳化剂的存在，使得油滴/水滴能够均匀稳定地在水/油中分散，使得分离难度大大增加。如果能够通过某些方法，让乳液液滴聚并，则可降低油滴稳定性，加快油水分层，从而提高油水分离效率。因为油的密度比水小，通过静置的方法可以使油滴上浮，油水逐渐分层，其上浮速率 v 遵循 Stokes 定律，即：

$$v=\frac{g(D_w-D_o)d^2}{18\mu} \tag{6-12}$$

式中，g 为重力加速度；D_w 与 D_o 分别为水和油的密度；d 为油滴直径；μ 表示水的密度。由上式可知，当油滴直径增大时，油滴的上浮速率增大，分离效率明显提高。

破乳作用(demulsification)，又称反乳化作用，顾名思义，与乳化过程相反，是指乳液中的液滴粒子发生聚并，形成大的液滴，最终使油水两相分层析出的过程[8-12]。常用的破乳方法包括静置、离心、过滤等物理机械法，以及加入破乳剂如乙醇、无机盐等物理化学方法，加热过程有时也可用于破乳。利用膜的破乳过程实现油水分离最早是 Nitsch 等在 1995 年所报道的[10]。他们利用疏水膜诱导油水乳液中油滴的聚并，从而形成连续油相，最终实现分离。在随后的 20 多年中，许多基于这一过程的理论与实验工作被陆续报道。考虑到相对于其他油水分离膜的截留原理，破乳原理并不是通过膜实现分离，而是通过膜所提供的界面诱导分散相的聚集，形成较大的油滴，最终实现油水两相的分层，使之更易分离，我们将在 6.3 节与 6.4 节中讨论所涉及的膜均通过截留原理实现分离过程。

1995 年，Nitsch 等受纤维聚结床的工作原理启发，提出利用疏水分离膜来实现这一过程[10]。传统的分离膜的分离原理是让连续相通过而分散相截留，而他们希望分散油相能够在膜表面聚集凝结，形成连续油相，然后再被分离。他们利用 PTFE、PVDF 等传统疏水膜材料进行实验。结果表明，原始乳滴直径在 5 μm 左右，乳液能够保持较为稳定的状态，不会发生相分离。而经过膜过滤后，油滴尺寸增加到 100 μm 左右，实际上，由于仪器检出限的限制，更大的液滴甚至连续油相无法被监测出来。另一方面，他们也发现了一些重要的结论，首先，他们使用的膜孔径为 5 μm，当膜孔径更小时，如小于 1 μm，上述现象就不会发生。这是由于膜除了破乳的作用外，同时还可能存在乳化过程。事实上，膜乳化近年来成为多孔膜非过滤功能应用的研究热点之一，连续油相通过多孔膜的过程中可能被乳化。因此利用膜破乳时孔径的选择十分重要。其次，研究者们发现亲水的膜如醋酸纤维素不会出现上述现象，从原理上解释，这是由表面浸润性所导致的，油滴在疏水表面易于铺展，而在亲水表面上，由于上文中所提到的水下疏油性，其仍保持液滴状态通过孔道。第三，利用该方法得到的膜分离效率为 80%～90%，且分离效率不会因为膜厚的增加或膜数的增加而受到影响，这是分离过程中连续的水相不可避免的渗透过膜所导致的。最后，当表面流速逐渐增大时，分离效率会有所下降，这可能是因为压力提高导致更多的水可以渗透过膜。

与此类似，Kocherginsky 等随后报道了亲水膜实现对油包水乳液破乳过程的相关工作，其原理与疏水膜实现水包油乳液破乳类似[11]。两者的不同点在于，对于疏水膜而言，在分离过程中，整张膜依旧保持疏水状态，因此在较低压力和流速下水相不易透过，而分散油滴聚并后过膜，渗透液中主要以油为主。当使用亲水膜的时候，亲水膜在空气中同时表现出亲水性与亲油性，即使表面吸附了水，孔道仍更倾向油替代空气，因此油相较易通过膜孔，而水滴也会在膜表面集聚，最终滤液里存在澄清的油水两相。值得注意的是，与疏水膜相比，这一研究中膜孔孔径的减少反而有助于降低水相中的含油量，油包水乳液破乳过程示意图如图 6-8 所示。

Hlavacek 等针对破乳过程也给出了详细的解释[12]。以水包油乳液为例，在自由状态下油滴之间，因为表面的表面活性剂的稳定作用而不会发生聚并。一方面，当油滴穿过膜孔时，由于膜孔相对于油滴较小，因此油滴被挤压进膜孔，膜孔内的受限流动导致油滴与孔壁接触更为紧密，而接近孔壁处较大的速度使得表面活性剂更易被“刷掉”；另一方面，膜孔的亲油性使得油与孔壁亲和性提高，在此基础上油滴更易发生聚并，实现破乳过程。

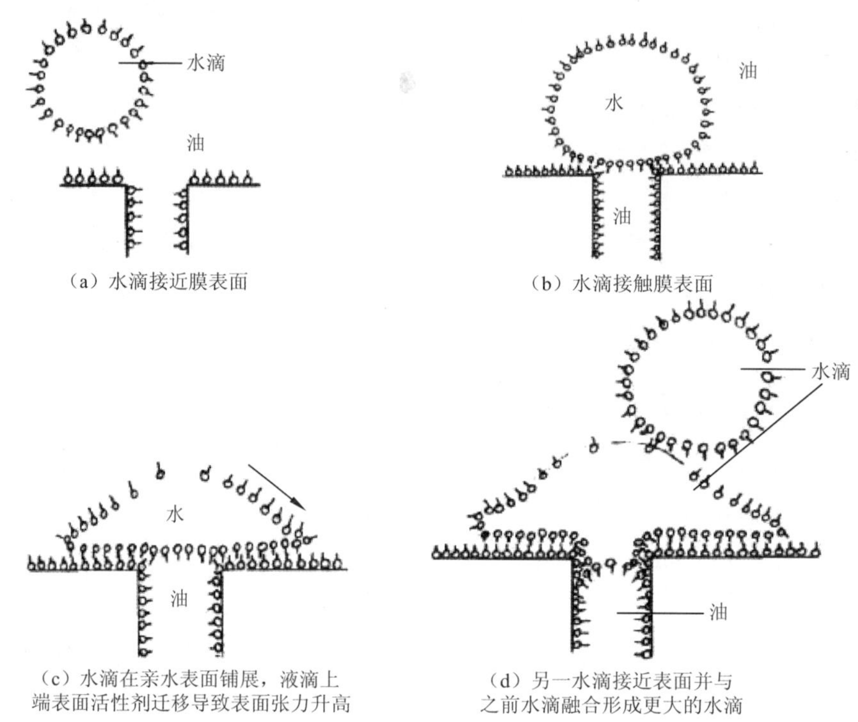

（a）水滴接近膜表面
（b）水滴接触膜表面
（c）水滴在亲水表面铺展，液滴上端表面活性剂迁移导致表面张力升高
（d）另一水滴接近表面并与之前水滴融合形成更大的水滴

图 6-8　油包水乳液破乳过程示意图

能够影响破乳过程的因素很多，包括膜孔浸润性、滤液流速、膜孔与油滴的尺寸等。我们可以通过计算机模拟来揭示上述因素对破乳效率的影响。以水包油体系为例，随着膜表面疏水亲油性增加，油滴聚并更为明显，这是由于亲油的膜孔孔壁更能有效捕获油滴促进聚并过程的发生。滤液流速也是一个重要的影响因素，随着流速的增加，液滴越来越难发生聚并。膜孔与油滴的尺寸匹配性影响比较复杂，如果膜孔比油滴小，则油滴穿过膜孔时会发生一定的压缩，此时油滴发生聚并的速度会大大提高，但是聚并后油相尺寸相对较小，这是由于孔洞较小时可能造成油滴与油滴间出现水相的间隙，从而一定程度上阻碍其进一步聚并；当孔径略大于油滴直径时（孔径于油滴直径与两倍油滴直径之间），油滴聚并效果较好；当孔径继续增大时，液滴接触概率降低，聚并现象减弱。最后，我们将通过破乳原理进行油水分离的工作与通过孔径筛分原理实现油水分离的膜进行了比较，见表 6-3。

表 6-3　基于破乳原理与筛分原理的油水分离膜比较（以分离水包油体系为例）

类　别	破乳原理	筛分原理
分离目的	油滴破乳，油水分层	水相透过，油滴截留
表面浸润性	亲油疏水	亲水疏油
评价标准	油相尺寸，水相含油量或油相含水量	截留率，滤液中的含油量
膜孔尺寸	较大（约 10 μm）	较小（<1 μm）

6.2.3　油水分离过程中的膜污染

在大部分的膜分离过程中，膜污染都是一个难以回避的问题。在油水分离过程中，这一问题则更为突出，因为在工业应用特别是油田废水处理的过程中，膜污染是造成分离效率下降与维护成本升高的最主要原因。

影响膜抗污染性的因素很多，包括含油废水种类与含油量、乳化剂类型、操作条件、膜表面化学性质及微观结构等[13]。

从膜的角度上看这些因素本质上体现在两个方面，一是膜与油或与乳化剂间的相互作用，二是膜的表面拓扑结构。油与膜的相互作用一般表现为聚合物中烷基链对油的亲和性，通过提高膜表面的亲水性，特别是在膜表面形成稳定的水合层，对提高膜的抗油性帮助较大。水合层的构建较为容易，而乳化剂与膜的相互作用较难避免。乳化剂的加入使得油滴粒径变小，稳定且难聚并，同时大幅降低油水界面能。更重要的是，乳化剂与膜的相互作用会导致膜污染，这种相互作用可能包括疏水相互作用、静电作用、氢键等。例如，如果使用与表面电荷呈相反电性的离子型乳化剂，则会导致乳滴在膜表面的黏附增强。

另一方面，膜表面拓扑结构对其抗污染性影响至关重要[14]。在 6.2.1 分离膜材料的表面浸润性中我们提到，通过制备具有微纳复合结构的粗糙表面，使之符合 Cassie 模型，可有效提高表面的水下疏油性。然而，在实际的过滤过程中，表面粗糙结构的构建需慎重考虑。在水下油接触角的测试过程中，由于油滴相对较为宏观，因此微米级的粗糙结构可能有助于提高其表面疏油性，然而当其应用于真实的油水分离特别是油水乳液的分离过程中，乳滴尺寸往往在几百纳米至几微米之间，此时，这种微米级的粗糙不但不能在油/膜的界面中形成油/水界面，而且会导致膜与乳液的接触面积增大，加剧表面污染。此外，多孔膜由于更容易“捕获”小的油滴粒子，因此相较于致密膜而言多孔膜的通量下降更为严重。

从操作条件角度上看，选择合适的过滤方式对膜的通量影响甚大。在实验室和工业应用中，常用的过滤方式分为死端过滤（dead-end filtration）与错流过滤（cross-flow filtration）两种[15]。显而易见，由于死端过滤过程中截留的油滴会累积在膜表面从而造成堵塞，通量会在过滤过程中迅速下降，因此错流过滤更加适合用于实际的分离场合。而在错流过滤中，错流流速与过膜压力是两个非常重要的参数。实验结果表明，提高过膜压力会使通量下降更为迅速，这是因为提高过膜压力会导致更多油滴在表面的聚集。而提高错流流速则有助于减缓通量下降，这是由于提高流速将抑制滤饼层的形成。值得注意的是，相较于致密膜而言，错流过滤对于减少多孔膜的通量下降并不显著，这可能是由于多孔结构更易“捕获”油滴所造成的。

6.2.4　油水分离膜的仿生设计

在油水分离材料的相关研究中，“仿生”概念被广泛地使用。在第 3 章中，我们列举了一系列的仿生膜材料的制备及应用。为了方便读者能够更好地理解相关工作的来源与特点，我们在此对油水分离材料设计过程中的“仿生”概念做一总结。“仿生”在材料构建过程中主要体现在以下四个层次上：材料仿生、结构仿生、过程仿生及功能仿生。材料仿生是指使用生物体的组成材料,或与之具有类似化学结构的分子,并利用其相应性能的材料构建过程。譬如近年来,研究者们模仿贻贝腹足蛋白中儿茶酚胺结构,利用其在材料表面的粘附性,开展了一系列基于聚多巴胺仿生涂层的研究,而多巴胺仿生涂层也被广泛地应用于油水分离膜的表面修饰过程。结构仿生是指在材料结构上仿造生物体中的结构构造,最为典型的例子就是仿造贝壳中的层状堆砌结构制备的具有高力学强度的仿生材料,以及仿造荷叶表面粗糙结构制备的超疏液表面。过程仿生是指材料的构建过程模仿了生物材料的形成过程或基本原理,例如仿生矿化过程中,$CaCO_3$的制备模仿了生物分子为模板,利用羧基、氨基等基团调控晶体生长的过程。功能仿生则是仿生学的最终目的,在材料科学中,功能仿生既可以是通过上述仿生过程来实现的,也可以是通过别的原理或手段实现生物体所具有的某种功能,如人造皮肤等。而在油水分离材料的制备过程中,仿生概念被广泛地用于材料类型与材料结构的构建之中,图 6-9 所示为自然界中生物表面微观形貌。

图 6-9　自然界中生物表面微观形貌

由 6.2.1 分离膜材料的表面浸润性可以看出,油水分离材料构建的核心问题在于特殊浸润性表面的构建。对于荷叶表面的超疏水、自清洁行为的研究是这一领域的先驱。荷叶表面具有微米级的乳突,而乳突自身又具有纳米级的粗糙结构,同时其是由低表面能的蜡状物质组成,因此赋予了其优异的疏水性。受此启发,研究者们通过同时调控表面化学组成和表面微观结构来实现表面特殊浸润性。粗糙表面的构建有助于同时提高表面的亲水性与疏水性,对于疏水表面,其一般遵循 Cassie-Baxter 模型;而对于亲水表面,则遵循 Wenzel 模型。相比于亲油疏水表面,亲水疏油表面则在自然界中更为常见,两个典型的例子就是鱼鳞和贝壳表面。鱼鳞是由磷酸钙与蛋白质组成的,其表面覆盖一层薄薄的黏液。尽管鱼鳞表面在空气中是亲油的,但在水环境中,其表面被一层水覆盖,因此表现出疏油性。此外,鱼鳞表面的粗糙结构进一步提高了其表面疏油性，油/水/鱼鳞三相界面满足Cassie-Baxter模型。事实上，对于水下超疏油表面而言，表面结构对其疏油性质，特别是抗油黏附性的影响更大。贝壳表面具有两个组成类似但表面结构不同的区域。由于贝壳多由碳酸钙与蛋白质组成，其表面具有优异的超亲水性质，其在水下均表现出疏油性质。但表面结构较为光滑的部分水下油接触角相对更小，同时油滴在表面表现出很强的黏附性；而粗糙表面不仅具有更大的水下油接触角，其抗油黏附性得到了极大提高，油滴滚动角较小。

基于上述例子我们得出结论，在油水分离膜甚至超浸润表面构建的过程中，最为重要的两个因素是表面化学性质和微观结构，而实现一般浸润状态向超浸润状态转变的关键因素往往在于表面微观结构的构建。与自然界相比，我们对于超浸润表面，特别是微观结构对其性质影响的认识还只是冰山一角，对于材料构效关系的理解及其实际应用潜力还有待研究者进一步的挖掘与拓展。

6.3　常见的油水分离膜

6.3.1　聚合物基分离膜

基于聚合物的油水分离膜，是油水分离材料重要的组成部分之一。它们不仅被广泛应用于实际的含油废水处理过程，而且也是研究者们研究最多的油水分离膜。从成膜材料上看，大部分的成膜聚合物均为疏水性的，如聚乙烯(PE)、聚丙烯(PP)、聚偏氟乙烯(PVDF)、聚四氟乙烯(PTFE)、聚砜(PSF)等，这是由于这类聚合物往往具有更好的稳定性。也有一些亲水聚合物如醋酸纤维素等可被用于制备分离膜。一般来说，由于聚合物膜特别是通过相分离法制备的微滤膜具有复杂的表面结构，因此，疏水聚合物常表现出较强的疏水性甚至超疏水性，可直接用于截水过油方面的应用。但是在实际的应用中，更多场合需要处理含油废水，即分离水体中的分散油相。因此，醋酸纤维素类的亲水聚合物被直接用于这类膜的制备或与其他聚合物构建复合分离膜[16]，而疏水聚合物往往需要通过亲水化处理才能用于油水分离。

从制备思路上看，聚合物基的油水分离膜主要有以下两种：一是直接成膜，二是表面改性。直接成膜法是指通过对成膜材料或成膜过程的调控直接构建可用于油水分离的膜材料。在膜组成方面，常用的思路包括对成膜聚合物的改性或在体系中加入亲水性添加剂等，其主要目的在于调控材料的本征浸润性；在成膜过程方面，研究者往往通过对影响成膜过程的主要因素如温度、凝固浴、添加剂等进行把控，以调控膜的表面形貌或膜孔结构，进一步“放大”膜的浸润性。表面改性法则是在成型的膜材料表面通过物理或化学改性的方法，同时改变其表面化学性质与微观结构，使之能够用于油水分离过程。相比之下，直接成膜法过程简单，工艺步骤较少，没有复杂的后处理过程，更适用于工业生产过程；而表面改性法因其对膜材料本身的结构与性质依赖性较低，具有较好的迁移性及比较性，更适用于理论研究。

6.3.1.1　相分离过程与膜结构的调控

在调控相分离过程以调控膜表面结构方面，中国科学院苏州纳米技术与纳米仿生科学研究所的靳健课题组做了大量的工作。例如,他们利用聚偏氟乙烯(PVDF)相转化成膜的方法分别构建了超疏水及超亲水/水下超疏油的分离膜,并且膜表现出对油包水乳液和水包油乳液优异的分离性能。例如,他们在 PVDF/NMP 溶液中加入少量的氨水,然后通过传统的相分离过程得到了具有球状堆砌结构的 PVDF 膜[17]。他们认为氨水的加入能够诱导体系内的微相分离,为后面的分相过程提供成核点,另外,球状堆砌结构往往导致膜的力学性能不佳,而氨水的加入一定程度上可以诱发脱氟反应,形成交联结构,膜的力学性能得到提高。通过该法制备得到的 PVDF 膜表现出优异的超疏水性,接触角达到 158°,滚动角小于 20°。同时,该膜可实现常压分离油包水乳液,分离效率达 99.95%。PVDF 超疏水膜的制备过程、结构与性质如图 6-10 所示。

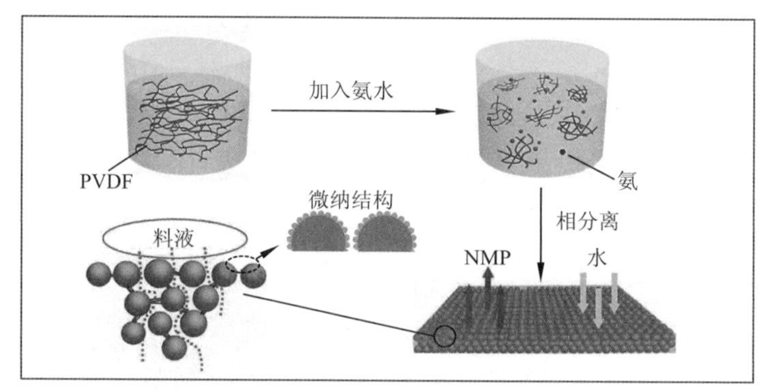

(a) PVDF超疏水油水分离膜制备过程

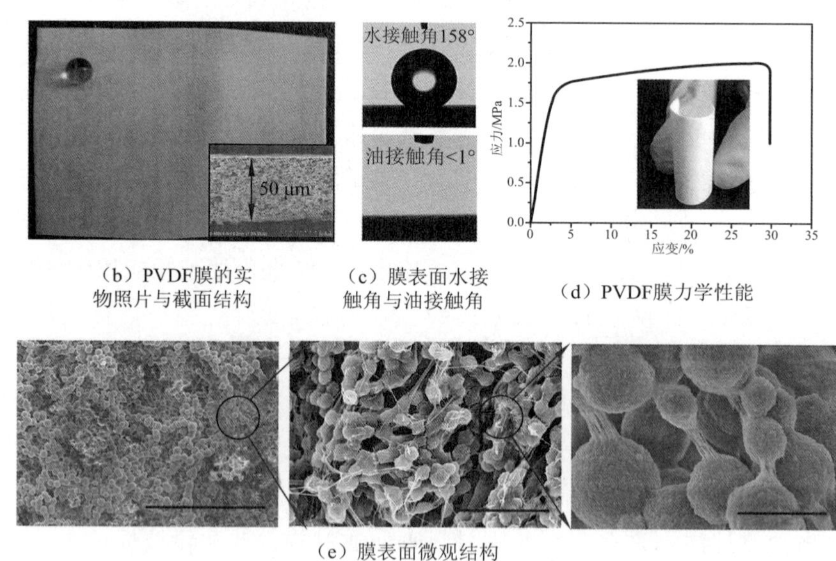

(b) PVDF膜的实物照片与截面结构

(c) 膜表面水接触角与油接触角

(d) PVDF膜力学性能

(e) 膜表面微观结构

图 6-10　PVDF 超疏水膜的制备过程、结构与性质[17]

类似地,他们通过调节聚丙烯酸接枝的聚偏氟乙烯(PAA-*g*-PVDF)的相分离过程,得到了具有超亲水/水下超疏油性质的分离膜,用于水包油乳液的分离。他们将辐射聚合得到的 PAA-*g*-PVDF 溶于 NMP 中,通过非溶剂诱导相分离法成膜[18]。特别的是,他们使用了

NaCl溶液作为凝固浴，利用其诱导并调控聚合物的相分离行为。当聚合物溶液接触到凝固浴时，NaCl在界面处结晶，并进一步诱导PAA-*g*-PVDF胶束的聚集，最终在膜表面得到微球堆砌的结构。由于PAA链多暴露于外，该膜具有良好的亲水性，表面微纳复合结构使得其水下疏油性大幅提高，对油水乳液具有良好的分离效果。从上述例子中可以看出，球状堆砌的表面结构对于实现膜的超浸润性并提高其油水分离性能起到了关键作用。对于一般的分离膜而言，在表面亲水性一致的情况下，粗糙的表面结构可能会增加膜与污染物的接触面积。特别是对于致密膜而言，平整的表面结构可能更有利于减少污染。而对于油水分离膜，粗糙的表面结构有利于表面抗油黏附性的提高，PVDF-*g*-PAA超亲水/水下超疏油膜的制备过程、结构与性质如图6-11所示。

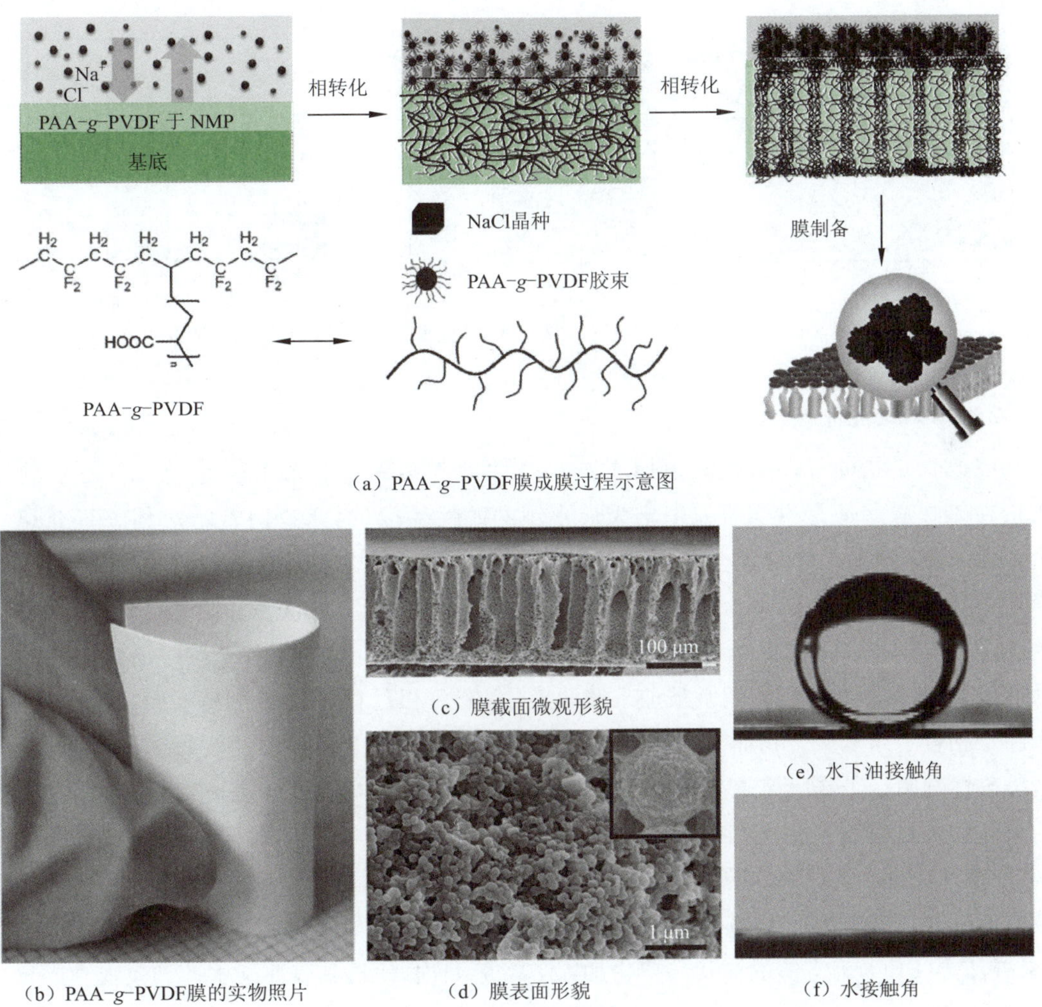

(a) PAA-*g*-PVDF膜成膜过程示意图

(b) PAA-*g*-PVDF膜的实物照片

(c) 膜截面微观形貌

(d) 膜表面形貌

(e) 水下油接触角

(f) 水接触角

图6-11 PVDF-*g*-PAA超亲水/水下超疏油膜的制备过程、结构与性质[18]

另外，膜的内部结构对分离性能也有重要的影响。例如，通过浸没沉淀相转化法能够制备出具有不对称结构的聚合物分离膜。其中，界面快速分相形成的致密层起到分离的作用，而下面的大孔结构则起到支撑的作用。由此可以看出，最小分离尺寸是由表面孔径决定的，而皮层厚度也是膜通量的决定因素。因此，降低皮层厚度能在保证截留率的前提下提高膜的渗透通量。例如，麻省理工学院的 Solomon 等通过浸没沉淀相转化法制备了聚砜(PSF)超滤膜，并用于油水分离[19]。在成膜过程中，他们加入了聚乙烯基吡咯烷酮与聚乙二醇，用于提高膜的亲水性及调控膜的分相行为。实验结果表明，当通过调控添加剂比例使分离膜的皮层由 1.2 μm 下降至 270 nm 时，相同条件下膜通量提高了 4 倍。需要注意的是，对相分离过程的调控影响的不仅仅是膜厚，也可能影响膜孔结构与表面组成，因此最终的结构是上述因素共同决定的，图 6-12 所示为不同添加剂比例得到的不同分离厚度的 PSF 超滤膜及其油水分离过程中的渗透通量。

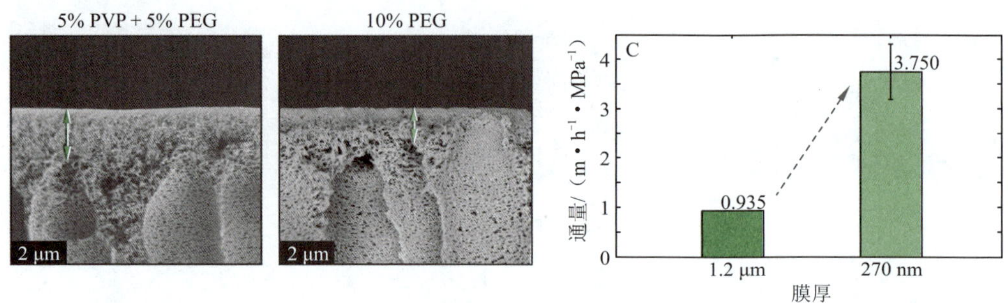

图 6-12 不同添加剂比例得到的不同分离厚度的 PSF 超滤膜及其油水分离过程中的渗透通量[19]

6.3.1.2 本体共混改性

共混改性是指通过在铸膜液中加入亲水改性剂来实现膜的亲水改性过程。由于共混改性无论在工业应用还是科学研究中均为最常用的改性手段，因此我们专门对其进行介绍。实际上，另一组分的加入本身就会影响膜的相分离过程，在此主要讨论改性过程对亲水性的影响。常被加入铸膜液中的亲水改性剂包括亲水性聚合物、两亲性嵌段聚合物及无机纳米粒子等。关于无机纳米粒子的内容我们将在 6.3.3 有机-无机复合膜中一节介绍。最为常见的亲水改性剂包括 PVP、PEG 等，它们常被加入铸膜液中，在分相过程中迁移至膜表面，从而提高表面浸润性。相较于亲水聚合物而言，两亲性嵌段共聚物则具有更好的改性效果。一般来说，两亲性嵌段改性剂中一个嵌段亲聚合物相，而另一嵌段亲水，其结构类似于表面活性剂，即提高了聚合相与改性剂之前相容性，减少成膜及使用过程中改性剂的流失，同时两亲组分更易迁移至表面，实现亲水改性。除了最为常见的两嵌段共聚物，多嵌段共聚物、梳状共聚物、支化共聚物等也被作为改性添加剂用于成膜过程。例如，Mayes 课题组将聚甲基丙烯酸甲酯(PMMA)为主链，聚氧乙烯(PEO)为支链的梳状共聚物加入 PVDF 膜内，使得其表面亲水性大幅提高[20]。

6.3.1.3 表面亲水改性

除了基于聚合物本身的相分离过程制备具有微纳结构的超浸润分离膜外，另一个被广泛采用的方案是膜表面修饰。尽管亲水化和疏水化的膜均可用于不同情况下的油水分离，但对亲水膜的研究往往更多，原因包括：①大部分需要分离的油水乳液体系多为水包油体系；②在实际的分离过程中，尽量避免或减少膜污染是研究的主要方向，亲水膜因其表面疏油性而具有更好的抗油污染能力。几乎所有膜亲水改性的方法均可用于构建亲水疏油的油水分离膜，如表面等离子体改性、表面接枝、表面化学沉积等。

表面等离子体处理是一种简便有效的表面亲水化改性策略。通过等离子体处理能够使得表面产生极性基团，从而提高表面浸润性。例如，有研究者通过对浸没沉淀相转化法制备的聚砜超滤膜进行表面等离子体处理，并用于油水乳液的分离过程[21]。然而，表面等离子体改性的问题在于短时间的处理效果不佳，而长时间的处理会对膜结构造成较大破坏，从而降低膜的机械强度。此外，表面重排所导致的“疏水性回复”效应，使得膜在储存过程中改性效果较难持久，因此近年来这种方法研究较少。相比之下，表面接枝改性则是一种应用更为广泛的表面改性策略。

表面接枝过程可分为“graft from”与“graft to”两类。“graft from”是指通过光引发、高能射线引发或原子转移自由基聚合等方式引发膜表面的聚合反应，从而膜表面构建亲水的聚合物刷层；另一类，将合成好的聚合物链通过表面化学反应接枝到膜表面，即“graft to”法也是研究者的常用策略之一。在接枝聚合物的选择上，所有亲水改性常用的聚合物有聚乙二醇(PEG)、聚丙烯酸(PAA)、聚乙烯基吡咯烷酮(PVP)、聚甲基丙烯酸二甲氨基乙酯(PDMAEMA)、聚糖以及近年来较为热门的聚两性离子聚合物。一般的亲水聚合物的水合机理分为两种：一是通过氢键与水分子水合，如 PEG；另一种是通过离子水合与电离基团作用，如各种聚电解质。其中，两性离子聚合物是一种具有高水合度的亲水聚合物，常被用于表面亲水改性。例如，Zhu 等人通过 SI-ATRP 法在 PVDF 膜表面接枝了磺酸甜菜碱类两性离子聚合物，膜表现出优异的亲水疏油性及高的渗透通量[22]。表面接枝法用于亲水改性见图 6-13，需要注意的是，随着接枝长度的增加，聚合物可能会导致膜孔的堵塞，引起通量表现出先升后降的趋势，这是表面浸润性提高与孔径缩小共同作用的结果。利用堵孔现象，也可通过接枝过程实现对更小尺寸油滴粒子的截留。

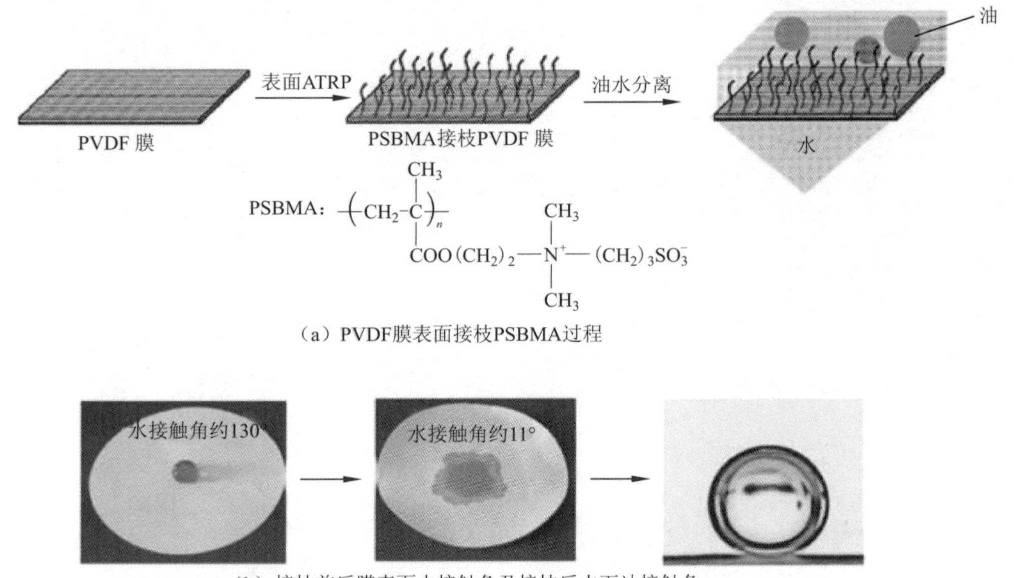

(a) PVDF膜表面接枝PSBMA过程

(b) 接枝前后膜表面水接触角及接枝后水下油接触角

图 6-13　表面接枝法用于亲水改性[22]

表面化学沉积法是一种较新的改性方法，其中最为重要的例子是基于仿生聚多巴胺(PDA)涂层的表面改性。2007 年，Lee 等人在"Science"杂志上发表了基于贻贝腹足黏附原理，利用多巴胺自聚过程在各种基底表面沉积并后功能化的工作[23]。此后，基于 PDA 涂层的研究成为表面化学领域的热点之一，特别是在膜表面改性方面具有巨大的应用潜力。由于 PDA 本身具有氨基、酚羟基等亲水基团，因此有研究者直接用 PDA 改性的膜用于油水分离[23]。然而聚多巴胺中的苯环结构使得其亲水性提高有限，对油滴的黏附较大。因此，有研究者在其表面接枝了 PEG-NH_2用以提高表面亲水性及抗污染性并用于油水分离[24]。为了进一步简化沉积过程，同时提高膜表面的亲水性，浙江大学徐志康课题组研究出了一种基于多巴胺/聚合物共沉积的膜表面亲水改性技术[25]。例如，他们将低分子量的聚乙烯亚胺(PEI)与多巴胺(DA)共沉积在聚丙烯微孔膜的表面，由于 PEI 与 PDA 之间的会发生 Schiff-base 或 Michael 加成反应从而形成共价键，不仅使沉积速率大幅缩短，而且与相同情况下聚多巴胺沉积的分离膜相比较，其表面亲水性与透水性均大幅提高，共价交联网络的存在也进一步提高了膜在酸、碱环境下的稳定性。该膜表现出优异的水下疏油性，并成功用于油水乳液的分离。与之类似，将聚磺酸甜菜碱(PSBMA，一种两性离子聚合物)与多巴胺共沉积，也得到了稳定的超亲水化微滤膜[26]。最近，有研究者报道了将多巴胺与一种商业化的硅烷偶联剂 KH560(γ-缩水甘油醚氧丙基三甲氧基硅烷)一步法沉积到膜表面，构建了亲水化的有机-无机杂化涂层，亦可用于油水分离过程，图 6-14 所示为多巴胺辅助共沉积法用于亲水改性[27]。

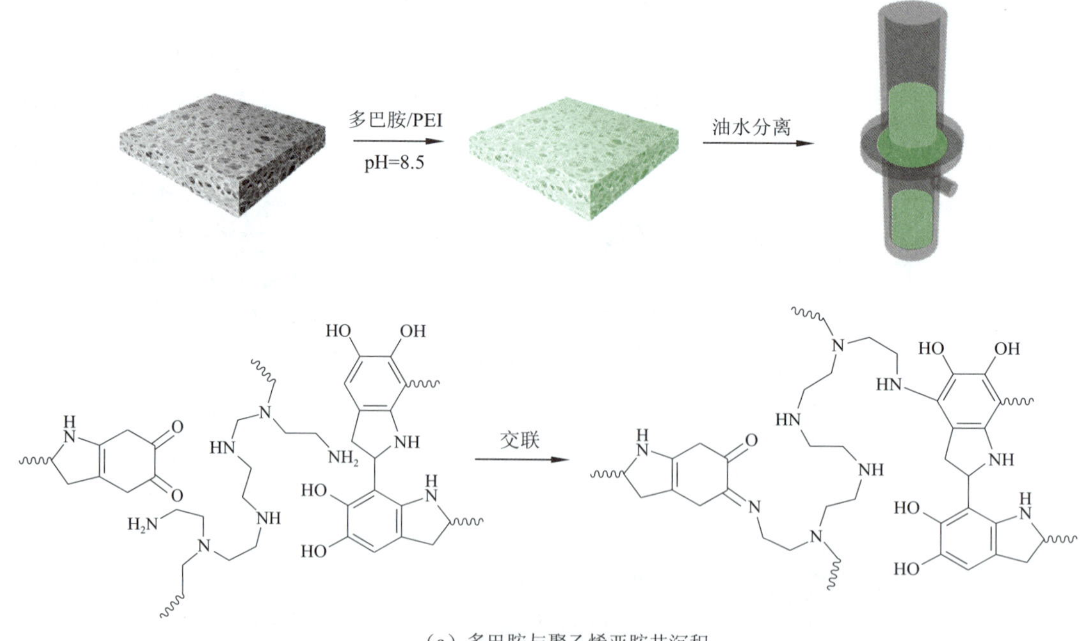

(a) 多巴胺与聚乙烯亚胺共沉积

图 6-14　多巴胺辅助共沉积法用于亲水改性[27]

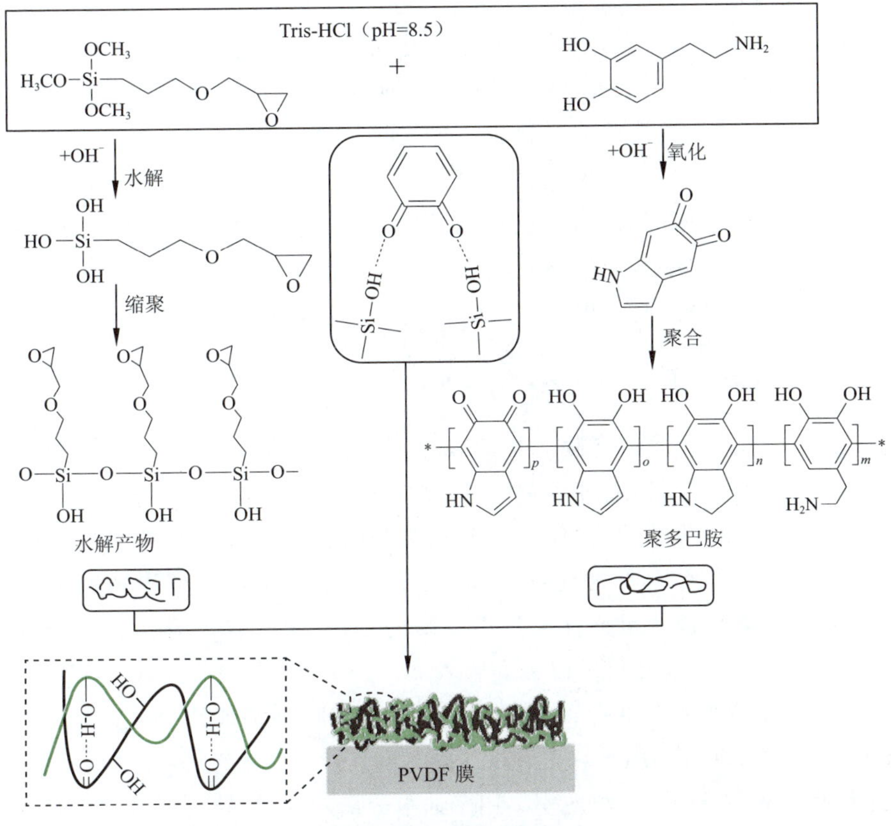

（b）多巴胺与KH560共沉积改性

图 6-14　多巴胺辅助共沉积法用于亲水改性[27]（续）

6.3.2　陶瓷膜

与聚合物膜相对应的另一类常见的商用膜是无机膜，其中又以陶瓷膜为主。常见的陶瓷膜多以 α-Al_2O_3 为主，SiO_2、TiO_2 及 ZrO_2 等矿物也被用作陶瓷膜的制备[28-30]。相比于聚合物膜而言，陶瓷膜在油水分离上有着先天的优势：首先，大部分无机矿物表面富含极性基团，因此具有优异的亲水性；其次，陶瓷膜多具有粗糙的表面结构，有助于超疏油性能的提高；最后，陶瓷膜具有更好的结构稳定性与化学稳定性。例如，研究者通过在 Al_2O_3 多孔微滤基底表面原位水解 $ZrCl_4$，得到了纳米 ZrO_2 分离层。ZrO_2 的亲水性与结构使得其油水分离性能得到大幅提升[28]。由于 ZrO_2 的优异性质，基于 ZrO_2 分离层的油水分离陶瓷膜被广泛报道。此外，也有研究者在 Al_2O_3 基底上生长沸石用于油水分离。

然而，正如 6.2.3 油水分离过程中的膜污染中所提到的，并不是任何尺度的粗糙度提高对膜分离性能均有提升。膜的粗糙结构与截留物的尺寸匹配性非常重要。有研究者利用不同尺寸的 PMMA 微球为模板调节无机膜表面的粗糙度，结果表面粗糙度大的无机膜反而耐污染性不佳，通量下降更快。这是由于粗糙结构的尺寸已经达到几十甚至上百微米，此时乳液尺寸已经小于或接近其粗糙结构[31]，无法形成 Cassie-Baxter 模型中的油/固与油/水界面结构，同时，由于接触表面积增大，表面总的吸附也更为严重，这与粗糙的膜表面会导致抗蛋白污染能力下降的原理类似。因此，在设计抗油表面时，纳米尺度的粗糙结构(即粗糙结构远远小于截留油滴尺寸)才是提高抗油污染能力的关键。

此外，有研究者研发了一种以陶瓷膜为底膜，在其表面复合聚合物分离层的复合膜。例如，可以在 ZrO_2 或 SiO_2 的底膜表面接枝一层 PVP，除了形成亲水层外，这种方法可以用来调控无机膜的孔径，实现对超细乳液的高效截留[32]。另一种思路是通过浸涂法直接在陶瓷膜表面涂覆一层醋酸纤维素皮层，此时聚合物层则完全起到分离层的作用[33]。

6.3.3 有机-无机复合膜

近年来，有机-无机复合膜成了膜科学领域的研究热点之一。大部分的有机-无机复合膜是以聚合物作为膜的基体材料，通过掺杂、表面修饰等方式实现无机组分的复合，其目的在于结合有机材料与无机材料共同的优点，进一步提高膜的性能。大部分有机-无机复合膜的研究是利用无机物优异的亲水性实现膜表面的亲水改性，从而提高膜的渗透通量与抗污染性，这也是油水分离膜所需具备的重要性质。更重要的是，相对于有机改性而言，无机复合过程更容易构建粗糙表面，材料刚性也可以提高膜表面在压力作用下的结构稳定性。

早期的有机-无机复合膜是通过无机纳米材料共混成膜来实现的，常见的无机纳米材料包括 SiO_2、TiO_2、ZrO_2、Al_2O_3 等。由于许多无机材料具有天然的亲水性，因此共混后膜的亲水性会得到提高，这也使之适用于油水分离应用。用于油水分离的共混膜存在的问题与所有这一类型复合膜存在的问题相同，包括以下三个方面：一是无机纳米粒子的均匀分散问题。由于大部分无机材料与膜的基体相容性较差，因此在共混过程中容易导致粒子团聚的问题。事实上，在聚合物/无机纳米粒子共混材料的制备过程中，我们往往是通过动力学控制，即在高温和力学搅拌下让粒子均匀分散后，再通过冷却固化过程限制其迁移，防止其为达到热力学稳态而团聚。而制膜过程往往需要一个相分离的过程，这一过程给予纳米粒子足够的运动时间。二是无机纳米粒子使用过程中的流失问题。由于上面所提到的较差的界面相容性，加之在非溶剂致相分离过程中，粒子会迁移到聚合物/水的界面处，导致在使用过程中粒子容易脱落流失。三是纳米粒子的改性效果有限。由于共混过程中，纳米粒子同时分布在膜的本体与表面，而本体中的纳米粒子对亲水性没有贡献，同时，共混过程中的对添加量的限制也是其亲水改性效果影响因素之一。为了解决上述问题，研究者们多采用纳米粒子表面修饰的方法来操作。

相比于传统的通过共混/掺杂法或原位生成等方法制备得到的有机-无机复合膜，仿生矿化膜是一种具有高表面无机覆盖率的分离膜。关于仿生矿化膜的相关介绍在前文已有详述，在此不做赘述。如上文所言，通过聚丙烯微孔膜表面接枝 PAA，再利用静电作用吸附 Ca^{2+}，交替浸入 Na_2CO_3 与 $CaCO_3$ 溶液，最终获得无定型 $CaCO_3$ 纳米涂层涂覆的多孔膜[34,35]。图 6-15所示为碳酸钙仿生矿化膜制备过程及表面形貌。相较于无机物镶嵌于膜内的有机-无机杂化膜而言，矿化膜的表面完全由具有粗糙结构的无机矿物所覆盖，这使得其具有更为优异的疏油性能：一方面，作为一种离子型矿物，碳酸钙本身具有优异的亲水性质；另一方面，矿物涂层特有的微纳结构进一步提高了表面的疏水性，其结构可用 Cassie-Baxter 模型描述。更为重要的是，即使是亲水聚合物，在压力作用下柔性的聚合物链也会被“排开”，油滴会与聚合物膜本体接触，导致其黏油性的提高，在这一过程中，矿物涂层的刚性保证了优异的抗油性。实验结果表明，尽管 PAA 链也是亲水的，但相较于 $CaCO_3$ 涂层而言，其在水下表现出较高的油滴黏附性。而矿物涂层在水下对各种类型油的滚动角均小于 5°，这既保证了膜具有较高的通量和截留性能，又提高了膜的抗油污染性。此外，得益于其特殊的表面性质及孔结构，矿化膜的临界击穿压强可达 0.14 MPa 以上，相较于大部分报道的超浸润油水分离材料，如不锈钢筛网，达到了可实际应用的操作压力。而较其余具有较高临界击穿压强的微滤与超滤膜而言，矿化膜的通量达到了 40 000 $L \cdot hm^{-2} \cdot MPa^{-1}$。与此类似，通过贻贝仿生涂层制备得到的仿生硅化膜也具有同样优异的油水分离性能[36]，同时，由于 $CaCO_3$ 存在不耐酸的特点，因此在实际应用的清洗过程中会有矿物流失的问题，而 SiO_2 可以解决这一问题。

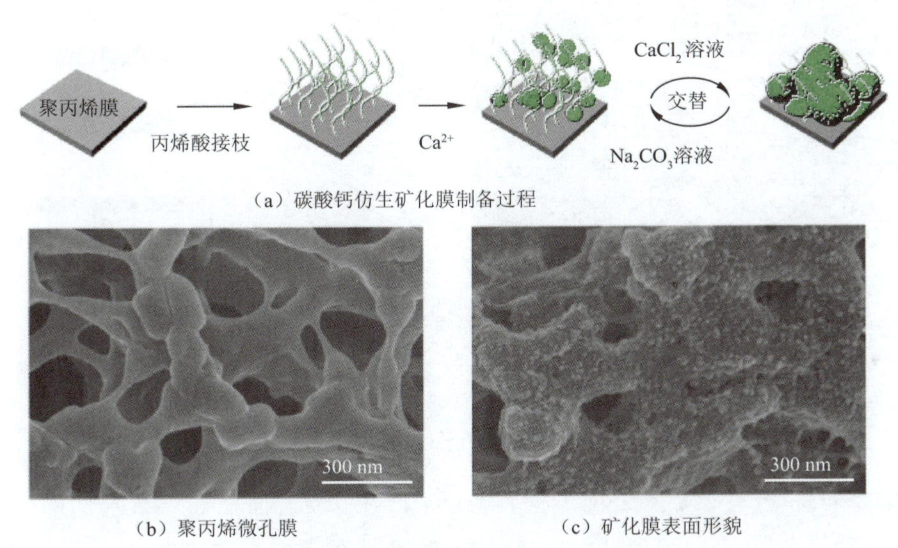

(a) 碳酸钙仿生矿化膜制备过程

(b) 聚丙烯微孔膜　　(c) 矿化膜表面形貌

图 6-15　碳酸钙仿生矿化膜制备过程及表面形貌[36]

6.3.4　基于筛网结构的油水分离材料

尽管文献中常将基于筛网结构的分离材料称为“膜”，但其孔径已经超出微滤尺度，是一种大孔金属分离材料。在油水分离的研究中，不锈钢筛网往往被作为构建各种表面的模型基底。因此，此处专门对相关工作进行总结，希望这些表面构建/改性手段能够为读者带来启发。根据表面浸润性的差别，可将不锈钢筛网分为亲油疏水型筛网、亲水疏油型筛网。

6.3.4.1　亲油疏水型

最早的亲油疏水型的不锈钢筛网是由中国科学院江雷院士课题组所发展的聚四氟乙烯包覆的超疏水型筛网[37]。该筛网的制备过程非常简便：将含有聚四氟乙烯、黏合剂、表面活性剂及稀释剂的乳液喷涂在不锈钢筛网表面，然后在 350 ℃的烘箱中高温处理半小时，即可得到具有低表面能的超疏水筛网。类似的疏水筛网也可通过气凝胶辅助的化学气相沉积法在表面沉积一层硅橡胶获得[38]。通过表面化学修饰也可得到超疏水的表面，例如，清华大学冯琳课题组先在筛网表面沉积一层聚多巴胺，再将筛网浸入含有十二烷硫醇的溶液中，基于聚多巴胺与巯基试剂的反应，赋予表面超疏水的性质[39]。这类有机小分子的疏水化修饰也存在一些弱点，比如难以在材料表面构建更为粗糙的微纳结构，以及有机物自身的稳定性问题。因此，利用疏水的无机纳米材料修饰是一个更好的选择，比如在钢丝网表面生长一层 ZnO 纳米线[40]，或者在其表面生长一层疏水的层状双金属氢氧化物(LDH)[41]。聚四氟乙烯涂覆钢网用于油水分离如图 6-16所示。

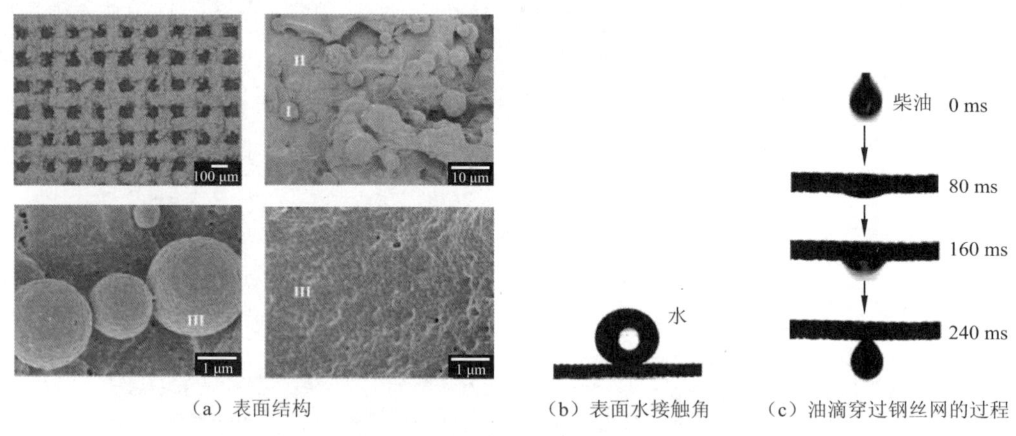

(a) 表面结构　　(b) 表面水接触角　　(c) 油滴穿过钢丝网的过程

图 6-16　聚四氟乙烯涂覆钢网用于油水分离[37]

6.3.4.2　亲水疏油型

与分离膜类似，有关亲水疏油型的油水分离筛网的报道相对较多。这是由于构建高能表面的手段更为丰富，且与超疏水表面不同，构建水下超疏油表面往往对亲水性的要求并不太高。较早的例子是由江雷院士课题组完成的工作，他们在筛网表面包裹了一层聚丙烯酰胺水凝胶，从而实现超亲水/水下超疏油性[42]。与之类似，将聚丙烯酰胺水凝胶变为聚乙撑二氧噻吩-聚苯乙烯磺酸钠凝胶后，除了优异的水下疏油性，该筛网还具备了耐强酸、强碱、高盐以及高温环境的能力[43]。其他有机亲水材料也被用于表面亲水化改性，如壳聚糖、两性离子聚合物等[44,45]。相比于有机材料，无机材料更适用于筛网表面的修饰。原因有三：其一，无机材料更易形成粗糙的刚性结构；其二，无机材料间相容性更好，且部分无机晶体可直接依附筛网表面生长，过程更加简单；其三，许多无机物结晶较大，在修饰超滤、微滤膜是尺寸难以匹配，易堵孔，筛网本身具有较大的孔径，且可通过对无机层的调控调节孔径。例如，通过在不锈钢筛网表面生长一层沸石，即可得到超亲水/水下超疏油的筛网，其对酸、碱、盐等环境均有较强的耐受能力[46]。靳健等人在不锈钢网表面生长一层氢氧化铜[$Cu(OH)_2$]纳米线，不仅同时实现了表面微纳结构与亲水组分的构建，而且通过调节纳米线长度，可以实现筛网膜对油水乳液的分离[47]。此外，二氧化硅、二氧化钛等常见亲水矿物也可被用于修饰筛网制备油水分离材料。图 6-17 所示为水凝胶、沸石、氢氧化铜修饰的超亲水/水下超疏油钢丝网[48]。

图6-17　水凝胶(a, b)[42],沸石(c, d)[46],氢氧化铜(e, f)[47]修饰的超亲水/水下超疏油钢丝网

总之,无论是亲水化还是疏水化修饰,既可利用有机小分子或高分子对表面进行修饰,也可利用无机矿物完成这一过程。相比之下,无机矿物修饰的膜性能更佳,是相关研究的主要方向之一。此外,还有许多利用不锈钢筛网制备环境响应型油水分离材料的例子,我们将在6.4.2刺激响应型油水分离膜中详述。

6.3.5　非传统油水分离膜

近年来,新材料在油水分离中得到了广泛的应用。在此,我们将运用非传统的膜材料与制膜工艺制备得到的油水分离膜归为“非传统油水分离膜”。最为典型的例子之一是利用碳纳米管、石墨烯等新型纳米碳材料所制备的油水分离膜。

6.3.5.1　基于碳纳米管的油水分离膜

对于膜分离过程而言,膜的厚度是影响膜分离效率的重要因素之一。在相同的截留性能下,降低膜厚能够有效降低过膜阻力,极大提高膜的渗透通量。聚合物膜往往厚度在几十至几百微米,这是因为进一步降低膜厚将会导致膜力学性能与自支撑性的下降,难以进行压力过滤。利用一维纳米材料如碳纳米管或无机纳米线堆砌形成的超薄膜为解决这一问题提供了有效的方案。例如,靳健课题组发展了一系列基于单壁碳纳米管自支撑超薄油水分离膜[49]。他们首先通过真空抽滤法先在纤维素酯膜上得到了厚度可控的碳纳米管薄层,去除基膜后可以得到自支撑的碳纳米管薄膜,这是通过单壁碳纳米管之间通过疏水相互作用及缠结实现的。由于碳纳米管的天然性质,该膜表现出疏水亲油性,因此可以用于油包水体系的分离。该膜具有极高的通量,这是由于其厚度仅为几十至几百纳米。实验结果表明,当其用于分离水滴直径为5～20 μm的不同油包水乳液时,其通量最高可达到1 000 000 $L \cdot h^{-1} \cdot m^{-2}$ MPa^{-1},即使是分离100 nm左右的乳液,最高通量也可达到100 000 $L \cdot h^{-1} \cdot m^{-2} \cdot MPa^{-1}$以上。不过,过滤实验是在约 10 kPa 的压力下进行的,该膜较难承受更高的压力。在此基础上,他们通过碳管表面修饰的方法实现超亲水的碳管膜的制备,并用于水包油乳液的分离。他们通过在碳管表面修饰聚多巴胺分子,再进一步通过聚多巴胺与氨基的反应接枝了聚乙烯亚胺分子,从而得到超亲水的碳纳米管薄膜[50]。另一个重要的例子是在碳管膜表面修饰 TiO_2 纳米粒子,实现了超亲水的碳管膜的制备,并被用于水包油乳液的分离[51]。由于结晶的 TiO_2 表面浸润性具有紫外光响应性,因此该膜具有刺激响应性,此外 TiO_2 的光催化性能降解膜表面的油污,在 6.4.1 催化功能油水分离膜中我们将会详述,图 6-18 所示为碳纳米管自支撑薄膜用于油水分离。

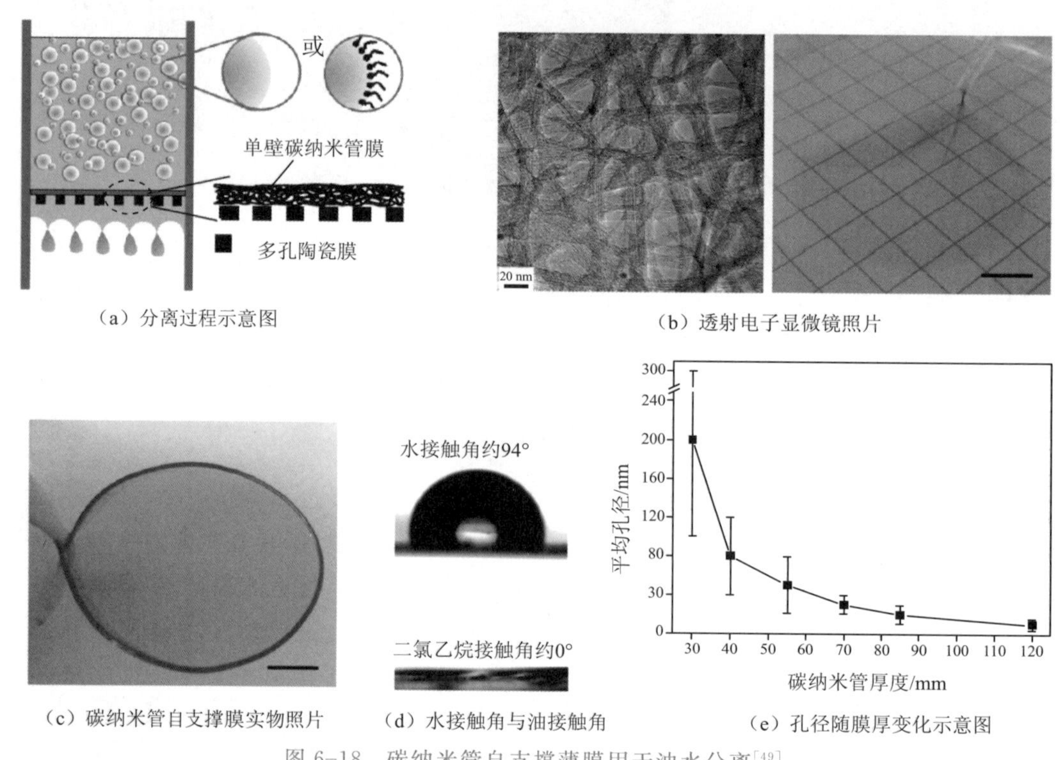

(a) 分离过程示意图 (b) 透射电子显微镜照片

(c) 碳纳米管自支撑膜实物照片 (d) 水接触角与油接触角 (e) 孔径随膜厚变化示意图

图 6-18 碳纳米管自支撑薄膜用于油水分离[49]

6.3.5.2 基于石墨烯的油水分离膜

石墨烯作为一种新型二维纳米材料,近年来受到了研究者们的广泛关注。利用石墨烯制备分离膜也成为膜领域一大研究热点。早期将石墨烯用于油水分离膜的工作是利用氧化石墨烯修饰底膜,改善其表面浸润性,使之具有水下疏油性。例如,中国科学院兰州物理化学研究所刘为民院士课题组在不锈钢筛网表面覆盖一层亲水的氧化石墨烯,不锈钢筛网表现出水下超疏油性,可用于重力驱动的油水分离[52]。然而石墨烯片层表面平整,包覆在表面时难以实现粗糙结构;另外,正如前文所述,筛网并不适用于油水乳液的分离,因此有研究者利用真空抽滤法将纳米石墨烯抽至聚酰胺超滤膜表面,利用表面原有的微纳结构及氧化石墨烯的亲水性,提高了膜在油水乳液分离过程中的抗污染性[53]。利用石墨烯膜而非涂层进行油水分离的工作较少,这是由于层状堆砌的石墨烯孔道为纳米级,通量较低,相较于乳化油滴的尺寸而言并不适用。为了解决这一问题,Yu 等人先将通过紫外光刻蚀对氧化石墨烯片进行处理,一方面增加了氧化石墨烯表面的极性基团比例，提高了其亲水性；另一方面在石墨烯表面经刻蚀形成几十至几百纳米的孔洞，从而在保证截留的前提下提高了膜的渗透通量[54]。最近，Gao 等人报道了一种新型的石墨烯/TiO_2复合膜材料用于油水分离。他们将磺化氧化石墨烯(SGO)与制备好的 TiO_2多孔微球混合均匀，通过真空抽滤法制备出 SGO/TiO_2复合膜，石墨烯在膜中起到了提高材料力学强度的作用[55]。得益于 TiO_2优异的亲水性及微纳结构，该膜表现出超亲水/水下超疏油性质，可被用于油水分离。同时，由于 TiO_2在紫外光线具有光催化性，因此在紫外光下能够降解油酸等可能污染膜表面的有机物质，在 6.4.1 催化功能油水分离膜中我们将详细介绍这类具有催化功能的油水分离膜。

6.3.5.3　纳米纤维油水分离膜

近年来，纳米纤维膜也成为油水分离研究领域的热门材料之一。通过静电纺丝技术可以制备出直径在几十至几百纳米的纳米纤维，堆砌成膜。与传统的微滤膜相比，纳米纤维往往具有较小的孔径和较高的孔隙率，在分离超细乳液特别是直径在几十纳米范围内的乳液时具有较大优势。根据材料的不同，纳米纤维膜可分为聚合物纳米纤维膜、无机纳米纤维膜和有机无机复合纳米纤维膜。东华大学丁彬课题组报道了一系列利用静电纺丝技术制备用于油水乳液分离的超浸润纳米纤维膜。例如，他们先制备了一层聚丙烯腈/聚氧乙烯(PAN/PEO)纳米纤维，在此基础上，他们又纺了一层更为亲水的聚乙二醇二丙烯酸酯/聚氧乙烯(PEG-DA/PEO)纳米纤维层在表面，通过紫外光固化交联[56]。最终制备得到的纳米纤维膜在油水分离过程中表现出较高的通量，同等操作条件下可达一般超滤膜通量的 30 多倍。与之类似，他们发展了一种通过在电纺纤维表面原位聚合来进行表面浸润性修饰的方法，并用这种方法制备了一些系列的超疏水-超亲油的纳米纤维膜[57,58]。其基本过程如下：首先通过静电纺丝技术制备纳米纤维膜(材料包括醋酸纤维素、碳管增强的芳纶、氧化硅等)，在表面涂覆一层苯并噁嗪类的小分子，苯并噁嗪类单体可通过开环聚合固化图层，同时加入 SiO_2纳米粒子以提高粗糙度。通过设计不同的苯并噁嗪分子结构，可以调节表面的疏水性。此外，也有研究者通过将聚丙烯腈(PAN)与硅酸四乙酯(TEOS)共混纺丝后，高温碳化可得到超疏水的碳-氧化硅纳米纤维，并用于油水分离[59]。通过在 PAN 纳米纤维膜表面修饰纳米 Ag 簇，再通过烷基硫醇修饰，也能得到类似的性能[60]。图 6-19 所示为典型的超疏水纳米纤维膜制备过程。

总体而言，利用纳米材料制备油水分离膜在核心在于利用纳米结构提高表面的浸润性，同时更小的孔径有助于提高膜的截留性能。这类材料的局限性在于以下几个方面：

(1)制备方法。除电纺纳米纤维外，上述的大部分材料均难以大规模制备，特别是通过真空抽滤法制备的膜。

(2)力学强度。实际工业中过滤需要在一定的压力下进行，而上述例子大部分都是重力过滤，难以在较高的压力下稳定操作。

此外，工业上过滤往往是错流过程，膜表面会受到很强的横向剪切，对于大部分通过抽滤法制备得到的膜而言，其操作稳定性堪忧。

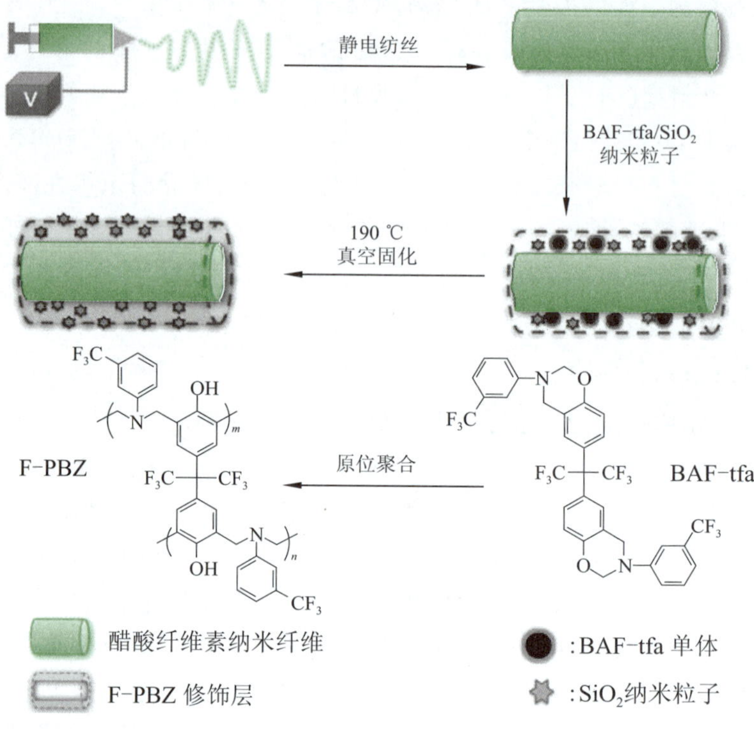

图 6-19　典型的超疏水纳米纤维膜制备过程[57]

6.4　特殊类型油水分离膜

6.4.1　催化功能油水分离膜

对于大部分膜而言，其主要功能是分离功能。近年来，随着对污水成分日益复杂，处理要求不断提高，研究者把目光逐渐转向了具有多种功能的分离膜材料。所谓催化功能油水分离膜，是指膜在实现油水分离功能之外，同时还具有催化功能。在实际含油废水中，可能还存在其他有机污染物，因此研究者希望在油水分离后能够分解水体中的有机污染成分。比较有代表性的工作是由清华大学冯琳等人所报道的 TiO_2 复合油水分离材料[61]。他们制备了双层结构的油水分离筛网，首先利用水热法在筛网表面沉积 TiO_2 矿物，再通过高温处理结晶。为了能够实现超疏水超亲油性，他们在另一层 TiO_2 筛网表面修饰了磷酸十八酯，表面呈现超疏水状态。将两层筛网叠在一起，可实现过油截水。之后，在紫外光照射下，TiO_2 表现出光催化性能，可以降解水体中的有机染料；同时，光催化降解表面的疏水修饰层，筛网恢复亲水性，经过净化后的水可以流过筛网。不过，在这个例子中，油水分离和光降解还是通过两种不同的筛网复合实现的，且疏水层降解后无法再恢复，双层催化功能油水分离筛网工作原理示意图如图 6-20 所示。

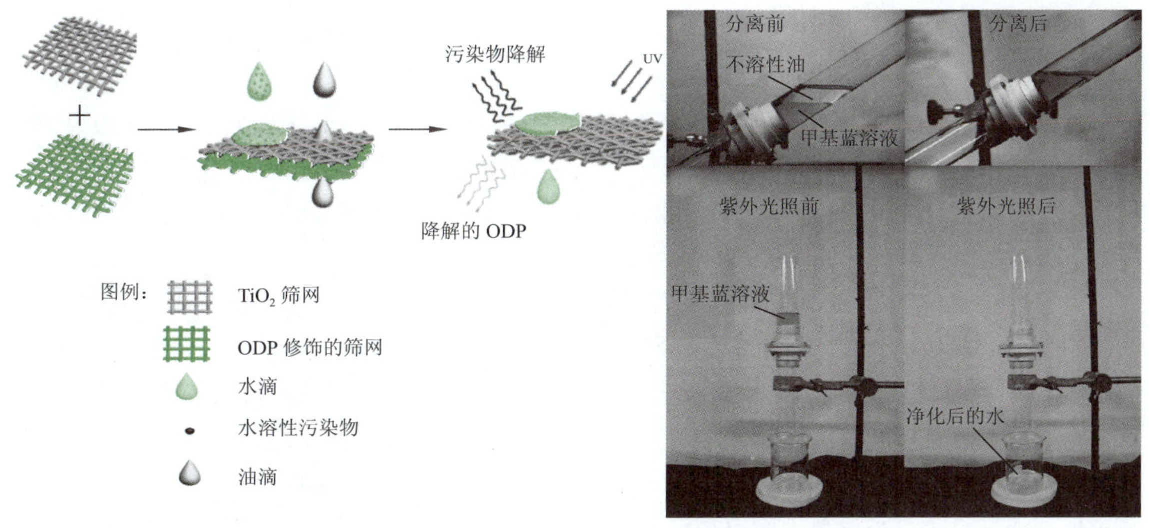

图 6-20　双层催化功能油水分离筛网工作原理示意图[61]

尽管超亲水水下超疏油的油水分离膜表现出更好的抗油黏附性，但在实际操作压力下，油污染仍旧不可避免。因此，如果赋予膜降解表面的油污，通过自清洁过程实现通量恢复的催化能力，将更具实际意义。例如 6.3.5 非传统油水分离膜中提到的，靳健等人在碳纳米管膜表面复合了一层 TiO_2 纳米涂层[61]，在紫外光照射下，TiO_2 能够催化表面的有机污染物发生降解[62]。事实上，这种膜的确具有重要的实际意义，如前文所述，基于无机纳米材料的油水分离膜在通量、抗油污染、稳定性等方面均表现优异，然而实际情况中含油废水种类很多，其中很重要的一类来自于食品加工过程。与石油工业中的烷烃类油不同，食用油多由脂肪酸组成，脂肪酸中的羧基能够与表面金属原子相互作用，从而导致污染，因此光降解过程对减少表面油污具有实际意义。

6.4.2　刺激响应型油水分离膜

所谓刺激响应型油水分离膜，是指在外界环境（如温度、pH、溶剂等）改变时，分离膜能够使表面浸润性反转，或是实现“开-关”分离过程的一类膜。其原理是通过外界条件的改变高分子的状态使之发生亲水-疏水转变。例如，研究者将 2-乙烯基吡啶与二甲基硅氧烷的共聚物接枝在无纺布表面[63]，其中聚（2-乙烯基吡啶）组分的浸润性具有 pH 相应性，当 pH＝2 时，吡啶上的氮原子被质子化，材料在空气中表现出亲水性，而在水下表现出疏油性；而在较高的 pH 值下（pH＝6.5），嵌段的两个组分均表现出疏水性，且硅氧烷嵌段表现出超疏水性，其在空气和水中均表现出亲油性。因此，通过调节环境 pH 就能实现材料性质由亲油疏水向亲水疏油转变。与之类似的工作较为常见的是在表面同时接枝烷基链和含有羧基的脂肪链，与质子化导致的亲水化不同，羧基是通过去质子化来实现亲水转变的[64,65]。需要注意的是，几乎所有构建 pH 响应性的油水分离材料都是通过质子化与去质子化过程来调控实现“开-关”效应的，但是在构建的过程中，一定要加入疏水组分，因为即使“开-关”组分在疏水状态下，其与超疏水还相差较远。此外，亲水状态需要一定的浸润时间才能实现。

温度响应型的油水分离膜主要是通过临界溶解温度前后聚合物浸润性的改变来实现的。例如,研究者将异丙基丙烯酰胺-甲基丙烯酸甲酯(PNIPAAM-*b*-PMMA)嵌段共聚物包覆在不锈钢筛网表面[66],其中 PNIPAAM 嵌段具有温度相应性,在低临界溶解温度(LCST)以下,其表现出亲水性;在 LCST 以上,分子内形成氢键,亲水性下降。与之类似,通过同时在表面接枝 pH 响应型聚合物(如 PAA 等)与温度相应型聚合物(如 PNIPAAM 等)可实现油水分离膜对 pH 与温度的双重响应[67]。

除了上述两种较为常见的刺激响应型油水分离膜,其他外界刺激也可能导致膜油水分离性能的转变。例如,冯琳等人通过在铜网表面生长一层 $Cu(OH)_2$ 纳米线,构建了超亲水筛网[68]。将筛网浸润硬脂酸的乙醇溶液中,表面吸附了一层自组装单层,筛网表现出疏水性。该吸附层可以通过四氢呋喃漂洗除去,筛网恢复亲水疏油性,他们称之为溶剂响应型的油水分离筛网。尽管笔者对此保留不同意见,但这个例子拓展了响应型油水分离材料的设计思路。他们还报道了一种汞离子响应型油水分离膜。首先,他们在不锈钢筛网表面沉积一层聚多巴胺,然后利用 RAFT 聚合得到的线性聚丙烯酸通过巯基反应接枝到筛网表面[69]。当体系中不含 Hg^{2+} 时,表面呈亲水状态,能够过水截油;当表面与 Hg^{2+} 接触后,Hg^{2+} 同时与两个羧基螯合,破坏了离子水合效应,导致其疏水性提高,并表现出水下亲油性,实现截水过油的转变。此外,紫外光诱导的亲疏水性转变材料也被用于这类材料的构建,如 ZnO、TiO_2 等被研究者们广泛研究的金属氧化物。研究者在不锈钢筛网表面预先沉积一层 ZnO 晶种,然后生长出 ZnO 纳米线[70]。在黑暗环境下,其表面呈现超疏水状态;在紫外光的照射下,其表面则转变为亲水状态。然而,尽管黑暗状态下处理得到的表面表现出疏水性,但其在水中仍表现出疏油性,这是由于 ZnO 纳米线尖端的接触面积较小,之间大部分为水相,符合 Cassie-Baxter。另一个有趣的例子是由 Anish Tuteja 课题组报道的通过电压控制油水分离过程[71]。他们将全氟葵烷化笼状倍半硅氧烷(fluorodecyl POSS)与聚二甲基硅氧烷(PDMS)涂覆在不锈钢筛网表面,表面呈现出超双疏性质。然后,他们在筛网上施加电压,由于极性液体在的电介质电浸润现象,筛网表现出亲水性;而筛网同时保持了疏油性,从而实现了油水分离。

6.4.3 双亲性油水分离膜

与某些刺激响应型油水分离膜类似,双亲性油水分离膜也可以实现对油包水体系和水包油体系的双向分离。不同的是,双亲性油水分离膜浸润性的转变并不是来自于外界刺激,而是由其表面双亲性决定的。一般而言,亲水表面同时也亲油。在水环境下,如果材料表面能够形成一层水合层,则可表现出优异的疏油性;而在油环境下,如果材料表面也能吸附一层油膜,即可表现出油下疏水性。例如,中国科学院宁波材料所刘富课题组与北京化学所江雷院士合作制备了双亲性的 PVDF 膜,分别用于油包水乳液和水包油乳液的分离[72]。首先,他们通过在 PVDF 溶液中加入引发剂、乙烯基三乙氧基硅烷即 N-乙烯基-2-吡咯烷酮单体,在溶液中聚合后,直接在 PET 无纺布表面刮膜,通过相转化法成膜。最后撕去无纺布支撑层即可得到该膜。膜表面具有微纳复合结构,且同时含有亲水的聚乙烯基吡咯烷酮(PVP)与疏水的聚偏氟乙烯组分,膜在空气中表现出对油和水的双亲性,在水环境下,其亲水组分能够与水结合形成水合层，从而表现出优异的疏油性，而在油环境下，亲水组分和疏水组分都表现出亲油性，此时表面表现出超疏水性，由于 PVP 组分的存在，膜表面对水有一定的粘附性。尽管如此，该膜在油包水乳液和水包油乳液体系均有表现出良好的分离效果。

6.4.4　非对称浸润型油水分离膜

传统的油水分离膜上下表面具有均一或类似的浸润性，即膜整体由亲水或疏水材料组成。所谓非对称浸润性膜，是指膜的两面分别由亲水和疏水材料组成，当亲水层和疏水层厚度达到一定条件时，膜会表现出定向透水能力。如果疏水层足够薄，当水滴接触到疏水面时，虽然液滴在表面呈现出较大的接触角，但是由于亲水层的吸引作用，水滴会逐渐扩散至亲水侧；而当水滴接触到亲水侧时，水滴会迅速铺展，接触角较小，但由于疏水层的阻碍，导致水滴无法透过，从而实现水滴的定向透过。基于上述原理，研究者巧妙地将其应用于油水分离之中。澳大利亚迪肯大学的 Tong Lin 课题组在这方面做了大量的工作。他们在亲水膜的一侧进行疏水修饰，随后将制备得到的非对称膜用于油下水滴的收集。当水滴接触到疏水面时，在亲水部分的吸引下水滴透过膜，而反之则无法透过，从而实现水滴的定向收集[73]。基于相同原理，他们制备了疏水亲油/双疏不对称纳米纤维复合膜（见图 6-21），该膜可定向用于截水过油[74]。尽管这一概念尚难应用于实际分离过程，但其为新型的油水分离器件的设计提供了新的思路[75]。

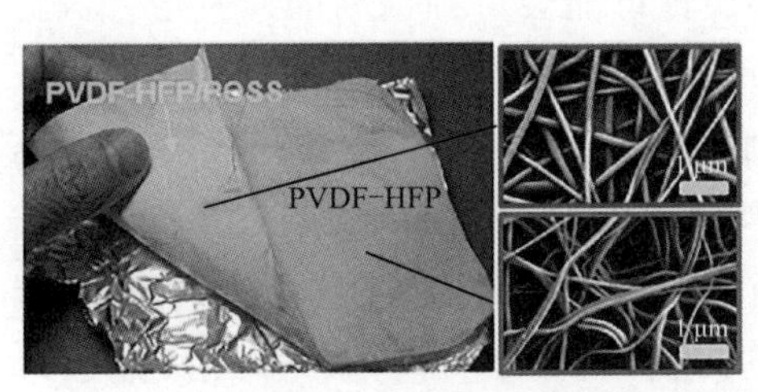

（a）非对称纳米纤维膜实物照片

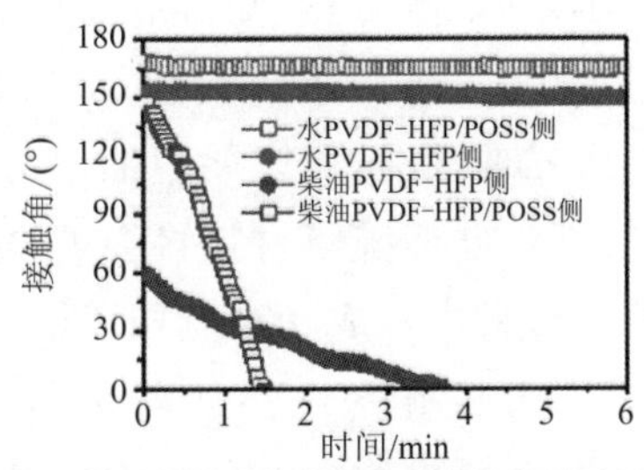

（b）膜两侧的水接触角与油接触角随时间变化

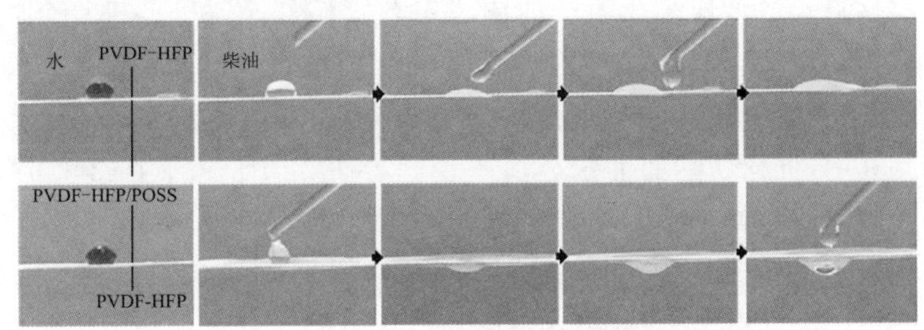

（c）水与柴油分别滴在膜两侧的照片

图 6-21　非对称浸润性纳米纤维油水分离膜[74]

6.5　油水分离膜发展现状及趋势

近年来，油水分离材料正逐渐成为材料研究领域的热点之一，特别是超疏水和超亲水/水下超疏油材料成为油水分离材料中的主流研究对象。除了本章所论述的油水分离膜外，研究者们还开发了其他类型的油水分离材料，包括疏水亲油海绵、磁性疏水亲油微球等，它们主要通过吸收水中的油污来实现分离过程。然而，这类材料在应用过程中具有以下局限性：一方面海绵或微球材料在吸油过程中容量有限，需要不断重复"放置—吸收—取出—释放"的过程，操作较为烦琐；另一方面，它们一般对油水乳液没有分离能力。而分离膜材料最大的优势正是可以连续化操作，并且能够通过采用不同分离尺度的膜实现从浮油到溶解油等一系列油水混合物的分离，这也使得膜在油水分离领域中更具应用前景。目前，油水分离膜的研究思路主要是将传统的分离膜与超浸润概念相结合，制备出具有超疏水或水下超疏油性质的分离膜。

在进行油水分离膜研究的过程中，我们需要注意以下两个方面：第一，合适的分离体系与分离膜的选择。由于油水混合物类型较多，选择正确的分离体系非常重要。例如，选择多孔微滤膜或超滤膜来分离分层油水混合物或单纯的浮油是不合适的，因为分层的油水混合物分离难度较低，选择膜来进行分离不仅降低了分离效率，而且分离成本高。第二，合理评价膜的渗透性能。在膜的渗透通量测试过程中，我们经常看到 $L \cdot h^{-1} \cdot MPa^{-1} \cdot m^{-2}$ 作为膜通量的衡量单位。尽管这一单位本身的使用并没有问题，但是在油水分离特别是死端过滤的情况下，渗透通量与压力并不呈线性关系，在高压下膜的污染会更为严重，通量下降更为严重。因此如果在较低压力（如重力）下测得的通量通过换算可能会得到偏高的通量值。因此，在死端过滤的条件下，更为恰当的通量单位应为 $L \cdot m^{-2} \cdot h^{-1}$，同时标明操作压力。

从目前的研究现状中，可以展望油水分离膜未来的研究趋势。在材料制备方面，越来越多的新材料，特别是非传统膜材料将会被尝试用于油水分离膜的制备。碳纳米管、石墨烯、无机纳米线等纳米材料已经成功被应用于油水分离膜的建立，特别是在构建纳米尺度结构上具有先天的优势，尽管从制备工艺、力学性能等方面看，这类材料尚离工业化应用较远，但他们为构建更厚度薄、孔径更均一的分离膜提供了思路。这一方向需要重点解决的问题包括能够宏量制备的成膜材料及适合连续化生产的制膜工艺。而且，有机-无机复合膜也是发展方向之一。它们可充分利用聚合物的结构性能优势与无机物的亲水性，制备高性能的油水分离膜。在材料功能方面，将分离功能与其他功能相耦合，即发展功能型油水分离膜是本领域发展的一个趋势。其中，催化功能的油水分离膜受到了研究者们越来越多的关注，这是因为油水分离膜的一大主要问题就是膜污染，除了通过对膜表面性质的调控来避免污染外，通过催化降解污染物也是解决导致的通量下降的膜污染的一个重要手段。另外，环境响应型油水分离膜则需要找到合适的分离体系，使得环境响应性能够解决分离过程中的实际问题。

在理论研究方面，超浸润性的研究已经相对成熟，而对于乳化油滴与膜表面相互作用的研究还相对匮乏，特别是在分离过程中油滴/膜与油滴间的作用过程尚不清楚，需要更多的理论与实验研究来加以阐明。在实际应用方面，油水分离膜所面临的最严重的问题依然是膜污染。油水分离作为一个实用性较强的领域，如何将浸润理论与实际分离过程相结合以指导抗污染表面的构建，如何将基础研究中所得到的材料应用于传统的分离膜中，是油水分离膜从实验室走向工业生产过程中面临的两大挑战。另外，在所有类型含油废水的分离过程中，超细乳液与溶解油的高效分离是仍是油水分离膜研究领域需要攻克的重要问题，具有窄孔径分布及稳定超薄皮层的分离膜是这一问题的潜在解决方案之一。

总之，油水分离是膜科学领域一个充满机遇与挑战的课题，制备出高通量、高截留、抗污染、较稳定的油水分离膜一直以来是研究者们努力的目标。材料学的蓬勃发展将为油水分离膜的制备带来更多活力。

参考文献

[1] CHU Z, FENG Y, SEEGER S. Oil/water separation with selective superantiwetting/superwetting surface materials. Angewandte Chemie International Edition, 2015, 54: 2328-2338.

[2] WANG B, LIANG W, GUO Z, et al. Biomimetic super-lyophobic and super-lyophilic materials applied for oil/water separation: a new strategy beyond nature. Chemical Society Reviews, 2015, 44: 336-361.

[3] JIANG T, GUO Z, LIU W. Biomimetic superoleophobic surfaces: focusing on their fabrication and applications. Journal of Materials Chemistry A, 2015, 3: 1811-1827.

[4] ZHU Y, WANG D, JIANG L, et al. Recent progress in developing advanced membranes for emulsified oil/water separation. NPG Asia Materials, 2014, 6: e101.

[5] YANG J, ZHANG Z, XU X, et al. Superhydrophilic-superoleophobic coatings. Journal of Materials Chemistry, 2012, 22: 2834-2837.

[6] KOTA A K, KWON G, CHOI W, et al. Hygro-responsive membranes for effective oil-water separation. Nature Communications, 2012, 3: 1025.

[7] DARVISHZADEH T, PRIEZJEV N V. Effects of crossflow velocity and transmembrane pressure on microfiltration of oil-in-water emulsions. Journal of Membrane Science, 2012, 423-424: 468-476.

[8] KAGAWA Y, ISHIGAMI T, HAYASHI K, et al. Permeation of concentrated oil-in-water emulsions through a membrane pore: numerical simulation using a coupled level set and the volume-of-fluid method. Soft Matter, 2014, 10: 7985-7992.

[9] KUKIZAKI M, GOTO M. Demulsification of water-in-oil emulsions by permeation through Shirasu-porous-glass (SPG) membranes. Journal of Membrane Science, 2008, 322: 196-203.

[10] DAIMINGER U, NITSCH W, PLUCINSKI P, et al. Novel techniques for iol/water separation. Journal of Membrane Science, 1995, 99: 197-203.

[11] KOCHERGINSKY N M, TAN C L, LU W F. Demulsification of water-in-oil emulsions via filtration through a hydrophilic polymer membrane. Journal of Membrane Science, 2003, 220: 117-128.

[12] HLAVACEK M. Break-up of oil-in-water emulsions induced by permeation through a microfiltration membrane. Journal of Membrane Science, 1995, 102: 1-7.

[13] LOTFIYAN H, ASHTIANI F Z, FOULADITAJAR A, et al. Computational fluid dynamics modeling and experimental studies of oil-in-water emulsion microfiltration in a flat sheet membrane using eulerian approach. Journal of Membrane Science, 2014, 472: 1-9.

[14] HU B, SCOTT K. Microfiltration of water in oil emulsions and evaluation of fouling mechanism. Chemical Engineering Journal, 2008, 136: 210-220.

[15] KOLTUNIEWICZ A B, FIELD R W, ARNOT T C. Cross-flow and dead-end microfiltration of oily-water emulsion. Part I: Experimental study and analysis of flux decline. Journal of Membrane Science,

1995, 102: 193-207.

[16] GAO X, XU L P, XUE Z, et al. Dual-scaled porous nitrocellulose membranes with underwater superoleophobicity for highly efficient oil/water separation. Advanced Materials, 2014, 26: 1771-1775.

[17] ZHANG W, SHI Z, ZHANG F, et al. Superhydrophobic and superoleophilic PVDF membranes for effective separation of water-in-oil emulsions with high flux. Advanced Materials, 2013, 25: 2071-2076.

[18] ZHANG W, ZHU Y, LIU X, et al. Salt-induced fabrication of superhydrophilic and underwater superoleophobic PAA-*g*-PVDF membranes for effective separation of oil-in-water emulsions. Angewandte Chemie International Edition, 2014, 53: 856-860.

[19] SOLOMON B R, HYDER M N, VARANASI K K. Separating oil-water nanoemulsions using flux-enhanced hierarchical membranes. Scientific Reports, 2014, 4.

[20] HESTER J F, BANERJEE P, MAYES A M. Preperarion of protein-resistant surfaces on poly(vinylidene flouride) membranes via surface segregation.

[21] SADEGHI I, AROUJALIAN A, RAISI A, et al. Surface modification of polyethersulfone ultrafiltration membranes by corona air plasma for separation of oil/water emulsions. Journal of Membrane Science, 2013, 430: 24-36.

[22] ZHU Y, ZHANG F, WANG D, et al. A novel zwitterionic polyelectrolyte grafted PVDF membrane for thoroughly separating oil from water with ultrahigh efficiency. Journal of Materials Chemistry A, 2013, 1: 5758-5765.

[23] LEE H, DELLATORE S M, MILLER W M, et al. Mussel-inspired surface chemistry for multifunctional coatings, Science, 2007, 318: 426-430.

[24] MCCLOSKEY B D, PARK H B, JU H, et al. A bioinspired fouling-resistant surface modification for water purification membranes. Journal of Membrane Science, 2012, 413-414: 82-90.

[25] YANG H C, LIAO K J, HUANG H, et al. Mussel-inspired modification of a polymer membrane for ultra-high water permeability and oil-in-water emulsion separation. Journal of Materials Chemistry A, 2014, 2:10225-10230.

[26] ZHOU R, REN P F, YANG H C, et al. Fabrication of antifouling membrane surface by poly(sulfobetaine methacrylate)/polydoapmine co-deposition. Journal of Membrane Sciecne, 2014, 466: 18-25.

[27] WANG Z, JIANG X, CHENG X, et al. Mussel-inspired hybrid coatings that transform membrane hydrophobicity into high hydrophilicity and underwater superoleophobicity for oil-in-water emulsion separation. ACS Applied Materials & Interfaces, 2015, 7: 9534-9545.

[28] YANG C, ZHANG G, XU N, et al. Preparation and application in oil-water separation of $ZrO_2/\alpha-Al_2O_3$ MF membrane. Journal of Membrane Science, 1998, 142: 235-243.

[29] HYUN S H, KIM G T. Synthesis of ceramic microfiltration membranes for oil/water separation. Separation Science and Technology, 1997, 32: 2927-2943.

[30] ZHOU J E, CHANG Q, WANG Y, et al. Separation of stable oil-water emulsion by the hydrophilic nano-sized ZrO_2 modified Al_2O_3 microfiltration membrane. Separation and Purification Technology, 2010, 75: 243-248.

[31] ZHONG Z, XING W, ZHANG B. Fabrication of ceramic membranes with controllable surface roughness and their applications in oil/water separation, Ceramics International, 2013, 39: 4355-4361.

[32] CASTRO R P, COHEN Y, MONBOUQUETTE H G. Silica-suported polyvinylpyrrolidone filtration membranes, Journal of Membrane Science, 1996, 115: 179-190.

[33] MITTAL P, JANA S, MOHANTY K. Synthesis of low-cost hydrophilic ceramic-polymeric composite membrane for treatment of oily wastewater, Desalination, 2011, 282: 54-62.

[34] CHEN P C, WAN L S, XU Z K. Bio-inspired $CaCO_3$ coating for superhydrophilic hybrid membranes with high water permeability. Journal of Materials Chemistry, 2012, 22: 22727-22733.

[35] CHEN P C, XU Z K. Mineral-coated polymer membranes with superhydrophilicity and underwater superoleophobicity for effective oil/water separation. Scientific Reports, 2013, 3: 2776.

[36] YANG H C, PI J K, LIAO K J, et al. Silica-decorated polypropylene microfiltration membranes with a mussel-inspired intermediate layer for oil-in-water emulsion separation. ACS Applied Materials & Interfaces, 2014, 6: 12566-12572.

[37] FENG L, ZHANG Z, MAI Z, et al. A Super-hydrophobic and super-oleophilic coating mesh film for the separation of oil and water. Angewandte Chemie International Edition, 2004, 116: 2046-2048.

[38] CRICK C R, GIBBINS J A, PARKIN I P. Superhydrophobic polymer-coated copper-mesh; membranes for highly efficient oil-water separation. Journal of Materials Chemistry A, 2013, 1: 5943-5948.

[39] CAO Y, ZHANG X, TAO L, et al. Mussel-inspired chemistry and michael addition reaction for efficient oil/water separation. ACS Applied Materials & Interfaces, 2013, 5: 4438-4442.

[40] TIAN D, ZHANG X, WANG X, et al. Micro/nanoscale hierarchical structured ZnO mesh film for separation of water and oil. Physical Chemistry Chemical Physics, 2011, 13: 14606-14610.

[41] LIU X, GE L, LI W, et al. Layered double hydroxide functionalized textile for effective oil/water separation and selective oil adsorption. ACS Applied Materials & Interfaces, 2014, 7: 791-800.

[42] XUE Z, WANG S, LIN L, et al. A novel superhydrophilic and underwater superoleophobic hydrogel-coated mesh for oil/water separation. Advanced Materials, 2011, 23: 4270-4273.

[43] TENG C, LU X, REN G, et al. Underwater self-cleaning PEDOT-PSS hydrogel mesh for effective separation of corrosive and hot oil/water mixtures. Advanced Materials Interfaces, 2014, 1: 1400099.

[44] ZHANG S, LU F, TAO L, et al. Bio-inspired anti-oil-fouling chitosan-coated mesh for oil/water separation suitable for broad pH range and hyper-saline environments. ACS Applied Materials & Interfaces, 2013, 5: 11971-11976.

[45] YANG R, MONI P, GLEASON K K. Ultrathin zwitterionic coatings for roughness-independent underwater superoleophobicity and gravity-driven oil-water separation. Advanced Materials Interfaces, 2015, 2: 1400489.

[46] WEN Q, DI J, JIANG L, et al. Zeolite-coated mesh film for efficient oil-water separation. Chemical Science, 2013, 4: 591-595

[47] ZHANG F, ZHANG W B, SHI Z, et al. Nanowire-haired inorganic membranes with superhydrophilicity and underwater ultralow adhesive superoleophobicity for high-efficiency oil/water separation. Advanced Materials, 2013, 25: 4192-4198.

[48] ZHANG L, ZHONG Y, CHA D, et al. A self-cleaning underwater superoleophobic mesh for oil-water separation. Scientific Reports, 2013, 3: 2326.

[49] SHI Z, ZHANG W, ZHANG F, et al. Ultrafast separation of emulsified oil/water mixtures by ultra-

thin free-standing single-walled carbon nanotube network films. Advanced Materials, 2013, 25: 2422-2427.

[50] GAO S J, ZHU Y Z, ZHANG F, et al. Superwetting polymer-decorated SWCNT composite ultrathin films for ultrafast separation of oil-in-water nanoemulsions. Journal of Materials Chemistry A, 2015, 3: 2895-2902.

[51] GAO S J, SHI Z, ZHANG W B, et al. Photoinduced superwetting single-walled carbon nanotube/TiO_2 ultrathin network films for ultrafast separation of oil-in-water emulsions. ACS Nano, 2014, 8: 6344-6352.

[52] DONG Y, LI J, SHI L, et al. Underwater superoleophobic graphene oxide coated meshes for the separation of oil and water

[53] HUANG Y, LI H, WANG L, et al. Ultrafiltration membranes with structure-optimized graphene-oxide coatings for antifouling oil/water separation. Advanced Materials Interfaces, 2015, 2: 1400433.

[54] LI H, HUANG Y, MAO Y, et al. Tuning the underwater oleophobicity of graphene oxide coatings via UV irradiation. Chemical Communications, 2014, 50: 9849-9851.

[55] GAO P, LIU Z, SUN D D, et al. The efficient separation of surfactant-stabilized oil-water emulsions with a flexible and superhydrophilic graphene-TiO_2 composite membrane. Journal of Materials Chemistry A, 2014, 2: 14082-14088.

[56] RAZA A, DING B, ZAINAB G, et al. In situ cross-linked superwetting nanofibrous membranes for ultrafast oil-water separation. Journal of Materials Chemistry A, 2014, 2: 10137-10145.

[57] SHANG Y, SI Y, RAZA A, et al. An in situ polymerization approach for the synthesis of superhydrophobic and superoleophilic nanofibrous membranes for oil-water separation. Nanoscale, 2012, 4: 7847--7854.

[58] TANG X, SI Y, GE J, et al. In situ polymerized superhydrophobic and superoleophilic nanofibrous membranes for gravity driven oil-water separation. Nanoscale, 2013, 5: 11657-11664.

[59] TAI M H, GAO P, TAN B Y L, et al. Highly efficient and flexible electrospun carbon-silica nanofibrous membrane for ultrafast gravity-driven oil-water separation. ACS Applied Materials & Interfaces, 2014, 6: 9393-9401.

[60] LI X, WANG M, WANG C, et al. Facile immobilization of Ag nanocluster on nanofibrous membrane for oil/water separation. ACS Applied Materials & Interfaces, 2014, 6: 15272-15282.

[61] GAO C, SUN Z, LI K, et al. Integrated oil separation and water purification by a double-layer TiO_2-based mesh. Energy & Environmental Science, 2013, 6: 1147-1151.

[62] HUANG J Y, LI S H, GE M Z, et al. Robust superhydrophobic TiO_2@fabrics for UV shielding, self--cleaning and oil-water separation. Journal of Materials Chemistry A, 2015, 3: 2825-2832.

[63] ZHANG L, ZHANG Z, WANG P. Smart surfaces with switchable superoleophilicity and superoleophobicity in aqueous media: toward controllable oil/water separation. NPG Asia Materials, 2012, 4: e8.

[64] JU G, CHENG M, SHI F. A pH-responsive smart surface for the continuous separation of oil/water/oil ternary mixtures. NPG Asia Materials, 2014, 6: e111.

[65] WANG B, GUO Z. pH-responsive bidirectional oil-water separation material. Chemical Communica-

tions, 2013, 49: 9416-9418.

[66] XUE B, GAO L, HOU Y, et al. Temperature controlled water/oil wettability of a surface fabricated by a block copolymer: application as a dual water/oil on-off switch. Advanced Materials, 2013, 25: 273-277.

[67] CAO Y, LIU N, FU C, et al. Thermo and pH dual-responsive materials for controllable oil/water separation. ACS Applied Materials & Interfaces, 2014, 6: 2026-2030.

[68] LIU N, CAO Y, LIN X, et al. A Facile Solvent-manipulated mesh for reversible oil/water separation. ACS Applied Materials & Interfaces, 2014, 6: 12821-12826.

[69] XU L, LIU N, CAO Y, et al. Mercury ion responsive wettability and oil/water separation, ACS ACS Applied Materials & Interfaces, 2014, 6: 13324-13329

[70] Tian D, Zhang X, Tian Y, et al. Photo-induced water-oil separation based on switchable superhydrophobicity-superhydrophilicity and underwater superoleophobicity of the aligned ZnO nanorod array-coated mesh films, Journal of Materials Chemistry, 2012, 22: 19652-19657.

[71] KWON G, KOTA A K, LI Y, et al. On-demand separation of oil-water mixtures. Advanced Materials, 2012, 24: 3666-3671.

[72] TAO M, XUE L, LIU F, et al. An intelligent superwetting PVDF membrane showing switchable transport performance for oil/water separation. Advanced Materials, 2014, 26: 2943-2948.

[73] TIAN X,JIN H, SAINIO J, et al. Droplet and fluid gating by biomimetic Janus membranes, Advanced Functional Materials, 2014, 24: 6023-6028.

[74] WANG H, ZHOU H, NIU H, et al. Dual-layer superamphiphobic/superhydrophobic-oleophilic nanofibrous membranes with unidirectional oil-transport ability and strengthened oil-water separation performance. Advanced Materials Interfaces, 2015, 2: 1400506.

[75] GU J, XIAO P, CHEN J, et al. Janus polymer/carbon nanotube hybrid membranes for oil/water separation. ACS Applied Materials & Interfaces, 2014, 6: 16204-16209.

第7章 纳 滤 膜

水是生命之源，是人类赖以生存的宝贵资源。水资源保护已成为全球性课题，与我们的生存空间和生活质量息息相关。据不完全统计，全世界有100多个国家面临缺水问题，其中严重缺水的国家已有40多个。作为当今世界的人口大国，我国人均水资源占有量为2 700 m^3，相当于世界平均值的1/4，水资源紧缺的形势已日益凸显[1]。中科院水问题研究中心曾作过一个统计，预计2020—2030年将是我国用水量的高峰，按照目前的供水能力，年缺水量将达1 500亿 m^3[2]。造成上述水资源短缺的主要原因是世界上99%以上的水资源是以海水或苦咸水的形式存在的，不能被人类直接利用，另外，进入20世纪以来，人口数量大增、工商业和农业迅速发展导致用水量急剧上升，以及人类对地下水层和地表水的过度开发和污染，导致可利用的天然淡水资源逐渐减少。据环保部环境统计年报，2012年全国工业废水排放量为222亿 t，城镇生活污水排放量为462亿 t。因此，加强水资源的合理利用与保护，加强废水资源化与回用，发展海水和苦咸水淡化技术成为解决水资源问题的重要途径[3,4]。2014年3月国务院发布《国家新型城镇化规划(2014—2020)》，提出到2020年城镇公共供水普及率提高到90%，城市污水处理率提高到95%。膜技术在水资源供应和废水深度处理与资源回收等方面将发挥其重要作用，成为解决我国水资源危机、减轻和治理环境污染的一种不可或缺的重要手段。

进入21世纪以来，全球膜市场开始强劲增长，据统计2012年全球膜制品销售总额超过120亿美元，我国膜产业进入高速增长期，总产值从1993年2亿元增加到2012年近400亿元(其中包括膜制品、膜组件、膜附属设备及相关工程的总值)，膜工业被誉为"最具发展潜力"的行业之一。2012年8月科技部发布《高性能膜材料科技发展"十二五"专项规划》，提出"面向国家重大需求，加强膜领域的基础理论和原创技术研究，提升膜领域发展的自主性和可持续性"。国家发改委发布了《关于组织实施城市节水和海水利用高技术产业化专项的公告》，国家发改委、科技部、商务部联合发布的《当前优先发展的高技术产业化重点领域指南(2007年度)》，《国家中长期科学和技术发展规划纲要(2006—2020年)》均将膜技术产业提到了重要发展的战略地位，这给中国膜研究机构及膜企业的发展提供了前所未有的发展机遇[5]。

7.1 概 述

7.1.1 纳滤技术的发展

纳滤(nanofiltration)是介于反渗透(reverse osmosis)和超滤(ultrafiltration)之间的一种压力驱动的膜分离过程，已经成为当今膜分离技术研发的热点之一。纳滤膜的研究始于20

世纪 70 年代，源于 J. E. Cadotte 对 N 系列膜的开发。早期的纳滤膜被称为“疏松的反渗透膜(loose reverse osmosis membrane)”，Israsel 公司曾用“杂化过滤”来表示这种介于反渗透和超滤之间的膜分离过程，直到 20 世纪 90 年代，美国 Film Tech 公司将其更名为纳滤(nanofiltration)，并一直沿用至今。经过 20 多年的发展，纳滤膜的种类越来越丰富，美国、日本等国相继推出了几十种品牌的商品化纳滤膜，如美国 Film Tech 公司的 NF 系列，美国海德能公司的 ESNA 系列，美国 Desal 公司的 Desal-5，日本东丽公司的 SU、UTC 系列，日本日东电工的 NTR 系列等[6-9]，常见商品化纳滤膜的型号和分离性能见表 7-1。随着纳滤膜市场需求量的扩大，纳滤膜的品种不断增多，性能也在逐渐提高。我国纳滤膜的研制始于 20 世纪 80 年代后期，到 90 年代研究的单位不断增加，已工业化的有醋酸纤维素、三醋酸纤维素、芳香族聚酰胺、磺化聚醚砜类等纳滤膜[10]。目前，已产业化的纳滤膜，有的已接近国际同类产品的水平，有的还存在一定的差距。

表 7-1　常见商品化纳滤膜及其分离性能[10, 11]

厂　商	膜 型 号	制膜材料	测试条件		膜 性 能	
			进料液质量分数/($g \cdot L^{-1}$)	操作压力/MPa	截留率/%	通量/($L \cdot m^{-2} \cdot h^{-1}$)
美国 Desal	Osmonios	PA	1(NaCl)	1	47	46
美国 Film Tec	NF-40	PA	2(NaCl)	2	45	43
	NF-70		2(NaCl)	0.6	80	43
	NF-90		2(NaCl)	0.5	85～95	29.1
			2($MgSO_4$)	0.48	>97	38.3
	NF-270		0.5($CaCl_2$)	0.50	40～60	60.6
			2($MgSO_4$)	0.48	>97	51.8
	NF-200		0.5($CaCl_2$)	0.50	35～50	33.1
			2($MgSO_4$)	0.48	>97	28.0
日本东丽 Toray	SU-60	PA	0.5(NaCl)	0.35	55	28
	SU-200 HF		1.5(NaCl)	1.50	50	250
美国海德能 Hydranautics	ESNA1	PA	0.5(NaCl)	0.52	70～90	42.5
	ESNA2		0.5(NaCl)	0.52	50～70	63.7
	PVDI	PVA	1.5($MgSO_4$)	1	99	42
	CAB4	CA	2(NaCl)	2.9	80	32
日东电工 Nitto	NTR-7410	SPS	5(NaCl)	1	15	500
	NTR-7450		5(NaCl)	1	50	92
	NTR-9250	PVA	2(NaCl)	2.0	60	106
中国蓝星膜	NF-4040	PA	2(NaCl)	0.52	30	42.5
			2($MgSO_4$)	0.52	90	42.5
	NF-CA	CA	2.5(NaCl)	0.5～2.0	10～85	20～80
			2($MgSO_4$)	0.5～2.0	90～99	25～85

7.1.2 纳滤膜的特点及其分离机理

纳滤是以压力为驱动力的膜分离过程，膜的孔径介于反渗透和超滤之间，膜表面通常带有荷电基团，因此纳滤膜对物质的分离是依靠空间位阻效应和静电排斥效应双重作用实现的。纳滤膜具有以下特点[6,8]：

(1)操作压力低。通常在 0.5～2.0 MPa 之间，较反渗透膜的操作压力低很多，这大大降低了运行成本。

(2)具有纳米级孔径。纳滤膜的切割分子量(molecular weight cut-off, MWCO)为200～1 000 Da(道尔顿)，可对不同尺寸的有机物分子进行分离。

(3)具有离子选择性。纳滤膜通常具有一定的荷电性，与高价态离子间的静电作用较强，可对不同价态的无机盐进行分离。

图 7-1 所示为纳滤分离过程的示意图。

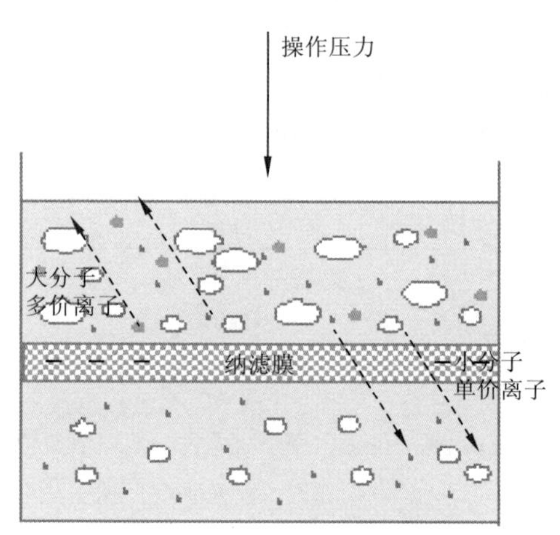

图 7-1　纳滤分离过程示意图

荷电的纳滤膜对无机盐的分离受到化学势和电势梯度的双重影响，对不荷电有机物分子的分离主要是由孔径筛分作用实现的，但其确切的传质机理尚无定论。纳滤膜的传质模型主要有非平衡热力学膜型、溶解-扩散模型及静电位阻模型等。

非平衡热力学模型[12,13]，其不考虑膜内部的透过机理，以非平衡热力学为基础，将溶剂透过量和溶质透过量用以下公式表示：

$$J_v = L_p(\Delta p - \sigma \Delta \pi) \tag{7-1}$$

$$J_s = -(P\Delta x)\frac{dc}{dx} + (1-\sigma)J_v c \tag{7-2}$$

式中，J_v 和 J_s 分别为溶剂和溶质的透过量；σ 为膜的反射系数；L_p 和 P 分别是纯水和溶质的透过系数；Δp 为膜两侧的压力差；$\Delta \pi$ 为膜两侧的渗透压；Δx 为膜厚度；c 为膜内溶质的浓度。根据 Vant't Hoff 渗透压方程可以求出膜的渗透压：

$$\Delta \pi = RT\Delta c \tag{7-3}$$

式中，R 为气体常数；T 操作温度；Δc 为膜两侧溶液的浓度差。

进一步，将式(7-2)对膜厚度进行积分，可以得到膜的截留率 R：

$$R = 1 - c_p / c_m \tag{7-4}$$

式中，c_p 和 c_m 分别是料液侧膜面浓度和透过液膜液浓度。

上述模型的特征参数可通过实验测得，如可以用纯水测试膜的透过系数；通过单组分溶质截留率随溶剂透过通量变化的实验数据得到膜的反射系数和溶质的透过系数。

溶解-扩散膜型[14,15]，其假定溶质和溶剂溶解在致密的膜表面皮层内，各自在化学位的作用下透过膜，再从膜的下游解吸附。根据 Fick 定律可以得到溶剂的透过量和溶质的透过量及其截留率：

$$J_v = (D_v C_w v / RTL)(\Delta p - \Delta \pi) = A(\Delta p - \Delta \pi) \tag{7-5}$$

$$J_s = (D_{sm} K / L)(c_{s1} - c_{s2}) = B(c_{S1} - c_{S2}) \tag{7-6}$$

$$R = J_v / (J_v + B) \tag{7-7}$$

式中，D_v和 D_{sm}分别为溶剂和溶质在膜内的扩散系数；v 是溶剂的偏摩尔体积；K 为溶质在膜与溶液间的分配系数；p 和 c 分别表示压力和浓度；角标 1 和 2 分别表示膜上游(进料)和下游(透过)溶质的浓度。水分子在膜内会以聚集态或分散态的形式存在，这对于膜性能的影响较明显，同时，当膜内水含量较多时不适合用此模型进行分析。

静电位阻模型[16, 17]假定膜分离层由孔径均一、表面电荷分布均匀的微孔构成；膜内所有离子的浓度分布遵循 Posisson-Boltzmann 方程或 Donnan 平衡，可用于荷电离子和中性分子传质机理的描述。目前，纳滤膜的传递机理尚无定论，但多认为对于荷电或极性溶质，其截留率由静电效应和空间位阻效应共同决定；而对于非极性溶质，其截留率取决于空间位阻效应。

7.2　纳滤膜的种类及其制备方法

7.2.1　有机高分子纳滤膜

7.2.1.1　天然高分子纳滤膜

自从 1960 年 Leob 和 Sourirajan 成功开发了第一张具有高盐截留率和高水渗透通量的醋酸纤维素(CA)膜以来，分离膜技术由实验室成功地走向了工业应用，这对膜分离技术的发展具有里程碑式的意义。与此同时，制造醋酸纤维素膜的制膜方法——L-S 相转化法，也引起了学术界和工业界的广泛重视[6]。L-S 相转化法制备不对称纳滤膜的过程一般为：首先，将聚合物铸膜液涂覆在支撑体上；再将其浸入到非溶剂的凝固浴中，通过溶剂与非溶剂之间的交换成膜；最后经洗涤、后处理，得到所需纳滤膜(见图 7-2)。纤维素是地球上来源最为广泛的天然高分子材料，主要来源于树木、棉花、麻、谷类织物和其他高等植物。纤维素具有良好的物理化学稳定性和生物相容性。常用的纤维素类膜材料主要有醋酸纤维素(CA)、三醋酸纤维素(CTA)、再生纤维素(RCE)、硝酸纤维素(CN)及聚酯纤维素(PR-C)等。郭明远等[18]采用相转化法制备了 CA 非对称纳滤膜，但醋酸纤维素的化学稳定性和抗生物腐蚀性较差。周金盛等[19]以 CTA 为改性材料，通过相转化法制备了 CA-CTA 共混纳滤膜，由于 CTA 具有较好的机械强度、优异的耐生物降解性及热稳定性，改性后的纳滤膜稳定性得到明显提高。岑美柱等[20]则以高取代度的氰乙基纤维素为改性材料，采用相转化法制备了其与二醋酸纤维素的共混中空纤维纳滤膜，该纳滤膜未出现明显的压密现象，且抗菌性得到了提高。采用相转化法制备的 CA 纳滤膜的厚度较大(一般大于 1.0 μm)，膜通量较低。为了提高 CA 膜的渗透性，Yu 等[21]将 C-2 位的乙酰基化学改性为羧基，提高了 CA 膜的荷电性和亲水性，该膜对刚果红和甲基蓝的截留率均高于 99%，水通量较原始 CA 膜提高了 1 倍。Haddad 等[22]以体积比为 2∶1 的丙酮/甲酰胺的混合溶液为溶剂，配制了 20%～22%的 CA 铸膜液，用250 μm厚度的刮刀刮制成膜，在去离子水中相转化成膜，再于 60～80 ℃退火处理 10 min 得到荷负电的纳滤膜。Sun 等[23]以聚酰亚胺(Torlon 4000 TF)和醋酸纤维素(CA-398-30)为成膜材料,通过相转化法制备了双层中空纤维纳滤膜,该膜对 Na_2SO_4 的截留率大于96.9%。水的渗透系数为19.8 L·m^{-2}·h^{-1}·MPa^{-1}。最近,An 等[24]以自制的硫化羧甲基纤维素钠(SCMC)为成膜材料,通过调控膜材料化学结构和优化成膜条件,得到了分离性能优良的荷负电纳滤膜 SNFM。随着 SCMC 硫化程度由 0 增加到 0.68,SNFM 纳滤膜通量由17.7 L·m^{-2}·h^{-1}上升至 51.3 L·m^{-2}·h^{-1};盐截留率呈先上升后下降的变化趋势。当硫化程度为 0.58 时,SNFM 具有适当的交联密度,其纳滤膜的通量较未硫化前提高了 1.2 倍,且对 Na_2SO_4 的截留率保持在 92%以上。

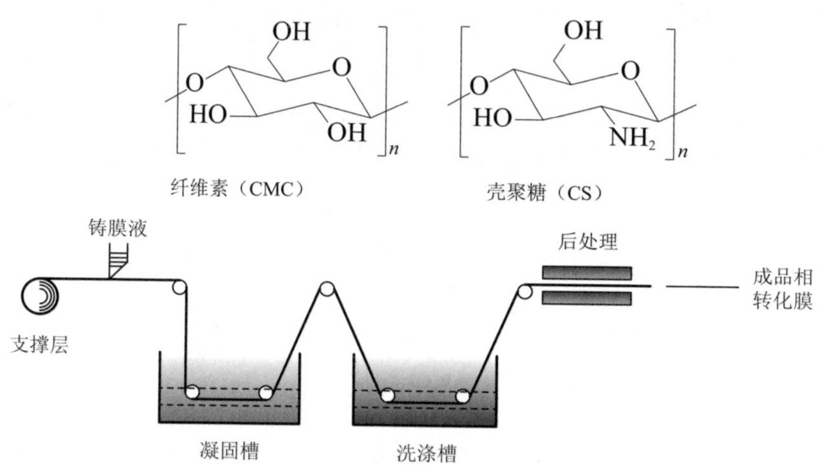

图 7-2　L-S 相转化法制备不对称纳滤膜过程的示意图

除上述纤维素类高分子材料以外,壳聚糖(CS)及其衍生物作为广泛存在于节肢动物甲壳中的天然高分子,凭借其良好的亲水性、抗污染性及耐溶剂性,已成为一类十分具有发展潜力的膜材料。如 Musale 和 Kumar 等[25,26]以 CS 为主要成膜材料,在乙酸-乙酸钠的缓冲溶液中将其溶解,然后涂覆在聚丙烯腈(PAN)超滤膜表面,以戊二醛作为交联剂制备了 CS/PAN 纳滤膜。Jegal 和 Lee 等[27]以聚乙烯醇(PVA)和 CS 共混物为成膜材料,以戊二醛的异丙醇溶液作为交联剂,制备了壳聚糖共混复合纳滤膜。Huang 等[28,29]制备了 2-羟基-3-甲基氨基-丙基壳聚糖(HAPC)和壳聚糖-三甲基烯丙基氯化铵接枝共聚物(GCTACC),并以这两种壳聚糖衍生物为成膜材料,利用表面涂覆和化学交联的方法,制备了一系列荷正电的壳聚糖衍生物纳滤膜。Miao 等[30]以 N,O-羧甲基壳聚糖(NOCC)为成膜材料,通过表面涂覆和化学交联的方法,制备了荷负电的纳滤膜。在 20 ℃和 0.4 MPa 的测试条件下,该膜对 Na_2SO_4 和 NaCl 的截留率分别为 90.4%和 27.4%,水通量为 10 L·m^{-2}·h^{-1}左右。最近,Ji 等[31,32]采用自由基共聚法制备了甲基丙烯酰氧乙基三甲基氯化铵(DMC)和丙烯酸-2-羟乙酯(HEA)的二元共聚物 PDMCHEA,并通过溶液共混和表面涂覆的方法制备了其与 CS 的共混荷正电纳滤膜 BPCNFM。随着 PDMCHEA 含量的增加,共混膜 BPCNFM 的结晶性降低,亲水性增强,力学性能提高。用于纳滤分离时,BPCNFM 表现出高的渗透通量,良好的耐污染性和稳定性。

7.2.1.2　合成高分子纳滤膜

聚乙烯醇(PVA)具有高度亲水性、强耐污染性和良好的成膜性能,已成为一类用于制备纳滤膜的优良成膜材料。由于 PVA 在水溶液中极易溶胀甚至溶解，通常需要对其进行化学交联，使膜具有高截留率和良好的稳定性。Gohil 等[33]以聚砜超滤膜为支撑层，以 PVA 为成膜材料，以马来酸酐为交联剂制备了 PVA 复合纳滤膜。该膜对 Na_2SO_4 和 NaCl 的截留率分别为 83.8% 和 22.8%，平均切割分子量为 250～350 Da。Peng 等[34]以不同分子量的 PVA 与丁二醛交联制备复合纳滤膜，此类膜的静态水接触角均低于 35°，具有良好的亲水性，且对一、二价无机盐具有良好的分离选择性。Bolto 等[35]以 PVA 为成膜材料，研究不同种多元酸交联剂（乙二酸、丙二酸和柠檬酸）对所得纳滤膜性能的影响，结果表明以乙二酸为交联剂制备的纳滤膜截留效果较好，对 Na_2SO_4 的截留率可达 95%，然而水通量较低。由于 PVA 分子链间存在较强的氢键作用，经化学交联和热处理后膜的致密度很高，故其水通量较低。为了提高 PVA 膜的渗透选择性，Jonggeon 等[36]以海藻酸钠 SA 作为改性添加剂，通过戊二醛交联制备了 PVA/SA 复合纳滤膜，此膜在 1.38 MPa 操作压力下，对 PEG600 的截留率大于 95%，对 Na_2SO_4 和 NaCl 的截留率分别为 88% 和 10%，水通量为 54 $L \cdot m^{-2} \cdot h^{-1}$。Jegal 等[37]则分别以壳聚糖 CS 和海藻酸钠 SA 为改性添加剂，制备了 PVA/CS 和 PVA/SA 共混纳滤膜，研究表明改性后纳滤膜对有机物分子的截留效果更好。

其他用于制备滤膜的典型有机合成高分子材料，如磺化聚（醚）砜、磺化聚醚酮、聚酰亚胺和聚二甲基硅氧烷等见表 7-2。Kimura 等[38]曾以磺化聚砜（SPS）为主要成膜材料，以甲基吡咯烷酮（NMP）为溶剂，硝酸锂为溶胀剂配成铸膜液，涂覆成膜后，于 45～65 ℃下蒸发 45～60 min，最后在冰水浴中相转化为纳滤膜。蒲通等[39]公开了一种以磺化聚醚砜（SPES）为成膜材料，通过相转化法制备的荷负电纳滤膜，以 0.2～0.3 $g \cdot L^{-1}$ 的盐溶液为进料液，在 0.3～0.7 MPa 的操作压力下，对盐的盐截留率为 40～95%，对分子量为 300～1 000 Da 的荧光增白剂的截留率大于 90%，水通量为 13～150 $L \cdot m^{-2} \cdot h^{-1}$。俞三传等[40]以聚砜超滤膜为支撑膜，将 SPES 的铸膜液涂覆于底膜之上，经热处理后得到荷负电的纳滤膜。Dalwania 等[41]也曾采用溶液涂覆的方法，制备了以磺化聚醚酮（SPEK）为表面分离层，聚醚砜超滤膜为支撑层的复合纳滤膜，研究发现，后处理温度和时间对膜性能的影响较明显，在 90 ℃固化 1 h 后，膜的分离性能最佳，其渗透系数和盐截留率分别为 45 $L \cdot m^{-2} \cdot h^{-1} \cdot MPa^{-1}$ 和 90%。Yan 等[42]用含有二氮杂萘酮的氯甲基化聚醚砜酮（CMPPESK）制备了超滤膜，再通过表面季铵化处理，制备了荷正电的季铵化聚芳醚砜酮（QAPPESK）纳滤膜。在 18 ℃和 0.4 MPa 的测试条件下，QAPPESK 膜对 $MgCl_2$ 的截留率为 84%，水通量为 49 $L \cdot m^{-2} \cdot h^{-1}$；其对无机盐的截留率从大到小为 $MgCl_2 > MgSO_4 > NaCl > Na_2SO_4$。Dai 等[43]则采用相转化的方法制备了 SPEK 纳滤膜，此膜对染料 CY 的截留率为 80%，对 PEG2000 的截留率大于 96%，水通量大于 36 $L \cdot m^{-2} \cdot h^{-1}$。李连超等[44]以发烟硫酸磺化含酞侧基聚醚酮得到磺化 PEK-C，并以此为成膜材料制备了复合纳滤膜，通过优化制膜条件，SPEK-C 复合纳滤膜可在 95 ℃高温下对有机染料进行分离，表现出良好的耐热稳定性。See Toh 等[45]以聚酰亚胺（PI）为成膜材料，以多元胺为化学交联剂，经热固化交联后得到耐有机溶剂纳滤膜，该膜在 N，N-二甲基甲酰胺（DMF）。甲基吡咯烷酮（NMP）、二甲亚砜（DMSO）和 N，N-二甲基乙酰胺（DMAC）中均可稳定存在，且对有机物分子的截留分子量为 250～400 Da。Vanherck 等[46]在制备 PI 纳滤膜时，将二胺交联剂加入到凝固浴中，在相转化的过程中，同时发生了化学交联反应，使所得膜的结构更加致密、均匀。此类膜具有良好的耐有机溶剂性能，如 Lenzing P84 对有机溶剂 DMF 和 NMP 的渗透系数分别为 4.3 L・m^{-2}・h^{-1}・MPa^{-1}和 1.9 L・m^{-2}・h^{-1}・MPa^{-1}，对孟加拉红染料的截留率为 98%。Vankelecom 等[47]在聚丙烯腈/聚乙烯支撑层上涂覆聚二甲基硅氧烷 PDMS 溶液，经过 100 ℃热固化交联后得到耐有机溶剂纳滤膜。Aerts 等[48]则采用等离子处理的方法对 PDMS 膜表面层进行交联化处理，使 PDMS 膜在非质子溶剂中也能表现出良好的分离选择性。蔡卫滨等[49]以 PDMS 为成膜材料，以聚偏氟乙烯 PVDF 超滤膜为支承层，采用不同的交联剂如正硅酸乙酯(TEOS)、苯基三甲氧基硅烷(PTMOS)、辛基三甲氧基硅烷(OTMOS)、γ-氨基丙基三乙氧基硅烷(APTEOS)进行化学交联制备了纳滤膜。结果表明，以 TEOS 为交联剂制得的纳滤膜对大豆油/己烷混合油体系的分离性能最佳。截至 2017 年，以 PDMS 为代表的含硅聚合物材料的制备工艺较复杂，制备的复合膜的孔径结构较难控制，膜的渗透选择性还有待于进一步提高。

表 7-2　用于制备纳滤膜的典型有机合成高分子材料

聚合物名称	化学结构式
聚乙烯醇(PVA)	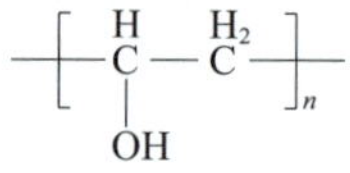 $\left[-\underset{OH}{\overset{H}{C}}-\overset{H_2}{C}- \right]_n$
磺化聚砜(SPS)	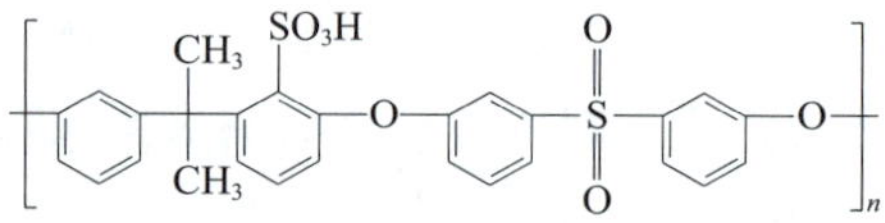
磺化聚醚砜(SPES)	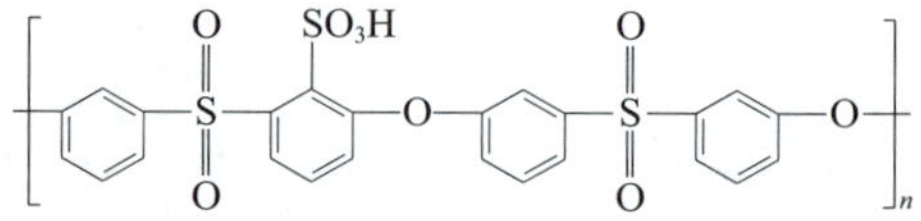
磺化聚醚酮(SPEK)	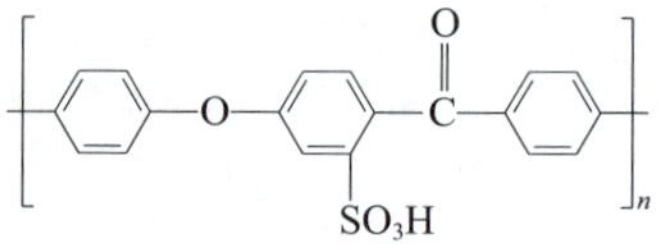
磺化酚酞型聚醚酮(SPEK-C)	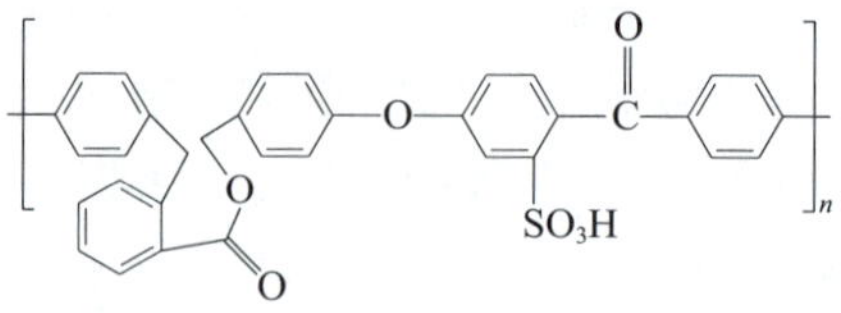
芳香聚酰亚胺(PI)	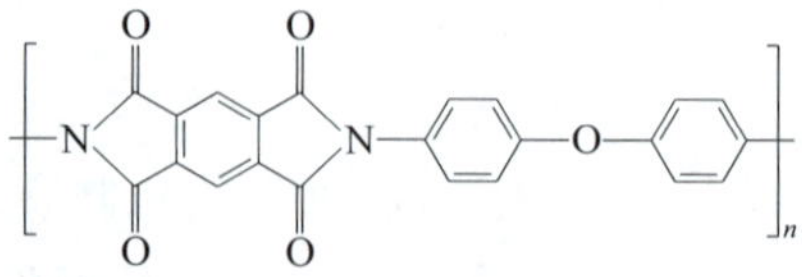
聚酰亚胺(P84)	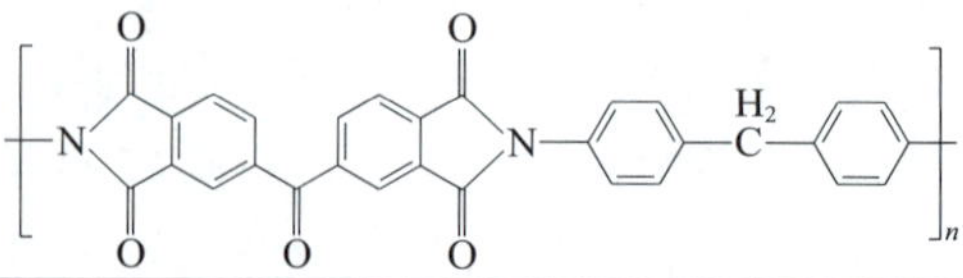

续表

聚合物名称	化学结构式
聚二甲基硅氧烷(PDMS)	$\left[-Si(CH_3)_2-O- \right]_n$

根据纳滤膜的分离机理可知，以聚电解质高分子材料制备的纳滤膜可凭借其自身与被分离物质间的静电排斥作用，实现纳滤膜对不同价态无机盐和不同荷电性有机分子的良好分离。早期，Miyama 等[50]以丙烯腈接枝共聚物作为成膜材料，以 DMF 为溶剂，DMSO 和 PVA 作为添加剂，通过相转化制备超滤膜，再对其进行表面季铵化处理后，得到荷正电的聚丙烯腈纳滤膜。Du 等[51, 52]以聚砜微滤膜为支撑膜，将聚甲基丙烯酸二甲氨基乙酯(PDMAEMA)水溶液涂覆在其表面上，再用对苯二甲基氯庚烷进行化学交联，得到了荷正电的纳滤膜。在 30 ℃和 0.8 MPa 的测试条件下，其对 $MgSO_4$的截留率约为 90%，对 NaCl 的截留率为 78%，水通量约为 8 $L \cdot m^{-2} \cdot h^{-1}$。Xu 等[53, 54]以聚二甲基苯醚(BPPO)为成膜材料，通过相转化法和原位季铵化法，制备了荷正电的不对称纳滤膜。Zhu 等[55]在聚砜超滤膜表面通过紫外接枝聚甲基丙烯酰氧乙基三甲基氯化铵(PDMC)，得到了高通量荷正电纳滤膜，在 25 ℃和 0.8 MPa操作条件下，该膜对 $MgCl_2$的截留率为 92.4%，水通量为 60 $L \cdot m^{-2} \cdot h^{-1}$。Qiu 等[56]采用紫外光辐射法，对 PEK-C 超滤膜进行改性，在膜的表面接枝了聚丙烯酸，制备了荷负电的纳滤膜，在 25 ℃和 0.8 MPa 操作条件下，此膜对 Na_2SO_4和 NaCl 的截留率分别为 99.7%和 62.2%，水通量为 25 $L \cdot m^{-2} \cdot h^{-1}$。最近，Homayoonfal 等[57]也通过表面紫外光辐射法，在聚砜超滤膜表面接枝了聚丙烯酸(PAA)，制备了荷负电的纳滤膜。研究发现，随着紫外辐射时间的延长和丙烯酸(AA)单体浓度的增加，所得纳滤膜的盐截留率升高，水通量降低。当光辐射时间为 180 min，AA 单体浓度为 6%，以 PEG-4000 作为添加改性剂制备的纳滤膜对 Na_2SO_4、$MgSO_4$、NaCl 和 $CaCl_2$的截留率分别为 100%、77.9%、49.9%和 35.9%。另外，也可以在膜的表面直接进行化学反应，制备(或改性)纳滤膜，如 Belfer 等[58]曾采用此法对商品化纳滤膜 NF-70 和 NF-270 进行表面改性。以 $K_2S_2O_8$和 $NaHSO_3$为氧化一还原引发剂，以丙烯酸(AA)、甲基丙烯酸(MA)和甲基丙烯酸二甲氨基乙酯(DMAEM)为活性单体，在膜的表面进行自由基聚合，所得纳滤膜的盐截留率和耐污染性均有所提高。

7.2.2　聚酰胺纳滤膜

7.2.2.1　界面聚合聚酰胺纳滤膜

1972 年 cadotte 等[8]首次采用界面聚合法制备了聚酰胺复合膜。以由哌嗪(PIP)和均苯三甲酰氯(TMC)为功能单体制备的聚酰胺纳滤膜 NS-300 为例，其制备方法是：将聚砜多孔膜浸入到 PIP 的水相溶液中，浸渍一定时间后，去除膜表面多余的水溶液；再将其浸入到 TMC 的正己烷溶液中，反应一定时间后，用试剂清洗膜的表面，去除未反应的物质；最后经热固化处理得到聚酰胺复合纳滤膜 NS-300(见图 7-3)。这种聚酰胺复合膜与此前的 L-S 法制备的不对称纳滤膜相比，操作压力大幅度降低，水通量和盐截留率都有较大程度的提高。这一全新的制膜技术现已成为纳滤膜/反渗透膜生产的主要方法。

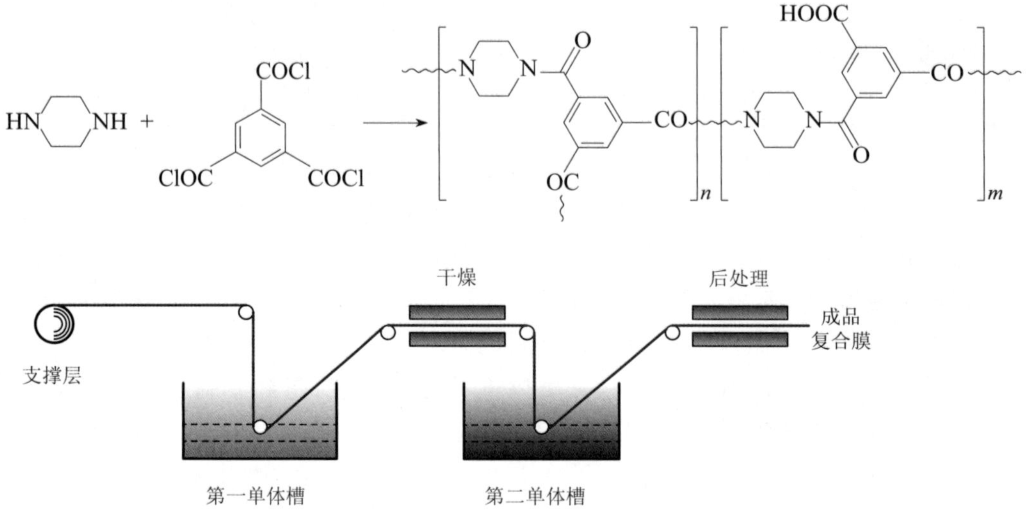
HOOC
COCl
HN
NH
ClOC
COCl
N
N
O
CO
OC
n
N
N
O
CO
m
干燥
后处理
成品
复合膜
支撑层
第一单体槽
第二单体槽

图 7-3　界面聚合法制备 NS-300 聚酰胺复合纳滤膜过程的示意图

聚酰胺复合膜的性能主要取决于聚酰胺活性层的交联致密度、皮层厚度、粗糙度、亲水性以及化学官能团活性等，其中所用界面聚合单体的种类和性质对上述综合性能起到了决定性作用。因此，为了制备具有理想膜结构与优异膜性能的聚酰胺纳滤膜，研究者设计、合成了不同的界面聚合单体。表 7-3 列出了常见与最新研究报道的用于聚酰胺纳滤膜制备的多元胺单体和多元酰氯单体，其中哌嗪（PIP）、间苯二胺（MPD）与对苯二胺（PPD）等二胺单体和均苯三甲酰氯（TMC）、间苯二甲酰氯（IPC）多元酰氯单体是最常见以及研究最为成熟的用于聚酰胺纳滤膜制备的单体[8, 59-61]。采用界面聚合法制备的聚酰胺纳滤膜通量高，分离性能好，但受成膜材料所限，其耐污染性和耐氯性有待于进一步提高。因此，开发新型聚酰胺纳滤膜的成膜单体材料是聚酰胺纳滤膜研究的重点。

表 7-3　用于制备聚酰胺纳滤膜的单体[8, 74, 75]

水相单体名称	化学结构	有机相单体名称	化学结构
哌嗪 （PIP）	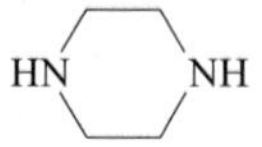HN NH	均苯三甲酰氯 （TMC）	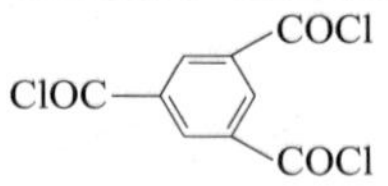COCl ClOC COCl
间苯二胺 （MPD）	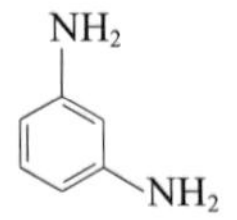NH$_2$ NH$_2$	间苯二甲酰氯 （IPC）	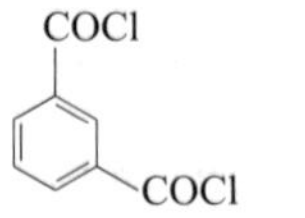COCl COCl
对苯二胺 （PPD）	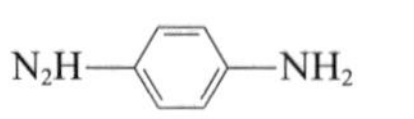N$_2$H NH$_2$	5-异氰酸间苯二甲酰氯 （ICIC）	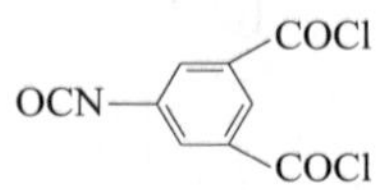COCl OCN COCl

续表

水相单体名称	化学结构	有机相单体名称	化学结构
4-甲基间苯二胺（MMPD）	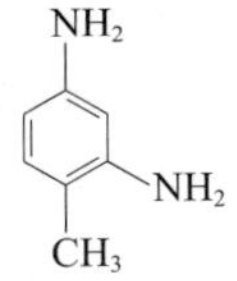 NH_2 NH_2 CH_3	5-氯甲酰氧基间苯甲酰氯（CFIC）	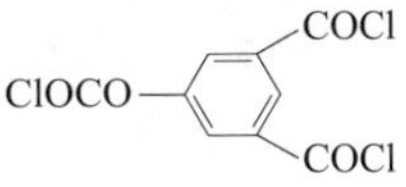 ClOCO COCl COCl
1,3-环己二甲胺（CHMA）	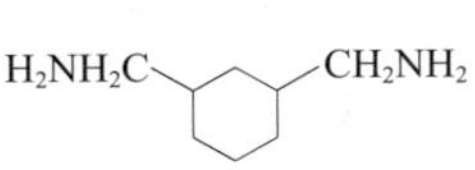 H_2NH_2C CH_2NH_2	1,3,5-三甲酰氯环己烷（HTC）	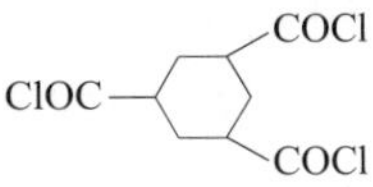 ClOC COCl COCl
N,N’-二氨基哌嗪（DAP）	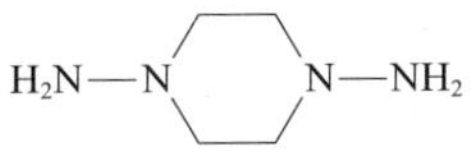 H_2N—N N—NH_2	mm-联苯四甲酰氯（mm-BTEC）	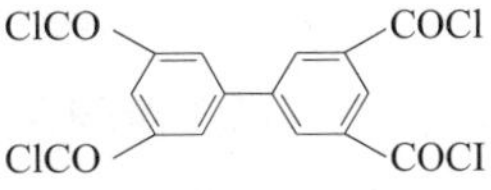 ClCO ClCO COCl COCl
N,N-氨乙基磺化丙基哌嗪（AEPPS）	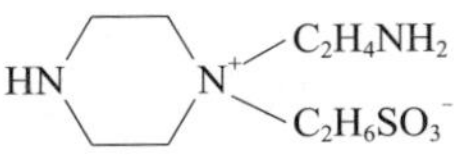 HN N^+ $C_2H_4NH_2$ $C_2H_6SO_3^-$	mm-联苯四甲酰氯（mm-BTEC）	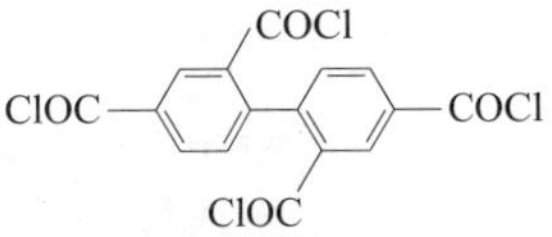 COCl ClOC COCl ClOC
三乙醇氨（TEOA）	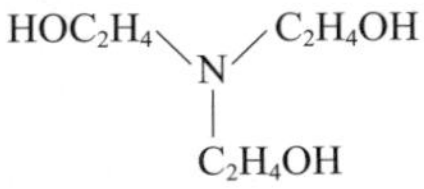 HOC_2H_4 N C_2H_4OH C_2H_4OH	op-联苯四甲酰氯（op-BTEC）	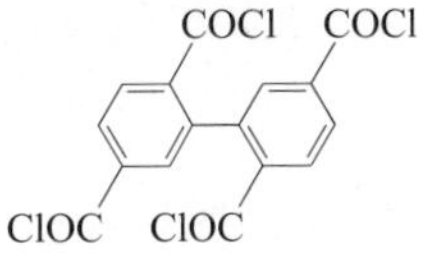 COCl COCl ClOC ClOC
3,5-二氨基-4’-氨基苯酰替苯胺（DABA）	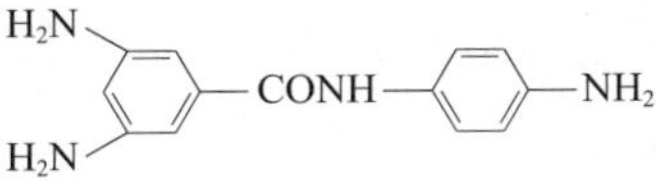 H_2N H_2N CONH NH_2	联苯四甲酰氯（BTAC）	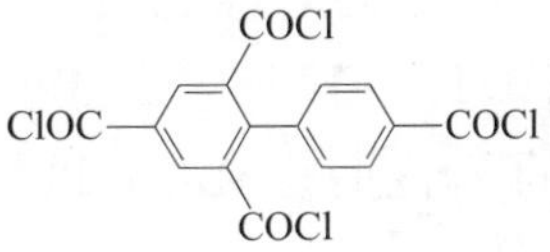 COCl ClOC COCl COCl
二氨基(2,6-N,N-二羟乙基)甲苯（BHDT）	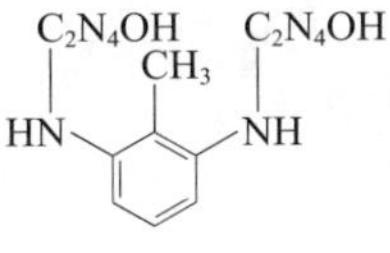 C_2N_4OH C_2N_4OH CH_3 HN NH	联苯五甲酰氯（BPAC）	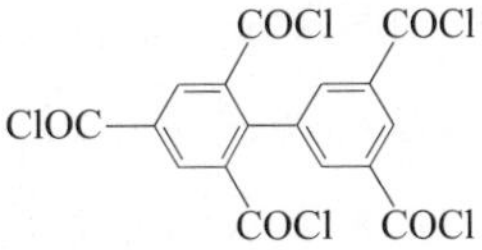 COCl COCl ClOC COCl COCl
六氟代醇修饰亚甲二苯胺（HFA-MPD）	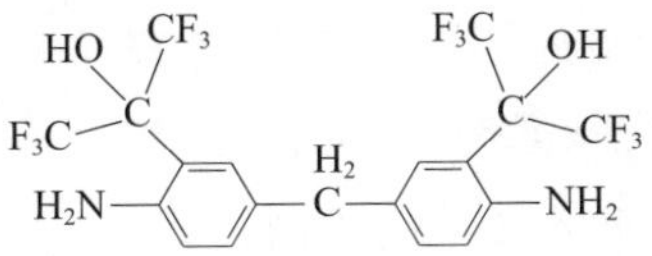 HO CF_3 F_3C C H_2N H_2 C F_3C OH C CF_3 NH_2	联苯六甲酰氯（BHAC）	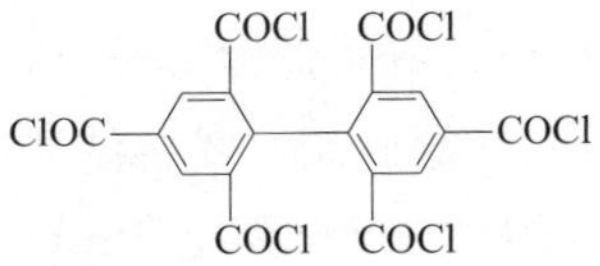 COCl COCl ClOC COCl COCl COCl

随着化学合成技术的进步，可用于界面聚合的新单体逐渐被开发出来。如 Li 等[62]以联苯四甲酰氯(mm-BTEC)和哌嗪(PIP)为单体，采用界面聚合的方法，制备了聚酰胺纳滤膜。以 0.05% Na_2SO_4(pH=6.5)为进料液，在 25 ℃和 0.5 MPa 的测试条件下，此膜对盐的截留率为 95%，水通量为 51.5 $L \cdot m^{-2} \cdot h^{-1}$。Zhang 等[63-65]合成了系列新型的多元酰氯单体(联苯四甲酰氯 BTAC、联苯五甲酰氯 BPAC 和联苯六甲酰氯 BHAC)，通过界面聚合与间苯二胺(MPD)制备复合聚酰胺膜，详细研究了单体结构对膜结构及分离性能的影响。结果表明随着

酰氯单体活性官能团数量的增加，所得聚酰胺膜的交联密度升高，膜内高分子链的活动性降低，即 TMC-MPD＞BTAC-MPD＞BPAC-MPD＞BHAC-MPD，使膜的水渗透性下降，而对盐截留性能影响不大。Wang 等[66]制备了含有 3 个氨基的 3，5-二氨基-4′-氨基苯酰替苯胺(DABA)单体，将其引入聚酰胺膜中，提高了膜表面的亲水性，降低了膜表面粗糙度和皮层厚度，使膜的水通量由 37.5 $L \cdot m^{-2} \cdot h^{-1}$升高到 55.4 $L \cdot m^{-2} \cdot h^{-1}$。

在实际应用过程中，为了有效抑制膜被污染的现象，通常在膜的进水中加入 NaClO 或 ClO_2等进行氧化杀菌。然而，目前通用的聚酰胺膜材料对活性氯非常敏感易被氧化，成为制约聚酰胺纳滤膜应用的关键问题。Nita 等[67,68]研究了聚酰胺膜在含氯料液中的氧化降解机理，认为主要是由于活性氯进攻酰胺键，发生 N-氯化和 Orton 重排，导致膜内聚酰胺链断裂的结果。通过采用间苯二甲酰氯(IPC)或对苯二甲酰氯(TPC)与多种二胺单体聚合制得了各种聚酰胺膜，发现将苯环上 H 取代或在苯环上引入吸电子基团，可以使酰胺键的活性降低，从而提高膜的耐氧化性能。Zhou 等[69,70]合成了四种功能单体：5-氯甲酰氧基间苯甲酰氯(CFIC)、5-异氰酸间苯二甲酰氯(ICIC)、1，3，5-三甲酰氯环己烷(HTC)和 4-甲基间苯二胺(MMPD)，制备了 CFIC/MMPD、HT/MMPD 和 TMC-HT/MMPD 三种聚酰胺复合膜，此类膜较传统聚酰胺膜的抗氧化性能(活性氯＞2 $g \cdot L^{-1} \cdot h^{-1}$)有明显的提高。此外，Yu 等[71]以脂肪酰氯 HTC 和芳香二胺 MPD 为单体制备的聚酰胺复合膜也表现出了良好的耐氯性能。La 等[72]研制了六氟代醇修饰亚甲基二苯胺单体(HFA-MPD)，将其与 TMC 界面聚合制备复合纳滤膜，通过引入强吸电子性、大空间位阻基团——HFA，有效防止了氯元素对酰胺键和苯环的进攻，提高了膜的耐氯抗氧化性能。Zhang 等[73]采用 C_2H_4OH 取代二氨基甲苯的 BHDT 与 TMC 界面聚合制备的纳滤膜，在 200 $mg \cdot L^{-1}$浓度的 NaOCl 溶液中浸泡 50 h，保持了稳定的盐截留率和水通量，具有良好的抗氯性。

界面聚合法制备纳滤膜的性质受到很多因素的影响[76-78]，如支撑膜性质(亲水性、膜的孔径和孔隙率等)、界面聚合条件(单体浓度及其配比、溶剂类型、反应温度及时间等)和后处理工艺(膜的清洗和热固化条件)等都会影响最终膜的性能。

1. 支撑膜性能的影响

聚砜超滤膜由于其具有良好的力学强度、化学稳定性、耐生物降解、耐高温及制备方法简便、原料成本低廉等优点，现已成为用于制备聚酰胺 RO/NF 复合膜最常用的多孔支撑层材料。其他可用作复合纳滤膜支撑层的材料还包括如聚丙烯腈(PAN)、聚醚砜(PES)、聚四氟乙烯(PTFE)、聚酯(PET)和聚酰亚胺(PEI)等，此类支撑层材料可进一步提高复合膜的耐溶剂性和耐氧化性，更适合用于耐有机溶剂(SRNF)纳滤膜的制备。

多孔支撑膜的孔径和孔隙率对水相在其表面分布的情况有直接影响，当孔径和孔隙率越高时，复合层有效面积越大，利于水透过。Singh 等[79]曾以平均孔径为 0.07 μm 和 0.15 μm 的两种聚砜超滤膜为多孔支承层，详细研究了支承层孔径对聚酰胺复合膜结构和分离性能的影响。结果表明，当以大孔聚砜超滤膜为支撑层时，界面聚合生成的聚酰胺易渗入到支撑层孔内，产生含有缺陷结构的聚酰胺分离层；反之，则可抑制聚酰胺渗孔现象的产生，制得含有均匀而致密分离层的复合聚酰胺膜。Hoek 等[80]以聚乙二醇(PEG)和聚乙烯吡咯烷酮

(PVP)为改性添加剂，制备了不同孔径、孔隙率和亲/疏水性聚砜多孔支承底膜，发现当以大孔径、高孔隙率和较疏水性的聚砜多孔膜为支撑层时，可制得表面粗糙且渗透性高的聚酰胺复合膜。Chao 等[81]利用正电子湮灭技术深入地研究了多孔支撑层亲疏水性对聚酰胺界面聚合成膜过程及膜结构的影响。研究结果表明，界面聚合反应是水相单体向有机相溶液扩散，在相界面处与有机相单体接触并发生聚合反应的过程。当多孔支撑层为亲水性 PTFE 膜时，形成的最致密层位于聚酰胺和 PTFE 复合膜的中间过渡层，所得复合膜含疏松、较厚的聚酰胺分离层结构；而当多孔支撑层为疏水性 PTFE 膜时，聚酰胺致密层在上表面最先形成，抑制界面聚合反应进一步向 PTFE 膜孔内渗入，形成含有致密超薄聚酰胺分离层结构的复合膜。

2. 界面聚合条件的影响

界面聚合反应条件包括单体浓度和配比，反应温度、反应时间、pH 值、添加剂类型和溶剂类型等很多因素，均会直接影响聚酰胺膜的形成，因而一直是聚酰胺复合膜研究的热点。研究发现提高有机相溶液中多元酰氯单体的浓度，可增加聚酰胺皮层厚度，提高膜表面亲水性和荷电性，使所得聚酰胺复合膜的水通量降低、盐截留率升高；然而，水相单体浓度的影响并不明显[82]。多元酰氯与多元胺的界面聚合反应为放热反应，温度过高会抑制反应正向进行，且加速了酰氯的水解反应，不利于形成高交联度的聚酰胺膜。研究结果表明，在室温下进行反应，聚合反应速率适中，能够获得交联度适当的聚酰胺膜。另外，由于聚酰胺复合膜的皮层厚度对水通量的影响很大，聚酰胺皮层越薄，水透过复合膜的阻力越小，膜通量越高[78]，因此界面聚合反应时间一般控制在 5～60s。通过改变有机相溶剂的种类，提高水相单体向有机相溶液的扩散速率[77]，也可加快聚合反应速度，使所得聚酰胺皮层致密度降低、厚度增加，表面粗糙度变大。Hirose 等[83]发现当水相单体 A 和有机相单体 B 溶液的溶解度参数之差 δ_{A-B} 值在 14.3～30.7$(J/cm^3)^{1/2}$之间时，可在多孔支撑层上得到分离性能良好的聚酰胺膜。但是，当 δ_{A-B} 值小于 14.3$(J/cm^3)^{1/2}$时，不能形成完整的聚酰胺膜，膜的盐截留率极低；而当 δ_{A-B} 值大于 30.7$(J/cm^3)^{1/2}$时，聚酰胺皮层厚度增加，水通量明显降低。此外，Xiang 等[84]研究了不同结构和尺寸的铵盐类添加剂对界面聚合反应的影响、如三乙胺盐酸盐（TEAC）、四丁基溴化铵（TBAB）、樟脑磺酸-三乙胺盐酸盐（CSA-TEA）和甲基苄基氯化铵（BTMAC）等对复合膜性能的影响。发现随着铵盐添加剂尺寸的增加、促进了水相单体哌嗪（PIP）向含均苯三甲酰氯（TMC）的正己烷溶液扩散，提高了界面聚合反应速率，使聚酰胺复合膜皮层厚度和粗糙度增加。

3. 后处理工艺的影响

聚酰胺复合膜的后处理主要包括热固化和膜清洗两个步骤。在界面聚合成膜后对其进行热处理，一方面，可以促进界面聚合反应进程，提高膜交联度，另外，也可以去除膜表面残存的挥发性溶剂。Rangarajan 等[85]的研究结果表明，严格控制界面聚合成膜后的热固化条件对于获得高渗透选择性的聚酰胺膜十分重要。在间苯二胺（MPD）和均苯三甲酰氯（TMC）界面聚合反应后，随热固化温度从 35 ℃升高到 75 ℃，聚酰胺膜孔径和孔隙率降低，所得复合膜的水通量降低，盐截留率升高；然而，当固化温度从 75 ℃进一步升高到 100 ℃时，聚酰胺膜孔径变化不明显，孔隙率继续降低，所得复合膜的水通量依然降低，而盐截留不再升高；因此，在

75～80 ℃下热固化 3 min,所得复合膜性能最佳。最后对聚酰胺复合膜进行清洗也是非常必要的,残留在复合膜中未反应完全的多元胺和酰氯单体会影响复合膜的结构和外观,长时间运行后会使膜性能下降。最常用的清洗方法是先用甲醇溶液浸泡淋洗,再用去离子水清洗,最后用甘油溶液洗涤。后处理工艺对聚酰胺膜的保存及使用寿命十分重要,因此需严格控制。

7.2.2.2 聚酰胺纳滤膜表面改性

1. 表面物理改性

在研究聚酰胺膜制备的过程中,为了提高其水渗透性、分离性、耐氯氧化性和耐污染性,文献报道的前期研究工作主要集中在合成界面聚合的单体上。研究表明,由芳香族多元胺和多元酰氯制备的聚酰胺膜具有良好的分离性能,但此类单体的种类有限且新单体的合成较困难。于是,研究者们通过对聚酰胺膜表面进行改性,将一些具有亲水性和耐污染性的高分子材料引入到聚酰胺膜表面,提高膜的分离性能和耐污染性能。研究发现[86,87],聚乙烯醇(PVA)、聚乙二醇(PEG)、聚乙烯亚胺(PEI)等聚合物具有强亲水性,将其涂覆到聚酰胺膜表面之后,可提高复合膜的亲水性,降低膜表面粗糙度,使膜的抗污染性能得到明显改善。Zhou 等[88]采用静电吸附的方法将 PEI 沉积于聚酰胺膜表面,膜表面的荷正电性增强,提高了复合膜对多价阳离子(Mg^{2+})和阳离子表面活性剂月桂基三甲基溴化铵(DTAB)的静电排斥作用力,复合膜的耐污染性能得到大幅提升。Yu 等[89]将温敏性氮异丙基丙烯酰胺和丙烯酸的共聚合物 P(NIPAm-*co*-AAc)涂覆于聚酰胺膜表面,使复合膜表面荷负电性增强,提高了膜对盐的截留率;同时,由于 P(NIPAm-*co*-AAc)表面图层具有温敏性,可通过调控进料液温度高于其 LCST 值,P(NIPAm-*co*-AAc)分子链发生相分离,使沉积于膜表面的污染物更容易被清洗去除。通过物理方法对聚酰胺膜表面进行改性,操作简单,改性初期效果明显,可以提高膜的纳滤分离性能。但是,表面涂层增加了复合膜厚度,且表面改性物质易渗入到膜孔内部,增加膜的传质阻力;另外,图层的稳定性较差,随运行时间的延长,将从膜表面脱落,改性效果逐渐丧失。

2. 表面化学改性

膜表面化学改性是将功能性材料通过化学反应以化学键形式与膜表面结合,其结合力强,不易从膜表面流失,且反应发生在膜表面,不会影响到复合膜内部的结构。Jiang 等[90]把聚酰胺纳滤膜浸入到自制的氟化多元胺聚合物水溶液中,通过膜表面残留的羧酸基团与氟化多元胺聚合物的氨基之间的酰胺化反应,制得表面由氟化物修饰的聚酰胺纳滤膜,该膜表面自由能从 60.0 $mJ \cdot m^{-2}$降低至 44.4 $mJ \cdot m^{-2}$,表现出良好的耐污染性能。Chen 等[91]通过表面可控活性自由基聚合 ATRP 法将磺酸型甜菜碱聚合物(PSBMA)引入到聚酰胺膜表面,与原始聚酰胺膜比较,改性后的聚酰胺膜表面对蛋白质污染物的不可逆吸附量降低了约 97%,同时,水通量提高了约 65%。Mukherjee 等[92]曾采用离子辐射的方法,将氟离子(F^-)引入到商品化聚酰胺纳滤膜 NF90 表面,膜表面的荷负电性增强,对 K^+、Na^+、Cl^-和 NO_3^-离子的截留率增加,然而水通量却随氟离子引入量的增加而降低。Lei 等[93]将商品化聚酰胺纳滤膜 NF270 在自制的含有光敏基团的聚合物乙醇/水溶液中浸渍,在膜表面引入活性光敏基团,然后再将此膜浸渍到含聚乙二醇单甲醚甲基丙烯酸酯(PEG-MEMA)和乙二醇二甲基丙烯酸酯(EGDMA)的乙醇/水溶液中,经UV光辐射后在膜表面发生聚合交联反应,得到亲水性凝胶表面改性聚酰胺纳滤膜。Yuan等[94]也曾将聚乙二醇(PEG)通过表面化学接枝的方法引入到聚酰胺膜表面,在一定程度上改善了膜的耐污染性。然而,PEG及其衍生物类聚合物易被水中氧或过渡金属离子氧化而遭到破坏,不适宜长期使用。表面化学改性在一定程度上可以提高聚酰胺膜的亲水性和荷电性,改善膜的分离选择性和耐污染性。但化学改性法通常需要特殊的反应装置,反应过程较为复杂、不易控制,难以实现规模化生产。

7.2.3　纳米杂化纳滤膜

7.2.3.1　无机纳米杂化纳滤膜

近年来,随着纳米技术的迅速发展,将一些功能性无机纳米材料原位引入聚合物膜内,以提高膜的水渗透性和耐污染性等已发展成为一个重要的研究方向。通常将此种由无机分散相填充于聚合物连续相中制得的复合膜称为混合基质膜(mixed-matrix membranes, MMMs)。混合基质膜最早于20世纪80年代成功用于气体分离领域[95,96],随后被用于渗透汽化膜材料[97,98],现已拓展到水处理膜领域[99,100]。目前,主要的聚酰胺纳滤膜是由多元胺和多元酰氯在多孔支撑膜表面通过界面聚合制备的,皮层厚度一般小于1 μm的薄层复合膜(thin film composite membranes, TFCMs)。美国加州大学Jeong等[101]将自制的50～150 nm的NaA型沸石添加到TMC有机相中,通过界面聚合将其原位引入到聚酰胺膜内,制备了薄层纳米复合的聚酰胺膜(thin film nanocomposite membranes, TFNMs)。近年来,相关研究主要集中在以不同类型无机纳米材料,如碳纳米管(CNT)、银纳米粒子(nano-Ag)、二氧化钛纳米粒子(TiO_2)和二氧化硅纳米粒子(SiO_2)等为添加物质,提高其在铸膜液中及所得聚合物膜内的分散性,改进制膜方法,优化制膜条件和研究混合基质膜传质机理等方面。

碳纳米管作为一维纳米材料具有无缝管状结构和光滑的疏水性水通道[102,103],水分子能够通过碳纳米管的内层管径和石墨层间的空隙体积,而较大尺寸的水合盐离子则不能通过,碳纳米管被认为是水处理混合基质膜的理想填充材料。Ratto等[104]首次报道将孔道直径为0.8 nm的碳纳米管引入到聚酰胺膜中,部分碳纳米管在膜中可垂直取向分布(见图7-4),膜在保持盐截留率基本不变时,水通量提高了近两倍。然而,具有离子选择性的小孔径碳纳米管(≤0.8 nm)较难制备,价格昂贵,且其在水相/有机相溶液中不能良好分散,需对其进行表面改性,调节其有效孔径和分散性。Wu等[105]以均苯三甲酰氯(TMC)和三乙醇胺(TEOA)为有机相和水相单体,在水相中加入多臂碳纳米管(MWCNT),采用反向界面聚合的方法制备了纳米杂化聚酰胺膜,该膜对Na_2SO_4的截留率低于80%,水通量较低(最高为4.7 $L \cdot m^{-2} \cdot h^{-1}$)。Roy等[106]将改性的多臂碳纳米管(MWCNT)(亲水或疏水型)添加到界面聚合的聚乙烯亚胺(PEI)水相或间苯二甲酰氯(IPD)油相中,制备了耐有机溶剂混合基质纳滤膜,然而此膜对有机染料(亮蓝或番红精)的截留率不高,膜的致密性需要进一步提高。此外,Zhang

等[107]曾采用酸化处理及长烷基链改性碳纳米管的方法，避免了碳纳米管自身的聚集，提高碳纳米管与聚酰胺基膜间的相容性，但由于此种碳纳米管内径尺寸较大，所得聚酰胺杂化膜的盐截留率不高。Vatanpour 等[108]将氧化 MWCNT 与聚醚砜（PES）共混，通过相转化法制备了混合基质纳滤膜。氧化 MWCNT 的引入提高了膜的亲水性和通量，当添加量为 0.04%时，膜对不同盐的截留率由大到小分别为 Na_2SO_4（75%）＞$MgSO_4$（42%）＞NaCl（17%）。Badawi 等[109]同样采用相转化法，制备了 MWCNT 与醋酸纤维素（CA）的共混纳滤膜。研究结果表明，当添加量小于 0.005%时，MWCNT 的引入可以提高膜的水通量，NaCl 的截留率稍有降低；然而，当 MWCNT 引入量进一步增加时，膜的孔隙率和比表面积增大，水和盐的渗透性均显著增加。最近，Jonson 等[110]对管径为 1.5 μm 的碳纳米管进行酰氯化、氨基化和磺内酯开环等多步化学改性后，在其管径两端引入了两性离子基团。分子模拟结果表明经两性离子修饰后的碳纳米管对盐离子具有 100%的截留率，将此种碳纳米管引入到聚酰胺膜中，水通量可提高 4 倍以上，同时对盐的截留率也有所提高。碳纳米管在理论上具有超高水渗透性，然而其在聚酰胺基膜中难以取向，通常处于无序排列状态，极大地限制了其纳米水通道的作用；另外，为了提高碳纳米管在基膜内的分散性，需对其表面进行复杂的化学改性，这使其制膜的成本升高，成膜过程变得复杂难以控制。

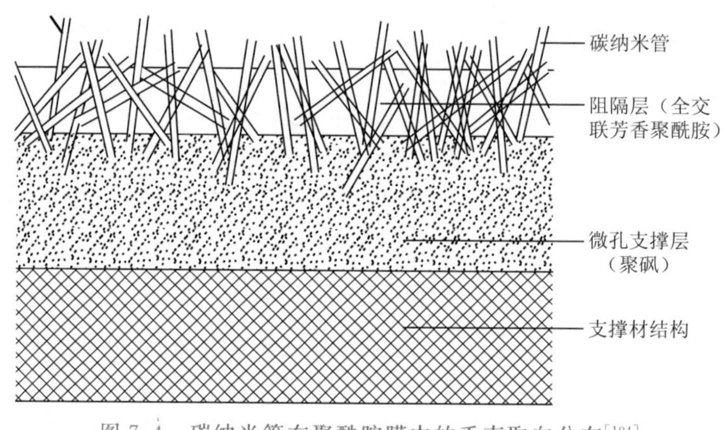

图 7-4　碳纳米管在聚酰胺膜中的垂直取向分布[104]

金属及其氧化物纳米颗粒如金属银、二氧化钛和二氧化硅等也被作为添加改性材料，制备纳米杂化纳滤膜。纳米银和二氧化钛是两种具有杀菌和耐污染能力的无机纳米材料，将其引入聚合物膜中可破坏细菌细胞外膜，提高膜的抗生物污染能力[111,112]。Lee 等[113]将银纳米粒子原位引入到间苯二胺（MPD）和均苯三甲酰氯（TMC）的聚酰胺纳滤膜中，所得杂化膜的通量略有降低，对 $MgSO_4$ 的截留率保持在 97%，膜表面附着的假单胞菌被杀死，表现出良好的抗生物污染能力。通常认为银可与半胱氨酸的巯基（—SH）在微生物细胞内反应，形成 S—Ag复合体，使蛋白酶失活，起到杀菌作用。Mollahosseini 等[114]研究了银纳米粒子的引入方式[原位引入（in situ）和非原位引入（ex situ）]对聚酰胺膜性能及其在膜中稳定性的影响情况。发现当银纳米粒子以 in situ 方式原位引入到聚酰胺膜时，膜的水通量升高，盐截留率降低，然而，随时间的延长，银纳米粒子会从膜中大量逸出。曹志源等[115]采用静电层层自组装

(LbL)技术在聚醚砜(PES)多孔基膜表面组装了AgCl/聚电解质复合纳滤膜，再通过$NaBH_4$还原后，转变为具有抗菌性能的纳米Ag/聚电解质复合纳滤膜，该膜对负二价阴离子截留率为93%，抗菌率高达99%以上。Liu等[116]同样采用静电LbL自组装法将银纳米粒子引入到纳滤膜中，结果表明杂化膜对革兰氏阳性芽孢杆菌和革兰氏阴性大肠杆菌均具有良好的杀菌作用。

二氧化钛纳米粒子在光照射催化条件下，可产生羟基自由基和过氧化氢等活性氧，分解细菌产生的内毒素，破坏细菌细胞外膜，具有良好的杀菌效果，成为一种重要的膜改性材料[117]。Lee等[118]将二氧化钛分散在均苯三甲酰氯(TMC)有机相溶液中，在PES多孔支撑膜上与水相间苯二胺(MPD)发生界面聚合反应，制备了PA-TiO_2纳米杂化聚酰胺纳滤膜。研究结果发现，当TiO_2纳米粒子添加量为5.0%，杂化膜在操作压力为0.6 MPa时，膜对$MgSO_4$的截留率为95%，水通量为9.1 L·m^{-2}·h^{-1}；然而，当进一步增加TiO_2粒子添加量时，杂化膜的交联密度和力学强度明显降低，使膜的分离性能大幅下降。Kwak和Kim等[117,119]则采用自组装沉积法将粒径约为10 nm的TiO_2纳米粒子固定于聚酰胺膜表面，详细研究了杂化膜的耐污染性能，证实杂化膜在紫外灯照射下的抗污染能力最强，可100%杀死膜表面的大肠杆菌，但粒子在膜表面负载的稳定性还有待于进一步提高。Sarah等[120]先在PES多孔膜表面涂覆并交联一层PVA膜，再于此复合膜表面沉积一层二氧化钛纳米粒子，随着二氧化钛粒子引入量的增加，复合膜的水接触角从55.3°下降到39.0°，对NaCl的截留率从28%升高到41%，同时改性后复合膜的耐污染性能得到了提高。Vatanpour等[121]将不同种类的二氧化钛纳米粒子(Degussa P25、Millennium PC105、Millenniium PC500)与PES共混，研究了粒子的结构与性质对混合基质纳滤膜结构和分离性能的影响，发现Degussa P25型二氧化钛在基膜中分散性最好，且可提高膜的亲水性、孔径及孔隙率，最终达到调节膜的结构和分离性能的效果。另外，针对纳米粒子易团聚及其与基膜间作用力弱、相容性差的问题，他们采用乙氧基化的二氧化钛粒子修饰表面羧基化的碳纳米管，与PES共混制备纳米复合纳滤膜[122]。两种纳米材料协同作用，增加了其与PES基膜间的相容性，提高了复合膜的亲水性和抗污染性能。Rajaeian等[123]采用硅烷偶联剂对二氧化钛粒子进行改性，减少了粒子间的团聚，提高了其在聚酰胺基膜内的分散性。最近，Peyravi等[124]以经过乙醇胺(MEOA)和三亚乙基四胺(TETA)修饰的二氧化钛纳米粒子作为改性添加剂，制备了纳米杂化耐有机溶剂纳滤膜TFN-SRNF。改性二氧化钛纳米粒子与聚酰胺基膜间形成了强的化学键，杂化膜在甲醇溶液中表现出了良好的稳定性，对染料分子具有优异的分离性能。

二氧化硅纳米粒子具有高比表面积、纳米尺寸效应、高表面能、良好的热稳定性和优异的力学性能，逐渐被应用于混合基质纳滤膜的制备。Jadav等[125]合成了粒径分别为3 nm和16 nm的二氧化硅(SiO_2)纳米粒子，将其添加到间苯二胺(MPD)的水相溶液中，随着SiO_2粒子的添加比例从0增加到20%，所得杂化膜的孔径从0.34 nm增大到0.73 nm，膜的水通量大幅升高(是原始聚酰胺膜的3～5倍)，盐截留率从90%降低至70%。Singh等[126]以自制的TS晶形二氧化硅粒子为改性材料，通过相转化法制备了聚乙烯醇(PVA)纳米改性纳滤膜。研究结果表明，纳米晶体在膜内分布均匀，且在长期测试中表现出了良好的稳定性和耐污染性能。Jin 等[127]首次将粒径为 15 nm 的二氧化硅粒子分散于树状大分子 PAMAM 的水相溶液中，与均苯三甲酰氯（TMC）于聚砜超滤膜表面进行界面聚合，制备了纳米杂化聚酰胺纳滤膜 PA-SiO_2，研究发现膜的孔径由杂化前 0.98 nm 增大到 1.11 nm，对油田废水的脱盐率为 50%左右，为了符合实际应用的需要，还需进一步提高此膜的致密度。涂郑禹等[128]以稀土元素 Ce 掺杂的纳米二氧化硅为改性材料，对聚砜超滤膜进行改性，制备了可用于含油废水处理的复合膜。当操作压力为 0.1 MPa 时，添加 10%纳米二氧化硅的复合膜对65 mg. L^{-1}含油废水的除油率高达 98.89%，经 6 h 过滤后，料液中的含油率仅为0.72 mg. L^{-1}。Hu 等[129]将硅溶胶添加到哌嗪（PIP）和均苯三甲酰氯（TMC）的界面聚合体系中，制备了无机杂化聚酰胺纳滤膜，该膜在 25 ℃和 0.6MPa 的测试条件下，对 Na_2SO_4的截留率为 97.4%，水通量为 46.8 L · m^{-2} · h^{-1}。二氧化硅纳米粒子具有高的表面能，在界面聚合成膜过程中易发生团聚，使杂化聚酰胺膜内产生缺陷，从而导致膜的分离性能下降，添加有机改性纳米二氧化硅粒子到膜中，可望改善其与聚合物基膜间的相容性，提高纳滤分离性能。

7.2.3.2 新型纳米杂化纳滤膜

随着纳米材料科学的迅速发展，一些新型纳米材料被证明具有极高的水传输性能，如仿生水通道蛋白、石墨烯及氧化石墨烯片层、金属有机骨架配合物等。这些新型纳米材料有望用于制备新一代水处理膜，现阶段已有将此类材料作为纳米填充物，用于制备混合基质纳滤膜的研究。

水通道蛋白（aquaporin，AQP）是一种大量存在于动物、植物等多种生物体中允许水分子快速传输而阻挡其他小分子和离子（包括质子 H^+）的蛋白。Agre 等[130, 131]发现水通道蛋白中存在特殊的受限通道，其内径狭口尺寸为 0.28 nm，对水分子具有高效选择渗透性，一个 AQP1 水通道蛋白每秒钟可以传输 3 亿个水分子。在聚合物膜中引入水通道蛋白 aquaporin-Z（AqpZ）可将水传递速率提高约 800 倍[132]，是现有报道的聚酰胺膜水通量的 10 倍多。Jensen等[133]设计了一种含有水通道蛋白的夹层膜结构，其上下两侧是亲水性的多孔支撑膜，中间夹有一层含有水通道蛋白 AQP 的脂质双层膜结构，但并未能真正制得具有高渗透选择性的脱盐膜。Zhao 等[134]首次将含有水通道蛋白的脂质蛋白（AqpZ）添加到间苯二胺（MPD）的水相溶液中，与均苯三甲酰氯（TMC）界面聚合制得聚酰胺复合膜（见图 7-5）。该膜的水通量比商品化聚酰胺膜 BW30 提高了近 40%，对 NaCl 的截留率可高达 97%。Chung 等[135]以多巴胺修饰的聚丙烯腈（PAN）膜为支撑层，将含有水通道蛋白 AqpZ 的脂质蛋白囊泡附着在膜表面，再经戊二醛交联后制得复合纳滤膜。与未添加水通道蛋白膜相比，添加 AqpZ 和脂质蛋白质量比为 1∶100 膜的水通量提高了 65%，对 NaCl 和 $MgCl_2$的截留率升高至 66.2%和 88.1%。最近，Wang 等[136]以多孔 PAN 膜为支撑层，通过静电 LbL 方法将聚乙烯亚胺（PEI）和聚苯乙烯磺酸钠（PSS）组装在膜表面之上，再将荷正电的含水通道蛋白的脂质体 AqpZ-DOPC/DOTAP 通过静电吸引作用固定于多层膜表面，得到仿生复合纳滤膜。该膜在 0.4 MPa 操作压力下，水通量为 22 L · m^{-2} · h^{-1}，对无机盐 $MgCl_2$和 NaCl 的截留率分别为 97%和 75%，表现出良好的渗透选择性能。水通道蛋白 AQP 可以有效地提高膜通量，但其生物合成过程复杂，难以大量制备，距其真正地应用于水处理膜还有很大的距离。

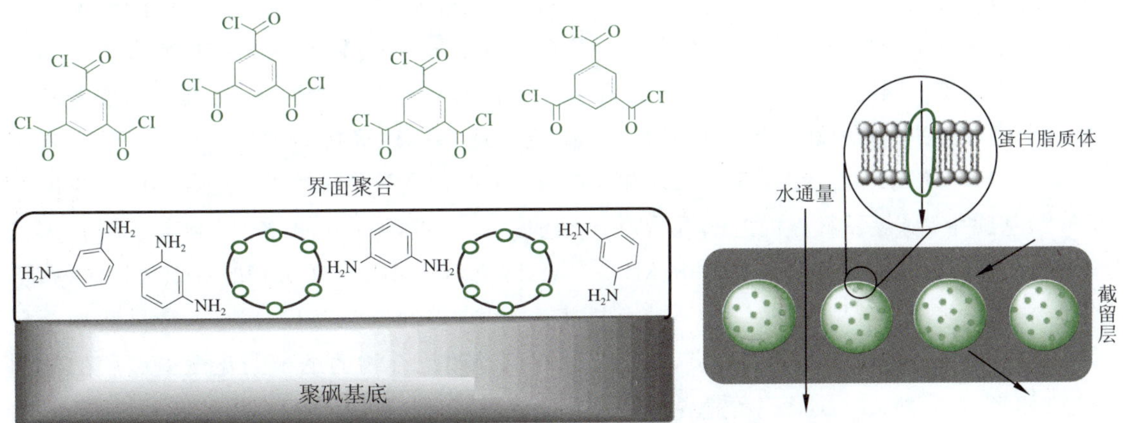

图 7-5　含有水通道蛋白的聚酰胺复合膜[134]

石墨烯(graphene)是一种由碳原子以 SP^2 杂化轨道形成的单层片状纳米材料，由于其独特的物理和化学性质，成为近年来材料科学领域研究的热点。分子模拟研究结果表明，经羟基修饰后的含有纳米孔洞结构的石墨烯片层具有超高的水渗透性和盐截留效果，且在高的操作压力下具有良好的力学强度稳定性[137,138]。然而，由于石墨烯的疏水性和纳米材料的团聚性质，其不易用于混合基质膜的制备。氧化石墨烯(GO)作为石墨烯的氧化物，含有大量的活性官能团如羟基、羧基、环氧基等，使其具有良好的化学反应活性、亲水性和耐污染性能，更适合用于分离膜的制备。诺贝尔奖获得者 Geim 等[139, 140]最新研究结果表明，水在氧化石墨烯(GO)片层间的传递速度比其本体速度高出 10 个数量级，渗透机制也基于空间受限效应和疏水性通道的零传输阻力作用。Gao 等[141]采用真空过滤的方法在微孔支撑膜上沉积石墨烯片层制备了厚度在 22～53 nm 的超薄纳滤膜，该膜对无机盐的截留率为 20%～60%，对有机染料分子的截留率大于 99%，水通量为 218 $L \cdot m^{-2} \cdot h^{-1} \cdot MPa^{-1}$，表现出了较好的纳滤分离性能。随后，为了进一步提高石墨烯膜的力学强度和稳定性，Hu 等[142]通过表面沉积和化学交联的方法，制备了氧化石墨烯(GO)和均苯三甲酰氯(TMC)的交联纳滤膜，其水传输示意图如图 7-6 所示，通过调节 GO 沉积层厚度，膜的水通量高达 80～270 $L \cdot m^{-2} \cdot h^{-1} MPa^{-1}$，较商品化纳滤膜的通量高 4～10 倍，对一、二价无机盐的截留率为 6～46%，对有机染料的截留率为 50～95%，显示出了良好的纳滤分离应用前景。Choi 等[143]则采用静电 LbL 的方法将荷正/负电荷的氧化石墨烯(GO)片层沉积于聚酰胺膜表面，使膜表面的粗糙度降低，亲水性增加以及化学稳定性增强，提高了聚酰胺膜的抗污染性和耐氯性能。Wu 等[144]利用经二氧化硅修饰后的氧化石墨烯(SiO_2-GO)片材，制备了混合基质纳滤膜，该膜较单一 SiO_2 或 GO 纳米杂化膜具有更高的水渗透性和耐污染性能，表明无机纳米材料间的协同作用，可进一步提高膜性能。

金属有机骨架配合物(MOF)通常是由金属离子或金属簇与有机配体通过自组装过程形

成的具有周期性网络结构的晶体材料,其兼具有机高分子和无机化合物二者的特点,在光学、电磁学、催化、吸附和分离等多领域显示出其独特的物理、化学性能和潜在的应用价值[145]。MOF 材料内部的孔道或空腔的尺寸、形状、分布以及亲疏水性和化学活性等,均能够通过选择不同的金属离子和配体在分子层次上进行精确地调控[146],这对于制备具有纳米孔结构的纳滤膜十分重要。同时,MOF 内部含有无机金属和有机高分子两种组分,将其作为混合基质膜的填充组分,可具有更好的界面相互作用,避免非选择性缺陷孔的产生。Basu 等[147]首次将 $Cu_3(BTC)_2$、MIL-47、MIL-53(Al) 和 ZIF-8 四种 MOF 材料填充到聚二甲基硅氧烷(PDMS)基膜中,制备了耐有机溶剂混合基质纳滤膜。最近,Sorribas 等[148]制备了四种粒径为 50～150 nm 的 MOF 材料如 ZIF-8、MIL-53(Al)、NH_2-MIL-53(Al)和 MIL-101(Cr),将其分别添加到含均苯三甲酰氯(TMC)的有机相溶液中,与间苯二胺(MPD)进行界面聚合反应,制备了 TFN-MOF 杂化聚酰胺膜,基于金属有机骨架配合物的纳米杂化聚酰胺膜的结构示意图如图 7-7 所示。研究结果表明,MIL-101(Cr)型 MOF 杂化膜对有机溶剂甲醇(MeOH)和四氢呋喃(THF)的通量最高,这是由于此种 MOF 材料具有大的孔洞结构(孔径尺寸为 3.4 nm)和孔隙率(比表面积为 2 306 $m^2 \cdot g^{-1}$),使杂化膜的渗透性显著提高。同时,由于 MOF 与聚酰胺基膜间存在良好的相容性,减少了非选择型缺陷孔的产生,保持了高的分子截留率(切割分子量 MWCO 值为 230～300 Da)。

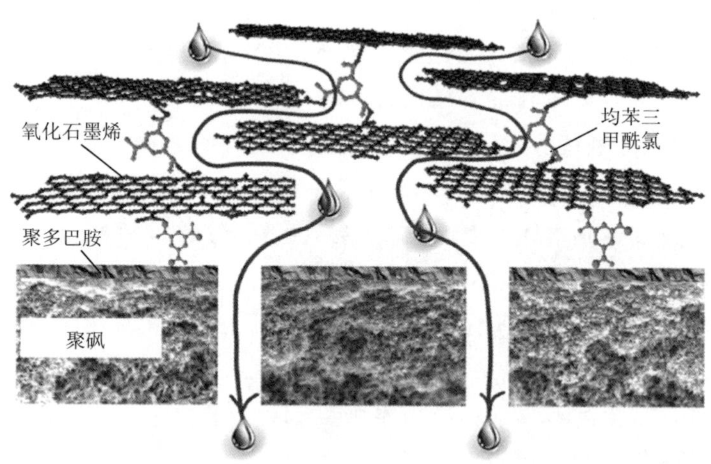

图 7-6　氧化石墨烯交联膜的水传输示意图[142]

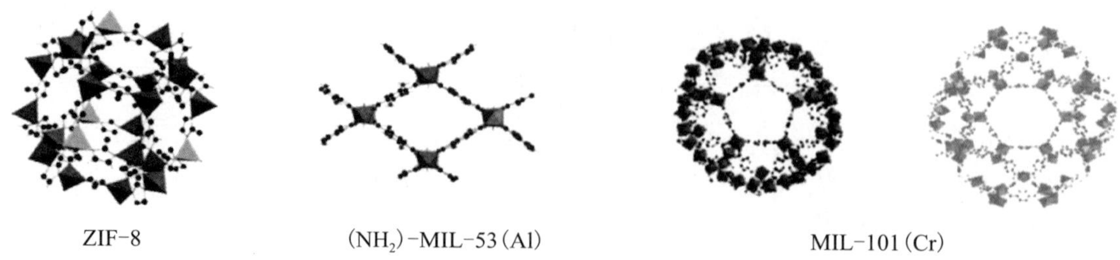

图 7-7　基于金属有机骨架配合物的纳米杂化聚酰胺膜的结构示意图[148]

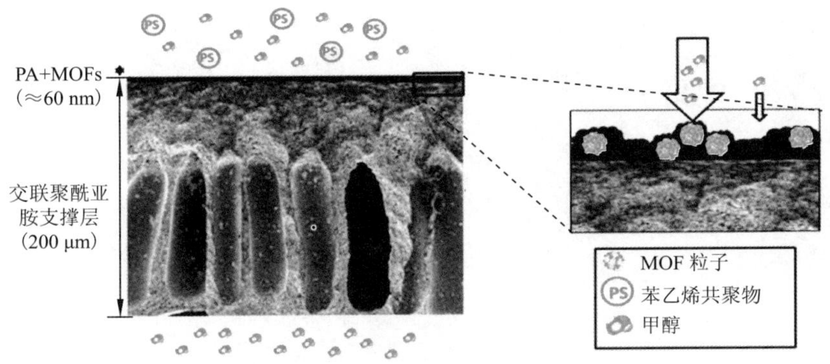

图 7-7　基于金属有机骨架配合物的纳米杂化聚酰胺膜的结构示意图[148]（续）

7.2.4　新型“离子对”结构聚电解质纳滤膜

近年来，聚电解质类材料由于其可调的荷电性、良好的亲水性和丰富的化学结构，逐渐发展成为一类重要的钠滤膜材料，吸引了广泛的研究兴趣。根据荷电性不同，可将聚电解质分为阴离子聚电解质、阳离子聚电解质和两性离子聚电解质。聚电解质与带相反电荷的物质通过静电作用力可形成含有“离子对”结构的聚电解质复合材料，其已在生物材料、表/界面修饰、纳米材料制造以及吸附、分离膜材料的制备等领域取得了广泛应用[149，150]。通过静电吸引作用形成的聚电解质复合物，具有良好的亲水性、荷电性、离子交联结构的稳定性以及制备条件温和等特点，将其用于纳滤膜的制备，可望获得高渗透选择性和长期运行稳定性。

7.2.4.1　静电层层自组装 ELbL 纳滤膜

自 Decher 等[151，152]于 1991 年，运用阴、阳离子聚电解质静电层层自组装（electrostatic layer-by-layer，ELbL）技术成功制备了多层的超薄膜以来，层层自组装方法被越来越多地用于分离膜的制备，如气体分离膜[153，154]、渗透汽化膜[155，156]、反渗透膜和纳滤膜[157-159]等。静电层层自组装膜的基本制备过程如图 7-8 所示，首先，将带负电荷的基片浸入与其带相反电荷的聚阳离子溶液中，静止一定时间后取出，用去离子水冲洗，去掉物理吸附的聚阳离子，并用氮气吹扫使其干燥；然后，将上述基片转移到聚阴离子溶液中，经水洗、干燥后，循环以上操作即可得到多层静电自组装膜。无论从膜表面性质还是微观结构考虑，ELbL 复合物均是一种理想的纳滤膜材料[160，161]。这是因为：

（1）ELbL 复合物膜表面荷电性可通过最外层聚电解质的化学结构进行控制，根据 Donnan 静电排斥理论，可获得最佳的分离效果；

（2）ELbL 复合物膜的厚度可通过组装层数进行调控，获得几十纳米到亚微米范围的超薄分离层，有利于提高膜的水渗透通量；

（3）ELbL 复合物膜内部为离子交联结构，既保持了膜的亲水性，又可抑制其过度溶胀，保证良好的分离稳定性。

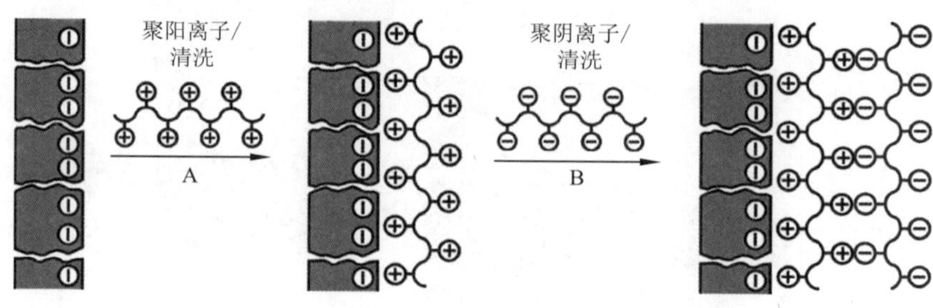

图 7-8　静电层层自组装膜的制备过程示意图

目前报道的以 ELbL 方法制备的纳滤膜，所用聚电解质材料如图 7-9 所示。Jin 等[157]以聚乙烯基氨(PVAm)和聚乙烯基磺酸(PVS)为原料在 PAN/PET 多孔支撑膜上自组装制备了 ELbL 纳滤膜，该膜对 $MgCl_2$ 和 $MgSO_4$ 两种盐截留率高达 100%，对 NaCl 和 Na_2SO_4 的截留率为 93.5% 和 98.5%。Miller 等[159]考察了聚苯乙烯磺酸/聚二烯丙基二甲基氯化铵(PSS/PDADMAC)、聚苯乙烯磺酸/壳聚糖(PSS/CS)及透明质酸/壳聚糖(HA/CS)三种结构不同的 ELbL 纳滤膜分离性能。其对丙三醇、葡萄糖、蔗糖和棉籽糖等有机分子截留率依次按 PSS/PDADMAC>PSS/CS>HA/CS 顺序递减，分离性能与所用聚电解质电荷密度的变化趋势相同，即组装时所用聚电解质电荷密度越高，静电组装的交联密度越大，形成的 ELbL 纳滤膜对有机物的截留率越高。Bruening 等[160]在特制多孔氧化铝基膜上组装 5 个双层的 PSS/PAH，所得 ELbL 纳滤膜对 $MgCl_2$ 的截留率为 95%，Na^+/Mg^{2+} 的分离因子为 22，通量为 35.4 $L \cdot m^{-2} \cdot h^{-1}$，对一价和二价阳离子有很好的分离性能(操作压力为 0.48 MPa)。方建慧[162]等以 PES 超滤膜为基膜，将 PSS 和 PDADMAC 各自组装 11 层和 10 层后，得到的纳滤膜对混合进料液(0.005 $mol \cdot L^{-1}$ 的 $MgSO_4$、0.01 $mol \cdot L^{-1}$ 的 $MgCl_2$、0.005 $mol \cdot L^{-1}$ 的 Na_2SO_4 和 0.01 $mol \cdot L^{-1}$ NaCl)的通量为 35.8 $L \cdot m^{-2} \cdot h^{-1}$，盐截留率为 92%(操作压力为 0.5 MPa)。

为了提高静态层层自组装膜的制备效率，Zhang 等[163,164]报道了压力驱动自组装成膜法，其基本过程是：将阴、阳聚电解质溶液在一定压力下交替在基膜表面动态过滤，形成了具有一定分离作用的阴、阳聚电解质离子复合物自组装膜。Zhu 等[165]以苯乙烯磺酸钠和马来酸的共聚物(PSSMA)、聚丙烯胺盐酸盐(PAH)和聚苯乙烯磺酸钠(PSS)为原料，采用压力驱动自组装法制备了 ELbL 纳滤膜。通过调整共聚物中各单体的比例(PSS:MA)控制膜的性能，即增加强电解质 PSS 组分可以增加交联密度，提高膜的稳定性；而弱电解质 MA 组分的引入，使膜的分离性能可通过调整溶液的 pH 值得以实现。研究表明，当[PAH/PSS]-[PAH/PSSMA (3:1)]在 PAN 超滤膜上组装两层时，对 Na_2SO_4 的截留率为 91.4%，溶液通量为 28.6 $L \cdot m^{-2} \cdot h^{-1}$(操作压力 0.2 MPa)。Liu 等[166]则采用注射式半动态层层自组装的方法，将化学结构不同的聚电解质 PSS/PAH、PSS/PDADMAC 和 PSS/PEI 组装在 PES 中空纤维膜内侧，制备了中空纤维复合纳滤膜。结果发现 PSS/PAH LbL 膜的纳滤性能最佳，当进料液盐浓度为 0.5%，操作压力为 0.48 MPa 时，膜对二价阳离子 Ca^{2+}、Mg^{2+} 的截留率大于 95%，水通量为 74 L·m^{-2}·h^{-1}·MPa^{-1}。Zhang 等[167]以管式陶瓷膜/Al_2O_3多孔膜为支撑层，采用喷涂自组装的方法制备了 PEI/PAA ELbL 纳滤膜，该法组装速度快，且能在三维多孔基膜表面形成致密分离层，为聚电解质自组装成膜提供了一种高效的方法。

实际分离体系的复杂多样化，希望纳滤膜不仅可用于水中无机盐和有机分子的分离，还能应用于食品加工、石油化工、生物医药分离和催化剂回收等有机体系[161]，但现有的高分子纳滤膜大都存在耐有机溶剂性差、易溶胀和不耐高温等问题。ELbL 复合物膜不论是在水溶液中还是在有机溶液体系中，其离子交联结构均会稳定存在，适合用作耐有机溶剂纳滤膜(solvent resistant NF, SRNF)。Vandezande 等[168-171]以水解聚丙烯腈膜为支撑层，制备了聚二烯丙基二甲基氯化铵-磺化聚醚醚酮(PDDA/SPEEK)、聚二烯丙基二甲基氯化铵-苯乙烯磺酸(PDDA/PSS)、聚二烯丙基二甲基氯化铵-聚乙烯基磺酸(PDDA/PVS)和聚二烯丙基二甲基氯化铵-聚丙烯酸(PDDA/PAA)四种 ELbL 复合物膜，该类膜在异丙醇、二甲基亚砜和四氢呋喃等有机溶剂体系中，对有机染料分子具有良好的纳滤分离性能。研究发现，通过改变阴离子聚电解质类型、组装液的盐离子强度和 pH 值等制膜条件，可调控 ELbL 复合物膜的荷电强度和微观致密度，改变膜的纳滤分离性能。

综上所述，ELbL 复合物膜具有可控的荷电性、厚度、膜微观结构及耐溶剂性能，是一种理想的纳滤膜材料，然而，ELbL 膜也有其不足之处，如组装层数较多、制备过程较烦琐的问题。由此可见，倘若人们可以制备出与 ELbL 膜具有类似结构的聚电解质材料，并通过简便的方法成膜，则既可保持 ELbL 纳滤膜的优点，又提高了制膜效率，这将为纳滤分离技术开拓出更广阔的发展空间，常见的聚电解质材料如图 7-9 所示。

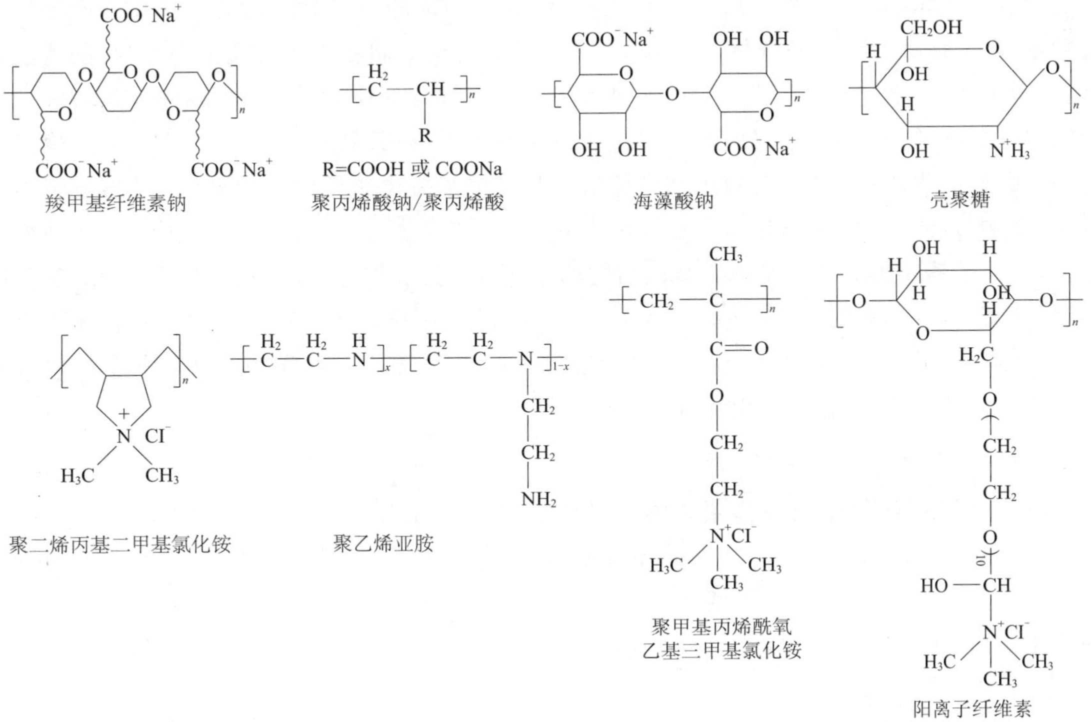

羧甲基纤维素钠　　聚丙烯酸钠/聚丙烯酸 (R=COOH 或 COONa)　　海藻酸钠　　壳聚糖

聚二烯丙基二甲基氯化铵　　聚乙烯亚胺　　聚甲基丙烯酰氧乙基三甲基氯化铵　　阳离子纤维素

图 7-9　常见的聚电解质材料

7.2.4.2 聚电解质络合物 PEC 纳滤膜

聚电解质络合物(polyelectrolyte complex,PEC)是指聚电解质与带相反电荷物质,如聚电解质、表面活性剂、纳米粒子、多价金属离子和蛋白质分子等,通过静电作用力形成的复合材料。20 世纪 80 年代以来,Kabanov 等[150]系统研究了可溶性 PEC 络合物的制备,利用非计量配比络合和非分子量匹配络合等手段制备了络合物粒子分散液;然而,此法不能获得 PEC 络合物本体材料,且络合过程中生成的反离子和未络合的聚电解质不易去除,影响分散液的纯度和性质。近年来,Qian 和 An 等[172-176]提出了“酸保护-去保护”法且制备了可加工的 PEC 本体材料。该方法包含两步:首先,在聚电解质母液中加入适量的酸,使弱酸型聚电解质分子链上的部分羧酸基团质子化(呈“受保护”状态),在此条件下通过静电络合得到含有羧酸基团的络合物;其次,将络合物加入到碱性水溶液中,使络合物内羧酸基团去质子化为羧酸根离子基团(呈“去保护”状态),最终获得可在水溶液中分散的 PEC 络合物本体材料。该类 PEC 材料用于渗透汽化分离膜,在醇类有机溶剂渗透汽化脱水中,打破了传统膜分离过程中存在的“Trade-off”现象,表现出十分优异的渗透性和选择性。最近,An 等[177-179]将二氧化硅、碳纳米管、石墨烯等纳米材料以及磺酸根强电离基团引入到 PEC 材料中,进一步提高了 PEC 膜的力学强度、渗透汽化分离性和稳定性。

PEC 络合物本体材料内部呈阴、阳“离子对”交联结构,在水溶液中可均匀分散成长度约为 200～400 nm 的棒/针状聚电解质纳米粒子。PEC 材料内部的静电作用力强度介于共价化学键作用力和次级作用力(如分子间力、疏水作用力和氢键等)之间,其强度适中,既可保持粒子的稳定性又可避免过度交联导致的偏实心化结构,粒子内部存在适度的链缠绕,但仍保有一定的自由体积,有利于水分子的透过[174];同时粒子内部的离子对结构会对盐离子产生特殊的静电作用,促进盐离子的选择性透过。另外,PEC 材料的制备在水溶液中进行,此法清洁环保、操作简单、便于放大。因此,从 PEC 本体材料的结构、性质和制备方法分析,其均适合用于纳滤膜的制备。Ji 等[180,181]采用“酸保护-去保护”法制备了阳离子纤维素(QCMC)、聚二烯丙基二甲基氯化铵(PDDA)与聚甲基丙烯酰氧基三甲基氯化铵(PDMC)等阳离子聚电解质和羧甲基纤维素钠(CMCNa)阴离子聚电解质的 PEC 络合物,通过溶液涂覆-化学交联的简单工艺,制备了系列与 ELbL 膜具有类似结构的 PEC 纳滤膜,聚电解质络合物 PEC 及其交联膜的制备过程示意图如图 7-10 所示。结果表明,通过调节 PEC 络合物的化学组成和离子交联结构,可调控 PEC 膜的亲水性、荷电性和致密性,该膜不仅对不同价态无机盐及有机物具有良好的分离性能,同时还表现出优异的耐污染性能。

7.2.4.3 两性离子纳滤膜膜

两性离子聚合物,通常是指聚合物分子链上同时带有阴、阳离子基团的聚电解质[182],当阴、阳离子基团位于高分子链的不同单体单元或重复单元上,称为两性聚电解质(polyampholyte)[见图 7-11(a)]。由于两性离子聚合物的分子链内同时含有阴、阳离子基团,呈现出一些独特的性质。

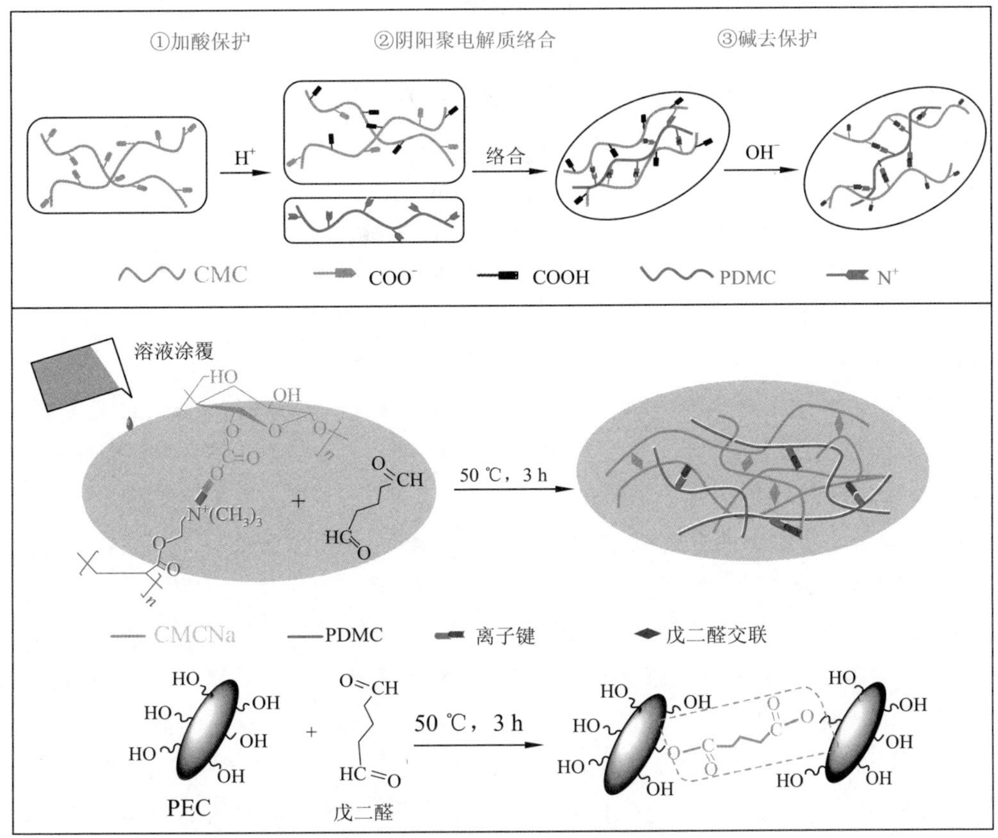

图 7-10　聚电解质络合物 PEC 及其交联膜的制备过程示意图[181]

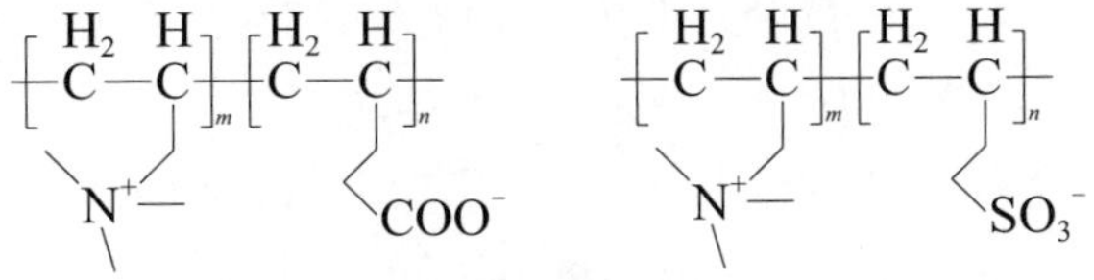

（a）两性聚电解质

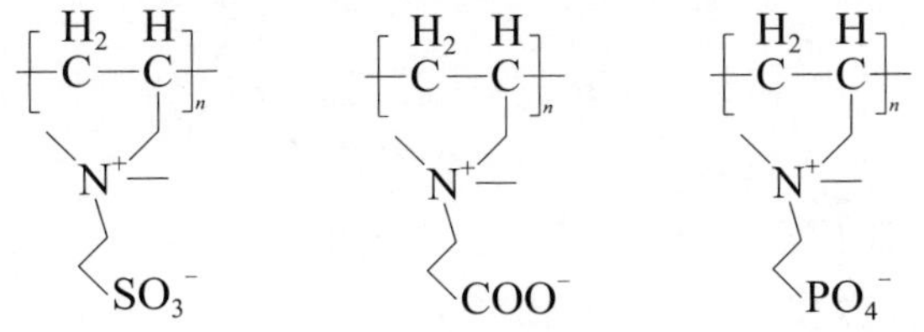

（b）聚甜菜碱

图 7-11　两性聚电解质及甜菜碱型两性离子聚合物的结构示意图

(1)两性离子聚合物具有“反聚电解质”的溶液性质。这是由于两性离子聚合物内的阴、阳离子基团间存在静电吸引作用，其在水溶液中易发生分子链间或分子链内的缔合，分子链在水中收缩，其流体力学半径较小。然而，随着外加盐浓度的增加，这种静电缔合作用被屏蔽，两性离子聚合物的分子链尺寸增加，溶液黏度升高[182]。

(2)两性离子聚合物具有耐污染和生物相容性。众所周知，细胞膜具有良好的生物相容性和抗蛋白吸附的能力，其主要成分是具有双层结构的磷脂类物质，而起决定性作用的是含有两性离子结构的磷酰胆碱基团(PC)。Holmlin 等[183, 184]曾提出可以有效抑制蛋白质吸附的材料需具备以下三个特点：亲水性、含有氢键受体基团而非氢键给体基团，以及整体呈电中性。当阴、阳离子基团摩尔含量比为 1 : 1 时，两性聚电解质材料抗污染效果更好。

(3)两性离子聚合物具有刺激响应性，如温度响应性(通常具有 UCST 值)、离子强度响应性("反聚电解质"的溶液行为)和 pH 值响应性(羧酸型两性离子聚合物)[185, 186]。

Saxena 等[187]自制了分别含有磷酸基团和季铵盐基团的壳聚糖衍生物 PC 和 QC，将二者同时与聚乙烯醇(PVA)共混，并采用涂覆和化学交联的方法，制备了含两性离子结构的分离膜，该膜可用于对不同种类无机盐的分离。Matsuyama 等[188]以 PVA 和琥珀酰壳聚糖共混物为成膜材料，经过涂覆和热固化处理制备了无支撑层聚合物纳滤膜。此膜内部同时含有季铵盐阳离子和羧酸根阴离子，通过调控进料液 pH 值，膜的荷电性随之发生变化，可实现对荷电性不同有机分子苯磺酸、苯乙烯、乙二醇和茶碱的良好分离。Zhou 等[189]则以经氯乙酸羧基化的两性壳聚糖 O-CMC 为成膜材料，在聚丙烯腈超滤膜上经表面涂覆-化学交联后制备了复合纳滤膜。由于羧酸基团含量较高，复合膜荷负电，对不同价态无机盐的截留率变化趋势为：$Na_2SO_4 > NaCl > MgSO_4 > MgCl_2$。王薇等[190]采用自由基共聚法制备了甲基丙烯酸二甲氨基乙酯和丙烯酸的共聚物，通过界面聚合法制备了同时含有阴、阳离子基团的纳滤膜。张浩勤等[191]以 2，5-二氨基苯磺酸和聚乙烯亚胺为水相物质，以均苯三甲酰氯和 4-氯甲基苯酰氯为有机相单体，经界面聚合成膜后，再通过三甲胺表面季铵化处理后，得到含阴、阳离子基团的复合纳滤膜。当操作压力为 0.2 MPa 时，该膜对无机盐的截留率小于 20%，对二甲酚橙和甲基绿有机染料的截留率大于 95%，水通量为 20～50 $L \cdot m^{-2} \cdot h^{-1}$。研究表明[192, 193]，当两性聚电解质膜内的阴、阳离子基团摩尔含量为 1 : 1，间距较小且膜层较薄时，膜的分离性能最好。然而，两性聚电解质内阴、阳离子基团位于高分子链的不同单体单元上，其电荷当量很难保持平衡，不同荷电基团间的距离也较大，因此，开发出一种阴、阳离子基团数量相等，且其距离可调的高分子材料，不仅对于拓展新型膜材料有重要的意义，还为获得高性能的纳滤膜指引了新的发展方向。

甜菜碱型两性离子聚合物(polybetaine)作为一类新型高分子材料，逐渐引起了国内外膜科学工作者的研究兴趣[194, 195]。它是分子链内同一单体单元上含有阴、阳离子基团的聚电解质材料，根据其阴离子基团的不同，可分为磺酸型、羧酸型和磷酸型三种[见图 7-11(b)]。其中，磺酸型和羧酸型甜菜碱聚合物的单体较易合成，分子结构可调控(链段柔顺性，阴、阳离子基团的种类和间隔基的链段长度可调)，且具有多重响应性，如离子强度、温度和 pH 值响应性等[182, 196]。研究表明[196-200]将两性离子聚合物通过共混、表面接枝和共聚等方法引入到微滤、超滤多孔膜内，可提高膜的水通量和耐污染性。然而，由于两性离子基团间的静电吸引作用，甜菜碱型两性离子聚合物溶解性差，难以进行溶液加工，不易直接用于纳滤膜的制备。Ji 等[201, 202]通过调节两性离子基团在主链中的含量和水中离子强度，获得对其进行溶液加工的窗口条件。制备了含有可交联基团、水中可溶解的磺酸型甜菜碱两性离子三元共聚物，并通过简便地表面涂覆-化学交联的方法制备了高渗透性纳滤膜，再采用正电子湮灭-动量关联测量系统(2D-AMOC)对膜的微观结构进行表征，发现两性纳滤膜内同时含有 0.35 nm(自由体积)以下的孔和大量的 1.0～8.0 nm 之间的孔洞，可有效阻止二价盐透过，提高一价盐和水分子的渗透性。阐明了两性离子材料的亲水性及其膜内“纳米通道”的微观结构是膜具有高渗透选择性的根本原因。

Joris 等[203]以聚二烯丙基二甲基氯化铵(PDADMAC)、聚苯乙烯磺酸钠(PSS)和磺酸型甜菜碱两性离子聚合物(PSBMA)为成膜材料，通过静电层层自组装的方法制备了复合纳滤膜。当以 PSS 作为复合膜的最外层组装材料时，复合膜的水通量为 45 $L \cdot m^{-2} \cdot h^{-1} \cdot MPa^{-1}$，对不同种类无机盐的截留率 $R_{NaCl}=42\%$，$R_{CaCl_2}=72\%$ 和 $R_{Na_2SO_4}=98\%$。Cao 等[204]首先用甲醛磷酸溶液对聚酰胺纳滤膜表面进行处理产生羟甲基活性反应基团，再将磺酸型甜菜碱单体 MPDSAH 通过铈盐引发，在膜表面产生两性离子接枝聚合物。结果表明，随着两性离子聚合物含量增加，膜的盐截留率有所升高，而水通量明显降低。Chang 等[205]采用界面聚合法制备聚酰胺膜，然后经过表面化学改性将两性离子基团引到膜表面，所得纳滤膜的水渗透性和耐污染性均得到了提高，然而由于需要经过多步化学改性，膜制备过程复杂，性能难于控制。An 等[206, 207]从分子设计出发，首次合成了可以参加界面聚合反应的两性离子单体甜菜碱型 N-氨乙基哌嗪衍生物(AEPPS)，与均苯三甲酰氯(TMC)单体有效进行界面聚合，成功制备了含有两性离子组分的高渗透耐污染聚酰胺纳滤膜，并取得了高的分离性能，即在保持高的盐截留率下(K_2SO_4的截留率为 97%)，其水渗透通量高达 45 $L \cdot m^{-2} \cdot h^{-1}$，是普通聚酰胺纳滤膜(水渗透通量约为 25 $L \cdot m^{-2} \cdot h^{-1}$)的 1.8 倍。此外，为了充分发挥两性离子单体自身的超亲水性和抗污染性能，采用二次界面聚合的方法，将两性离子单体 AEPPS 大量引入到聚酰胺膜表面，使所得复合膜水通量进一步提高到 55.7 $L \cdot m^{-2} \cdot h^{-1}$，耐污染性能显著提高。最近，Ji 等[208]通过调控甜菜碱两性离子聚合物分子链间(内)“离子对”的静电相互作用和亲疏水性，采用无皂乳液聚合法制备了甜菜碱型两性胶体纳米粒子，该粒子具有良好的水分散性和刺激响应特性，获得具有温度、盐和 pH 响应性的纳滤膜(见图 7-12)。

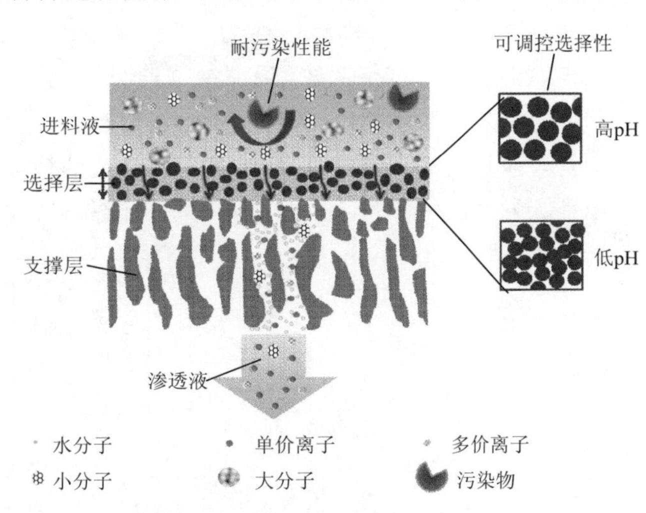

图 7-12　基于甜菜碱型两性胶体纳米粒子纳滤膜的结构示意图[208]

7.2.5　新型有机高分子纳滤膜

材料合成技术的迅速发展和对纳滤膜传质机理的深入研究，为新型纳滤膜的研制提供了坚实的基础。最近，有报道采用新型高分子材料制备纳滤膜，如 Freeman 等[209]通过亲水性磺化单体和疏水性单体共聚得到了一种新型的磺化聚砜材料，其磺化度可通过改变单体的共聚比例进行调整。在 2 g·L^{-1}的 NaCl 进料液和 2.76 MPa 测试条件下，膜的渗透通量为 35.8～124.2 L·m^{-2}·h^{-1}，盐的截留率为 83%～89%。与商品化聚酰胺膜 SW 30HR 相比，此膜的盐截留率较低，但其耐氯性较好，在次氯酸含量为 0.5 g·L^{-1}的进料液中测试 35 h，膜的分离性能保持稳定。Wu 等[210]合成了聚二氮杂萘联苯酚酮醚酰胺(PPEA)新型成膜材料，其玻璃化转变温度高于 300 ℃，具有优异的热稳定性。以 PPEA 为基材通过界面聚合法制备的复合纳滤膜，在 80 ℃和 1.0 MPa 的测试条件下，具有高达 254 L·m^{-2}·h^{-1}的水通量，且对 NaCl 的截留率高达 99.3%。Sairam 等[211, 212]以聚苯胺(PANI)为膜材料，通过相转化法成膜，经过高温固化交联后，得到能在二氯甲烷、甲醇和丙酮等有机溶剂中稳定使用的纳滤分离膜。而后，他们采用相转化和化学交联方法制备了 4.57 cm 的聚苯胺卷式膜组件，该膜组件在经过 2 天有机溶剂丙酮和四氢呋喃的过滤后，对分子量为 200～1 000 Da 的有机物截留率均可保持 100%，表现出良好的耐有机溶剂稳定性。Noble 等[213, 214]则利用液晶高分子材料 Q_1 制备了一种新型的具有规整纳米孔洞结构的薄膜，一种基于液晶高分子材料的具有规整纳米孔洞结构的薄膜结构如图 7-13 所示，其孔洞尺寸约为 0.75 nm，对糖类有机物分子及无机盐的截留率大于 95%，水渗透性为 0.89 L·m^{-2}·h^{-1}·MPa^{-1}·μm^{-1}。与商品化纳滤膜 NF-270 相比，其盐截留率较高，水渗透通量较低。Schenning 等[215]综述了由液晶高分子材料制备的纳米孔薄膜的最新研究进展，指出这类含有序纳米孔洞结构的薄膜有望用于分离领域。但液晶材料的合成较为复杂，且选择合适的液晶类型制备出孔径小于 1 nm 的薄膜也较为困难，因此，液晶薄膜的研制还有待于从液晶材料的制备及其成膜机理上做深入地探讨。

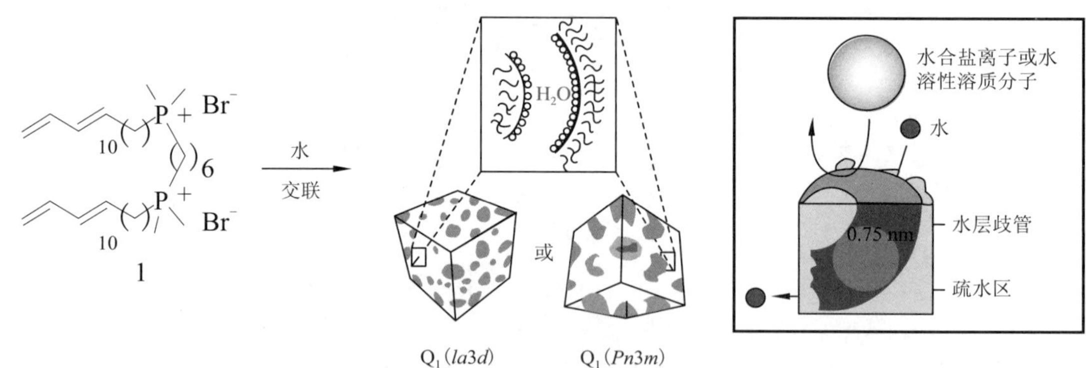

图 7-13　一种基于液晶高分子材料的具有规整纳米孔洞结构的薄膜[213]

自 20 世纪 90 年代以来，超支化聚合物凭借其独特的支化分子结构、溶液特性以及化学反应活性等，引起了国内外学者的广泛研究兴趣，已有报道将其用于纳滤膜的制备[216]。Li 等[217]以含有酚酞侧基的聚醚醚酮(PEK-C)超滤膜为支撑底膜，以超支化聚酰胺(PAMAM)和均苯三甲酰氯(TMC)为功能单体，通过界面聚合法制备了荷正电的纳滤膜。研究发现，随着超支化聚合物 PAMAM 代数和浓度的增加，膜的盐截留率和水通量增加，且随着进料液 pH 值的降低，膜的水通量增加。Wei 等[218]以超支化聚酯(HPE)和均苯三甲酰氯(TMC)为功能单体，在聚砜超滤膜表面通过界面聚合法制备了荷负电纳滤膜（见图 7-14），该膜可在较低压力下运行，当操作压力为 0.3 MPa 时，对 1 $g \cdot L^{-1}$ Na_2SO_4 的截留率为 85.4%，水通量为 79.1 $L \cdot m^{-2} \cdot h^{-1}$。Chiang 等[219]以自制的聚丙烯腈/聚乙烯基吡咯烷酮（PAN/PVP）超滤膜为支撑层，采用界面聚合法制备了超支化聚乙烯基亚胺（PEI）和均苯三甲酰氯（TMC）的聚酰胺纳滤膜。与其他小分子多元胺单体如乙二胺（EDA）、二乙撑三胺（DETA）与 TMC 制备的聚酰胺膜相比，该膜内部含有长支链结构和大量未参与反应的氨基，膜结构较疏松且荷电密度较高，使其膜具有较高的水通量和盐截留率。Sun 等[220]在聚酰胺-酰亚胺中空纤维膜外表面涂覆不同分子量的超支化聚乙烯亚胺（PEI），经化学交联制得了系列荷正电复合纳滤膜。研究表明，高分子量的 PEI-60K 复合纳滤膜具有高的截留率和良好的耐污染性，且在较宽的 pH 范围内能够保持稳定的通量。最近，Gao 等[221]将自制的不同代数的聚酰胺树状大分子通过动态过滤法沉积于商品化聚酰胺纳滤膜 TFC-S 表面，使膜在保持较高的水通量时具有更好的盐截留效果，然而树状大分子在膜表面的稳定性还有待于进一步提高。Wang 等[222]以两亲性超支化聚合物 Bolton W3000 为主要成膜材料，在聚丙烯腈超滤膜表面采用化学交联法制备了复合纳滤膜。该纳滤膜可用于有机染料和无机盐的分离，在 0.5MPa 操作压力下，水通量为 55.0 $L \cdot m^{-2} \cdot h^{-1}$，甲基蓝的截留率为 97.0%，NaCl 的截留率低于 20%。

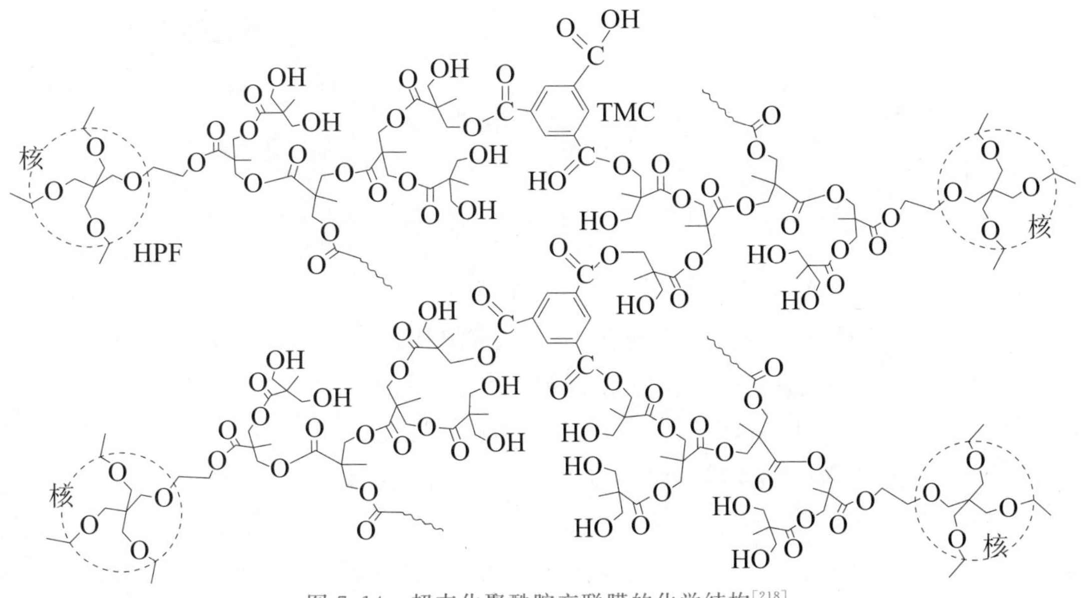

图 7-14　超支化聚酰胺交联膜的化学结构[218]

自具微孔聚合物（polymer of intrinsic microposity, PIM）作为一类自身具有微孔结构的聚合物材料，成为分离膜领域的研究热点，它是靠自身刚性和分子空间旋转结构获得微孔的特殊聚合物，在氢气储存、气体分离、渗透汽化和纳滤分离等方面表现出相当大的潜力[223-225]。Tsarkov 等[226]首先研究了 PIM 膜与有机染料分子间的作用力，然后将其用于有机溶剂、溶液中物质的分离。研究结果表明，随着有机染料分子与 PIM 膜间相互吸引作用力的降低，截留率升高，且当染料分子尺寸较大时截留率最高，如溶剂蓝 35（Solvent Blue35，约 4.0%）＜番红

O(Safranine O,约 75.0%)<橙Ⅱ(Orange Ⅱ,约 94.0%)<RB 亮蓝(Remazol Brilliant Blue R,约 98.0%)。Detlev 等[227]以 PIM 和聚乙烯基亚胺(PEI)共混物为成膜材料,通过表面涂覆和热固化交联的方法,在聚丙烯腈多孔膜表面形成耐有机溶剂超薄分离层,该膜对六苯基苯(HPB)的截留率为 97%,对正庚烷溶剂的渗透速率是 24 L·m^{-2}·h^{-1}·MPa^{-1}。Gorgojo 等[228]先采用旋涂法将 PIM 氯仿溶液涂覆于玻璃基材之上,然而将其置于去离子水中形成 PIM 自支撑膜,最后再将其转移到聚丙烯腈超滤底膜上得到 PIM 复合膜,基于微孔结构 PIM 高分子材料的超薄分离膜的制备过程示意图如图 7-15 所示。研究结果表明该膜可用作耐有机溶剂纳滤膜,对 HPB 的截留率大于 90%,对正庚烷溶剂的渗透速率(180 L·m^{-2}·h^{-1}·MPa^{-1})是现有商品化膜 Starmem240 渗透速率的 90 倍,且在 150 ℃高温时仍能保持良好的渗透旋转性。

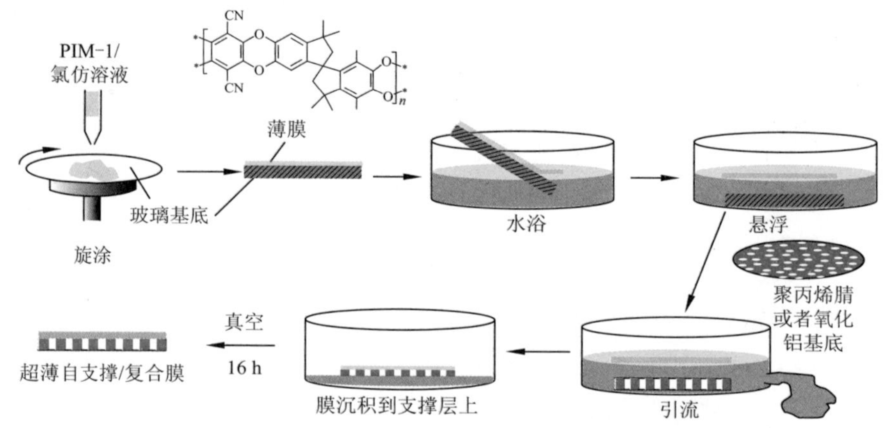

图 7-15 基于微孔结构 PIM 高分子材料的超薄分离膜的制备过程示意图[228]

多巴胺(dopamine,DA) 作为 L-多巴(L-DOPA)的一种儿茶酚衍生物,其同时具有 L-DOPA 的邻苯二酚基团和赖氨酸的氨基官能团,这些基团可与含有伯氨基($—NH_2$)、仲氨基(—NH)或巯基(—SH)的有机分子发生希夫碱或迈克尔加成反应,已广泛用于材料表面的修饰与改性[229,230]。由于多巴胺自身独特的抗菌性和粘附性,也逐渐被用于纳滤膜的制备与改性。Zhu 等[231]直接将聚砜超滤膜浸渍于多巴胺缓冲溶液中,经 DA 自聚合反应后得到聚多巴胺(PDA)复合纳滤膜,其制备过程示意图如图 7-16 所示。在 0.6 MPa 操作压力下,该复合膜的水通量高达 83.7 L·m^{-2}·h^{-1},对不同价态无机盐的截留率呈如下变化趋势 NaCl<Na_2SO_4<$MgSO_4$<$MgCl_2$<$CaCl_2$。李霞等[232]则首先利用多巴胺自聚合在聚砜超滤膜表面形成聚多巴胺活性层,再将含有氨基的聚六亚甲基胍盐酸盐(PHGH)接枝在膜表面,制备了一种具有抗菌性能的复合纳滤膜。当 PHGH 接枝量达到 3%时,该膜对有机染料亮蓝和刚果红的截留率可达 100%,对甲基橙的截留率也可达到 90.5%,且其对大肠杆菌的抗菌率可达 98.5%。DA 具有独特的黏附性能,可在惰性固体材料表面进行氧化自聚。Jiang 等[233]以聚醚砜(PES)超滤膜为支撑层,以聚多巴胺(PDA)为过渡层,通过迈克尔加成反应将含氟多元胺分子引入膜表面,制备了具有低表面自由能的复合纳滤膜。当以含有牛血清白蛋白、腐植

酸或油污的水溶液对膜进行过滤性能测试时，膜的水通量仅降低了8.9%，而经过清洗后恢复率可高达98.6%，表现出了良好的耐污染性能。Zhang等[234]则利用PDA强黏附作用将二氧化钛纳米粒子引入到聚酰胺纳滤膜表面，与静电层层自组装法相比，此法可在膜表面引入更多的无机纳米粒子，且粒子与基膜间作用力较强不易洗脱。最近，Xu等[235]将聚多巴胺（PDA）和聚乙烯亚胺（PEI）共沉积于聚丙烯腈超滤膜表面，经过戊二醛化学交联后，制备了荷正电复合纳滤膜，此膜对二价阳离子截留率高于90%。除此之外，具有与儿茶酚类似多羟基结构的单宁酸也是一种具有发展前景的天然高分子膜材料，其具有强亲水性、生物相容性、抗菌性和抗氧化性。Zhang等[236]以单宁酸为水相单体，与均苯三甲酰氯经界面聚合制备了一种新型复合纳滤膜，该膜在对有机染料和无机盐的分离过程中，表现出了良好的耐污染性和抗氧化性能。尽管多巴胺类物质的自聚行为和黏附机理尚处于研究阶段，然而其自聚产物PDA中含有大量的活性基团，将其引入到纳滤膜表面，可为膜表面的二次修饰和功能化提供理想平台。

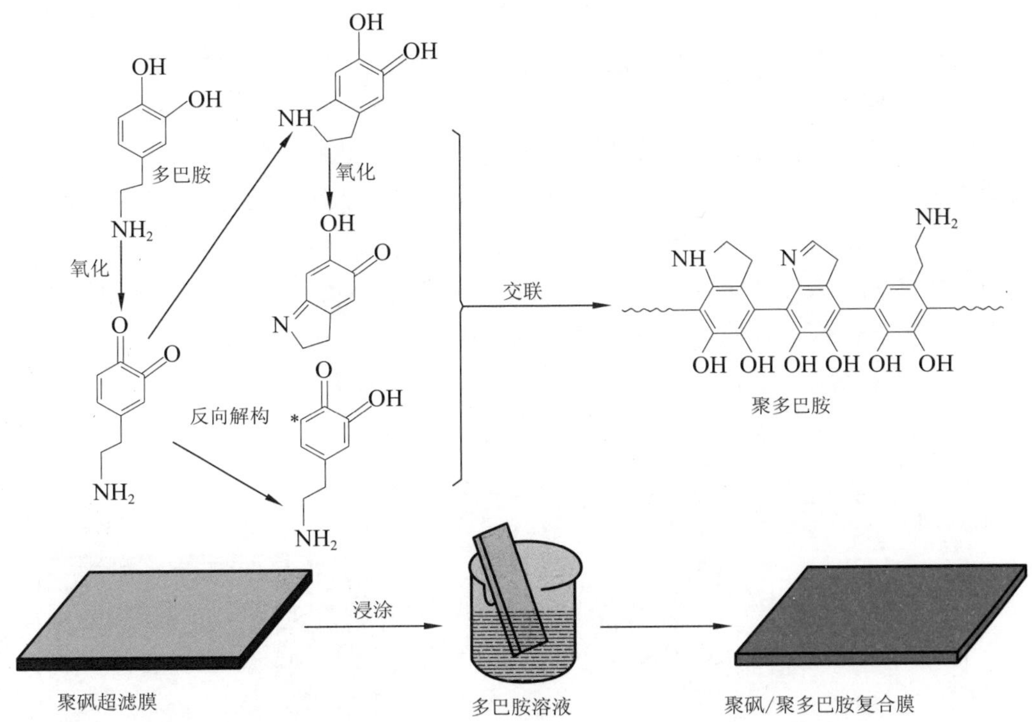

图7-16 聚多巴胺（PDA）复合膜的制备过程示意图[231]

7.2.6 新型无机纳滤膜

自20世纪90年代，科学家发现无机材料可用于分离膜的制备以来，无机纳滤膜的研制成为纳滤膜发展的一个新的方向[237, 238]。目前可用于纳滤膜制备的无机金属材料有γ-Al_2O_3、ZrO_2、SiO_2-ZrO_2和Al_2O_3-TiO_2等，其成膜方法主要有溶胶-凝胶法、化学气相沉积法和水热法[239, 240]，其中使用最为广泛的是溶胶-凝胶法（见图7-17）。Alami-Younssi等[241]以γ-Al_2O_3为成膜材料，制备了孔径为 0.7 nm 的无机纳滤膜，此膜对金属络合物的截留率和水通量受物质自身尺寸、荷电性及进料液 pH 值的影响较大。Skluzacek 等[242]采用溶胶-凝胶法，制备了铁离子改性的二氧化硅纳滤膜，膜的孔径约为 1.5 nm。当操作压力为 1.72 MPa，进料液 pH 值为 8.5 ± 0.5 时，膜的水通量约为 250 L · m^{-2} · h^{-1}，其对 NaCl 和 Na_2SO_4 的截留率为 60%～80%，对 $MgCl_2$ 和 $MgSO_4$ 的截留率小于 10%。此种无机纳滤膜的水通量已达到现有商品化纳滤膜的要求，但是其对无机盐的截留率却较低。Samuel 等[243]以α-Al_2O_3 无机多孔膜为支撑层，于其表面分别沉积一层 SiO_2 和γ-Al_2O_3 的无机致密层，制备了一种新型的双层无机纳滤膜，膜的微观断面结构如图 7-17 所示。Tsuru 等[244]则直接采用溶胶-凝胶法，制备了 SiO_2 和 ZrO_2 混合的无机纳滤膜，其孔径约为 1 nm。在 60 ℃和 3.0 MPa 的测试条件下，膜的切割分子量（MWCO）约为 200 Da，水通量为 3 L · m^{-2} · h^{-1}。Tim 等[245]采用溶胶-凝胶法在氧化铝底膜上制备了分离层为二氧化锆的纳滤膜，孔径为 3～4 nm，最小截留分子质量为 200～300 Da，且该膜具有良好的耐酸碱性。Chun 等[246]制备了金属掺杂的 CoO_xSi 无机膜，此膜对 NaCl 的截留率高达 99%，然而当进料液温度为 75 ℃时，膜的水通量只有 1.8 L · m^{-2} · h^{-1}。Tofighy 等[247]利用化学气相沉积法将碳纳米管沉积于多孔氧化铝基膜上，经过浓酸氧化后得到无机复合纳滤膜，该膜对高盐浓度料液具有良好的分离效果。Qi 等[248]首先以平均粒径为 1.1 μm 的α-Al_2O_3 粉末胶体制备了大孔 Al_2O_3 载体，然后将 TiO_2 溶胶涂覆于 Al_2O_3 载体表面在 500 ℃进行焙烧，最后再将γ-Al_2O_3 溶胶涂覆在膜表面形成 A1100/TiO_2/γ-Al_2O_3 无机纳滤膜。该膜平均孔径为 4.4 nm，纯水通量为 45 L · m^{-2} · h^{-1} · MPa^{-1}，且对二价阳离子的截留率为 80%。由此可见，无机纳滤膜虽具有良好的热稳定性、良好的化学稳定性、耐污染和易清洗等优点；但由于其制备条件较为苛刻，较难得到大面积无缺陷的薄膜，制膜成本高，这极大地限制了此类膜的工业化推广。

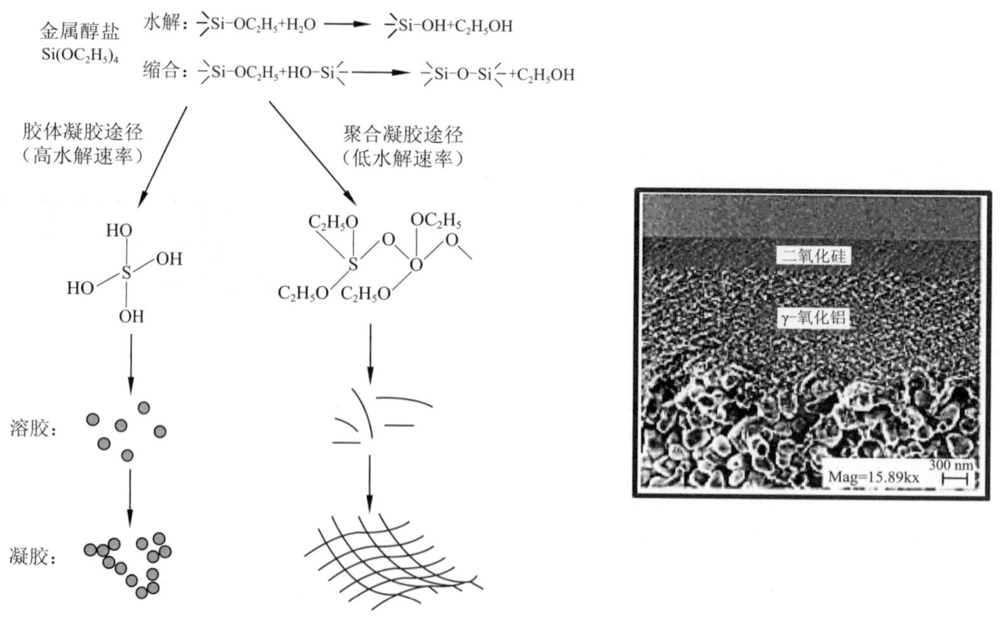

图 7-17　溶胶-凝胶法制备无机膜的过程示意图及其微观断面结构图[240，243]

7.3　纳滤膜的应用

纳滤膜凭借其独特的荷电性和纳米级的孔径，可以对不同价态的无机盐及分子量为200～1 000 Da 的有机物进行分离；同时，纳滤分离具有操作压力低、分离效果好、无相变、节能环保等特点。因此，在目前水资源缺乏、能源紧张和环境污染日益严重的情况下，纳滤分离技术被越来越多的应用于工业中物质的分离、纯化和回收等领域（见图 7-18）。进一步根据被分离物质的种类，可将纳滤膜的应用范围划分为：不同无机盐的分离，有机物和无机盐的分离，以及不同有机物的分离等。

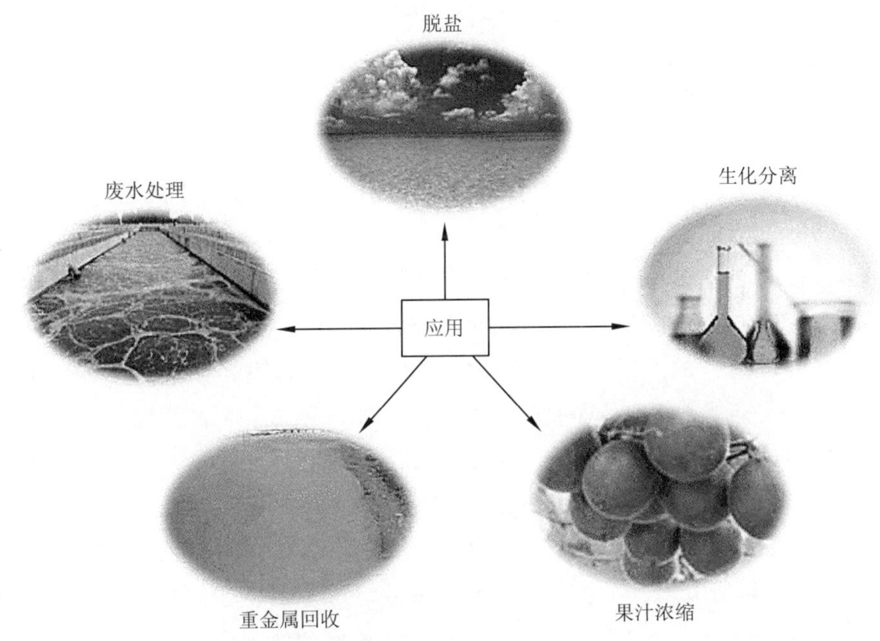

图 7-18　纳滤分离技术的应用

7.3.1　无机盐的分离

纳滤膜多为荷电膜，荷电膜与离子之间存在 Donnan 静电效应[17]，即膜与荷电相反的物质存在静电吸引作用，而与荷电相同的物质存在静电排斥作用，且对高价态离子的静电作用较单价态离子的强。因此，纳滤膜可以对不同价态的无机盐进行分离。目前，纳滤膜最大的应用领域应是工业及生活用水的软化，由于纳滤膜对高价态离子具有较强的静电排斥作用力，可以将水中 Mg^{2+}、Ca^{2+}、SO_4^{2-} 等离子去除，达到水软化和净化的目的。早在 20 世纪 70 年代，纳滤膜刚被开发出来，就有很多将其用于水软化的尝试，如 8231-LP、SCL-100 型醋酸纤维素纳滤膜，NF-40、NF-50、NF-70 和 NTR-729HF 型芳香族聚酰胺纳滤膜表现出不同程度的水软化的效果[8]。其中，Fiml Tec 公司开发的 NF-40 聚酰胺纳滤膜的水软化效果较好，水渗透系数为 200 $L \cdot m^{-2} \cdot h^{-1} \cdot MPa^{-1}$，对 NaCl 的截留率为 45%，对 $MgSO_4$ 的截留率为

95%[16, 249]。Haddad 等[22]曾采用自制的醋酸纤维素纳滤膜对突尼斯苦咸水进行脱盐处理，当进料液的盐浓度为 3.5 g・L^{-1}或 4 g・L^{-1}，操作压力为 1.6 MPa 时，膜 R22-80 的水渗透通量和盐截留率分别为 7.2 L・m^{-2}・h^{-1}和 86.1%。法国巴黎已经采用纳滤膜技术建立了 14 万 t・d^{-1}的饮用水净化装置，为 50 万人提供生活用水；美国已有超过 40 万 t・d^{-1}的苦咸水淡化和水软化纳滤装置在运转；纳滤/反渗透（NF＋SWRO）集成工艺也已得到成功应用，纳滤对海水 TDS 的脱除率一般在 10%～50%之间，目前最大的规模已达到 360 t・h^{-1}。随着膜技术的发展，国内也开始利用膜分离技术对工业和市政用水进行处理。如 1997 年 10 月在长岛南煌城建成投产的国内首套工业化膜软化系统（由国家海洋局杭州水处理中心设计），实际运行的产水量高可达 144 t・d^{-1}，具有水质软化效果好、自动化程度高的特点[250]。最近，苏保卫等[251]采用 2540 型纳滤膜组件 NFIII 和 NFIV（均为聚酰胺复合纳滤膜），对胶州湾海水进行软化测试，考察了料液流量、操作压力对纳滤膜元件运行效果的影响。在 12～16 L・min^{-1}的料液流量和 1～1.5 MPa 的测试条件下，所选纳滤膜对胶州湾海水中 SO_4^{2-} 离子的截留率大于 96%，对 Mg^{2+}、Ca^{2+} 离子的截留率分别为 70%和 88%左右，对 Na^+ 和 Cl^- 离子的截留率分别为 30%和 35%左右，表明纳滤可为海水淡化系统提供优质的软化水。

在重金属的开采、冶炼和加工过程中会产生大量的工业废水，其中含有铅、铁、铜、钴、镍等重金属离子，直接排放到自然水体中，会严重破坏生态环境。Hafiarle 等[252]利用 TFC-S 系列纳滤膜去除溶液中的 Cr(VI)离子，当溶液的 pH＝8 时，膜的盐截留率大于 80%。Wang 等[253]以电镀废水处理为目的，采用 Osmonics 的 DK、DL 纳滤膜和日东电工的 NTR-7450 纳滤膜对含有铜离子、铬离子等重金属的模拟电镀废水进行测试，详细研究了操作压力、pH 值和添加离子的种类对纳滤膜性能的影响。最近，Ba 等[254]制备了一种聚乙烯亚胺改性的 P84 型荷正电纳滤膜，当进料液 pH＝2 和操作压力为 1.38 MPa 时，膜的水通量约为 41.6 L・m^{-2}・h^{-1}，对 NaCl 的截留率为 72.7%，对高价态金属盐 $CuCl_2$、$ZuCl_2$、$FeCl_3$和 $AlCl_3$的截留率均高于 90.0%。已有研究表明，通过纳滤的方法可将水中的重金属离子浓度浓缩升高至原来的 10 倍，废水的回收率达 90%以上，纳滤膜在重金属废水处理中有着广阔的应用前景[255]。

7.3.2 有机物和无机盐的分离

目前可用于有机物脱盐的方法有：离子交换法、电渗析法和溶剂法等，但这些方法存在工序复杂、处理效率低和成本较高等问题，而纳滤作为一种新型高效的分离方法，有望取代上述传统的分离方法，用于有机物脱盐体系。目前，在染整行业中，由于生产技术所限，通常会产生大量的高盐浓度、高色度和高 COD 的有毒废水。为了将染料浓缩回收及水的循环再利用，可以利用纳滤技术对染料废水进行浓缩、脱盐的处理。Koyuncu[256]曾报道了纳滤膜对活性染料和无机盐的分离性能，所用纳滤膜是切割分子量为 150～300 Da 的商品化聚酰胺膜 DS5 DK，活性染料为活性黑（RB 5）、活性橙（RO 16）和活性蓝（RB 19），无机盐为 NaCl。当测试温度为 25 ℃，混合料液中 NaCl 的浓度为 1～80 g・L^{-1}时，DS5 DK 纳滤膜对上述三种活性染料的截留率均在 99%以上。Allegre 等[257]设计了四步法回收染料和无机盐，首先是预过滤将染料液体中的纺织纤维去除，再经酸处理使染料液体中的含盐量达到所需浓度，再经过纳滤浓缩有机染料，最后经反渗透浓缩无机盐。Allegre 对纳滤过程的操作条件进行了详细地探讨，如料液的 pH 值、温度、操作压力和料液的循环速度等对染料液体处理效果的影响。最终，操作系统对染料分子的截留率高于 98%，对无机盐的截留率高于 99%。Chai 和 He 等[258, 259]曾分别采用醋酸纤维素 CA 纳滤膜对染料进行浓缩，发现纳滤膜对染料的截留率均可达到 95%以上。上述研究表明利用纳滤技术可以实现染料的浓缩、含盐染料废水的处理与资源再利用，纳滤技术具有广阔的发展前景。

在回收污泥中的重金属时，常需要用到有机螯合剂，而为了回收再利用这些螯合剂，需将其从重金属盐中分离出来。Balanyà 等[260]曾采用纳滤的方法对有机螯合剂和重金属盐进行分离，选用商品化纳滤膜 Koch (SelRO © MPF-36 和 SelRO © MPF-34)，以无机盐 $CuCl_2$ 和柠檬酸作为模型物质进行测试，当进料液 pH=2 时，膜对 $CuCl_2$ 的截留率为 85%，对柠檬酸的截留率为 22%，达到了从无机盐中回收有机螯合剂的目的。此外，纳滤膜还可以应用于乳清脱盐，乳清中含有大量的乳糖、维生素、乳清蛋白和矿物盐，而其中的 NaCl 在很大程度上会破坏乳清的品质，需要将其去除。据报道国内凯能公司开发的管式纳滤膜可以有效地去除乳清中的无机矿物成分，对乳糖的截留率达到 99.8%，能将其从 4.2%浓缩到 29.5%，而对无机矿物的去除率可以达到 90.0%[261]。上述研究表明，在有机物和无机盐分离体系中，希望纳滤膜对盐的截留率低，而对有机物如染料、有机螯合剂、糖等物质的截留率高，以达到有机物和无机盐分离的效果。

7.3.3　有机物的分离

纳滤膜凭借其静电排斥和孔径筛分的双重分离机理，可以对不同的有机物分子进行分离。例如氨基酸和多肽的分子量一般介于 100～1 000 Da 之间，且具有等电点(pI)。当溶液的 pH 值偏离其等电点时，氨基酸或多肽分子荷正电或荷负电。不同的氨基酸通常具有不同的等电点，通过调整溶液的 pH 值，纳滤膜可以对分子量相近的不同氨基酸分子进行分离。据文献报道[262]，采用纳滤膜可以对分子量相近的天门冬氨酸(pI=2.8)、异白氨酸(pI=5.9)和鸟氨酸(pI=9.7)进行有效分离。由于三种氨基酸的等电点差别较大，当调整溶液的 pH 值为 5.0 时，荷负电的纳滤膜对天门冬氨酸具有较强的静电排斥作用，而对其他两种氨基酸具有静电吸引作用，因此纳滤膜可以实现它们之间的分离。后来，Gotoh 等[263]利用纳滤膜对谷胱甘肽及谷氨酸、半胱氨酸、甘氨酸和谷氨酸盐进行分离，当料液的 pH=7.4 时，NTR-7450 膜对谷胱甘肽和谷氨酸的截留率约为 100%，而对其余三种氨基酸的截留率均低于 30%；另外，通过改变料液中氨基酸浓度、外加盐浓度等可以调控 NTR-7450 对多肽和氨基酸的分离性能，表明纳滤是一种可用于氨基酸和多肽分离的有效方法。最近，Bruening 等[264]将聚电解质层层自组装 PSS/PAH 的纳滤膜用于多种氨基酸分子的分离，其中对氨基乙酸/L-谷氨酸的分离因子为 50，溶液的通量为 54.2 $L \cdot m^{-2} \cdot h^{-1}$，已达到商业化纳滤膜要求的通量。上述可用于纳滤分离的氨基酸的分子结构如图 7-19 所示。

低聚糖通常是指单糖数在 2～10 之间的寡糖，其具有低甜度、抗菌性能，对人、动物和植物等具有特殊的生理作用，现已成为功能性食品的有效成分，已引起了人们的广泛关注，其需求量也越来越高，而传统的微生物发酵法和色谱分离法过程较复杂，分离纯度不高，成本较高，急需开发出一种经济有效的分离方法。国外已有报道[265]，采用酶催化水解和纳滤连用的方法从人奶中提取低聚糖，经纳滤膜 NF-TEC-50、NF-CA-50 等分离提纯后，可以从 1 L 的人奶中提取 6.7 g 的低聚糖，回收率超过 50%（一般人奶中低聚糖的含量为 12.4～12.9 g·L^{-1}）。Murthy 等[266]采用聚酰胺纳滤膜可以从米糖中提取木糖醇，当操作压力为2 MPa，膜的有效面积为 1 m^2时，膜对木糖醇的截留率高于 99%，水通量为 24 L·m^{-2}·h^{-1}。近年来国家海洋局杭州水处理技术开发中心采用膜集成技术从大豆乳清液中分离大豆低聚糖，可为一个日排放 1 000 m^3含低聚糖 1～1.2%的大豆低聚糖乳清生产企业，回收 3 600 t 低聚糖，且 90%以上的水可以用作工艺回水，此技术具有耗能低、无污染和低成本等优点[267]。

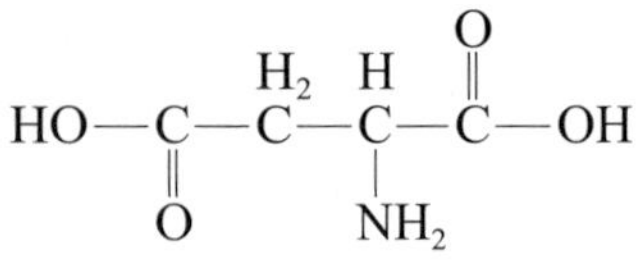

$HO-C(=O)-CH_2-CH(NH_2)-C(=O)-OH$

天冬氨酸

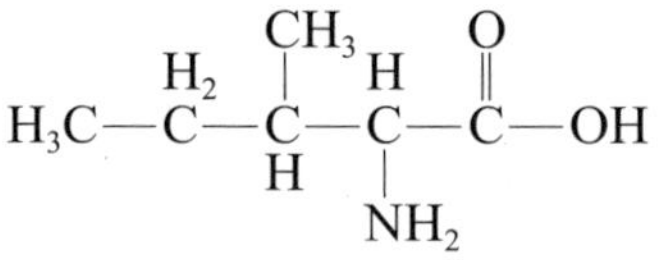

$H_3C-CH_2-CH(CH_3)-CH(NH_2)-C(=O)-OH$

L-异亮氨酸

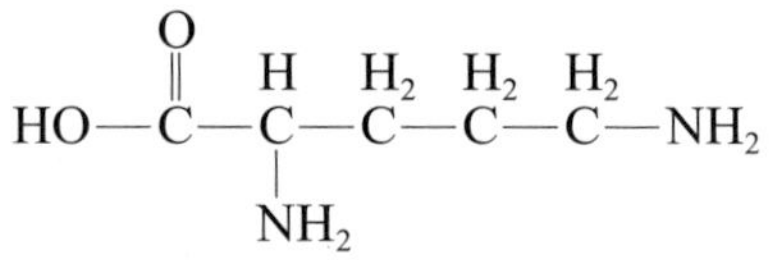

$HO-C(=O)-CH(NH_2)-CH_2-CH_2-CH_2-NH_2$

L-鸟氨酸

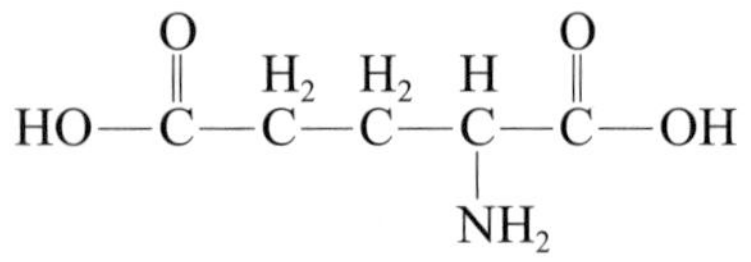

$HO-C(=O)-CH_2-CH_2-CH(NH_2)-C(=O)-OH$

L-谷氨酸

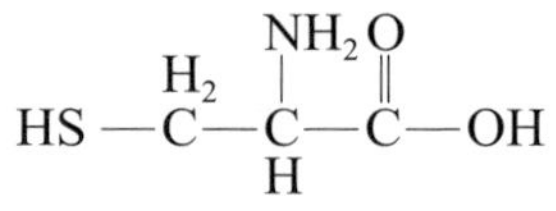

$HS-CH_2-CH(NH_2)-C(=O)-OH$

L-半胱氨酸

$H_2N-CH_2-C(=O)-OH$

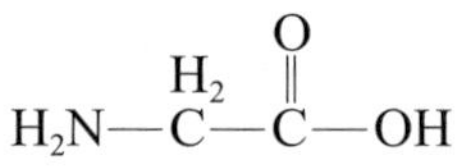

甘氨酸

图 7-19　可用于纳滤分离的氨基酸分子结构

目前，纳滤的应用还主要集中在水溶液体系的物质分离，而在实际的工业生产过程中如精细化工、石油化工、食品和制药等行业中，涉及的多是有机溶剂体系，如能将纳滤技术应用到上述行业领域中将会产生很好的经济效益[268, 269]。Schmidt 等[270]采用辐射交联的方法制备了聚二甲基硅氧烷（PDMS）/聚偏氟乙烯（PVDF）复合膜，该膜在己烷和辛烷溶剂体系中分离玉米油，以及在甲苯和乙醇溶剂体系中分离聚乙二醇均表现出了优良的分离性能。Ohya 等[271]报道了用聚酰亚胺（PI）制备的不对称纳滤膜具有耐高温、高压及有机溶剂的特点，该膜可截留 170～400 Da 的有机物分子，可有效地分离汽油和煤油，截留率达到 90%。White 等[272]将 PI 纳滤膜用于回收润滑油滤液中的有机溶剂，对润滑油的截留率为 95%，有机溶剂回收纯度高达 99%以上，且膜表现出良好的耐溶剂稳定性。目前，耐有机溶剂纳滤膜的应用还主要集中在润滑油的脱蜡溶剂回收方面，多数仍处于实验室阶段，如何实现其有效地工业化转化以及拓宽该分离膜的应用领域均需要进一步开展工作。

7.4　纳滤膜发展现状及趋势

纳滤膜本身及技术经过 50 多年的发展，已取得了巨大的进步，作为效率高、能耗低和绿色环保的重要膜分离技术之一，正在为世界上的数亿人口提供洁净的生活和生产用水。但是，纳滤膜材料及其相关技术的发展仍存待进一步解决的共性问题，如开展有针对性的研究，突破膜材料及其纳滤膜的产业化关键技术，实现高性能纳滤膜的国产化和低成本生产，可极大地推动纳滤技术在我国的规模化应用。

(1)在膜材料制备方面。高分子纳滤膜材料已得到广泛的研究和应用，但耐高温、耐强酸碱、耐溶剂、耐氧化和抗污染等特种高性能高分子纳滤膜的研制，以及来源丰富、成本低廉和易于成膜的天然高分子材料的开发仍是今后高分子纳滤膜材料研发的主要方向；随着纳米技术的发展，混合基质纳滤膜的制备已取得较大进步，但对于具有快速传输选择性"通道"结构的纳米材料的制备方法和过程仍需进一步简化、可控；改进纳米粒子引入基膜的添加方式及成膜方法，使功能性纳米粒子能够高负载量地良好分散于基膜之中；无机膜克服了有机膜的不足，具有耐高温、生物和化学稳定性好的优势。目前，其发展的一个重要方向是大规模、低成本、高效率地制备孔径小、孔隙率高、膜层薄和完整性好的无机纳滤膜。

(2)在机理研究方面。尽管纳滤膜传质机理的研究报道很多，但并未能形成统一的认识，尤其针对混合基质纳滤膜和耐有机溶剂的特殊纳滤膜体系，还没有形成其自身适用的理论模型。应采用新型的测试手段和数学模拟工具，从微观结构和传质过程两方面研究不同的溶质和溶剂在纳滤膜中的传递行为，以深入认识纳滤膜的传质机理；研究膜中具有超快分离选择性的"通道"效应产生的条件，为制备超高渗透选择性的纳滤膜提供理论指导。

(3)在应用体系方面。目前纳滤膜已经广泛应用到食品、医药、化工和环境等领域，并且取得了较好的经济和社会效益。然而，在面对日益复杂的工业化分离体系，如高盐浓度有机废水的处理，含强酸、碱性废液的处理，垃圾渗滤液的浓缩，有机溶剂中物质的分离和纯化等，需要进一步集成膜分离工艺的开发和过程的优化，开发能够充分发挥纳滤膜性能的膜组件和完善的操作系统，探索不同应用领域的膜运行和维护技巧，提高膜在实际应用过程中的稳定性和耐污染性能。可以预见，随着人们对膜材料及纳滤膜分离过程研究的不断深入和发展，纳滤技术必将在水的软化、废水处理、生物医药和石油化工的物质分离等领域发挥越来越大的作用。

参考文献

[1] 周剑. 浅谈水资源缺乏现状及解决对策[J]. 绿色科技，2010，10：89-91.

[2] 贾绍凤，张士锋. 中国的用水何时达到顶峰[J]. 水科学进展，2000，4：470-477.

[3] 李现社，杜霞，耿雷华，等. 中国水资源安全战略研究[J]. 人民黄河，2008，5：1-3.

[4] 刘永懋，宿华，刘巍. 中国水资源的现状与未来——21世纪水资源管理战略[J]. 水资源保护，2001，4：13-15.

[5] 黄霞，郑祥，陈福泰. 2010中国膜产业发展报告[J]. 北京：中国膜技术网，2010.

[6] 时钧，袁权，高从堦. 膜技术手册[M]. 北京：化学工业出版社，2001.

[7] 徐又一，徐志康. 高分子膜材料[M]. 北京：化学工业出版社，2005.

[8] PETERSEN R J. Composite reverse-osmosis and nanofiltration membranes[J]. Journal of Membrane Science，1993，83：81-150.

[9] 王薇，杜启云. 纳滤膜分离技术及其进展[J]. 工业水处理，2004，03，5-8.

[10] 高从堦，俞三传，张建飞，等. 纳滤[J]. 膜科学与技术，1999，02，1-5.

[11] 刘玉荣，陈一鸣，洪勇琦. 纳滤膜技术的发展及其应用前景[J]. 2003 上海国际产业用纺织品和非织造布研讨会暨第二届高新技术在产业用纺织品领域推广应用研讨会报告文集，2003.

[12] GUPTA V K，HWANG S T，KRANTZ W B，et al. Characterization of nanofiltration and reverse osmosis membrane performance for aqueous salt solutions using irreversible thermodynamics[J]. Desalination，2007，208：1-18.

[13] WU B，ZHANG Y M，WANG H P. Non-equilibrium thermodynamic analysis of transport properties in the nanofiltration of ionic liquid-water solutions[J]. Molecules，2009，14：1781-1788.

[14] WIJMANS J G，BAKER R W. The solution-diffusion model：a review[J]. Journal of Membrane Science，1995，107：1-21.

[15] PAUL D R. Reformulation of the solution-diffusion theory of reverse osmosis[J]. Journal of Membrane Science，2004，241：371-386.

[16] WANG X L，TSURU T，TOGOH M，et al. Transport of organic electrolytes with electrostatic and steric-hindrance effects through nanofiltration membranes[J]. Journal of Chemical Engineering of Japan，1995，28：372-380.

[17] WANG X L，TSURU T，NAKAO S I，et al. The electrostatic and steric-hindrance model for the transport of charged solutes through nanofiltration membranes[J]. Journal of Membrane Science，1997，135：19-32.

[18] 郭明远，杨牛珍. 纳滤膜分离活性染料溶液的研究[J]. 水处理技术，1996，22(1)：97-98.

[19] 周金盛，陈观文. CA/CTA 共混不对称纳滤膜分离特性的研究[J]. 膜科学与技术，1999，19(1)：34-39.

[20] 岑美柱，章勤，张一冰，等. 高取代度氰乙基纤维素与二醋酸纤维素共混中空纤维纳滤膜的研制[J]. 膜科学与技术，2006，26(6)：44-47.

[21] YU S C，CHENG Q B，HUANG C M，et al. Cellulose acetate hollow fiber nanofiltration membrane with improved permselectivity prepared through hydrolysis followed by carboxymethylation[J]. Journal of Membrane Science，2013，434：44-54.

[22] HADDADA R，FERJANI E，ROUDESLI M S，et al. Properties of cellulose acetate nanofiltration membranes. Application to brackish water desalination[J]. Desalination，2004，167：403-409.

[23] SUN S P，WANG K Y，PENG N，et al. Novel polyamide-imide/cellulose acetate dual-layer hollow fiber membranes for nanofiltration[J]. Journal of Membrane Science，2010，363(1-2)：232-242.

[24] SHAO L L，AN Q F，JI Y L，et al. Preparation and characterization of sulfated carboxymethyl cellulose nanofiltration membranes with improved water permeability[J]. Desalination，2014，338：74-83.

[25] MUSALE D A，KUMAR A. Effects of surface crosslinking on sieving characteristics of chitosan/poly(acrylonitrile) composite nanofiltration membranes[J]. Separation and Purification Technology，2000，21：27-38.

[26] MUSALE D A，KUMAR A. Solvent and pH resistance of surface crosslinked chitosan/poly(acrylonitrile) composite nanofiltration membranes[J]. Journal of Applied Polymer Science，2000，77(8)：1782--1793.

[27] JEGAL J, LEE K H. Nanofiltration membranes based on poly(vinyl alcohol) and ionic polymers[J]. Journal of Applied Polymer Science, 1999, 72(13): 1755-1762.

[28] HUANG R H, CHEN G H, SUN M K, et al. Preparation and characterization of quaterinized chitosan/poly(acrylonitrile) composite nanofiltration membrane from anhydride mixture cross-linking. Sep [J]. Separation and Purification Technology,2008, 58(3): 393-399.

[29] HUANG R H, CHEN G H, SUN M K, et al. Preparation and characterization of composite NF membrane from a graft copolymer of trimethylallyl ammonium chloride onto chitosan by toluene diisocyanate cross-linking[J]. Desalination, 2009, 239(1-3): 38-45.

[30] MIAO J, CHEN G H, GAO C J, et al. Preparation and characterization of *N*,*O*-carboxymethyl chitosan/Polysulfone composite nanofiltration membrane crosslinked with epichlorohydrin[J]. Desalination, 2008, 233(1-3): 147-156.

[31] JI Y L, AN Q F, ZHAO Q, et al. Preparation of novel positively charged copolymer membranes for nanofiltration[J]. Journal of Membrane Science, 2011, 376: 254-265.

[32] JI Y L, AN Q F, ZHAO F Y, et al. Fabrication of chitosan/PDMCHEA blend positively charged membranes with improved mechanical properties and high nanofiltration performances[J]. Desalination, 2015, 357: 8-15.

[33] GOHIL J M, RAY P. Polyvinyl alcohol as the barrier layer in thin film composite nanofiltration membranes: Preparation, characterization, and performance evaluation[J]. Journal of Colloid and Interface Science, 2009, 338: 121-127.

[34] PENG F B, HUANG X F, Jawor A, et al. Transport, structural, and interfacial properties of poly(vinyl alcohol)-polysulfone composite nanofiltration membranes[J]. Journal of Membrane Science, 2010, 353: 169-176.

[35] BOLTO B, TRAN T, HOANG M, et al. Crosslinked poly(vinyl alcohol) membranes[J]. Progress in Polymer Science, 2009, 34: 969-981.

[36] JONGGEON J, NAM W O, LEE K H. Preparation and characterization of PVA/SA Composite Nanofilltration Membranes[J]. Journal of Applied Polymer Science. , 2000, 77: 347-354.

[37] JEGAL J, LEE K H. Nanofiltration membranes based on poly(vinyl alcohol) and ionic polymers[J]. Journal of Applied Polymer Science, 1999, 72: 1755-1762.

[38] KIMURA S, JITSUHARA I. Transport through charged ultrafiltration membranes[J]. Desalination, 1983, 46: 407-416.

[39] 蒲通,曾作祥,薛为岚,叶贞成. 磺化聚醚砜纳滤膜的制备方法[P]. 上海:CN1288776,2001-03-28.

[40] 俞三传，高从堦. 磺化聚醚砜纳滤膜性能研究[J]. 水处理技术，2000，2：63-66.

[41] DALWANI M, BARGEMAN G, HOSSEINY S S, et al. Sulfonated poly(ether ether ketone) based composite membranes for nanofiltration of acidic and alkaline media[J]. Journal of Membrane Science, 2011, 381(1-2): 81-89.

[42] YAN C, ZHANG S H, YANG D L, et al. Preparation and characterization of chloromethylated/quaternized poly(phthalazinone ether sulfone ketone) for positively charged nanofiltration membranes[J]. Journal of Applied Polymer Science, 2008, 107(3): 1809-1816.

[43] DAI Y, JIAN X G, ZHANG S H, et al. Thermostable ultrafiltration and nanofiltration membranes

from sulfonated poly(phthalazinone ether sulfone ketone) [J]. Journal of Membrane Science, 2001, 188: 195-203.

[44] 李连超，马成良，谭惠民，等. 磺化聚醚酮复合纳滤膜的制备[J]. 水处理技术，2005，31(10)：13-16.

[45] SEE TOH Y H, LIM F W, LIVINGSTON A G. Polymeric membranes for nanofiltration in polar aprotic solvents[J]. Journal of Membrane Science, 2007, 301: 3-10.

[46] VANHERCK K, CANO-ODENA A, KOECKELBERGHS G, et al. A simplified diamine crosslinking method for PI nanofiltration membranes[J]. Journal of Membrane Science, 2010, 353: 135-143.

[47] VANKELECOM I F J, DE SMET K, GEVERS L E M, et al. Physico-chemical interpretation of the SRNF transport mechanism for solvents through dense silicone membranes[J]. Journal of Membrane Science, 2004, 231: 99-108.

[48] AENS S, VANH S A, BUEKENHOUDT A, et al. Plasma-treated PDMS-membranes in solvent resistant nanofiltration: Characterization and study of transport mechanism[J]. Journal of Membrane Science, 2006, 275: 212-219.

[49] 蔡卫滨，朴香兰，李继定，等. 不同交联剂对 PDMS/PVDF 纳滤膜溶剂回收性能的影响[J]. 化工学报，2013，64：581-589.

[50] MIYAMA H, TANAKA K, NOSAKA Y, et al. Charged ultrafiltration membrane for permeation of proteins[J]. Journal of Applied Polymer Science, 1988, 36(4): 925-933.

[51] DU R H, ZHAO J S. Properties of poly (N, N-dimethylaminoethyl methacrylate)/ polysulfone positively charged composite nanofiltration membrane[J]. Journal of Membrane Science, 2004, 239(2): 183-188.

[52] DU R H, ZHAO J S. Positively charged composite nanofiltration membrane prepared by poly(N, N-dimethylaminoethyl methacrylate)/polysulfone[J]. Journal of Applied Polymer Science, 2004, 91(4): 2721-2728.

[53] XU T W, YANG W H. A novel positively charged composite membranes for nanofiltration prepared from poly(2,6-dimethyl-1,4-phenylene oxide) by in situ amines crosslinking[J]. Journal of Membrane Science, 2003, 215(1-2): 25-32.

[54] TANG B B, WU D, XU T W. Effect of PEG additives on properties and morphologies of membranes prepared from poly(2,6-dimethyl-1,4-phenylene oxide) by benzyl bromination and in situ amination [J]. Journal of Applied Polymer Science, 2005, 98(6): 2414-2421.

[55] LI X L, ZHU L P, XU Y Y, et al. A novel positively charged nanofiltration membrane prepared from N, N-dimethylaminoethyl methacrylate by quatenization cmss-linking[J]. Journal of Membrane Science, 2011, 374: 33-42.

[56] QIU C Q, XU F, NGUYEN Q T, et al. Nanofiltration membrane prepared from cardo polyetherketone ultrafiltration membrane by UV-induced grafting method[J]. Journal of Membrane Science, 2005, 255 (1-2): 107-115.

[57] HOMAYOONFAL M, AKBARI A, MEHRNIA M R. Preparation of polysulfone nanofiltration membranes by UV-assisted grafting polymerization for water softening[J]. Desalination, 2010, 263(1-3): 217-225.

[58] BELFER S, FAINSHTAIN R, PURINSON Y, et al. Modification of NF membrane properties by in si-

tu redox initiated graft polymerization with hydrophilic monomers[J]. Journal of Membrane Science, 2004, 239(1): 55-64.

[59] SAHA N K, JOSHI S V. Performance evaluation of thin film composite polyamide nanofiltration membrane with variation in monomer type[J]. Journal of Membrane Science, 2009, 342: 60-69.

[60] ZHOU Y, YU S C, LIU M H, et al. Polyamide thin film composite membrane prepared from m-phenylenediamine and m-phenylenediamine-5-sulfonic acid[J]. Journal of Membrane Science, 2006, 270: 162-168.

[61] KIM C K, KIM J H, ROH I J, et al. The changes of membrane performance with polyamide molecular structure in the reverse osmosis process[J]. Journal of Membrane Science, 2000, 165: 189-199.

[62] LI L, ZHANG S B, ZHANG X S. Preparation and characterization of poly(piperazineamide) composite nanofiltration membrane by interfacial polymerization of 3,3′,5,5′-biphenyl tetraacyl chloride and piperazine[J]. Journal of Membrane Science, 2009, 335: 133-139.

[63] WANG H F, ZHANG Q F, ZHANG S B. Positively charged nanofiltration membrane formed by interfacial polymerization of 3,3′,5,5′-biphenyl tetraacyl chloride and piperazine on a poly(acrylonitrile) (PAN) support[J]. Journal of Membrane Science, 2011, 378: 243-249.

[64] WANG T Y, YANG Y Q, ZHENG J F, et al. A novel highly permeable positively charged nanofiltration membrane based on a nanoporous hyper-crosslinked polyamide barrierlayer[J]. Journal of Membrane Science, 2013, 448: 180-189.

[65] WANG T Y, DAI L, ZHANG Q F, et al. Effects of acylchloride monomer functionality on the properties of polyamide reverse osmosis (RO) membrane[J]. Journal of Membrane Science, 2013, 440: 48-57.

[66] WANG H F, LI L, ZHANG X S, et al. Polyamide thin-film composite membranes prepared from a novel triamine 3,5-diamino-N-(4-aminophenyl)-benzamide monomer and m-phenylenediamine[J]. Journal of Membrane Science, 2010, 353: 78-84.

[67] NITA K, MATSUI Y, KONAGAYA S, et al. Study of Chorine-resistance membrane for reverse osmosis[J]. ICOM1990, Chicago, 1990.

[68] TESSARO I C, SILVA J B A, WADA K. Investigation of some aspects related to the degradation of polyamide membranes: aqueous chlorine oxidation catalyzed by aluminum and sodium lauryl sulfnate oxidation during cleaning[J]. Desalination, 2005, 181: 275-272.

[69] YONG Z, YU S, LIU M, et al. Polyamide thin film composite membrane prepared from m-phenylenediamine and m-phenylenediamine-5-sulfonic acid[J]. Journal of Membrane Science, 2006, 270(1-2):162-168.

[70] 俞三传,周勇,刘立芬,等. 5-氧甲酰氯-异酞酰氯制备新工艺[P]. 浙江:CN1562936,2005-01-12.

[71] YU S C, LIU M H, LU Z H, et al. Aromatic-cycloaliphatic polyamide thin-film composite membrane with improved chlorine resistance prepared form m-phenylenediamine-4-methyl and cyclohexane-1,3,5-tricarbonylchloride[J]. Journal of Membrane Science, 2009, 344: 155-164.

[72] LA Y H, SOORIYAKUMARAN R, MILLER D C, et al. Novel thin film composite membrane containing ionizable hydrophobes: pH-dependent reverse osmosis behavior and improved chlorine resistance [J]. Journal of Materials Science, 2010, 20: 4615-4620.

[73] ZHANG Z, WANG S, CHEN H Y, et al. Preparation of polyamide membranes with improved chlorine

resistance by bis-2,6-N, N-(2-hydroxyethyl) diaminotoluene and trimesoyl chloride[J]. Desalination, 2013, 331: 16-25.

[74] 邓慧宇，朱宝库，魏秀珍，等. 单体结构对聚酰胺复合纳滤膜表面形貌与性能的影响[J]. 第六届中国功能材料及其应用学术会议，中国，2007.

[75] 李祥，张忠国，任晓晶，等，纳滤膜材料研究进展. 化工进展，2014，33：1210-1212.

[76] SONG Y J, SUN P, HENRY L L, et al. Mechanisms of structure and performance controlled thin film composite membrane formation via interfacial polymerization process[J]. Journal of Membrane Science, 2005, 251: 67-79.

[77] GHOSH A K, JEONG B H, HUANG X, et al. Impacts of reaction and curing conditions on polyamide composite reverse osmosis membrane properties[J]. Journal of Membrane Science, 2008, 311: 34-45.

[78] PRAKASH R A, JOSHI S V, TRIVEDI J J, et al. Structure-performance correlation of polyamide thin film composite membranes: effect of coating conditions on film formation[J]. Journal of Membrane Science, 2003, 211: 13-24.

[79] SINGH P S, JOSHI S V, TRIVEDI J J, et al. Probing the structural variations of thin film composite RO membranes obtained by coating polyamide over polysulfone membranes of different pore dimensions [J]. Journal of Membrane Science, 2006, 278: 19-25.

[80] GHOSH A K, HOEK E M V. Impacts of support membrane structure and chemistry on polyamide-polysulfone interfacial composite membranes[J]. Journal of Membrane Science, 2009, 336: 140-148.

[81] CHAO W C, HUANG Y H, HUNG W S, et al. Effect of the surface property of poly(tetrafluoroethylene) support on the mechanism of polyamide active layer formation by interfacial polymerization[J]. Soft Matter, 2012, 8: 8998-9004.

[82] CHEN S H, CHANG D J, LIOU R M, et al. Preparation and separation properties of polyamide nanofiltration membrane[J]. Journal of Applied Polymer Science, 2002, 83: 1112-1118.

[83] HIROSE M, IKEDA K. Method of producing high permeable composite reverse osmosis membrane[J]. US Patent. 5576057, 1996-11-19.

[84] XIANG J, XIE Z L, HOANG M, et al. Effect of ammonium salts on the properties of poly(piperazineamide) thin film composite nanofiltration membrane[J]. Journal of Membrane Science, 2014, 465: 34-40.

[85] RAO A P, DESAI N V, RANGARAJAN R. Interfacially synthesized thin film composite RO membranes for seawater desalination[J]. Journal of Membrane Science, 1997, 124: 263-272.

[86] VRIJENHOEK E M, HONG S, ELIMELECH M. Influence of membrane surface properties on initial rate of colloidal fouling of reverse osmosis and nanofiltration membranes[J]. Journal of Membrane Science, 2001, 188: 115-128.

[87] TANG C Y, KWON Y N, LECKIE J O. Effect of membrane chemistry and coating layer on physiochemical properties of thin film composite polyamide RO and NF membranes II. Membrane physiochemical properties and their dependence on polyamide and coating layers[J]. Desalination, 2009, 242: 168-182.

[88] ZHOU Y, YU S C, GAO C J, et al. Surface modification of thin film composite polyamide membranes by electrostatic self deposition of polycations for improved fouling resistance[J]. Separation and Purification Technology, 2009, 66: 287-294.

[89] YU S C, LU Z H, CHEN Z H, et al. Surface modification of thin-film composite polyamide reverse osmosis membranes by coating N-isopropylacrylamide-co-acrylic acid copolymers for improved membrane properties[J]. Journal of Membrane Science, 2011, 371: 293-306.

[90] LI Y F, SU Y L, ZHAO X T, et al. Surface fluorination of polyamide nanofiltration membrane for enhanced antifouling property[J]. Journal of Membrane Science, 2014, 455: 15-23.

[91] ZHANG Y, WANG Z, LIN W F, et al. A facile method for polyamide membrane modification by poly(sulfobetaine methacrylate) to improve fouling resistance[J]. Journal of Membrane Science, 2013, 446: 164-170.

[92] MUKHERJEEA P, JONES K L, ABITOYE J O. Surface modification of nanofiltration membranes by ion implantation[J]. Journal of Membrane Science, 2005, 254: 303-310.

[93] LEI J, ULBRICHT M. Macroinitiator-mediated photoreactive coating of membrane surfaces with antifouling hydrogel layers[J]. Journal of Membrane Science, 2014, 455: 207-218.

[94] KANG G D, LIU M, LIN B, et al. A novel method of surface modification on thin film composite reverse osmosis membrane by grafting poly(ethylene glycol) [J]. Polymer, 2007, 48: 1165-1170.

[95] KULPRATHIPANJA S, NEUZIL R M, LI N N. Seperation of fluids by means of mixed matrix membranes[J]. US Patent. 4740219, 1988-04-26.

[96] NUNES S P. Organic-inorganic membranes in inorganic membranes: synthesis, characterization and applications[J]. Elsevier, 2008, 121-134.

[97] HENNEPE H J C, BARGEMAN D, MULDER M H V, et al. Zeolite-filled silicone rubber membranes. Part 1. Membrane preparation and pervaporation results[J]. Journal of Membrane Science, 1987, 35: 39-55.

[98] LI Y F, HE G W, WANG S F, et al. Recent advances in the fabrication of advanced composite membranes[J]. Journal of Materials Chemistry A, 2013, 1: 10058-10077.

[99] LEE K P, ARNOT T C, MATTIA D. A review of reverse osmosis membrane materials for desalination-development to date and future potential[J]. Journal of Membrane Science, 2011, 370: 1-22.

[100] 董航，张林，陈欢林，等. 混合基质水处理膜：材料、制备与性能[J]. 化学进展，2014，26：2007-2018.

[101] JEONG B H, HOEK E M V, YAN Y S, et al. Interfacial polymerization of thin film nanocomposites: A new concept for reverse osmosis membranes[J]. Journal of Membrane Science, 2007, 294: 1-7.

[102] MAJUMDER M, CHOPRA N, ANDREWS R, et al. Nanoscale hydrodynamics- Enhanced flow in carbon nanotubes[J]. Nature, 2005, 438: 44-44.

[103] LOPEZ-LORENTE A I, SIMONET B M, VALCARCEL M. The potential of carbon nanotube membranes for analytical separations[J]. Analytical Chemistry, 2010, 82(13): 5399-5407.

[104] RATTO T V, HOLT J K, SZMODIS A W. Membranes with embendded nanotubes for selective permeanbility[J]. US Patent. 7993524, 2010-08-09.

[105] WU H Q, TANG B B, WU P Y. MWNTs/polyester thin film nanocomposite membrane: An approach to overcome the trade-off effect between permeability and selectivity[J]. The Journal of Physical Chemistry C, 2010, 114: 16395-16400.

[106] ROY S, NTIM S A, MITRA S, et al. Facile fabrication of superior nanofiltration membranes from in-

terfacially polymerized CNT-polymer composites[J]. Journal of Membrane Science, 2011, 375: 81-87.

[107] ZHAO H Y, QIU S, WU L G, et al. Improving the performance of polyamide reverse osmosis membrane by incorporation of modified multi-walled carbon nanotubes[J]. Journal of Membrane Science, 2014, 450: 249-256.

[108] VATANPOUR V, MADAENI S S, MORADIAN R. Fabrication and characterization of novel antifouling nanofiltration membrane prepared from oxidized multiwalled carbon nanotube/polyethersulfone nanocomposite[J]. Journal of Membrane Science, 2011, 375: 284-294.

[109] NOURAN E B, ADHAM R R, AMAL M K E, et al. Novel carbon nanotube-cellulose acetate nanocomposite membranes for water filtration applications[J]. Desalination, 2014, 344: 79-85.

[110] CHAN W F, CHEN H Y, SURAPATHI A, et al. Zwitterion functionalized carbon nanotube/polyamide nanocomposite membranes for water desalination[J]. ACS Nano, 2013, 7: 5308-5319.

[111] JUNG W K, KOO H C, KIM K W, et al. Antibacterial activity and mechanism of action of the silver ion in staphylococcus aureus and escherichia coli[J]. Applied and Environmental Microbiology, 2008, 74: 2171-2178.

[112] CHO M, CHUNG H, CHOI W, et al. Different in activation behavior of MS-2 phage and Escherichia coli in TiO_2 photocatalytic disinfection[J]. Applied and Environment Microbiology, 2005, 71: 270-275.

[113] LEE S Y, KIM H J, PATEL R, et al. Silver nanoparticles immobilized on thin film composite polyamide membrane: characterization, nanoflltration, antifuuling properties[J]. Polymers for Advanced Technologies, 2007, 18: 562-568.

[114] MOLLAHOSSEINI A, RAHIMPOUR A. A new concept in polymeric thin-film composite nanofiltration membranes with antibacterial properties[J]. Biofouling, 2013, 29: 537-548.

[115] 曹志源，方建慧，沈霞，等. 银/聚电解质复合纳滤膜结构一性能研究[J]. 2010 -第七届中国功能材料及其应用学术会议.

[116] LIU X, QI S, LI Y, et al. Synthesis and characterization of novel antibacterial silver nanocomposite nanofiltration and forward osmosis membranes based on layer-by-layer assembly[J]. Water Research, 2013, 47: 3081-3092.

[117] KWAK S Y, KIM S H, KIM S S. Hybrid organic/inorganic reverse osmosis (RO) membrane for bactericidal anti-fouling. 1. Preparation and characterization of TiO_2 nanoparticle selfassembled aromatic polyamide thin-film-composite (TFC) membrane[J]. Environmental Science & Technology, 2001, 35: 2388-2394.

[118] LEE H S, IM S J, KIM J H, et al. Polyamide thin-film nanofiltration membranes containing TiO_2 nanoparticles[J]. Desalination, 2008, 219: 48-56.

[119] KIM S H, KWAK S Y, SOHN B H, et al. Design of TiO_2 nanoparticle self-assembled aromatic polyamide thin-film-composite (TFC) membrane as an approach to solve biofouling problem[J]. Journal of Membrane Science, 2003, 211: 157-165.

[120] SARAH P, AHMAD R, MOHSEN J. Synthesis and characterization of PVA/PES thin film composite nanofiltration membrane modified with TiO_2 nanoparticles for better performance and surface prop-

erties[J]. Journal of Industrial and Engineering Chemistry，2012，18：1398-1405.

[121] VATANPOUR V，MADAENI S S，KHATAEE A R，et al. TiO_2 embedded mixed matrix PES nanocomposite membranes：Influence of different sizes and types of nanoparticles on antifouling and performance[J]. Desalination，2012，292：19-29.

[122] VATANPOUR V，MADAENI S S，MORADIAN R. Novel antibifouling nanofiltration polyethersulfone membrane fabricated from embedding TiO_2 coated multiwalled carbon nanotube[J]. Separation and Purification Technology，2012，90：69-82.

[123] RAJAEIAN B，RAHIMPOUR A，TADE M O，et al. Fabrication and characterization of polyamide thin film nanocomposite（TFN）nanofiltration membrane impregnated with TiO_2 nanoparticles[J]. Desalination，2013，313：176-188.

[124] PEYRAVI M，JAHANSHAHI M，RAHIMPOUR A，et al. Novel thin film nanocomposite membranes incorporated with functionalized TiO_2 nanoparticles for organic solvent nanofiltration[J]. Chemical Engineering Journal，2014，241：155-166.

[125] JADAV G L，SINGH P S. Synthesis of novel silica-polyamide nanocomposite membrane with enhanced properties[J]. Journal of Membrane Science，2009，328：257-267.

[126] SINGH A K，PANDEY R P，JASTI A，et al. Self-assembled silica nanocrystal-based anti-biofouling nanofilter membranes[J]. RSC Advances，2013，3(2)：458-467.

[127] JIN L M，YU S L，SHI W X，et al. Synthesis of a novel composite nanofiltration membrane incorporated SiO_2 nanoparticles for oily wastewater desalination[J]. Polymer，2012，53：5295-5303.

[128] 涂郑禹. 非化学计量掺杂 Ce 纳米 SiO_2/聚砜复合膜及其性能的研究[J]. 天津：天津大学，2007.

[129] HU D，XU Z L，CHEN C. Polypiperazine-amide nanofiltration membrane containing silica nanoparticles prepared by interfacial polymerization[J]. Desalination，2012，301：75-81.

[130] AGRE P，PRESTON G M，SMITH B L，et al. Aquapurin CHIP：the archetypal molecular water channel[J]. American Journal of Physiology，1993，265：F463-476.

[131] 隋海心，任罡. 水分子通道蛋白的结构与功能[J]. 化学进展，2004，16：145-152.

[132] KUMAR M，GRZELAKOWSKI M，ZILLES J，et al. Highly permeable polymeric membranes based on the incorporation of the functional water channel protein Aquaporin Z[J]. PNAS，2007，104：20719-20724.

[133] JENSEN P H，KELLER D，HELIX-NIELSEN C. Membrane for filtration of water[J]. US Patent. 7857978B2. 2010，

[134] ZHAO Y，QIU C Q，LI X S，et al. Synthesis of robust and high performance aquaporin-based biomimetic membranes by interfacial polymerization-membrane preparation and RO performance characterization[J]. Journal of Membrane Science，2012，423-424：422-428.

[135] SUN G F，CHUNG T S，JEYASEELAN K. Stabilization and immobilization of aquaporin reconstituted lipid vesicles for water purification[J]. Colloids and Surfaces B：Biointerfaces，2013，102：466-471.

[136] WANG M Q，WANG Z N，WANG X D，et al. Layer-by-layer assembly of aquaporin z-incorporated biomimetic membranes for water purification[J]. Journal of Colloid and Interface Science，2015，49(6)：3761-3768.

[137] DAVID C T，JEFFREY C G. Water desalination across nanoporous graphene[J]. Nano Letters，

2012，12：3602-3608.

[138] DAVID C T，JEFFREY C G. Mechanical strength of nanoporous graphene as a desalination membrane [J]. Nano Letters，2014，14：6171-6178.

[139] NAIR R R，WU H A，JAYARAM P N，et al. Unimpeded permeation of water through helium-leak-tight graphene-based membranes[J]. Science，2012，335：442.

[140] JOSHI R K，CARBONE P，WANG F C，et al. Precise and ultrafast molecular sieving through graphene oxide membranes[J]. Science，2014，343：752.

[141] HAN Y，XU Z，GAO C. Ultrathin graphene nanofiltration membrane for water purification[J]. Advanced Functional Materials,2013，23：3693-3700.

[142] HU M，MI B X. Enabling Graphene Oxide Nanosheets as Water Separation Membranes[J]. Journal of Colloid and Interface Science，2013，47：3715-3723.

[143] CHOI W，CHOI J，BANG J，et al. Layer-by-layer assembly of graphene oxide nanosheets on polyamide membranes for durable reverse-osmosis applications[J]. ACS Applied Materials & Interfaces，2013，5：12510-12519.

[144] WU H Q，TANG B B，WU P Y. Development of novel SiO_2-GO nanohybrid /polysulfone membrane with enhanced performance[J]. Journal of Membrane Science，2014，451：94-102.

[145] ZACHER D，SHEKHAH O，WOELL C，et al. Thin films of metal-organic frameworks[J]. Chemical Society Reviews，2009，38：1418-1429.

[146] ZORNOZA B，TELLEZ C，CORONAS J，et al. Metal organic framework based mixed matrix membranes：An increasingly important field of research with a large application potential[J]. Microporous Mesoporous Materials,2013，166：67-78.

[147] BASU S，MAES M，CANO-ODENA A，et al. Solvent resistant nanofiltration（SRNF）membranes based on metal-organic frameworks[J]. Journal of Membrane Science，2009，1-2：190-198.

[148] SORRIBAS S，GORGOJO P，TELLEZ C，et al. High flux thin film nanocomposite membranes based on metal-organic frameworks for organic solvent nanofiltration[J]. Journal of the American Chemical Society，2013，135：15201-15208.

[149] FUOSS R M，SADEK H. Mutual interaction of polyelectrolytes[J]. Science，1949，110：552-554.

[150] KABANOV V A. Physicochemical basis and the prospects of using soluble interpolyelectrolyte complexes（review）[J]. Polymer Seience，1994，36：143-156.

[151] DECHER G，HONG J D，SCHMITT J. Buildup of ultrathin multilayer films by a self-assembly process：III. Consecutively alternating adsorption of anionic and cationic polyelectrolytes on charged surfaces[J]. Thin Solid Films，1992，210-211：831-835.

[152] DECHER G. Fuzzy nanoassemblies：Toward layered polymeric multicomposites[J]. Science，1997，277：1232-1237.

[153] STROEVE P，VASQUEZ V，COELHO M A N，et al. Gas transfer in supported films made by molecular self-assembly of ionic polymers[J]. Thin Solid Films，1996，284-285：708-712.

[154] VAN ACKERN F，KRASEMANN L，TIEKE B. Ultrathin membranes for gas separation and pervaporation prepared upon electrostatic self-assembly of polyelectrolytes[J]. Thin Solid Films，1998，327-329：762-766.

[155] 张鹏，钱锦文，宣理静，等. 聚电解质 PDDA/PSS 层层自组装膜的渗透汽化性能[J]. 高等学校化学学报，2008，29：1885-1889.

[156] KRASEMANN L，TIEKE B. Ultrathin self-assembled polyelectrolyte membranes for pervaporation [J]. Journal of Membrane Science，1998，150：23-30.

[157] JIN W Q，TOUTIANOUSH A，TIEKE B. Use of polyelectrolyte layer-by-layer assemblies as nanofiltration and reverse osmosis membranes[J]. Langmuir，2003，19：2550-2553.

[158] TOUTIANOUSH A，JIN W Q，DELIGOZ H，et al. Polyelectrolyte multilayer membranes for desalination of aqueous salt solutions and seawater under reverse osmosis conditions[J]. Applied Surface Science，2005，246：437-443.

[159] MILLER M D，BRUENING M L. Controlling the nanofiltration properties of multilayer polyelectrolyte membranes through variation of film composition[J]. Langmuir，2004，20：11545-11551.

[160] LU O Y，MALAISAMY R，BRUENING M L. Multilayer polyelectrolyte films as nanofiltration membranes for separating monovalent and divalent cations[J]. Journal of Membrane Science，2008，310：76-84.

[161] VANDEZANDE P，GEVERS L E M，VANKELECOM I F J. Solvent resistant nanofiltration：separating on a molecular level[J]. Chemical Society Reviews，2008，37：365-405.

[162] 方建慧，刘达，施利毅，等. 复合纳滤膜的制备方法[P]. 上海：CN101053780，2007-10-17.

[163] ZHANG G J，YAN H H，JI S L，et al. Self-assembly of polyelectrolyte multilayer pervaporation membranes by a dynamic layer-by-layer technique on a hydrolyzed polyacrylonitrile ultrafiltration membrane[J]. Journal of Membrane Science，2007，292：1-8.

[164] WANG N X，ZHANG G J，JI S L. Dynamic layer-by-layer self-assembly of organic-inorganic composite hollow fiber membranes[J]. AIChE Journal，2012，58：3176-3182.

[165] DENG H Y，XU Y Y，ZHU B K，et al. Polyelectrolyte membranes prepared by dynamic self-assembly of poly (4-styrenesulfonic acid-co-maleic acid) sodium salt (PSSMA) for nanofiltration (I) [J]. Journal of Membrane Science，2008，323：125-133.

[166] LIU C，SHI L，WANG R. Enhanced hollow fiber membrane performance via semi-dynamic layer-by-layer polyelectrolyte inner surface deposition for nanofiltration and forward osmosis applications[J]. Reactive & Functional Polymers，2015，86：154-160.

[167] TANG H Q，JI S L，GONG L L，et al. Tubular ceramic-based multilayer separation membranes using spray layer-by-layer assembly[J]. Polymer Chemistry，2013，4：5621-5628.

[168] LI X F，FEYTER S D，CHEN D J，et al. Solvent-resistant nanofiltration membranes based on multilayered polyelectrolyte complexes[J]. Chemistry of Materials，2008，20：3876-3883.

[169] LI X F，GOYENSA W，AHMADIANNAMINIA P，et al. Morphology and performance of solvent-resistant nanofiltration membranes based on multilayered polyelectrolytes：Study of preparation conditions[J]. Journal of Membrane Science，2010，358：150-157.

[170] AHMADIANNAMINI P，LI X F，GOYENS W，et al. Multilayered polyelectrolyte complex based solvent resistant nanofiltration membranes prepared from weak polyacids[J]. Journal of Membrane Science，2012，394-395：98-106.

[171] JOSEPH N，AHMADIANNAMINI P，HOOGENBOOM R，et al. Layer-by-layer preparation of

polyelectrolyte multilayer membranes for separation[J]. Polymer Chemistry, 2014, 5: 1817-1831.

[172] ZHAO Q, QIAN J W, AN Q F, et al. A facile route for fabricating novel polyelectrolyte complex membrane with high pervaporation performance in isopropanol dehydration[J]. Journal of Membrane Science, 2008, 320: 8-12.

[173] ZHAO Q, QIAN J W, AN Q F, et al. Synthesis and characterization of solution-processable polyelectrolyte complexes and their homogeneous membranes[J]. ACS Applied Materials Interfaces, 2009, 1: 90-96.

[174] ZHAO Q, AN Q F, SUN Z W, et al. Studies on structures and ultra-high permeability of novel polyelectrolyte complex membranes[J]. Journal of Physical Chemistry B, 2010, 114: 8100-8106.

[175] ZHAO Q, QIAN J W, ZHU M H, et al. Facile fabrication of polyelectrolyte complex/carbon nanotube nanocomposites with improved mechanical properties and ultra-high separation performance[J]. Chemistry of Materials, 2009, 19: 8732-8740.

[176] ZHAO Q, AN Q F, JI Y L, et al. Polyelectrolyte complex membranes for pervaporation, nanofiltration and fuel cell applications[J]. Journal of Membrane Science, 2011, 379: 19-45.

[177] WANG X S, AN Q F, ZHAO Q, et al. Homogenous polyelectrolyte complex membranes incorporated with strong ion-pairs with high pervaporation performance for dehydration of ethanol[J]. Journal of Membrane Science, 2013, 435: 71-79.

[178] ZHAO Q, AN Q F, LIU T, et al. Bio-inspired polyelectrolyte complex/graphene oxide nanocomposite membranes with enhanced tensile strength and ultra-low gas permeability[J]. Polymer Chemistry, 2013, 4: 4298-4302.

[179] LIU T, AN Q F, ZHAO Q, et al. Synergistic strengthening of polyelectrolyte complex membranes by functionalized carbon nanotubes and metal ions[J]. Scientific Reports, 2015, DOI: 10. 1038/srep07782.

[180] JI Y L, AN Q F, ZHAO Q, et al. Fabrication andperformance of a new type of charged nanofiltration membrane based on polyelectrolyte complex[J]. Journal of Membrane Science, 2010, 357: 80-89.

[181] ZHAO Q, JI Y L, WU J K, et al. Polyelectrolyte complex nanofiltration membranes: Performance modulation via casting solution pH[J]. RSC Advances, 2014, 4: 52808-52814.

[182] LOWE A B, MCCORMICK C L. Synthesis and solution properties of zwitterionic polymers[J]. Chemical Reviews, 2002, 102: 4177-4190.

[183] OSTUNI E, CHAPMAN R G, HOLMLIN R E, et al. A survey of structure-property relationships of surfaces that resist the adsorption of protein[J]. Langmuir, 2001, 17(18): 5605-5620.

[184] HOLMLIN R E, CHEN X X, CHAPMAN R G, et al. Zwitterionic SAMs that resist nonspecific adsorption of protein from aqueous buffer[J]. Langmuir, 2001, 17(9): 2841-2850.

[185] THOMAS D B, VASILIEVA Y A, ARMENTROUT R S, et al. Synthesis, characterization, and aqueous solution behavior of electrolyte- and pH-responsive carboxybetaine-containing cyclocopolymers[J]. Macromolecules, 2003, 36(26): 9710-9715.

[186] CHANG Y, YANDI W, CHEN W Y, et al. Tunable bioadhesive copolymer hydrogels of thermoresponsive poly(N-isopropyl acrylamide) containing zwitterionic polysulfobetaine[J]. Biomacromolecules, 2010, 11(4): 1101-1110.

[187] ARUNIMA S, ARVIND K, VINOD K S. Preparation and characterization of *N*-methylene phospho-

nic and quaternized chitosan composite membranes for electrolyte separations[J]. Journal of Colloid and Interface Science, 2006, 303: 484-493.

[188] MATSUYAMA H, TAMURA T, KITAMURA Y. Permeability of ionic solutes in a polyamphoteric membrane[J]. Separation and Purification Technology, 1999, 16: 181-187.

[189] ZHOU C, G X L, LI S S, et al. Fabrication and characterization of novel composite nanofiltration membranes based on zwitterionic O-carboxymethyl chitosan[J]. Desalination, 2013, 317: 67-76.

[190] 王薇,郝建刚,肖长发,杜启云,张宇峰,任连娟. 一种复合纳滤膜的制备方法及其制品[P]. 天津: CN1745885,2006-03-15.

[191] 张浩勤, 范国栋, 刘金盾. 界面聚合制备复合荷电镶嵌膜[J]. 高校化学工程学报, 2005, 156-161.

[192] WEINSTEIN J N, BUNOW B J, ROY CAPLAN S. Transport properties of charge-mosaic membranes I. Theoretical models[J]. Desalination, 1972, 11: 341-377.

[193] LINDER C, KEDEM O. Asymmetric ion exchange mosaic membranes with unique selectivity[J]. Journal of Membrane Science, 2001, 181: 39-56.

[194] KUDAIBERGENOV S, JAEGER W, LASCHEWSKY A. Polymeric betaines: synthesis, characterization, and application[J]. Advances in Polymer Science, 2006, 201: 157-224.

[195] LIU J S, ZHAN Y, XU T W, et al. Preparation and characterizations of novel zwitterionic membranes [J]. Journal of Membrane Science, 2008, 325: 495-502.

[196] THOMAS D B, VASILIEVA Y A, ARMENTROUT R S, et al. Synthesis, characterization, and aqueous solution behavior of electrolyte-and pH-responsive carboxybetaine-containing cyclocopolymers [J]. Macromolecules, 2003, 36: 9710-9715.

[197] WANG L J, SU Y L, ZHENG L L, et al. Highly efficient antifouling ultrafiltration membranes incorporating zwitterionic poly ([3-(methacryloylamino)propyl] -dimethyl (3-sulfopropyl) ammonium hydroxide) [J]. Journal of Membrane Science, 2009, 340: 164-170.

[198] ZHANG Q F, ZHANG S B, DAI L, et al. Novel zwitterionic poly(arylene ether sulfone)s as antifouling membrane material[J]. Journal of Membrane Science, 2010, 349: 217-224.

[199] YANG Y F, LI Y, LI Q L, et al. Surface hydrophilization of microporous polypropylene membrane by grafting zwitterionic polymer for anti-biofouling[J]. Journal of Membrane Science, 2010, 362: 255-264.

[200] ZHAO Y H, WEE K H, BAI R B. Highly hydrophilic and low-protein-fouling polypropylene membrane prepared by surface modification with sulfobetaine-based zwitterionic polymer through a combined surface polymerization method[J]. Journal of Membrane Science, 2010, 362: 326-333.

[201] JI Y L, AN Q F, ZHAO Q, et al. Novel composite nanofiltration membranes containing zwitterions with high permeate flux and improved anti-fouling performance[J]. Journal of Membrane Science, 2012, 390-391: 243-253.

[202] AN Q F, JI Y L, HUNG W S, et al. AMOC Positron annihilation study of zwitterionic nanofiltration membranes: correlation between fine structure and ultrahigh permeability[J]. Macromolecules, 2013, 46: 2228-2234.

[203] JORIS D G, DENNIS M R, JEROEN P, et al. Charged micropollutant removal with hollow fiber nanofiltration membranes based on polycation/polyzwitterion/polyanion multilayers[J]. ACS Applied

Matericals Interfaces, 2014, 6: 17009-17017.

[204] LI X, CAO Y M, KANG G D, et al. Surface modification of polyamide nanofiltration membrane by grafting zwitterionic polymers to improve the antifouling property[J]. Journal of Applied Polymer Science, 2014, 41144: 1-9.

[205] CHIANG Y C, CHANG Y, CHUANG C J, et al. A facile zwitterionization in the interfacial modification of low bio-fouling nanofiltration membranes[J]. Journal of Membrane Science, 2012, 389: 76-82.

[206] AN Q F, SUN W D, ZHAO Q, et al. Study on a novel nanofiltration membrane prepared by interfacial polymerization with zwitterionic amine monomers[J]. Journal of Membrane Science, 2013, 431: 171-179.

[207] MI Y F, ZHAO Q, JI Y L, et al. A novel route for surface zwitterionic functionalization of polyamide nanofiltration membranes with improved performance[J]. Journal of Membrane Science, 2015, No. JMS-14-1939

[208] JI Y L, ZHAO Q, AN Q F, et al. Novel separation membranes based on zwitterionic colloid particles: tunable selectivity and enhanced antifouling property[J]. Chemistry of Materials A, 2013, 1: 12213-12220.

[209] PARK H B, FREEMAN B D, ZHANG Z B, et al. Highly chlorine-tolerant polymers for desalination [J]. Angewandte Chemie International Edition, 2008, 47(32): 6019-6024.

[210] WU C R, ZHANG S H, YANG D L, et al. Preparation, characterization and application of a novel thermal stable composite nanofiltration membrane[J]. Journal of Membrane Science, 2009, 326: 429-434.

[211] SAIRAM M, LOH X X, LI K, et al. Nanoporous asymmetric polyaniline films for filtration of orgaic solvents[J]. Journal of Membrane Science, 2009, 330: 166-174.

[212] SAIRAM M, LOH X X, BHOLE Y, et al. Spiral-wound polyaniline membrane modules for organic solvent nanofiltration (OSN) [J]. Journal of Membrane Science, 2010, 349: 123-129.

[213] ZHOU M J, NEMADE P R, LU X Y, et al. New type of membrane material for water desalination based on a cross-linked bicontinuous cubic lyotropic liquid crystal assembly[J]. Journal of the American Chemical Society, 2007, 129(31): 9574-9575.

[214] HATAKEYAMA E S, GABRIEL C J, WIESENAUER B R, et al. Water filtration performance of a lyotropic liquid crystal polymer membrane with uniform, sub-1-nm pores[J]. Journal of Membrane Science, 2011, 366(1-2): 62-72.

[215] SCHENNING A P H J, GONZALEZ-LEMUS Y C, SHISHMANOVA I K, et al. Nanoporous membranes based on liquid crystalline polymers[J]. Liquid Crystals, 2011, 38(11-12): 1627-1639.

[216] GAO C, YAN D Y. Hyperbranched polymers: from synthesis to applications[J]. Progress in Polymer Science, 2004, 29: 183-275.

[217] LI L C, WANG B G, TAN H M, et al. A novel nanofiltration membrane prepared with PAMAM and TMC by in situ interfacial polymerization on PEK-C ultrafiltration membrane[J]. Journal of Membrane Science, 2006, 269(1-2): 84-93.

[218] WEI X Z, ZHU L P, DENG H Y, et al. New type of nanofiltration membrane based on crosslinked

hyperbranched polymers[J]. Journal of Membrane Science, 2008, 323: 278-287.

[219] CHIANG Y C, HSUB Y Z, RUAAN R C, et al. Nanofiltration membranes synthesized from hyperbranched polyethyleneimine[J]. Journal of Membrane Science, 2009, 326: 19-26.

[220] SUN S P, HATTON T A, CHUNG T S. Hyperbranched polyethyleneimine induced cross-linking of polyamide-imide nanofiltration hollow fiber membranes for effective removal of ciprofloxacin[J]. Environmental Science & Technology, 2011, 45: 4003-4009.

[221] GAO Y, SAENZ D J A M, BENITO J M, et al. Nanofiltration membranes with modified active layer using aromatic polyamide dendrimers[J]. Advanced Functional Materials, 2013, 23: 598-607.

[222] WANG L, JI S L, WANG N X, et al. One-step self-assembly fabrication of amphiphilic hyperbranched polymer composite membrane from aqueous emulsion for dyedesalination[J]. Journal of Membrane Science, 2014, 452: 143-151.

[223] MCKEOEN N B, BUDD P M. Polymers of intrinsic microporosity (PIMs): organic materials for membrane separations, heterogeneous catalysis and hydrogen storage[J]. Chemical Society Reviews, 2006, 35: 675-683.

[224] BERNARDO P, DRIOLI E, GOLEMME G. Membrane Gas Separation: A Review/State of the Art [J]. Industrial & Engineering Chemistry Research, 2009, 48 (10): 4638-4663.

[225] BUDD P M, ELABAS E S, GHANEM B S, et al. Solution-processed, organophilic membrane derived from a polymer of intrinsic microporosity[J]. Advanced Materials, 2004, 16: 456-459.

[226] TSARKOV S, KHOTIMSKIY V, BUDD, P M, et al. Solvent nanofiltration through high permeability glassy polymers: Effect of polymer and solute nature[J]. Journal of Membrane Science, 2012, 423-424: 65-72.

[227] DETLEV F, PETRA M, KATHLEEN H, et al. High performance organic solvent nanofiltration membranes: Development and thorough testing of thin film composite membranes made of polymers of intrinsic microporosity (PIMs) [J]. Journal of Membrane Science, 2012, 401-402: 222-231.

[228] GORGOJO P, KARAN S, WONG H C, et al. Ultrathin polymer films with intrinsic microporosity: anomalous solvent permeation and high flux membranes[J]. Advanced Functional Materials, 2014, 24: 4729-4737.

[229] LEE H, DELLATORE S M, MILLER W M, et al. Mussel-inspired surface chemistry for multifunctional coatings[J]. Science, 2007, 318: 426-430.

[230] XI Z Y, XU Y Y, ZHU L P, et al. A facile method of surface modification for hydrophobic polymer membranes based on the adhesive behavior of poly(DOPA) and poly(dopamine) [J]. Journal of membrane Science, 2009, 327: 244-253.

[231] LI X L, ZHU L P, JIANG J H, et al. Hydrophilic nanofiltration membranes with self-polymerization and strongly-adhered polydopamine as separating layer[J]. Chinese Journal of Polymer Science, 2012, 30: 152-163.

[232] 李霞，曹义鸣，康国栋，等. 基于多巴胺自聚合与表面接枝 PHGH 制备抗菌纳滤膜[J]. 高等学校化学学报，2014，35，2026-2030.

[233] LI Y F, SU Y L, ZHAO X T, et al. Antifouling, high-flux nanofiltration membranes enabled by dual functional polydopamine[J]. ACS Applied Materials & Interfaces, 2014, 6: 5548-5557.

[234] ZHANG R X, BRAEKEN L, LUIS P, et al. Novel binding procedure of TiO_2 nanoparticles to thin film composite membranes via self-polymerized polydopamine[J]. Journal of Membrane Science, 2013, 437: 179-188.

[235] LV Y, YANG H C, LIANG H Q, et al. Nanofiltration membranes via co-deposition of polydopamine/polyethylenimine followed by cross-linking[J]. Journal of Membrane Science, 2015, 476: 50-58.

[236] ZHANG Y, SU Y, PENG J, et al. Composite nanofiltration membranes prepared by interfacial polymerization with natural material tannic acid and trimesoyl chloride[J]. Journal of Membrane Science, 2013, 429: 235-242.

[237] 梁希，李建明，陈志，等. 新型纳滤膜材料研究进展. 过滤与分离，2006，16(3)：18-21.

[238] LI D, WANG H T. Recent developments in reverse osmosis desalination membranes[J]. Chemistry of Materials. , 2010, 20(22): 4551-4566.

[239] 李亚军，隋贤栋，黄肖容. 无机纳滤膜的研究进展[J]. 材料导报，2003，17(S1)：30-32.

[240] TSURU T. Inorganic porous membranes for liquid phase separation[J]. Separation and Purification Reviews, 2001, 30(2): 191-220.

[241] ALAMI-YOUNSSI S, LARBOT A, PERSIN M, et al. Gamma alumina nanofiltration membrane: Application to the rejection of metallic cations[J]. Journal of Membrane Science, 1994, 91(1-2): 87-95.

[242] SKLUZACEK J M, ISABEL TEJEDOR M, ANDERSON M A. An iron-modified silica nanofiltration membrane: Effect of solution composition on salt rejection[J]. Microporous Mesoporous Materials, 2006, 94(1-3): 288-294.

[243] SAMUEL L W B, ZIVKOVIC T, BENES N E, et al. Electrolyte retention of supported bi-layered nanofiltration membranes[J]. Journal of Membrane Science, 2006, 277(1-2): 18-27.

[244] TSURU T, MIYAWAKI M, KONDO H, et al. Inorganic porous membranes for nanofiltration of nonaqueous solutions[J]. Separation and Purification Technology, 2003, 32(1-3): 105-109.

[245] TIM V G, HENK K, DAVE H A B, et al. ZrO_2 and TiO_2 membranes for nanofiltration and pervaporation part 1: preparation and characterization of a corrosion-resistant ZrO_2 nanofiltration membrane with a MWCO$<$300[J]. Journal of Membrane Science, 2006, 284: 128-136.

[246] LIN C X C, DING L P, SMART S, et al. Cobalt oxide silica membranes for desalination[J]. Journal of Colloid and Interface Science, 2012, 368(1): 70-76.

[247] TOFIGHY M A, SHIRAZ Y, MOHAMMADI T, et al. Salty water desalination using carbon nanotubes membrane[J]. Chemical Engineering Journal, 2011, 168 (3): 1064-1072.

[248] QI H, NIU S, JIANG X, et al. Enhanced performance of a macroporous ceramic support for nanofiltration by using with α-Al_2O_3 narrow size distribution [J]. Ceramics International, 2013, 39: 2463-2471.

[249] SCHAEP J, VAN DER BRUGGEN B, VANDECASTEELE C, et al. Influence of ion size and charge in nanofiltration[J]. Separation and Purification Technology, 1998, 14(1-3): 155-162.

[250] 张国亮，陈益棠. 纳滤膜软化技术在海岛饮用水制备中的应用[J]. 水处理技术，2000，2：67-70.

[251] 苏保卫，王玉红，李晓明，等. 胶州湾海水纳滤软化的研究[J]. 水处理技术，2007，2：64-66.

[252] HAFIANE A, LEMORDANT D, DHAHBI M. Removal of hexavalent chromium by nanofiltration

[J]. Desalination, 2000, 130(3): 305-312.

[253] WANG Z, LIU G C, FAN Z F, et al. Experimental study on treatment of electroplating wastewater by nanofiltration[J]. Journal of Membrane Science, 2007, 305(1-2): 185-195.

[254] BA C Y, LANGER J, ECONOMY J. Chemical modification of P84 copolyimide membranes by polyethylenimine for nanofiltration[J]. Journal of Membrane Science, 2009, 327(1-2): 49-58.

[255] 韩莎莎，刘保平. 纳滤膜技术在水处理中的应用[J]. 安徽化工，2009，3：7-8.

[256] KOYUNCU I. Reactive dye removal in dye/salt mixtures by nanofiltration membranes containing vinylsulphone dyes: Effects of feed concentration and cross flow velocity[J]. Desalination, 2002, 143(3): 243-253.

[257] Allegre C, Moulin P, Maisseu M, et al. Treatment and reuse of reactive dyeing effluents[J]. Journal of Membrane Science, 2006, 269(1-2): 15-34.

[258] 柴红，周志军，陈欢林. 纳滤膜脱盐浓缩染料的研究[J]. 高校化学工程学报，2000，5：461-464.

[259] HE Y, LI G M, WANG H, et al. Experimental study on the rejection of salt and dye with cellulose acetate nanofiltration membrane[J]. Journal of Taiwan Institute of Chemical Engineers, 2009, 40(3): 289-295.

[260] BALANYÀ T, LABANDA J, LLORENS J, et al. Separation of metal ions and chelating agents by nanofiltration[J]. Journal of Membrane Science, 2009, 345: 31-35.

[261] 宋玉军，刘福安，杨勇，等. 纳滤膜的制备及应用技术研究进展[J]. 化工科技，1999，3：1-7.

[262] RAMAN L P, CHERYAN M, RAJAGOPALAN N. Consider nanofiltration for membrane separations [J]. Chemical Engineering Progress, 1994, 90(3): 68-74.

[263] GOTOH T, IGUCHI H, KIKUCHI K C. Separation of glutathione and its related amino acids by nanofiltration[J]. Biochemical Engineering Journal, 2004, 19(2): 165-170.

[264] HONG S U, BRUENING M L. Separation of amino acid mixtures using multilayer polyelectrolyte nanofiltration membranes[J]. Journal of Membrane Science, 2006, 280(1-2): 1-5.

[265] SARNEY D B, HALE C, FRANKEL G, et al. A novel approach to the recovery of biologically active oligosaccharides from milk using a combination of enzymatic treatment and nanofiltration[J]. Biotechnology and Bioengineering, 2000, 69(4): 461-467.

[266] MURTHY G S, SRIDHAR S, SUNDER M S, et al. Concentration of xylose reaction liquor by nanofiltration for the production of xylitol sugar alcohol[J]. Separation and Purification Technology, 2005, 44(3): 205-211.

[267] 王炳南. 用膜集成技术分离大豆低聚糖[J]. 水处理技术，2005，1：72-74.

[268] 卫旺，相里粉娟，金万勤，等. 耐溶剂纳滤膜. 化学进展[J]，2007，19：1592-1597.

[269] 李鼎，邓慧宇，邓兆龙，等. 耐溶剂高分子纳滤膜研究进展[J]. 功能材料，2015，3：03001-03008.

[270] SCHMIDT M, PEINEMANN K V, SCHARNAGL N, et a1. Silicone composite membrane modified by radiation-chemical means and intended for use in ultrafiltration[J]. DE Patent. 19507584,1996-09-12

[271] OHYA H, OKAZAKI I, AIHARA M, et a1. Study on molecular weight cut-off performance of asymmetric aromatic polyimide membrane[J]. Journal of Membrane Science, 1997, l23(71): l43-l4.

[272] WHITE L S,N1TSH A R J. Development of large-scale applicationin organic solvent nanofihration and pervaporation for chemical and refining Presses [J]. Journal of Membrane Science, 2000, 179: 267-274.

第 8 章 锂离子电池隔膜

8.1 二次电池与隔膜材料简介

化学电源已经历了 200 多年的发展。早在 1800 年，意大利科学家伏打(Volta)就研制成了伏打电池，这是世界上第一个能够实际应用的电池；1859 年法国的科学家普兰特(Plante)发明了铅酸蓄电池，这是世界上第一个可充电的电池。科学技术的进步和人民生活水平的提高，推动着原有各种化学电源的改进和新型化学电源的产生。典型的代表是 20 世纪 50 年代问世的碱性锌-锰干电池，60 年代研制成功的燃料电池，以及 70 年代各种锂电池的出现。从工作模式上，目前的主流电池可分为不可重复使用的一次性电池和重复使用的二次电池，前者主要包括碱性锌锰干电池和锂一次电池，后者主要包括镍镉电池、镍氢电池、锂离子电池、燃料电池和液流电池。

另一方面，石油、煤炭等化石燃料是人类生产和生活的主要能源，但随着全球能量需求的增长，化石燃料等不可再生能源将日趋枯竭；同时大量利用化石能源还带来了一系列环境问题，如酸雨、雾霾和温室效应等。能源危机和环境问题促使人们把目光投向了清洁可再生的新能源，如太阳能、风能、生物质能、潮汐能、地热能、氢能和核能等。与此同时，交通、信息技术的发展对高能量与高功率移动电源等需要的快速增长。这两大现实促进着能源及其利用方式的发展。在此过程中，一次电池的比例在快速萎缩，而重复使用的锂离子电池、燃料电池和液流电池成为现阶段主要的发展趋势。

尽管不同二次电池的工作机制差别极大，但在结构上二次电池主要由正极/负极、隔膜、电解液/电解质等主要材料与体系组成，可以说是不同材料的组合决定了电池技术的发展水平、电池种类的区分及发展水平。就二次电池隔膜材料而言，对膜材料进行严格、全面的分类是比较困难的。从结构上，二次电池隔膜可具有多孔或致密两种微结构特征，从荷电性上，隔膜可以具有离子双向透过特性或离子交换特性。比如，镍镉电池、镍氢电池、锂离子电池等所用的膜主要为非离子型多孔膜，以便电解液中离子在膜通道内的迁移；而燃料电池和液流电池所用膜主要为具有固定离子的致密膜，以便阴离子或阳离子通过与膜中离子的交换而穿过膜。随着二次电池能量/功率密度、寿命、安全等性能的提高，对隔膜材料的设计、制备与应用技术也提出更高的要求。本章将简要论述锂离子电池隔膜研究的主要进展。

8.2　锂离子电池工作原理及隔膜的作用

锂离子电池由正极、负极、隔膜和电解质组成，其基本结构与工作原理如图 8-1 所示。正极是一层含锂原子的多孔氧化性金属粉末[如钴酸锂($LiCoO_2$)、锰酸锂($LiMn_2O_4$)、磷酸铁锂($LiFePO_4$)等]涂布的铝箔，负极是多孔型石墨或其他碳类化合物涂布的铜箔，正极与负极之间用多孔性隔膜隔离开，而电解液中的离子(锂离子为有效载流子)可以通过隔膜中的孔道在正极与负极之间迁移。在充电过程中，Li^+ 从正极活性材料中脱离出来，经过电解质迁移到负极并嵌入到负极生成 Li_xC 化合物，同时电子作为补偿电荷从外电路到达负极，以保证电荷平衡；放电时则与此相反。这种脱出-嵌入过程被形象地称为"摇椅机制"(rocking chair)，因此锂离子二次电池也被称为"摇椅电池"。使用过程中，锂离子在正负极活性物质间的嵌入和脱出可引起晶体的层间距变化，但不能破坏整体的晶体结构，保证了电池良好的循环性能，隔膜需要允许锂离子的顺利通过并有效隔离正极与负极接触以防止短路。

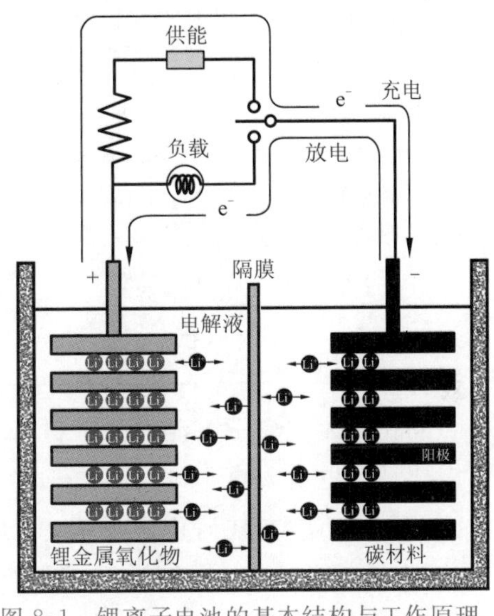

图 8-1　锂离子电池的基本结构与工作原理

从表 8-1 列出的几种二次电池综合性能参数可以看出，与传统的镍镉、镍氢、铅酸等电池相比，锂离子电池有如下突出的优点：

(1)工作电压高，可达 3.6～3.8V，几乎是镍镉电池和镍氢电池的 3 倍；

(2)比能量高，能量密度可达到 200～220 $Wh \cdot kg^{-1}$，是镍镉电池的 2 倍、镍氢电池的 1.5 倍；

(3)寿命长，充放电循环达到 500 次以上；

(4)记忆效应小，使用中不需要完全放电后再充电，可以随时充电使用；

(5)自放电率低，充满电的锂离子电池在室温下 1 个月的自放率约为 2%，远低于镍镉电池(25%～30%)和镍氢电池(30%～35%)的自放率；

(6)环境友好，安全可靠。

因此，自从 1990 年日本索尼公司成功研制出锂离子电池后，锂离子电池技术得到飞速发展，逐渐取代了传统的碱性一次电池，以及镍氢、镍镉等二次电池，广泛应用于移动电话、摄录机和笔记本电脑等便携式电子产品，同时也正在替代铅酸电池成为电动汽车用的主要高能动力电池。

表 8-1　几种典型二次电池综合性能参数

技术参数	镍镉电池	镍氢电池	铅酸电池	液态锂离子电池	聚合物锂离子电池
重量能量密度/(Wh·kg^{-1})	58	70	30	120	130
体积能量密度/(Wh·L^{-1})	100	200	40	280	300
自放电/(%/月)	>10	20～30	>10	<10	<5
标准电压/V	1.2	1.2	2	3.7	3.7
循环寿命/次	1000	500	500	>1000	>1000
工作温度/℃	−20～50	−20～40	−20～50	−20～70	−10～70
充电效率	85	80	90	90～95	90～95
储存寿命/年	5	3	3	5	>5
记忆效应	有	无	无	无	无
形状选择	不灵活	不灵活	不灵活	不灵活	灵活
安全性能	安全	安全	安全	安全	很安全
环保	不环保	不环保	不环保	环保	环保
过充过放	允许	允许	允许	不允许	不允许

隔膜作为锂离子电池的关键材料，除了起到隔离正负极、防止两极接触而短路的作用外，还需要具有电解质离子（即锂离子）通过的功能。根据该机制，隔膜本身是惰性的，在电池充放电过程中不参与任何化学反应，但其隔膜的材质和结构，对电池的内阻、电极界面化学性质、锂离子传递速率、功率密度、耐温性等有直接、多重的关联性（见表 8-2），进而影响电池整体的能量与功率密度、充放电效率、循环使用寿命和安全性等性能。隔膜与锂电池性能的关联性是选择隔膜材料的原则。

表 8-2　隔膜对电池性能的影响

电池性能	隔膜特性	解释
电池容量	厚度	通过制造薄的隔膜增加电池容量
电池内阻	电阻	隔膜电阻是厚度、孔径、孔隙率和弯曲度的函数
高倍率性能	电阻	隔膜电阻是厚度、孔径、孔隙率和弯曲度的函数
快充	电阻	低电阻隔膜总体上来说有助于更快的充电，因为它可更大或者更长时间的恒流充电
高温荷电	氧化电阻	隔膜的氧化作用会导致储能变差和电池寿命减少
高温循环	氧化电阻	隔膜的氧化作用会导致电池循环性能下降
自放电	不牢固区面积、针孔	电池使用和测试中出现的软短路会导致内部漏电
长期循环	电阻、收缩率、孔径	高电阻，高收缩率和很小的孔径会导致循环性能差
过放	闭孔特性；高温熔融完整性	在高温时，隔膜应该完全闭孔以保持其熔融完整性
外部短路	闭孔特性	隔膜闭孔阻止电池过热，防止电池燃烧、爆炸，提高电池安全性
过热性	高温熔融完整性	在高温时，隔膜应该保证两个极片分开，防止电池燃烧、爆炸，提高电池安全性，隔膜是电池内部阻止过热的唯一安全装置
抗穿刺性	穿刺强度	隔膜的高强度防止电池工作过程中形成的锂枝晶刺破膜导致的短路，提高电池的安全性
抗撞击性	冲击强度	隔膜的高强度防止电池收到强外力冲击是仍使正极、负极保持隔离状态，防止短路，提高电池的安全性

从 20 世纪 90 年代以来，根据主要隔膜品种——惰性聚烯烃类隔膜的研究、生产和应用的积累，人们对隔膜材料已形成了一些技术上的共识，确定了隔膜的厚度、孔径及孔径分布、孔隙率、穿刺强度、热稳定性、闭孔和破膜温度等一系列性能参数和表征技术，而且对一些小型移动电源锂电池的隔膜材料制定了一些标准（见表 8-3）。但是，锂离子电池充放电过程是通过隔膜与正极、负极、电解质等材料组成的系统的协同效应实现的，单纯地从隔膜本身的结构或性能来表征、评价隔膜的性能有很大片面性，同时，不同用途、不同能量与功率密度的锂离子电池（如车用动力电池与移动通讯用小型电池），对隔膜的要求也有很大的差别，现阶段对锂离子电池建立更高、覆盖面更广的标准还有很大的难度。从发展趋势和技术本质看，随着惰性聚烯烃类隔膜各参数要求的提高，以及新材质与结构隔膜材料体系的确定将是以后主要的工作内容。

表 8-3　小型移动电源锂离子电池用隔膜的常规要求

参　数	标　准
厚度（μm）	<25
电阻（MacMullin 数，无因次）	<8
电阻（Ω · cm^{-2}）	<2
透气性（s）	约 25
孔径（μm）	<1
孔隙率（%）	约 40
穿刺强度（kg · mm^{-1}）	>11.811（300 g · mil^{-1}）
混合渗透强度（kN · mm^{-1}）	>38.58（100 kgf · mil^{-1}）
收缩率（%）	<5%（纵向和横向）
抗拉强度（%）	<2%[6.89 MPa(1 000 psi)1 000 psi 下补偿]
闭孔温度（℃）	约 130
高温熔融完整性（℃）	>150
浸润性	在电池电解液中能够完全浸润
化学稳定性	在电池中稳定的时间较长
尺寸均一性	隔膜平整；在电解液中稳定
弧度（mm/m）	<0.2

8.3　聚烯烃隔膜材料的制备

目前，市场化的锂离子电池隔膜主要是聚烯烃多孔膜，包括聚乙烯膜（PE）、聚丙烯（PP），及其复合膜 PP/PE/PP 等。

聚烯烃类隔膜的生产工艺可分为干法（熔融拉伸法）和湿法两大类，其中干法包括单向拉伸和双向拉伸工艺。在干法单向拉伸工艺中，首先制备出低结晶度、高取向的 PP 或 PE 薄膜，经高温退火获得高结晶度的取向薄膜。再于低温下将这种薄膜进行拉伸形成微缺陷，然后高温下拉伸，使缺陷拉开形成微孔。Celgard 锂离子电池隔膜的 SEM 图如图 8-2 所示，用单向拉伸工艺生产的隔膜具有狭长的微孔结构。由于只进行单向拉伸，使得隔膜横向强度比较差，在这个方向上几乎没有热收缩。该工艺经过几十年的发展已经非常成熟，现在美国 Celgard 公司、日本 UBE 公司已经采用此种工艺实现了单层 PP、PE 以及三层 PP/PE/PP 复合膜的生产。美国 Celgard 公司拥有干法单向拉伸工艺的一系列专利，日本 UBE 公司是购买了 Celgard 的相关专利使用权。表 8-4 给出了国内外锂离子电池隔膜的主要生产商、制备工艺及其主要产品。

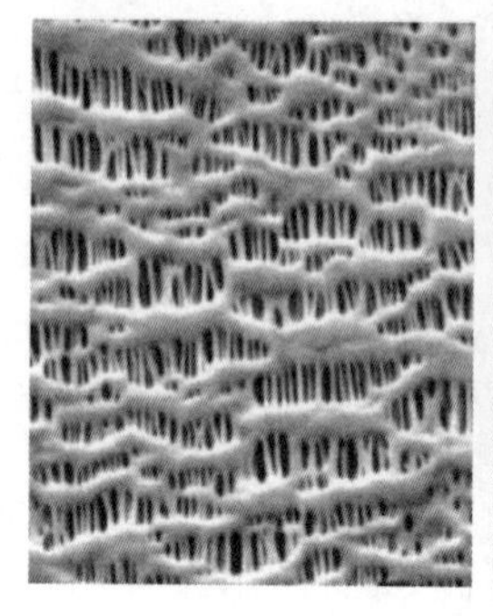
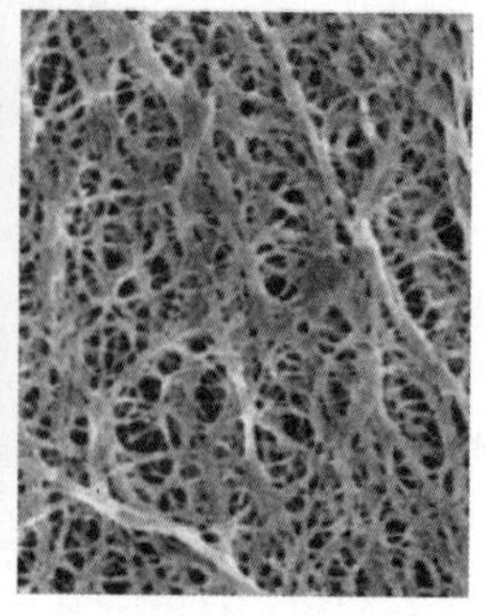

图 8-2 Celgard 锂离子电池隔膜的 SEM 图
左为干法单向拉伸工艺，右为湿法工艺

湿法又称相分离法或热致相分离法，是将高沸点的烃类液体或低分子量的聚合物与聚烯烃树脂混合，加热溶化后将熔体铺在载体上，然后通过降温发生相分离，再纵向或双向对薄片做取向处理，最后再用易挥发的试剂提取隔膜中的溶剂，可制备出具有相互贯通孔结构的微孔膜材料，此法具有适用材料广的优点。采用该方法的代表性公司有日本东燃化学、旭化成和美国 Entek 等。用湿法双向拉伸方法生产的隔膜在横向和纵向上同时具备较佳强度，目前该方法主要用于单层 PE 隔膜的生产。从理论上讲，物理性能和机械性能方面干法双向拉伸工艺生产的隔膜更占优势，然而，湿法制备的隔膜可以得到更高的孔隙率和更好的透气性，可以满足动力电池的大电流充放的要求。

表 8-4 锂离子电池隔膜主要生产商、制备工艺及其主要产品

制造商	结构	组成	加工方法	商品名
旭化成	单层	PE	湿法	HiPore
Celgard	单层	PP，PE	干法	Celgard
	多层	PP/PE/PP	干法	Celgard
	PVDF 覆盖	PP，PEPP/PE/PP	干法	Celgard
Entek	单层	PE	湿法	—
三井化学	单层	PE	湿法	Teklon
日东电工	单层	PE	湿法	—
帝斯曼	单层	PE	湿法	Solupur
东燃化学	单层	PE	湿法	Setela
UBE	多层	PP/PE/PP	干法	—
星源	单层	PP	湿法/干法	—
金辉	单层	PP/PE	湿法	U-Pore
格瑞恩	单层	PP	干法	—
南通天丰	单层	PP	干法	—

锂离子电池在使用过程中经重复充电会产生热量，当温度达到一定程度后，电池内部组分的气化会导致电池具有膨胀、燃烧爆炸等安全隐患。隔膜通过自“关闭”（shutdown）功能

可以有效避免锂离子电池中因热失控而引起的安全问题。隔膜关闭温度通常在聚合物的熔点附近，此时孔塌陷使多孔聚合物膜变成无孔的致密层，电池内阻急剧增加，从而在电池爆炸之前使充放电机制失效。一般要求隔膜即使在关闭温度以上也应该具有一定强度，否则隔膜急剧收缩会使电池内部短路，将引起更大危险。为了保证隔膜在关闭之后仍有良好的机械性能，Celgard公司生产的 PP/PE/PP 三层隔膜（其断面图见图 8-3），中间 PE 隔膜具有较低的熔点（130～140 ℃），当电池温度升高的时候，能首先发生软化闭孔，而两边的 PP 隔膜具有较高的熔点（160～170 ℃），能在高温下保证足够的尺寸稳定性，防止电池内部短路。

另外，德固萨公司将聚合物隔膜与具有高耐温性、亲水性的无机纳米粒子结合在一起，研制出了 Separion 隔膜（见图 8-4）。其制备方法是将无机纳米原料，如氧化铝、二氧化硅和氧化锆等与黏合剂混合后涂覆在聚烯烃隔膜上，然后烘干。据德固萨报道，Separion 隔膜具有极好的高温稳定性，可以在 220 ℃以上保持内阻不变，维持正常工作状态。在过充条件下，温度为 135 ℃时，陶瓷复合隔膜的电池可以达到 300% SOC，充分说明陶瓷涂层可以对电池提供更好的安全保障。

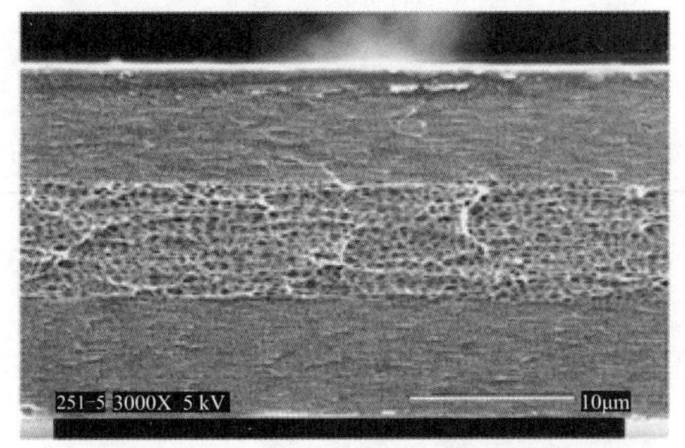

图 8-3　Celgard 三层隔膜 PP/PE/PP 的断面图

图 8-4　德固萨 Separion 隔膜

8.4　聚烯烃隔膜的改性

聚烯烃隔膜具有高结晶度和低极性，不利于电解液的浸润，组装所得的电池中电解液/隔膜界面电阻较高，最终影响电池性能。况且，隔膜本征的疏水性延长了电池制备过程中注液工序中的渗透时间，增加生产成本。另外，聚烯烃隔膜低熔点导致其热稳定差，大大限制了其在电动汽车等领域的运用。因此，对聚烯烃隔膜进行改性是提高隔膜性能的一个重要方向。常用的改性方法包括表面涂覆、表面接枝和共混等。

8.4.1　表面聚合物涂层改性

表面涂覆主要是通过涂覆或沉积一层薄的聚合物功能层到膜的表面而实现膜改性的方法，涂覆层的组成、厚度及形态对改性隔膜的电化学性质有很大的影响。随着涂覆层厚度的增加，涂覆层在吸收电解液溶胀后与电极材料的结合更为紧密，进而减少锂离子在此界面迁移的阻力,提高电池的放电容量及循环性能[1]。表 8-5 给出了部分聚合物涂覆改性后聚烯烃隔膜的隔膜性能。

表 8-5　聚合物涂覆改性的聚烯烃隔膜性能

聚烯烃基材	聚合物涂层	液体电解质	吸液率/%	电导率/($mS \cdot cm^{-1}$)	参考文献
PE	AN-MMA	$LiClO_4$-EC/DMC	91	1.00	[1,2]
PE	PDA	$LiPF_6$-DEC/EC/PC	126	0.41	[3]
PP	儿茶酚/多胺	$LiPF_6$-EC/DMC	270	—	[4]
PE	PVDF	$LiPF_6$-EC/EMC/DMC	—	0.89	[5]
PE	乙基纤维素	$LiPF_6$-EC/DMC	—	0.68	[6]
PE	PI	$LiPF_6$-EC/DEC	106	0.24	[7]
PE	PEO	$LiBF_4$-EC/DMC	76	1	[8]
PE	PAMS	$LiPF_6$-EC/EMC/DMC	85	1.1	[9]
PE	PVDF-HFP	$LiPF_6$-EC/EMC	91	约 0.43	[10]
PE	PVDF-HFP/PEGDMA	$LiClO_4$-EC/DEC	125	0.38	[11]
PE	PEO/PEGDMA	$LiPF_6$-EC/DMC $LiBF_4$-EC/DMC	84 75	2.2 1	[12]

Park 等[13]将纳米结构的 PMMA 颗粒涂覆在 PE 隔膜表面,PE 原膜及其改性隔膜的电镜照片和倍率性能如图 8-5 所示,此举大大提高了电解液对隔膜的润湿性能,且该涂层不会产生致密 PMMA 涂层引起的堵孔效应,对锂离子在隔膜/电极界面跃迁不会造成明显阻力,有利于提高隔膜的高倍率充放电性能。

Sohn 等[14]将 PVDF-HFP/PEGDMA 涂覆到商品 PE 隔膜两面后,然后采用电子辐照进行处理。在一定的湿度条件下,涂覆层形成多孔结构,表现出了更高的离子电导率和更好的充放电特性。同时由于涂覆层与隔膜之间形成共价键以及涂覆层自身产生交联,电子辐照处理后的隔膜耐热性提高。

研究者也在尝试探究不同的涂层组分对隔膜性能的影响。自多巴胺被发现以来,其因优异的黏结性能而被广泛应用。多巴胺及其衍生物均能在碱性有氧条件下发生自聚合,而牢牢地黏附在基体材料的表层。Ryou 等[3]通过浸涂法将多巴胺组分涂覆在 PE 隔膜表面。研究发现,多巴胺涂覆改性后隔膜表面的接触角从 108°降到 39°(见图 8-6),增加了隔膜与液体电解液的亲和性,有效地提高了隔膜与电极之间的界面稳定性及电池的循环性能。该方法具有简单、绿色且效果持久的特点。但多巴胺及其衍生物昂贵的价格限制了其大规模运用,Wang[4]等用价格低廉的邻苯二酚和聚多胺(其价格为多巴胺价格的 8%)取代多巴胺涂覆到 PP 隔膜表面。

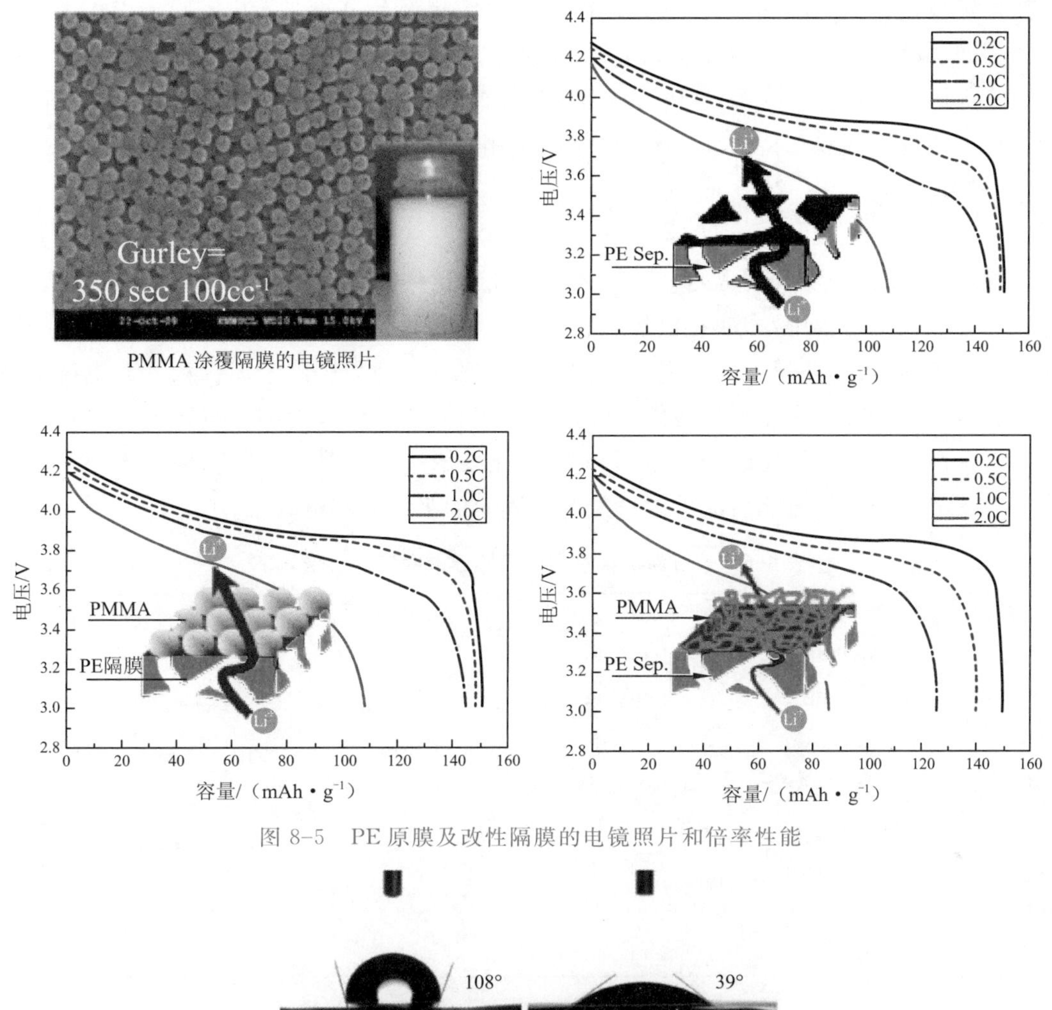

图 8-5　PE 原膜及改性隔膜的电镜照片和倍率性能

图 8-6　隔膜改性前后的接触角及表面形态

安全性是锂离子电池在设计生产中必须要考虑的因素。与电池安全相关的问题有很多，包括正负极、电解液材料的耐高温性能、基片的毛刺、其他断路问题和电池管理系统等。这其中，隔膜的特性与质量尤其被寄予厚望，其对锂离子电池安全性意义重大。

目前主要采用的隔膜改性方法包括涂覆改性和化学交联。如 Song 等[7]先采用 3，3’，4，4’-二苯酮四酸二酐（BTDA）、甲苯二异氰酸酯（TDI）、亚甲基双（4-苯基异氰酸酯）（MDI）单体合成了一种聚酰亚胺无规共聚物 P84，再将 P84 涂覆在 PE 隔膜的表面。由于 P84 具有突出的热稳定性,改性后隔膜的耐温性大幅提高。Chung 等[15]在商品 PE 隔膜上引入了几种二甲基丙烯酸乙二醇酯单体。由于涂覆的单体交联后具有更高的耐热性,隔膜的闭孔温度由 135 ℃提高到 155 ℃。Kim 等[10]利用高能辐照使 PE 材料内部产生交联的特性,来提高隔膜的耐热性。改性后隔膜保持尺寸完整的最高温度由 146 ℃提高到 166 ℃。

8.4.2 表面无机涂层改性

同样,表面无机涂层改性也是一种提高隔膜在高工作温度下的耐热性和尺寸稳定性的有效方式。在充放电过程中,即使有机物底膜发生熔化,无机涂层仍然能够保持隔膜的完整性,防止大面积正/负极短路现象的出现,提高电池的安全性。同时,由于无机粒子与电解液和正负极材料有良好的浸润和吸液保液的功能,使用该涂覆隔膜组装得到的电池使用寿命也有所提高。这些粒子对体系性能改善的范围和程度,主要取决于其晶型、结构、粒子大小和浓度等因素。表 8-6 给出了部分无机涂层改性聚烯烃隔膜的吸液率和电导率。

表 8-6 无机涂层改性聚烯烃隔膜的吸液率和电导率

聚烯烃基材	无机涂层(黏结剂)	液体电解质	吸液率/%	电导率/($mS \cdot cm^{-1}$)	参考文献
PE	SiO_2/PMMA	$LiPF_6$-EC/DEC	180	0.74	[19]
PE	Al_2O_3(cPET)	$LiPF_6$-EC/DEC	—	—	[20]
PE	Al_2O_3(SBR-CMC)	—	82	1.00	[21]
聚烯烃	PMOTPA	$LiPF_6$-EC/EMC/DMC	—	—	[22]
PE	SiO_2/PSS-Li	$LiPF_6$-EC/DEC	242	0.75	[23]
PP	SiO_2/ Al_2O_3	EC/DEC	120	0.78	[24]
PE	SiO_2/PEI	$LiPF_6$-EC/EMC/DEC	398	0.49	[25]
PE	Al_2O_3/PVDF	$LiPF_6$-EC/DEC	—	0.719	[26]

Jeong 等[16]研究了 SiO_2 粒子大小对复合隔膜性能的影响,使用 530 nm 和 40 nm 的 SiO_2 粒子对 PE 隔膜进行涂覆改性。PE 原膜及不同粒径 SiO_2 涂覆隔膜的电镜照片如图 8-7 所示,使用小粒径(40 nm)的 SiO_2 涂覆的隔膜,具有更好更集中的孔结构,也具有更合适的透气性。将两种无机 SiO_2 涂覆改性的隔膜与商业隔膜组装电池进行对比,小粒径 SiO_2 涂覆的隔膜具有更好的循环性能和热稳定性。

为减少无机涂层引起的聚烯烃隔膜质量能量密度降低,Jung 等[17]采用原子沉积法在 PP 膜上沉积一层 Al_2O_3,不同涂覆方式的改性隔膜断面示意图如图 8-8 所示,该 Al_2O_3 涂层厚度小于 10 nm。该法制备的改性 PP 膜的热稳定性和浸润性都大大提高,同时也不会造成电池的电化学性能的衰减。Jeong 等利用蒸发诱导法在无纺布型隔膜表面制备 SiO_2 涂层,也取得了较好的效果。

另外,无机粒子涂覆过程中,常使用聚合物作为黏结剂。而添加过量的黏结剂,容易堵孔,减小锂离子的迁移速度进而影响电池的快速充放电性能。Park 等[18]采用传统的乳液聚合制备出平均粒径 490 nm 的 PMMA 纳米粒子的胶束溶液后,使用该 PMMA 粒子作为黏结剂。SiO_2/PMMA(颗粒)与 SiO_2/PMMA 涂覆改性隔膜表面电镜照片如图 8-9 所示,对比致

密的 SiO_2 涂层，该涂层之间可形成连通的空隙，更有利于电解液的润湿和锂离子的迁移，改性隔膜具有更高的离子电导率，这些是提高所制备电池的充放电性能的关键因素，故含有 SiO_2/PMMA 纳米颗粒涂覆的 PE 隔膜的电池表现出更好的放电特性和倍率性能。

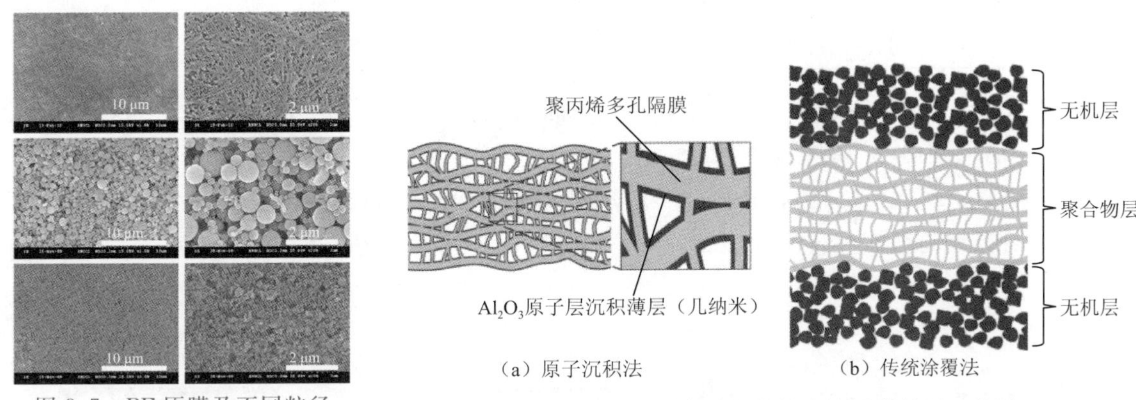

图 8-7　PE 原膜及不同粒径 SiO_2 涂覆隔膜的电镜照片

注：上为原膜，中为 530 nm，下为 40nm

图 8-8　不同涂覆方式的改性隔膜断面示意图

图 8-9　SiO_2/PMMA(颗粒)与 SiO_2/PMMA 涂覆改性隔膜表面电镜照片

8.4.3　表面接枝改性

尽管涂覆改性简单有效，但涂覆层的稳定性较差，这将关系到改性效果的持久性及所组装电池的循环性能和使用寿命等。就此而言，化学改性则可提供更稳定的改性效果。但是由于聚烯烃材料的化学惰性，对于隔膜表面进行化学改性并不像其他材料那么简单，目前主要是采用等离子体[27]、电子束[28]、紫外光辐照[29]等方法将各种亲水单体（MA、GMA、MMA 等）或聚合物接枝到隔膜表面。表 8-7 给出了部分表面接枝改性的聚烯烃隔膜的吸液率和电导率。

表 8-7　接枝改性聚烯烃隔膜的吸液率和电导率[27,30,32-35]

聚烯烃基材	接枝单体	接枝方法	液体电解质	吸液率/%	电导率/($mS \cdot cm^{-1}$)
PE	MMA	电子束	$LiPF_6$-EC/DMC	210	1.01
PP	PEG	多巴胺	$LiPF_6$-EC/DMC/EMC	145	0.99
PE	MMA	γ-射线	$LiClO_4$-EC/DEC	约 320	2.0

续表

聚烯烃基材	接枝单体	接枝方法	液体电解质	吸液率/%	电导率/(mS·cm^{-1})
PE	AN	等离子体	$LiPF_6$- EC/EMC/DEC	-	1.4
PP/PE/PP	MMA	电子束	$LiPF_6$- DMC/EC	约 240	1.21
PE	MMA	ATRP	$LiPF_6$- EC/DMC/DEC	约 195	1.25

PMMA 接枝改性聚烯烃隔膜如图 8-10 所示，Shi 等[30]沿用了聚多巴胺涂覆的方法，并结合 Li 等[31]提出的"活性隔膜"概念，通过与 2-溴异丁酰溴反应引入 ATRP 引发位点，并经 ATRP 引入 PEG 链。该方法保证了 PEG 能够通过化学键稳定地接枝在惰性隔膜表面，进而可以长期有效地增加隔膜活性。

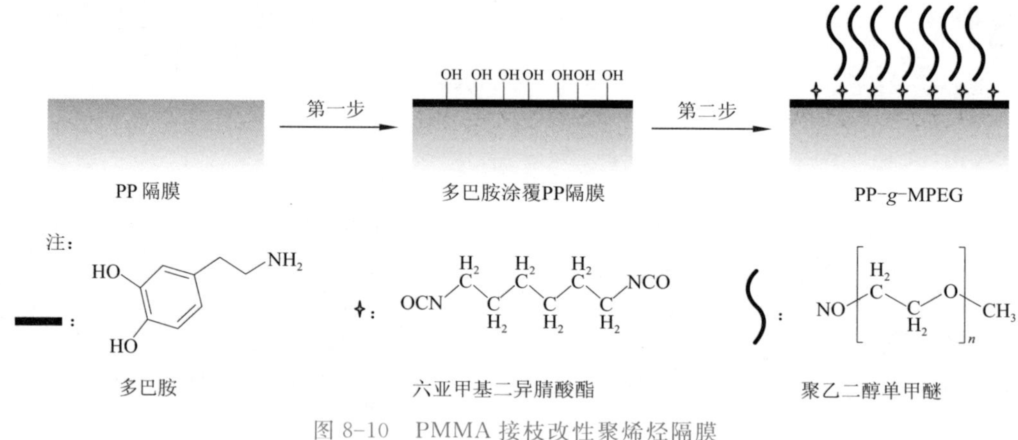

图 8-10 PMMA 接枝改性聚烯烃隔膜

同时研究也表明，化学接枝只有在一定接枝量下才能达到较好的改性效果，当接枝度过高时接枝层容易堵塞隔膜表面原有的孔道，反而对吸液率及电导率的提高不利。Gao 等[32]则采用电子束辐照诱导接枝共聚的方法将聚甲基丙烯酸甲酯接枝到 PE 隔膜表面。隔膜电解液体系的电导率随着接枝率变化，当接枝率达到 42%，电导率达到最大值；同时含有改性隔膜的电池循环性能有所改善。

8.4.4 聚烯烃隔膜的共混改性

共混也是一种隔膜材料改性的简单有效的方法。一般单一组分难以满足所有的性能要求，而通过两种或者多种组分共混协同制备出与单一组分性能完全不同的膜。这种改性方法只需在制膜前或者制膜过程中将改性剂混入制膜体系中，即改性过程与制膜过程同步进行，成型后利用体系微观相分离和改性剂在材料表面富集的特性，达到改善隔膜表面性能的目的。但由于聚烯烃与其他类材料的相容性较差，很难找到合适的改性剂，因此，很少研究者采用该方法对隔膜进行改性。

浙江大学朱宝库课题组[36, 37]在热致相分离法成膜过程中，在 PE 隔膜基质内引入 PE-*b*-PEG，由于 PE-*b*-PEG 本身具有良好的亲电解液性能，同时会在成膜过程中向隔膜表面富集，使隔膜表面能由 30 N·cm^{-1}提高到 62 N·cm^{-1}，显著增强了隔膜与电解液及电极材料间的相互作用。如图 8-11所示，以 Li/隔膜-电解液体系/Li 系统所测定的界面阻抗随隔膜表面聚醚链的增加明显降低，且界面稳定性有显著提高，以此类改性膜所组装的电池表现出比含有商品膜及纯聚烯烃膜的电池更为优异的循环性能。

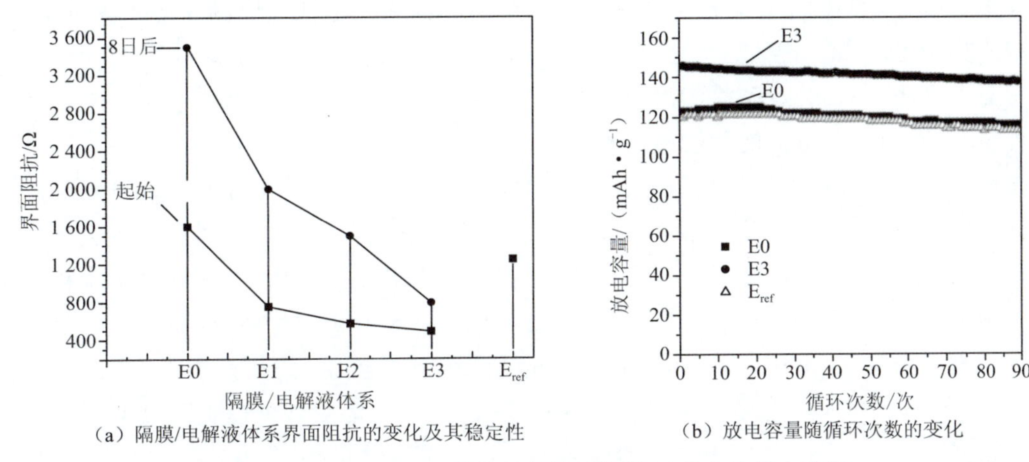

（a）隔膜/电解液体系界面阻抗的变化及其稳定性　（b）放电容量随循环次数的变化

图 8-11　PE/PE-*b*-PEG 共混膜界面电阻(a)及电池放电容量

不同种类的聚烯烃材料性能特点也不一样，通过不同种类聚烯烃材料的共混，可以结合不同种类聚烯烃各自的优点，制备出单一聚烯烃所不具备的优异性能。如毛新欣[38]通过添加 iPP 共混来提高 PE 隔膜在高温热收缩，当聚合物的浓度为 30%，HDPE 与 iPP 质量比为9：1时，其纵、横向收缩率相对于纯的 PE 膜降低了 1%～1.6%。

也有专利提及将聚乙烯、聚丙烯共挤出制成合金料，以此制备电池隔膜，此类隔膜虽能降低闭孔温度，但均匀性较差，当温度超过聚乙烯的熔点后隔膜的形态难以维持稳定。湿法制膜过程中在 HDPE 中掺杂 6%的超高分子量聚乙烯，隔膜的机械强度提高了 5 倍。

此外，浙江大学朱宝库课题组使用凝胶填充法，利用聚烯烃隔膜良好的机械强度和尺寸稳定性，将热交联形成聚醚凝胶填充到的 PP 隔膜孔道内，形成“活性隔膜”（见图 8-12）。隔膜的离子电导率最高可达 1.12×10^{-3} S·cm^{-1}，电化学稳定窗口达 5.1 V(vs. Li/Li^{+})。这类隔膜综合了聚烯烃隔膜和凝胶电解质的优点，既具有良好的机械强度，又具有与电解液良好的亲和性。使用此类隔膜，经液体电池组装工艺即可制得凝胶型锂离子电池，对商业化凝胶锂离子电池的生产具有重要意义。

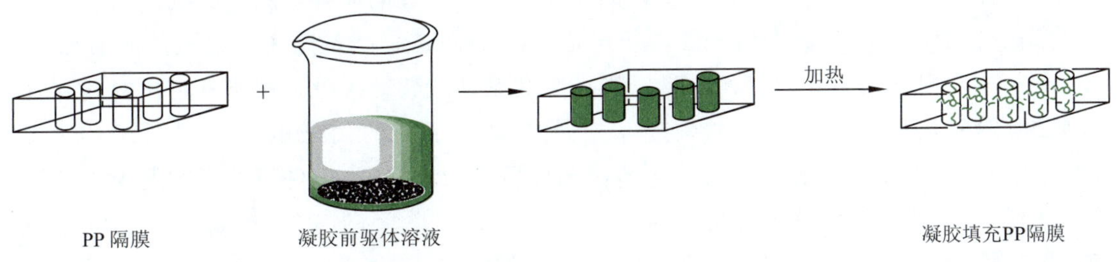

图 8-12　PP 隔膜的凝胶填充改性示意图

8.5 无纺布隔膜

无纺布材料因为造价便宜、材质轻、高孔隙率等优点历来是电池隔膜的热选材料，也是大功率锂离子电池隔膜的重要发展趋势之一。可应用于锂离子电池隔膜的无纺布膜种类繁多，按其材质分，有聚对苯二甲酸乙二醇酯(PET)无纺布[39-42]、聚烯烃无纺布[43]、PI 无纺布[44-46]、纤维素类无纺布[47-49]等。无纺布型隔膜的孔结构多为迷宫状，这种孔结构有利于阻止锂电池中的锂枝晶的增长，对电池的性能提高有利。

无纺布是由纤维定向随机分布形成纤网结构，然后采用机械、热黏或化学的方法进行固定而得到的。虽然无纺布型隔膜在碱锰电池、镍氢镍镉电池等二次电池中已有较成熟的应用技术，但一直没有实现在锂离子电池中的应用，其主要原因在于无纺布隔膜的孔径和厚度难以同时满足锂离子电池的要求。常用的合成纤维直径一般为 10～20 μm，而锂离子电池隔膜的厚度要求一般在 30 μm 以下，如果使用常规的纤维制备隔膜，其孔径根本无法达到要求。而传统的超细纤维直径一般在 1～5 μm，制备 30 μm 的电池隔膜纤维理想层数为 6～30，也难以保证隔膜的孔径大小及孔结构均匀性。

不少研究者通过无机颗粒复合、树脂涂覆等方法实现对无纺布隔膜的孔径控制。Volker 等[50]通过在 PET 无纺布基材上涂布粒径 0.1～0.3 μm 的无机物颗粒(如 Al_2O_3 或 SiO_2)的涂层，得到孔径为几百个纳米的隔膜材料。Cho 等[39]制备了直径约 400 nm 的 PMMA纳米微球，并制成胶体溶液，将其涂覆在 PET 无纺布上，也能将 PET 无纺布的孔径缩减至0.2 μm。PMMA 微球复合隔膜的锂离子传导示意图如图 8-13 所示，由于表面多孔结构的存在，该复合隔膜也表现出了较好的电解液吸附性能及较高的离子电导率。

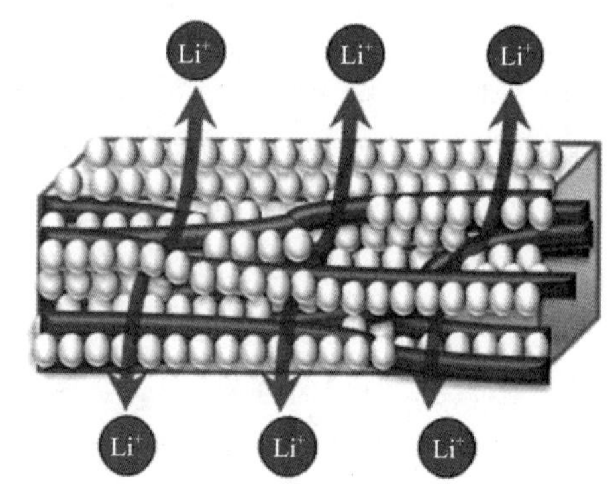

图 8-13 PMMA 微球复合隔膜的锂离子传导示意图

Jeong 等采用相转化法在 PET-NW 表面涂覆了一层 PVDF-HFP 多孔层制备出无纺布复合隔膜。其中 PET-NW 作为支撑层起到在高温下保持尺寸稳定的作用，PVDF-HFP 层可以通过控制相转化过程来控制孔结构，并可以被电解液溶胀而凝胶化，该无纺布复合隔膜工作性能超过商业化 PE 隔膜[51, 52]。另外，他们在涂覆层中添加 SiO_2 纳米颗粒，以进一步增加隔膜耐热性能和界面性质[53]，其结构及锂离子在隔膜中通过的原理如图 8-14 所示。

将用于造纸的一些方法应用于锂离子电池隔膜的制备是制备锂离子电池隔膜方法的新探索。Xu 等[54]利用造纸技术将纤维素纤维纸浆和聚磺酰胺纤维纸浆按照一定比例共混后制成隔膜纸，然后热压成型。制备的锂离子电池隔膜有很高的离子电导率(1.2×10^{-3} S·cm^{-1})、比商业隔膜更好的界面性质和电池循环性质，并在 200 ℃条件下都没有发生明显的热收缩。中国的深圳龙邦新材料公司采用造纸抄造技术将芳纶 1313 纤维(聚间苯二甲酰间苯二胺)和芳纶 1414 纤维(聚对苯二甲酰对苯二胺)抄造成隔膜纸并申请了相关专利[55, 56]。

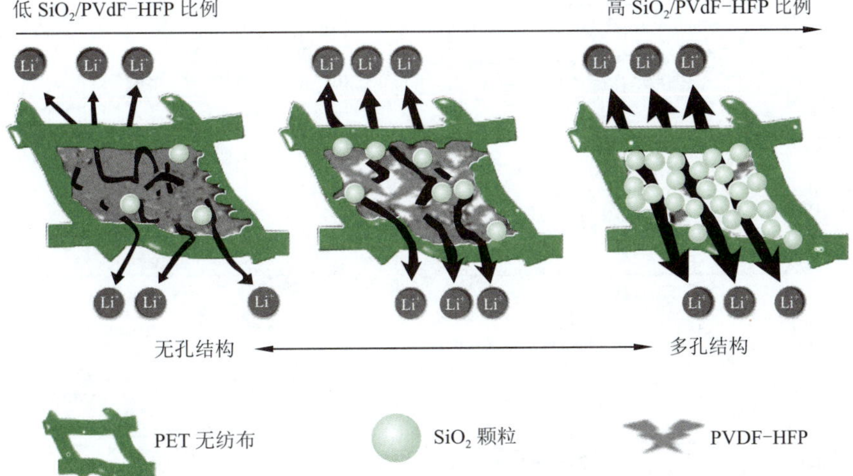

图 8-14　Li+在不同纳米粒子添加量下迁移行为的示意图

Yi 等[57]选用聚对苯二甲酰对苯二胺(PPTA)短纤和聚对苯二甲酸乙二醇酯(PET)纤维，采用湿法成网非织造布法制备了锂离子电池隔膜，其中 PPTA 是主要的隔膜材料，而 PET 作为黏结 PPTA 纤维的黏结材料，该隔膜耐温性良好，电池性能表现也较优良，图 8-15 是这种非织造布隔膜的电镜图片。

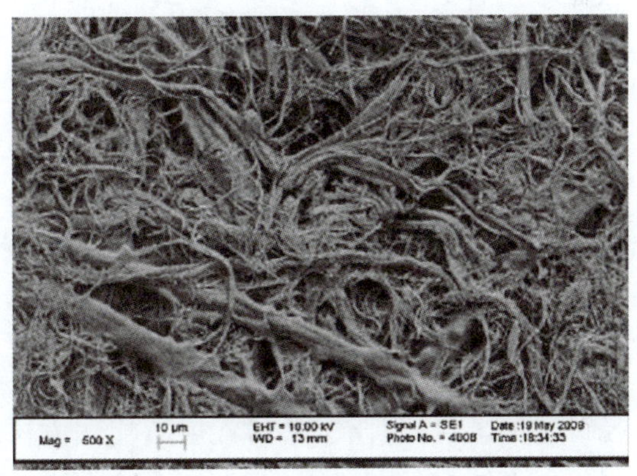

图 8-15　非织造布隔膜的电镜照片

Zhang 等[58]首次使用宣纸薄膜作为锂离子电池隔膜，该薄膜是由独特的原料纤维(青檀树皮与长秆籼稻草纤维)通过湿法抄造工艺制成的无纺布型薄膜，具有优良的浸润性，从而保证了锂离子在隔膜中的顺畅传输。宣纸薄膜和商业 PP/PE/PP 隔膜的电镜照片如图 8-16 所示。不同电极材料与宣纸匹配半电池的循环曲线如图 8-17 所示，采用宣纸作为隔离膜的电池表现出的电化学性能与采用商品隔离膜的电池电化学性能基本类似。

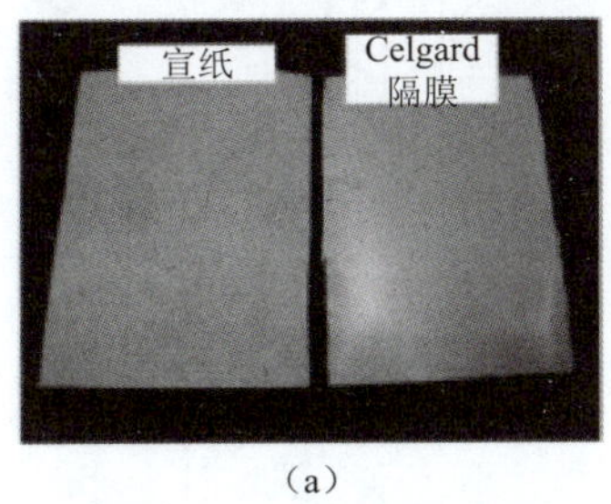

(a)

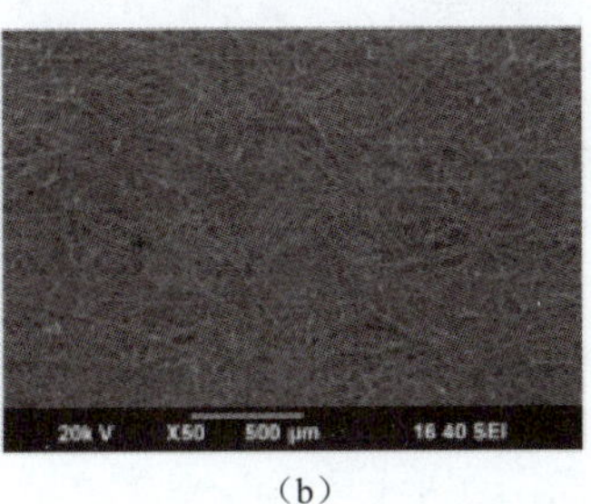

(b)

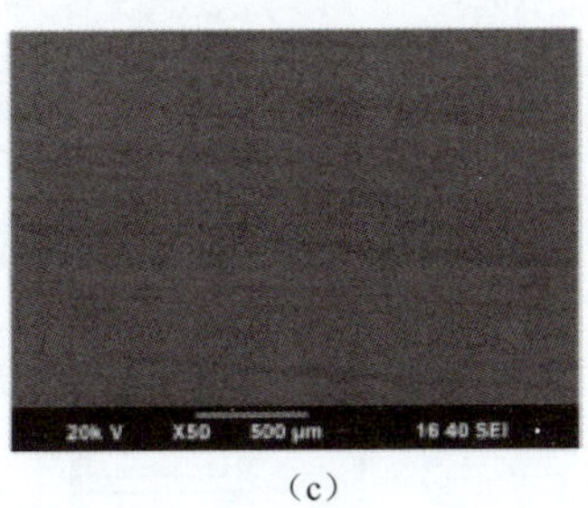

(c)

图 8-16　宣纸薄膜(b)和商业 PP/PE/PP 隔膜(c)的电镜照片

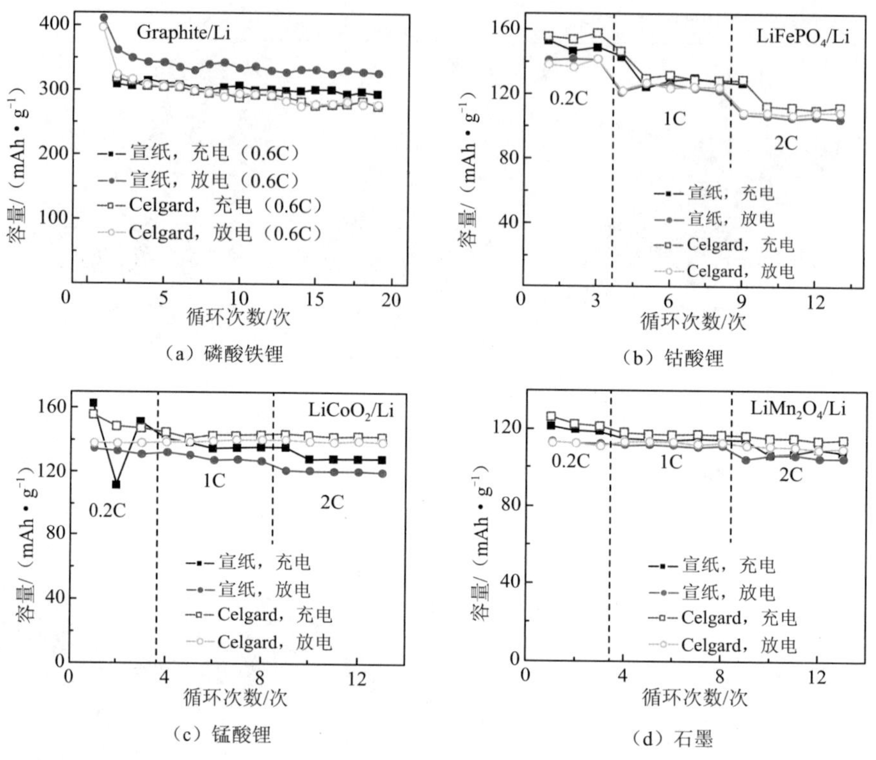

图 8-17 不同电极材料与宣纸匹配半电池的循环曲线

静电纺丝法即聚合物喷射静电拉伸纺丝法，是通过对聚合物的溶液或熔体施加电场来制备聚合物纤维的纺丝方法。图 8-18 是静电纺丝过程示意图。用静电纺丝方法制得的纤维直径可达纳米级，相比于采用常规熔喷法方法制得的纤维直径小几个数量级，且由电纺丝纤维制得的无纺布具有比表面积大、孔隙率高、孔径小、长径比大等优点。图 8-19 是静电纺丝制备纳米纤维隔膜的 SEM 图。这些用传统纺丝方法所无法获得的优良特性，赋予了静电纺丝纤维隔膜广泛的应用前景。

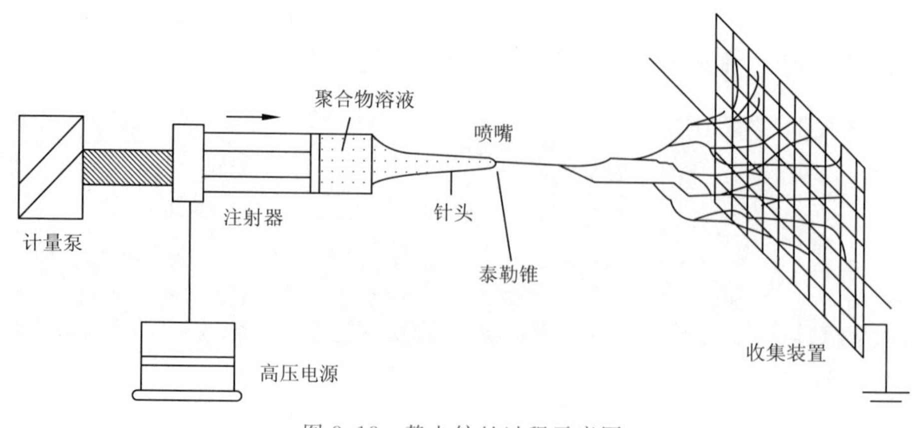

图 8-18 静电纺丝过程示意图

由于静电纺丝制得的聚合物纳米纤维大多呈无规排列，其取向度和结晶度一般都比较小，而且纤维之间没有很强的相互吸引，所以电纺隔膜力学性能较差，不能满足锂离子电池组装工艺的要求，其应用受到了很大限制。因此，提高电纺隔膜的力学性能对于实现其应用价值非常重要。目前用于提高电纺隔膜力学性能的方法有热处理、聚合物共混、多层隔膜复合及有机/无机复合等。热处理是提高隔膜力学强度的常用方法，一般通过烘箱加热或者滚筒热压来实现。经过热处理，可以增加纳米纤维之间的有效结点，使隔膜内部形成物理交联结构。此外，隔膜内部的亚稳相经过热处理过程可以转变为结晶相，从而增加隔膜的结晶度。这两个因素都使热处理后隔膜的力学性能得到提高。Gao 等将电纺 PVDF 隔膜在对流烘箱中 160 ℃下加热 2 h 后，隔膜拉伸强度从热处理前的 95.4 MPa 增加到了 153.4 MPa。

多层复合隔膜(MCS)是指以力学强度高的隔膜为基体，通过物理、机械的方法与电纺隔膜叠加，从而提高隔膜的力学强度。Angulakshmi 等[59]通过层层涂布的方法制备了具有三明治夹心结构的 PVDF-HFP/PVC/PVDF-HFP，其中内层 PVC 提供较好的机械性能，外层 PVDF-HFP 与电解液具有较好的相容性。

向纺丝溶液中添加无机纳米颗粒，利用无机颗粒表面极性基团与高分子链上的极性基团之间的相互作用增强纤维之间的黏结，可以有效提高电纺隔膜的力学性能。但是粒子的分离与分散仍然是一个亟待解决的问题。纳米粒子分散不好的聚合物体系常由于纳米粒子间较差的界面黏接性能而使纤维断裂，反而会导致无纺布隔膜力学性能下降。Yanilmaz 等[60]在利用静电纺丝制备 PVDF 纳米纤维膜过程中，通过静电喷雾“喷涂”SiO_2 粒子，使得 SiO_2 粒子均匀地分布在 PVDF 纤维表面，PVDF/SiO_2 杂化膜的制备及结构示意图如图 8-20所示。与纯 PVDF 隔膜和商业 PP 微孔膜相比，该 SiO_2/PVDF 杂化膜表现出更好的循环性能。

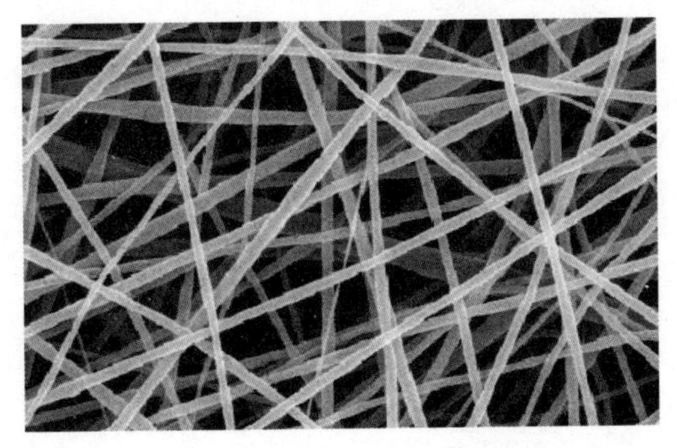

图 8-19　静电纺丝制备纳米纤维隔膜的 SEM 图

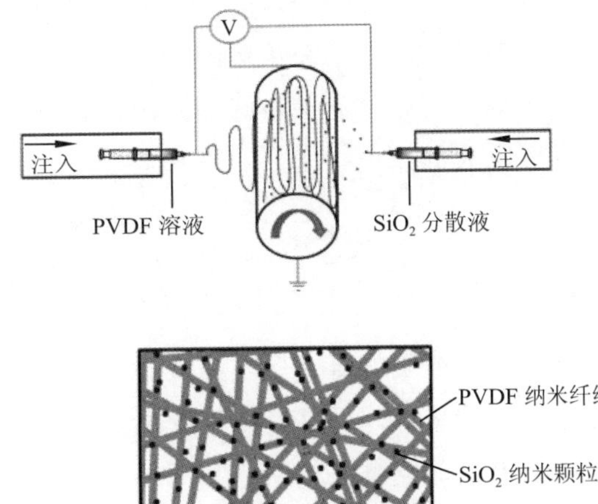

图 8-20　PVDF/SiO2 杂化膜的制备及结构示意图

近几年，很多膜材料研究者都致力于研发低成本、可再生的高性能隔膜，尤其是以纤维素、改性和增强的纤维素为主体原料的锂离子电池隔膜[61,62]。Zhang 等采用静电纺丝法制备成纤维素无纺布隔膜，并采用浸涂法将 PVDF-HFP 涂覆在无纺布表面，这种纤维素/PVDF-HFP 复合无纺布隔膜表现出很好的电化学性能，如高的离子电导率、良好电解液润湿性、热稳定性，组装成的电池表现出较好的倍率容量和高的放电容量[63]。这种隔膜最突出的性能是耐温性，隔膜在 200 ℃下热处理 0.5 h 后没有发生明显的热收缩。其制备过程如图 8-21 所示。

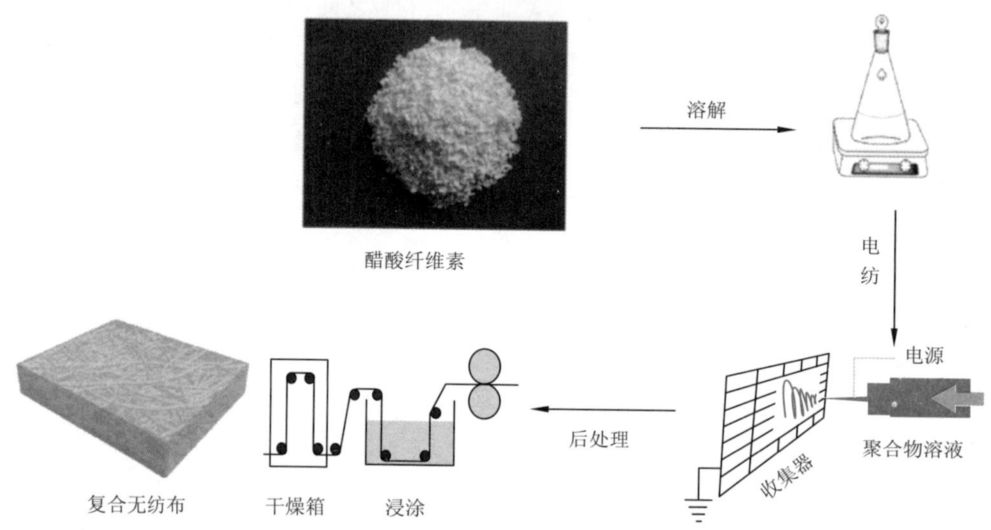

图 8-21　纤维素/PVDF 无纺布隔膜制备过程示意图

Qi 等采用静电纺丝法制备聚芳醚砜酮(PPESK)隔膜，该隔膜具有高孔隙率(92%)、良好的电解液润湿性、电化学稳定性和高电导率(3.79×10^{-3} S·cm^{-1})，因此循环性能优良。该隔膜的最突出特点在于其耐高温性能，通过比对 PVDF 静电纺隔膜和 PPESK 静电纺隔膜发现，前者在 165 ℃发生热收缩，而后者在 270 ℃还具有良好的尺寸稳定性[64]。

由于静电纺丝技术起步较晚，尚还存在一些问题(如生产效率的提高，溶剂回收等)有待于进一步解决。如果能够很好地解决尚存问题，可以预测该项技术在未来电池隔膜的制备领域会发挥巨大的作用。

8.6　聚合物电解质隔膜

聚合物电解质的研究最早出现在 20 世纪 70 年代。Wright 等[65]发现聚氧化乙烯(PEO)与碱金属盐的络合体系具有离子导电性，随后 Armand 等[66]证实了 Wright 的发现并将其用作全固态电池的电解质材料。与液体锂离子电池相比，聚合物锂离子电池具有许多优点，如：

(1)安全性好，没有液体渗漏的问题，过热时不会发生燃烧、爆炸等事故；

(2)有良好的黏弹性，可挠曲、耐冲击，能够适应二次电池充放电过程中电极的体积变化，与电极保持良好的接触；

(3)易于加工，能够很容易地裁剪成各种形状，可以制成很薄的薄膜型电池，有利于和重量轻、体积小的电子元器件匹配；

(4)可采用薄膜封装，有利于降低电池的重量，提高重量比能量密度。

图 8-22 为几种聚合物电解质体系的发展历史，可以看出在 1980 年以前，研究主要集中在提高固态聚合物电解质的室温电导率上，常用的方法主要有两种，即降低聚合物的结晶程度和增加载流子的密度。20 世纪 80 年代后，研究者发现将增塑剂引入聚合物基体后可以有效降低聚合物的结晶度和玻璃化转变温度，进而显著提高聚合物电解质的室温电导率，因此 80 年代之后人们进行了凝胶型聚合物电解质的系列化研究开发，为了在提高凝胶电解质室温电导率的同时不降低其机械强度，可采取物理交联或化学交联的方法对体系进行改性。90 年代之后，美国 Bellcore 公司以 PVDF-HFP 为聚合物基体，成功实现了多孔型锂离子聚合物电池的生产。至此，锂离子聚合物电池的发展迈入了新的阶段，关于各种改性的多孔型凝胶电解质也引起了研究者的广泛兴趣。

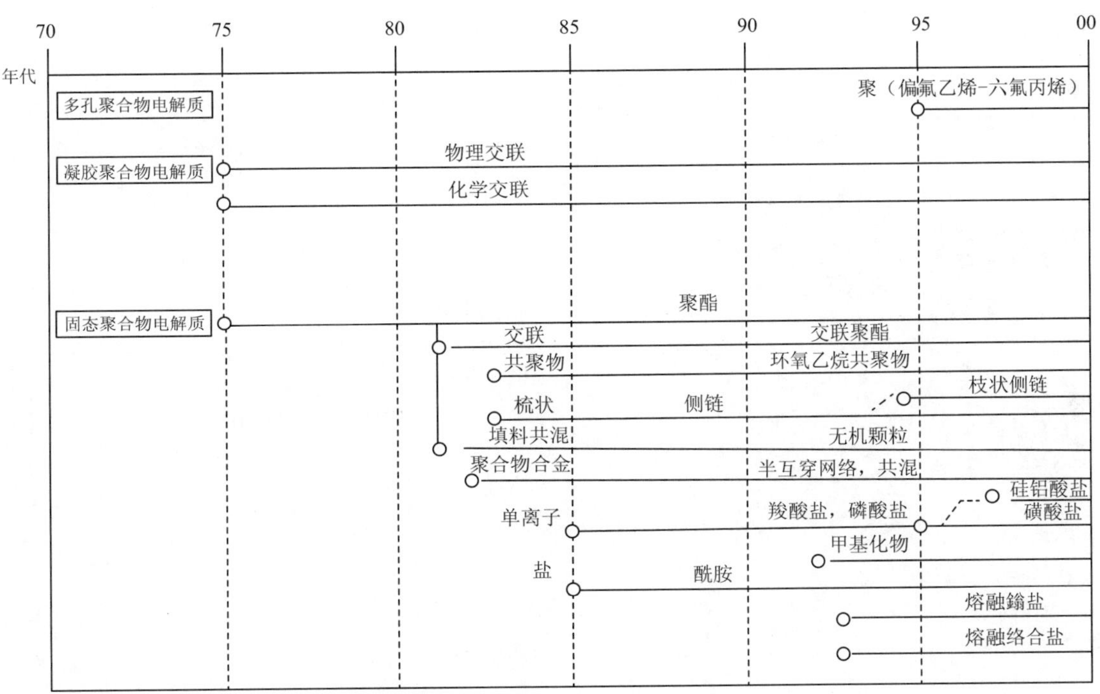

图 8-22　聚合物电解质的发展历程

8.6.1　全固态聚合物电解质隔膜

一般地，全固态聚合物电解质(SPE)是由聚合物基体和锂盐两种组分组成，可以近似看作是锂盐溶于聚合物中而形成的固态溶液体系。通常而言，SPE 的导电机理是：载流子锂离子与聚合物链段上的极性基团如氮、氧等原子发生络合，在外加电场的作用下，锂离子随聚合物分子链段的热运动而与聚合物极性基团不断发生络合与解络合的过程，从而实现载流子的迁移传递。表 8-8 列出了常见的聚合物电解质及其电导率[67]。

表 8-8　常见聚合物电解质及其电导率

聚合物	聚合物主体	重复单元	聚合物电介质	电导率/(S·cm^{-1})
线性聚合物：				
聚环氧乙烷	聚环氧乙烷	$-[CH_2CH_2O]_n-$	$(PEO)_8$-$LiClO_4$	10^{-8}
聚甲醛	聚甲醛	$-[CH_2O]_n-$	(POM)- $LiClO_4$	10^{-8}
聚环氧丙烷	聚环氧丙烷	$-[(CH_3)CH_2CH_2O]_n-$	$(PPO)_8$-$LiClO_4$	10^{-8}
聚硅氧烷	聚(二甲基硅氧烷)	$-[(CH_3)_2SiO]_n-$	DMS-$LiClO_4$	10^{-4}
不饱和聚合物	不饱和环氧乙烷链段	$-[HC{=}CH(CH_2)_4O(CH_2CH_2O)N(CH_2)_4]_n-$	UP-$LiClO_4$ (EO：Li^+=32：1)	10^{-5}
接枝聚合物：				
梳状接枝聚醚	聚(2-甲氧基-乙基缩水甘油醚)	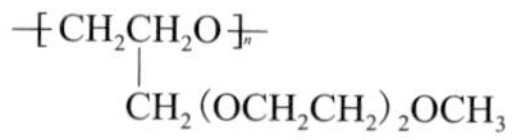 $-[CH_2CH_2O]_n-$，侧基 $CH_2(OCH_2CH_2)_2OCH_3$	$(PMEGE)_8$-$LiClO_4$	10^{-5}
梳状接枝聚合物甲基丙烯酸酯(PMG_n)	聚(甲氧基-聚乙二醇)甲基丙烯酸酯	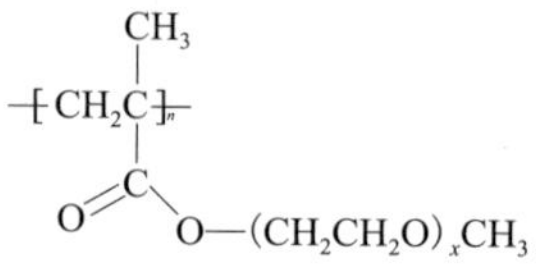 $-[CH_2C(CH_3)]_n-$，侧基 $C(=O)$—O—$(CH_2CH_2O)_xCH_3$	PMG_{22}-$LiCF_3SO_3$ (EO：Li^+=18：1)	3×10^{-5}
嵌段聚合物(交联聚合物网络)	(聚环氧乙烷-聚环氧丙烷-聚环氧乙烷)-硅氧烷交联	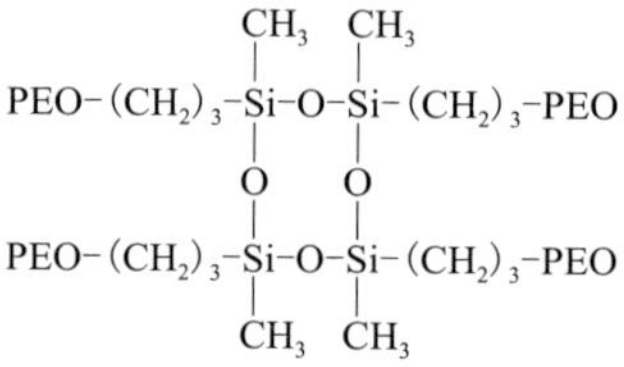 PEO-$(CH_2)_3$-Si(CH_3)-O-Si(CH_3)-$(CH_2)_3$-PEO，两Si各经O与下方 PEO-$(CH_2)_3$-Si(CH_3)-O-Si(CH_3)-$(CH_2)_3$-PEO 相连	(PEO-PPO-PEO)-SC- $LiClO_4$ (摩尔比 4：1)	$10^{-5}\sim5\times10^{-5}$
聚硅氧烷	聚环氧乙烷接枝聚硅烷	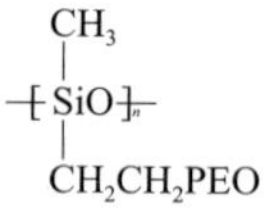 $-[Si(CH_3)(CH_2CH_2PEO)O]_n-$	PGPS- $LiClO_4$	10^{-4}
聚磷腈 ($R_2P{=}N)_n$	MEFP	 $-[P{=}N]_n-$，侧基 $OCH_2CH_2OCH_2CH_2OCH_3$	$(MEEP)_4$-$LiBF_4$ $(MEEP)_4$-$LiN(CF_3SO_2)_2$ $(MEEP)_4$-$LiC(CF_3SO_2)_2$	2×10^{-2} 5×10^{-5} 10^{-4}
Polymer-in-salt 型：				
聚环氧丙烷	聚环氧丙烷	$-[(CH_2O)CH_2CH_2O]_n-$	PPO-$LiClO_4$-LiBr-$AlCl_3$	2×10^{-2}

聚环氧乙烷(PEO)是研究最早且应用最为广泛的聚合物电解质基质材料，其主要原因是

它具有稳定的电化学性能、良好的机械性能以及与界面相容性稳定等优点。在 PEO 基聚合物电解质体系中，锂离子迁移的示意图如图 8-23 所示。

Song 等[68]详细总结了 PEO 全固态隔膜的特点并发现，在温度 40～100 ℃时，隔膜的电导率很低，仅为 10^{-8}～10^{-4} S・cm^{-1}，这是由于 PEO 是一种结晶度很高的聚合物，而晶区会阻碍载流子的迁移。这项研究为后来提高全固态隔膜的电导率提供了理论基础，即通过降低聚合物的结晶度来增强聚合物链的活动性或者增加载流子的浓度。具体办法包括：

(1)通过共聚的方法合成新型聚合物或者将两种聚合物进行交联处理；

(2)将聚醚类聚合物基体(如 PEO)与其他聚合物共混；

(3)添加无机颗粒(如 TiO_2、SiO_2、Al_2O_3等)进入聚合物基体制备复合型聚合物电解质；

(4)合成以锂离子为正离子的聚电解质，制备聚合物锂单离子导体。

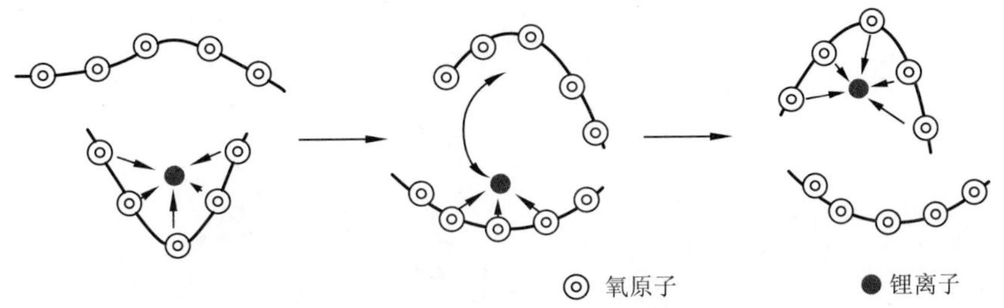

图 8-23　锂离子在 PEO 基聚合物电解质中迁移的示意图

常用的共聚方法主要有无规共聚、接枝共聚和嵌段共聚等。常用的共聚物体系包括聚氧化丙烯(PPO)[69]、聚乙烯(PE)[70]、聚苯乙烯(PS)[71,72]、聚硅氧烷[73]等。Booth 等[74]在 1990 年首次报道了氧化乙烯-氧亚甲基结构的无规共聚物。氧亚甲基破坏了 PEO 螺旋状结构的规整性，因此抑制了 PEO 的结晶性。在室温以上，用该聚合物基体与锂盐制成的电解质基本是无定形态，具有较高的电导率。

美国 Temple 大学的 Wunder[75,76]课题组报道了笼状倍半硅氧烷(POSS)接枝的 PEO 在锂离子电池中的应用。PEO 与 POSS 接枝后能有效抑制 PEO 结晶，例如当 $n=4$ 时，PEO 呈完全结晶态，而 POSS-PEO 仍是液体，且其 T_g 降至 −85 ℃。

Watanabe 等[77]通过开环反应制得环氧乙烷(EO)与 2-(2-甲氧基乙氧基)乙基缩水甘油醚(MEEGE)的嵌段共聚物 P(EO-MEEGE)。该聚合物在 30 ℃电导率能够达到 10^{-4} S・cm^{-1}量级，在 80 ℃时能够达到 10^{-3} S・cm^{-1}量级。而且研究发现，P(EO-MEEGE)的结晶度随着嵌段共聚物中 MEEGE 含量的增多而下降，体系的离子电导率大幅升高。这不仅是由于其结晶性被引入的 MEEGE 链段破坏造成，随 MEEGE 组分增加，运动能力相对聚醚主链更强的醚氧支链进一步促进了体系内的离子传导，使离子电导率提高。

Xue 等[78]对从自组装形成的酰亚胺-氧乙烯嵌段共聚物(PI-PEO)使用 AFM 和 XRD 进行形态分析，发现其出现相分离(见图 8-24)，原因是棒状聚酰亚胺和盘曲状聚氧乙烯是高度不相容的，加入锂盐后相分离更加明显。“T”形聚酰亚胺单元形成的坚硬棒状相有很高的热稳定性和尺寸稳定性。

对 PEO 聚合物电解质进行共聚改性后，其室温离子电导率有了较大的提高。但从实用角度来看仍然有些问题。线型和接枝聚合物的力学性能较差，不易制得自支撑的聚合物薄膜，而网状聚合物电导率又太低。因此这类电解质体系只适合在高温或微电流条件下工作，而难以在常温下工作的锂离子电池中得到实际应用。

无机填料加入电解质中，主要起到两方面的作用：

(1)为 PEO 链段和电解质中的阴离子提供了交联中心，从而降低了 PEO 链段的重整趋势，促进链结构改性，这种效应使无机粒子表面成为 Li^+ 的迁移通道；

(2)无机粒子作为路易斯酸与电解质中的路易斯碱发生相互作用，降低了离子间的偶合，通过形成一种离子-无机配合物而促进盐的解离。

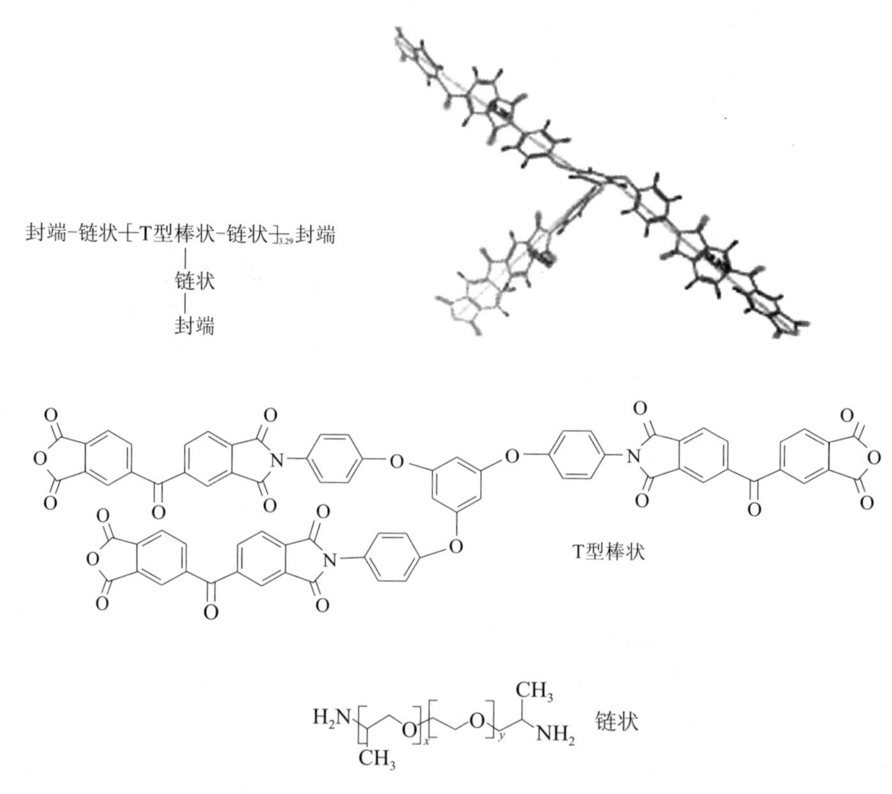

图 8-24　PI-PEO 嵌段聚合物的化学结构

这两种效应将促进自由离子的运动，从而使复合型聚合物电解质的电导率在宽温度范围内得到了提高。无机填料多种多样，如 Al_2O_3[79,80]、SiO_2[81,82]、TiO_2[81,83]、MgO[84]、$LiA1O_2$[85]、$BaTiO_3$[86] 等。填料对电导率的影响与其尺寸、形貌、表面结构等息息相关。

以 Al_2O_3 为例，Scrosati 等[87]则研究了表面性质分别为酸性、中性、碱性的 Al_2O_3 纳米填料(5.8 nm)对 $P(EO)_{20}$-$LiCF_3SO_3$ 电解质电导率的影响，发现对电导率的增加程度不一样，酸性＞中性＞碱性，原因在于不同酸碱性的粒子表面基团不一样，其对锂盐的解离和 PEO 链段运动的作用不一样。考虑到长径比大的颗粒有利于形成长程传输通道，Wen 等研究了 Al_2O_3 晶须对$P(EO)_{20}$-LiClO 基电解质电导率的影响。与纳米 Al_2O_3 粉末对比，发现其对电导率的增强作用更小，原因可能是晶须没有形成与电极垂直方向的有序排列。Stephan 等[88]则研究了 Al_2O_3 的添加量对 PEO 结晶度的影响（见表 8-9），随着 Al_2O_3 的添加量增大，PEO 的结晶度逐渐减小。

表 8-9　Al_2O_3 的含量对 PEO 结晶度的影响

Al_2O_3 含量/%	玻璃化转变温度 T_g/℃	熔点 T_m/℃	PEO 结晶度/%
初始值	64	97	—
0	−38	58	—
1	−37	55	53
3	−38	53	51
5	−37	54	51
5[a]	−37	53	51
10	−37	48	28
10[a]	−33	44	21
20	38	52	30
20[a]	−35	56	41
30	−38	52	30
50	57	59	—

Capiglia 等[89]使用 SiO_2 对 PEO–$LiN(CF_3SO_2)_2$ 体系进行改性，发现 SiO_2 的热处理历史对于聚合物电解质的电导率有很大影响。体系中加入 5%经 900 ℃处理的纳米 SiO_2，室温电导率达到 1.4×10^{-4} S · cm^{-1}，而且聚合物电解质为无定形的。使用 100 ℃处理的 SiO_2 时，同样条件下电导率仅为 4.6×10^{-5} S · cm^{-1}。这是由于聚合物-纳米粒子边界对于离子输运更为有效，SiO_2 高温处理后除去了表面羟基和湿气，而湿气对于粒子边界的离子输运是有害的。

具有高表面负电性的碳纳米管也是一种良好的电解质填料，但因为碳纳米管具有高电子导电性，加入电解质中会造成电池短路，因此使用时需对其进行特殊处理。Ardebili 等[90]采用在蒙脱土层间表面吸附催化剂的方法，将碳纳米管嵌入了蒙脱土层间，成功阻碍了碳纳米管之间的电子导电路径。以这种碳纳米管与蒙脱土的复合材料为填料的 PEO 基电解质室温导电率达 2.1×10^{-5} S · cm^{-1}。

在通常的聚合物电解质中，阴阳离子在电场作用下分别向正负极移动，但对锂离子电池而言，只有锂离子的迁移是有用的，阴离子并不参与电极反应，电池充放电过程中在电极界面附近会堆积形成浓度梯度，产生浓差极化现象，从而增大了锂离子迁移的阻力，这对于锂离子电池的工作是不利的，特别是大电流充放电时，这会成为严重问题。而阴离子固定不动的单离子导体则可以避免极化现象，有利于提高锂离子电池的性能。

在早期研究中，以羧酸锂为锂离子源的共聚物较多，但均未能获得理想的电导率。这一方面是由于羧酸基团与锂离子的配位性太强，不利于 Li^+ 解离，因而难以获得高电导率的电解质。另一方面，羧基耐氧化和还原能力均较差，作为电解质材料很难获得应用。聚合物电解质应用于锂电池的先驱者——Armand 认为烷基磺酸锂的解离能较高，而且溶解性较差，同样不是理想的锂离子源。于是，多种弱配位阴离子被提出，如双（氟磺酰）亚胺（$[N(SO_2F)_2]^-$，FSI-）、硼化物的衍生物等，表 8-10 给出了不同阴离子结构的单离子导体聚合物电解质的相关性质。

当与磺酸锂相连的碳原子上的氢被氟取代后，隔膜的电导率更高，这表明氟原子的吸电子效应对电导率的提高有利。2006 年，Allcock 等[91]报道了以聚磷腈为主链、寡聚柔性 EO 单元为侧链、全氟烷基取代的磺酰亚胺阴离子的锂盐为锂离子源的聚合物单离子导体。研究结果表明，全氟烷基取代的磺酰亚胺结构具有较弱的配位性，极大地降低了锂盐的解离能，提升了其电导率。

表 8-10　不同阴离子结构的单离子导体聚合物电解质的性能

阴离子结构	电解质类型	玻璃化转变温度 T_g/℃	电导率/(S·cm^{-1})	锂离子迁移数
$—COO^-$	共混聚合物	−42	1.5×10^{-7}	—
$—COO^-$	无规共聚物	−62	2×10^{-7}	1±0.05
$—COO^-$	嵌段共聚物	−58，−11	10^{-7}	1
$-(CF_2)_3COO^-$	共混聚合物	—	10^{-8}	—
$—SO_3^-$	共混聚合物	-42	1.8×10^{-7}	—
$—SO_3^-$	无规共聚物	−59	2×10^{-7}	—
$—SO_3^-$	接枝共聚物	−66	7×10^{-8}	—
$—CF(CF_3)SO_3^-$	无规共聚物	−52	10^{-7}	—
$—C_6H_5SO_3^-$	共混聚合物	—	3×10^{-8}	—
$—C_6H_5SO_3^-$	无规共聚物	−50	1.5×10^{-7}(30 ℃)	—
$—COCF_2SO_2N(^-)—$	共混聚合物	−58	10^{-6}(100 ℃)	1
$—COCF(CF_3)O(CF_2)_2SO_2N(^-)—$	共混聚合物	−40	10^{-5}(30 ℃)	0.71
$—SO_2(CF_2)_4SO_2N(^-)—$	共混聚合物	−28	10^{-6}	0.92 (60 ℃)
$—SO_2N(^-)SO_2CF_3$	共混聚合物	—	1.1×10^{-8}	0.93 (60 ℃)
$—SO_2N(^-)SO_2CF_3$	无规共聚物	−64	3×10^{-6}	0.85 (90 ℃)
$—SO_2N(^-)SO_2CF_3$	无规共聚物	−47	7.7×10^{-6}	—
$—SO_2N(^-)SO_2CF_3$	三嵌段共聚物	−25	1.3×10^{-5}(60 ℃)	—
$—OB(^-)(O)(C_2O_4)$	均聚物	−52	7.0×10^{-6}	—
$-(C_2O_4)_2B^-$	无规共聚物	−53	1.9×10^{-7}	—
$—OP(^-)(C_2O_4)_2$	均聚物	−47	1.6×10^{-6}	—

8.6.2　凝胶聚合物电解质隔膜

1975年，Feuillade和Perche发现聚丙烯腈PAN＋PC＋NH_4ClO_4电解质体系具有较高的室温离子导电性，提出了凝胶态聚合物电解质的概念。凝胶聚合物电解质相当于在全固态聚合物电解质中添加增塑剂，从而使其离子电导率提高，在常温下达到10^{-3} S·cm^{-1}数量级[92]。增塑剂的加入，可以发挥减小聚合物结晶度、提高聚合物链段运动能力、降低粒子传输的活化能、促进锂离子的离解、增加自由离子的浓度等，因而大大提高了其离子电导率[93]。虽然凝胶聚合物电解质具有其独特的优点，但由于小分子增塑剂易挥发且高温环境下易变成黏稠的液体，使得其力学性能和稳定性较差[94]。

研究较多的体系包括聚醚系（主要为PEO系[95,96]）、PAN系[97-99]、PMMA系[100-104]、PVDF系[105-111]、PVDF-HFP系[112-115]和其他类型。其中PEO体系作为经典体系研究最多，PAN基质的凝胶电解质得到了深入广泛的基础性研究，以PVDF-HFP为基质的凝胶电解质则实现了商品化生产。目前已有较多学者对凝胶电解质进行了详细的综述[68,116]，其中，Costa等[117]对PVDF基凝胶电解质进行了详尽的综述。

Kim等深入研究了影响PEO、PAN、PMMA和PVDF四种聚合物电解质体系传递性质的原因：红外分析结果表明，几种聚合物的溶剂化能力顺序为PEO＞PMMA＞PAN＞PVDF，这与聚合物的给电子数顺序一致，基体给电子数越高，锂盐在电解质中越易解离，形成更多自由离子。Chi[118]通过考察聚合物与电解液溶剂间的相互作用，研究了PAN、PMMA、PVDF和PVDF-HFP等几种凝胶型聚合物基体的电解液保留能力、机械强度和室温电导率等性质。电解液在凝胶电解质保留能力按照PMMA＞PAN＞PVDF-HFP≥PVDF的顺序变化，这与电解液溶剂和聚合物间的亲和性强弱顺序相同。二者亲和性低时所形成的共混体系存在微观相分离现象，得到的凝胶电解质机械强度高但室温电导率较低。二者的亲和性高时，聚合物基体和溶剂间相互作用很强，聚合物结晶度降低明显，吸液率显著提高，这有利于室温电导率的提高，但同时降低了机械强度。因此，选择一种亲和性高的聚合物和适当亲和性低的聚合物共混，则可得到力学强度和室温电导率均较佳的凝胶电解质膜。

同样，无机粒子的形貌对复合凝胶聚合物电解质的性能有较大影响。复旦大学学者[119]以一维SiO_2作为填料，发现Li^+在一维方向上连续的纳米线表面与聚合物基体所形成的界面可以快速迁移，这种连续的新迁移通道的形成大大提高了Li^+定向迁移的速度，从而提高了其离子电导率。

8.6.3　多孔型聚合物电解质隔膜

长期以来，凝胶聚合物电解质的实际应用一直为离子电导率与力学性能这对矛盾所限制。而多孔型GPE的诞生则成功地解决了这个问题。多孔型GPE源于1994年Bellcore公司开发的聚合物锂离子电池。该技术的具体方法是先将基体聚合物增塑，然后萃取去增塑剂(DBP、DOP等高沸点有机溶剂)即得到多孔膜，将多孔膜用液体电解质溶胀后形成多孔型GPE。

多孔型凝胶电解质是一种多相电解质(其结构见图8-25)，由液体电解质、凝胶电解质和聚合物基体三部分组成。由于多孔结构的存在，吸附于孔道内的液体电解质为高的离子电导率提供了保障，而聚合物基体的晶区则基本不被锂盐电解液所侵蚀，起到了物理交联的作用。满足同时具备高离子电导率和提供足够的力学强度的要求。

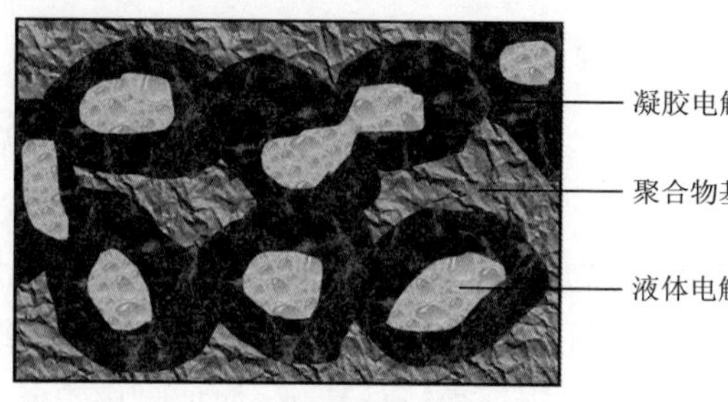

图 8-25　多孔凝胶电解质的结构模型

与凝胶聚合物电解质相比较，它们之间有区别也有联系：

（1）两者的离子导电机理基本相同，并表现出相似的性能特点；

（2）微孔型电解质是相分离体系，体系中存在溶液相，而凝胶电解质是均一体系，不存在溶液相；

（3）微孔体系能在保证机械性能的条件下进一步提高 GPE 的离子电导率，但缺点是保液能力相对较差；

（4）微孔型 GPE 只有在电解液活化阶段要求无水条件，而凝胶电解质的制备条件要苛刻很多。

对多孔型凝胶电解质而言，电解质主要以两种方式存在：一种是膜孔内吸收的液体电解质，吸收的量与膜的孔隙率及孔径有关；另一种是进入膜的无定形区溶胀聚合物而得到的凝胶相，溶胀率与膜的结晶度和聚合物与液体电解质的亲和性有关，膜结晶度越小、与液体电解质亲和性越好，则膜的溶胀程度越高。

浙江大学朱宝库课题组以 P(MMA-*co*-PEGMA)[120]、P(HFBMA-*co*-PEGMA)[121]、PDMS-*g*-(PPO-PEO)和超支化聚合物 HPE-*g*-MPEG(其合成及结构见图 8-26)[122]作为改性剂，对 PVDF 多孔凝胶电解质进行共混改性。研究发现，改性剂的加入有效降低了 PVDF 的结晶度，同时改善了隔膜与液体电解质间的亲和性，因而改性多孔凝胶电解质膜在吸液率、保液性能、离子电导性能和电池循环性能等方面都有所提高。此类隔膜基体部分被溶胀后也可提供锂离子传递的通道，利于提高整体电解质的电导率，相比之前 PVDF 基体有限的溶胀和导电能力，具备了更多"活性"，各种 PVDF 基凝胶电解质共混体系的吸液率和电导率见表 8-11。

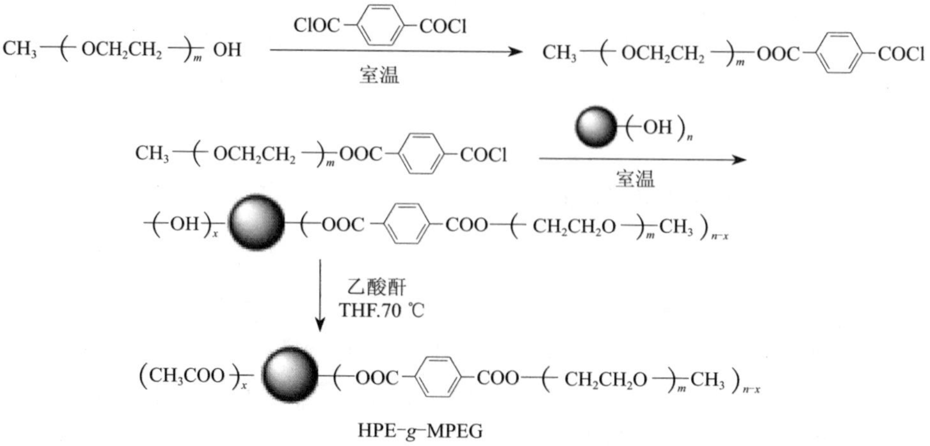

$$CH_3-(OCH_2CH_2)_m-OH \xrightarrow[\text{室温}]{ClOC-C_6H_4-COCl} CH_3-(OCH_2CH_2)_m-OOC-C_6H_4-COCl$$

$$CH_3-(OCH_2CH_2)_m-OOC-C_6H_4-COCl \xrightarrow[\text{室温}]{\bullet(OH)_n} (OH)_x\bullet(OOC-C_6H_4-COO-(CH_2CH_2O)_m-CH_3)_{n-x}$$

$$\downarrow \text{乙酸酐, THF.70 ℃}$$

$$(CH_3COO)_x\bullet(OOC-C_6H_4-COO-(CH_2CH_2O)_m-CH_3)_{n-x}$$

HPE-*g*-MPEG

图 8-26　两亲性超支化聚合物 HPE-*g*-MPEG 的合成及结构

注：HPE =

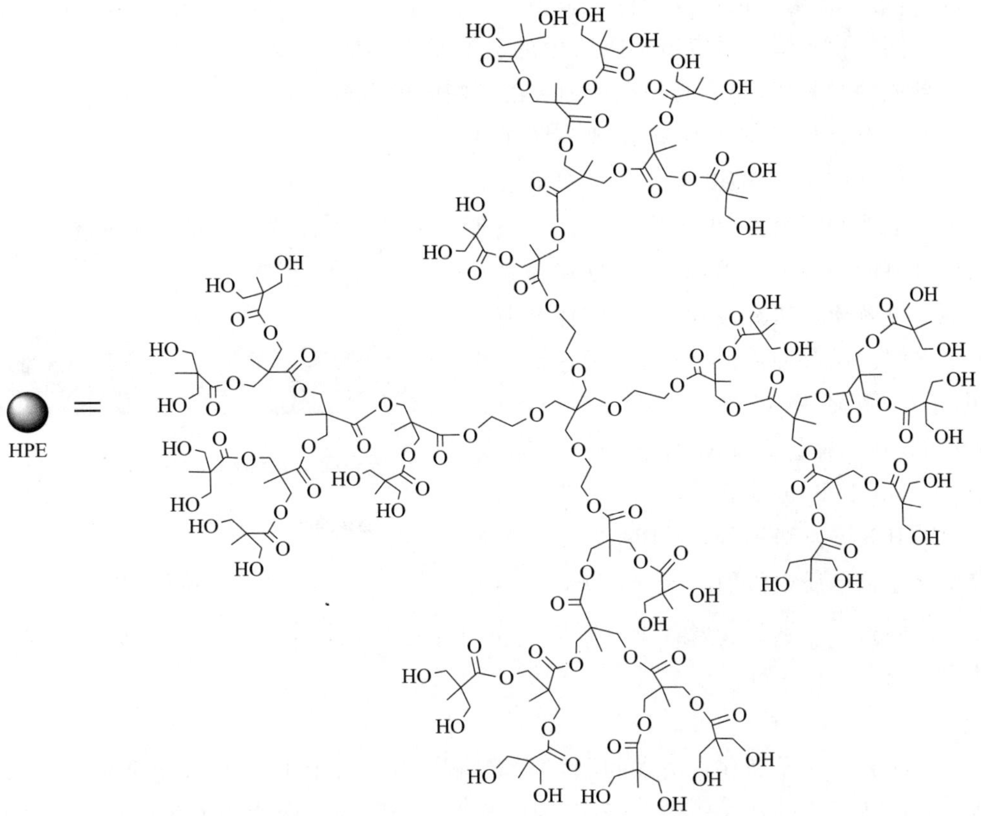

图 8-26　两亲性超支化聚合物 HPE-*g*-MPEG 的合成及结构(续)

表 8-11　各种 PVDF 基凝胶电解质共混体系的吸液率和电导率[120-131]

共混体系	液体电解质	吸液率/%	电导率/(mS·cm^{-1})
HPE-*g*-MPEG	$LiPF_6$-EC/DMC/EMC	215	1.76
PEO-*b*-PMMA	$LiClO_4$-EC/PC	55	2.79
PEO	$LiClO_4$-PC	210	1.96
PMMA	$LiPF_6$-EC/DMC/EMC	167.8	2.45
PEO-PPO-PEO	$LiPF_6$-EC/DMC/EMC	328	2.94
PDMS	$LiPF_6$-EC/DMC/EMC	250	1.17
PDMS-*g*-(PPO-PEO)	$LiPF_6$-EC/DMC/EMC	520	4.5
P(HFBMA-*co*-PEGMA)	$LiPF_6$-EC/DMC/EMC	387	3.19
P(MMA-*co*-PEGMA)	$LiPF_6$-EC/DMC/EMC	372	3.01
TPU(PVDF-HFP)	$LiClO_4$-EC/PC	—	3.2
PMMA(PVDF-HFP)	$LiPF_6$-EC/DMC	377	1.99
DH-4-CN(PVDF-HFP)	$LiPF_6$-EC/DMC	417	4.36

同时，上述课题组也定量计算了膜内电解液的三部分比例，为活性隔膜的吸液和保液模型做出了图示化解释。电解液在隔膜中的分布状态如图 8-27 所示，聚合物无定形区被电解液溶胀形成的凝胶相，膜表面和孔壁内表面所吸附的电解液。

一些具有特殊功能的材料在锂离子电池中也可以得到应用。例如，离子液体具有良好的离子导电性和安全性，但通常与锂离子电池正负极材料的相容性很差，难于单独用作锂离子电池的电解质。研究发现，离子液体与凝胶聚合物电解质结合使用后，可以赋予锂离子电池更好的循环稳定性。李朝晖等[132]以 PVDF-HFP 共聚物为基体，室温离子液体 N-ethyl-N′-methylimidazolium tetrafluoroborate（EMIBF4）为增塑剂，$LiBF_4$ 为 Li^+ 源的凝胶聚合物电解质中添加纳米 Al_2O_3，采用溶剂蒸发法制备了纳米复合聚合物电解质。当纳米粒子填充量为 $w=10\%$时，室温离子导电率可达 1.25×10^{-3} S·cm^{-1}。

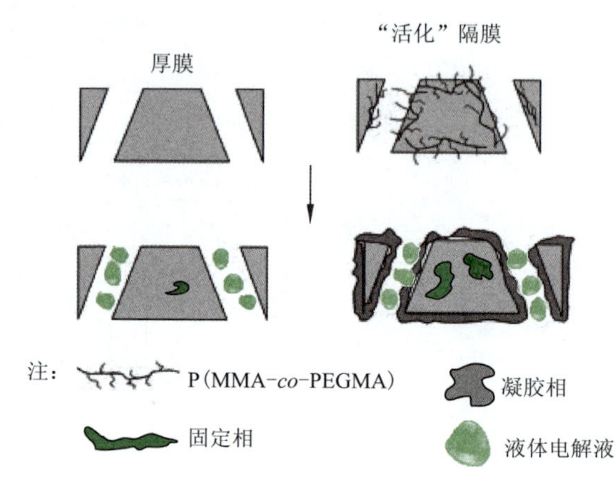

图 8-27 电解液在隔膜中的分布状态

我国隔膜产业发展存在诸多问题，生产过程控制和基体原材料环节薄弱，是目前锂离子电池隔膜产业面临的两大瓶颈。当前，国内绝大多数隔膜厂商使用的生产设备主体仍然靠进口，很大程度上限制了产业的升级换代；另外，生产隔膜所用的基体材料对隔膜性能有直接的影响，故具备基体材料的基础研究能力可以大幅提升新产品的性能。世界上主要的隔膜供应商日本旭化成和美国 Celgard 等巨头都有自己独立的高分子实验室，具备非常深厚的基础化学研究背景，相对而言，我国隔膜产业的研发实力不强，锂离子电池企业所采用的基体材料大多通过外购。因此，从长远来看，加强生产设备的创新、提高隔膜基体材料的基础研究能力，将成为我国隔膜行业做大做强的必由之路。

但是，锂离子电池过程是通过隔膜与正极、负极、电解质等材料组成系统的协同效应实现的，独立地从隔膜本身的结构或性能表征评价隔膜的性能有很大的片面性，同时，不同用途、能量与功率密度的锂离子电池(如车用动力电池与移动通讯用小型电池)，对隔膜的要求也有很大的差别，现阶段对锂离子电池建立更高、覆盖面更广的标准还有很大的难度。

参考文献

[1] JEONG Y B, KIM D W. Effect of thickness of coating layer on polymer-coated separator on cycling performance of lithium-ion polymer cells[J]. Journal of Power Sources, 2004, 128(2):256-262.

[2] JEONG Y B, KIM D W. Cycling performances of Li/LiCoO 2 cell with polymer-coated separator[J]. Electrochimica Acta, 2004, 50(2):323-326.

[3] RYOU M H, LEE Y M, PARK J K, et al. Mussel-inspired polydopamine-treated polyethylene separators for high-power li-ion batteries[J]. Advanced Materials, 2011, 23(27):3066.

[4] WANG H, WU J, CAI C, et al. Mussel inspired modification of polypropylene separators by catechol/polyamine for Li-ion batteries[J]. ACS Applied Materials & Interfaces, 2014, 6(8):5602.

[5] FANG, LI-FENG, SHI, JUN-LI, LI H, et al. Construction of porous coating layer and electrochemical performances of the corresponding modified polyethylene separators for lithium ion batteries[J]. Journal of Applied Polymer Science, 2015, 131(21):895-897.

[6] XIONG M, TANG H, WANG Y, et al. Ethylcellulose-coated polyolefin separators for lithium-ion batteries with improved safety performance[J]. Carbohydrate Polymers, 2014, 101(2):1140-1146.

[7] SONG J, RYOU M H, SON B, et al. Co-polyimide-coated polyethylene separators for enhanced thermal stability of lithium ion batteries[J]. Electrochimica Acta, 2012, 85(1):524-530.

[8] KIM D W, KO J M, CHUN J H, et al. Electrochemical performances of lithium-ion cells prepared with polyethylene oxide-coated separators[J]. Electrochemistry Communications, 2001, 3(10):535-538.

[9] KIM D W, OH B, PARK J H, et al. Gel-coated membranes for lithium-ion polymer batteries[J]. Solid State Ionics, 2000, 138(1):41-49.

[10] KIM K J, KIM J H, PARK M S, et al. Enhancement of electrochemical and thermal properties of polyethylene separators coated with polyvinylidene fluoride-hexafluoropropylene co-polymer for Li-ion batteries[J]. Journal of Power Sources, 2012, 198(198):298-302.

[11] SOHN J Y, GWON S J, CHOI J H, et al. Preparation of polymer-coated separators using an electron beam irradiation[J]. Nuclear Instruments & Methods in Physics Research, 2008, 266(23):4994-5000.

[12] KIM D W, NOH K A, CHUN J H, et al. Highly conductive polymer electrolytes supported by microporous membrane[J]. Solid State Ionics, 2001, 144(3-4):329-337.

[13] PARK J H, PARK W, KIM J H, et al. Close-packed poly(methyl methacrylate) nanoparticle arrays-coated polyethylene separators for high-power lithium-ion polymer batteries[J]. Journal of Power Sources, 2011, 196(16):7035-7038.

[14] SOHN J Y, IM J S, GWON S J, et al. Preparation and characterization of a PVDF-HFP/PEGDMA-coated PE separator for lithium-ion polymer battery by electron beam irradiation[J]. Radiation Physics & Chemistry, 2009, 78(7-8):505-508.

[15] CHUNG Y S, YOO S H, KIM C K. Enhancement of meltdown temperature of the polyethylene lithium-ion battery separator via surface coating with polymers having high thermal resistance[J]. Industrial & Engineering Chemistry Research, 2009, 48(9):4346-4351.

[16] JEONG H S, LEE S Y. Closely packed SiO_2, nanoparticles/poly(vinylidene fluoride-hexafluoropropylene) layers-coated polyethylene separators for lithium-ion batteries[J]. Journal of Power Sources, 2011, 196(16):6716-6722.

[17] JUNG Y S, CAVANAGH A S, GEDVILAS L, et al. Improved functionality of lithium-ion batteries enabled by atomic layer deposition on the porous microstructure of polymer separators and coating electrodes[J]. Advanced Energy Materials, 2012, 2(8):1022-1027.

[18] J.-H. Prak, W. Park, J. Kim. Close-pack poly(methyl methacrylate) nanoparticle arrays-coated polyethylene separators for high-power lithium-ion polymer batteries[J]. Journal of Power Sources, 196 (2011):7035-7038.

[19] PARK J H, CHO J H, PARK W, et al. Close-packed SiO_2/poly(methyl methacrylate) binary nanoparticles-coated polyethylene separators for lithium-ion batteries[J]. Journal of Power Sources, 2010, 195(24):8306-8310.

[20] KO Y, YOO H, KIM J. Curable polymeric binder-ceramic composite-coated superior heat-resistant polyethylene separator for lithium ion batteries[J]. RSC Advances, 2014, 4(37):19229-19233.

[21] SHI C, ZHANG P, CHEN L, et al. Effect of a thin ceramic-coating layer on thermal and electrochemical properties of polyethylene separator for lithium-ion batteries[J]. Journal of Power Sources, 2014, 270(3):547-553.

[22] ZHANG H, CAO Y, YANG H, et al. Facile preparation and electrochemical characterization of poly (4-methoxytriphenylamine)-modified separator as a self-activated potential switch for lithium ion batteries[J]. Electrochimica Acta, 2013, 108(10):191-195.

[23] SHIN W K, KIM D W. High performance ceramic-coated separators prepared with lithium ion-containing SiO_2, particles for lithium-ion batteries[J]. Journal of Power Sources, 2013, 226(6):54-60.

[24] LIU H, XU J, GUO B, et al. Effect of Al_2O_3/SiO_2, composite ceramic layers on performance of polypropylene separator for lithium-ion batteries[J]. Ceramics International, 2014, 40(9):14105-14110.

[25] WANG Z, GUO F, CHEN C, et al. Self-assembly of PEI/SiO_2 on polyethylene separators for Li-ion batteries with enhanced rate capability[J]. ACS Applied Materials & Interfaces, 2015, 7(5):3314.

[26] JEONG H S, HONG S C, LEE S Y. Effect of microporous structure on thermal shrinkage and electrochemical performance of Al_2O_3/poly(vinylidene fluoride-hexafluoropropylene) composite separators for lithium-ion batteries[J]. Journal of Membrane Science, 2010, 364(1-2):177-182.

[27] KIM J Y, LEE Y, LIM D Y. Plasma-modified polyethylene membrane as a separator for lithium-ion polymer battery[J]. Electrochimica Acta, 2009, 54(14):3714-3719.

[28] KO J M, MIN B G, KIM D W, et al. Thin-film type Li-ion battery, using a polyethylene separator grafted with glycidyl methacrylate[J]. Electrochimica Acta, 2004, 50(2-3):367-370.

[29] 吕晓渊，李华，张志强，等. 锂离子电池隔膜的紫外辐照接枝改性[J]. 功能材料，2012，43(1)：112-115.

[30] SHI J L, FANG L F, LI H, et al. Improved thermal and electrochemical performances of PMMA modified PE separator skeleton prepared via dopamine-initiated ATRP for lithium ion batteries[J]. Journal of Membrane Science, 2013, 437(12):160-168.

[31] LI H, MA X T, SHI J L, et al. Preparation and properties of poly(ethylene oxide) gel filled polypropylene separators and their corresponding gel polymer electrolytes for Li-ion batteries[J]. Electrochimica Acta, 2011, 56(6):2641-2647.

[32] GAO K, HU X, YI T, et al. PE-g-MMA polymer electrolyte membrane for lithium polymer battery [J]. Electrochimica Acta, 2006, 52(2):443-449.

[33] FANG L F, SHI J L, ZHU B K, et al. Facile introduction of polyether chains onto polypropylene separators and its application in lithium ion batteries[J]. Journal of Membrane Science, 2013, 448(50):143-150.

[34] GWON S J, CHOI J H, SOHN J Y, et al. Radiation grafting of methyl methacrylate onto polyethylene separators for lithium secondary batteries[J]. Nuclear Inst & Methods in Physics Research B, 2008, 266(15):3387-3391.

[35] LI S, GAO K. The study on methyl methacrylate graft-copolymerized composite separator prepared by pre-irradiation method for Li-ion batteries[J]. Surface & Coatings Technology, 2010, 204(16-17): 2822-2828.

[36] SHI J L, FANG L F, LI H, et al. Enhanced performance of modified HDPE separators generated from surface enrichment of polyether chains for lithium ion secondary battery[J]. Journal of Membrane Science, 2013, 429(429):355-363.

[37] SHI J L, LI H, FANG L F, et al. Improving the properties of hdpe based separators for lithium ion batteries by blending block with copolymer pe-*b*-PEG[J]. 高分子科学(英文版), 2013, 31(2): 309-317.

[38] 毛新欣. 锂离子电池新型隔膜材料的制备及其性能研究[D]. 河南师范大学, 2012.

[39] CHO J H, PARK J H, KIM J H, et al. Facile fabrication of nanoporous composite separator membranes for lithium-ion batteries: poly(methyl methacrylate) colloidal particles-embedded nonwoven poly (ethylene terephthalate)[J]. Journal of Materials Chemistry, 2011, 21(22):8192-8198.

[40] HAO J, LEI G, LI Z, et al. A novel polyethylene terephthalate nonwoven separator based on electrospinning technique for lithium ion battery[J]. Journal of Membrane Science, 2013, 428:11-16.

[41] JEONG H S, KIM J H, LEE S Y. A novel poly(vinylidene fluoride-hexafluoropropylene)/poly(ethylene terephthalate) composite nonwoven separator with phase inversion-controlled microporous structure for a lithium-ion battery[J]. Journal of Materials Chemistry, 2010, 20(41):9180-9186.

[42] CHOI E S, LEE S Y. Particle size-dependent, tunable porous structure of a SiO_2/poly(vinylidene fluoride-hexafluoropropylene)-coated poly(ethylene terephthalate) nonwoven composite separator for a lithium-ion battery[J]. Journal of Materials Chemistry, 2011, 21(38):14747-14754.

[43] YONG M L, CHOI N S, LEE J A, et al. Electrochemical effect of coating layer on the separator based on PVDF and PE non-woven matrix[J]. Journal of Power Sources, 2005, 146(1-2):431-435.

[44] DING J, KONG Y, LI P, et al. Polyimide/poly(ethylene terephthalate) composite membrane by electrospinning for nonwoven separator for lithium-Ion battery[J]. Journal of the Electrochemical Society, 2012, 159(9):A1474-A1480.

[45] MIAO Y E, ZHU G N, HOU H, et al. Electrospun polyimide nanofiber-based nonwoven separators for lithium-ion batteries[J]. Journal of Power Sources, 2013, 226(6):82-86.

[46] JIANG W, LIU Z. A high temperature operating nanofibrous polyimide separator in Li-ion battery[J]. Solid State Ionics, 2013, 232(2013):44-48.

[47] ZHANG J, LIU Z, KONG Q, et al. Renewable and superior thermal-resistant cellulose-based composite nonwoven as lithium-ion battery separator[J]. ACS Applied Materials & Interfaces, 2013, 5 (1):128.

[48] ZHANG J, YUE L, KONG Q, et al. Sustainable, heat-resistant and flame-retardant cellulose-based composite separator for high-performance lithium ion battery[J]. Scientific Reports, 2014, 4(1):3935.

[49] XU Q, KONG Q, LIU Z, et al. Cellulose/polysulfonamide composite membrane as a high performance lithium-ion battery separator[J]. ACS Sustainable Chemistry & Engineering, 2014, 2(2):194-199.

[50] 于建香，刘太奇. 静电纺丝法制备锂离子电池隔膜的研究进展[J]. 新技术新工艺，2012(5):61-64.

[51] JEONG H S, KIM J H, LEE S Y. A novel poly(vinylidene fluoride-hexafluoropropylene)/poly(ethylene terephthalate) composite nonwoven separator with phase inversion-controlled microporous structure for a lithium-ion battery[J]. Journal of Materials Chemistry, 2010, 20(41):9180-9186.

[52] JEONG H S, CHOI E S, KIM J H, et al. Potential application of microporous structured poly(vinylidene fluoride-hexafluoropropylene)/poly(ethylene terephthalate) composite nonwoven separators to high-voltage and high-power lithium-ion batteries[J]. Electrochimica Acta, 2011, 56(14):5201-5204.

[53] JEONG H S, CHOI E S, LEE S Y, et al. Evaporation-induced, close-packed silica nanoparticle-embedded nonwoven composite separator membranes for high-voltage/high-rate lithium-ion batteries: advantageous effect of highly percolated, electrolyte-philic microporous architecture[J]. Journal of Membrane Science, 2012, 415-416(10):513-519.

[54] XU Q, KONG Q, LIU Z, et al. Cellulose/polysulfonamide composite membrane as a high performance lithium-ion battery separator[J]. ACS Sustainable Chemistry & Engineering, 2014, 2(2):194-199.

[55] 刘宜云,衡沛之,王丽萍. 基于芳纶纤维的电池隔膜[P]. 广东:CN101867030A,2010-10-20.

[56] 刘宜云,衡沛之,王丽萍. 基于芳纶纤维的电池隔膜的制备方法[P]. 广东:CN101872852A,2010-10-27.

[57] WANG Y, ZHAN H, HU J, et al. Wet-laid non-woven fabric for separator of lithium-ion battery[J]. Journal of Power Sources, 2009, 189(1):616-619.

[58] ZHANG L C, SUN X, HU Z, et al. Rice paper as a separator membrane in lithium-ion batteries[J]. Journal of Power Sources, 2012, 204(204):149-154.

[59] ANGULAKSHMI N, STEPHAN A M. Electrospun trilayer polymeric membranes as separator for lithium-ion batteries[J]. Electrochimica Acta, 2014, 127(5):167-172.

[60] YANILMAZ M, LU Y, DIRICAN M, et al. Nanoparticle-on-nanofiber hybrid membrane separators for lithium-ion batteries via combining electrospraying and electrospinning techniques[J]. Journal of Membrane Science, 2014, 456(456):57-65.

[61] 迟婷玉，贺磊，陈宗明,等. 纤维素在锂离子电池隔膜中的应用[J]. 电池工业，2014(4):206-210.

[62] CHIAPPONE A, NAIR J R, GERBALDI C, et al. Microfibrillated cellulose as reinforcement for Li-ion battery polymer electrolytes with excellent mechanical stability[J]. Journal of Power Sources, 2011, 196(23):10280-10288.

[63] ZHANG J, LIU Z, KONG Q, et al. Renewable and superior thermal-resistant cellulose-based composite nonwoven as lithium-ion battery separator[J]. ACS Applied Materials & Interfaces, 2013, 5(1):128.

[64] QI W, LU C, CHEN P, et al. Electrochemical performances and thermal properties of electrospun poly(phthalazinone ether sulfone ketone) membrane for lithium-ion battery[J]. Materials Letters, 2012, 66(1):239-241.

[65] FENTON D E, PARKER J M, WRIGHT P V. Complexes of alkali metal ions with poly(ethylene oxide)[J]. Polymer, 1973, 14(11):589-589.

[66] NG S T C, FORSYTH M, MACFARLANE D R, et al. Composition effects in polyetherurethane-based solid polymer electrolytes[J]. Polymer, 1998, 39(25):6261-6268.

[67] DIAS F B, PLOMP L, VELDHUIS J B J. Trends in polymer electrolytes for secondary lithium batteries[J]. Journal of Power Sources, 2000, 88(2):169-191.

[68] SONG J Y, WANG Y Y, WAN C C. Review of gel-type polymer electrolytes for lithium-ion batteries [J]. Journal of Power Sources, 1999, 77(2):183-197.

[69] QUARTARONE E, MUSTARELLI P, MAGISTRIS A. PEO-based composite polymer electrolytes [J]. Solid State Ionics, 1998, 110(1-2):1-14.

[70] JI J, LI B, ZHONG W H. Simultaneously enhancing ionic conductivity and mechanical properties of solid polymer electrolytes via a copolymer multi-functional filler[J]. Electrochimica Acta, 2010, 55(28): 9075-9082.

[71] BOUCHET R, MARIA S, MEZIANE R, et al. Single-ion BAB triblock copolymers as highly efficient electrolytes for lithium-metal batteries[J]. Nature Materials, 2013, 12(5):452-7.

[72] GOMEZ ED,PANDAY A, FENG EH,et al. Effect of ion distribution on conductivity of block copolymer electrolytes[J]. 2009, 9(3):1212-1216.

[73] ALBINSSON I, JACOBSSON P, MELLANDER B E, et al. Ion association effects and ionic conduction in polyalkalene modified polydimethylsiloxanes[J]. Solid State Ionics, 1992, 53-56(7):1044-1053.

[74] WILSON D J, NICHOLAS C V, MOBBS R H, et al. Synthesis of block copolymers based on oxyethylene chains and their use as polymer electrolytes[J]. Polymer International, 2010, 22(2):129-135.

[75] ZHANG H, KULKARNI S, WUNDER S L. Blends of POSS-PEO($n=4$)8 and high molecular weight poly(ethylene oxide) as solid polymer electrolytes for lithium batteries[J]. Journal of Physical Chemistry B, 2007, 111(14):3583-90.

[76] AND P M, WUNDER S L. Oligomeric poly(ethylene oxide)-functionalized silsesquioxanes: Interfacial effects on T_g, T_m, and ΔH_m[J]. Chemistry of Materials, 2010, 14(11):4494-4497.

[77] WATANABE M, ENDO T, NISHIMOTO A, et al. High ionic conductivity and electrode interface properties of polymer electrolytes based on high molecular weight branched polyether[J]. Journal of Power Sources, 1999, 81(9):786-789.

[78] XUE C, MEADOR M A B, ZHU L, et al. Morphology of PI-PEO block copolymers for lithium batteries[J]. Polymer, 2006, 47(17):6149-6155.

[79] CROCE F, APPETECCHI G, PERSI L,et al. Nanocomposite polymer electrolytes for lithium batteries [J]. Nature, 1998,394:456-458.

[80] MICHAEL M S, JACOB M M E, PRABAHARAN S R S, et al. Enhanced lithium ion transport in PEO-based solid polymer electrolytes employing a novel class of plasticizers[J]. Solid State Ionics, 1997, 98(3-4):167-174.

[81] SCROSATI B, CROCE F, PERSI L J. Impedance spectroscopy study of peo-based nanocomposite polymer electrolytes[J]. Journal of the Electrochemical Society, 2000, 147(5):1718-1721.

[82] LIU Y, LEE J Y, HONG L. In situ preparation of poly(ethylene oxide)-SiO_2, composite polymer electrolytes[J]. Journal of Power Sources, 2004, 129(2):303-311.

[83] LIN C W, HUNG C L, VENKATESWARLU M, et al. Influence of TiO_2, nano-particles on the transport properties of composite polymer electrolyte for lithium-ion batteries[J]. Journal of Power Sources, 2005, 146(1-2):397-401.

[84] KUMAR B, SCANLON L, MARSH R, et al. Structural evolution and conductivity of PEO:$LiBF_4$-MgO composite electrolytes[J]. Electrochimica Acta, 2001, 46(10-11):1515-1521.

[85] BORGHINI M C, MASTRAGOSTINO M, ZANELLI A. Investigation on lithium/polymer electrolyte interface for high performance lithium rechargeable batteries[J]. Journal of Power Sources, 1997, 68(1):52-58.

[86] SUN H Y, SOHN H J, YAMAMOTO O, et al. Enhanced lithium-ion transport in PEO-based composite polymer electrolytes with ferroelectric $BaTiO_3$[J]. Journal of the Electrochemical Society, 1999, 146(5):1672-1676.

[87] CROCE F, PERSI L, SCROSATI B, et al. Role of the ceramic fillers in enhancing the transport properties of composite polymer electrolytes[J]. Electrochimica Acta, 2002, 46(16):2457-2461.

[88] STEPHAN A M, NAHM K S. Review on composite polymer electrolytes for lithium batteries[J]. Polymer, 2006, 47(16):5952-5964.

[89] CAPIGLIA C, MUSTARELLI P, QUARTARONE E, et al. Effects of nanoscale SiO_2, on the thermal and transport properties of solvent-free, poly(ethylene oxide) (PEO)-based polymer electrolytes[J]. Solid State Ionics, 1999, 118(1-2):73-79.

[90] TANG C, HACKENBERG K, FU Q, et al. High ion conducting polymer nanocomposite electrolytes using hybrid nanofillers[J]. Nano Letters, 2012, 12(3):1152.

[91] ALLCOCK H R, WELNA D T, MAHER A E. Single ion conductors—polyphosphazenes with sulfonimide functional groups[J]. Solid State Ionics, 2006, 177(7-8):741-747.

[92] 肖立新，郭炳焜，李新海. 聚合物锂离子电池[J]. 电池，2003, 33(2):40-40.

[93] 赵世勇. 锂离子电池用聚合物凝胶电解质研究进展[J]. 电池工业，2014, 19(1):35-40.

[94] 陈芳，马晓燕，屈小红，等. 锂离子电池凝胶聚合物电解质改性的研究现状[J]. 高分子通报，2006, 84(10):70-75.

[95] ZAGHIB K, CHAREST P, GUERFI A, et al. Safe Li-ion polymer batteries for HEV applications[J]. Journal of Power Sources, 2004, 134(1):124-129.

[96] ZAGHIB K, STRIEBEL K, GUERFI A, et al. $LiFePO_4$/polymer/natural graphite: low cost Li-ion batteries[J]. Electrochimica Acta, 2004, 50(2-3):263-270.

[97] PARK U S, HONG Y J, OH S M. Fluorescence spectroscopy for local viscosity measurements in polyacrylonitrile (pan)-based polymer gel electrolytes[J]. Electrochimica Acta, 1996, 41(6):849-855.

[98] JAYATHILAKA P A R D, DISSANAYAKE M A K L, ALBINSSON I, et al. Dielectric relaxation, ionic conductivity and thermal studies of the gel polymer electrolyte system PAN/EC/PC/LiTFSI[J]. Solid State Ionics, 2003, 156(1):179-195.

[99] OSTROVSKII D, TORELL L M, APPETECCHI G B, et al. An electrochemical and raman spectroscopical study of gel polymer electrolytes for lithium batteries[J]. Solid State Ionics, 1998, 106(1-2):19-24.

[100] JOHANSSON P, EDVARDSSON M, JOSEFINA ADEBAHR A, et al. Mixed solvent and polymer

coordination in PAN and PMMA gel polymer electrolytes studied by ab Initio calculations and raman spectroscopy[J]. Journal of Physical Chemistry B, 2003, 107(46):12622-12627.

[101] BOHNKE O, FRAND G, REZRAZI M, et al. Fast ion transport in new lithium electrolytes gelled with PMMA. 1. Influence of polymer concentration[J]. Solid State Ionics, 1993, 66(1-2):97-104.

[102] SAIKIA D, KUMAR A. Ionic transport in P(VDF-HFP)-PMMA-$LiCF_3$ SO_3-(PC + DEC)-SiO_2, composite gel polymer electrolyte[J]. European Polymer Journal, 2005, 41(3):563-568.

[103] RAJENDRAN S, BAMA V S, PRABHU M R. Effect of lithium salt concentration in PVAc/PMMA-based gel polymer electrolytes[J]. Ionics, 2010, 16(1):27-32.

[104] DEEPA M, AGNIHOTRY S A, GUPTA D, et al. Ion-pairing effects and ion-solvent-polymer interactions in $LiN(CF_3SO_2)$-PC-PMMA electrolytes: a FTIR study[J]. Electrochimica Acta, 2004, 49(3):373-383.

[105] PERIASAMY P, TATSUMI K, SHIKANO M, et al. Studies on PVDF-based gel polymer electrolytes[J]. Journal of Power Sources, 2000, 88(2):269-273.

[106] SIVAKUMAR M, SUBADEVI R, RAJENDRAN S, et al. Compositional effect of PVDF-PEMA blend gel polymer electrolytes for lithium polymer batteries[J]. European Polymer Journal, 2007, 43(10):4466-4473.

[107] DEKA M, KUMAR A. Electrical and electrochemical studies of poly(vinylidene fluoride)-clay nanocomposite gel polymer electrolytes for Li-ion batteries[J]. Journal of Power Sources, 2011, 196(3):1358-1364.

[108] RAJENDRAN S, KANNAN R, MAHENDRAN O. An electrochemical investigation on PMMA/PVDF blend-based polymer electrolytes[J]. Materials Letters, 2001, 49(3-4):172-179.

[109] WANG Y J, KIM D. Crystallinity, morphology, mechanical properties and conductivity study of in situ formed PVDF/$LiClO_4$/TiO_2, nanocomposite polymer electrolytes[J]. Electrochimica Acta, 2007, 52(9):3181-3189.

[110] SEKHON S S, SINGH H P. Ionic conductivity of PVDF-based polymer gel electrolytes[J]. Solid State Ionics, 2002, 152-153(152):169-174.

[111] WU N, CAO Q, WANG X, et al. In situ ceramic fillers of electrospun thermoplastic polyurethane/poly(vinylidene fluoride) based gel polymer electrolytes for Li-ion batteries[J]. Journal of Power Sources, 2011, 196(22):9751-9756.

[112] SAITO Y, KATAOKA H, CLAUDIO CAPIGLIA A, et al. Ionic conduction properties of PVDF-HFP type gel polymer electrolytes with lithium imide salts[J]. Journal of Physical Chemistry B, 2000, 104(9):2189-2192.

[113] RAJENDRAN S, MAHENDRAN O, MAHALINGAM T. Thermal and ionic conductivity studies of plasticized PMMA/PVDF blend polymer electrolytes[J]. European Polymer Journal, 2002, 38(1):49-55.

[114] ABBRENT S, PLESTIL J, HLAVATA D, et al. Crystallinity and morphology of PVDF-HFP-based gel electrolytes[J]. Polymer, 2001, 42(4):1407-1416.

[115] STEPHAN A M, KUMAR S G, RENGANATHAN N G, et al. Characterization of poly(vinylidene fluoride-hexafluoropropylene) (PVDF-HFP) electrolytes complexed with different lithium salts[J]. European Polymer Journal, 2005, 41(1):15-21.

[116] STEPHAN A M. Review on gel polymer electrolytes for lithium batteries[J]. European Polymer Journal, 2006, 42(1):21-42.

[117] COSTA C, SILVA M, LANCEROSMENDEZ S. Battery separators based on vinylidene fluoride (VDF) polymers and copolymers for lithium ion battery applications[J]. RSC Advances, 2013, 3 (29):11404-11417.

[118] CHI S K, OH S M. Importance of donor number in determining solvating ability of polymers and transport properties in gel-type polymer electrolytes[J]. Electrochimica Acta, 2000, 45(13): 2101-2109.

[119] 张鹏，李琳琳，何丹农，等. 锂离子电池凝胶聚合物电解质研究进展[J]. 高分子学报，2011(2): 125-131.

[120] LI H, LIN C E, SHI J L, et al. Preparation and characterization of safety PVDF/P(MMA-*co*-PEGMA) active separators by studying the liquid electrolyte distribution in this kind of membrane[J]. Electrochimica Acta, 2014, 115(3):317-325.

[121] ZHANG H, MA X, LIN C, et al. Gel polymer electrolyte-based on PVDF/fluorinated amphiphilic copolymer blends for high performance lithium-ion batteries[J]. RSC Advances, 2014, 4(64): 33713-33719.

[122] ZHAO Y H, XU Y Y, ZHU B K. Effect of amphiphilic hyperbranched-star polymer on the structure and properties of PVDF based porous polymer electrolytes[J]. Solid State Ionics, 2009, 180(32-35): 1517-1524.

[123] XIAO Q, WANG X, LI W, et al. Macroporous polymer electrolytes based on PVDF/PEO-*b*-PMMA block copolymer blends for rechargeable lithium ion battery[J]. Journal of Membrane Science, 2009, 334(1-2):117-122.

[124] XI J, QIU X, LI J, et al. PVDF-PEO blends based microporous polymer electrolyte: Effect of PEO on pore configurations and ionic conductivity[J]. Journal of Power Sources, 2006, 157(1):501-506.

[125] CUI Z Y, XU Y Y, ZHU L P, et al. Preparation of PVDF/PMMA blend microporous membranes for lithium ion batteries via thermally induced phase separation process[J]. Materials Letters, 2008, 62 (23):3809-3811.

[126] CUI Z Y, XU Y Y, ZHU L P, et al. Preparation of PVDF/PEO-PPO-PEO blend microporous membranes for lithium ion batteries via thermally induced phase separation process[J]. Journal of Membrane Science, 2008, 325(2):957-963.

[127] LI H, CHEN Y M, MA X T, et al. Gel polymer electrolytes based on active PVDF separator for lithium ion battery. I: Preparation and property of PVDF/poly(dimethylsiloxane) blending membrane[J]. Journal of Membrane Science, 2011, 379(1):397-402.

[128] LI H, ZHANG H, LIANG Z Y, et al. Preparation and properties of poly (vinylidene fluoride)/poly (dimethylsiloxane) graft, [poly(propylene oxide)-*block*-poly(ethylene oxide)] blend porous separators and corresponding electrolytes[J]. Electrochimica Acta, 2014, 116(2):413-420.

[129] ZHOU L, CAO Q, JING B, et al. Study of a novel porous gel polymer electrolyte based onthermoplastic polyurethane/poly(vinylidene fluoride-*co*-hexafluoropropylene) by electrospinning technique [J]. Journal of Power Sources, 2014, 263(263):118-124.

[130] DING Y, ZHANG P, LONG Z, et al. The ionic conductivity and mechanical property of electrospun P(VDF-HFP)/PMMA membranes for lithium ion batteries[J]. Journal of Membrane Science, 2009, 329(1):56-59.

[131] REN Z, LIU Y, SUN K, et al. A microporous gel electrolyte based on poly(vinylidene fluoride-*co*-hexafluoropropylene)/fully cyanoethylated cellulose derivative blend for lithium-ion battery[J]. Electrochimica Acta, 2009, 54(6):1888-1892.

[132] 李朝晖，蒋晶，张汉平，等. 室温离子液体增塑的纳米复合聚合物电解质研究[J]. 化学学报，2007，65(14):1333-1337.

第 9 章 燃料电池膜

9.1 燃料电池简介

燃料电池是一种不经过燃烧，直接以电化学反应方式将燃料和氧化剂中的化学能转变为电能的发电装置[1]。根据所采用的电解质，燃料电池可以分为五类：聚合物电解质膜燃料电池、磷酸燃料电池、碱性燃料电池、熔融碳酸盐燃料电池和固体氧化物燃料电池[2]。其中聚合物电解质膜燃料电池除了具有其他燃料电池的优点外，还具有常温下快速起动、结构简单紧凑、可靠性高等特点，因而可作为有着广阔应用前景的新能源技术而备受关注。

聚合物电解质膜燃料电池还可进一步分为质子交换膜膜燃料电池（PEMFC，聚合物膜可以传导阳离子，如质子等）和阴离子交换膜燃料电池（AEMFC，聚合物膜可以传导阴离子，如氢氧根离子等），PEMFC 和 AEMFC 原理示意图如图 9-1 所示[3]。

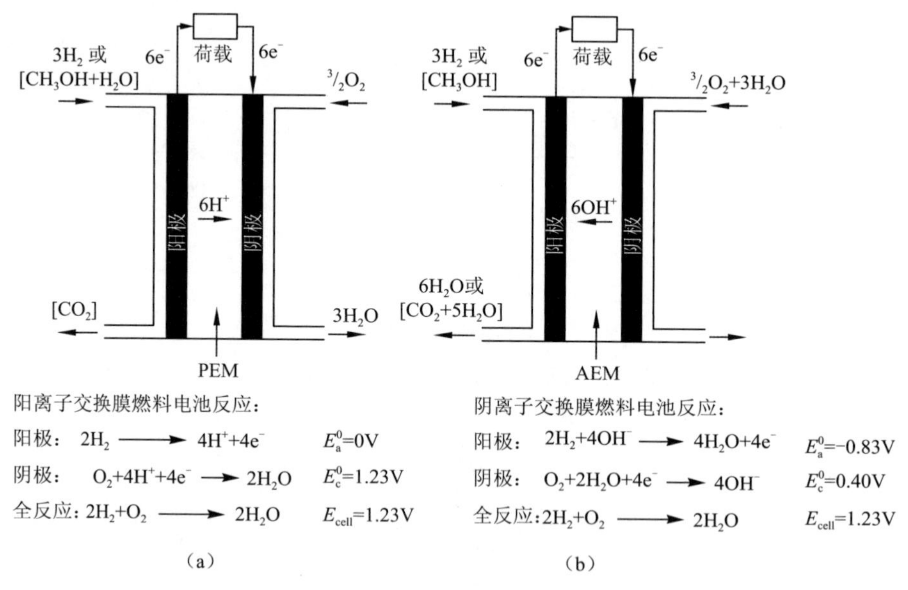

图 9-1 PEMFC 和 AEMFC 原理示意图[3]

聚合物膜在燃料电池中起着分隔燃料和氧化剂、分隔绝缘电子和传导离子的作用。理想的用于聚合物燃料电池的聚合物电解质膜通常应当满足以下条件[4]：

（1）良好的离子传导率，以降低电池内阻并提高电池功率密度；

（2）燃料渗透性低，能有效阻隔燃料和氧化剂，避免二者在电极表面直接反应，造成电池局部过热，影响电池的库仑效率；

(3)较好的化学和电化学稳定性，在氧化/还原和自由基作用下不降解，以保证电池的工作寿命；

(4)出色的机械性能和热性能，可以承受电池加工和运行中机械和热量冲击；

(5)上佳的形貌和水稳定性，有利于膜吸收充足的水分而不过度溶胀，进而使水和离子在聚合物膜内可快速迁移，避免膜局部缺水或浓度梯度过大；

(6)干-湿转换的可逆性要好，否则容易引起聚合物膜的局部应力增大或变形；

(7)聚合物膜的表面适于和催化剂结合制备膜电极(MEA)；

(8)具有竞争力的低价格。

本章根据主链化学组成和所含离子官能团的不同，将离子交换膜分为全氟质子交换膜、部分含氟质子交换膜、非氟质子交换膜、阴离子交换膜几大类，并对这几类面向燃料电池离子交换膜的合成与改性策略及其在能量转换与存储中的应用逐一进行归纳和介绍。

9.2　全氟质子交换膜及其改性

目前已经商品化的全氟质子交换膜包括 Nafion、Hyflon Ion、Dow、Flemion、Aciplex-S 和 3 M 等，但 Du Pont 公司生产的 Nafion 系列膜在 PEMFC 中使用最为广泛，其化学结构如图 9-2 所示。从分子水平上看，Nafion 膜材料的结构是疏水的聚四氟乙烯(PTFE)骨架上通过醚键连接着，末端带亲水磺酸基的全氟支链。Nafion 膜吸水后，膜内形成亲水/疏水两相，其中疏水相为其提供强度、稳定性等物理性能，以保证膜形貌和尺寸的稳定性；亲水相则为质子迁移提供连续的传输通道。这种独特的纳米相分离结构赋予了 Nafion 膜出色的机械性能、优异的电化学稳定性、适宜温度下充分润湿时的高质子传导率、良好的热稳定性和化学稳定性[5-8]。

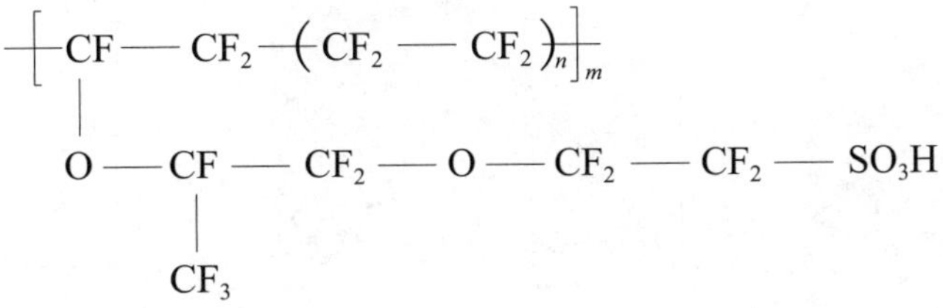

$$\left[CF - CF_2 - (CF_2 - CF_2)_n \right]_m$$
$$CF - O - CF(CF_3) - CF_2 - O - CF_2 - CF_2 - SO_3H$$

图 9-2　Nafion 的化学结构式

9.2.1　Nafion 的结构模型和质子传导机理

自从 Nafion 膜的簇-网络模型[见图 9-3(a)][9,10]提出以来，在此基础上又陆续提出了结构翻转网络模型[见图 9-3(b)][11]和逾渗网络模型[图 9-3(c)][12]等，但这些结构模型都是为解释特定实验现象而提出的，对于解释其他的现象则无能为力。例如，用以上模型获得的 SAXS 模拟曲线与 Nafion 膜的 SAXS 实验数据并不能很好地吻合，平行柱状纳米水通道模型(见图 9-4)[13]获得的 SAXS 模拟曲线与 Nafion 膜的 SAXS 实验数据却可以很好地相符。在这一模型中，水通道由 Nafion 的侧链包围、聚四氟乙烯分子支撑，形成了长柱状的反胶束，这些反胶束柱在微观尺度上相互平行，互不相连。含水量为 20%(体积分数)的 Nafion 膜中，反胶束柱的直径为 1.8～3.5 nm，平均直径为 2.4 nm，为质子迁移提供通道。此外，模型中还考虑到了 Nafion 微晶，这些平均截面积为 5 nm^2 的狭长微晶平行于反胶束柱，总量约为 10%(体积分数)，嵌在膜内形成物理交联，为 Nafion 膜提供良好的机械性能。平行柱状纳米水通道模型不仅 SAXS 模拟曲线与 SAXS 的实验数据十分吻合，还能有效地解释 Nafion 膜的快速水扩散和质子迁移等现象。尽管如此，Nafion 膜的平行柱状纳米水通道模型仍然存在争议[14,15]。

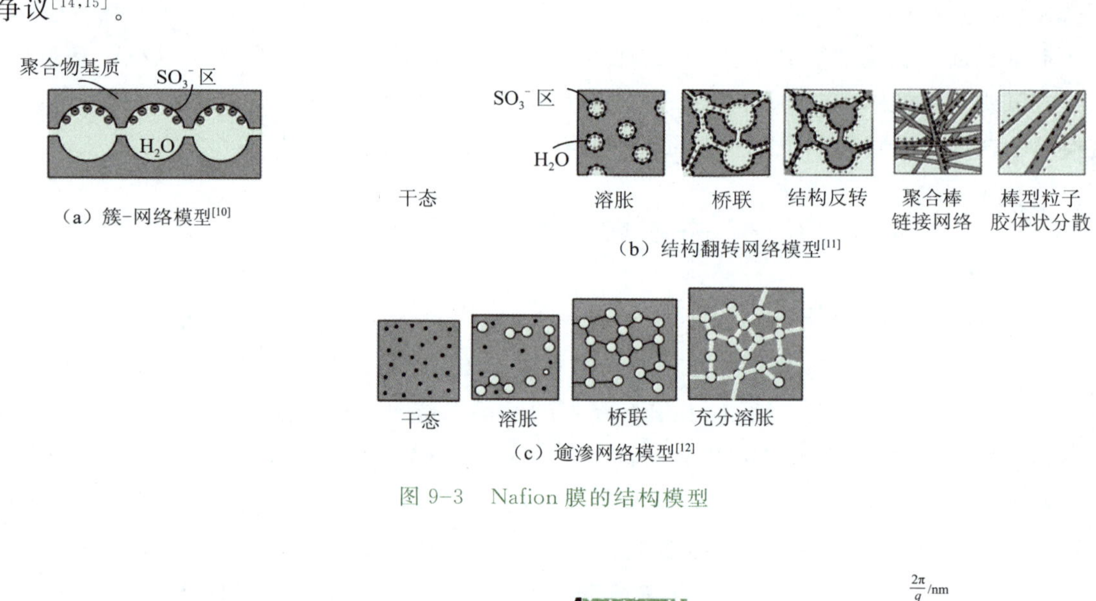

图 9-3 Nafion 膜的结构模型

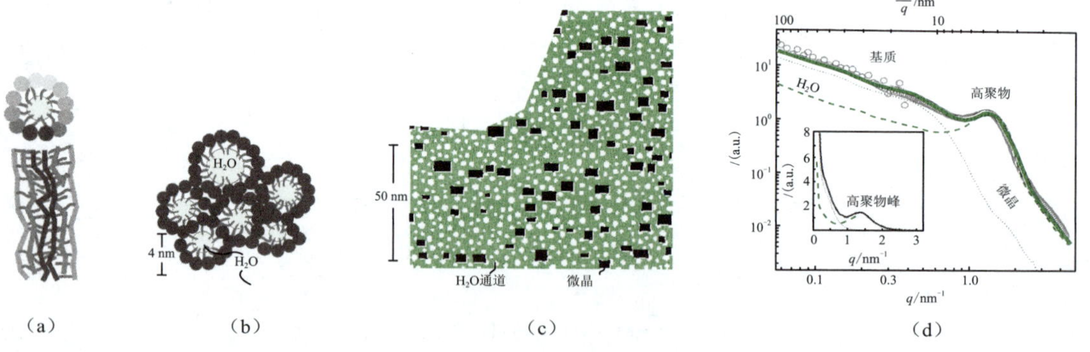

图 9-4 Nafion 膜的平行柱状纳米水通道模型[12]

(a)为反胶束柱的断面和侧面透视；(b)为反胶束柱的团聚；(c)为该模型的断面，水通道(白色)，Nafion 微晶(黑色)和无定形 Nafion(绿色)；(d)为平行柱状纳米水通道模型的模拟曲线与小角 X-射线散射的实验数据的对照

水在 Nafion 膜中起着至关重要的作用，不仅决定着膜内可以获得的质子载体数，还参与膜形貌的形成，决定着膜内迁移通道的连通性。它在膜内有三种存在状态[见图 9-5(a)]：强键合水、弱键合水和自由水，据此可以将饱和吸水的 Nafion 膜亲水区分为强键合水区、弱键合水区和自由水区[16]，其中键合水区质子传导以结构扩散机理(structural diffusion or grotthus mechanism)为主，而自由水区质子传导则以运输扩散机理(vehicle diffusion mechanism)为主,甲醇主要也是通过此区渗透[17]。如图 9-5(b)中所示,运输扩散机理类似球场上球员自由带球跑,水分以水合质子子形式(H_3O^+)来回运送质子;结构扩散机理则类似球场上一队球员立定传球,质子沿磺酸根形成的 $H_9O_4^+$—$H_5O_2^+$—$H_9O_4^+$ 传导链跃迁传递,显然结构扩散机理传输质子的效率更高。不管以何种机理进行迁移,质子都需克服一定的能垒,在宏观上则表现为质子传导的表观活化能,表现活化能在 14～40 kJ・mol^{-1}的质子迁移皆是结构扩散机理为主的过程[18]。

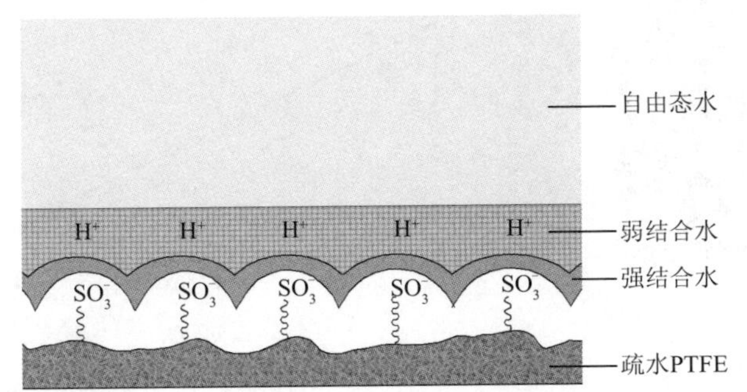

(a) 饱和吸水状态的Nafion膜中水的三种状态及分区[16]

(b) 质子在膜内的两种迁移机理[17]

图 9-5　Nafion 膜水通道结构及质子传输机理示意图

第一,由于含水量对全氟磺酸膜形貌和质子传导率影响显著,使得全氟质子交换膜在较高温度(>80 ℃)或较低相对湿度下操作时,质子传导性能大幅降低;第二,当使用甲醇作燃料时,全氟质子交换膜内连续的离子通道非常有利于甲醇的透过,甲醇透过严重,阻碍其在直接甲醇燃料电池(DMFC)领域的应用;第三,由于全氟质子交换膜制备工艺复杂,全氟质子交换膜的价格昂贵。因此,需要对全氟质子交换膜进行改性,使其能满足不同的应用要求,如在高温(>100 ℃)低湿条件下仍可保持较高质子传导率或在保持质子传导率基本不变的情况下有效降低甲醇透过率等。常用的改性方法有简单的物理或化学方法处理、多孔材料增强和无机粒子掺杂等。

9.2.2　简单物理及化学处理的全氟质子交换膜

全氟质子交换膜的性能不仅受化学组成的影响,还与成膜方式和所经历的处理有关。不同厚度的商品酸型 Nafion 在 165 ℃经过热退火处理后,质子传导率和水渗透等参数都会增加;而钠型 Nafion 在 220 ℃经过短时热退火处理后,质子传导率和甲醇透过率都有所降低[19,20]。与熔融挤出方式制备的 Nafion 膜不同,经溶液流延法制备的全氟质子交换膜的亲水通道和亲水簇更小,因而质子传导率也更低[21]。而经过超临界二氧化碳处理的全氟质子交换膜结晶度上升,离子尺寸变小,同时通道的长程有序增强,可以在不牺牲质子传导率和机械性能的前提下,使甲醇透过率下降 41.8%[22]。在流延法制备全氟质子交换膜的过程中,施加垂直于膜表面的电场,则可以形成线形、曲折少和尺寸更大的质子通道(Nafion 膜的透射电镜照片如图 9-6 所示),从而提高全氟质子交换膜的质子传导率和 PEMFC 性能[23]。在成膜溶液中添加极性非溶剂或自组装诱导剂同样可以获得尺寸更大的质子通道[24,25],80 ℃下的质子传导率可以提高一倍以上[24]，Nafion/DMF 溶液所成的膜与添加有四氯化碳(TCE)的 Nafion/DMF 溶液所成的膜在不同温度下的质子传导率如图 9-7 所示。

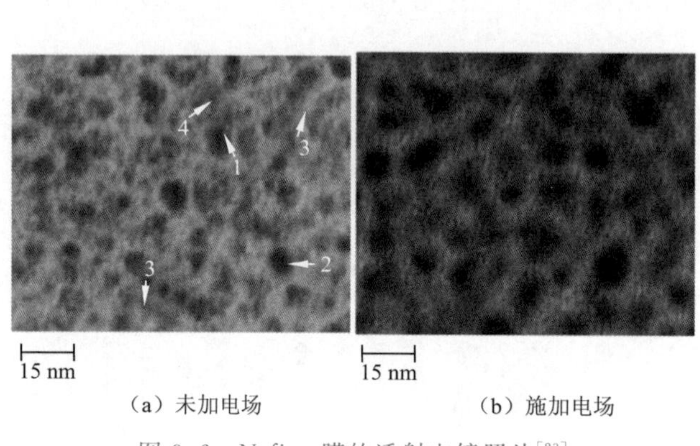

(a) 未加电场　　(b) 施加电场

图 9-6　Nafion 膜的透射电镜照片[23]

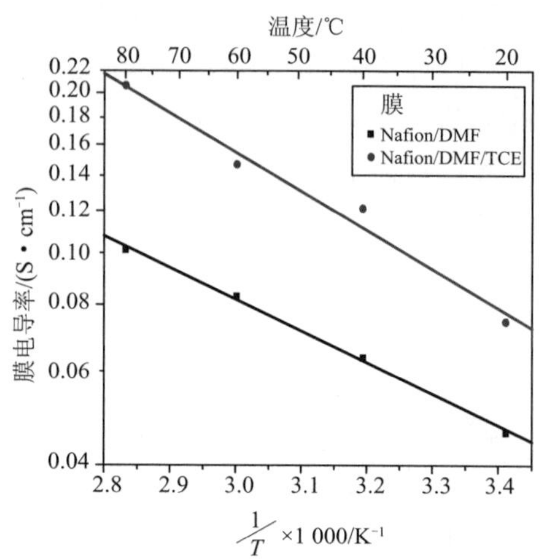

图 9-7　Nafion/DMF 溶液所成的膜与添加四氯化碳(TCE)的 Nafion/DMF 溶液所成的膜在不同温度下的质子传导率[24]

经轴向拉伸处理的 Nafion 膜具有更少的缺陷、更好的链堆积和更高的结晶度，在降低甲醇透过率的同时保持了质子传导率基本不变，因而 DMFC 的最高功率密度比使用商品Nafion 的 DMFC 提高近 45%[26]。通过简单机械处理，在全氟质子交换膜表面形成不同形状的微米花纹，改善催化剂层与膜表面的接触，可以使 PEMFC 在 75 ℃时的最高功率密度达到1.26 W·cm^{-2}[27]。将 Nafion 溶液进行高压静电纺丝制备 Nafion 纳米纤维，直径为 400 nm 的高纯度 Nafion 纳米纤维在 30 ℃和 90% RH 下，质子传导率达 1.5 S·cm^{-1}，比商品 Nafion 膜高 10 余倍；不过 Nafion 纳米纤维的质子电导率随直径增加而迅速下降[见图 9-8(a)]，5 μm的 Nafion 纳米纤维仅具有与商品 Nafion 膜相当的质子电导率[28]。对于高压静电纺丝制备的纳米纤维质子传导率增加的原因，有两种解释[29]：一种解释认为亲水的基团在电场作用下集中到了纳米纤维内部，有利于高速质子传导[见图 9-8(b)]；另一种解释则认为亲水的基团在电场作用下集中到了纳米纤维表面，才有利于质子高速传导[见图 9-8(c)]。

对全氟质子交换膜进行简单化学处理也是改善其综合性能行之有效的方法。全氟质子交换膜在全氟庚烷氛围中经氩等离子体处理，表面沉积了薄薄的高交联氟碳层，有效地降低了全氟质子交换膜的吸水性，增强了机械性能，同时甲醇透过率减少了两个数量级[30,31]。将 Nafion 膜表面变成含羧基薄层后，这种三明治结构导致甲醇透过率下降幅度比质子传导主下降幅度显著得多，最终提高了全氟质子交换膜的综合性能[32]。表面经多巴胺处理的 Nafion 膜甲醇透过率从原来的 3.14×10^{-6} cm^2·s^{-1}下降到 6.5×10^{-7} cm^2·s^{-1}，质子传导率仅略有减少，有效地增强了全氟质子交换膜的性能[33]。

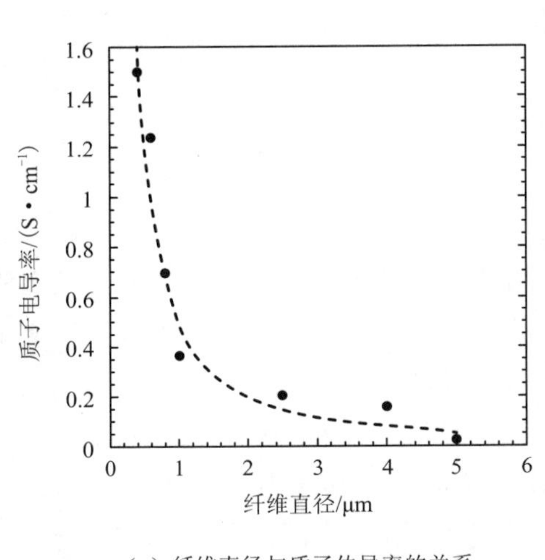

(a) 纤维直径与质子传导率的关系

(b) 基团在纤维内部集中示意图

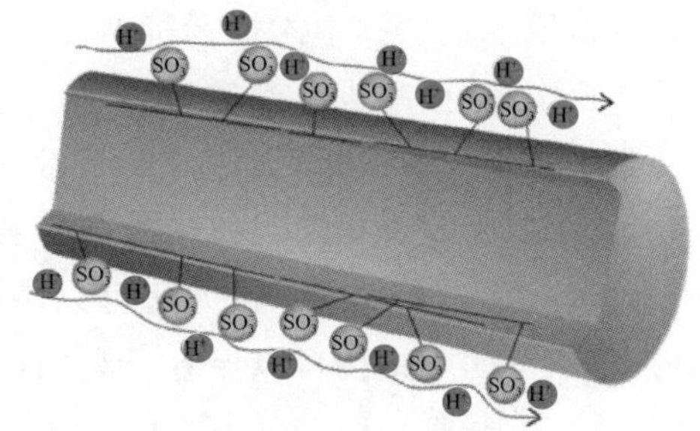

(c) 基团在纤维外部集中示意图[28,29]

图 9-8　Nafion 纳米纤维

上述的改性方法,都可在一定程度上改善全氟质子交换膜的性能,如降低甲醇透过率等,但都增加了全氟质子交换膜的成本,因而需要更为经济的改性方法。

9.2.3　多孔材料增强的全氟质子交换膜

用高强度的多孔膜材料增强全氟质子交换膜是一种经济的、行之有效的改性方法。因为高强度多孔材料的存在,可以将膜厚有效减小,所以降低了膜的阻抗和全氟质子交换膜的用量,最终带来了膜成本的下降和性能的提升。Nafion 经多孔聚酰亚胺增强后得到的 PI/Nafion 复合膜[见图 9-9(a)],甲醇透过率不到 Nafion 膜的 1/80,而质子传导率基本与 Nafion 膜持平。因为受高强度的 PI 抑制,膜内水分子以弱键合水和强键合水主,所以在有效减少甲醇透过率的同时可以保持质子传导率不变。以浓度为 5 M 甲醇溶液作燃料的 DMFC 在 70 ℃时的最高功率密度为 Nafion 117 膜的 3 倍以上[见图 9-9(b)][34]。

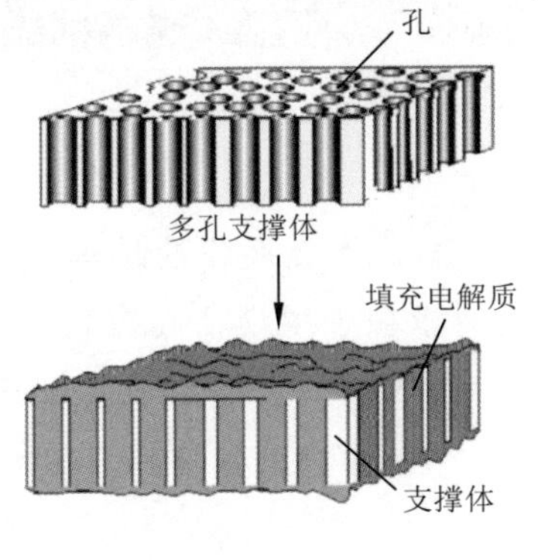

(a) PI/Nafion复合膜示意图

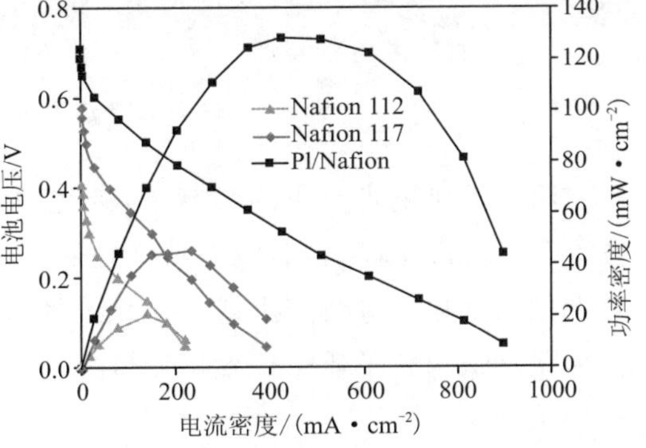

(b) 5M甲醇溶液给料的DMFC在70 ℃的电池性能[34]

图 9-9　PI/Nafion 复合膜的结构及性能

如何使增强材料疏水的孔表面与亲水的填充全氟质子交换材料良好相容是保证这类增强膜性能的关键。一种有效的方法是在对增强材料孔表面进行溶胀和亲水处理的基础上，在5×10^2 Pa的压力下填充钠型的全氟质子交换材料，然后在270 ℃下热处理，最后得到的增强膜开路电压（OCV）衰减速率为3.3 mV・h^{-1}，为Nafion膜的13.2 mV・h^{-1}的1/3[35]。

9.2.4 无机粒子掺杂的全氟质子交换膜

在全氟质子交换膜中添加无机纳米粒子，不仅可以增强机械性能，还会使亲水通道变得更曲折和狭窄，从而减少甲醇和钒离子的透过。常用的掺杂方法有两种，第一种是以全氟质子交换膜的亲水相做模板，通过渗透扩散将所添加粒子的前体引入膜内，然后原位生成无机纳米粒子；第二种是直接用无机纳米粒子或其前体与全氟质子交换膜的成膜液直接混合，均匀分散后溶液法成膜。第一种方法可以精确地将无机纳米粒子掺杂在全氟质子交换膜的亲水区内，且原有的膜结构得以保存，但这种方法可以掺杂的无机纳米粒子含量不如第二种方法的多。图9-10所示为Nafion膜在原硅酸四乙酯（TEOS）溶液中浸泡、原位溶胶-凝胶反应制备的二氧化硅含量为16.2%的Nafion/二氧化硅杂化膜透射电镜照片，显然未掺杂的Nafion膜亲水相尺寸为5～10 nm；掺杂后，由于二氧化硅粒子存在于原来的亲水相中，图9-10(b)仍可看出亲水相尺寸增大为25～60 nm[36]。采用类似方法原位制备的Nafion/磷酸功能化二氧化硅杂化膜[见图9-11(a)]，无机粒子也被定向到Nafion膜的亲水区内，中温操作时展示了比未修饰Nafion膜更高的热稳定性和更好的保水性，因而140 ℃时的无水质子传导率为未修饰Nafion膜的5倍以上[见图9-11(b)][37]。

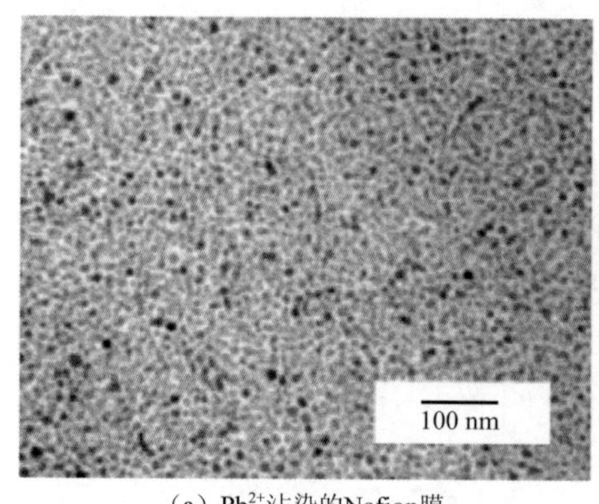

(a) Pb^{2+}沾染的Nafion膜

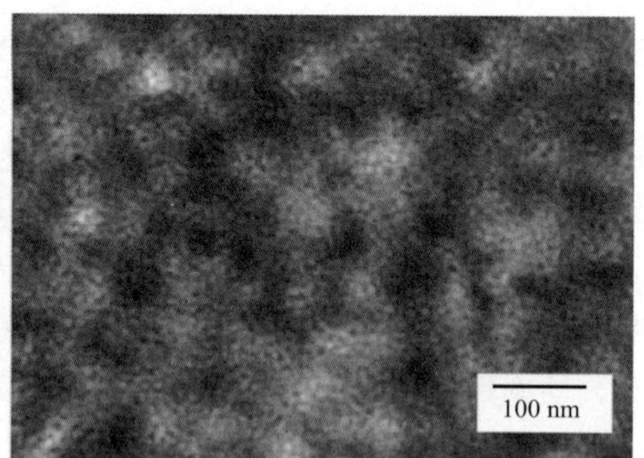

(b) Pb^{2+}沾染的Nafion/16.2%二氧化硅杂化膜[36]

图9-10 透射电镜照片

第二种方法在无机纳米粒子的参与下，杂化膜结构与全氟质子交换膜的结构不再相同，无机纳米粒子含量可以很高，但若没有特殊控制手段，无机纳米粒子很难精确控制于亲水区，且常需要对无机纳米粒子进行亲水或功能化改性，以改善无机纳米粒子与全氟聚合物间的相容性和弥补因无机纳米粒子质子传导率低带来的不利影响。

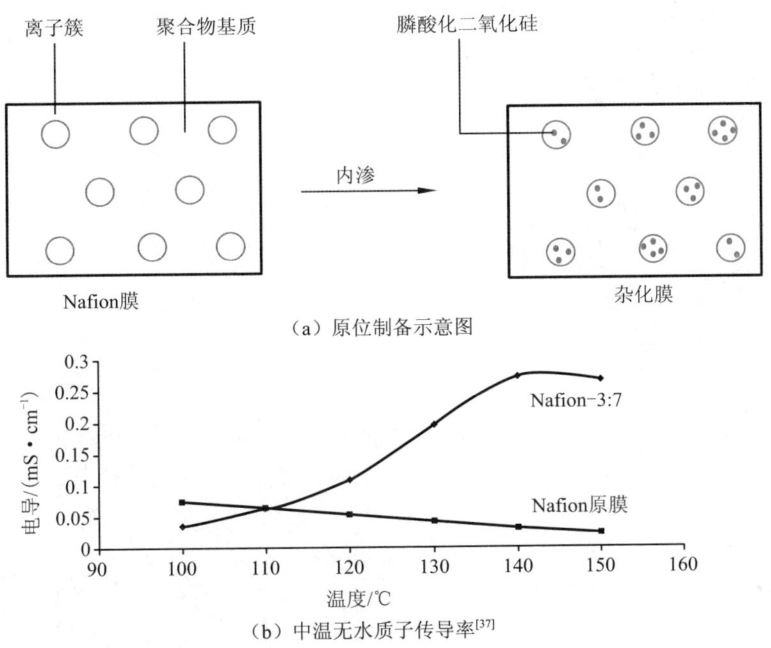

(a) 原位制备示意图

(b) 中温无水质子传导率[37]

图 9-11　Nafion/磷酸功能化二氧化硅杂化膜

图 9-12 所示为直接混合法制备的 Nafion/二氧化钛复合膜[38] 和 Nafion/H-ZSM-5 沸石复合膜[39]，显然无机纳米粒子在聚合物基体间分散较差。通过无机纳米粒子与聚合物基质间界面作用力(氢键、离子作用、共价作用、配位作用和成核-结晶作用)的合理运用设计，可以获得无机纳米粒子分散良好的杂化膜。利用二氧化硅所吸附的质子数量随 pH 值变化的特性，首先对 TEOS/Nafion 混合溶液酸化，使其水解缩聚同时吸附质子，Nafion 分子通过离子作用在二氧化硅粒子表面自组装，形成二氧化硅(质量分数 5%)均匀分散，平均粒径为 2.8 nm ±0.5 nm 的杂化膜(见图 9-13)，其干/湿循环寿命比 Nafion 膜的显著延长[40]。但当无机纳米粒子含量很高时，即使有较好的界面作用力，也无法避免较大的无机粒子颗粒。图 9-14 是三唑功能化的八氯丙基八硅倍半氧烷(Tz-Poss)结构式和含量为 50%的 Tz-Poss/Nafion 复合膜的断面扫描电镜照片，Tz-Poss 颗粒在膜内分散均匀，但有尺寸为 200 nm 的大颗粒存在[41]。

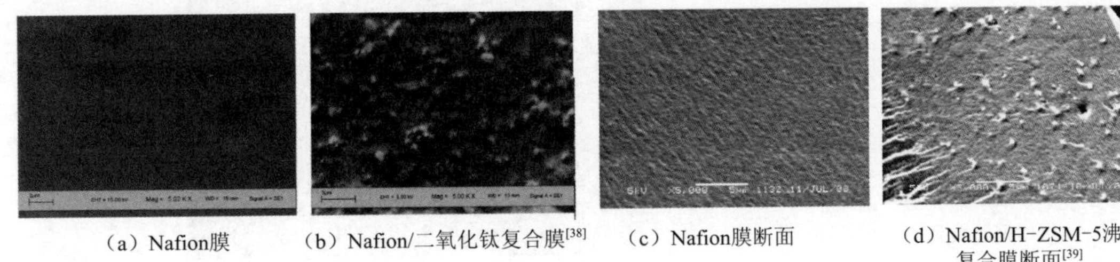

(a) Nafion膜　(b) Nafion/二氧化钛复合膜[38]　(c) Nafion膜断面　(d) Nafion/H-ZSM-5沸石复合膜断面[39]

图 9-12　扫描电镜照片

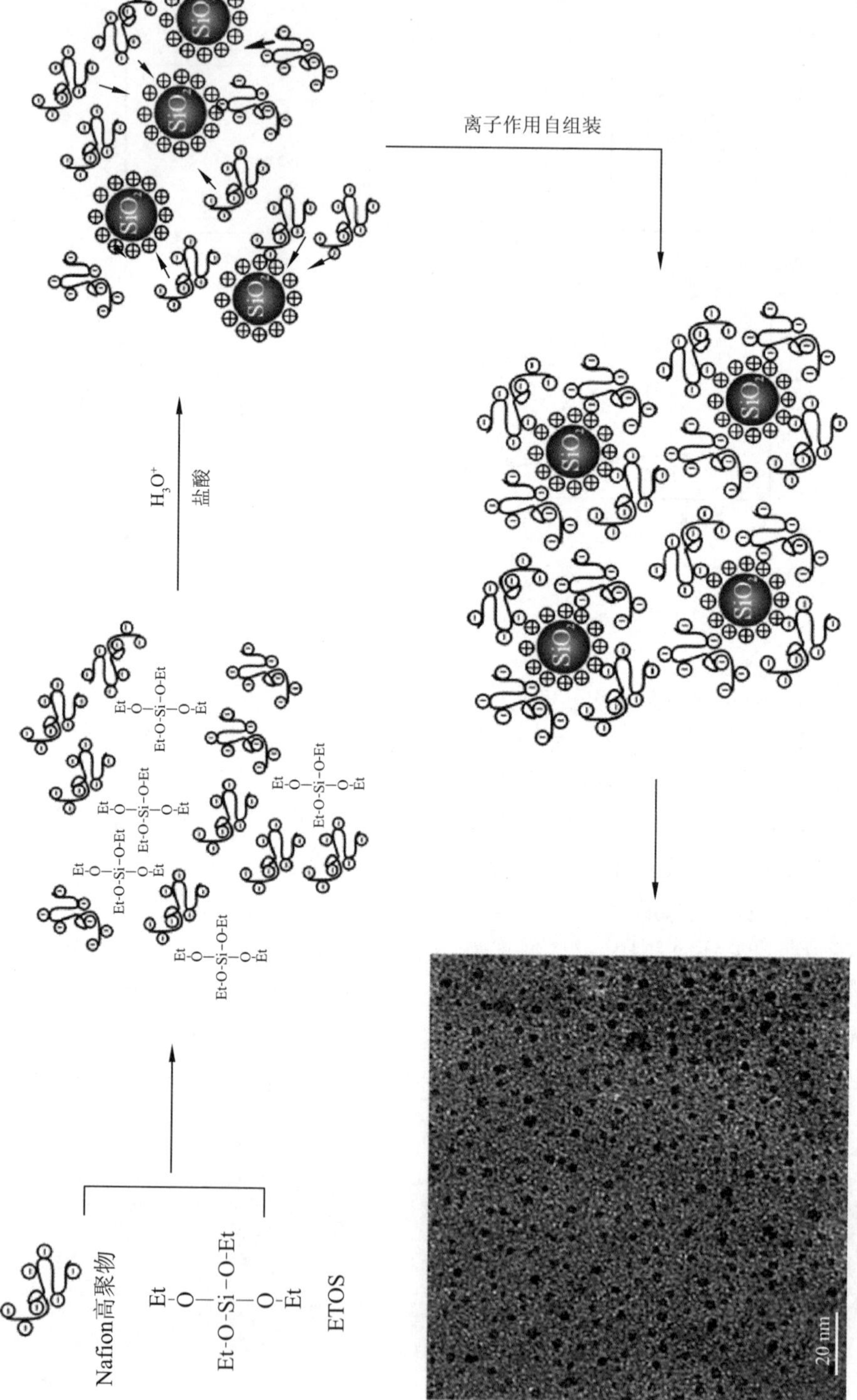

图9-13 自组装制备Nafion/二氧化硅杂化膜的示意图[40]

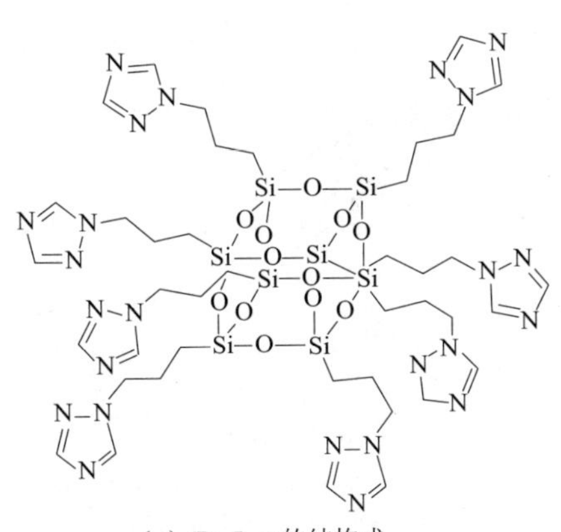

（a）Tz-Poss的结构式

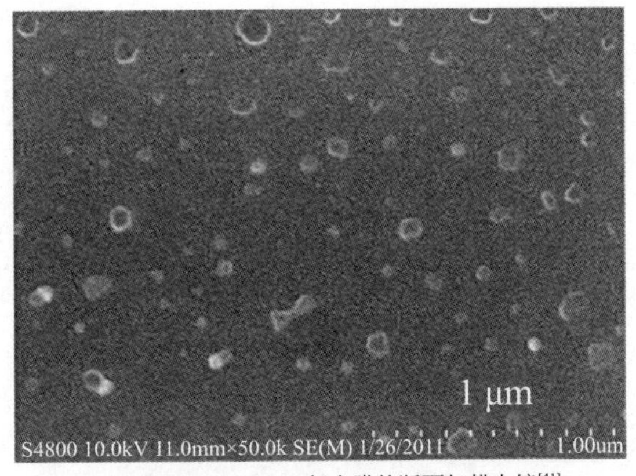

（b）Nafion/Tz-Poss复合膜的断面扫描电镜[41]

图 9-14　Tz-Poss 结构及其复合膜的表面形貌

除了上述零维的无机纳米粒子，一维管状的和二维片状的纳米粒子也可用来掺杂全氟质子交换膜，但使用前也都需要进行表面修饰，以改善纳米粒子与聚合物界面相容性。多壁碳纳米管表面进行羧基修饰（MWCNT—COOH）后，可以均匀分散于 Nafion 基体内，不过 MWCNT—COOH 含量不宜过高，否则电子传导率的增加会带来短路的风险；MWCNT—COOH 含量为 2%的 Nafion 复合膜具有最佳的综合性能，杨氏模量比 Nafion 膜的增加 60%以上[42]。蒙脱土（MMT）是一类由纳米厚度（约 1 nm）的表面带负电的硅酸盐片层依靠层间的静电作用而堆积在一起构成的土状矿物，具有表面极性大、阳离子交换能力强、层间表面含水等特性[43]，其结构如图 9-15(a)所示[44]。剥层的蒙脱土片在聚合物基质中均匀分散后，具有良好的阻隔特性，适合用作 DMFC 的质子交换膜[见图 9-15(b)][45]。为了实现 MMT 以剥层状态存在，在与 Nafion 复合之前，需要进行有机物插层。经阳离子聚合物壳聚糖插层的 MMT（BMMT）与 Nafion 制备的复合膜，BMMT 在复合膜内以剥层状态存在，BMMT 含量为 2.0%有 Nafion/BMMT 复合具有最高的选择性，质子传导率为 0.08 $S \cdot cm^{-1}$，甲醇透过率为 8.37×10^{-8} $cm^2 \cdot s^{-1}$，这表明带正电荷聚合物电解质修饰的 MMT 与全氟聚合物基体间有更好的相容性[46]。图 9-16 所示为 MMT 复合对膜性能的影响。

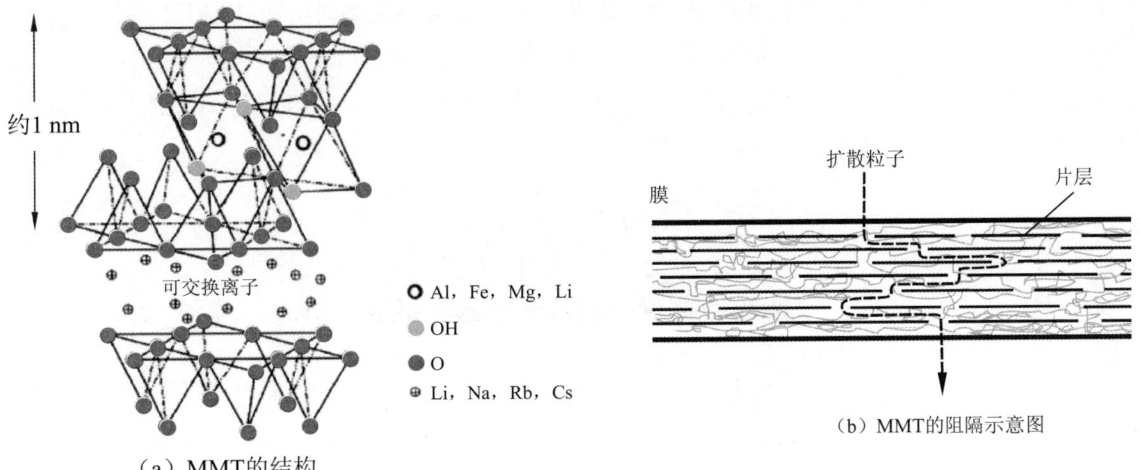

（a）MMT的结构

（b）MMT的阻隔示意图

图 9-15　MMT 结构及其作用机理示意

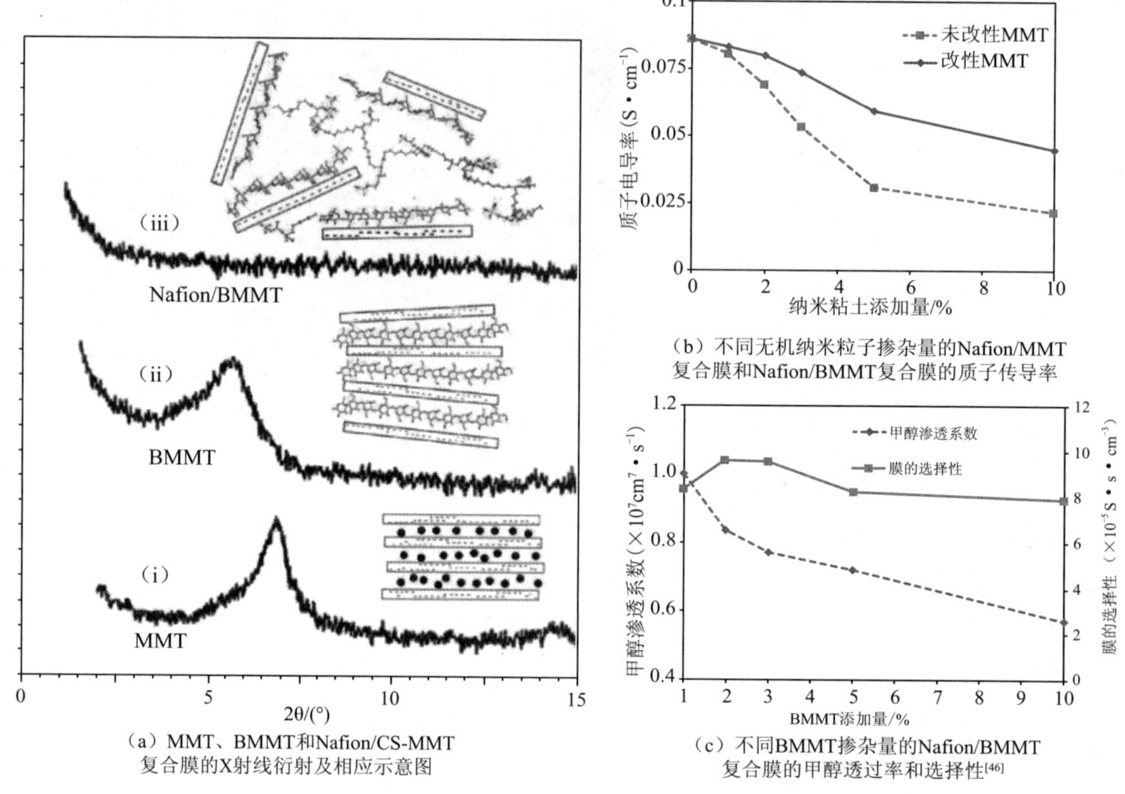

(a) MMT、BMMT和Nafion/CS-MMT复合膜的X射线衍射及相应示意图

(b) 不同无机纳米粒子掺杂量的Nafion/MMT复合膜和Nafion/BMMT复合膜的质子传导率

(c) 不同BMMT掺杂量的Nafion/BMMT复合膜的甲醇透过率和选择性[46]

图 9-16 MMT 复合对膜性能的影响

对全氟质子交换膜的这些改性方法不但可以单独采用,还可以进行联用。在填充之前,填充溶液先掺杂亲水无机粒子,然后再进行填充,所得的增强膜因保水性增强,在 110～130 ℃时仍具有较好的燃料电池性能[47]。利用铈离子可捕捉自由基的特性,先制得磺化二氧化硅固定的氧化铈纳米粒子,然后与 Nafion 溶液混合均匀,再填充于多孔的膨体聚四氟乙烯(ePTFE)制备增强复合膜,在加速老化实验中,这种膜的寿命为全氟质子交换膜的 7 倍[48]。采用多种改性方法联用制备的如图 9-17 所示的自润湿膜,由其组装成的质子交换膜燃料电池(PEMFC)在0.2 Mpa的 H_2 和 O_2 干态进气条件下,开路电压为 0.98 V,60 ℃时的最高功率密度达 800 mW·cm^{-2}。尽管这种膜的长期寿命仍需进一步研究,但这种膜以磺化聚醚醚酮(SPEEK)为主体材料,显然极大地减少了 Nafion 材料的使用,因而可大幅降低膜的成本[49]。

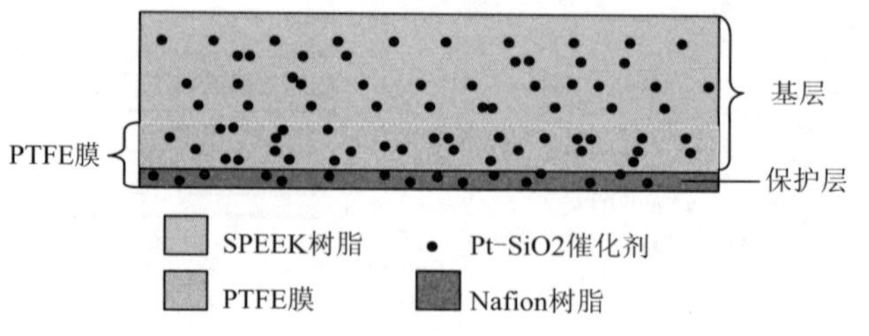

图 9-17 Pt-SiO_2/SPEEK/PTFE/Nafion/Pt-SiO_2 自润湿膜示意图[49]

9.3　部分含氟质子交换膜

部分含氟质子交换膜至少包括三类，第一类是以全氟或部分氟化的膜为起始材料，接枝制备的质子交换膜；第二类是主链结构为非氟链，支链结构为含官能团的全氟链的质子交换膜；第三类是为了增强相分离而引入含氟原子的质子交换膜。由于这些膜的起始材料含氟而不是全氟聚合物，这些膜可以归入部分含氟质子交换膜，也可以归入非氟质子交换膜。

以含氟商品膜为起始材料接枝制备部分含氟质子交换膜的常规方法为辐射-接枝工艺，包括辐照、接枝和磺化等步骤（见图 9-18）[50]。其中可以作为起始材料的基膜至少要满足以下条件[51]：

（1）基膜经辐照处理后应该能产生用于引发接枝的活性位；

（2）基膜应该具有较强的疏水性，以有利于最终膜的亲水-疏水相分离；

（3）允许接枝单位在基膜内扩散；

（4）基膜在辐射前后都具有良好热稳定、足用的断裂韧性和机械性能；

（5）在接枝反应和应用环境下，基膜具有化学稳定性。

常用的基膜材料、接单体和交联剂分别见表 9-1 和表 9-2。

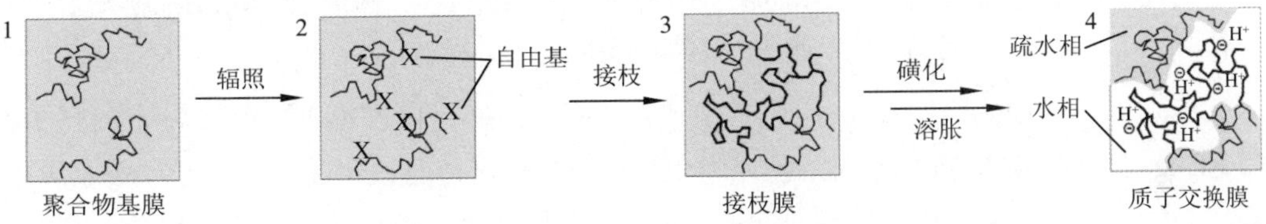

图 9-18　通过辐射-接枝制备部分含氟质子交换膜的流程示意图[50]

表 9-1　常用的辐射-接枝基膜材料

名　　称	缩　　写	结 构 单 元
聚四氟乙烯	PTFE	$\left[CH_2—CF_2 \right]_n$
四氟乙烯-六氟丙烯共聚物	FEP	$\left[CH_2—CF_2 \right]_n \left[CF_2—CF(CF_3) \right]_m$
四氟乙烯-全氟丙基乙烯基醚共聚物	PFA	$\left[CH_2—CF_2 \right]_n \left[CF_2—CF(OC_3F_7) \right]_m$
聚偏氟乙烯	PVDF	$\left[CH_2—CH_2 \right]_n$
偏氟乙烯-六氟丙烯共聚物	PVDF-*co*-HFP	$\left[CF_2—CH_2 \right]_n \left[CF_2—CF(CF_3) \right]_m$
乙烯-四氟乙烯共聚物	ETFE	$\left[(CH_2—CF_2)—(CF_2—CF_2) \right]_n$
聚氟乙烯	PVF	$\left[CH_2—CHF \right]_n$

表 9-2 常用的接枝单体与交联剂单体

单体名称	结构式	单体名称	结构式
取代的苯乙烯（R＝H、SO_3H、CH_2Cl）	R	取代的 α，β，β-三氟苯乙烯（R＝H、SO_2F、CH_3）	F F F R
α-甲基苯乙烯（AMS）		二乙烯基苯（DVB，交联剂单体）	

对六种含氟商品膜（PTFE、FEP、PFA、ETFE、PVDF 和 PVF）和交联 PTFE 膜（cPTFE）进行辐射-接枝苯乙烯，经磺化获得的部分含氟质子交换膜的研究表明：PTFE 在辐射时易断链降解，PVF 化学不稳定，二者都不适宜用作基膜；其余的材料制备的 PEM 质子传导率和含水量都依赖于 IEC 和基膜，其中 FEP 基的 PEM 质子传导率最高而吸水率最小；全氟基的 PEM 化学稳定性高，适用于氢气 PEMFC，部分含氟基的 PEM 机械强度较高，适用于DMFC[52]。因此只有很少的报道是以 PTFE 或 PVF 作为基膜，更多使用的基膜是 FEP、ETFE 和 PVDF 及其共聚物，通常用 cPTFE 代替 PTFE 作为基膜。同步辐照接枝在制备高接枝率的 FEP-*g*-PSSA 膜时比预辐照-接枝方法制备 FEP-*g*-PSSA 膜的效率更高，且所得部分含氟质子交换膜具有比 Nafion 膜更高的的 IEC 和质子传导率，甲醇渗透率却要比 Nafion 膜低。IEC 为 0.79 $mmol \cdot g^{-1}$的 FEP-*g*-PSSA 膜质子传导率为 0.15 $S \cdot cm^{-1}$，此值高于 Nafion117 膜的 0.12 $S \cdot cm^{-1}$（IEC 约为 0.91 $mmol \cdot g^{-1}$）[53]。在溶剂对 ETFE 辐射-接枝影响的研究中发现，ETFE-*g*-PSSA 膜在厚度方向的质子传导率和化学稳定性受到接枝溶剂强烈地影响，其中四氯乙烷（TCE）是最佳的接枝溶剂，因为在 TCE 中交联剂单体 DVB 可以和苯乙烯单体同步在接枝层内扩散，从而获得厚度方向性能均一且均匀交联的部分含氟质子交换膜，使得其在厚度方向的质子传导率和化学稳定性都较佳，在 25 ℃下，膜厚度方向的质子传导率可达 0.11 $S \cdot cm^{-1}$[54]。在辐射接枝前，采用快重离子束处理 ETFE 膜，在膜内形成"潜痕"（通过辐射-接枝制备交联杂化膜的反应示意图见图 9-19），接枝单体优先进入"潜痕"反应，因而可以制备各向异性的部分含氟质子交换膜，在膜厚度方向的质子传导率（0.11 $S \cdot cm^{-1}$）为面内质子传导率的 3 倍以上[55]。

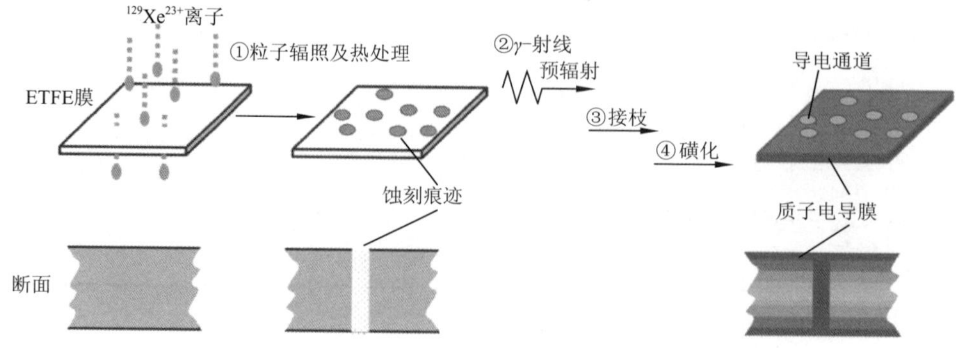

图 9-19 通过 Xe 辐射-接枝制备交联杂化膜的反应示意图[55]

脂肪支链的抗自由基氧化能力较差,需要进一步采取改善措施。由 AMS 和甲基丙烯腈(MAN)代替苯乙烯作为 FEP 的接枝单体,可以制备 AMS 和 MAN 交替共聚物为接枝链的膜,磺化后的质子传导率在 0.05～0.10 S・cm^{-1},其用于 PEMFC 的寿命是 FEP-*g*-PSSA 膜的 10 倍[56]。可交联单体对——苯乙烯基三甲氧基硅烷(StSi)在 ETFE 接枝中的使用(见图 9-20),可以获得比 DVB 交联稳定性更高的部分含氟的交联杂化膜,室温质子传导率为 0.06 S・cm^{-1}的 PEM 在 3%的 H_2O_2溶液中,60 ℃时可保持 200 h 的稳定性,且甲醇透过率仅为 Nafion 膜的 1/6 [57,58]。

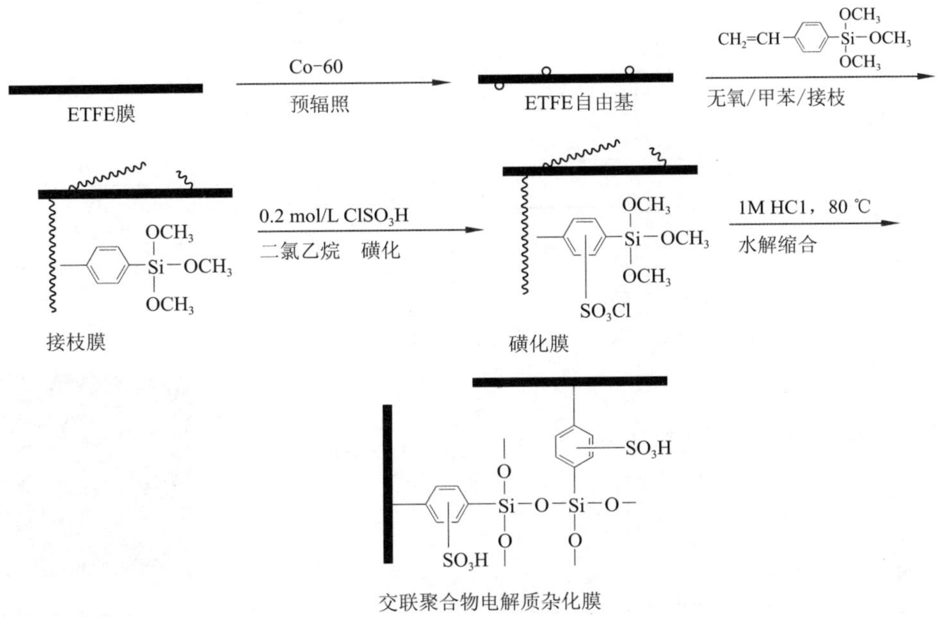

图 9-20　通过 Co-60 辐射-接枝制备交联杂化膜的反应示意图[57]

利用原子转移自由基共聚(ATRP) 同样也可以制备部分含氟质子交换膜。ATRP 是一种有效的活性/可控聚合方法[59],在含氯或溴基团的聚合物膜表面通过引发单体的共聚反应接枝支链,功能化后可获得 PEM。对偏氟乙烯和三氟氯乙烯共聚物[P(VDF-*co*-CTFE)]膜进行 ATRP 接枝聚苯乙烯磺酸(见图 9-21)的研究表明,接枝聚苯乙烯链长较短的 PEM,增加 IEC 会导致亲水簇尺寸增加,离子簇密度保持不变;而接枝聚苯乙烯链长较长的 PEM 则相反,簇尺寸基本不变,簇密度增加[60]。另外,高分子量起始膜材料、低接枝密度和长聚苯乙烯链有利 PEM 获得较窄的亲水通道,低吸水的特性,从而使其在高 IEC[>1.25 mmol・g^{-1}(2.5 mgq・g^{-1})]时抗溶胀性能较好[61]。

通过基膜接枝制备的、聚合物刷结构的部分含氟质子交换膜具有均匀分布尺寸为 2～3 nm 的离子簇,而相同组分的嵌段共聚物膜的形貌则呈现相分离明显的层状结构(见图 9-22);前者的抗溶胀性能更好,IEC 达到 2.22 mmol・g^{-1}仍不会过度溶胀,而后者 IEC 达到 1.31 mmol・g^{-1}则因过度溶胀变成了胶状[62]。不过 ATRP 反应制备的部分含氟质子交换膜和辐射接枝共聚制备的部分含氟质子交换膜一样存在接枝的脂肪链不耐自由基攻击的弱点,同样面临着增加使用寿命的问题。

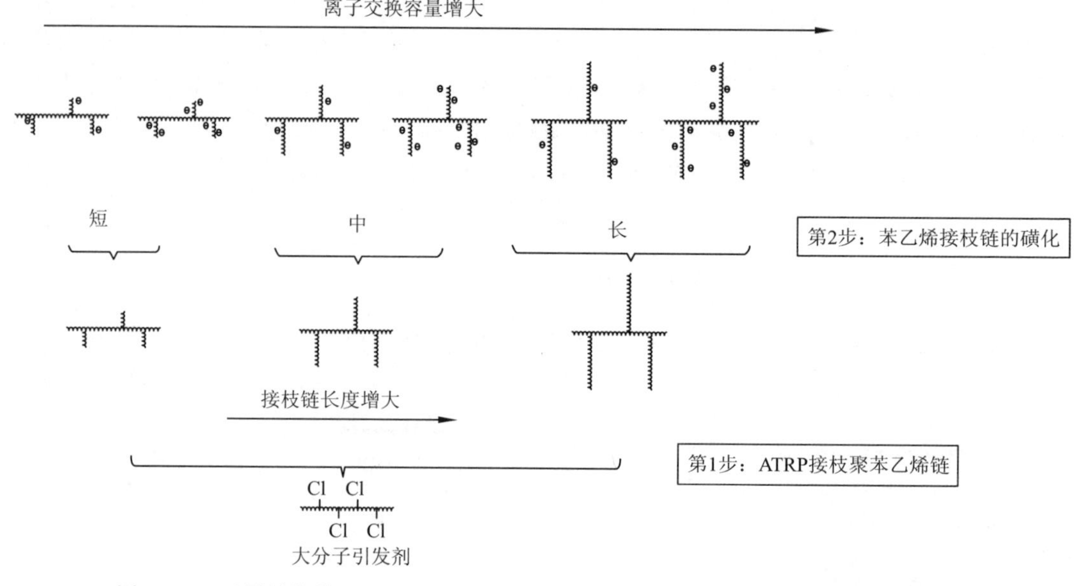

图 9-21　不同结构的 P(VDF-co-CTFE)的 ATRP 接枝聚苯乙烯磺酸的示意图[60]

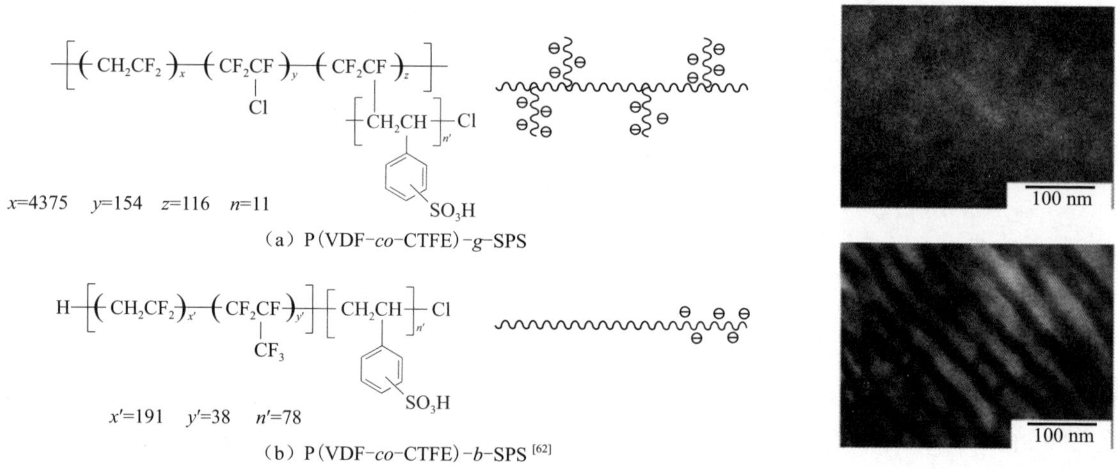

$-[(CH_2CF_2)_x-(CF_2CF(Cl))_y-(CF_2CF(-[CH_2CH(C_6H_4SO_3H)]_{n'}-Cl))_z]-$

$x=4375$　$y=154$　$z=116$　$n=11$

100 nm

(a) P(VDF-co-CTFE)-g-SPS

$H-[(CH_2CF_2)_{x'}-(CF_2CF(CF_3))_{y'}]-[CH_2CH(C_6H_4SO_3H)]_{n'}-Cl$

$x'=191$　$y'=38$　$n'=78$

100 nm

(b) P(VDF-co-CTFE)-b-SPS[62]

图 9-22　结构示意图和透射电镜照片

芳香主链和全氟磺酸支链构成的部分全氟质子交换膜(PES-PSA)(见图 9-23)因为具有良好的相分离，所以 IEC 为 1.58 mmol · g^{-1}的 PES-PSA 膜在 80 ℃和 90% RH 时质子传导率仍可达 0.12 S · cm^{-1}；组装的氢/空 PEMFC 在 80 ℃的最高功率密度为 805 mW · cm^{-2}，表现出可替代 Nafion 膜的潜力[63]。

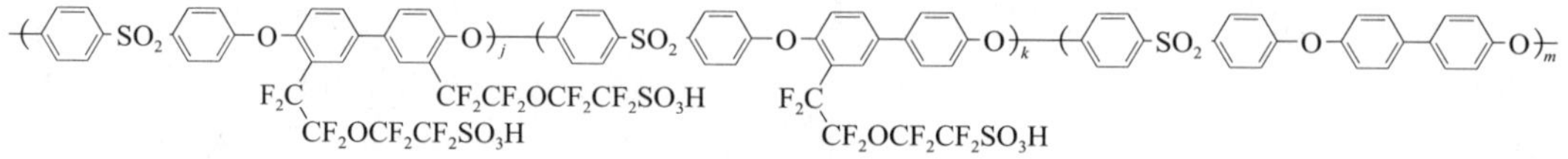

F_2C　$CF_2OCF_2CF_2SO_3H$　$CF_2CF_2OCF_2CF_2SO_3H$　F_2C　$CF_2OCF_2CF_2SO_3H$

图 9-23　PES-PSA 结构式[62]

9.4　非氟质子交换膜

非氟质子交换膜根据主链结构可分为芳香主链聚合物膜和脂肪主链聚合物膜，但由于后者的抗自由基氧化稳定性较差，只能作为前者的补充，用于操作温度不高于 60 ℃的 DMFC 中。芳香主链聚合物膜具有机械强度高、高温燃料电池环境中耐久性较好和价格低等优点，作为 Nafion 膜潜在的有力替代者而被广泛研究。

9.4.1　改性商品芳香聚合物膜

商品的二氮杂萘酮结构的聚芳醚砜(PPES)磺化后用于 VRB 可以获得 92.82%的库仑效率(CE)、72.81%的电压效率(VE)和 67.58%的能量效率(EE)，这些性能与相同条件下测得的 Nafion膜的相近；而且由于钒离子透过率的降低，前者的自放电比后者的有明显地改善[64]。不过，将商品芳香聚合物膜功能化引入酸性基团后，为了增加保水性、质子传导率、增强机械性能和降低甲醇或钒离子的透过率，多数情况下仍需要采用与全氟质子交换膜类似的方法进一步改性。例如，商品 PEEK 磺化后得到的 SPEEK(磺化度为 0.73)填充于多孔PTFE中制成增强复合膜，具有比 SPEEK 膜低的钒离子透过率。由其组装成的 VRB 的 CE 与 Nafion115 膜的相当，EE 和 VE 分别为(83.7±1)%和(89.6±1)%，高于 Nafion115 膜的(82±1)%和(86.7±1)%[65]。填充 PTFE 之前，先将氧化石墨烯(GO)与 SPEEK 溶液混合，再制备增强三元复合膜，钒离子透过率随 GO 含量的增加而下降，最后组装的 VRB 在 1 200 个充放电循环中容量衰减也很低[66]。

这些基于商品芳香聚合物(如聚醚醚酮、PEEK 和聚砜等)改性的非氟质子交换膜由于芳香骨架刚性强，疏水性弱于全氟质子交换膜的 C—F 骨架，有较短的离子侧链(磺酸基直接连接在芳香主链上)和较弱的磺酸酸性，所以亲水/疏水相分离不明显，而且形貌可控性差(见图 9-24)[67]。不但改性得到的非氟质子交换膜甲醇或钒离子透过率低于全氟质子交换膜的，而且质子传导率也明显低于全氟质子交换膜，因而需要研究新型结构和形貌的非氟质子交换膜。

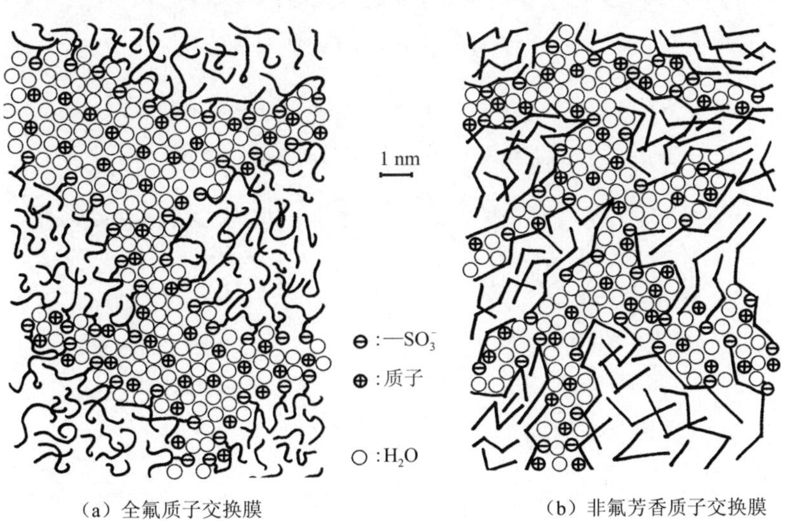

图 9-24　全氟质子交换膜与非氟芳香质子交换膜微相结构示意图[67]

9.4.2 新型磺化芳香聚合物膜

新型磺化芳香聚合物可以通过先聚合后磺化和直接用磺化单体聚合两种方法获得。第一种方法是将合成的芳香聚合物与浓硫酸、发烟硫酸、氯磺酸、三甲基硅烷基氯磺酸或三氧化硫-三乙基磷酸等磺化剂反应，经芳香亲电取代来制备磺化芳香聚合物，这种方法有如下不足：

(1)引入磺酸基团通常限于芳环与醚键相邻的活化位上；

(2)醚键常会因此断裂进而降低了磺化芳香聚合物的化学稳定性；

(3)磺酸基团也比较容易从此位上脱离；

(4)产物的磺化度不易控制，过高磺化度的芳香聚合物易溶于水；

(5)当使用强磺化剂时，磺化不可避免地会引起主链的部分降解和交联[68]。

第二种方法克服了上述的缺点，可以先将磺酸基团引入单体的芳环惰性位，由此制备的磺化芳香聚合物具有更高的化学稳定性和更强的酸性，而且通过调节磺化单体的量可以精确控制磺化度；不过磺化单体的反应性不高，从而对磺化芳香聚合物的分子量带来不利影响。

在新型磺化芳香聚合物的合成中，有一部分仍然是无规共聚物或交替共聚物[见图 9-25(a)和图 9-25(b)]，仅能通过提高磺化度即 IEC 来提高 PEM 的质子传导率，但过高的 IEC 会导致 PEM 过度溶胀，丧失机械强度和完整性。因为 PEM 的质子传导率除了依赖于其 IEC，还依赖于膜形貌(图 9-26)[69]，所以可以通过合成嵌段、接枝和超支化等结构的新型磺化芳香聚合物，制备形貌可控的非氟质子交换膜(见图 9-25)。

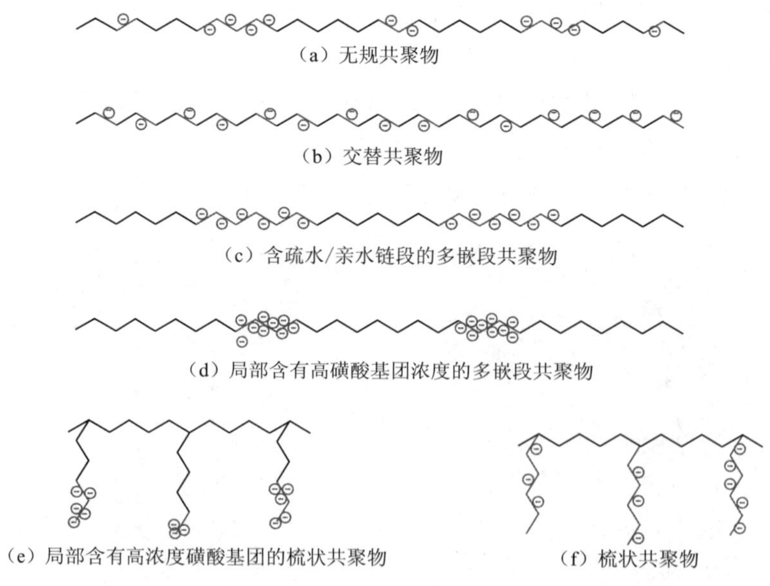

图 9-25 用于 PEM 的新型共聚物结构示意图

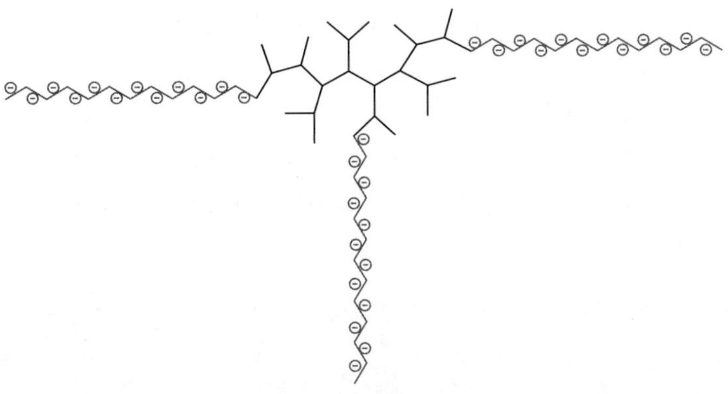

（g）星形—超支化共聚物

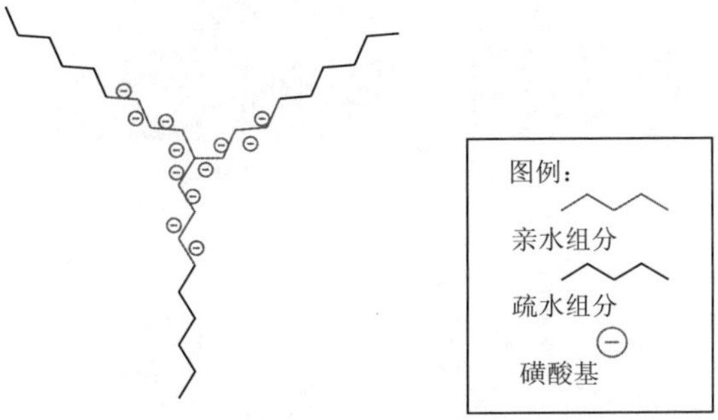

图例：
亲水组分
疏水组分
磺酸基

（h）支化共聚物

图 9-25　用于 PEM 的新型共聚物结构示意图[4]（续）

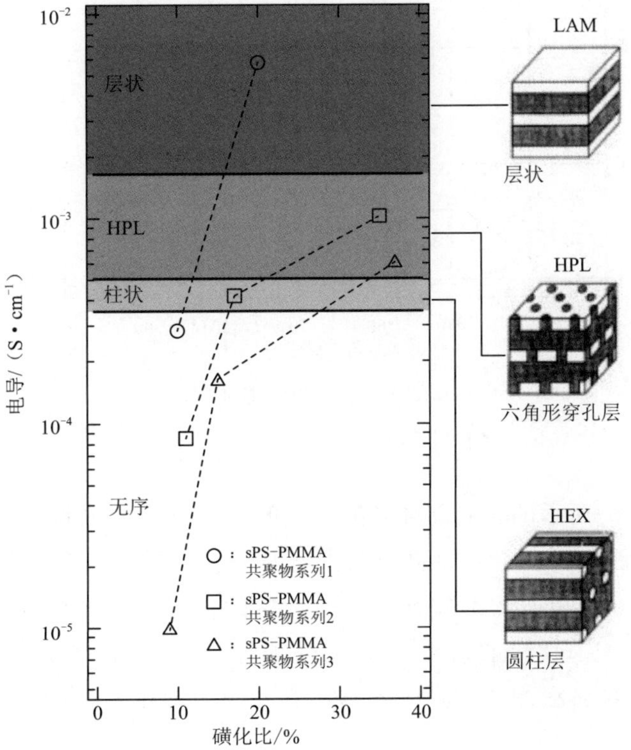

图 9-26　三个系列的 sPS-PMMA 双嵌段共聚物膜归一化的质子传导率与磺化度间的关系[69]

结构如图 9-25(c)所示的含亲水和疏水链段的多嵌段共聚物膜可在保持 IEC 不变的前提下通过调节亲水或疏水链的长度来改变 PEM 的形貌，从而达到调节 PEM 的质子传导率目的[70]。图 9-27(a-c)所示为相近 IEC、不同亲水链段长度的磺化多嵌段共聚物[见图 9-27(d)]膜(BPSH-6FK)的原子力显微镜(AFM)照片，显然随着亲水链段长度的增加，这种多嵌段共聚物膜的相分离就愈明显，亲水通道也逐渐变宽并且具有更长程的连通性，形成了与 Nafion 膜相似的形貌，80 ℃和 90%RH 时质子传导率高于 Nafion 112 膜[见图 9-27(e)][71]。

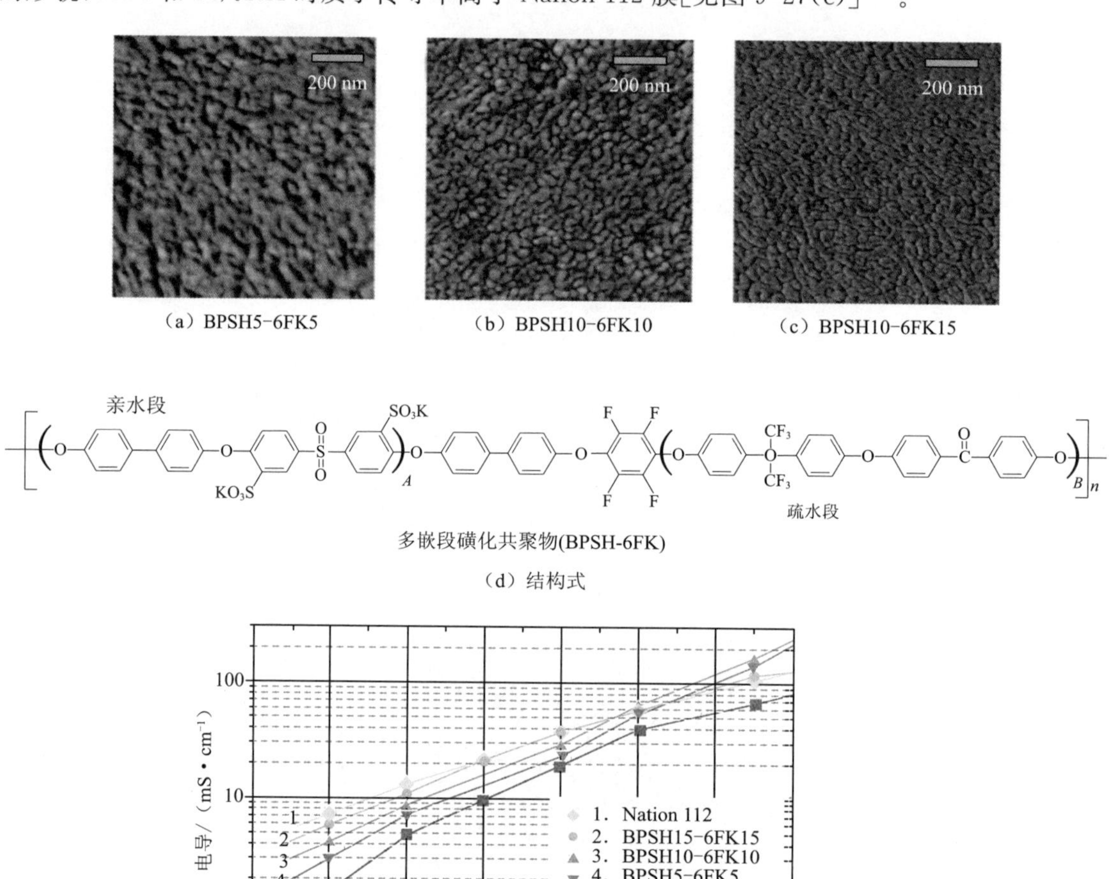

图 9-27　磺化多嵌段共聚物(BPSH-6FK)膜原子力显微镜照片及性质

结构如图 9-25(d)所示的含局部高磺酸浓度的亲水链段共聚物膜，因为亲水链段和疏水链段间极性的巨大反差[72,73]，含局部高磺酸浓度的亲水链段和长疏水链段的多嵌段共聚物同样可以形成与 Nafion 膜相似的形貌结构。通过后磺化方式制备的含亚芴基的磺化聚芳醚(SPFETK)所成的膜具有明显的亲水/疏水相分离，其 IEC 为 1.95 $mmol \cdot g^{-1}$ 的膜在测试温度范围内质子传导率都高于 Nafion 117 膜，其组装成 VRB 的库仑效率达 84.2%，高于

Nafion 117膜(75.1%)(见图 9-28)[74]。

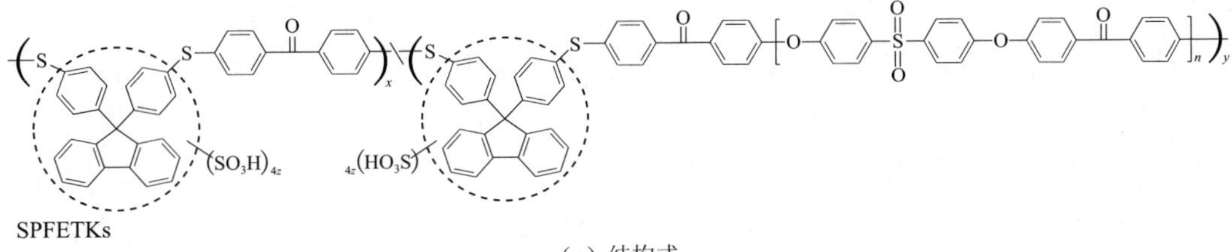

(a) 结构式

图 9-28　磺化多苯聚芳醚(SP1-X)膜结构及性能

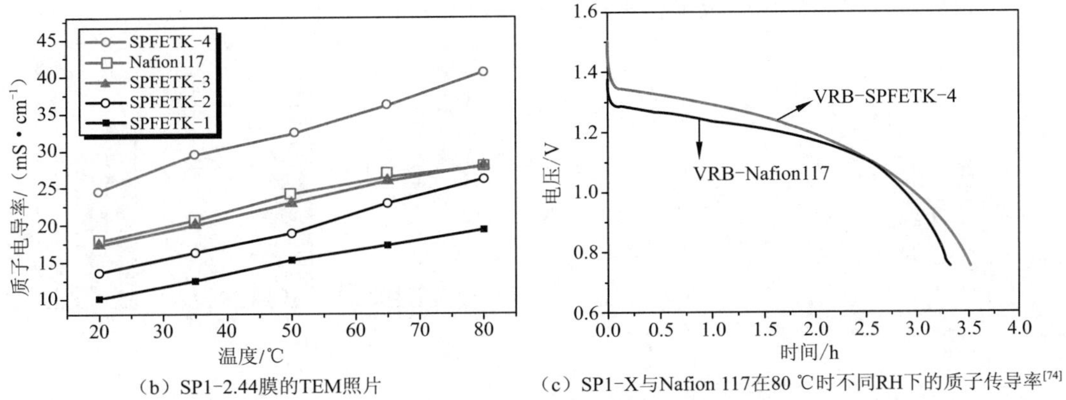

(b) SP1-2.44膜的TEM照片　　(c) SP1-X与Nafion 117在80 ℃时不同RH下的质子传导率[74]

图 9-28　磺化多苯聚芳醚(SP1-X)膜结构及性能(续)

结构如图 9-25(e)和图 9-25(f)所示的梳状聚物膜,与磺酸基位于聚合物主链的 PEM(主链型)相比,磺酸基位于聚合物侧链的 PEM(侧链型)由于磺酸侧链具有更高的运动自由度,可以形成比主链型 PEM 更明显的相分离,因而也具有较高的质子传导率。在梳状型磺化聚酰亚胺(SPI)系列膜[见图 9-29(a)]中,IEC 为 1.205 mmol·g^{-1}的膜在 90 ℃和 98% RH 条件下质子传导率为 Nafion 膜的 5 倍以上,达到 0.69 S·cm^{-1}[见图 9-29(b)],并且具有中等的抗自由基氧化性和在 80 ℃水中 1 300 h 才完全溶解的耐水解性能[75]。

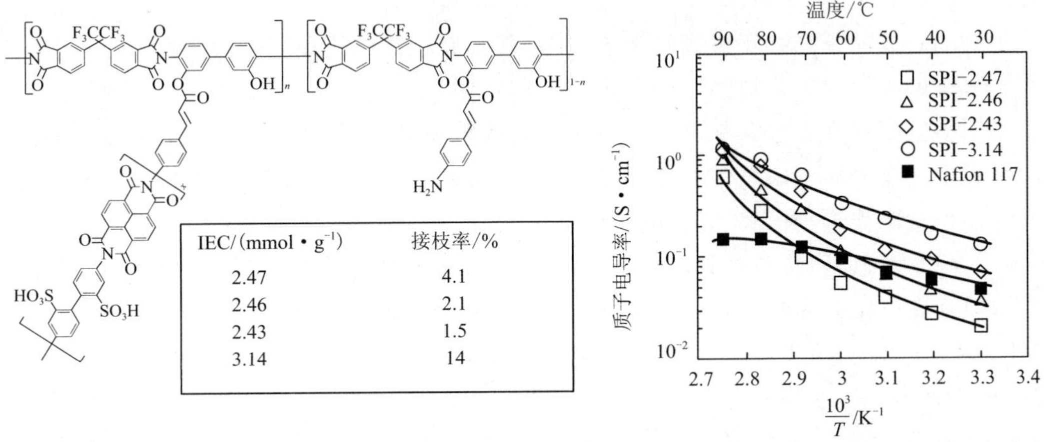

IEC/(mmol·g^{-1})	接枝率/%
2.47	4.1
2.46	2.1
2.43	1.5
3.14	14

(a) 结构式　　(b) 98%RH下SPI与Nafion 117膜的质子传导率-温度曲线[75]

图 9-29　梳状型 SPI 膜结构及其性能

结构如图 9-25(g)和图 9-25(h)所示的树枝状和超支化聚合物因为分子量不高的原因，很少单独用作 PEM 材料。以疏水的超支化结构为核，亲水的线性链作为壳制备的具有壳-核结构[见图 9-25(g)]的 PEM 膜，这种膜的质子传导率随亲水线性链分子量增大而缓慢增加，但该系列膜抗自由基氧化的稳定性很差，在 25 ℃的 Fenton 试剂中 1 h 就会破裂[76]。而亲水链被疏水链包围的星形磺化嵌段聚醚酮(SPES)膜[见图 9-25(h)]具有高吸水和高键合水的特点，保水性能也较好，因而在 50%RH～95%RH 范围内质子传导率与 Nafion 膜相当[77]。亲水链为核-疏水链为壳(P1)和亲水链为壳-疏水链为核(P2)的星形磺化聚芳醚膜[见图 9-30(a)]质子传导率和抗自由基氧化的稳定性表现正好相反，P1 膜的质子传导率高于 P2 膜，而 P1 膜的抗自由基氧化的稳定性则劣于 P2 膜[见图 9-30(b)][78]。

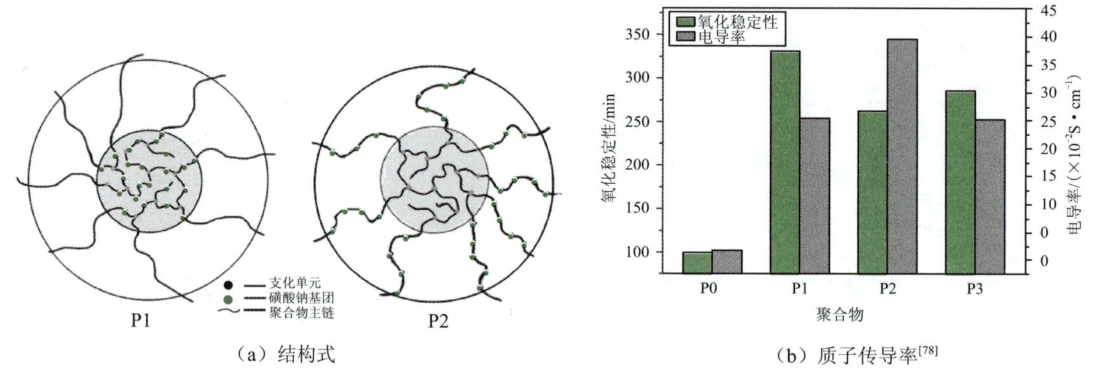

(a) 结构式　　(b) 质子传导率[78]

图 9-30　星形磺化聚芳醚膜

需要指出的是，上述各类具有良好相分离结构的 PEM 在较高温度(>100 ℃)的水中常会发生过度溶胀，同时良好的相分离结构也有利于甲醇和自由基在膜中的渗透和扩散，给 PEM 的长期稳定性带来不利影响，需要采取交联或增大分子量等手段来解决或减轻这些问题。

9.4.3　聚膦腈基质子交换膜

聚膦腈是一类骨架由交替的磷、氮原子连接而成的有机-无机杂化聚合物。改性后用作 PEM 有以下优点[79]：

(1)主链的磷氮原子都处于最高氧化态，使得其具有较高的热和氧化稳定性；

(2)主链键的极性对氧化自由基的攻击有抑制作用；

(3)由于主链不存在长程共轭和主链自由旋转的阻碍较小，使得其具有较高的柔顺性；

(4)最重要的是聚有机磷腈的结构可通过改变与聚二氯膦腈(PDCP)取代的大分子来控制，进而方便地调节聚合物电解质膜的结构-性能关系。

聚二(3-甲基苯氧基)磷腈[PBMP，见图 9-31(a)]为半晶结构，用三氧化硫(SO_3)磺化后结晶消失，只存在二维有序相。PBMP 在磺化过程中较少降解，且磺化度易于控制。当 SO_3 与 PBMP 结构单元的摩尔比高于 0.64 时，除在苯环上发生磺化，SO_3 还会与主链上的氮原子形成$\equiv N\rightarrow SO_3$配合物，这些配合物在后续的处理中会形成$\equiv N^+H\cdots\cdots HSO_4^-$，这两种氮的配合物在水中都极其稳定。磺化 PBMP 的 IEC 高达 2.3 $mmol\cdot g^{-1}$时也不溶解于水，只会过度溶胀;引入自交联基团或用苯甲酮紫外光照射对磺化 PBMP 膜进行交联,可以减少溶胀,增强其热稳定性,表现出良好的抗自由基氧化性,但若交联度过高,则会使干态的磺化 PBMP 膜变脆;IEC 为 1.4 mmol·g^{-1} 的磺化 PBMP 膜交联后质子传导率基本不变,但甲醇渗透要比 Nafion 低一个数量级[80-82]。Hofmann 等在聚芳氧基磷腈侧链的苯环上部分地接枝磷酸,得到磷酸化的聚有机磷腈[见图 9-31(b)],虽然磷酸的离解能力较弱,但其溶胀较小,磷酸基团间距离较近,使得其质子传导率略高于磺化聚有机磷腈(SPOP)膜,甲醇渗透系数最多为交联的 SPOP 的 1/5[83]。通过芳氧基接枝磺酰亚胺侧链的聚磷腈[见图 9-31(c)]同样具有质子传导能力,不过即使交联后仍高达 73%的溶胀,限制了它的应用,需要进一步改善其尺寸稳定性。

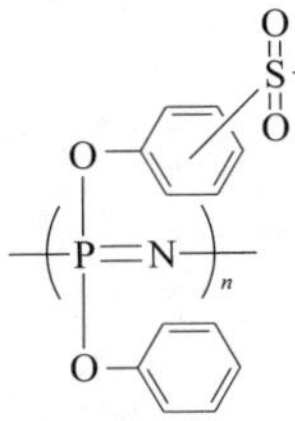

(a) 磺化聚2(3-甲基苯氧基)磷腈

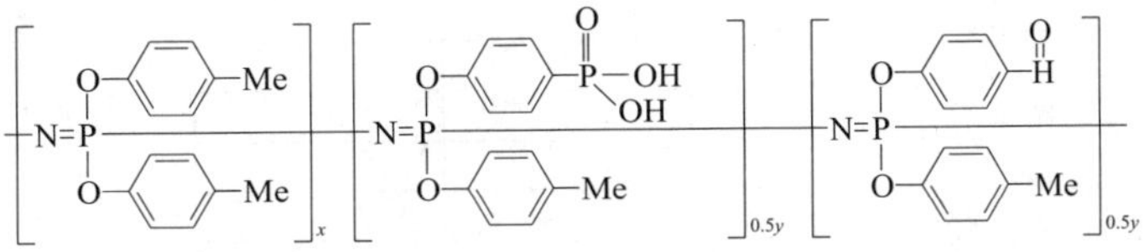

(b) 侧链带磷酸基的聚苯基磷腈

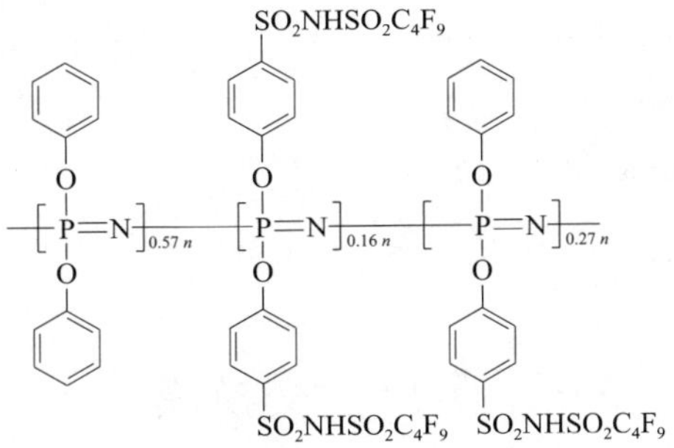

(c) 磺酰亚胺侧链接枝聚磷腈

图 9-31　用于 PEM 的聚有机磷腈[84]

9.4.4　聚苯并咪唑/磷酸掺杂膜

当 PEMFC 在低温(<100 ℃)运行时,若氢气中含少量一氧化碳(CO),会导致铂催化剂中毒,甚至失去催化活性,从而使 PEMFC 性能衰减。图 9-32(a)所示为 H_2 和 CO 在铂催化剂表面 Langmuir 型吸附与温度的关系曲线[85],由图中可见,当 PEMFC 操作温度达到 180 ℃左右时,CO 对铂催化剂的不利影响可以被极大地抑制,而聚苯并咪唑(PBI)/磷酸(H_3PO_4)掺杂膜就是此温度区间 PEM 的首选,图 9-32(b)所示为两种常用 PBI 的结构式[86]。例如使用改进的电极和 PBI/H_3PO_4膜,常压供气的 H_2/O_2(干态)PEMFC 在 175 ℃和 0.4 V 条件下最大功率密度达到 830 mW·cm^{-2}[87]。但 PBI/H_3PO_4 掺杂膜也面临着一些需要解决的问题:如 H_3PO_4的流失问题、H_3PO_4对铂催化剂的毒化、H_3PO_4高温下自缩聚、高温高 H_3PO_4含量下 H_3PO_4对 PBI 基质的腐蚀等,因而须要从膜材料和掺杂介质等方面做新的探索。

将长链脂肪胺修饰的二氧化硅粒子掺杂于 PBI 制得复合膜,然后吸收 H_3PO_4,获得的

PEM 在 180 ℃时的质子传导率可达 0.18 S・cm^{-1}[88]；而将少量杂多酸与 PBI 一起制备复合膜，然后吸收 H_3PO_4 所得的 PEM 质子传导率在 160 ℃和 8.4% RH 下为 0.15 S・cm^{-1}；常压干态 H_2/O_2 供气的 PEMFC 最大功率密度于 150 ℃时为 700 mW・cm^{-2}，比不含杂多酸的 PBI/H_3PO_4 膜最大功率密度提高近 300 mW・cm^{-2}[89]。用离子液体代替 H_3PO_4 作为传导质子介质的研究表明，含质子型离子液体的 PBI 杂化膜于 160 ℃时无水质子传导率为 1×10^{-2} S・cm^{-1}；不过离子液体也容易流失，经水洗后，仅能保留约 20% 的离子液体[90]。显然这种新体系的性能都要比 PBI/H_3PO_4 体系的杂化膜性能差，因而 H_3PO_4 依旧是用于高温 PEM 必不可少的质子传导介质，故而 H_3PO_4 随生成水流失的风险依然存在，这仍是一个亟待解决的问题。

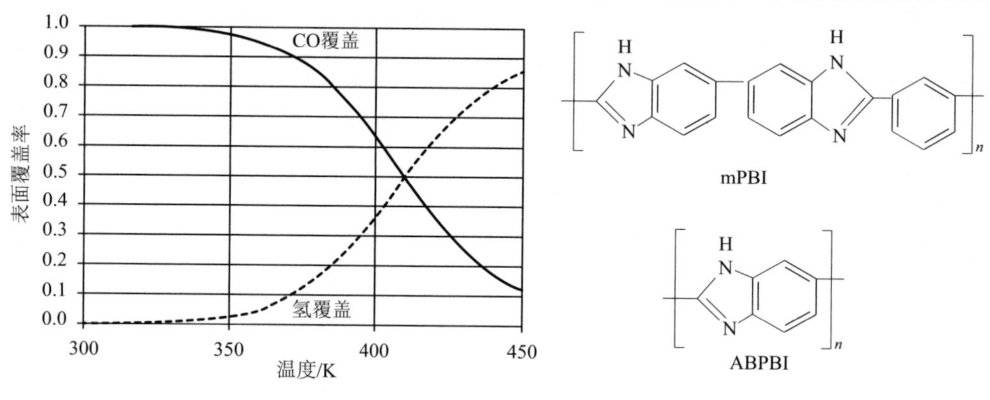

（a）H_2和CO在铂催化剂表面Langmuir型吸附与温度的关系曲线　（b）两种常用PBI的结构式

图 9-32　Langmuir 型吸附与温度的关系和常用 PBI 的结构式

9.5　阴离子交换膜

与 PEMFC 相比，AEMFC 具有以下优势：

(1)碱性介质中，氧的还原动力学远强于酸性中，阴极可以使用较廉价且对甲醇氧化呈惰性的催化剂(如 Ag 和 Ni)；

(2)OH^- 迁移方向与甲醇渗透方向相反，当使用甲醇作为燃料时，有可能简化水的管理；

(3)在碱性介质中，氧自由基对聚合物膜的破坏被抑制，选用无氟聚合物电解质膜更佳；

(4)金属部件在碱性环境中有更优异的耐腐蚀性能；

(5)用于 VRB 时，由于 AEM 所带为阳离子，对钒离子存在静电斥力，可以更有效地降低钒离子透过率。

但 AEMFC 的发展仍处在起始阶段，所面临的问题主要包括：以季氨基作 OH^- 离子交换基团的 AEM 不稳定，易于发生 Hofmann 脱除和 S_N2 取代反应；缺少如 PEMFC 的 MEA 制备中，Nafion 树脂那样的通用黏合剂，用于制备 AEMFC 的 MEA；需要开发与 AEMFC 相匹配的催化剂体系等。因为高性能 AEM 可以为后两种问题的研究提供更好的研究平台，因此 AEMFC 的研究焦点集中在了新型高性能 AEM 的开发上。

在高性能 AEM 的研究中，AEM 中阳离子基团的种类有很多(见图 9-33)[91]。将商品聚芳醚砜氯甲化后，制备的三甲胺功能化的 AEM[见图 9-33(a)]用于 VRB，钒离子的透过率远低于 N212 膜，其 IEC 为 1.7 mmol·g^{-1}的膜组装的 VRB 展示了比 N212 膜略高的库仑密度[92]。而以三(2,4,6-三甲氧基苯基)季鏻盐[见图 9-33(h)]为 OH^- 离子交换基团的 PES 膜，不仅可以制备高性能的 AEM，还可以作为出色的黏合剂用于 MEA 的制备。该膜 60 ℃下在 2 mol/L 的 KOH 溶液中可保持 48 h 不破坏，20 ℃时的 OH^- 传导率高达 4.5×10^{-2} S·cm^{-1}；同时使用其作为 MEA 黏合剂和 AEM 材料的 AEMFC（H_2/O_2），其 70 ℃时的最高功率密度为 258 mW·cm^{-2}[93]。聚 2,6-二甲基-1,4-苯醚(PPO)溴化后，用含单十六烷基长链和二甲基的叔胺(DMHDA)功能化[见图 9-34(a)]，由于脂肪长链的疏水性，所制备的 AEM 膜内存在明显的亲水/疏水相分离[见图 9-34(b)]，OH^- 离子传导率为用三甲胺功能化的 AEM 的 7 倍，20 ℃即可达到 3.5×10^{-2} S·cm^{-1}[94]。通过开环易位聚合制备的如图 9-35(a)所示结构的 AEM，具有良好的相分离[见图 9-35(b)]，同时，交联改善了这种 AEM 的机械稳定性，22 ℃最高的 OH^- 离子传导率为 6.87×10^{-2} S·cm^{-1}[见图 9-35(c)][95]。

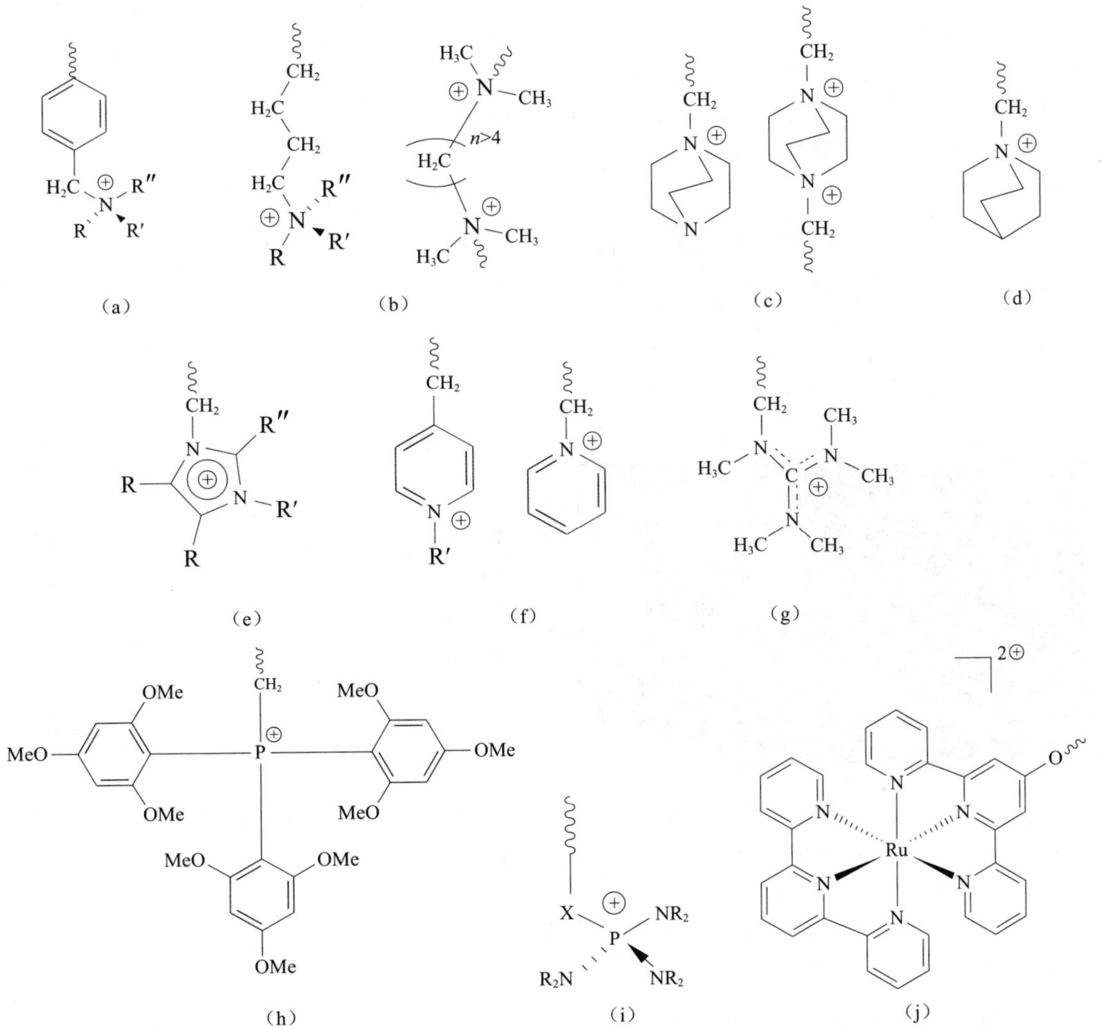

(a)　(b)　(c)　(d)

(e)　(f)　(g)

(h)　(i)　(j)

图 9-33　AEM 中常用的阳离子基团[91]

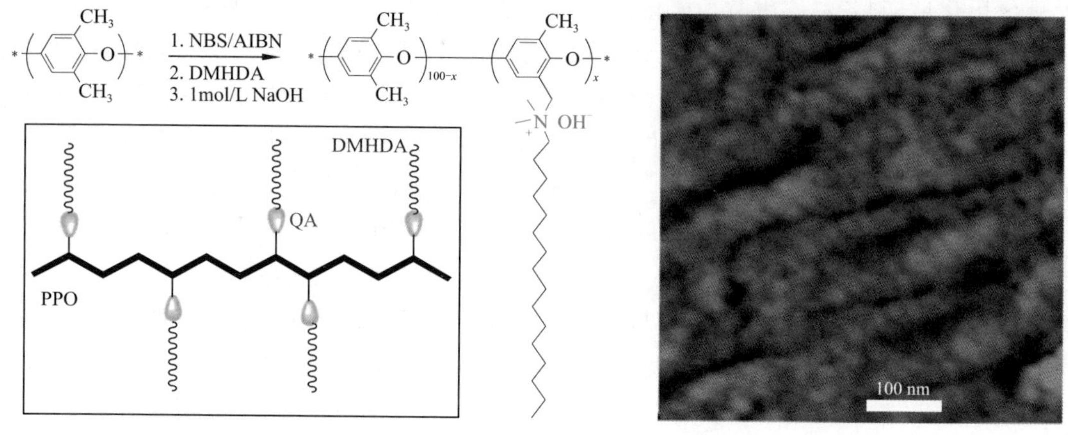

结构式　　　　AFM图像

图 9-34　基于 DMHDA 功能化的溴化 PPO 的 AEM 结构式及 AFM 图像[94]

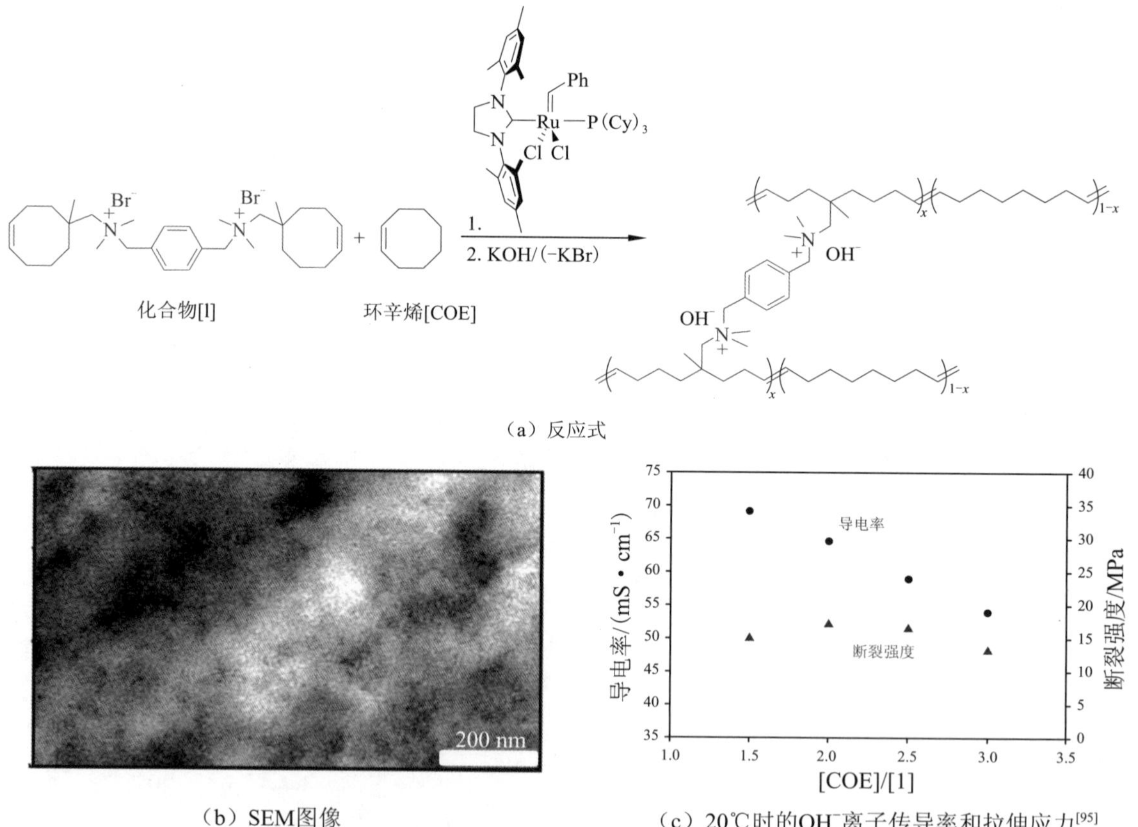

（a）反应式

（b）SEM图像　　（c）20℃时的OH^-离子传导率和拉伸应力[95]

图 9-35　AEM 的反应式、SEM 图像及 22 ℃时的 OH^- 离子传导率和拉伸应力[95]

许多合成方法可以借鉴 PEM 中获得的经验，除了上述无规结构的聚合物制备的 AEM，还可以合成多嵌段共聚物结构、局部高浓度阳离子的共聚物结构和支链型共聚物结构的材料，由其制备的 AEM 将可以展现更优异的性能。如由含季氨基亲水链段的多嵌段聚芳醚制备的 IEC 为 1.93 $mmol \cdot g^{-1}$的 AEM 在 80 ℃的 OH^- 离子传导率为 0.144 $S \cdot cm^{-1}$，此值为相似组成无规共聚物膜的 3.2 倍左右，且这种高水平的 OH^- 离子传导率在 80 ℃的水中可以保持 5 000 h；以肼为燃料的 AEMFC 在 80 ℃时的功率密度为 297 $mW \cdot cm^{-2}$[96]。图 9-36 所示为多嵌段聚芳醚基 AEM 的结构式直接肼燃料电池的性能。

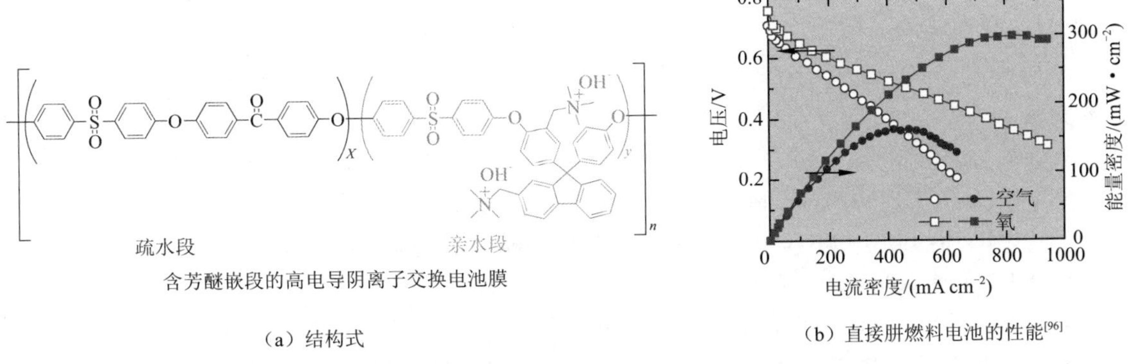

（a）结构式　　（b）直接肼燃料电池的性能[96]

图 9-36　多嵌段聚芳醚基 AEM 的结构式直接肼燃料电池的性能[96]

不过，不同研究团队由于实验方法和实验条件的不同，对同种阳离子基团的稳定性的看法存在着差异[97-101]，还需要更深入的研究来澄清和证实。

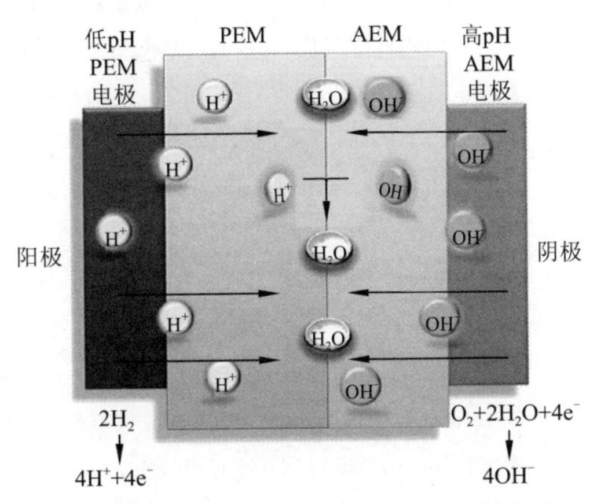

图 9-37　PEM 和 AEM 联用的杂化燃料电池

此外，PEM 和 AEM 联用的杂化燃料电池也值得关注(见图 9-37)[102]，因为这种结构的燃料电池不仅具有自润湿特性，还因为 H^+ 和 OH^- 仅需要迁移膜厚的一半就可完成反应，而燃料和氧化剂要完成渗透则需要通过整个膜的厚度，因而还具有更好的阻隔燃料渗透的性能，这在使用甲醇作燃料时尤其有利。不过由于受 AEM 的影响，这种燃料电池性能还无法与 PEMFC 相比，相信随着 AEM 的进步，其性能会逐步得到提高，优势也将会更明显地表现出来。

尽管聚合物电解质类燃料电池膜取得了长足进展，但与在燃料电池中大规模应用要求的两个主要指标(价格和寿命)仍有距离。根据不同的应用要求，未来的聚合物电解质类燃料电池膜研究的侧重点应有所不同。对于用于高温 PEMFC 的 PEM 而言，Nafion 膜的价格和性能并无明显优势，因而研究应侧重于含局部高磺酸浓度的亲水链段和长疏水链段的多嵌段共聚物。不过由于非氟膜的碳氢键强比碳氟键弱，易被自由基破坏，其使用寿命仍有待进一步增长。通过高分子结构设计，利用空间效应，保护非氟聚合物碳碳主链不被自由基氧化；利用杂原子提高聚合物的稳定性；通过交联限制自由基在非氟膜内的扩散等，都是提高非氟膜耐久性的可行方法。而对用于低温的 PEMFC、DMFC 和 VRB 的 PEM 而言，由于 Nafion 膜性能上的优势，Nafion 多孔材料增强膜将是一种高性价比的选择；辐射接枝共聚膜若能解决自由基氧化稳定性的问题，也将是一个不错的选择。至于用于 AEMFC 的 AEM，相关的研究还处于起步阶段，最好能借鉴 PEM 研究中成熟的经验和技术，如长链段多嵌段共聚物的合成等，来制备高性能的 AEM。

参考文献

[1] 衣宝廉.燃料电池——高效、环境友好的发电方式[M]. 北京：化学工业出版社，2000.

[2] STEELE BC, HEINZEL A. Materials for fuel-cell technologies[J]. Nature, 2001, 414:345-352.

[3] VARCOE JR, SLADE RCT. Prospects for alkaline anion-exchange membranes in low temperature fuel cells[J]. Fuel Cells, 2005, 5:187-200.

[4] 张宏伟，沈培康.燃料电池聚合物电解质膜的研究进展[J]. 中国科学 化学，2012，42 (7)：954-982.

[5] 张亚萍，陈艳，周元林，等. 全钒氧化还原液流电池隔膜[J]. 化学进展，2010，22(0203)：384-387.

[6] 汪南方，刘素琴. 全钒液流电池隔膜的制备与性能[J]. 化学进展，2013，25(01)：60-68.

[7] LI X, ZHANG H, MAI Z, et al. Ion exchange membranes for vanadium redox flow battery (VRB) applications[J]. Energy & Environmental Science, 2011, 4:1147-1160.

[8] ZHANG H, SHEN P K. Recent development of polymer electrolyte membranes for fuel cells[J]. Chemical Reviews, 2016, 112(5):2780-2832.

[9] GIERKE T, MUNN G, WILSON F. The morphology in Nafion perfluorinated membrane products, as determined by wide- and small-angle X-ray studies[J]. Journal of Polymer Science, 1981, 19(11): 1687-1704.

[10] HSU W Y, GIERKE T D. Ion transport and clustering in Nafion perfluorinated membranes[J]. Journal of Membrane Science, 1983, 13:307-326.

[11] GEBEL G. Structural evolution of water swollen perfluorosulfonated ionomers from dry membrane to solution[J]. Polymer, 2000, 41:5829-5838.

[12] WEBER A, NEWMAN J. Transport in polymer-electrolyte membranes, I. Physical model[J]. Journal of the Electrochemical Society, 2003, 150(7):A1008-A1015.

[13] SCHMIDT-ROHR K , CHEN Q. Parallel cylindrical water nanochannels in Nafion fuel-cell membranes[J]. Nature Materials, 2008, 7:75-83.

[14] FRIEDRICH K A, HIESGEN R, WEHL I, et al. Nanoscale properties of polymer fuel cell materials-A selected review[J]. International Journal of Energy Research, 2010, 34:1223-1238.

[15] ELLIOTT J A, WU D, PADDISON S J, et al. A unified morphological description of Nafion membranes from SAXS and mesoscale simulations[J]. Soft Matter, 2011, 7:6820-6827.

[16] ZHANG H W, SHEN P K. A brief consideration about the structural evolution of perfluorosulfonic-acid ionomer membranes[J]. Internatinal Journal of Hydrogen Energy, 2012, 37:4657-4664.

[17] UEKI T, WATANABE M. Macromolecules in ionic liquids: Progress, challenges, and opportunities [J]. Macromolecules, 2008, 41: 3739-3749.

[18] SMITHA B, SRIDHAR S, KHAN A A. 1. Polyelectrolyte complexes of chitosan and poly(acrylic acid)

as proton exchange membranes for fuel cells[J]. Macromolecules, 2004, 37 (6): 2233-2239.

[19] HENSLEY J E, WAY J D, DEC S F, et al. The effects of thermal annealing on commercial Nafion ® membranes[J]. Journal of Membrane Science, 2007,298:190-201.

[20] RAMYA K, DHATHATHREYAN K S. Methanol crossover studies on heat-treated Nafion ® membranes[J]. Journal of Membrane Science, 2008, 311:121-127.

[21] LUAN Y H, ZHANG H, ZHANG Y M, et al. Study on structural evolution of perfluorosulfonic ionomer from concentrated DMF-based solution to membranes[J]. Journal of Membrane Science, 2008, 319:91-101.

[22] SU L J, LI L, LI H, et al. Perfluorosulfonic acid membranes treated by supercritical carbon dioxide method for direct methanol fuel cell application[J]. Journal of Membrane Science, 2009,335: 118-125.

[23] LIN H L, YU T L, HAN F H. A method for improving ionic conductivity of Nafion membranes and its application to PEMFC[J]. Journal of Polymer Research, 2006, 13:379-385.

[24] ZHAO S X, ZHANG L J, WANG Y X. Enhanced performance of a Nafion membrane through ionomer self-organization in the casting solution[J]. Journal of Power Sources, 2013, 233:309-312.

[25] WANG R, YAN X, WU X, et al. Modification of hydrophilic channels in Nafion membranes by DMBA: Mechanism and effects on proton conductivity[J]. Journal of Polymer Science, 2014, 52: 1107-1117.

[26] LIN J, WU P H, WYCISK R, et al. Direct methanol fuel cell operation with pre-stretched recast Nafion ® [J]. Journal of Power Sources, 2008, 183:491-497.

[27] KOH J K, JEON Y, CHO Y I, et al. A facile preparation method of surface patterned polymer electrolyte membranes for fuel cell applications[J]. Journal of Materials Chemistry A, 2014, 2: 8652-8659.

[28] DONG B, LIANG G, CRUZ S D L, et al. Super proton conductive high-purity nafion nanofibers[J]. Nano Letters, 2010, 10(9):3785.

[29] ZHANG H W, YU F, ZUO D Y. Fabrication and characterization of electrospun sulfonated poly (phthalazinone ether ketone) mats as potential matrix of reinforced proton exchange membranes[J]. Journal of Applied Polymer Science, 2013, 130:4581-4586.

[30] POLAK P L, MOUSINHO A P, ORDONEZ N, et al. Deposition of polymeric perfluored thin films in proton ionic membranes by plasma processes[J]. Applied Surface Science, 2007, 254:173-176.

[31] LUE S J J, HSIAW S Y, WEI T C. Surface modification of perfluorosulfonic acid membranes with perfluoroheptane (C7F16)/argon plasma[J]. Journal of Membrane Science, 2007,305: 226-237.

[32] HENSLEY J E, WAY J D. The relationship between proton conductivity and water permeability in composite carboxylate/sulfonate perfluorinated ionomer membranes[J]. Journal of Power Sources, 2007, 172:57-66.

[33] WANG J T, XIAO L L, ZHAO Y N, et al. A facile surface modification of Nafion membrane by the formation of self-polymerized dopamine nano-layer to enhance the methanol barrier property[J]. Journal of Power Sources, 2009, 192:336-343.

[34] NGUYEN T, WANG X. Multifunctional composite membrane based on a highly porous polyimide matrix for direct methanol fuel cells[J]. Journal of Power Sources, 2010, 195: 1024-1030.

[35] TANG H L, WANG X E, PAN M, et al. Fabrication and characterization of improved PFSA/ePTFE

composite polymer electrolyte membranes[J]. Journal of Membrane Science, 2007, 306:298-306.

[36] RODGERS M P, SHI Z Q, HOLDCROFT S. Transport properties of composite membranes containing silicon dioxide and Nafion ®[J]. Journal of Membrane Science, 2008, 325:346-356.

[37] KANNAN A G, CHOUDHURY N R, DUTTA N K. In situ modification of Nafion ® membranes with phospho-silicate for improved water retention and proton conduction[J]. Journal of Membrane Science, 2009, 333:50-58.

[38] BARBORA L, ACHARYA S, VERMA A. Synthesis and ex-situ characterization of Nafion/TiO_2 composite membranes for direct ethanol fuel cell[J]. Macromolecular Symposia, 2009, 277:177-189.

[39] YILDIRIM M H, CUROS A R, MOTUZAS J, et al. Nafion ®/H-ZSM-5 composite membranes with superior performance for direct methanol fuel cells[J]. Journal of Membrane Science, 2009, 338: 75-83.

[40] TANG H, WAN Z, PAN M, et al. Self-assembled Nafion-silica nanoparticles for elevated-high temperature polymer electrolyte membrane fuel cells[J]. Electrochemistry Communications, 2007, 9:2003--2008.

[41] LEI M, WANG Y G, ZHANG F F, et al. Anhydrous proton conducting composite membranes containing Nafion and triazole modified POSS[J]. Electrochimica Acta, 2014, 149:206-211.

[42] THOMASSIN J M, KOLLAR J, CALDARELLA G,et al. Beneficial effect of carbon nanotubes on the performances of Nafion membranes in fuel cell applications[J]. Journal of Membrane Science, 2007, 303:252-257.

[43] 谢友利,张猛,周永红. 蒙脱土的有机改性研究进展[J]. 化工进展, 2012, 4: 844-851.

[44] SINHA RAY S, OKAMOTO M. Polymer/layered silicate nanocomposites: a review from preparation to processing[J]. Progress in Ploymer Science, 2003, 28:1539-1641.

[45] FELICE C, YE S, QU D Y. Nafion-montmorillonite nanocomposite membrane for the effective reduction of fuel crossover[J]. Industrial & Engineering Chemistry Research, 2010, 49:1514-1519.

[46] HASANI-SADRABADI M M, DASHTIMOGHADAM E, MAJEDI F S, et al. Nafion ®/bio-functionalized montmorillonite nanohybrids as novel polyelectrolyte membranes for direct methanol fuel cells [J]. Journal of Power Sources, 2009, 190:318-321.

[47] CHEN L C, YU T L, LIN H L, et al. Nafion/PTFE and zirconium phosphate modified Nafion/PTFE composite membranes for direct methanol fuel cells[J]. Journal of Membrane Science, 2008, 307: 10-20.

[48] D'URSO C, OLDANI C, BAGLIO V, et al. Towards fuel cell membranes with improved lifetime: Aquivion © Perfluorosulfonic Acid membranes containing immobilized radical scavengers[J]. Journal of Power Sources, 2014, 272:753-758.

[49] ZHANG Y, ZHANG H M, et al. Fabrication and characterization of a PTFE-reinforced integral composite membrane for self-humidifying PEMFC[J]. Journal of Power Sources, 2007, 165(2): 786-792.

[50] GUBLER L, KUHN H, SCHMIDT T, et al. Performance and durability of membrane electrode assemblies based on radiation-grafted fep-*g*-polystyrene membranes[J]. Fuel Cells, 2004,3:196-207.

[51] GUBLER L. Polymer design strategies for radiation-grafted fuel cell membranes[J]. Advanced Energy Materials, 2014, DOI: 10.1002/aenm.201300827.

[52] CHEN J H, ASANO M, MAEKAWA Y, et al. Suitability of some fluoropolymers used as base films for preparation of polymer electrolyte fuel cell membranes[J]. Journal of Membrane Science, 2006, 277:249-257.

[53] KIM B N, LEE D H, HAN D H. Thermal, mechanical and electrical properties on the styrene-grafted and subsequently sulfonated FEP film induced by electron beam[J]. Polymer Degradation and Stability, 2008, 93:1214-1221.

[54] KIMURA Y, ASANO M, CHEN J H, et al. Influence of grafting solvents on the properties of polymer electrolyte membranes prepared by gamma-ray preirradiation method[J]. Radiation Physicis and Chemistry, 2008, 77:864-870.

[55] KIMURA Y, CHEN J, ASANO M, et al. Anisotropic proton-conducting membranes prepared from swift heavy ion-beam irradiated ETFE films[J]. Nuclear Instruments and Methods, 2007, 263: 463-467.

[56] GUBLER L, SLASKI M, WALLASCH F, et al. Radiation grafted fuel cell membranes based on co-grafting of alpha-methylstyrene and methacrylonitrile into a fluoropolymer base film[J]. Journal of Membrane Science, 2009, 339:68-77.

[57] CHEN J H, ASANO M, MAEKAWA Y, et al. Polymer electrolyte hybrid membranes prepared by radiation grafting of p-styryltrimethoxysilane into poly(ethylene-*co*-tetrafluoroethylene) films[J]. Journal of Membrane Science, 2007, 296:77-82.

[58] CHEN J H, ASANO M, MAEKAWA Y, et al. Chemically stable hybrid polymer electrolyte membranes prepared by radiation grafting, sulfonation, and silane-crosslinking techniques[J]. Journal of Polymer Science, 2008, 46:5559-5567.

[59] MATYJASZEWSKI K, XIA J H. Atom transfer radical polymerization[J]. Chemical Reviews, 2001, 101(9): 2921-2990.

[60] TSANG E M W, ZHANG Z B, YANG A C C, et al. Nanostructure, morphology, and properties of fluorous copolymers bearing Ionic grafts[J]. Macromolecules, 2009, 42(24): 9467-9480.

[61] ZHANG Z C, CHALKOVA E, FEDKIN M, et al. Synthesis and characterization of poly(vinylidene fluoride)-*g*-sulfonated polystyrene graft copolymers for proton exchange membrane[J]. Macromolecules, 2008, 41(23): 9130-9139.

[62] TSANG E M W, ZHANG Z, SHI Z, et al. Considerations of macromolecular structure in the design of proton conducting polymer membranes: Graft versus diblock polyelectrolytes[J]. Journal of America Chemistry Society, 2007, 129:15106-15107.

[63] YOSHIMURA K, IWASAKI K. Aromatic polymer with pendant perfluoroalkyl sulfonic acid for fuel cell applications[J]. Macromolecules, 2009, 42:9302-9306.

[64] WANG N, PENG S, LI Y, et al. Sulfonated poly(phthalazinone ether sulfone) membrane as a separator of vanadium redox flow battery[J]. Journal of Solid State Electrochemistry, 2012, 16: 2169-2177.

[65] WEI W, ZHANG H, LI X, et al. Poly(tetrafluoroethylene) reinforced sulfonated poly(ether ether ketone) membranes for vanadium redox flow battery application[J]. Journal of Power Sources, 2012, 208:421-425.

[66] DAI W, SHEN Y, LI Z, et al. SPEEK/Graphene oxide nanocomposite membranes with superior cycla-

bility for highly efficient vanadium redox flow battery[J]. Journal of Materials Chemistry A, 2014, 2: 12423-1232.

[67] KREUER K D. On the development of proton conducting polymer membranes for hydrogen and methanol fuel cells[J]. Journal of Membrane Science, 2001, 185:29-39.

[68] BAI Z W, MICHAEL F. Durstock, Thuy D. Dang. Proton conductivity and properties of sulfonated polyarylenethioether sulfones as proton exchange membranes in fuel cells[J]. Journal of Membrane Science, 2006, 281:508-516.

[69] RUBATAT L, LI CX , DIETSCH H, et al. Structure-properties relationship in proton conductive sulfonated polystyrene-polymethyl methacrylate block copolymers(SPS-PMMA) [J]. Macromolecules, 2008, 41(21): 8130-8137.

[70] LEE M, PARK J K, LEE H S, et al. Effects of block length and solution-casting conditions on the final morphology and properties of disulfonated poly(arylene ether sulfone) multiblock copolymer films for proton exchange membranes[J]. Polymer, 2009, 50(25): 6129-6138.

[71] LEE H S, ROY A, LANE O, et al. Synthesis and characterization of multiblock copolymers based on hydrophilic disulfonated poly(arylene ether sulfone) and hydrophobic partially fluorinated poly(arylene ether ketone) for fuel cell Applications[J]. Journal of Polymer Science, 2010, 48(1): 214-222.

[72] MATSUMOTO K, HIGASHIHARA T, UEDA M. Locally sulfonated poly(ether sulfone)s with highly sulfonated units as proton exchange membrane[J]. Journal of Polymer Science, 2009, 47(13): 3444-3453.

[73] MIYAKE J, SAKAI M, SAKAMOTO M, et al. Synthesis and properties of sulfonated block poly(arylene ether)s containing m-terphenyl groups as proton conductive membranes[J]. Journal of Membrane Science, 2015, 476:156-61.

[74] LEE H F, WANG P H, HUANG Y C, et al. Synthesis and proton conductivity of sulfonated, multiphenylated poly(arylene ether)s[J]. Journal of Polymer Science, 2014, 52:2579-87.

[75] YAMAZAKI K, KAWAKAMI H. High proton conductive and low gas permeable sulfonated graft copolyimide membrane[J]. Macromolecules, 2010, 43(17): 7185-7191.

[76] SUDA T, YAMAZAKI K, KAWAKAMI H. Syntheses of sulfonated star-hyperbranched polyimides and their proton exchange membrane properties[J]. Journal of Power Sources, 2010, 195(15): 4641-4646.

[77] MATSUMOTO K, HIGASHIHARA T, UEDA M. Star-shaped sulfonated block copoly(ether ketone)s as proton exchange membranes[J]. Macromolecules, 2008, 41(20): 7560-7565.

[78] XIE H, TAO D, XIANG X, et al. Synthesis and properties of highly branched star-shaped sulfonated block poly(arylene ether)s as proton exchange membranes[J]. Journal of Membrane Science, 2015, 473:226-336.

[79] ALLCOCK H R, WOOD R M. Design and synthesis of ion-conductive polyphosphazenes for fuel cell applications: Review[J]. Journal of Polymer Science, 2006, 44:2358-2368.

[80] SONG H,LEE S C,HEO H Y,et al. Improvement of thermal stability of sulfonated polyphosphazenes by introducinga self-crosslinkable group[J]. Journal of Polymer Science, 2008, 46: 5850-5858.

[81] HUANG Y W,PAN Y,FU J W,et al. Study of crosslinking of polyphosphazene with allyl pendant

groups initiated by benzoyl peroxide[J]. Journal of Applied Polymer Science, 2009, 113: 2353-2360.

[82] ZHOU X Y, WESTON J, CHALKOVA E, et al. High temperature transport properties of polyphosphazene membranes for direct methanol fuel cells[J]. Electrochimica Acta, 2003, 48: 2173-2180.

[83] ALLCOCK H R, HOFMANN M A, AMBLER G M, et al. Phenyl phosphonic acid functionalized poly [aryloxyphosphazenes] as proton-conducting membranes for direct methanol fuel cells[J]. Journal of Membrane Science, 2002, 201:47-54.

[84] ZHANG Z B, WANG X Z, NIE J. Synthesis of polyphosphazene with pendent perfluorobutylsulfonylimide group[J]. Chinese Journal of Chemistry, 2006, 24:9-12.

[85] ADJEMIAN K T, LEE S J, SRINIVASAN S, et al. Silicon oxide nafion composite membranes for proton-exchange membrane fuel cell operation at 80～140 ℃[J]. Electrochemical Society, 2002, 149 (3):A256.

[86] LI Q F, JENSEN J O, SAVINELL R F, ET AL. High temperature proton exchange membranes based on polybenzimidazoles for fuel cells[J]. Progress in Polymer Science, 2009, 34(5): 449-477.

[87] KONGSTEIN O E, BERNING T, BORRESEN B, et al. Polymer electrolyte fuel cells based on phosphoric acid doped polybenzimidazole (PBI) membranes[J]. Energy, 2007, 32(4): 418-422.

[88] SINGHA S, JANA T. Structure and properties of polybenzimidazole/silica nanocomposite electrolyte membrane: influence of organic/inorganic interface[J]. ACS Applied Materials & Interfaces, 2014, DOI: 10.1021/am506260j.

[89] LI M Q, SHAO Z G, SCOTT K. A high conductivity $Cs_{2.5}H_{0.5}PMo_{12}O_{40}$/polybenzimidazole (PBI)/H_3PO_4 composite membrane for proton-exchange membrane fuel cells OPE-rating at high temperature [J]. Journal of Power Sources, 2008, 183(1): 69-75.

[90] LIN B C, CHENG S, QIU L H, et al. Protic ionic liquid-based hybrid proton-conducting membranes for anhydrous proton exchange membrane application[J]. Chemistry of Materials, 2010, 22(5): 1807-1813.

[91] VARCOE J R, ATANASSOV P, DEKEL D R, et al. Anion-exchange membranes in electrochemical energy systems[J]. Energy & Environmental Science, 2014, 7:3135-3191.

[92] CHEN D, HICKNER M A, AGAR E, et al. Optimized anion exchange membranes for vanadium redox flow batteries[J]. ACS Applied Materials & Interfaces, 2013, 5 (15): 7559-7566.

[93] GU S, CAI R, LUO T, et al. Quaternary phosphonium-based polymers as hydroxide exchange membranes[J]. ChemSusChem, 2010, 3(5): 555-558.

[94] LI N, YAN T, LI Z, et al. Comb-shaped polymers to enhance hydroxide transport in anion exchange membranes[J]. Energy & Environmental Science, 2012, 5:7888-7892.

[95] ROBERTSON N J, KOSTALIK H A, CLARK T J, et al. Tunable high performance cross-linked alkaline anion exchange membranes for fuel cell applications[J]. Journal of America Chemistry Society, 2010, 132: 3400-3404.

[96] TANAKA M, FUKASAWA K, NISHINO E, et al. Anion conductive block poly(arylene ether)s: synthesis, properties, and application in alkaline fuel cells[J]. Journal of America Chemistry Society, 2011, 133:10646-10654.

[97] MARINO M G, KREUER K D. Alkaline stability of quaternary ammonium cations for alkaline fuel cell

membranes and ionic liquids[J]. ChemSusChem, 2014, 8(3):513-523.

[98] MOHANTY A D, BAE C. Mechanistic analysis of ammonium cation stability for alkaline exchange membrane fuel cells[J]. Journal of Materials Chemistry A, 2014, 2: 17314-17320.

[99] DEAVIN O I, MURPHY S, ONG A L, et al. Anion-exchange membranes for alkaline polymer electrolyte fuel cells: comparison of pendent benzyltrimethylammonium-and benzylmethylimidazolium-head-groups[J]. Energy & Environmental Science, 2012, 5:8584-8597.

[100] QIU B, LIN B, QIU L, et al. Alkaline imidazolium- and quaternary ammonium-functionalized anion exchange membranes for alkaline fuel cell applications[J]. Journal of Materials Chemistry, 2012, 22: 1040-1045.

[101] LI W, WANG S, ZHANG X, et al. Degradation of guanidinium-functionalized anion exchange membrane during alkaline environment [J]. Internatinal Journal of Hydrogen Energy, 2014, 39: 13710-13717.

[102] UNLU M, ZHOU J F, KOHL P A. Hybrid anion and proton exchange membrane fuel cells[J]. The Journal of Physical Chemistry C, 2009, 113(26): 11416-11423.